现代农业高新技术丛书

# 农用无人机技术及其应用

何　勇　岑海燕　何立文　刘　飞　聂鹏程　著

科学出版社

北京

## 内 容 简 介

本书系统介绍了农用无人机的理论基础、关键技术与装备及实际应用和管理规范，主要包括农用无人机的发展历史和现状、系统组成、飞行控制与导航系统、航空植保、低空遥感、无线组网监测，以及与无人机作业相关的气象、法规和管理等。总体思路是在系统介绍无人机体系的基础上，密切结合农业应用的特点，详细介绍农用无人机在航空植保、低空遥感、无线组网监测等方面的典型应用场景和案例，最后介绍农用无人机的系统运维、管理和培训。本书立足于作者团队 10 多年的研究成果和实践经验，实现了理论方法、技术应用和管理培训的统一，使读者对农用无人机有全面、系统、深入的了解和认识。

本书可作为高等农业院校农用无人机、航空植保、智慧农业、智能农业装备、农业信息技术、农业工程、农业机械化工程、农业电气化与自动化等相关方向本科生和研究生的专业教材，可供从事农用无人机研发、生产、销售和应用方面的工程技术人员参考，也可作为农用航空和智能农业装备领域广大专业技术人员的培训教材及自学参考书。

**图书在版编目（CIP）数据**

农用无人机技术及其应用/何勇等著. ——北京：科学出版社，2018.3
（现代农业高新技术丛书）
ISBN 978-7-03-056089-6

Ⅰ. ①农⋯　Ⅱ. ①何⋯　Ⅲ. ①农业–无人驾驶飞机–基本知识
Ⅳ. ①V279

中国版本图书馆 CIP 数据核字(2017)第 316194 号

责任编辑：王海光　王　好　郝晨扬 / 责任校对：郑金红
责任印制：赵　博 / 封面设计：北京图阅盛世文化传媒有限公司

**斜 学 出 版 社 出版**
北京东黄城根北街 16 号
邮政编码：100717
http://www.sciencep.com

北京凌奇印刷有限责任公司印刷
科学出版社发行　各地新华书店经销
\*
2018 年 3 月第 一 版　开本：787×1092　1/16
2025 年 1 月第三次印刷　印张：35
字数：830 000
**定价：198.00 元**
(如有印装质量问题，我社负责调换)

# 作 者 简 介

何勇，浙江大学"求是"特聘教授、博士生导师，浙江大学学术委员会委员，浙江大学生物系统工程与食品科学学院院长，浙江大学农业信息技术研究所所长，浙江大学数字农业与农村信息化研究中心常务副主任，农业部光谱检测重点实验室主任，"十二五"国家 863 计划现代农业技术领域"数字农业技术与装备"主题专家，863 计划项目首席专家，国家教学名师，国家百千万人才工程国家级人才，国家农村信息化示范省国家级指导专家，第四届教育部"高校青年教师奖"获得者，浙江省首届十大师德标兵，第四届浙江省十大杰出青年，浙江省突出贡献中青年科技人员，享受国务院政府特殊津贴，全国优秀科技工作者。曾先后在日本东京大学、东京农工大学、美国伊利诺伊大学访问和担任 Visiting Professor。入选科睿唯安 2016 年、2017 年全球高被引科学家（Highly Cited Researchers 2016，2017）。据最新的 ESI 统计（2006 年 11 月至 2017 年 11 月），全球共有 5075 名科学家排名进入农业科学专业领域前 1%的"最被引科学家"（Most Cited Scientists），何勇教授名列第 53 位，H 指数 41。2017 年 2 月 26 日，何勇教授作为特邀嘉宾参加中央电视台《对话》栏目。

何勇教授主要从事数字农业、农用航空、农业物联网和智能农业装备等方面的科研和教学工作。主持国家 863 计划项目、国家自然科学基金项目、国家科技支撑计划项目及省部级重点科研项目 50 余项。发表论文 400 余篇，SCI 收录 300 余篇，其中 9 篇论文入选 ESI 近 10 年农业科学高被引论文。出版著作和教材 20 多部，获发明专利 100 多项，获软件著作权 30 多项。担任 Elsevier 出版公司 SCI 收录的农业工程权威杂志 *Computers and Electronics in Agriculture* 主编，*Food and Bioprocess Technology* 等 10

多种国际学术期刊编委，国内《农业机械学报》《浙江大学学报》等 10 多种学术期刊编委。担任国际农业工程学会（CIGR）第六分会委员、亚洲精细农业联合会常务理事、中国农业工程学会农用航空分会副主任委员。担任国际学术会议分会场主席、学术委员会委员 30 余次。负责的"精细农业"课程荣获国家精品课程和国家资源公开课程。指导的 2 位博士研究生分别获得 2012 年、2013 年全国百篇优秀博士学位论文提名奖。2016 年荣获中国农业航空发展贡献奖。获国家科学技术进步奖二等奖 1 项，浙江省科学技术奖一等奖 4 项、二等奖 9 项，教育部科学技术进步奖一等奖 1 项、二等奖 3 项，国家教学成果奖一等奖 1 项，浙江省教学成果奖一等奖 1 项、二等奖 2 项。

# 前　言

随着复合材料、传感仪器、控制导航及先进制造技术的不断发展，无人机逐渐从单一军事用途扩展到民用领域，包括航拍摄影、遥感测绘、航空植保、灾情监测、大气探测、农林飞播等。农用无人机具有快速高效、适应性广、环境友好等显著特征，已成为支撑现代农业的重要智能装备之一。美国、日本、德国、澳大利亚等发达国家在农用航空领域发展起步较早，在基础理论、关键技术、重要部件，以及装备、作业规范等方面做了大量研究。我国农用无人机领域的研发起步较晚，但近年来发展非常迅速。特别是 2014 年中央一号文件提出"加强农用航空建设"以来，国家相继出台了多项指导性文件，农用无人机已被列入多个省（自治区、直辖市）的农机购置补贴目录。农用无人机作为新兴的智能农业装备得到了迅猛发展。2016 年，我国载荷 5L 以上的农用无人机保有量已达 5000 多架，超过日本位居世界第一；植保作业面积从 2013 年的不足 10 万亩[①]增长至 2015 年的 1000 多万亩；农用无人机生产企业从 2010 年的不足 10 家增加至 2016 年的 200 多家；产品覆盖多旋翼无人机，油动、电动无人直升机，固定翼无人机等多个品种，并开展了广泛的应用示范。

目前国内外已出版了多部有关无人机方面的著作，这些著作大都偏重对通用无人机的介绍，与农业的复杂作业环境和特性结合较少。本书是国内第一本系统介绍农用无人机的专著，以农用无人机为核心内容，研究了适应农业作业需要的农用无人机的专用平台、飞行控制系统、机载装备，以及与农用无人机作业相关的气象、法规、运维、管理等。本书的撰著团队是国内最早开展农用航空技术与装备研发的主力团队之一。本书的主要内容是研究团队在多个国家高技术研究发展计划（863 计划）项目、国家科技支撑计划项目、国家自然科学基金项目、"十三五"国家重点研发计划课题及省部级科研项目的资助下取得的成果，相关成果多次荣获国家和省部级科技成果奖励。本书著者、团队负责人何勇教授是"十二五"国家 863 计划现代农业技术领域"数字农业技术与装备"主题专家、863 计划项目首席专家、国家农业航空产业技术创新战略联盟副理事长，长期致力于农用无人机、智能农业装备和农业物联网的研究、开发、应用和推广。

本书主要由浙江大学何勇、岑海燕、何立文、刘飞、聂鹏程共同撰著。团队成员张艳超、张初、冯旭萍、隋明浩、梁莉莉等参与了部分章节的撰著，团队研究生朱姜蓬、殷文鑫、周莉萍、陈欣欣、曾鸿、陈扬、庄载椿、肖宇钊、刘子毅等参与了本书的撰著、修改和统稿工作，在此对他们付出的辛勤劳动表示衷心的感谢。

鉴于农用无人机技术和应用发展迅速，其涉及的多学科交叉知识和应用领域日益广泛，以及著者水平有限，书中难免有不妥之处，敬请同行和读者批评指正，以便本书再版时修正，若对本书有任何意见和建议，请与本书著者联系。

著　者

2016 年 12 月于浙江大学紫金港

---

① 1 亩≈666.7m²

# 目　　录

# 第1章 无人机概述

## 1.1 无人机发展概述

### 1.1.1 无人机的发展历史

世界上第一架现代无人机是 Hewitt-Sperry 自动飞机（Hewitt-Sperry automatic airplane），1917 年第一次成功飞行，如图 1.1 所示，是 Hewitt 和 Sperry 两人共同设计开发出来的。这是一架由无线电操纵的小型单翼机，采用早期由 Sperry 设计的机械陀螺仪控制飞行器的飞行和姿态，这一设备在现在看来相当简陋，却是无人驾驶飞行器的鼻祖。在此之后美国空军赞助了自由鹰（Liberty Eagle）设计并开发了空投鱼雷，其造型与飞行器无异。由于存在许多技术问题及机械陀螺仪精度不够，当时的无人机并没有获得太多来自政府和军方的支持，但是让人们看到了无人机未来的潜力。

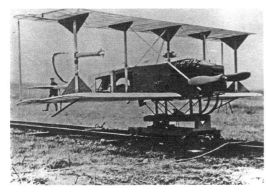

图 1.1　Hewitt-Sperry 自动飞机照片

第一次世界大战之后，无人机技术向着导弹和靶机两个方向发展。英国皇家海军在 19 世纪 20 年代提出了 3 种无人机概念。第一种是采用陀螺仪实现稳定的空中鱼雷，在 1924～1925 年，该装置共进行了 12 次单独起飞；第二种是由舰艇发射陀螺仪实现自稳的设计靶机；第三种是由无线电控制的飞弹，然而这种概念并未深入。英国皇家海军深入发展了第一种概念机，使之成为一架无人驾驶的战斗机，今天称为无人战斗机（unmanned combat aerial vehicle，UCAV），它通过无线电控制，目的是在海面上的一个安全距离对岸上目标进行打击。其弹头炸药重量约为 90.72kg，其第一版是"RAE 1921 Target"。尽管当时的无线电技术有限，但其打击目标效果明显。其后来的改良版，代号为 Larynx，于 1927 年生产，此时"斯特朗赫尔德"号也已安装了一种改良版的线状无烟火药动力弹射器。Larynx 预期能携带约 113.40kg 的弹头在无线电控制下飞行约 48.28km 的距离，1927 年的 5 次起飞分别取得了成功。该武器的主要问题是末端制导，在进行了第二批系列试验之后，人们停止了船上试验，但岸基试验仍在继续。最终，英国空军认为该武器是载人轰炸机的对手，试验因此被终止。

英国皇家航空研究院在 RAE 1921 Target 型的基础上于 1927 年研制了"喉咙"遥控靶机，如图 1.2 所示。

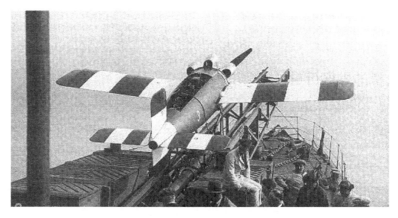

图 1.2　1927 年研制的改自 RAE 1921 Target 的"喉咙"遥控靶机

在第二次世界大战中，无人驾驶技术已经得到了相当广泛的应用。德国 V-1（图 1.3）作为最早的巡航导弹，拥有飞行器的特征，同时也具备了自动保持航线、飞向目标航点的能力，在陀螺仪和空速计组件的操纵下，从法国起飞轰炸英国伦敦。

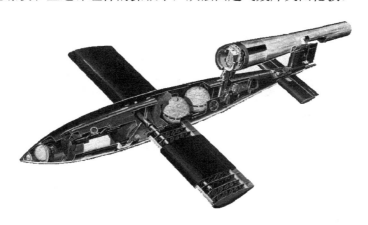

图 1.3　V-1 导弹

战争对无人驾驶技术的需求远不仅此而已，在涡轮增压发动机的驱动下，美军飞行器得以不断爬升到更高的高度进行轰炸。在对目标进行轰炸的时候需要考虑炸弹来自于飞机相对于地面的速度（简称为地速），炸弹的下落过程也是一个加速到空气阻力和重力相同并最终保持匀速的过程。而风速也是不可忽略的干扰因素，要知道高空的风速往往非常大，所以风速和地速往往有非常大的差距。为了控制飞机在上万米的高度把炸弹扔到准确的位置，美国科学家提出并发明了"诺顿"设备，如图 1.4 所示。"诺顿"的原理是：操纵者首先会使用光学设备对地面参考物进行观测，得到飞机相对于地面的速度，然后"诺顿"会接管对飞机的控制，使飞机保持水平飞行及高度和速度不变，并且根据地速计算炸弹投放所需要的时间，在恰当的时机将炸弹准确投下。

a. "诺顿"原型机　　　　　　　　　　　　　　b. B29 轰炸机

图 1.4　"诺顿"原型机及其应用

正是这一最早的导航设备，极大地提升了炸弹的命中率。"诺顿"在当时极为先进，往往是在完成飞行任务之后需要卸载进行单独保管。而"诺顿"因其采用的技术到现在也是无人驾驶飞行器的鼻祖。不过"诺顿"设备也有一定的缺陷。例如，"诺顿"设备显然无法像现在的小型无人机一样能够自动绕开障碍物，导致经常发生在"诺顿"的操控下轰炸机相撞的事故，也无法有效地躲避防空火力。

另一个在第二次世界大战中投入使用的是现在的遥控航空模型——纳粹的弗里茨 X 炸弹（图 1.5），这种滑翔炸弹可以用无线电进行控制，而其一出场就取得了炸毁维托里奥·维内托级战列舰的战果。但从原理上来讲，这其实就是一个装满了 TNT 的无动力滑翔机。可以说，最早的无人机是在战争双方共同需求下诞生出来的自动而高效的杀人机器。

图 1.5　弗里茨 X 炸弹

德国有着悠久的航空发展史，在第二次世界大战中，阿果斯发动机工厂的弗里茨·古斯洛（Fritz Gosslau）研制了一种名为 FZG-43 的靶机（图 1.6）用于德国空军地面高炮部队的防空作战训练。到了 1939 年 10 月，阿果斯发明了一个具有革命意义的大型军用无线电遥控无人轰炸机——"深火"（德语名：Fernfeuer），这种飞机可以携带 1t 重的炸弹，实现远距离操纵轰炸，并且可回收，在向目标投掷完炸弹后，无人机将折返基地。由此看来，"深火"已经与美国人斯佩里的"空投鱼雷"概念有了极大的区别，从而成为具有现代意义的"无人战斗飞行器"。尽管后来德国空军对此不够重视，但在此基础上取得的一系列研究成果催生了后来的 FZG-76，这就是震惊世界的 V-1 导弹，如图 1.3 所示。

图 1.6　FZG-43 靶机

第二次世界大战结束后，战术侦察需求提升，最早被改装成为侦察无人机的是 Reginald Denny 的靶机，来自于好莱坞林荫大道的一家飞机模型店——丹尼遥控飞机公司，主要出售缩小比例的飞机模型，一些高档型号装配了由工程师 Walter Righter 设计的微型引擎，店主 Denny 想到制造无线遥控航模可以用来给防空训练当靶机，并取得了专利权。随后几年，Denny 的公司取得了极大的发展，生产了成千上万架靶机，这种无人机通过弹射装置发射，由操作员远程控制，然后遥控这些飞机进入防空炮的覆盖范围。Denny 的遥控飞机 OQ2 是第一款符合现在无人机构造定义的航空模型，如图 1.7 所示。

图 1.7　OQ2 航模无人机

　　由于 20 世纪 60 年代 U-2 在苏联和古巴被击落，美国政府开始推进无人侦察机的开发，以 Ryan147 无人机为原型开发出了一系列具有不同功能的无人机，如图 1.8 所示，它们被大量部署在针对中国、越南等国家的侦察活动中，也被称为"萤火虫"。

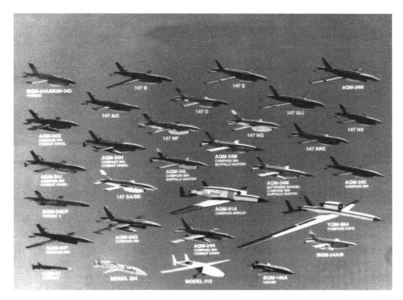

图 1.8　Ryan 系列无人机

　　Ryan"火蜂"系列靶机是最早的喷气式无人驾驶飞机之一，也是有史以来使用最广泛的靶机之一。"火蜂"无人机可以执行多种类型的任务，包括照相侦察、电子情报搜集及无线电通信监测。在越南战争中，AQM-34Q 型 147"火蜂"无人机（图 1.9a）飞行 500 多次，执行电子窃听、电台干扰、抛撒金属箔条及为载人飞机开辟通道等任务。从 1970 年 2 月至 1973 年 6 月，AQM-34Q 型无人驾驶飞机在朝鲜附近执行了 268 次语音通信监听任务。越南战争结束后，美国空军率先于 1972～1973 年对装备各式制导武器（包括 AGM-65"幼畜"导弹和"宝石路"激光制导炸弹在内）的 BGM-34"火蜂"无人机（图 1.9b）展开了大量试验。

a. AQM-34Q 型 147"火蜂"无人机　　　　　　　b. BGM-34"火蜂"无人机

图 1.9　"火蜂"无人机

在 20 世纪 50 年代，为了强化水面舰艇的反潜搜索能力，以应对苏联庞大的潜舰威胁，美国海军遂计划加强水面舰艇的侦搜与增大攻击距离。首先，美国海军开发了 SQS-26 长距离低频大型声呐，然后开始发展一种射程超过 RUM-5 反潜火箭（ASROC）的攻潜武器。经过评估后，美国海军决定发展一种小型遥控无人直升机，可携带鱼雷或深水炸弹，经由无线电指挥的方式飞抵 SQS-26 的声呐接触点，投掷武器进行反潜攻击。而这种无人遥控直升机的体型娇小，第二次世界大战时期建造的旧型驱逐舰经过改装后，便能搭载一架，称为遥控反潜直升机（destroyer anti-submarine helicopter，DASH），其第一代产品如图 1.10 所示。1958 年 4 月，美国海军与美国螺旋动力直升机公司（Gyrodyne Helicopter）签约，利用 XRON-1 单人直升机发展一种无人直升机。

图 1.10　第一代产品无人驾驶遥控反潜直升机 DSN-1 型

20 世纪 60 年代后期，美国中央情报局（CIA）开始开发超音速、长续航的侦察无人机，并计划从母机起飞。从 1962 年 10 月开始研发 D-21 无人侦察机（图 1.11），保密代号为"标签板"（tagboard），原本称为洛克希德 Q-12 设计方案。该机采用了当时世界上最先进的整体式冲压发动机，速度高达 3560km/h，升限高达 30 000m。在 70 年代初期，包括美国自身在内，任何防空武器都无法击落该机。D-21 先由大型飞机（母机）携带飞行，在靠近对方防空严密地带的公海上空后由母机释放；离开携带母机后，利用自身的冲压发动机以超过 3Ma（马赫数）的速度飞向遥远的目标地区；飞机上的侦察系统自动工作；收集情报之后，无人侦察机将飞回到出发点的公海上空，在指令控制下，在指定地点空投装有照相胶卷的密封回收舱，然后自毁坠落大海。

### 1.1.2　无人机的定义

国际上有很多机构和个人使用多种名字来描述无人飞行器，随着时间推移会产生相应的变更，其定义和应用范围也有变化。本小节将选取有代表性的机构和对应的政府管理部门对无人机的定义进行介绍。

图 1.11　D-21 无人侦察机

其他名称包括在越南战争中使用的术语远程控制载具（remotely-piloted vehicle，RPV）也被用来描述无人机。根据 Herlik（2010）和 Fishpool（2010）的研究，现在美国空军主要使用 RPV 这个名称来取代遥控驾驶飞机（remotely piloted aircraft）或者 RPA［这个叫法既包括了 aircraft（飞机）也包括了 pilot（遥控）］的叫法。而英国已指定其名称为空中遥控系统（remotely piloted air system，RPAS），来强调人在这个系统中起到的控制作用。

美国联邦航空管理局（FAA）（2008 年）定义 unmanned aircraft 或者 UA（无人飞机）如下：一种用于空中飞行或为空中飞行定制的没有机载飞行员的装置。这包括所有类型的无人驾驶直升机、飞艇和平移升降飞机。无人飞行器被定义为只包括那些空间位置与姿态可控的飞行器，因此，传统的气球并不属于无人机。

FAA 逐渐使用无人航空系统（unmanned aerial system，UAS）来取代无人驾驶飞行器（unmanned aerial vehicle，UAV）。美国国防部（Department of Defense，DOD）及 FAA 和欧洲航空安全局（European Aviation Safety Agency，EASA）也采用了术语 UAS 或者 unmanned aircraft system。这意味着无人驾驶飞行器系统也是飞行器，因此需要论证其适航性。另外它还是一个系统，由地面控制站、通信链路系统、发射和回收系统组成。

作为比较，DOD 在 2007～2012 年无人系统技术路线图中给 UAS 做出的定义如下：一种不载操作人员的有动力载具，可以自主操作或远程遥控，可一次性使用或可回收，可携带有破坏性或无破坏性的装备，包括弹道或半弹道式飞行器、巡航导弹、火炮、鱼雷、水雷、卫星和无人传感器（不带推进式），不包括无人驾驶车辆。在该定义下，无人驾驶车辆属于无人驾驶系统的基本组成部分。

EASA（2009 年）定义 UAS 如下：UAS 由无人驾驶飞机、控制站和其他能使其飞行的必要系统组件组成，即命令和控制环节与发射和回收元素。在 USA 中可能会有多个控制站、指挥与控制环节、发射和回收组件。

在实践中，UAS 和 UAV 常常互换使用，只有当系统方面起到的作用更重要、更强调整个无人机系统（包括无人驾驶飞机、控制站和其他组成部分）时，才会倾向于使用 UAS。

### 1.1.3 无人机的组成

无人机系统通常包括一些子系统，其中有飞机（通常被称为无人机或无人驾驶飞行器）、机载设备、控制基站（通常是远程基站）、飞机起降子系统、地勤子系统、通信子系统和运输子系统等。

UAS 通常与载人飞机系统有相同的组成成分，如图 1.12 所示，但随着航空技术的发展，无人机正在从概念设计变为现实，空勤人员（作为一个子系统）对飞机的控制逐渐被电子智能控制子系统取代。

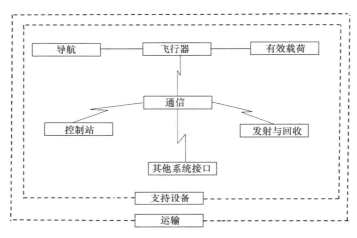

图 1.12　无人机系统框架图

载人飞机和无人机系统的其他组成部分，如发射、着陆、修理、通信、后勤等都有其互相对应的系统。无人机不能与模型飞机或"无人驾驶飞机"混淆，尽管媒体经常这样做。无线电控制的模型飞机只用于飞行运动，必须保持在视线范围内，操作者通常用有限的指令让飞机爬升、下降和转向。无人驾驶飞机需要飞出操作员的视线，通过预先编程完成预定任务，之后返回到基地。它不与操作者沟通，在返回基地之前我们不知道任务执行的结果。然而，无人机或多或少具有部分"自动化智能"功能，能够与无人机控制端进行通信，并传输机载设备的数据，如光电信号或电视图像，连同其自身状态的信息，包括位置、速度、航向、海拔等一起传回基站。它也将发送"数据管理"信息，包括燃料存量、温度、组件工作情况（如发动机或电子元件）等。任何子系统或组件发生故障时，无人机都可以自动纠正，并决定是否告知其操作者。例如，操作员和无人机之间的通信被打断了，如果无线连接是双向的，这时无人机可以自主寻找无线电波段并重新建立联系或切换到一个不同的无线电波段。更"智能"的无人机能够做出"如果发生这种事，这样做"的行为反应。

无人机操作技术在过去 30 年迅猛发展，和许多新技术一样，操作术语在这一段时间内经常发生变化。远程控制载具最初被用于描述无人驾驶飞机，但由于陆上或水下系统的出现，其他缩略语也被用在无人机领域，这些缩略语包括：用无人驾驶飞机（unmanned aircraft，UMA）来表示无人机、UAV、UAS。为了反映整个系统是"不载人"

的情况，UAV 有时被描述为"无人搭乘的空中交通工具"，因为它不是完全自主独立的，人类在其中起到重要作用，在这一点上，"没有载人的航空车"的描述更合适一些。对无人机最直观的认识是用计算机系统和无线信号传输取代飞机的机组人员。无人机系统不仅包括机体本身，虽然它非常重要，然而要使无人机能够安全稳定地飞行，还需要一个完整的系统来支撑。无人机系统包括以下几个主要部分。

（1）控制基站，用于布置操作系统和无人机系统其他部分接口。当无人机执行飞行任务时，地面控制站将成为最重要的人机接口。

（2）无人机，用来携带不同机载设备的航空器，无人机一般配置有机载航电设备、动力系统、机体三部分。

（3）通信系统，用来将控制基站发出的指令传给无人机，并接收无人机传回的机体及设备参数（通常通过无线电传输来实现）。

（4）后勤系统，包括维护和运输设备。

## 1.1.4　无人机的应用范围

在了解 UAS 的更多细节之前，我们适当列举一些无人机已知和可能的应用领域（表 1.1）。

表 1.1　无人机应用领域与应用方式

| 应用领域 | 应用方式 |
| --- | --- |
| 航空摄影 | 照相、摄像、悬停等 |
| 农业 | 作物监测与喷洒、牲畜监测与驱赶 |
| 安防 | 搜救、海岸线和海洋监测 |
| 环保 | 污染与土地监测 |
| 海关 | 非法进口货物的监察 |
| 电力巡检 | 电力线巡检 |
| 消防和森防 | 火情侦察、灾害控制 |
| 渔业 | 渔业保护 |
| 油气巡检 | 土地探测和管道安全 |
| 信息服务 | 新闻信息和图片、专题图片（如野生动物） |
| 水上救援 | 事故调查、引导和控制 |
| 地质 | 地质探测和灾害控制 |
| 气象 | 大气采样与分析、天气预报等 |
| 交通监控 | 道路交通监控 |
| 石油运输 | 管道安全 |
| 测绘 | 航空测绘 |
| 河流管理 | 水位和水质监测、洪水和污染控制 |

无人机与有人机相比有明显的优势。与执行相同任务的载人飞行器相比，无人机通常引起更少的环境扰动或污染。它通常会更小，重量更轻，功耗更低，因此产生更低水平的噪声污染。其中典型的例子是有人机定期检查电力线时，当地居民可能反映其产生的噪声，农场动物可能受到噪声和低空飞行飞机的干扰。另外，无人机与具有同样用途

的有人驾驶飞机相比更小，通常初始成本便宜得多，运营成本也较低，这是因为维护成本、燃料成本、机场建设和运营成本都较少。操作者的劳动力成本通常较低，保险可能更便宜，但这取决于具体情况。UAV 显著的经济性特点是它的短周期的区域监视作用，与具有一个或两个机组人员的轻型飞机相比，它没有机组人员，这有利于飞机设计的简化和成本的降低。通常，对于两名机组人员，如飞行员和观察员来说，容纳他们、他们的座位、控制装置和仪器的空间为 $1.2m^3$，正面面积约为 $1.5m^2$，而执行相同任务的 UAV 仅需要 $0.015m^3$，做一个保守估计，容纳具有传感器、计算机、稳定的高分辨率彩色电视摄像机和无线电通信链路的自动飞行控制系统（automatic flight control system，AFCS）的 UAV，其正面面积只需 $0.04m^2$。

飞行器系统从一开始就被设计用于执行特定的任务。设计师必须决定最适合执行任务的飞机类型，特别是需要比较有人和无人解决方案中，无人解决方案是否可以更好地完成任务。换句话说，不可能得出无人机与有人机相比谁总是有优势或劣势的结论。哪个更有优势取决于任务是什么。无人机相对于有人机更适合承担以下任务。

### 1）枯燥的任务

军用和民用应用（如远程监控）对于机组人员来说可能是一种乏味的体验，机组人员很长时间一直盯着屏幕看不能休息，可能导致他们注意力下降，因此丧失任务效力。无人机在高分辨率彩色视频录制、低光照水平成像、热成像摄像机录像或雷达扫描等任务中的操作更加方便有效。地面的操作员可以轻松地从换班工作方式中得到解脱。

### 2）对人体有危害的任务

监测核污染或环境化学污染使空勤人员处于不必要的危险之中，而该任务在无人机的情况下更容易进行。用有毒化学品喷洒作物是另一种对人体有危害的任务，而现在已经可以通过无人机非常成功地进行。

### 3）危险的任务

对于军事任务，如在需要对重度防御区域进行侦察的情况下，无人机可能胜过载人飞机。由于其具有更小的尺寸和更大的隐形性能，无人机对于敌方防空系统来说更难以被发现，更难以用防空炮弹或导弹攻击。此外，在这种操作中，执行任务的空勤人员可能受到被攻击的威胁。而无人机操作员不会受到人身安全的威胁，可以集中精力，因此可以更有效地执行任务。所以，UAV 在没有资源损失风险的情况下更有可能成功地完成任务。电力线检查和森林火灾控制是民用领域应用的例子，令人遗憾的是这可能使载人飞机机组人员处于重大危险中，而无人机可以更容易地进行这样的任务，没有人员损失的风险。通常在极端天气条件下将无人机应用在军事和民用领域中是有必要的。因为操作人员不愿意冒人身危险，所以可能无法进行操作。因此无人机就更有可能得到应用。

**4）转换任务**

在军事和民事警察行动中，有一些任务是必须不能让"敌人"（其他武装部队或罪犯）发现他们已被威胁的事实的。无人机较小，且难以被探测到，更容易达到较好的效果。冷战时期，它可以监视可能的空域侵犯并提供证据。例如，在 1960 年 Gary Powers/U2 飞机事件的例子中，如果由无人机机组人员参与并承担侦察任务，则会避免外交风波。

**5）测试研究任务**

无人机正在用于航空领域的研究和开发工作中。为了达到测试的目的，无人机作为民用或军用有人驾驶飞机的小规模复制品，在现实条件下进行机载测试，更便利且危险性更小。测试后的调整相较于较大的机组人员变动也更便利并且更快，而且不需要改变机组人员的住所或操作。

## 1.1.5　无人机的分类

尽管无人机系统组成部件很多，但它们通常按照执行任务时携带机载设备的能力和机型大小进行区分。一个无人机系统有可能需要携带多种型号的机载设备来完成不同类型的任务，这是设计无人机时需要考虑到的问题。无人机分类涵盖了一系列的无人机系统，从 HALE 飞机的 35m 或更大的翼展，到 NAV 只有 40mm 的翼展，如表 1.2 所示。

**表 1.2　无人机的分类**

| 缩写 | 英文全称 | 中文名称 |
| --- | --- | --- |
| HALE | high altitude long endurance | 高海拔长距飞行 |
| MALE | medium altitude long endurance | 中海拔长距飞行 |
| TUAV | medium range or tactical UAV | 中程无人侦察机或战术无人机 |
| CRUAV | close-range UAV | 近程无人机 |
| MUAV | mini UAV | 小型无人机 |
| MAV | micro UAV | 微型无人机 |
| NAV | nano air vehicle | 纳米飞行器 |

HALE——高海拔长距飞行，即海拔超过 15 000m 和 24h 以上的巡航。它们进行超远程（跨全球）侦察和监视，被越来越多地配装到军队中。它们通常由空军部队在固定基地控制（图 1.13）。

MALE——中海拔长距飞行，即海拔 5000～15 000m 和 24h 左右的巡航。和 HALE 类似，一般适用范围稍小，但仍然超过 500km，由固定基地控制（图 1.14）。

TUAV——中程无人侦察机或战术无人机，巡航范围为 100～300km。这些飞行器的体积小，操作系统比较简单，通常由地面和海上基站操控（图 1.15）。

CRUAV——近程无人机，机动部队用于军事/海军作战和不同目的的民用，通常在 100km 以上的范围内巡航，在军用和民用两个领域应用都比较多，包括目标侦察与锁定、广播监控、机场安全、船岸监视、电力线检查、作物喷洒和交通监控等。

图 1.13　Northrop Grumman RQ-4 Global Hawk

图 1.14　TAI Anka

图 1.15　Thales UK Watchkeeper WK450

MUAV——小型无人机，无人机在 20kg 以下，不像 MAV 那样小，操作范围为 30km 以内。该类型无人机被大量部署在民用领域，成为人们日常见到最多的无人机类型，用于航拍摄影、农情监控、地理勘测等领域。

MAV——微型无人机，最初定义为机翼不大于 150mm，现在已经有所放宽（图 1.16）。微型无人机主要适用于城市环境中的工作，特别是在建筑物内。要求其能够低速飞行，最好是能悬停，即能够停止并停在墙或柱子上。为了应对这一挑战，研究集中在一些不太传统的飞行器上，如扑翼飞机。MAV 由手放飞，因此有翼的无人机机翼载荷很低，它们很容易受到大气紊流的影响。所有类型的 MAV 在降落时都可能遇到问题。

图 1.16　微型无人机

NAV——纳米飞行器，设计的体积为梧桐种子的大小，集群作业，用来对雷达进行干扰。如果用于拍摄，推进和控制子系统可以足够小。其动力和控制子系统足够小，也可以用于超近程监控。

RPH 或是垂直起降无人机（vertical take-off UAV，VTUAV），如果一个飞行器能够垂直起飞，它通常也能够垂直降落，在执行任务时，有时飞行悬停显得尤为重要。与低载荷有翼飞机相比，旋翼飞机不易受到大气湍流影响。

无人战斗机（unmanned combat air vehicle，UCAV）和无人武装直升机（unmanned combat armed rotorcraft，UCAR）也在向有翼武装无人机方向发展，UCAV 作为最初的无人武装旋翼飞行器，可以发射武器，甚至参加空战。武装旋翼飞行器正在不断发展，这就是人们所熟知的无人武装直升机。

与此同时，HALE 和 MALE UAV，以及 TUAV 也越来越多地被应用于携带空地武器，以减少从锁定侦察目标到发起攻击的反应时间。因此，这些也可能被称为战斗无人机。其他形式的无人机也偶尔可见，但现在不太常用，按其行动半径分为：①远程无人机——由 HALE 和 MALE 取代；②中程无人机——由 TUAV 取代；③近程无人机——通常被称为 MUAV 或数字化无人机。

## 1.2　国外农用航空的发展现状

农用飞机是指为了农业目的而制造或改造的固定翼飞机，配驾驶员 1 名，有的可搭载乘员。通常执行空中喷洒农药、施肥、播种、森林灭火等任务，在一些发达国家农用航空已经发展成一门产业。全世界拥有农用飞机 3 万余架，每年作业面积达 1 亿 $hm^2$ 以上，飞机作业面积占总耕地面积的 17%，其中美国、俄罗斯等国家的飞机作业面积占比高达 50%以上。最常用的农用飞机为 Air Tractor、Cessna Ag-wagon、Gippsland GA200、Grumman Ag Cat、Gehling PZL-106 Kruk、Polish M-18 Dromader、PAC Fletcher、Piper PA-36 Pawnee Brave、Embraer EMB 202 Ipanema 和 Rockwell Thrush Commander，也有一部分使用直升机，如图 1.17 所示。

## 1.2.1　美国

在美国大约有 1350 家空中应用企业和 1430 个非运营商飞行员。在这 1350 家企业中，94%的拥有者也是飞行员。美国国家农业航空协会（National Agriculture Aviation Association，NAAA）代表超过 1800 名会员。根据 NAAA 记录，空中应用作业覆盖 46 个州——除阿拉斯加州、新罕布什尔州、罗得岛州和佛蒙特州以外的其他所有州。

航空喷洒仅占商业农场中所有植保作业的 20%以下，但覆盖了几乎 100%的森林保护应用。除了农业航空之外，通航服务范围还包括提供消防和用于消灭蚊子的公共卫生应用。根据美国农业部经济研究服务报告可知，美国 1.65 亿 $hm^2$ 农田中，约 70%（2.86 亿 acre①）采用植保作业服务进行田间作业。其中，农业航空行业每年处理 7100 万 acre 农田。基于 2012 年 NAAA 调查可知，采用航空机械操作最常见的 5 种作物是玉米、小麦/大麦、大豆、牧草和苜蓿，将来可以应用于所有大田作物。平均来说，每个通用航空公司有 2.1 架飞机，价格为 10 万～140 万美元，87%的飞机是固定翼飞机，其余 13%是旋翼飞机或直升机；根据飞机发动机类型划分，67%采用涡轮动力，33%采用活塞发动机。农业飞行器制造得非常坚固，每天可以在粗糙飞机跑道上进行 30～100 次起飞和着陆，并为飞行员提供保护和良好的视野。

## 1.2.2　俄罗斯

俄罗斯地广人稀，农民户均耕地面积较大，拥有数量高达 1.1 万多架农用飞机的庞大作业队伍，作业机型以有人驾驶固定翼飞机为主，年处理耕地面积占总耕地面积的 35%以上（刘开新，2015）。

## 1.2.3　澳大利亚、加拿大和巴西

澳大利亚、加拿大、巴西的农业航空发展模式与美国类似，目前主要机型为有人驾驶的固定翼飞机和旋翼直升机。加拿大农业航空协会共有会员 169 名。巴西作为发展中国家，在国家政策的扶持下，包括农业航空在内的通用航空发展迅速，农业航空协会共有单位会员 143 名，巴西注册农用飞机约 1250 架。根据农田飞行作业环境，澳大利亚、加拿大、巴西等国家户均耕地面积较大，普遍采用有人驾驶固定翼飞机作业。由此可见，农业航空技术是这些国家农业生产机械化、自动化、智能化的重要组成部分，在农业生产中的应用比例不断加大。

---

① 1acre=0.404 856$hm^2$

a. Gehling PZL-106 Kruk

b. Antonov An-2

c. Polish M-18 Dromader

d. Grumman Ag Cat G-164B

e. Air Tractor AT-802

f. Ayres Thrush

g. Kamov Ka-26

h. Bell 47

图 1.17　农用航空常用机型

### 1.2.4 日本

日本农民户均耕地面积较小，地形多山，不适合有人驾驶固定翼飞机作业，因此日本农业航空以直升机为主。日本是最早将微、小型农用无人机用于农业生产的国家。世界上第一台农用无人机出现在 1987 年，日本雅马哈公司受日本农林水产省委托，生产出 20kg 级喷药无人机"R-50"。经过 20 多年的发展，目前，日本拥有 2346 架已注册农用无人直升机，操作人员 14 163 人，防治面积达 96.3 万 $hm^2$，占航空作业面积的 38%，成为世界上农用无人机喷药第一大国。小型农用无人直升机的用量已超过有人驾驶直升机。日本用于农林业方面的无人直升机以雅马哈 RMAX 系列为主，该机被誉为"空中机器人"，植保作业效率为 $7\sim10hm^2/h$，主要用于播种、耕作、施肥、喷洒农药、病虫害防治等。

### 1.2.5 韩国

韩国于 2003 年首次引进直升机用于农业航空作业，约 80%的飞机归地方农协所有，农业航空作业面积逐年增加。截至 2010 年，全国共有农用无人直升机 131 架，年植保作业面积为 $43\ 460hm^2$；有人驾驶直升机 20 架，年植保作业面积为 $55\ 200hm^2$。韩国农林水产食品部和农协中央会发布的数据显示，2013 年飞机数量增至 500 架。而在韩国这个户均耕地面积较小的国家，微、小型无人机用于航空植保作业的形式正逐渐被广大农户采纳。

### 1.2.6 国际无人机典型产品

德国爱儿康纳姆 MD4 四旋翼无人机。德国 Microdrones GmbH 成立于 2005 年 10 月，是全球领先的垂直起降四旋翼无人机系统开发商，2006 年推出的 MD4-200 四旋翼无人机系统开创了全球电动四旋翼无人机在专业领域应用的先河。2010 年推出的 MD4-1000 四旋翼无人机系统在全球专业无人机市场取得了巨大成功，目前仍然是全世界多旋翼无人机领域里技术最先进、质量最可靠、应用最广泛的四旋翼无人机系统。截至 2013 年，MD4 系列四旋翼无人机系统全球销售数量已经超过 1000 套，客户遍及公安、消防、军队、测绘、地质、考古、影视、环保、监控等多个专业领域。

美国 Agribotix 公司于 2013 年在科罗拉多州博尔德成立，是一家为全球农业应用提供先进分析的无人机软件公司。Agribotix 提供两种核心解决方案：向那些希望使用无人机来收集农业数据的客户提供全套服务，包括一架超可靠的无人机及一个领先的云数据分析和报告解决方案；并向拥有无人机的客户提供经济实惠的 Bring Your Own Drone™ 自助式数据处理和分析服务。这两种解决方案都为客户提供实用信息，以显著减少农田投入，并提高产量和增加种植者的利润。这些解决方案可生成帮助季节性施肥的指示地图，用于确定杂草丛生之地，并生成估计其覆盖范围的专业报告。

美国 PrecisionHawk 是一家利用无人机提供空中路径计算及数据评估解决方案的初创企业，成立于 2010 年，总部位于美国北卡罗来纳州罗利市。其 Lancaster 平台由无人机及飞行实时监控与人工智能系统组成。飞机重量为 3lb[①]，载重为 2.2lb，翼展为 4ft[②]，内置了 600MHz 的 CPU，搭载了嵌入式 Linux 操作系统，配置了 WiFi、以太网、蓝牙、USB 等接口，以及可选的视觉、多光谱、热红外、激光雷达等种类丰富的传感器和摄像机。

　　雅马哈是全球第二大摩托车制造商。雅马哈成为美国首家获政府批准、可销售农用喷药无人机的公司。这款无人机名叫 RMAX，是一款直升机。它也是获得美国联邦航空管理局批准的、型号最大的商用无人机，全长 2.7m，高 1.1m，重 64kg。雅马哈已经在日本、韩国及澳大利亚等国家出售农用无人机。雅马哈 Fazer 植保无人机是继 RMAX 无人机之后的更新升级版。相较于 RMAX，Fazer 植保无人机在精准农业应用的 3 个方面又进行了有效的更新完善：比 RMAX 提升了 50% 的有效载荷能力；改进了发射的控制系统，通过将燃料注入四冲程发动机，减少了废气排放和发动机使用时的噪声污染。农用无人机在日本的发展十分迅速，仅在日本就有超过 2500 台雅马哈无人机用于精准农业操作应用，占据日本水稻喷洒总量的 35%。除了出售无人机，雅马哈公司也提供租赁服务，同时不需要支付额外的驾驶员培训费用。

　　天宝（Trimble）公司成立于 1978 年，总部设在美国加利福尼亚的森尼韦尔，共有 3600 名员工，分布在全球 18 个国家。1998 年 6 月，Trimble 在中国北京成立了其第一家代表处，其设计研发的无人机主要为小型固定翼无人机 UX5 和 X100 系列。天宝 UX5 航空影像测量解决方案是一个理想的革新性的生产力工具，可以应用于测量、垃圾填埋和环境保护等方面，如地形测绘、站点及路线规划、过程监控、体积计算、灾害分析，以及其他各种各样的应用。

## 1.2.7　外文文献分析

　　2016 年 12 月在 Web of Science 上搜索农用无人机相关文献，手动筛选后获得 419 篇中文文献。1998～2016 年农用无人机相关英文文献的发表量和引文数量分别如图 1.18 和图 1.19 所示，文献数量在 1998～2008 年处于波动上升阶段，发表量和引文数量从 2009 年起逐年快速增加，到 2015 年达到最高。国外农用无人机的发展比国内早 5 年左右。

　　Zarco-Tejada 等（2013a）对反映光化学反射指数（PRI）的水分胁迫指标在冠层结构和色素含量水平范围内进行了评价和解释。在经过 3 种不同灌溉处理实验的葡萄园场地中，进行 4 次飞行操作，采集全天的超高分辨率（VHR）窄带多光谱（地面分辨率为 10cm）和热成像（地面分辨率为 20cm）图像。利用飞行操作同时获取叶片气孔导度（Gs）和叶水势（$\Psi_{leaf}$）的实地测量值，并与作物水分胁迫指数（CWSI）和从纯植被像素中计算得到的窄带多光谱指数进行比较。其中，CWSI 是一种广泛接受的基于热的水分胁迫指标。本研究提出了新的公式和新的标准 PRI（PRInorm），其中标准 PRI 指数对冠层结构敏感的指数（新标准差异植被指数，RDVI）及叶绿素含量敏感的红边指数（$R_{700}/R_{670}$）进行标准化。所研究的假设是新指数，按照 PRInorm=PRI/（RDVI−$R_{700}/R_{670}$）计算，其不仅将叶黄素含量变化作为水胁迫因子，而且将水胁迫造成的叶绿素含量和冠层叶面积

---

　　① 1lb=0.453 592kg
　　② 1ft=3.048×10⁻¹m

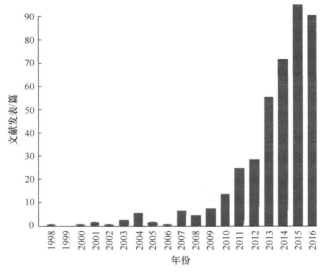

图 1.18　1998～2016 年农用无人机相关英文文献发表量

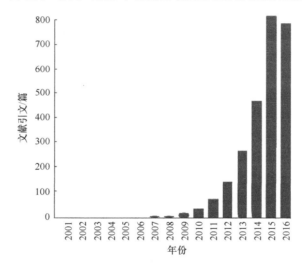

图 1.19　2001～2016 年农用无人机相关英文文献引文数量

的减少进行标准化。结果表明，将 PRInorm 与中午测量的气孔导度（$R^2$=0.79；$p<0.001$）和叶水势（$R^2$=0.77；$p<0.001$）进行对比，新指数的表现优于标准 PRI（其各自的 $R^2$ 分别为 0.52 和 0.49）。此外，利用在全天实验期间进行的 4 次飞行操作，PRInorm 与气孔导度关系更密切。研究提出的标准 PRI 与水胁迫的热指标和这里用作基准的 CWSI 高度相关（$R^2$=0.75；$p<0.001$）。相比之下，标准 PRI 指数与 CWSI 显著相关（$p<0.001$），尽管其关系比 PRInorm 获得的关系更弱（$R^2$=0.58）。总而言之，这项研究表明，PRInorm 比 PRI 能够更好地区分生理变化与改变颜色和结构的背景变化，从而更准确地跟踪气孔孔径全天的动态。使用叶片和冠层辐射传递模型来阐明这些结果，仿真模拟显示冠层色素含量与 PRInorm 之间比其与标准 PRI 更加线性相关，并且能够更好地区分胁迫水平，更好地解释这种全天研究的结果。

Baluja 等（2012）通过使用无人机（UAV）的热成像和多光谱图像来评估商业雨养型 Tempranillo 葡萄园葡萄（*Vitis vinifera* L.）的水分状态变化。研究确定了叶片气孔导度（Gs）和茎水势（$\Psi_{stem}$）与气温或从图像上得到的指数之间的关系。气温与 Gs（$R^2=0.68$，$p<0.01$）和 $\Psi_{stem}$（$R^2=0.50$，$p<0.05$）显著相关。从航空图像上得到的热图像指数也与 $\Psi_{stem}$ 和 Gs 强相关。此外，不同的光谱指数与葡萄园葡萄的水分状态相关，归一化差分植被指数（NDVI）、反射率的转化叶绿素吸收和优化的土壤调节植被指数之间的比率（TCARI/OSAVI）与 $\Psi_{stem}$ 和 Gs 各自最高的决定系数分别为 $R^2=0.68$（$p<0.05$）和 $R^2=0.84$（$p<0.05$）。尽管热图像和水分状态参数的关系可以被认为是短期响应，但 NDVI 和 TCARI/OSAVI 指数可能反映了累积缺水的结果，因此是长期响应。总之，基于无人机的热成像和多光谱图像可以评估和映射葡萄园内葡萄水分状态的空间变化。

Yang 和 Chen（2015）提出了一种用于迷你无人机采集的连续图像和激光探测与测量（LiDAR）数据的新型自动配准方法。首先，所提出的方法从 LiDAR 数据和图像中提取建筑物轮廓，并且基于通过线性特征间接得到的对应角点，在 LiDAR 数据坐标框架中估计建筑物图像的外部定向参数（EoP）。其次，使用运动恢复结构（SfM）技术恢复图像坐标框架中连续图像的 EoP，并且使用相应的 EoP 计算 LiDAR 坐标和图像坐标框架之间的变换矩阵，获得图像和 LiDAR 数据的粗略配准。再次，通过多视图立体匹配（MVS）算法从连续图像中生成三维点。最后，通过使用迭代最近点（ICP）算法与来自粗略配准的初始结果来配准 LiDAR 数据和三维点，进一步精炼连续图像的 EoP，得到连续图像和 LiDAR 数据之间的精细配准。他们通过进行实验以检查所提出的方法的有效性，结果表明，上述方法实现了小型无人机采集的连续图像和 LiDAR 数据的高精度鲁棒配准。

Hernández-Clemente 等（2012）探索了在叶片和冠层水平的可见光谱区域中使用窄带指数来估计类胡萝卜素含量。研究区是衰退的松树林。连续两年测量了针叶中的光谱反射率和色素含量，包括叶绿素 a 和叶绿素 b（Ca+Cb）、类胡萝卜素（Cx+c）和叶黄素循环色素（VAZ）。该研究采用辐射传递建模方法和在 10nm 半峰全宽（FWHM）带宽获得的高分辨率空中影像。机载数据由通过无人机（UAV）上的窄带多光谱相机获得的高空间分辨率图像组成。图像具有 50cm 的分辨率和在 $500\sim800$nm 的 6 个光谱带，因而能够识别纯树冠来获得单棵树的反射率。评价的指数采用传统的公式，通过结合在 $500\sim600$nm 区域对 Cx+c 吸收敏感的带生成新的简单比率。PROSPECT-5 模型与离散各向异性辐射传递（DART）模型耦合，以探索 Cx+c 敏感植被指数在叶片和冠层水平的表现。评估这些指数对结构效应的敏感性，以研究 Cx+c 相关植被指数在混杂冠层上的潜在放大。Cx+c 含量与窄带植被指数的决定系数表明，传统指数与叶片水平上的 Cx+c 含量高度相关（$R^2>0.90$），CRI 指数按 $[(1/R_{515})-(1/R_{550})]$ 计算时 $p<0.001$；但在冠层水平上会受到结构参数的高度影响（$R^2>0.44$，$p<0.001$）。本研究提出的新的单比率植被指数（$R_{515}/R_{570}$）与 Cx+c 含量在叶片水平上（$R^2>0.72$，$p<0.001$）及在冠层水平上（$R^2>0.71$，$p<0.001$）显著相关。无人机平台上的遥感摄像机可以提供非常高分辨率的多光谱和高光谱图像，用于勘探混杂森林冠层中的生物化学成分。这项研究表明了勘探类胡萝卜素含量的可行性，以此评估森林的生理环境。

Zarco-Tejada 等（2013a）使用叶片水平测量的叶绿素荧光和光化学反射指数（PRI）数据、冠层温度和 PRI 的季节性时间序列及高分辨率空中影像来研究柑橘果园中水分胁迫的远程检测。该工作在果园中进行，通过受调节的缺乏灌溉（RDI）实验形成了水分胁迫水平梯度。在每个处理块上和每个季节测量气孔电导（Gs）和水势（$\Psi$）。机载数据包括在再灌水阶段之前使用小型化热成像仪和无人机（UAV）上的微型高光谱成像仪在不同处理之间达到最大胁迫差异时获得的热红外图像和高光谱图像。高光谱图像是在 40cm 分辨率和 400～885nm 的 260 个光谱带中于 6.4nm 半峰全宽（FWHM）光谱分辨率和 1.85nms 采样间隔下采集的，因此能够识别纯冠层来提取每棵树的辐射和反射高光谱信息。FluorMOD 模型通过应用 3 个光谱带（3FLD）的 Fraunhofer 线深度（FLD）原理来研究叶绿素荧光的恢复情况，这证明了在果园中利用无人机配置的微型高光谱仪进行荧光检测的可行性。结果表明季节性 PRI 和冠层温度之间存在联系，冠层温度是根据仪器测量的树木和区域的气孔导度及水势获得的。PRI 和冠层温度（Tc）到空气温度（Ta）时间序列对水分胁迫水平的敏感度表明，在再灌水开始后的 PRI 的恢复时间相对于 Tc 到 Ta 的时间要延迟一些。在不同斜坡处理样本达到最大差异时，从无人机平台采集的空中图像显示冠层温度与 Gs（$R^2 = 0.78$，$p < 0.05$）和 $\Psi$（$R^2 = 0.34$，$p < 0.001$）达到最大决定系数。在计算的窄带指数中，$PRI_{515}$ 指数（参考波段为 515nm）得到的结果比 $PRI_{570}$ 更好，对于 Gs，$R^2 = 0.59$（$p < 0.01$），对于 $\Psi$，$R^2 = 0.38$（$p < 0.001$）。从蓝色（$R_{400}$）和绿色（$R_{550}$）带计算的 BGI1 指数（蓝绿指数 1，$BGI1 = R_{400}/R_{550}$）对于 Gs（$R^2 = 0.62$）和 $\Psi$（$R^2 = 0.49$）具有最高的显著性水平（$p < 0.001$）。在评估的结构指数之外，RDVI、调节型三角植被指数（MTVI1）和三角植被指数（TVI）显示出比 NDVI 对 Gs（$R^2 = 0.6$，$p < 0.01$）和 $\Psi$（$p < 0.001$）具有更高的灵敏度。用 3FLD 方法从微型高光谱图像中计算叶绿素荧光跟踪胁迫水平，得到与气孔导度的 $R^2 = 0.67$（$p < 0.05$），与水势的 $R^2 = 0.66$（$p < 0.001$）。本研究所做工作论证了应用热成像、窄带指数，以及从小型无人机平台搭载的微型高光谱成像仪和轻质的热成像仪上获得的荧光检测结果在混杂树冠层胁迫检测中的可行性。

Dandois 和 Ellis（2013）通过遥感对植被的高空间分辨率三维（3D）测量推进了生态研究和环境管理工作的展开。然而，巨大的经济和物流成本限制了这种应用，特别是观察生态系统结构和光谱特征的物候动力学。本研究提出一个新的航空遥感系统，使常规和廉价的航空三维测量冠层结构和光谱属性成为可能，其属性类似于 LiDAR，但每个点具有 R-G-B 光谱属性，这使得在作物单个生长季节中可以进行高频率的测量。这种"Ecosynth"方法利用摄影测量中的"运动恢复结构"机器视觉算法将大量高重叠率的低空（<130m）图像转换成三维点云，这些图像由安装在低价（<4000 美元）、轻质（<2kg）、业余级的无人机系统（UAS）上的数码相机获得。研究使用商业计算机视觉软件，通过 UAS 在美国马里兰州的 3 个 6.25hm$^2$（250m×250m）温带落叶林地点重复获得的数字照片，生成密度为 30～67 点/m$^2$ 的 Ecosynth 三维点云。Ecosynth 点云地理校正后的精度为 1.2～4.1m 水平径向均方根误差（RMSE）和 0.4～1.2m 垂直 RMSE。研究使用通常应用于 LiDAR 点云的程序，从叶上和叶下点云生成底层数字地形模型（DTM）和冠层高度模型（CHM）。Ecosynth CHM 是实地测量的树高（$R^2$ 为 0.63～0.84）的强预测因子，并与 4 天前获得的 LiDAR CHM（$R^2 = 0.87$）高度相关，尽管基于 Ecosynth 的地上生物量和碳

密度的估计还存在显著的误差（基于现场测量值的 31%～36%）。在 16 个月期间的 6 个不同时间重复扫描 50m×50m 的森林区域揭示了在不同高度的冠层颜色的显著生态动力学特征和冠层密度的结构性增长，这可以从点密度的垂直高度分布和相对 RGB 亮度的变化看出。冠层相对绿度的变化与相同区域的 MODIS NDVI 时间序列高度相关（$R^2=0.87$），而冠层颜色的垂直差异显示了优势冠层物种（北美鹅掌楸）的早期绿化，强有力的证据表明 Ecosynth 时间序列测量能够在单个树木的空间尺度下捕获植被结构和光谱物候动力学特征。能够在高时间分辨率下观察不同物候的冠层 3D 模型是森林生态学研究的一个突破。用于在景观尺度（$<1km^2$）下植被的多光谱 3D 扫描的低成本的用户部署技术预示了现场生态学家、社区林务员和感兴趣的公众参与式遥感的新时代。

　　Berni 等（2009）应用基于高分辨率航空图像估计的冠层温度得到的模型来计算混杂橄榄园的冠层导度（Gc）和作物水分胁迫指数（CWSI）。Gc 模型需要模拟净辐射（Rn）和空气动力阻力（Ra）作为风速和冠层结构的函数。同时采用 Rn 和 Ra 模型对橄榄园测试数据和公开数据进行测试。水分胁迫变化条件下树的 Gc 建模值与同一棵树上根据气孔导度测量值估计的 Gc 具有较好的相关性。用于计算 CWSI 的模型不仅考虑了蒸汽压力亏损，而且考虑了已知的影响空气和树冠温度差的参数 Rn 及风速。计算的缺水和灌溉橄榄树的 CWSI 与同一棵树上测量的水势相关。研究中应用的方法用于验证 CWSI 计算所需的理论基线的估计，并与传统的经验基线测定进行比较。使用机载高光谱扫描仪（AHS）和无人机（UAV）在两年内获得的高分辨率热红外遥感图像来绘制应用不同灌溉处理的橄榄园的 Gc 和 CWSI。这里开发的方法使得研究人员能够在混杂果园中对水分及水分胁迫的现场表征进行空间分析，具有应用于基于高分辨率热红外遥感图像改进果园灌溉管理的潜力。

　　Zarco-Tejada 等（2013b）在叶片尺度和在受控制的实验室条件下已经证明叶绿素荧光和光合作用之间的联系。本研究在自然光场条件下在叶片和图像尺度下测量稳态荧光和净光合作用之间的关系方面取得进展。在两个夏季进行地面测量和空中测量实验，采集了 400～885nm 光谱区域总共 260 个光谱带的高光谱图像。数据集于 2010 年和 2011 年 8 月在西班牙北部的里贝拉德尔杜罗葡萄酒原产地（Denominación de Origen）所在地区的西部收集。在 12 个葡萄园中进行实验，其中每个田地选择两个研究地块以确保叶片生物化学和生理条件存在足够的差异。葡萄园田地的选择依据是叶片营养和植物水分状态显示的叶色素值和气孔导度的变化。收集的叶子用于在实验室中对叶绿素 a、叶绿素 b、类胡萝卜素和花青素进行破坏性取样和生化测定。在自然光条件下对叶片稳态和暗适应荧光参数、净光合作用（Pn）和气孔导度（Gs）进行实地测量。将这些数据用作验证数据集，以评估在叶片和图像尺度上的荧光-光合作用关系。从高光谱图像识别的纯植被像素中提取辐射光谱用于量化计算荧光发射是基于 3 个光谱带（3FLD）的 Fraunhofer 线深度（FLD）原理。当与实地测量的稳态荧光 $F_s$（$R^2 = 0.48$，$p<0.01$）和最大效率 $F_v'/F_m'$（$R^2 = 0.53$，$p<0.01$）相比时，使用 3FLD 方法进行的荧光检测具有显著的结果。在叶片尺度和基于航空高光谱的图像尺度上，Pn 和 $F_s$ 之间的关系在两年的评定中均产生了一致的结果。在叶片尺度上，叶片 $F_s$ 和 Pn 之间存在显著的关系（$R^2 = 0.55$，$p<0.001$，2010 年；$R^2 = 0.59$，$p≤0.001$，2011 年）。在高光谱图像尺度上，叶片

Pn 和空气 $F_s$ 之间的关系在两年内分别是一致的，也具有显著的关系，2010 年 $R^2 = 0.54$，2011 年 $R^2 = 0.41$，$p<0.01$；将两年数据组合建模也表明其存在显著相关关系（$p<0.001$，$R^2 = 0.52$）。结果表明，自然光条件下，在叶片和航空高光谱图像尺度下得到了净光合作用和稳态荧光之间存在相关关系的结论。

Vasuki 等（2014）研究采集技术的最新进展，如无人机（UAV），使采集高分辨率岩石表面的图像得到越来越多人的关注。然而，由于无人机在一次短暂的飞行中就能获得大量图片，如何有效地处理这些数据，尤其是制作数字化地图和提取方位数据是一个挑战。作者提出一种半自动的地质断层高效绘制方法，该方法基于无人机采集的航空图像生成的岩石表面的摄影测量数据，利用先进的自动化图像分析技术和人类数据结合，可以快速地绘制地质结构，然后计算其倾角和倾角方向。首先从主要摄影数据集中检测地质结构（断层、接缝和断裂），然后从由运动恢复结构（SfM）产生的三维表面模型中识别等效的三维结构。根据这个信息计算地质结构的位置、倾角和倾角方向。通过我们的半自动化方法产生的结构图与利用专家手动解析并输入的数字断层结构图，查准率为79.8%。半自动化结构图在 10min 内生成，而手动方法大约花费 7h。另外，使用 Vasuki 等（2014）在文章中提出的自动化方法计算的倾角和倾角方向与实地测量值的平均值±标准误差分别为 1.9°±2.2°和 4.4°±2.6°。这显示了使用 Vasuki 等（2014）在文章中提出的半自动化方法来精确和有效地绘制地质结构的潜力，特别是在遥远的、不可到达的或危险的地方。

Yin 等（2015）提出一种建模方法，考虑传感器视场（FOV）内的多角度采集，以模拟由有限的 FOV 的被动传感器采集的地球表面的真实图像。在这种方法中，离散各向异性辐射传输（DART）、三维辐射传递模型（RTM）与三维透视投影耦合。当前的RTM 假设研究景观的所有部分都能沿着同一方向看到，但是所有被动成像器均只能在具有非零立体角的 FOV 中得到能量。此外，它们不能考虑相机模型及其图像投影几何（如相机的透视投影和交叉轨迹成像器的平行透视投影）。这种情况的问题在具有低传感器高度和宽 FOV 的空中采集中尤为严重。新的建模方法解决了这个问题：进入传感器的光线可以来自各个方向。为此，在光线跟踪期间，针对精确的视图方向模拟每个被动传感器的采集，视图方向是从散射点到传感器位置的瞬时矢量。相机和交叉成像器都是按照大多数经典配置建模的。通过此实验，DART 为各种研究领域提供原始模拟和评估，包括：①被动传感器成像；②无人机（UAV）采集的影像；③在遥感图像中的局部热点（HS）效应；④模拟正视的透视投影图像的像素方式比较；⑤由具有不同高度传感器的机载和卫星系统获得的图像之间的辐射变化。对于任何配置，在模拟和获得的遥感数据之间像素方面的精确度比较是该方法的另一个重要应用。

Zarco-Tejada 等（2014）讨论了无源传感器在冠层生物物理参数监测中的应用，尤其探讨了无人机（UAV）的低成本相机应用于不连续冠层中树高的定量测量。无人机是一个 2m 翼展固定翼平台，具有 5.8kg 起飞重量和 63km/h 的速度。它携带一个改进的可见光-红外检测（CIR）的消费级相机，并且与全球定位系统（GPS）模块同步连接。在这项研究中，携带相机有效载荷的电动无人机的配置允许单次飞行 158hm²。相机系统能够获得具有非常高分辨率（VHR）的图像（5cm/像素），通过自动三维重建方法来进行正视拼接并生成数字表面模型（DSM）。无人机在每个研究地点遵循预先设计的计划飞行，以确保利用平行和垂直航迹线的网格获取大的横跨和沿轨道重叠（即>80%）的图像。验证方法包括使用载波相位差分（RTK）GPS 对两个不同的研究区域现场总共 152 棵树的高度进行测量，并作为验证数据。根据 VHR DSM 模型所得树高与实测达到 $R^2 =$ 0.83，树的高度为 1.16~4.38m，总均方根误差（RMSE）为 35cm，相对均方根误差（R-RMSE）为 11.5%。对无人机获取的输入图像的空间分辨率对图像重建方法和 DSM 生成的影响的评估表明，对于像素分辨率低于 35cm 的输入图像，5~30cm 的像素分辨率的稳定关系快速劣化。在 30cm/像素分辨率的图像用于生成 DSM 时，RMSE 和 R-RMSE 显示误差低于 15%。利用这种无人机系统和照片重建方法在两个果园中进行的研究表明，基于消费级相机的廉价方法可以提供与目前用于农业和环境的昂贵的及计算上需要更复杂的光检测的测距系统相当的精度。

Gonçalves 和 Henriques（2015）使用无人机（UAV）来绘制和监测沙丘及海滩。一个非常轻的飞机（SwingletCam）配备一个非常便宜的非量测相机用于获取地面分辨率优于 5cm 的图像。Agisoft Photoscan 软件用于定向图像、提取点云、构建数字表面模型和生成正射图像拼接。该处理包括具有相机校准的自动空中三角测量及随后的模型生成，这些大部分是自动的。研究人员采用差分 GPS 接收机测量控制点位置以获得最优位置精度，分析了葡萄牙西北海岸两个非常敏感的测试区域，获得了具有 10cm 网格间距和 3.5~5.0cm 垂直精度（RMS）的详细的 DSM，这与图像地面分辨率（3.2~4.5cm）非常接近。在可能评估的情况下，正射图像拼接的平面精度为亚像素级。在该区域已知的沿海监测方案中，无人机有明显优势，可以取代许多常规飞行飞机，在数据采集方面费用低、收益可观，同时地形和航空图像数据的质量没有任何降低。

Mathews 和 Jensen（2013）对得克萨斯州丘陵地区村庄中的实验葡萄园的葡萄冠层结构进行建模。该研究利用无人机（UAV）和数码相机得到 201 幅航空图像（倾斜角和天底角），建立一组 SfM 点云。所有点被分成地面点和非地面点。非地面点可被假定为植被或其他地上物体，用来建立所研究葡萄园地块的可视化模型。他们进一步研究了 67 个葡萄藤采样点附近的非地面点的几个度量指标之间和那些相同葡萄藤采样点收集的叶面积指数（LAI）测量值之间的关系，采用逐步回归模型来尝试预测 LAI。分析结果显示相关性指标 $R^2$ 为 0.567，较为相关，用 6 个预测变量可以解释方根转化叶面积指数（$LAI_{SQRT}$）57%的变化。这些结果证明 SfM 数据集可以提供植被结构可视化和生物物理模拟对较小范围区域所必需的三维数据集。此外，SfM 数据集可以提供比传统的三维数据集［如由光检测和测距（激光雷达）捕获的那些］更高的时间分辨率。

## 1.2.8  国内外农用航空应用现状

美国农业与生物工程师学会（American Society of Agricultural and Biological Engineers，ASABE）是一个致力于促进工程技术在农业、食品和生物系统中应用的教育和科学组织。该学会创建于 1907 年，总部设在美国密歇根州的圣约瑟夫，现有来自 100 多个国家的 9000 多名会员。农业、食品与生物工程师主要致力于研发高效、环境友好的方法来为日益增长的全球人口生产足够的食品、纤维、木材和可再生能源。ASABE

为可持续发展的明天提供所需要的工程技术支撑。ASABE 的主要业务工作包括会员发展与管理服务、会议组织、书刊出版和标准制定等。ASABE 是农业生物工程领域最具全球影响的学术团体之一，每年举办的学术年会也是本学科领域影响最大的学术盛会，吸引全球农业与生物工程界的数千名同行专家参会交流。其中农业航空应用技术分会国际农业工程师学会精准航空作业学术组属于国际农业工程师学会下属分会，致力于推动农业工程中新型航空应用技术与装备的应用，以实现安全、高效、可持续的粮食生产。该分会的总体目标是为精准航空应用提供最前沿的应用解决方案。第一个变量投入技术（VRT）航空作业系统大约 10 年前在美国开发，世界上许多地区依靠农用飞机或直升机进行病虫害管理，VRT 变量航空作业系统提供了一种有效和精确应用农药的方法。在进行精确空中应用的情况下，VRT 变量航空作业方式是在不需要喷施药剂的区域上终止喷射，或在由全球定位系统确定的预定缓冲区域附近终止喷射，或者应用多个速率以满足作物需求量。使用 3S（遥感、全球定位系统、地理信息管理系统）技术开发用于精确空中应用的处方图，能够指导地面 VRT 变量作业系统的准确工作。精准的空中应用技术有可能节省农场主和农民的时间和成本从而增加利润。

国际精准农业航空会议（International Conference of Precision Agricultural Aviation）自 2008 年起每两年一届，已成功举办过 4 届，其中前 3 届在美国农业部农业航空技术研究中心举办。2014 年 11 月，第四届国际精准农业航空会议在广州华南农业大学举行，会议期间成立了"国际精准农业航空应用技术中心"，为以后的农业航空国际交流和合作提供了一个平台。为进一步增进农业航空领域的国内外学术交流，提升我国农业航空的研究与应用水平，华南农业大学国际农业航空施药技术联合实验室，国际农业与生物系统工程学会精准农业航空分会和中国农业工程学会农业航空分会于 2016 年 11 月 12～14 日在广州举办了第五届国际精准农业航空会议，并邀请中国、美国、英国、加拿大、澳大利亚、日本、韩国等国家的著名专家学者作专题报告。

国际精准农业学会（ISPA）系列会议，包括不同洲际国际学术会议、精准农业国际学术会议（ICPA）、欧洲精准农业会议（ECPA）、亚洲精准农业会议（ACPA）。2013 年，ISPA 正式授权湖北省农业信息化工程技术研究中心（湖北省科技信息研究院农村信息化中心）组建国际精准农业协会华中分会，此分会在中国精准农业领域尚属首家。国际精准农业协会于 1993 年在美国注册成立，是世界范围内精准农业领域的权威组织。

美国国家农业航空协会（National Agriculture Aviation Association，NAAA）成立于 1966 年，拥有 1900 名会员，分布在 46 个州，这些会员主要是航化作业业主、飞行员和设备供应商。和我国不一样的是，其会员公司大多是家族企业，飞行员本身可能就是公司老板。统计数据显示，每家公司平均拥有不到 2 架飞机，很多会员单位是与航空作业行业利益相关的单位。该协会的宗旨是为航化产业发声。美国国家农业航空协会主要起到行业枢纽的作用，包括帮助从业者之间的日常联系、维护政府和公众的关系、招聘及业务信息的发布等，同时还和美国国家农业航空科教基金（National Agricultural Aviation Research & Education Foundation，NAAREF）合作，开展针对提高作业效率、增强作业安全的研究或教育项目。当然 NAAA 代表业者的利益作为桥梁和农林行业进行联络和沟通。非常重要的是 NAAA 和美国多个政府部门如美国国家环境保护局（EPA）、国土安全部（DHS）、美国联邦航空管理局（FAA）等直接沟通，保护业者利益，如敦促 FAA 制定对杆塔安全标识的管理规章，设置 700 多万美元的政府科教基金，游说政府延续对联邦税费的减免政策等。美国航空作业的主要作物有柑橘、棉花、玉米、水稻、小麦、土豆等，种类比我国稍广泛些，作物季节性也很强。

为推动我国农业航空产业的发展，2011 年，华南农业大学作为理事长单位，联合农业部南京农业机械化研究所、浙江大学、北大荒通用航空公司等国内致力于农业航空应用技术的 27 家单位，组建了国内首个"农业航空产业技术创新战略联盟"。目前成员单位已发展到 60 家，各联盟成员单位以企业为主体、市场为导向，根据联盟协议的约定，采用产学研结合的机制，积极开展交流与合作，联合申报成功一批旨在解决我国农业航空应用中共性问题的国家级科研课题，为加大农业航空在我国现代农业生产中的应用比重、推动我国现代农业的发展起到了积极的作用。联盟由积极投身于农业航空产业技术进步，从事相关技术与产品的研究、开发、生产、制造、服务的企业、科研单位和大专院校，以及农业航空市场管理、产品检测鉴定及技术推广等相关机构自愿组成，以"推动技术创新、引导产业发展"为宗旨，为推动无人机长足发展提供了组织保证和技术交流平台，对农用无人机最终成为广大农民使用的农机有着深远的影响。

中国国际农业航空技术装备展览会（China International Agricultural Aviation Technology and Equipment Expo，CIAAE）由中国农业国际合作促进会、中国农业工程学会、农业航空产业技术创新战略联盟、中国农业工程学会农业航空分会、国际农业与生物系统工程学会（CIGR）精准农业航空分会联合主办。CIAAE 作为国内最具影响力的农业航空盛会，是推广农业航空新产品、新技术的理想渠道，同时也是企业与用户交流合作的优质平台。CIAAE 已成功举办 7 届，是国内规模最大、最专业的农业航空展，同时也是整机参展数量最多的农业航空展，被誉为"亚洲农业航空风向标"。

## 1.3　我国农用航空的发展历史与现状

### 1.3.1　我国农用航空的发展历史

1951 年 5 月，应广州市政府的要求，中国民航广州管理处派出一架 C-46 型飞机，连续两天在广州市上空执行了 41 架次的灭蚊蝇飞行任务，揭开了中国农业航空发展的序幕。

1952 年，国内组建了第一支通用航空队伍——军委民航局航空农林队，拥有 10 架捷克制爱罗-45 型飞机，职工 60 余人，当年飞行总量为 959h，专供通用航空生产作业的机场或起降点约 40 个。此后，在全国各地陆续成立了以农林业飞行为主的 14 个飞行队，后来又成立了专为工业、农业、海上石油等服务的通用航空公司。

经过几十年的发展，中国农业航空作业量逐年增加，至 2012 年，中国农林业航空年作业量约为 31 900h。目前，中国农林业航空作业以有人驾驶固定翼飞机和直升机为主，作业面积 200 多万公顷，无人直升机用于航空植保作业正逐渐兴起，但仍处于起步阶段。

1973～2009 年，中国通用航空及农业航空飞行作业时间情况如图 1.20 所示。自 1973

年以来，中国农业航空年飞行作业时间基本维持在 16 000～30 000h，增幅不明显；中国通用航空起源于农业航空，1975 年以前，农业航空在通用航空中占有很大比例，农业航空飞行作业时间几乎等同于通用航空。然而，随着中国改革开放的进一步深入，通用航空得到了长足发展，农业航空在通用航空中所占比例越来越小，到 2012 年农业航空所占比例已降至 6.2%左右。

图 1.20　1973～2009 年中国通用航空及农业航空飞行作业时间

　　我国农业航空应用已有 50 多年的历史，20 世纪五六十年代，一些大型国营农场开始推广使用农用飞机。现全国拥有农用飞机约 300 架，主要机型有：①Y-5B 型飞机，发动机功率为 735kW，载药量为 1000kg，作业高度（距作物顶端）为 5～7m，作业效率为 80hm²/h；②Y-11 型飞机，功率为 210kW（单台发动机），载药量为 800kg，作业高度为 3～6m，作业效率为 70hm²/h；③M-18A 型飞机，功率为 735kW，载药量为 1350～1500kg，作业高度为 3～15m，作业效率为 140hm²/h；④GA-200 型飞机，功率为 184kW，载药量为 500kg，作业高度为 3～5m，作业效率为 60hm²/h；⑤N-SA 型飞机和 PL-12 型飞机，功率为 294kW，载药量为 700kg，作业高度为 3～5m，作业效率为 74hm²/h。黑龙江是全国农用飞机拥有量最多、作业面积最大的省份。1985 年 5 月，黑龙江垦区成立了我国最大的农林专业航空企业——黑龙江龙垦通用航空公司。2009 年 4 月 18 日，龙垦通用航空公司又从波兰引进 15 架 M-18B 型农用飞机，此时龙垦通用航空公司的农用飞机数量达到 8 种机型，共 52 架。主要经营农林超低空喷洒农药、播种、勘探测量、人工增雨、森林灭火作业，以及抢险救灾、公务飞行、飞行员培训等业务。公司飞行、机务及地勤服务人员占 1%，在我国保证粮食安全，以及大、小兴安岭森林资源的有效保护方面发挥了重要的作用（图 1.21）。

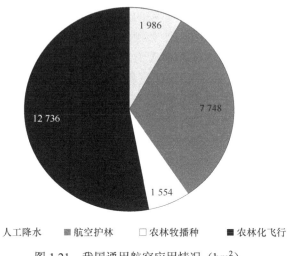

图 1.21　我国通用航空应用情况（hm$^2$）

运 5 是我国原南昌飞机制造公司在安-2 的基础上仿制和发展的小型多用途飞机，1957 年 12 月 13 日首飞成功，1958 年 3 月定型投产，并命名为"丰收二号"，后更名为"运输五"型，即运 5，成为新中国自行生产的第一种运输机。运 5 在南昌生产了 728 架，1970 年 5 月转到石家庄飞机制造公司生产，1985 年起基本型停产，着手研制改进型。新的运 5B 于 1987 年末首飞成功。在保持运 5 总体气动布局基本特点的基础上，一是换装了由波兰进口的 ASz-621R16 型发动机和 AW-2 螺旋桨；二是改善了飞机使用维护性和驾驶员的工作环境；三是改进了机载设备，换装了部分符合 TSO 技术标准要求的电子设备；四是新设计了农业喷洒系统。上述改进措施提高了运 5B 的可靠性，减轻了重量，提高了经济效益，商载由 1200kg 提高到 1500kg。

### 1.3.2　我国农用无人机应用现状

无人机植保作业相对于传统的人工喷药作业和机械装备喷药有很多优点，包括作业高度低、飘移少、可空中悬停、无须专用起降机场、旋翼产生的向下气流有助于增加雾流对作物的穿透性、防治效果高、可远距离遥控操作、喷洒作业人员避免了暴露于农药的危险、提高了喷洒作业安全性等。无人直升机喷洒技术采用喷雾喷洒方式，至少可以节约 50%的农药使用量，以及 90%的用水量，这将很大程度地降低资源成本。

我国地域辽阔，地理及气象条件多样，农业人口众多。第六次人口普查数据显示，我国农村人口共 6.7 亿，占总人口的比例为 50.32%。截至 2015 年年底，全国耕地面积为 1.35 亿 hm$^2$，当年主要农作物病虫害发生面积约为 55 亿亩次。农业部门统计数据显示，我国手动植保机具约有 35 个品种，社会保有量约为 5807.99 万台，担负着全国农作物病、虫、草害防治面积的 70%以上。机动植保机械有背负式机动喷雾机及背负式机动喷雾喷粉机约 8 个品种，社会保有量约为 261.73 万台；担架式机动喷雾机社会保有量约为 16.82 万台；小型机动及电动喷雾机社会保有量为 2535 万台；拖拉机悬挂式或牵引的喷杆式喷雾机及风送式喷雾机的社会保有量为 4.16 万台；航空植保作业装备保有量仅为 400 架。地面植保机具防治效率低，对于迁飞性害虫暴发和大区域流行性病害发生，不能实现大面积的统防统治。新疆地区的使用记录显示，飞机的作业效率是目前地面植保机具防治效率最高的高架喷雾器作业效率的 8.38 倍。飞机作业不仅作业效率高，能节省大量人力和农药，且完成同样作业面积的耗油量比拖拉机等农业机械少。目前，我国城市化进程快速发展，越来越多的劳动力走向城市，大量农业劳动力向第二、第三产业转移，集约化农业将是我国农业发展的必由之路，航空技术的优势在农业中的作用将会得到更加广泛的发展，由于我国农业生产发展和环境保护的需要，农用无人机发展前景广阔，市场潜力巨大。农用无人机低空遥感技术提高了遥感技术的时空分辨率，为多维度信息的准确获取、实现农业的精准化管理和决策提供技术支持。

无人机施药装备以其高效安全、不受地理因素的制约等突出优点，开始作为农机并受到越来越多的关注。《中华人民共和国国民经济和社会发展第十二个五年规划纲要》提出了"加强高效栽培、疫病防控、农业节水等领域的科技集成创新和推广应用，实施水稻、小麦、玉米等主要农作物病虫害专业化统防统治。发展农业信息技术，提高农业生产经营信息化水平"，特别将无人直升机产业化平台定为国家战略性新兴产业创新发展工程。2014 年中央一号文件将"加强农用航空建设"列入了"推进农业科技创新"一栏，表现出中央对农用航空的重视。农用无人机可以有效降低农民与有毒物质的接触，提升作业效率，改善植保喷药效果，对农田病虫害能够迅速反应，统防统治。农田信息遥感可以快速地获得农田植物生长状况，从而为合理耕种提供信息支持。无人机是解决我国多山地形经济作物产中植保作业难题的有效手段，有效降低了劳动强度，减少了农药残留。

我国耕地面积少，平原面积只占国土面积的 12%左右，而耕地面积仅占 10%，南方丘陵居多，存在大量小地块、梯田等不适合大型航空机械作业的耕地地形，无人机无疑成为一个很好的解决方向。目前作业机械与飞行器结合很差，无法体现无人机高效的作业能力。截至 2015 年 12 月，中国无人机研发生产企业已超过 400 家，其中，生产植保无人机的企业超过 100 家。植保无人机保有量已达 2324 架，总作业面积达 1152.8 万亩次。按动力类型可以分为油动无人机和电动无人机。油动无人机机构占比约 3%，主要是由于其操作难度大、价格昂贵、研发难度大。

无论大型的还是小型的农场都有望受益于无人机。在无人机的帮助下，小型农场能够提高农业精度，节省资金和资源。大型农场能够轻松绘制和确定大面积作物的健康状况和收成。此前，这类的土地监测完全依靠人力，农民需要亲自查看哪块田地需要更多的水和肥料。伴随精准农业的出现，遥感对很多大型农场的运作来说变得必不可少。卫星和飞机能够拍摄红外照片以确定水资源的分布运动及杂草的覆盖情况。热红外传感器可以测量热量，从远处判断作物健康状况。

自 2014 年中央一号文件首次提出要"加强农用航空建设"以来，2015 年中央一号文件也强调要"强化农业科技创新驱动作用，在智能农业等领域取得突破"。各级政府均积极响应中央的号召，生产端出台标准、销售端提供补贴、使用端建立规范。2016年中央一号文件指出要"强化现代农业科技创新推广体系建设"。其中包括"加快研发高端农机装备及关键核心零部件，提升主要农作物生产全程机械化水平，推进林业装备现代化。大力推进互联网+现代农业,应用物联网、云计算、大数据、移动互联网等现代信息技术,推动农业全产业链改造升级。大力发展智慧气象和农业遥感技术应用"。未来全国范围内农用无人机购置/服务补贴将是大概率事件,植保无人机仍将持续蓬勃发展。

中国航空器拥有者及驾驶员协会(Aircraft Owners and Pilots Association of China,AOPA-China),简称中国 AOPA,于 2004 年 8 月 17 日成立,是中国民用航空局主管的全国性的行业协会,也是国际航空器拥有者及驾驶员协会(International Council of Aircraft Owner and Pilot Associations,IAOPA)的国家会员,也是其在中国的唯一合法代表。中国航空器拥有者及驾驶员协会代表中国航空器拥有者及驾驶员的利益,接受国际航空器拥有者及驾驶员协会的监督、指导及相关规章约束。民航局将无人机驾驶人员的资质管理权授予了中国 AOPA,时间是从 2015 年 4 月 30 日至 2018 年 4 月 30 日,管理范围为视距内运行的空机(重量大于 7kg),以及在隔离空域超视距运行的无人机驾驶员的资质管理(隔离空域是指专门分配给无人机系统运行的空域,通过限制其他航空器的进入以规避碰撞风险)。

民航局的《民用无人驾驶航空器系统驾驶员管理暂行规定》中有如下规定,下列情况下,无人机系统驾驶员自行负责,无须证照管理。

(1)在室内运行的无人机。

(2)在视距内运行(半径≤500m;相对高度≤120m)的微型无人机(空机重量≤7kg)。

(3)在人烟稀少、空旷的非人口稠密区进行试验的无人机。

法规同时规定在其他情况必须需要无人机驾驶与飞行许可证。换句话说,飞出视距(距离超过 500m 或者高度超过 120m),或者驾驶空机重量大于 7kg 的无人机都是需要AOPA 培训合格证的。

## 1. 中文文献分析

2016 年 12 月在中国知网上搜索 SCI 来源期刊、EI 来源期刊及核心期刊的农用无人机相关文献,手动筛选后获得 289 篇中文文献。2003~2016 年农用无人机相关中文文献发表量变化如图 1.22 所示,2003~2011 年年发表文献数量缓慢上升并略有波动,从 2012 年起年发表文献数量迅速上升,到 2015 年达到 78 篇。这说明我国对农用无人机的相关研究从 2012 年起进入快速发展阶段。

289 篇文献总共来源于 110 个期刊,图 1.23 列出了发表文献数量超过 5 篇的研究机构。其中,《农业工程学报》、《农业机械学报》与《农机化研究》为论文主要发表刊物。

## 2. 社会发展需要

2015 年全国植保无人机保有量达 2324 架[31 个省(自治区、直辖市)统计],总作业面积达 1152.8 万亩次,较之 2014 年的 695 架、426 万亩次,同比增长率分别是234%、170.6%。但是,目前国内农业植保仍以人工加手动、电动喷雾机这样的半机械

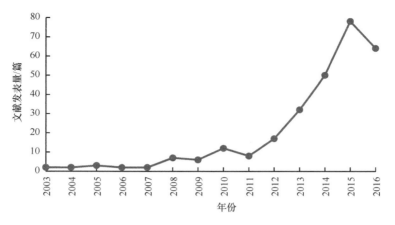

图 1.22　2003～2016 年无人机相关中文文献发表量

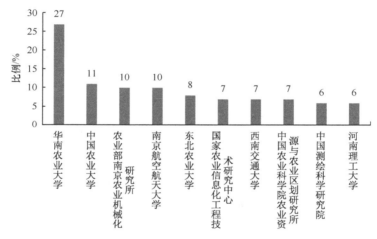

图 1.23　各研究机构农业无人机相关文献发表比例

化装备为主，占比超过 90%，航空植保比例小于 2%。按 2015 年植保无人机总作业面积达 1152.8 万亩次计算，无人机植保比例不到 1%，而美国、日本的农用航空作业占耕地面积比例分别达到 50%、54%，世界平均水平也远高于我国的 17%，我国在航空植保方面还处于刚刚起步阶段。

　　2015 年我国农业机械化装备水平、作业水平、安全水平、社会化服务水平稳步提升，农作物耕种收综合机械化水平预计达到 63%，力争在 2020 年农作物耕种收综合机械化水平超过 68%，其中粮食作物超过 80%。据统计，我国植保环节机械化水平低于 2%，植保机械以手动和小型机（电）动喷雾机为主，其中手动施药药械、背负式机动药械分别占国内植保机械保有量的 93.07% 和 5.53%，拖拉机悬挂式植保机械约占 0.57%（图 1.24）。由此可见，植保机械化水平远远低于农作物耕种收综合机械化水平，也低于机耕、机种、机收水平，成为我国农业机械化最大的短板。这个问题会越来越得到国家和社会的重视，植保无人机正是弥补这一短板的利器。

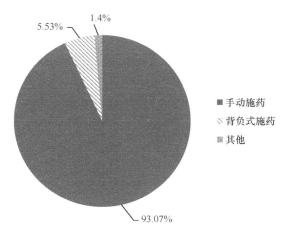

图 1.24 　我国植保机械化水平

近几年全国农机购置补贴力度一直很大，2015 年达到 228.09 亿元，如图 1.25 所示。一旦植保无人机进入国家层面的补贴后，为了补齐农业机械化的短板，相应的补贴力度会很大。保守估计到 2020 年植保无人机保有量可达 24 300 台，年均购置不到 5000 台，以每台国家补贴 3 万元计，每年的补贴金额为 1.5 亿元，相对于每年超过 200 亿元的农机购置补贴来说占比很小。

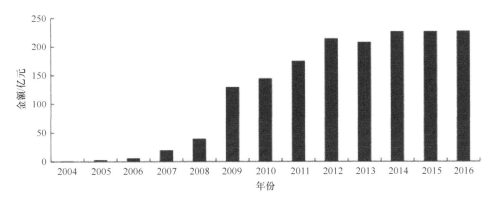

图 1.25 　2004～2016 年全国农机购置补贴

目前，我国农村实行以家庭承包经营为基础、统分结合的双层经营体制，农户为农业生产经营的主体。我国土地经营占比如图 1.26 所示。2010 年，我国乡村户数为 2.6 亿户，户均耕地面积为 0.46hm$^2$，不到欧盟的 1/40，不到美国的 1/400。我国土地长期分散经营，地块狭小分散，再加上单个农户财力的限制，对农业机械化的投资能力和投资意愿不足。

据统计，我国土地流转面积从 2007 年的 0.64 亿亩上升到 2015 年的 4.43 亿亩（图 1.27），其中土地流转去向中最大的一块是一些种植大户，这些人比普通农民对机械化的需求和接受度更高。流转到专业合作社的由 2010 年的 185 万亩，快速上升到 2014 年的 4765 万亩（图 1.28）。流转到企业的由 2010 年的 1508 万亩增加到 2014 年的 3883 万亩。在去向中，专业合作社和企业占比由 2010 年的 13.1%快速上升到

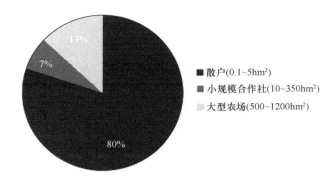

图 1.26　我国土地经营规模占比

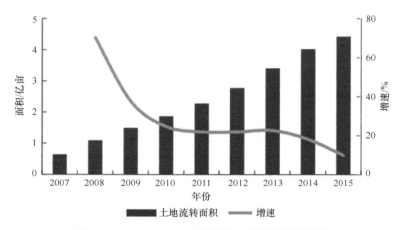

图 1.27　2007～2015 年我国土地流转面积及增速

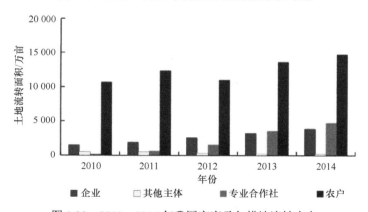

图 1.28　2010～2014 年我国家庭承包耕地流转去向

2014 年的 **36.7%**，这些机构在财力方面更有实力，规模化采用植保无人机的优势明显，甚至可以组建自己的飞防大队。同时他们经营大面积的土地，会更加注重土地的平整集中和相关障碍物（如杂树、电线杆）的清理，这些对于无人机的操作和效率提升很重要。现在有些植保无人机无法一键起飞和一键返回，就是因为田边障碍物过多，无人机自动避障的精确度和响应速度不足，只能依靠操作者手动起飞和返回。

## 1.4 未来发展方向

无人机自出现以来就以其高超的自动化水平和平稳的飞行引起世人的注意,然而当下仍存在无人机系统管理缺乏、自动化程度低、安全性差等问题。无人机的总体发展趋势是实现更高的自动化水平和智能化水平,提高农业信息化水平,减少人为干预,提高飞行和遥控的稳定性与安全性,改善导航方式,改善现有飞行器结构,研发新的飞行器气动力结构等,具体内容如下。

(1)提升农用无人机的自动化水平,降低飞行中的人为因素影响。开发离地高度锁定技术,降低操作人员的操作难度。去除与作业无关的功能,做好作业机械一体化设计,使飞行器与作业机械成为一个有机组合的农业机具。

(2)科学规划农用无人机作业流程,切实提升作业效率。改变人机协作方式,减少中间无谓的等待,从而明显提升作业效率。

(3)优化飞行算法,提升飞行稳定性和抗风险能力。由于农用无人机载重量较大,惯性大,存在控制响应滞后的问题。如何优化算法,实现飞行器平稳控制;如何提升飞行器的安全性,降低农民所承担的风险,都是农业工程师需要解决的问题。

(4)开发变量作业农机具,降低损耗和污染。依据精准农业的要求,按照农田需求处方图进行变量耕作,是农业自动化与生态农业发展的新要求。

(5)提升产品服务质量。卖一台飞机并不等于满足了农民对农田喷药的需求,产品销售方要建立完善的售后服务网络,为农民提供技术咨询服务,提供及时的技术保障与故障维修服务。

(6)开发低碳环保,环境友好的新能源无人机。现在无人机多选用石油燃料或者电池作为动力来源,石油燃料碳排放量很大,而且燃油危险性要高;电池的生产过程和废弃回收都会浪费资源,造成环境污染。太阳能无人机已经在美国出现,它以太阳能作为能量来源,在光线充足的情况下,即可做到全天候飞行。

## 参 考 文 献

刘开新. 2015. 俄日韩等国家农业航空产业发展现状. 时代农机, 42(7): 169.

Baluja J, Diago M P, Balda P, et al. 2012. Assessment of vineyard water status variability by thermal and multispectral imagery using an unmanned aerial vehicle(UAV). Irrigation Science, 30(6): 511-522.

Berni J A J, Zarco-Tejada P J, Sepulcre-Canto G, et al. 2009. Mapping canopy conductance and CWSI in olive orchards using high resolution thermal remote sensing imagery. Remote Sensing of Environment, 113(11): 2380-2388.

Dandois J P, Ellis E C. 2013. High spatial resolution three-dimensional mapping of vegetation spectral dynamics using computer vision. Remote Sensing of Environment, 136: 259-276.

Fishpool M. 2010. International military and civilian unmanned aerial vehicle survey. CA: Technical report, Socolofi Research.

Gonçalves J A, Henriques R. 2015. UAV photogrammetry for topographic monitoring of coastal areas. ISPRS Journal of Photogrammetry and Remote Sensing, 104: 101-111.

Herlik E. 2010. Unmanned aerial vehicles (UAVs) for commercial applications global market & technologies outlook 2011-2016. CA: Technical report, Market Intel Group LLC.

Hernández-Clemente R, Navarro-Cerrillo R M, Zarco-Tejada P J. 2012. Carotenoid content estimation in a heterogeneous conifer forest using narrow-band indices and PROSPECT + DART simulations. Remote Sensing of Environment, 127(127): 298-315.

Mathews A J, Jensen J. 2013. Visualizing and quantifying vineyard canopy LAI using an unmanned aerial vehicle (UAV) collected high density structure from motion point cloud. Remote Sensing, 5(5): 2164-2183.

Vasuki Y, Holden E J, Kovesi P, et al. 2014. Semi-automatic mapping of geological structures using UAV-based photogrammetric data: an image analysis approach. Computers & Geosciences, 69: 22-32.

Yang B, Chen C. 2015. Automatic registration of UAV-borne sequent images and LiDAR data. ISPRS Journal of Photogrammetry and Remote Sensing, 101: 262-274.

Yin T, Lauret N, Gastellu-Etchegorry J P. 2015. Simulating images of passive sensors with finite field of view by coupling 3-D radiative transfer model and sensor perspective projection. Remote Sensing of Environment, 162: 169-185.

Zarco-Tejada P J, Diaz-Varela R, Angileri V, et al. 2014. Tree height quantification using very high resolution imagery acquired from an unmanned aerial vehicle (UAV) and automatic 3D photo-reconstruction methods. European Journal of Agronomy, 55: 89-99.

Zarco-Tejada P J, González-Dugo V, Williams L E, et al. 2013a. A PRI-based water stress index combining structural and chlorophyll effects: assessment using diurnal narrow-band airborne imagery and the CWSI thermal index. Remote Sensing of Environment, 138: 38-50.

Zarco-Tejada P J, Morales A, Testi L, et al. 2013b. Spatio-temporal patterns of chlorophyll fluorescence and physiological and structural indices acquired from hyperspectral imagery as compared with carbon fluxes measured with eddy covariance. Remote Sensing of Environment, 133(12): 102-115.

# 第 2 章 无人机系统飞行器

## 2.1 固定翼飞行器

### 2.1.1 固定翼飞行器的定义

固定翼飞行器（fixed-wing aeroplane）平台即日常生活中提到的"飞机"，是指由动力装置产生前进的推力或拉力，由机体上固定的机翼产生升力，在大气层内飞行的重于空气的飞行器，如图 2.1 所示。

图 2.1　固定翼飞行器

### 2.1.2 固定翼飞行器的基本结构及设计原理

尽管可以设计用于很多不同的目的，但大多数固定翼飞行器还是具有相同的主要结构（图 2.2）。它的总体特性大部分是由最初的设计目标决定的。大部分飞机的基本结构包含机身、机翼、尾翼、起落架和发动机等。

机身的主要功能是装载设备、燃料和武器等，它也是其他结构部件的安装基础，能够将尾翼、机翼、起落架等连接成一个整体，如图 2.3 所示。

机翼是固定翼飞行器产生升力的部件。机翼后缘有可操纵的活动面，一般靠外侧的称为副翼，用于控制飞机的滚转运动；靠内侧的是襟翼，用于增加起飞和着陆阶段的升力。大型飞机机翼内部通常安装有油箱，军机机翼下面则可挂载副油箱和武器等附加设备，有些飞机的发动机和起落架也被安装在机翼下方。固定翼飞行器机翼结构如图 2.4 所示。

图 2.2 固定翼飞行器

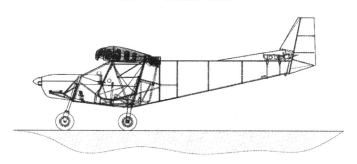

图 2.3 机身结构

图 2.4 固定翼飞行器机翼结构

尾翼是用来配平、稳定和操纵固定翼飞行器飞行的部件，通常包括垂直尾翼（垂尾）和水平尾翼（平尾）两部分。垂直尾翼由固定的垂直安定面和安装在其后部的方向舵组成；水平尾翼由固定的水平安定面和安装在其后部的升降舵组成，一些型号的飞机的升降舵由全动式水平尾翼代替。尾翼的方向舵用于控制飞机的横向运动，升降舵用于控制飞机的纵向运动。固定翼飞行器不同的尾翼形式如图 2.5 所示。

图 2.5　固定翼飞行器不同的尾翼形式

　　起落架是用来支撑飞行器停放、滑行、起飞和着陆滑跑的部件，一般由支柱、缓冲器、刹车装置、机轮和收放机构组成。陆上飞机的起落装置一般由减震支柱和机轮组成。此外还有专供水上飞机起降的带有浮筒装置的起落架和在雪地上起降用的滑橇式起落架。固定翼飞行器不同的起落架形式如图 2.6 所示。

图 2.6　固定翼飞行器不同的起落架形式

## 2.1.3　飞行器的主要部件

　　机翼是使飞机产生升力的最主要部件。如果从机翼上单独取出一个剖面（即所谓翼型）（图 2.7）放在风洞中观察气流流过它的情况，将会发现这样的现象：从远前方来的气流到达翼剖面前缘后会分成上、下两股，分别沿着机翼上、下表面流动，到后缘处又重新汇合，并平滑地向后流去（图 2.8）。这说明，在翼剖面前缘的气流与翼剖面后缘之后的气流原先是一个整体，只是插入这段翼剖面后才使这部分气流分成上、下两股。在翼剖面前缘附近，气流开始分成上、下两股的那一点的气流速度为零，静压达最大值，这个点在空气动力学上称为驻点。对于上、下弧面不对称的翼剖面来说，这个驻点通常是在翼剖面的下表面。在驻点处气流分叉后，上面的那股气流不得不先绕过前缘，所以它需要以更快的速度流过上表面，才能与流过下表面的那股气流同时到达后缘点。这样一来，气流流过上表面时速度较大，流过下表面时速度较小。根据伯努利定理可知，气流流速大，流体的静压减小，于是机翼上、下表面就产生了压力差，上、下表面的压力差越大，产生的升力也就越大。

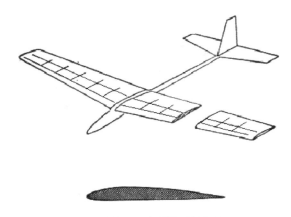

图 2.7　机翼的翼剖面

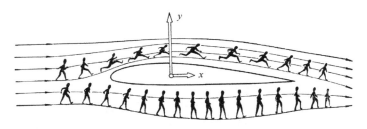

图 2.8　机翼产生升力的图示

如果增大相对气流与翼剖面所成的角度（称迎角），驻点位置会沿着翼剖面下表面向后移动，所以从驻点分叉后流过上表面的那股气流的流动速度更快了，于是翼剖面的升力也就越大。

利用伯努利定理来解释机翼为什么会产生升力是十分方便的，可是当需要对升力进行具体计算时，伯努利定理便很难被用上了。

计算机翼产生的升力大小，有助于机翼的设计。通过风洞和其他方法试验后得知，机翼产生的升力（$Y$）大小可用如下公式计算：

$$Y = \frac{1}{2}\rho v^2 S C_y \tag{2.1}$$

式中，$\rho$ 为空气密度（kg/m$^3$）；$v$ 为机翼与气流的相对速度（m/s）；$S$ 为机翼面积（m$^2$）；$C_y$ 为机翼升力系数。

机翼升力系数是用试验方法测量出来的。机翼产生的升力大小除了与空气密度、飞行速度和机翼面积有关外，还与机翼翼剖面的形状（即翼型）、气流与机翼所成的角度（即迎角）等有关。机翼的翼型有千种以上，迎角也可以有许多变化，如果把这些因素都一一列入式中那就太麻烦了，所以通常是用一个数字，即升力系数来代替。不同的机翼，不同的翼型，在不同的迎角下，便有不同的升力系数。科学工作者花费了很多时间把各种各样的翼型放在风洞中进行试验，分别求出不同迎角时的升力系数，最后把这些数据整理好，并将每个翼型的资料都画成曲线（如升力系数曲线等）以便查阅。当我们为机翼选用某种翼型后，若想算出在一定迎角下产生多大升力，便要把有关这个翼型的资料或曲线找出来，查出在此迎角下产生的升力系数，然后代入升力计算公式，求出升力。

升力系数曲线一般如图 2.9 所示。从图上可看到，曲线的横坐标代表迎角 $\alpha$，纵坐标代表升力系数 $C_y$，根据一定的迎角便可以查出该迎角下产生的升力系数。所谓迎角就是指相对气流方向与翼弦所成的角度（图 2.10）。翼弦是指翼型前缘与后缘连成的直线。

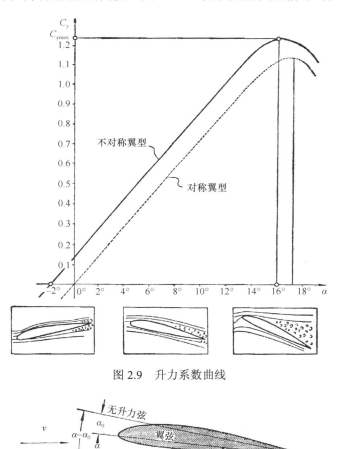

图 2.9　升力系数曲线

图 2.10　迎角 $\alpha$ 与无升力迎角 $\alpha_0$

　　一般上、下不对称的翼型在迎角等于 0°时仍会产生一定的升力，因此升力系数在迎角为 0°时不是零，而迎角为负数时其升力系数才会为零，这时的迎角称为无升力迎角。从无升力迎角开始，迎角与升力系数成正比，升力系数曲线是一条向上斜的直线。当迎角增大到一定程度（图 2.9 中的 16°）以后，升力系数便开始下降。升力系数达到最大值时的迎角称为临界迎角，这时的升力系数称为最大升力系数，用符号 $c_{ymax}$ 表示。飞机飞行时，如果迎角超过临界迎角，便会因为升力突然减小而下坠，这种情况称为失速。关于失速问题之后还要专门讨论。

　　为什么一般上、下弧面不对称的翼型在迎角是 0°时仍然会产生升力呢？因为这些翼型的上表面弯曲，下表面比较平直，在迎角为 0°的条件下翼型驻点仍在翼型下表面，从而使上表面的气流流得快，下表面的气流流得慢，结果还是产生升力。只有气流从斜上方吹来（图 2.10），即迎角为负值时，升力才等于 0。如果翼型是上、下对称的，那就完全不同了。对称翼型在迎角为 0°时不产生升力，升力系数就是 0；其驻点在前缘处，上、下表面的气流速度相同，所以这种翼型只有在迎角为正值时才会产生升力，机翼在空气中运动时产生的升力随机翼迎角增大而增大。当迎角增大到一定程度时，升力便不再随迎角增大而增大了，这时的迎角为临界迎角。超过临界迎角后，再增大迎角，升力反而急剧减小，出现失速现象。失速后，飞机由于升力不够便会坠落下来。无人机出现失速的现象，比载人飞机普遍，因为无人机机翼的临界迎角比载人飞机小，加上无人机的重量较轻，飞行速度也比较低，在飞行中稍受到一些扰动（如上升气流）便会使机翼的实际迎角接近甚至超过临界迎角而引起失速。

　　机翼失速是由气流分离而引起的。当气流流过机翼时，在机翼上表面的气流流速逐渐增加，到了机翼的最高点，流速最快；之后因为翼型慢慢向下斜，气流流速又逐渐减慢；最后到了后缘，流速就应该和机翼前面的流速差不多。机翼上表面气体静压变化和流速是密切相关的。在流速最快的地方，即机翼最高点附近，静压最低，之后又开始增加，越靠近后缘静压越大，最后恢复到差不多等于机翼前面的静压。静压的这种变化在迎角增大时更为明显。迎角越大，机翼上表面前、后静压差也越大。

　　在机翼上表面形成的边界层内的静压变化和边界层外面气流的静压变化完全相同。从机翼前缘附近一直到机翼最高点，静压逐渐降低，所以边界层是从高压区流向低压区。这种流动不会有什么困难，而且流速越来越快。过了机翼最高点以后，由于流速逐渐减慢，静压逐渐增加。这时候边界层是从低压区流向高压区。对于静止的气体来说，这种流动是不可能的，不过由于在机翼最高点处气流流速最快，边界层内的空气质点具有较大的动能，因此仍然能够从低压区流向高压区。当然在向后流动的过程中，边界层内的空气质点的流速将随着气流减速而开始减慢，加上黏性的作用，又会在机翼上表面附近消耗一部分动能，而且越靠近机翼表面动能耗损得越多。这样流动的结果，使边界层内最靠近机翼表面的那部分空气质点在到达后缘之前就已经流不动了，于是外面的气流为了填补"真空"，发生反流现象（图 2.11），此时边界层外的气体也不再按着机翼上表面形状流动。在这些气流与机翼上表面之间，气体一面打转形成旋涡，一面向后流动，情况十分混乱，这种现象就是边界层分离，或称为气流分离。边界层内空气质点刚开始停止运动，并出现反流现象的那一点，称为分离点。

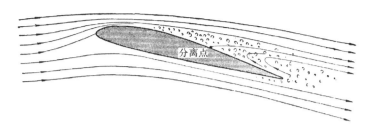

图 2.11　气流在机翼上表面的分离

　　研究表明，任何一种机翼翼型，如果其他条件都相同，对于某一个给定的雷诺数，都存在着一个对应的边界层内空气质点能克服的高、低压的差值，这种压力差可以形象地用一个把机翼迎角和翼型几何形状都综合在一起的机翼上表面的最高点与后缘之间的垂直距离来表示，称为"可克服高度"（图 2.12）。如果不超过这个"可克服高度"，空气质点具有足够的动能来克服高、低压的差值，就不会出现边界层分离。但如果机翼迎角超过了允许的极限值，如图 2.12 下方，迎角从原来的 5°增大到了 6.5°，"应克服高度"超过了"可克服高度"，就会出现气流分离。当然，如果迎角不是很大，"应克服高度"与"可克服高度"差别不大，那么边界层内空气质点向后流动就不会很困难，只是在接近后缘的机翼上表面附近气流才开始分离。气流在这时候分离对升力和阻力的影响都不大。

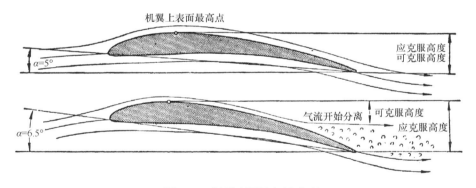

图 2.12　机翼表面的气流分离

　　当机翼迎角进一步增大时，情况便不同了。这时由于"应克服高度"与"可克服高度"差值太大，边界层内的空气质点流过机翼上表面最高点不远处便开始分离，使机翼上表面充满旋涡，升力大大减小，而阻力迅速增大。

　　很显然，为了降低气流分离的影响，提高飞机的临界迎角，希望尽可能增加"可克服高度"。从物理意义上讲，就是要尽可能使机翼上表面边界层内的空气质点具有较大的动能，以便能顺利地流向机翼后缘的高压区。

　　每种翼型的"可克服高度"都与某一个雷诺数相对应。在其他条件都一样的情况下，雷诺数越大，"可克服高度"也越大。无人机的机翼翼弦较短，飞行速度也不快，飞行雷诺数较低，所以机翼的临界迎角与最大升力系数都比较低。例如，无人机机翼的临界迎角一般是 10°～15°，最大升力系数是 1.0 左右；而载人飞机的雷诺数高达数百万，它的机翼的临界迎角可达 18°，最大升力系数也可达 1.0 左右；这虽然与所用的翼型不同也有关系，但主要还是受到边界层的影响。有人曾经做过这样的试验，把机翼的翼型放在风洞中测量它的升力和阻力，并求出它的升力系数和阻力系数。当雷诺数不断增加，达到某一数值时，机翼的升力系数会突然增大很多，同时阻力系数突然减小很多，结果升阻比也突然增大很多（图 2.13）。这种现象是机翼上表面的边界层从层流转变为紊流所引起的，这个雷诺数就是前面讲过的临界雷诺数（$Re_{临界}$）。所以，应使无人机在雷诺数大于 $Re_{临界}$ 的条件下飞行，才能获得良好的性能。

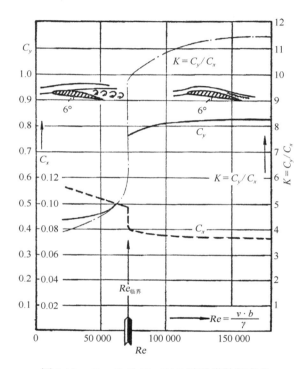

图 2.13　$C_y$，$C_x$ 及 $K= C_y/C_x$ 随雷诺数的变化

假如，能够根据各种翼型的 $Re_{临界}$ 来决定机翼翼弦的最小长度，以保证机翼在雷诺数大于 $Re_{临界}$ 的条件下工作，这当然是很理想的办法，可惜绝大部分翼型的 $Re_{临界}$ 是未知的。一般翼型资料所标明的 $Re$ 不是临界值，而只是该资料试验时的 $Re$（这点千万不要弄错）。由于缺乏数据，到目前为止，利用 $Re_{临界}$ 来设计机翼的想法还不能实现。

机翼临界雷诺数的大小与翼型的弯曲程度、厚度等有关，也与机翼上表面的粗糙程度、气流的紊乱程度等有关，所以不同的机翼有不同的临界雷诺数。根据最粗略的估计，厚度是翼弦 8% 的弯曲翼型的临界雷诺数大约是 50 000。

无人机飞行时，机翼的雷诺数有可能与其临界雷诺数十分接近。很多时候，只要把翼弦稍为加长一点，使雷诺数正好比临界雷诺数大，便可以使无人机性能提高很多。因此，仿制别人的图纸时，最好不要随便改变翼弦长度及重量（重量及机翼面积大小与飞行速度直接相关），否则性能很好的飞机有时也会变得很差。

在讲边界层时曾经提到过，决定边界层是层流还是紊流，除了雷诺数外，还与物体的表面光洁度、形状及气流本身紊乱程度有关。所以对无人机来说，在提高雷诺数大小受到限制的情况下，若要降低气流分离的影响，改善其失速特性，可以从翼型几何形状和流过机翼的气流紊乱程度方面着手。

翼型就是机翼或尾翼剖面的形状。下面将主要介绍机翼翼型，但有些情况下不能将机翼和尾翼的翼型截然分开，所以这里也附带提到尾翼的问题。翼型各部分名称如图 2.14 所示，其中翼弦及中弧线说明如下。

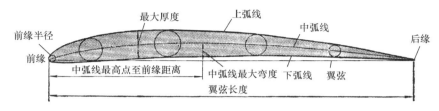

图 2.14　翼型各部分名称

翼弦是翼型的基准线，通常是翼型前缘点与后缘点的连线。机（尾）翼的迎角是指机（尾）翼翼弦与相对气流方向的夹角。机（尾）翼的安装角是指机（尾）翼翼弦与安装基准（如机身纵轴）所成的角度。在制造无人机时，为了便于测量，常常用与翼型下弧线最低的两点相切的直线来代替翼弦，并用来计算机（尾）翼的安装角。一般来说，用这种办法测得的机（尾）翼安装角要比实际值小。

中弧线是指翼型上、下弧线之间的内切圆圆心的连线。为了方便起见，也可以认为是翼型上、下弧线间距离的中点的连线。中弧线是对翼型性能影响最大的一个几何参数。

## 1. 翼型类型

虽然固定翼无人机所用翼型的外形千差万别，但根据外形的特点一般可以将其翼型分为以下 6 种（图 2.15）。

对称翼型：它的中弧线是一根与翼弦重合的直线，翼型上、下弧线是对称的。这种翼型的阻力系数比较小，但升阻比也小。主要用作飞机的尾翼翼型。

双凸翼型：它的上、下弧线都是外凸的，但上弧线的弯度比下弧线大，所以中弧线是向上凸的。虽然这种翼型的阻力要比对称翼型大，但可以获得较大的升阻比。它主要在高空、高速飞行的无人机上使用。

平凸翼型：它的下弧线是一条直线，中弧线的弯度要比双凸翼型大，最大升阻比也比双凸翼型大。主要用作常规布局且飞行速度适中的无人机或一般飞机的水平尾翼翼型。

凹凸翼型：它的下弧线向内凹入，所以中弧线弯度比平凸翼型大，阻力也比较大，但能产生较大的升力，升阻比也较大。这种翼型被广泛地用于低速飞行且留空时间较长或拉重比相对较小的无人机上，主要用作机翼翼型，也可将弯度较小的凹凸翼型用作水平尾翼翼型。

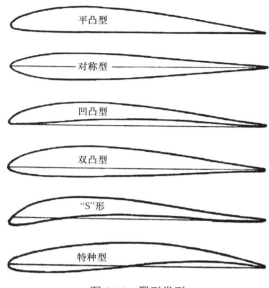

图 2.15　翼型类型

"S" 形翼型：它的中弧线像是横放的"S"形。前面讲的 4 种翼型，其压力中心将随着迎角增大而逐渐前移，所以它们的力矩特性是不安定的。无人机飞行时的安定性全靠水平尾翼来保证，而"S"形翼型本身的力矩特性就是安定的，所以常用在没有水平尾翼的飞翼式无人机上。

特种翼型：从字面上看就知道，这是指为了满足某种性能指标或要求而设计的非同寻常的翼型。用于无人机上的"特种翼型"，大多是航模爱好者为了提高飞行成绩，依据空气动力学原理进行探索性研究而设计的。这类翼型有最大厚度点在 60%弦长处的"层流翼型"；下表面后缘下弯以增大机翼升力的"弯后缘翼型"；为了改善气流流过翼型尾部的情况，而将翼型尾部做成一块平板的"平板式后缘翼型"；头部比一般翼型多出一片薄片，作为扰流装置以改善翼型上表面边界层状态的"鸟嘴式前缘翼型"；下表面有凸出部分以增加机翼刚度的"增强翼型"等类型（图 2.16）。

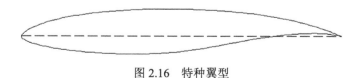

图 2.16　特种翼型

## 2. 翼型的主要几何参数

研究表明，翼型的性能与它的几何外形有很大关系，而在构成翼型形状的几何参数中，对性能好坏起决定性作用的有以下几项。

### 1）中弧线弯度 $f$ 或翼型相对弯度 $\bar{f}$

中弧线与翼弦之间的最大垂直距离称为中弧线弯度，或翼型的最大弯度，简称翼型弯度 $f$。它和翼弦长 $b$ 的比值称为翼型的相对弯度：

$$\bar{f} = \frac{f}{b} \tag{2.2}$$

中弧线弯度与翼型升力和阻力有直接关系。在一定范围内，弯度越大，升阻比越大；但如果弯度过大，翼型的阻力增加很快，升阻比反而下降。

**2）中弧线最高点位置 $X_f$ 或 $\bar{X}_f$**

中弧线最高点到翼型前缘的距离 $X_f$，亦称为弧位，通常也用它占翼弦长的百分数来表示：

$$\bar{X}_f = \frac{X_f}{b} \tag{2.3}$$

中弧线最高点位置与翼型上表面边界层的特性有很大关系。低速无人机翼型的中弧线最高点位置一般在翼弦长度的 35%～55%处。

**3）翼型最大厚度 $C$ 或最大相对厚度 $\bar{C}$**

翼型上弧线与下弧线之间内切圆的最大直径称为翼型最大厚度 $C$。对于弯度和厚度都不太大的翼型，$C$ 也可以用上弧线与下弧线的最大垂直距离来近似地表示。

为了便于比较，可用相对于翼弦长度的百分数来表示，称为最大相对厚度，简称相对厚度：

$$\bar{C} = \frac{C}{b} \tag{2.4}$$

翼型相对厚度不仅影响机翼的强度和刚度，也影响翼型的性能。一般来说，厚度越大，阻力越大。而且，在低雷诺数的条件下，较厚的翼型容易保持层流边界层。所以，竞赛模型在强度和刚度允许的情况下，应尽可能采用较薄的翼型。

**4）翼型最大厚度位置 $X_C$ 或最大厚度相对位置 $\bar{X}_C$**

$X_C$ 是指翼型上弧线与下弧线之间最大内切圆圆心到翼型前缘点的距离。若用翼型上弧线与下弧线之间的最大垂直距离来表示翼型最大厚度，则最大厚度所在位置与前缘之间的距离即为最大厚度位置。为了便于比较，通常也用它占翼弦长度的百分数来表示最大厚度相对位置：

$$\bar{X}_C = \frac{X_C}{b} \tag{2.5}$$

翼型最大厚度位置对翼型上表面边界层特性有很大影响，过分后移会使无人机的安定性变差。"层流翼型"的最大厚度位置在翼弦长度的 50%～60%处，它在较小的迎角范围内具有良好的性能，但如果迎角稍有变化，就会使飞行性能骤然变差。

**5）翼型的前缘半径 $r$ 或前缘相对半径 $\bar{r}$**

$r$ 即通过前缘点又和上、下弧线相切的小圆半径。为了便于比较，用它占翼弦长度的百分数表示前缘相对半径 $\bar{r}$：

$$\overline{r} = \frac{r}{b} \tag{2.6}$$

翼型前缘半径决定了该翼型头部的"尖"或"钝"。如果翼型头部太"尖锐"，在迎角较大的情况下气流容易分离，从而使无人机的安定性变差；如果头部太"钝"，又会使阻力增大。

无论对有人机还是无人机来说，翼型都起着重要的作用。因此，研究者多年来设计和研究了数以千计的翼型，种类很多，形状各异。为了加以区别，每种翼型都有自己的"姓"和"名"。翼型的"姓"一般用它的设计单位或设计者的名称或代号表示，而翼型的"名"通常是数码字或字母，这些数码字或字母由设计者选定，有的表示试验编号或试验系列，也有的按一定规律反映了翼型的几何特性。有些翼型在它的"名字"后面还加有一些符号，以进一步表明它的特点。

### 3. 翼型的名称

无人机制造厂商常用翼型的来源不外乎如下两种。

航模爱好者自己设计和改进的翼型。这类翼型一般都是经过模型飞机的实际飞行并证明性能较好的，当然也有一些是经过风洞试验的翼型。

一些国家的航空研究机构经过风洞试验的翼型。这些翼型资料往往还附有特性曲线。

#### 1）航模爱好者自己设计的翼型

航模爱好者自己设计的翼型常常用集体的名称或设计者的名字再加上它的序号来表示。例如，BH-10，其中"BH"是"北航"（北京航空航天大学）汉语拼音的缩写字母，数字"10"是所试验的第 10 个翼型。

在航模爱好者设计的翼型中，要着重介绍的是 B 系翼型。它是匈牙利著名的航模爱好者班尼狄克设计的翼型，采用 4～5 位数码字来表示翼型的几何特性。例如，在翼型 B-12307-b 和 B-6556-b 中，第一（二）位数字表示翼型的最大相对厚度。前一种翼型的"12"表示厚度为翼弦长度的 12%，后一种翼型的"6"，表示厚度是翼弦长度的 6%。中间两位数字表示翼型中弧线最高点距前缘的距离。"30"和"55"分别表示中弧线最高点位置位于翼弦长度的 30%和 55%处。最后一位数字表示中弧线最大弯度。"7"和"6"分别表示中弧线最大弯度等于翼弦长度的 7%和 6%。

在 B 系翼型数字后面往往附有一个小写英文字母，用来表示中弧线的类型，它的含义是：a 表示中弧线是圆弧曲线；b 表示中弧线是椭圆曲线；c 表示中弧线由椭圆曲线和双曲线组合而成；d 表示中弧线为任意曲线；e 表示翼型上、下弧线在尾部重合为一条线；f 表示翼型后缘部分很厚，最后突然变尖。采用这种翼型的机翼，其后缘的强度和刚度较好。

由于在翼型厚度和中弧线弯度相同的条件下可设计出很多翼型，因此在后面这个小写英文字母的下面还可加上分母数字，如 B-8356-b、B-8356-b/2 及 B-8356-b/3 等，它们用来表示设计的先后次序。

**2）航空研究机构试验的翼型**

在航空研究机构试验过的翼型中，要着重介绍美国国家航空航天局的前身美国国家航空咨询委员会（NACA）研究的一系列翼型。该机构研究过很多翼型，也采用数码字表示翼型的几何特性。在模型飞机上常用的 NACA 翼型分为两个系列，即 4 位数字翼型和 5 位数字翼型。现以 4 位数字翼型 NACA-6409 为例，对有关数码字的含义进行如下说明。

第一个数字表示中弧线最大弧高，6 表示翼弦长度 6%的意思。

第二个数字表示中弧线最大弧高的位置，4 表示在翼弦长度的 4%处（从前缘向后量）的意思。

第三、第四个数字表示翼型最大厚度，09 即为翼弦长度的 9%。这类翼型最大厚度的位置都在翼弦长度 30%的地方，4 位数字翼型都是如此，所以不再标出来。

根据这个规律可以知道 NACA-6412 翼型与 NACA-6409 基本上相同（中弧线完全相同），只是厚度不是翼弦长度的 9%，而是 12%。

如果第一、第二个数字是 0，表示这类翼型是对称翼型，如 NACA-0009 表示厚度是翼弦长度 9%的对称翼型。

NACA 翼型不但在真飞机上使用很广，在模型飞机上也常常被采用，如 NACA-6409、NACA-6412、NACA-0018、NACA-2312 等都是常用的翼型。

除此之外，在模型飞机上还采用了一些对现有翼型加以改进而得到的"新"翼型。例如，1/2NACA（6406+6409），或写作 NACA-6407.5，这是将两个中弧线相同但厚度不同的翼型相加，取其厚度平均值而得到的"新翼型"；MVA-301-75 即保持 MVA-301翼型中弧线不变而把厚度改薄到原来的 75%；克拉克-Y-6 是将最大相对厚度为 11.7%的克拉克-Y 翼型减薄到 6%的"新翼型"，实际上这个翼型的中弧线也改变了。

## 4. 机翼形状的影响

事实上只有将机翼做成无限长时，机翼的性能才能和翼型的完全一样，所以必须进一步了解实际机翼形状对机翼气动特性的影响。

机翼的形状包括机翼的平面形状和正面形状。机翼的平面形状指的是机翼的展弦比和机翼的几何形状（如长方形、梯形和椭圆形等）；机翼的正面形状主要由上反角的大小和形状决定。一般来说，机翼平面形状主要影响机翼上的空气动力大小，而机翼正面形状主要影响无人机的飞行安定性。

### 1）翼尖涡流的影响

前面说过机翼上、下表面的压力差会产生诱导阻力。要了解这个问题首先必须注意机翼的长度是有限的。在机翼翼尖部分，上、下表面压强不同的气流会发生流动，下表面高压强的气体可绕过翼尖向上表面流动，气体的这种流动形成翼尖涡流，从而使整个机翼的气流流动情况都受到影响。这种影响可分为 3 种：①使机翼上、下表面压强分布产生变化，减小了压力差（而越靠近翼尖部分影响便越大），结果使升力减小；②使机翼各部分实际迎角减小，长方形机翼越靠近翼尖部分迎角减小越多；③使机翼后面的气流向下倾斜（所谓的下洗流），增加了阻力。

总体来说，翼尖涡流使机翼在相同迎角下产生的升力减小，增加了阻力，使空气动力性能变差。

可以想象，若要避免这种影响，最好把翼尖上、下隔离开，这样便不会再产生翼尖涡流了。

然而这种方法只能在风洞中办得到，在无人机上则不行。例如，在模型翼尖上加上垂直隔板，诱导阻力虽然减小，但垂直隔板本身的摩擦阻力使总阻力增加，而且增加重量，不一定合算。现在常用的办法是尽量使机翼左、右翼尖相隔远一些，因为这些问题是由翼尖引起然后影响到全机翼的，翼尖相隔越远，影响就会越小。同样面积的机翼，如果翼弦越小，翼展越大，两翼尖相隔的距离便越远，翼尖涡流的影响便越小，这种又狭又长的机翼就是展弦比很大的机翼。

展弦比就是机翼的翼展与平均翼弦的比值。展弦比越大表示机翼越狭长。一般在计算时可以用机翼面积和翼展来求展弦比，这样可以省去求平均翼弦的麻烦。

$$\lambda = \frac{L^2}{S} \tag{2.7}$$

式中，$\lambda$ 为展弦比；$L$ 为机翼翼展（cm）；$S$ 为机翼面积（cm$^2$）。

下面再进一步讨论翼尖涡流的影响。

A. 翼尖涡流引起诱导阻力

根据理论推算证明，机翼的诱导阻力系数与机翼展弦比成反比，而与机翼升力系数的平方成正比。诱导阻力系数可用下面的公式计算：

$$C_{xi} = \frac{C_y{}^2}{\pi \lambda} \tag{2.8}$$

式中，$C_{xi}$ 为诱导阻力系数；$C_y$ 为机翼的升力系数；$\lambda$ 为机翼展弦比。

从公式（2.8）中可看到，展弦比越大，诱导阻力系数便越小。现代的无动力滑翔机展弦比一般都在 10 以上就是这个道理。不过必须注意，用该公式计算时，还要考虑到机翼的平面几何形状，这个公式适用于椭圆形和梯形机翼。如为长方形加椭圆形翼尖的机翼，诱导阻力系数比用这个公式算出来的大 5%～10%，也就是说应乘上 1.05～1.10。

B. 翼尖涡流形成下洗流

翼尖涡流对无人机的另一个影响是形成下洗流。尾翼通常是在机翼所影响的气流范围之内，所以下洗流主要对尾翼产生作用，即改变了吹到尾翼上的气流的方向。下洗角就是机翼前面吹过来的气流方向与机翼后气流的方向所成的角度。当机翼产生升力越大，即翼尖涡流越强时，下洗角越大。这个影响也随着展弦比的加大而减少。理论研究结果证明，距机翼后缘较远的下洗角（$\varepsilon$）可用下式计算：

$$\varepsilon = 36.5 \times \frac{C_y}{\lambda} \tag{2.9}$$

事实上机翼后面的气流相当混乱，下洗角各处大小不同，这个公式只是一个最粗略的估计而已；同时机翼后面气流的速度只有原来速度的 90%左右，也就是说，如果没有螺旋桨的气流作用，尾翼的相对气流速度只有飞机飞行速度的 90%。

　　C. 翼尖涡流使机翼产生的升力减小

　　翼尖涡流不但与诱导阻力及下洗角有关，而且会影响到升力系数的大小。由于翼尖涡流的影响，机翼的实际迎角比没有翼尖涡流时的迎角小，这就是说，翼弦与相对气流方向所形成的夹角是测量机翼性能时所依据的迎角，但翼尖涡流使机翼气流流动情况发生变化，减小了机翼的相对气流方向与翼弦所成的角度，使机翼产生的升力系数减小。例如，机翼无限长时，迎角为 8°，升力系数为 1.2；当展弦比是 8 时，同一机翼（具有同样的翼型）迎角也是 8°，所产生的升力系数只有 0.96，因为对后一机翼来说气流作用下的实际迎角小于 8°。相同翼型的机翼在相同迎角下，展弦比越小，升力系数也越小。同时还可以看到，机翼产生的最大升力系数不随着展弦比的改变而改变，所以展弦比越小的机翼临界迎角却越大。

　　机翼产生的升力系数在小迎角时与绝对迎角成正比，所以升力系数曲线开头都像一根直线。所谓绝对迎角就是无升力迎角与迎角数值之和，也就是无升力弦与相对气流方向的夹角。用代数式表示绝对迎角等于 $\alpha-\alpha_0$，因为 $\alpha_0$ 通常是负值，用负的 $\alpha_0$ 代入式中正好是两个角度数值相加。

　　翼尖涡流使机翼迎角减小的数值称为诱导迎角（$\Delta\alpha$），也有人称为诱导下洗角。该角度的大小正好等于下洗角的一半，即

$$\Delta\alpha = 18.2 \times \frac{C_y}{\lambda} \qquad (2.10)$$

　　当展弦比从无限大变为 8 时，升力系数曲线便向右偏斜，在同一升力系数 $C_{y1}$ 的时候，两者迎角相差是 $\Delta\alpha$，这个角度的大小可用公式（2.10）计算出来。用此办法可以把翼型的升力系数曲线（$\lambda=\infty$ 的曲线）改为展弦比符合我们机翼情况的曲线。

　　在展弦比减小后，临界迎角的变化情况就比较复杂了，但近似地也可以用这个公式计算，不过计算时的 $C_y$ 要用 $C_{y\max}$。

**2）飞机机翼的展弦比**

　　根据以上计算及考虑，飞机机翼的展弦比似乎是越大越好。然而限制利用大展弦比的条件有很多，最主要的是结构问题，又狭又长的机翼是很难制作得既轻又坚固的。对于无人机来说，考虑展弦比的同时还应该考虑到雷诺数的影响。无人机机翼的面积往往有一定的限制，所以用大展弦比，翼弦就要短，也就是雷诺数要小。前面早已说过，雷诺数越大，机翼的性能便越好，尤其是最大升力系数受雷诺数的影响更大，雷诺数小时机翼容易失速。从这方面考虑应该用小展弦比的机翼。

　　到底应该用多大的展弦比？这个问题要根据无人机的不同情况而定。一般来说最好争取机翼的雷诺数在 30 000 以上，这就相当于翼弦长度是 100mm 左右（假设无人机飞行速度为 5m/s）。但对于高速飞行的无人机来说这是很难办到的，所以高速飞行的无人机应当尽量争取长一点的翼弦，展弦比最好不超过 6。其他的无人机可以在构造坚固的条件下用展弦比较大的机翼。

　　例如，要制作一架无人机，机翼面积是 1500cm²，飞行速度为 5m/s，到底展弦比应该用多少呢？

　　要解决这个问题，先从机翼的性能考虑，然后研究其构造上的可能性。制作面积为 1500cm² 的机翼，可以用 90mm 的翼弦，1670mm 的翼展；或者 120mm 的翼弦，1250mm 的翼展；也可以用 150mm 的翼弦和 1000mm 的翼展。第一种情况机翼展弦比是 18.5，第二种是 10.4，第三种是 6.7；这 3 种机翼的雷诺数分别为 31 000、41 400 和 51 800；假如都用相同的翼型 NACA-6412，那么从有关飞机翼型的资料中可查到这 3 种翼型的阻力系数分别为 0.026、0.023 和 0.021；假如无人机在迎角较大的条件下飞行，升力系数为 0.9，那么诱导阻力系数分别为 0.017、0.031 和 0.049，机翼的总阻力系数分别是 0.043、0.054 和 0.07。很明显，从阻力大小的观点看展弦比是越大越好。

　　如果考虑机翼的最大升力系数，情况便会不同了。无人机飞行时最好用大的迎角（滑翔），这样可使飞行所需的动力减小，下沉速度减小。一般来说低速无人机的最大升阻比越大，飞行的性能越好。对于相同的翼型，雷诺数越大，最大升力系数也越大，尤其是当雷诺数在临界值附近（40 000～50 000）时，因此争取大雷诺数很重要。超过临界雷诺数，机翼上表面的边界层就可能从层流转为紊流。如果雷诺数为 20 000～30 000，一般是不可能形成紊流边界层的，这样的机翼容易失速。翼弦长度为 90mm 的机翼最大升力系数可能到不了 0.9；如果用 120mm 的翼弦，雷诺数在 40 000 左右，最大升力系数是 1.35，飞行时可用 8°迎角，离临界迎角 12°还有一定距离，所以比较理想；至于用 150mm 的翼弦，虽然雷诺数更大，但由于展弦比太小，阻力很大，比较起来不合算。

　　从结构的观点来比较这 3 种机翼时，当然展弦比越小越好。事实上展弦比达到 18 以上的机翼是很难制作的，即使做得坚固，机翼本身也一定很重。

　　总之，无人机机翼展弦比的大小应该结合雷诺数、诱导阻力和强度的影响共同考虑。机翼面积小于 500cm² 时，展弦比最好在 6 左右；较大面积的机翼，应争取翼弦长度在 120mm 以上。低速无人机的展弦比不超过 12，高速无人机由于对坚固性要求高，展弦比往往在 6 以下。

### 3）模型飞机机翼的平面形状

　　无人机机翼的平面形状种类不多。从空气动力学的观点来看，椭圆形的机翼诱导阻力最小，但无论是高速无人机还是低速无人机都很少采用这种外形，这主要是从制作方便这一方面考虑。大多数无人机的机翼都采用梯形的平面形状，而低速无人机的机翼一般都采用长方形中段加梯形翼尖的形状。因为从理论上讲，梯形机翼的诱导阻力接近理想的椭圆形机翼，而且翼肋大小变化有规律，制作起来虽然不及长方形的方便，但也不十分麻烦。

### 4）上反角

　　机翼上反角，就是从正面看机翼向上翘的角度，严格地说，就是机翼翼弦平面与通过翼根弦而垂直于机身对称面的平面所形成的角度。为简单起见，也可以看作机翼没有左右倾斜时，机翼前缘与水平面的夹角。

　　上反角的主要作用是使无人机具有横侧安定性。当无人机由于外界突然的影响（如阵风）以致倾斜时，上反角的作用是使机翼产生使无人机从倾斜中恢复过来的力矩。

　　无人机机翼的上反角形状一般有 4 种："V"形上反角（一折上反角）、"U"形上反角（双折上反角）、双"V"形上反角（三折上反角）和海鸥形上反角（图 2.17）。

a. "V"形上反角　　　　　　　　　　　　b. 海鸥形上反角

图 2.17　飞机各种上反角形状

　　具有上反角的机翼之所以会起横侧安定性的作用，是因为在侧滑时机翼左右两侧会产生不同的升力，从而使倾斜的无人机恢复过来。当无人机倾斜时会向倾斜的一方下坠，这时相对气流从斜前方吹过来，这种情况称为侧滑。发生侧滑以后，相对气流斜吹到机翼上，具有上反角的机翼左右两侧迎角便不同，产生的升力也就不同，于是形成恢复力矩使无人机从倾斜中恢复过来。

　　在侧滑时，如果侧滑角是 $\beta$，机翼上反角是 $\psi$，那么一侧机翼的迎角改变为

$$\Delta \alpha = \frac{\beta \cdot \psi}{57.3} \tag{2.11}$$

　　例如，机翼上反角是 10°，倾斜后产生侧滑角 6°，那么向下斜的机翼迎角加大 $\frac{6° \times 10°}{57.3} \approx 1°$，而向上的机翼迎角减小 1°，机翼两侧升力便不同。从这个计算可以看到，上反角角度越大，迎角的变化便越大，也就是恢复倾斜的作用越大。另外，使无人机从倾斜中恢复的是升力差产生的力矩，所以与作用的"力臂"大小也很有关系。具有上反角的机翼离中轴越远，两侧机翼升力不同时产生的力矩越大。因此，从这个观点来看，"U"形上反角作用效果最好。低速无人机多数用"U"形或双"V"形上反角，后一种上反角的优点是，一方面具有"U"形上反角的效率（因上反角大的部分在翼尖）；另一方面机翼中部也有上反角，万一外翼在侧滑角度倾斜太大、迎角增加过多以致失速时，机翼中部还能起一定作用。所以这种上反角虽然制作上稍微难一些（多一个折点），但应用十分广泛。

　　事实上具有上反角的机翼不一定要在飞机倾斜时才起作用，当有侧风时，或者飞机飞行方向与机身不重合时也会起作用，这时相对气流吹到机翼上也有一个偏斜的角度，即侧滑角 $\beta$，这种情况也称为侧滑。如果飞机在飞行中机头向左偏以致与飞行方向不重合，这时飞机是在右侧滑，机翼的上反角使得右侧机翼升力加大，左侧机翼升力减小，

飞机会向左倾斜。因此上反角虽然可以使无人机具有横侧安定性，却会对无人机在方向保持上产生不利影响，也就是影响方向安定性。无人机若要保持方向安定性还需要有足够大的垂直尾翼。

## 2.2　旋翼类飞行器

### 2.2.1　旋翼类飞行器的定义及分类

　　旋翼类飞行器是一种重于空气的飞行器，其在空中飞行的升力由一个或多个旋翼与空气进行相对运动的反作用获得，与固定翼飞行器为相对的关系。

　　现代旋翼无人机主要包括单旋翼带尾桨无人直升机、双旋翼共轴无人直升机，以及近年来蓬勃发展的多轴无人飞行器。各类旋翼飞行器如图 2.18 所示。

　　　　a. 多轴无人飞行器　　　　　　　　　　　　　b. 单旋翼带尾桨无人直升机

图 2.18　各类旋翼飞行器

　　旋翼无人机的类型有很多，分类方法也有许多种，这里主要介绍按结构形式进行分类所得出的类型。

### 1. 单旋翼带尾桨无人直升机

　　它装有一个旋翼和一个尾桨。旋翼的反作用力矩，由尾桨拉力相对于直升机重心所构成的偏转力矩来平衡。虽然尾桨消耗一部分功率，但这种结构形式构造简单，操纵灵便，应用极为广泛。

### 2. 双旋翼共轴无人直升机

　　它在同一转轴上装有两个旋转方向相反的旋翼，其反作用力矩相互平衡。它的特点是外廓尺寸小，气动效率高，但操纵机构较为复杂。

### 3. 多轴无人飞行器

　　它是一种具有两个以上旋翼轴的无人旋翼飞行器，由每个轴末端的电动机转动，带动旋翼从而产生上升动力。旋翼的总距固定而不像直升机那样可变。通过改变不同旋翼之间的相对速度可以改变推进力和扭矩，从而控制飞行器的运行轨迹。

## 4. 其他类型

包括自转旋翼无人机、变模态旋翼无人机、复合旋翼无人机等。

### 2.2.2　单旋翼带尾桨无人直升机的基本结构及设计原理

在直升机发展初期，没有哪一种布局的直升机占有主导地位，不同的设计者根据自己的理解和喜好，设计出各式各样的垂直飞行器。但是经过多年的实践，其他布局的直升机大多失去了热衷者，唯有单旋翼带尾桨直升机势头未减，占据了主导地位，成为目前应用最为广泛的一种直升机。多数起飞重量较大的无人直升机也都采用此种布局。单旋翼带尾桨直升机构造简单，操纵灵便，有其显著的优点。

事实上，同是单旋翼带尾桨直升机，不同的机型，虽然有很多共性的方面，但在气动布局上可能存在着较大的差别，其气动部件的形状、安装部位、部件配置、参数选择等都可能不一样。不同的气动布局必然会产生不同的气动特点，而不同的气动特点又会直接影响到直升机的性能和操纵。国内目前使用的单旋翼带尾桨无人直升机机型较多，对于无人机驾驶员来说，了解不同布局的气动特点和设计师的特殊考虑，对于掌握机型特点是有益的。

下面对单旋翼带尾桨无人直升机的气动布局特点进行简要介绍。单旋翼带尾桨无人直升机 F120 如图 2.19 所示。

图 2.19　单旋翼带尾桨无人直升机 F120

## 1. 旋翼的布局和工作参数选择

### 1）旋翼旋转方向

一般来说，美国的一些直升机喜欢采用俯视逆时针旋翼，法国、俄罗斯等多数国家喜欢采用俯视顺时针旋翼，我国直升机中"黑鹰"和直-8 采用了俯视逆时针旋翼，其他机型都采用俯视顺时针旋翼。从气动特性来说，两者并没有明显的差别，但是，对有人驾驶直升机来讲，如果采用并列式双驾驶员座舱，并指定左座为机长位置，那么还是采用俯视顺时针旋翼好一些。这主要是由于在悬停和起降中，飞行员的视线方向与飞行员小臂的移动方向一致，操纵动作比较自然。在无人驾驶直升机中也并未规定必须采用哪种旋转方向，但是目前在使用中出现较多的还是俯视顺时针旋翼。

**2）旋翼轴前倾角**

为了降低燃料消耗率，设计师通常把直升机巡航速度飞行时的姿态选为接近水平态，使阻力最小。这样，飞行中旋翼桨盘就必须前倾，以便形成足够的水平拉力与阻力相平衡。比较方便的做法是将旋翼轴设计成向前倾斜的，前倾角通常为5°左右；前倾角过大也不好，这会造成消速及悬停时直升机的姿态变化很大。严格地说，前倾旋翼轴对悬停操纵与空气动力设计都不算有利，今后可能会有更好的解决方案。

**3）旋翼直径**

大的旋翼直径可以有效地提高旋翼拉力，因为旋翼拉力同旋翼半径的四次方成正比。旋翼直径大，则旋翼的桨盘载荷小，悬停诱导速度就小，这样可以有效地降低旋翼诱阻功率。但是，旋翼直径过大也有其不利的方面，如直升机重量增加、造价提高、所需的存放场地大、在丛林等复杂地貌条件下机动能力差。为此，设计师在设计过程中，最终目标是确定最小的旋翼直径或者确定最大的桨盘载荷，必须既能满足性能要求，又能满足直升机的使用要求。

**4）旋翼桨叶的平面形状**

早期直升机的旋翼多采用尖削桨叶，即桨叶尖部的弦长比根部更短一些，这可使桨盘诱导速度更为均匀，从而改善悬停性能。采用金属桨叶后，为了制作方便，一般旋翼都采用矩形桨叶。近些年，复合材料受到青睐，由于这种桨叶按变弦长的要求制作没有困难，尖削方案可能重新被采用。为了解决高速条件下空气压缩性的影响和噪声问题，把桨叶尖部做成后掠形是可取的方案。"黑鹰"直升机就是一个例子。

采用扭转桨叶可以改善旋翼桨叶拉力分布，然而，大的扭转虽然对悬停有利，但在高速飞行时，会产生振动载荷，而且，大的扭转对自转也不利。因此，目前桨叶的扭转角多为-5°～6°。

**5）桨叶翼型和桨叶片数**

一般来说，理想的翼型应该既有较好的低速性能，又有较好的高速性能，同时俯仰力矩也要符合要求，还要考虑防颤振等特殊要求。这些条件往往相互矛盾。目前看来，相对厚度比较薄的接近对称型方案占上风。至于旋翼的桨叶片数，目前多数单旋翼带尾桨无人直升机使用2片桨叶。

## 2. 尾桨形式与布局

### 1）尾桨的安装位置与旋转方向

尾桨的作用是平衡旋翼产生的反扭矩，单旋翼无人直升机的尾桨都是安装在尾梁后部或尾斜梁或垂尾上，其垂直位置有的比较低，有的则比较高。尾桨的安装位置低，可以降低传动系统的复杂性，有助于减轻结构重量，但是，尾桨可能处在旋翼尾流之中，容易发生不利的气动干扰。反过来，尾桨的安装位置高，则可以避免或减弱气动干扰，提高尾桨效率，对提高前飞的稳定性也是有利的，而且悬停时直升机坡度较小，但结构较低置尾桨复杂。现在看来，多数直升机都采用高置尾桨。

尾桨旋转方向的选择，主要是从减弱旋翼与尾桨之间的气动干扰方面考虑的。一般认为，尾桨采用底部向前的旋转方向较为有利，尾桨效率也比较高。

**2）推式尾桨和拉式尾桨**

在尾桨拉力方向不变的情况下，可以把尾桨安装在垂尾左侧，也可以安装在垂尾右侧。如果尾桨拉力方向指向直升机对称面，则为推式尾桨；如果尾桨拉力方向是从对称面向外指的，则为拉式尾桨。采用推式尾桨还是拉式尾桨，主要是从尾桨与垂尾的气动干扰方面考虑的。采用拉式尾桨，垂尾处于尾桨的诱导速度范围内，在垂尾上必然要产生一个与尾桨拉力方向相反的侧力，这样会降低尾桨效率，而且容易发生方向摆动等现象。虽然推式尾桨与垂尾之间也会发生气动干扰，但总体来看，还是采用推式尾桨较为有利。

**3）尾桨桨叶的扭转**

尾桨桨叶的扭转可以在一定程度上提高尾桨的工作效率，但有可能导致尾桨涡环的产生并带来相应的副作用，一般不提倡。

## 2.2.3　双旋翼共轴无人直升机的基本结构及设计原理

### 1. 基本结构

双旋翼共轴无人直升机具有绕同一理论轴线一正一反旋转的上、下两副旋翼，由于转向相反，两副旋翼产生的扭矩在航向不变的飞行状态下相互平衡，通过所谓的上、下旋翼总距差动产生不平衡扭矩可实现航向操纵。因此，在双旋翼共轴无人直升机的飞行中，既是升力面，又是纵横向和航向的操纵面。

双旋翼共轴无人直升机的上述特征决定了它与传统的单旋翼带尾桨无人直升机相比有着自身的特点。20 世纪 40 年代初，这种构型引起了航空爱好者的极大兴趣，他们试图将其变成实用的飞行器。然而，当时人们对双旋翼共轴气动特性认识的缺乏，以及在结构设计方面遇到的困难，最终使许多设计者放弃了努力，在很长一段时间内对共轴直升机的探讨只停留在实验上。1932 年，西科斯基飞行器公司研制成功了单旋翼带尾桨直升机，这是世界上第一架可实用的直升机。从此，单旋翼带尾桨无人直升机以其简单、实用的操纵系统和相对成熟的单旋翼空气动力学理论成为半个多世纪以来世界直升机发展的主流。尽管如此，人们对双旋翼共轴无人直升机的研究和研制一直没有停止。

俄罗斯卡莫夫设计局从 1947 年研制成功卡-8 共轴式直升机到 20 世纪 80 年代研制成功被西方誉为现代世界最先进的武装攻击直升机 Ka-50 期间，发展了一系列双旋翼共轴无人直升机，在型号研制、理论实验研究方面均走在世界前列。美国也于 20 世纪 50

年代研制了 QH-50 共轴遥控直升机作为军用反潜的飞行平台，并先后交付美国海军 700 多架。美国西科斯基飞行器公司在 20 世纪 70 年代发展了一种前行桨叶方案（ABC）直升机，该机采用共轴式旋翼，刚性桨毂，上、下旋翼的间距较小；它利用上、下两旋翼的前行桨叶边左右对称来克服单旋翼在前飞时由于后行桨叶失速带来的升力不平衡力矩，从而提高旋翼的升力和前进比；其验证机 XH-59A 于 1973 年进行了试飞，并先后进行了大量的风洞试验。

　　从 20 世纪 60 年代开始，由于军事上的需要，一些国家开始研制无人直升机，而且近年来无人直升机已成为国内外航空领域内的研究热点。发展比较成熟的有加拿大的 CL-227（图 2.20）、德国的 Seamos、美国的 QH-50、俄罗斯的 Ka-137，这些无人直升机的共同特点是均采用了共轴双旋翼形式（图 2.20，图 2.21）。我国目前正在研制的无人驾驶直升机和单座直升机 M16 同样采用了双旋翼共轴形式。

图 2.20　CL-227 无人直升机

图 2.21　Ka-137 无人直升机

　　在实验方面，从 20 世纪 50 年代起，美国、日本、俄罗斯等相继对双旋翼共轴的气动特性、旋翼间的气动干扰进行了大量风洞试验研究。经过半个多世纪的发展，双旋翼共轴的旋翼理论得到不断完善。这种构型的直升机以它固有的优势越来越受到业内人士的重视。

　　北京航空航天大学于 20 世纪 80 年代开始研制共轴直升机,先后研制了"海鸥"共轴无人直升机、M16 单座共轴直升机、M22、FH-1 小型共轴无人直升机(图 2.22,图 2.23)。其中,FH-1 小型共轴无人直升机已在电力部门、科研院所等单位应用;该机目前已实现了从起飞到降落的无人驾驶的自主飞行,任务载荷为 20kg,飞行时间为 1.5h。

图 2.22　M22 小型共轴无人直升机

图 2.23　FH-1 小型共轴无人直升机

　　双旋翼共轴无人直升机与单旋翼带尾桨无人直升机的主要区别是前者采用上、下共轴反转的两组旋翼用来平衡旋翼扭矩,因而不需要尾桨。在结构上,由于采用两副旋翼,与相同重量的单旋翼无人直升机相比,若采用相同的桨盘载荷,通过简单的几何计算,其旋翼半径仅为单旋翼直升机的 70%。如前所述,单旋翼无人直升机的尾桨部分必须超出旋翼旋转面,尾桨直径为主旋翼的 16%～22%,这样,假设尾桨紧邻旋翼桨盘,则单旋翼无人直升机旋翼桨盘的最前端到尾桨桨盘的最后端是旋翼直径的 1.16～1.22 倍。由于没有尾桨,双旋翼共轴无人直升机的机身部分一般情况下均在桨盘范围之内,其机体总的纵向尺寸就是桨盘直径。这样，在相同的桨盘载荷、发动机功率和总重条件下，双旋翼共轴无人直升机的总体纵向尺寸仅为单旋翼无人直升机的60%左右。

双旋翼共轴无人直升机的机身较短，同时其结构重量和载重均集中在直升机的重心处，因而减少了直升机的俯仰和偏航的转动惯量。在10吨级直升机上，双旋翼共轴无人直升机的俯仰转动惯量大约是单旋翼无人直升机的一半。由于上述原因，双旋翼共轴无人直升机可提供更大的俯仰和横滚操纵力矩，使直升机具有较高的加速特性。

由于没有尾桨，双旋翼共轴无人直升机消除了单旋翼无人直升机存在的尾桨故障隐患与在飞行中由尾梁的振动和变形引起的尾桨传动机构的故障隐患，从而提高了直升机的生存率。由于采用上、下两副旋翼，增加了直升机的垂向尺寸，两副旋翼的桨毂和操纵机构均暴露在机身外。两副旋翼的间距与旋翼直径成一定的比例，以保证飞行中上、下旋翼由于操纵和阵风引起的极限挥舞不会相碰。两旋翼间的非流线不规则的桨毂和操纵系统部分增加了直升机的废阻面积，因此，双旋翼共轴无人直升机的废阻功率一般来说大于单旋翼带尾桨直升机的废阻功率。

双旋翼共轴无人直升机一般采用双垂尾以增加直升机的航向操纵性和稳定性。一般来说，双旋翼共轴无人直升机绕旋翼轴的转动惯量大大小于单旋翼带尾桨直升机，因此，航向的操纵性要强于单旋翼带尾桨直升机，但稳定性相对较差。由于双旋翼共轴无人直升机的机身较短，因此通过增加平尾面积和采用双垂尾来提高直升机的纵向及航向稳定性。双旋翼共轴无人直升机垂尾的航向操纵效率只在飞行速度较大时才起作用。

## 2. 双旋翼共轴直升机的主要气动特性

双旋翼共轴直升机具有合理的功率消耗、优良的操纵性、较小的总体尺寸等特点。与单旋翼带尾桨直升机相比，双旋翼共轴直升机的主要气动特点如下：①具有较高的悬停效率；②没有用于平衡反扭矩的尾桨功率损耗；③空气动力对称；④具有较大的俯仰、横滚控制力矩。

在相同的起飞重量、发动机功率和旋翼直径条件下，双旋翼共轴直升机有着更高的悬停升限和爬升率。双旋翼共轴直升机随着升限增高，其航向转弯速度保持不变甚至有所增加，这是由于双旋翼共轴直升机不需要额外的功率用于航向操纵，因此改善了航向的操纵效率。

双旋翼共轴的平飞气动特性与单旋翼也有所不同。资料表明，在相同拉力和旋翼直径条件下，刚性双旋翼共轴的诱导阻力比单旋翼低20%～30%。由于操纵系统部分和上、下旋翼桨毂这些非流线形状部件的数量及体积大于单旋翼直升机并暴露在气流中，因此双旋翼共轴直升机的废阻面积大于单旋翼直升机。双旋翼共轴直升机在悬停中与低速飞行时的需用功率小于单旋翼直升机，随着速度增加，需用功率逐渐增大至大于单旋翼直升机，这一特性决定了双旋翼共轴直升机有较大的实用升限、较大的爬升速度、更长的续航时间，而单旋翼直升机则有较大的平飞速度、较大的巡航速度和飞行范围。由于双旋翼共轴直升机具有特殊的操纵系统构件，两旋翼必须保持一定的间距，要将废阻面积降低到单旋翼直升机的水平是非常困难的。

### 2.2.4　多旋翼无人飞行器

多旋翼无人飞行器又称多轴飞行器。以其中最常见的四旋翼为例，有 4 个旋翼来举升和推进飞行；和固定翼飞机不同，它是通过旋翼的旋转使飞行器升空；它的 4 个旋翼大小相同，分布位置对称，通过调整不同旋翼之间的相对转速来调节拉力和扭矩，从而控制飞行器悬停、旋转或航线飞行。这一点和直升机不同，常见的单旋翼带尾桨直升机有两个旋翼，尾旋翼只起到抵消主旋翼产生的扭矩、控制飞机机头指向的作用。

在早期的飞行器设计中，四轴飞行器被用来解决旋翼机的扭矩问题；主、副旋翼的设计也可以解决扭矩问题，但副旋翼不能提供升力，效率低。因此，四轴飞行器是最早的一批比空气重的垂直起降飞行器，但是此种飞行器早年的型号性能很差，难以操控和大型化（图 2.24，图 2.25）。

图 2.24　早年的四轴飞行器

图 2.25　现代多轴飞行器

近年来多轴飞行器在无人机领域获得了新生。由于使用现代的电动动力装置和智能控制系统，多轴飞行器飞行稳定，操控灵活，可以在户内和户外使用。与传统直升机相比，它有许多优点：旋翼总距固定，结构简单；每个旋翼的叶片比较短；叶片末端的线速度慢，发生碰撞时冲击力小，不容易损坏，对人也更安全。有些小型四轴飞行器的旋翼还有外框，可有效避免磕碰和损坏。

可进行空中组合和分散的多轴无人飞行器群如图 2.26 所示。

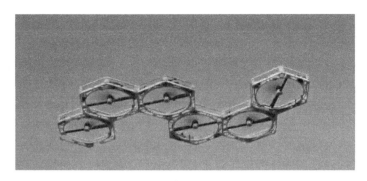

图 2.26 可进行空中组合和分散的多轴无人飞行器群

因为多轴无人飞行器体积小、重量轻、成本低、携带方便，能轻易进入人不易进入的各种恶劣环境，所以常用来制作玩具模型，也用来执行航拍电影取景、实时监控、地形勘探甚至送快递等任务。

## 2.2.5 旋翼类飞行器的组成与主要部件

### 1. 旋翼

**1）旋翼的功能**

从本质上讲旋翼是一个能量转换部件，它把发动机通过旋翼轴传来的旋转动能转换成旋翼拉力。旋翼的基本功能是产生旋翼拉力。飞行中，一部分拉力用于支撑直升机，起升力作用；另一部分则为直升机的运动提供动力。飞行员操纵直升机改变飞行状态，主要依靠改变旋翼拉力的大小和方向来实现，因此，研究旋翼的空气动力及其工作情形是十分必要的。

**2）旋翼桨叶**

A. 旋翼的结构形式

直升机的旋翼由旋翼轴、桨毂和 2～8 片桨叶组成。旋翼的结构形式主要是指旋翼桨叶和桨毂连接的方式。这里介绍 4 种有代表性的旋翼结构形式。

a. 铰接式旋翼

铰接式旋翼是早期直升机最常见的一种结构形式，其桨毂具有 3 个铰，即 3 个关节，分别是水平铰（水平关节）、垂直铰（垂直关节）和轴向铰（轴向关节）（图 2.27）。桨叶同桨毂连接后，能分别绕 3 个铰做 3 种转动。桨叶绕水平铰可以上下活动，这种运动称为挥舞运动；桨叶绕垂直铰的前后活动，称为摆振运动；而桨叶绕轴向铰的转动，则称为桨叶的变距运动。

b. 无铰式旋翼

一般所说的无铰式旋翼，是指在桨毂上取消了水平铰和垂直铰，但保留了变距用的轴向铰。桨叶的挥舞运动和摆振运动是通过结构的弯曲变形来实现的。这种形式的旋翼，目前使用的有两种：一种是旋翼桨毂为挥舞半刚性的，桨叶的挥舞是靠桨毂部件的弹性变形来实现的，如英法合制的 WG-13 "山猫" 直升机（图 2.28）；另一种是旋翼桨毂为挥舞刚性的，桨叶的挥舞靠桨叶根部的弯曲变形来实现，如德法合制的BO-105 直升机。

图 2.27　铰接式旋翼

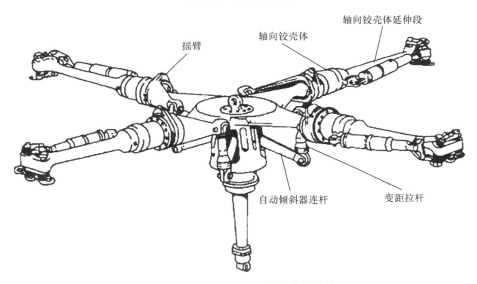

图 2.28　"山猫"直升机的桨毂结构

c. 万向接头式旋翼

这种结构形式的旋翼也称为"跷跷板"式旋翼，通常只有两片桨叶。它的桨叶与桨毂相连，并具有轴向铰用于改变桨叶角。与桨叶相连的桨毂下环，通过一对轴销与桨毂的上环相连；下环则用另一对轴销与桨毂的轴套相连；轴套由旋翼轴带动转动。与轴套相连的这对轴销，起水平铰的作用。这样，旋翼的两片桨叶不仅可以前后摆动，而且像个跷跷板，可一上一下地挥舞（图 2.29）。

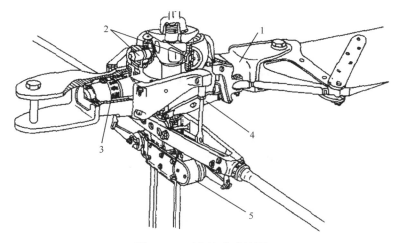

图 2.29　万向接头式旋翼
1. 桨根转接套；2. 轴承；3. 弹性轴承；4. 变距拉杆；5. 摇臂

**d. 星形柔性桨毂旋翼**

星形柔性桨毂旋翼是用弹性轴承代替 3 个铰，并由层压弹性轴承和复合材料的星形板实现桨叶的挥舞、摆振和变距运动（图 2.30）。

图 2.30　直升机星形柔性桨毂

桨毂的壳体是一个整体的玻璃钢中央星形件，星形件伸出的支臂在挥舞方向上是柔性的，而在摆振方向和扭转方向上是刚性的。星形件内端中央槽内装有球面层压弹性轴承，星形件支臂外端装有球关节轴承。桨叶在挥舞载荷作用下连同夹板组件一起绕弹性轴承中心上下挥舞，而星形件柔性臂也弯曲变形；当桨叶上有摆振载荷作用时，桨叶连同夹板组件一起绕弹性轴承中心前后摆动；桨叶的变距运动则由变距拉杆经摇臂作用到夹板上的扭转力矩，使弹性轴承产生扭转变形，从而改变桨叶角的大小来实现。法国的

"松鼠""海豚"直升机和我国的直-9、直-11 直升机均采用这种旋翼形式。

B. 桨叶的形状

桨叶的平面形状常见的有矩形、梯形、混合梯形、翼尖后掠形等几种。较普遍采用的是矩形和混合梯形。矩形桨叶的空气动力性能虽然不如梯形桨叶好，但矩形桨叶制造简便，所以仍得到广泛使用。为了使桨叶适应高速气流条件，有些直升机采用翼尖后掠形桨叶。例如，直-5、米-8 直升机的旋翼和尾桨采用矩形桨叶，直-9 直升机的旋翼桨叶也可视为矩形。桨叶的平面形状如图 2.31 所示。

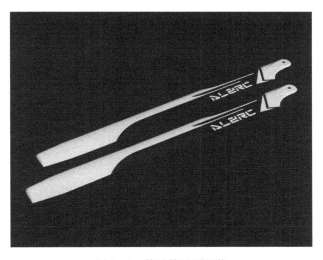

图 2.31　桨叶的平面形状

桨叶的切面形状同机翼的切面形状相似，称为桨叶翼型。桨叶翼型常见的有平凸型、双凸型和对称型 3 种，一般用相对厚度、最大厚度位置、相对弯度、最大弯度位置等参数来说明。桨叶的切面形状如图 2.32 所示。

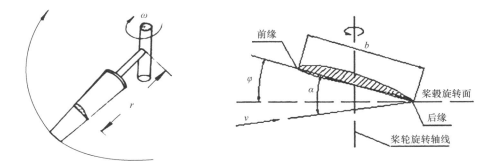

图 2.32　桨叶的切面形状

C. 旋翼桨毂

桨叶通过桨毂与旋翼轴相连接，作用在桨叶上的载荷都要通过桨毂传递给旋翼轴及操纵系统，再传给机体结构。与桨叶相比，桨毂面临的问题虽然在某些方面是相似的，但也有其特殊的问题，有如下几方面。

桨毂在承受由桨叶传来的很大离心力的同时，在挥舞面及摆振面都要承受较大的交变载荷。因此，桨毂也就存在疲劳问题。桨毂任何一个支臂主要受力元件的疲劳断裂一般总会导致直升机的坠毁，这就使桨毂疲劳强度的重要性更为突出。

桨毂的各个铰都必须带有轴承，这些轴承中的大多数都要承受由桨叶传来的几吨甚至几十吨的离心力。此外，它们不是像一般的轴承那样向一个方向连续运转，而是来回地摆动，也就是所谓的摆动轴承。所以，这些轴承的工作条件十分恶劣。

为了提高轴承的寿命，除了在轴承构造参数选择上采取措施外，还要注意保证轴承的润滑与密封。桨毂轴承（特别是轴向铰）一般都采用流动性较好的润滑油，而不用油脂润滑；轴承组件如果密封不好，则除了润滑油泄漏之外，还会因空气中氧气的进入而加速磨损（轨道接触区存在强烈的摩擦腐蚀）。

桨毂构造设计中还有一个突出的问题就是如何减轻重量。一个重 7t 多的直升机，其桨毂重量往往要在 400kg 以上，这是一个相当可观的数字。和桨叶不同，桨毂重量的减轻并没有受其他方面的限制。总体来说，桨毂的主要问题就是如何在保证抗疲劳强度和轴承运转寿命的前提下做到重量最轻。

## 2. 尾桨

### 1）尾桨的功能

在机械驱动的单旋翼直升机上，尾桨用来平衡旋翼的反扭矩，同时通过改变尾桨的推力（或拉力），实现对直升机的航向控制。另外，旋转的尾桨相当于一个安定面，能对直升机的航向起稳定作用；在有些直升机上，尾桨向上偏转一定角度，也能提供一部分升力（如 UH-60A 直升机的尾桨）。

虽然尾桨的功能与旋翼不同，但是它们都会因旋转而产生空气动力，并在直升机前飞时处在不对称斜流里工作。正是它们这个基本工作特点相同，才使得尾桨结构设计的基本矛盾与旋翼结构设计相类似。

### 2）典型尾桨构造

A. 二叶"跷跷板"式

在轻型直升机上，二叶的尾桨通常采用"跷跷板"式结构。这种形式的尾桨与"跷跷板"式旋翼一样，它的两片桨叶的离心力在桨毂轴套上相平衡，而不传递给挥舞铰，从而大大减轻了挥舞铰轴承的负担，这样就可以选用比较小的轴承，而使桨毂结构更加紧凑、重量更轻。一般在结构布置上往往还把挥舞铰斜置一定角度，使其轴线与桨距操纵节点到桨毂中心的连线重合。在这样布置以后，当桨叶挥舞时，既避免了变距铰每转一次的周期变距运动，减少轴承的磨损，又不影响变距—挥舞的耦合要求（挥舞调节）。

但是，与旋翼不同的是，"跷跷板"式尾桨一般不安排结构锥度角，这是因为使拉力与离心力平衡所需的结构锥度角很小，而且尾桨推力方向与自转状态的尾桨推力方向相反。既然没有结构锥度角，也就无须采用悬挂措施。

由于没有结构锥度角，挥舞运动的零阶项为零，因此使科里奥利力减小，这对尾桨旋转面的受力具有意义。

B. 多叶万向接头式

由于"跷跷板"式尾桨具有挥舞铰轴承，负荷较小，桨毂结构紧凑、重量轻，旋转面受力比一般无摆振铰的铰接式尾桨小，因此有些多叶尾桨也采用与"跷跷板"式尾桨相类似的万向接头式尾桨结构，每片桨叶通过各自的变距铰与桨毂壳体相连接，而桨毂壳体又通过万向接头与尾桨轴相连接。苏联制造的米-8 直升机的尾桨采用了万向接头式结构（图 2.33）。

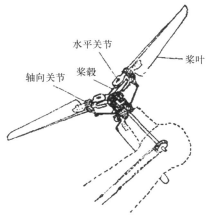

图 2.33　多叶万向接头式尾桨

C. 半铰接式

对于三叶以上的尾桨，最常用的是铰接式尾桨，除早期个别直升机曾采用过全铰接式（即挥舞铰、摆振铰、变距铰）外，一般都没有摆振铰，称为半铰接式。这种尾桨的桨毂构造（图 2.34）与铰接式旋翼桨毂的构造很相似，它的主要问题是：构造复杂、轴承数目多而工作条件差、旋转面受力严重等。为了尽量减小科里奥利力以改善尾桨在旋转面内的受力情况，曾采用过多种措施。例如，使轴向铰轴颈在旋转面内具有一定的柔性，或者采用特殊的挥舞铰轴销，使尾有一定的摆振自由度，从而改善其受力状况。但是，这些措施往往都以结构复杂、结构重量增加为代价，而且会给尾桨的弦向频率带来不利影响。

D. "无轴承"式

不论是半铰接式尾桨还是"跷跷板"式尾桨，都仍然带有挥舞铰、变距铰，致使结构重量难以减轻，而且维护工作量大、使用寿命低。同旋翼一样，合乎逻辑的发展就是取消这些铰，使结构简化，以提高尾桨使用的可靠性和延长使用寿命。因此，作为发展无轴承旋翼的先导，在 20 世纪 70 年代初出现了无轴承式尾桨。无轴承式尾桨采用全复合材料结构，取消了挥舞铰和变距铰，桨叶的变距运动由复合材料大梁扭转变形来实现。图 2.35 为 S-76 直升机的无轴承式尾桨，它由 4 片复合材料桨叶组成，采用交叉梁结构，相对的两片桨叶大梁是一个整体，两个大梁交叉叠置，用夹板夹持在一起；桨叶大梁是

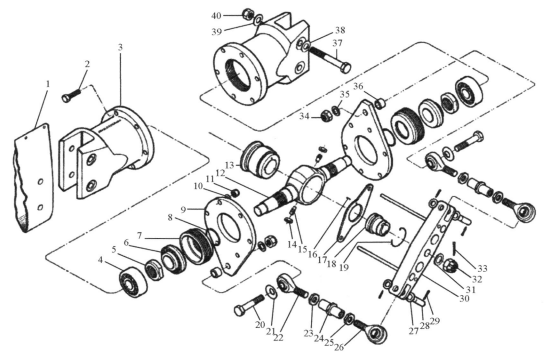

图 2.34　半铰接式尾桨

1. 尾桨桨片；2. 螺栓 AN3；3. 尾桨桨叶固定器；4. 轴承 6200；5. 轴螺母；6. 轴承 FAG525277；7. 桨叶固定螺母；8. O形圈；9. 节距控制导板；10. 扁平垫片；11. 弹性防松螺母 AN364-1032；12. 轴；13. 尾桨轴端；14. 轴端螺母；15. 轴端螺丝；16. 销；17. 节距控制头标尺；18. 固定螺母；19. 安全索弹簧；20. 螺栓 AN4；21. 锥形衬垫；22. 连杆头螺栓 HMLVV-4；23. 螺母 AN316-4L；24. 节距控制连杆；25. 螺母 AN316-4R；26. 连杆头螺栓 HMRVV-4；27. 扁平垫；28. 钢柄；29. 开口销；30. 节距控制头；31. 扁平垫；32. 槽顶螺母；33. 开口销；34. 弹性防松螺母 AN365-428；35. 扁平垫；36. 套；37. 螺栓 AN4；38. 扁平垫；39. 扁平垫；40. 弹性防松螺母 AN365-428

石墨复合材料，离心力在大梁中自身得到平衡，没有单独的桨毂，结构非常简单；与传统的尾桨相比，结构零件大约减少 87%，重量减轻约 30%。

图 2.35　S-76 直升机的无轴承式尾桨

## 3. 传动系统

### 1）传动系统的功能

直升机传动系统的主要作用是将发动机的动力传递给主旋翼和尾桨（图 2.36）。来自发动机动力输出轴上的动力一般先经过减速器减速，之后由二级输出轴输出动力。对于主旋翼来说，通常情况下动力是通过锥齿轮啮合传递的；而对于尾桨来说，一般机构里会有一根长长的尾传动轴，在尾部通过锥齿轮将动力传递给轴向垂直的尾桨。直升机传动系统使主旋翼转动起来产生升力，使尾桨协调转动平衡扭矩，是直升机最重要的系统之一。

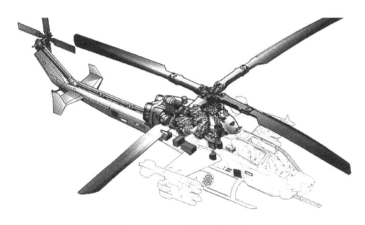

图 2.36　直升机传动系统

### 2）传动系统的主要部件

A. 主减速器

其输入轴（主动轴）与发动机的输出轴相连，其输出轴（从动轴）就是固定旋翼轴。主减速器把发动机的高转速（每分钟几千转甚至上万转）降低为旋翼的低转速（几百转甚至 100 多转）。主减速器的特点是传递的功率大和减速比大。在主减速器的输入轴处一般带有自由行程离合器（单向离合器）。此外，在主减速器上还有带动尾传动轴的输出轴。

B. 传动轴

传动轴包括发动机与主减速器之间的主传动轴及由主减速器向尾桨传递功率的尾传动轴。由于发动机直接与主减速器连接，没有单独的主传动轴。为了补偿制造及安装误差，降低机体变形及环境影响，传动轴往往还带有各种联轴节。细长的尾传动轴必须通过若干个轴承支撑在机体上。

C. 尾减速器及中间减速器

尾减速器的输出轴是尾桨轴，输入轴与尾传动轴相连，一般由一对伞齿轮构成，输入轴与输出轴夹角一般为 90°。由于尾桨转速较高，因此尾减速器的减速比不大。在尾传动轴有转折时还需要布置一个中间减速器，它也由一对伞齿轮组成，夹角取决于尾传动轴转折的要求，减速比一般为 1。在某些轻型直升机上用一对甚至一个万向接头来代替中间减速器。

D. 旋翼刹车

旋翼刹车一般布置在主减速器带动尾传动轴的输出轴处。在直升机着陆，发动机停止后，借助旋翼刹车可以避免风或其他因素使旋翼及尾桨旋转。

传动系统的主要受力元件往往在振动条件下工作，承受周期变化的载荷，因此必须特别注意其结构可靠性。而由于传动系统（特别是主减速器）重量很大，最小重量的要求就比较突出。同时由于传动系统是个传递功率的部件，因此要尽量减少功率的损失，提高传动效率。为了减少重量而牺牲传动效率往往是得不偿失的。由于传动系统是个高速旋转的部件，因此必须注意其静动平衡，以免加强直升机的振动。

## 4. 操纵系统

### 1）操纵系统的功能

操纵系统是直升机的重要部件之一，驾驶员必须通过操纵系统来控制直升机的飞行，保持或改变直升机的平衡状态。直升机的纵向移动和俯仰运动、横向移动和滚转运动是分不开的，或者说不是相互独立的，因此直升机在空间上虽然有 6 个自由度，但实际上只需要 4 个操纵，这 4 个操纵分别是总距操纵、纵向操纵、横向操纵和航向操纵。操纵系统分别由座舱操纵机构、操纵线系及自动倾斜器等组成。

### 2）自动倾斜器的构造

直升机旋翼的挥舞控制机构称为自动倾斜器，旋翼的总距操纵和周期变距操纵都是靠它来完成的。自动倾斜器有多种不同的结构形式，但控制机制都是一样的，它们在构造上都应满足三方面要求：①它能随旋翼一起同步旋转；②它能沿旋翼轴方向上下移动，以实现总距操纵；③它能够向任何方向倾斜，以实现周期变距操纵。

图 2.37 选取的是一种典型的自动倾斜器的原理结构图，从中可以形象地看出自动倾斜器同驾驶杆、油门桨距杆的连接关系。自动倾斜器由滑筒、导筒、内环、外环、旋转环、操纵摇臂、变距拉杆等组成。滑筒套在导筒的外面，可沿导筒上下滑动；滑筒通过一对轴销与内环相连；外环通过另一对轴销与内环相连，由于两对轴销相互垂直，因此外环可以向任何方向倾斜；外环与旋转环之间有滚珠轴承，而旋转环通过变距拉杆与桨叶相连；旋翼转动时，通过与桨毂相连的拨杆，旋转环及变距拉杆一起转动。

上提变距杆时，滑筒沿导筒向上滑动，带动内、外环和旋转环一起向上移动，通过变距传动杆使桨叶角增大，旋翼拉力增大。反之，下放变距杆，桨距变小，旋翼拉力减小。桨距的改变，不仅改变了旋翼拉力的大小，同时也改变了发动机输出功率，因此，在构造上常将油门杆与变距杆连在一起，称为总距杆。这样，在上提总距杆增大桨距的同时，发动机输出功率也相应增大；下放总距杆减小桨距时，发动机输出功率相应减小。

图 2.37　自动倾斜器构造图

操纵驾驶杆，通过传动杆、摇臂的传动，能使旋转环随同内环向需要的方向倾斜。旋转环随同内环倾斜后，随着旋翼转动，各片桨叶的桨叶角就会出现周期性变化。在旋翼旋转一周的过程中，每片桨叶的桨叶角随着旋翼旋转所出现的由小到大再由大到小的周期性变化，称为桨叶的周期变距。由桨叶周期变距引起桨叶强制挥舞，能使旋翼锥体向驾驶杆的操纵方向倾斜，从而达到操纵的目的。

### 2.2.6　无人旋翼机的飞行原理与飞行操纵

#### 1. 直升机的力和力矩

飞行中的直升机，除自身重力之外，受到的空气动力和力矩主要有旋翼、尾桨、平尾、垂尾、机身等产生的空气动力及其对直升机重心所构成的力矩，以及旋翼、尾桨的反扭矩和桨毂力矩等。

#### 1）旋翼的力和力矩

由旋翼产生的力和力矩有旋翼的气动力及其力矩、旋翼的反扭矩和旋翼的桨毂力矩。

A. 旋翼的气动力及其力矩

当直升机不带侧滑前飞时，旋翼的气动合力为 $R$，其方向垂直于桨尖平面（$D\text{-}D$）。将旋翼气动合力 $R$ 沿旋翼构造轴系各轴分解，可以得到 3 个分力：垂直于旋翼构造旋转平面（$S\text{-}S$）的分力称为旋翼拉力 $T_S$（一般写作 $T$），以指向上方为正；沿旋翼构造纵轴方向的分力称为旋翼纵向力 $H_S$，以指向后方为正；沿旋翼构造横轴方向上的分力称为旋翼侧向力 $S_S$，以指向 $\psi=90°$ 方向为正。旋翼气动合力 $R$ 相对于旋翼构造轴系的 3 个分力如图 2.38 所示。

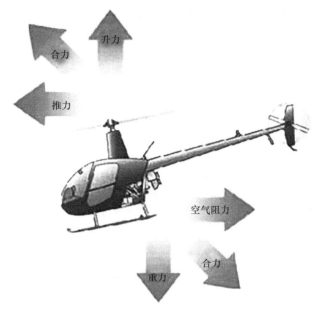

图 2.38　旋翼的气动力

由于旋翼拉力 $T$、纵向力 $H_S$ 和侧向力 $S_S$ 的作用线一般情况下都不通过直升机的重心，因此对直升机重心会形成力矩，主要有 3 种。

拉力俯仰力矩 $TX_{SJ}$。其中 $X_{SJ}$ 是直升机重心至旋翼拉力作用线的距离。当重心位于拉力作用线前面时，拉力 $T$ 对重心构成下俯力矩；当重心位于拉力作用线后面时，拉力 $T$ 对重心构成上仰力矩。

纵向力俯仰力矩 $H_SY_{SJ}$。其中，$Y_{SJ}$ 是直升机重心至纵向力 $H_S$ 作用线的距离。当 $H_S$ 向前时，对直升机构成下俯力矩；当 $H_S$ 向后时，对直升机构成上仰力矩。

侧向力滚转力矩 $S_SY_{SJ}$。其中，$Y_{SJ}$ 是直升机重心至侧向力作用线的距离。侧向力 $S_S$ 向左，则构成左滚力矩；侧向力 $S_S$ 向右，则构成右滚力矩。

需要注意的是，这里没有考虑旋翼前倾角的影响，并且认为直升机的重心位于机身对称面之内。

B. 旋翼的反扭矩

发动机带动旋翼旋转时，旋翼旋转阻力力矩与发动机传递给旋翼轴的扭矩平衡。根据作用与反作用定律，在旋翼轴受到发动机扭矩的同时，必然也会受到同扭矩大小相等、方向相反的反扭矩，这就是旋翼的反扭矩 $M_{反}$。旋翼的反扭矩会迫使直升机向旋翼旋转的反方向偏转，旋翼反扭矩的大小取决于发动机输出功率的大小。

C. 旋翼的桨毂力矩

具有水平铰外移量 $L_{PJ}$ 的旋翼，由于桨叶的周期挥舞使桨尖平面相对于旋翼构造平面出现倾斜时，会产生桨毂力矩。这是因为桨叶做周期挥舞时，水平铰不能传递桨叶挥舞面内的弯矩，桨叶受到拉力 $T_{叶}$、惯性离心力 $F_{惯}$ 和重力 $G$ 的共同作用，其作用线必定通过水平铰心。这样，就可把合力 $F_{叶}$ 作用线移至水平铰心上。于是，在水平铰处就出现了垂直于桨毂平面的分力，当桨尖平面同桨毂平面不平行时，作用于水平铰处的垂直分力就会对桨毂中心构成力矩。实际飞行中，桨尖平面一般要相对于桨毂平面向侧后方或侧前方倾斜，故桨毂力矩又可以分解成两个分量，一个是桨毂滚转力矩 $M_{x·gu}$，另一个是桨毂俯仰力矩 $M_{z·gu}$。旋翼桨毂力矩的形成如图 2.39 所示。

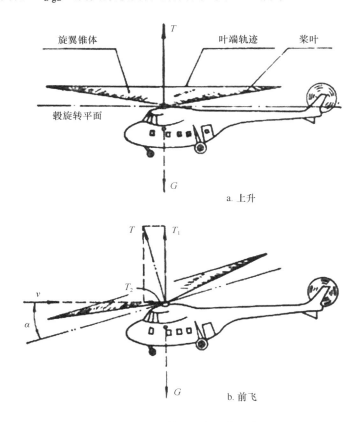

图 2.39　旋翼桨毂力矩的形成

### 2）尾桨的气动力和力矩

尾桨相当于一个无周期变距的小旋翼，其构造平面大都平行于机体纵向对称面。尾桨轴向铰用来改变桨距，从而改变尾桨拉力的大小及方向；水平铰用来保证直升机前飞时尾桨桨叶进行挥舞运动。尾桨的空气动力主要是指尾桨拉力 $T_{wj}$，尾桨拉力沿机体横轴的正向为正。由于尾桨桨叶也要进行挥舞运动，因此也存在着尾桨的侧向力和尾桨的纵向力，但是这两个力一般都很小，可以忽略（图 2.40）。

尾桨的气动力对直升机构成的力矩主要有 3 个。

A. 尾桨的偏转力矩 $M_{ywj}$

$$M_{ywj} = T_{wj} \cdot X_{wj} \tag{2.12}$$

式中，$X_{wj}$ 为尾桨桨毂中心至直升机重心的纵向距离；$T_{wj}$ 为尾桨拉力。

尾桨偏转力矩主要用来平衡旋翼的反扭矩，在有些场合也可以改变直升机的侧向平衡状态，其大小主要取决于尾桨拉力 $T_{wj}$ 的大小。

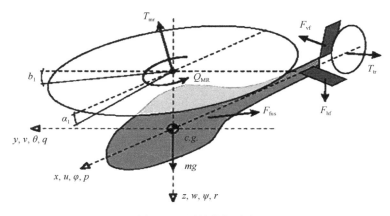

图 2.40　尾桨的气动力

**B. 尾桨的滚转力矩 $M_{xwj}$**

$$M_{xwj} = T_{wj} \cdot Y_{wj} \qquad (2.13)$$

式中，$Y_{wj}$ 为尾桨桨毂中心至直升机重心的法向距离。

如果尾桨桨毂中心位于机体纵轴上，则 $M_{xwj}$ 为零；如果尾桨桨毂中心位于直升机重心之下，则滚转力矩的方向是朝 $\Psi=270°$ 方位的；如果尾桨桨毂中心高于直升机重心，则滚转力矩的方向是朝 $\Psi=90°$ 方位的。

**C. 尾桨的反扭矩 $M_{wj反}$**

同旋翼反扭矩产生的原因相同，在尾桨旋转过程中，尾桨轴必然也要受到一个反扭矩的作用。底部向前旋转的尾桨，其反扭矩的方向是上仰的。一般来讲，尾桨反扭矩的数值是比较小的。

**3）平尾的气动力及其力矩**

大部分直升机的平尾安装在尾梁后部，有的直升机平尾安装在尾斜梁或垂尾上。安装的不能操纵的平尾，是固定平尾；安装的可以操纵的平尾，是可操纵平尾。对于固定平尾来说，飞行中平尾的迎角通常为负迎角，因此会产生向下的升力 $Y_{pw}$，这个向下的升力就要对直升机重心构成上仰力矩 $M_{zpw}$。

$$M_{zpw} = Y_{pw} \cdot X_{pw} \qquad (2.14)$$

式中，$X_{pw}$ 是平尾距直升机重心的纵向距离。

**4）垂尾的气动力及其力矩**

所有采用涵道尾桨的直升机都装有垂尾，一些普通尾桨的直升机也装有垂尾。一般垂尾都向 $\Psi=90°$ 方位偏转一定角度，使直升机在前飞时，能产生一个侧力 $Z_{cw}$。这个侧力对重心构成偏转力矩 $M_{ycw}$，其方向同旋翼旋转方向一致，在大部分场合可以对尾桨起到卸荷作用。

**5）机身的气动力及其力矩**

机身的气动力及其力矩，其大小和方向与机身的形状和飞行状态有关。试验证明，大部分直升机的机身，在小速度平飞状态，由于受旋翼尾流的影响，机身力矩 $M_{z \cdot sh}$ 多为上仰力矩；而在大速度飞行时，因机身迎角 $\alpha_{sh}$ 为负，$M_{z \cdot sh}$ 为下俯力矩，并随飞行速度的增大而增大。

## 2. 旋翼的挥舞运动与摆振运动

直升机在前飞、后退飞行或侧飞中，旋翼各桨叶周向相对气流会出现明显的不对称现象。本部分从研究这一运动特点入手，以直升机前飞为例分析桨叶的挥舞运动与摆振运动。研究桨叶的挥舞运动与摆振运动是为进一步分析直升机的稳定性、操纵性及直升机的振动打下必要的基础。

### 1）轴流状态下旋翼桨叶的周向相对气流

直升机在无风条件下做垂直升降或悬停运动，我们都可以认为旋翼处于垂直飞行状态，也称为轴流状态。

为了便于说明旋翼桨叶所在的位置，从上方俯视旋翼，以桨叶在直升机正后方为 0°，按旋转方向计算方位角。对于俯视顺时针旋翼直升机，桨叶在正左方为 90°，正前方为 180°，正右方为 270°；对于俯视逆时针旋翼直升机，桨叶在正右方为 90°，正前方为 180°，正左方为 270°。直-5、米-8、直-9、直-11 等直升机都是俯视顺时针旋翼直升机，而直-8、UH-60"黑鹰"直升机都是俯视逆时针旋翼直升机。

在无风情况下，直升机在空中悬停或垂直升降时，旋翼处在轴流状态下，桨叶各切面的周向气流速度的大小等于该切面的圆周速度，且不随方位角改变。即 $\mu = \Omega r$。

从图 2.41 可以看出：桨尖的周向气流速度最大，越靠近旋翼轴的桨叶切面，周向气流速度越小，到旋转轴处速度为零。对桨叶某个切面来说，其周向气流速度是一定值，不随桨叶所处的方位角而改变。因此，在轴流状态下，旋翼桨叶的周向气流速度相对于旋转中心是对称的。

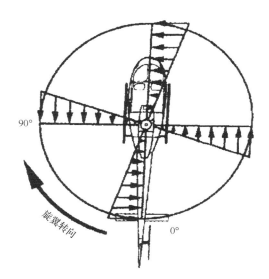

图 2.41　轴流状态下旋翼桨叶的周向气流分布

· 74 ·　　　　　　　　　　农用无人机技术及其应用

**2）前飞状态下旋翼桨叶的周向相对气流**

　　直升机前飞时，可以认为旋翼处在斜流状态。在此状态下，桨叶各切面的周向气流速度在不同的方位是不相同的。桨叶各切面的周向气流速度是由旋翼转动和直升机前飞两种情况所引起的周向气流速度合成的，因此，它是随桨叶转到不同方位而改变的。直升机前飞时旋翼桨叶周向气流分布情况如图 2.42 所示。

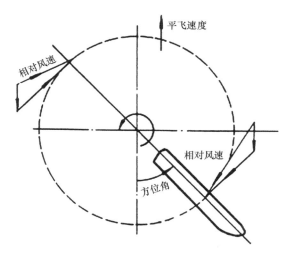

图 2.42　前飞时旋翼桨叶周向气流分布情况

　　设直升机前飞速度为 $v$，旋翼迎角很小，则桨叶某一切面的周向相对气流速度 $u$ 应为

$$u = \Omega r + v\sin\Psi \qquad (2.15)$$

　　也可以写作：

$$u = \Omega r + \mu\Omega\sin\Psi \qquad (2.16)$$

式中，$\mu$ 为前进比；$\Omega$ 为旋翼转速；$r$ 为旋转半径；$\Psi$ 为桨叶所在方位角。

　　由此可见，直升机前飞时，旋翼桨叶的周向气流速度 $u$ 的大小是随旋翼转速 $\Omega$、旋转半径 $r$、飞行速度 $v$ 和桨叶所在方位角 $\Psi$ 等因素变化而改变的。图 2.42 是桨叶某一切面周向气流速度 $u$ 随方位角 $\Psi$ 的变化情况。

　　归纳起来，$\Psi$=0°→90°→180°的前行桨叶区，桨叶各切面的周向气流速度在 $\Omega r$ 的基础上均增加 $v\sin\Psi$，当 $\Psi$=90°时，桨叶各切面的周向气流速度最大；而在 $\Psi$=180°→270°→360°的后行桨叶区，桨叶各切面的周向气流速度在 $\Omega r$ 的基础上均减小 $v\sin\Psi$，当 $\Psi$=270°时，桨叶各切面的周向气流速度最小。

　　必须指出，桨叶切面的周向气流速度不仅随方位角的不同而变化，而且在不同半径处，桨叶切面的周向气流速度也是不同的。越靠近桨根处周向气流速度越小，这样，在桨叶从 180°方位转到 360°方位过程中，由于前飞所引起的相对气流速度，在靠近桨根的某个区域内，将会大于因旋翼旋转所产生的相对气流速度。在这个区域内，周向气流不是由桨叶前缘流向桨叶后缘，而是由桨叶后缘流向桨叶前缘，这种反向流动的气流，称为反流。旋翼上存在反流的区域称为反流区。

　　在反流区边界上，桨叶切面的周向气流速度为零，根据这个条件可以确定反流区范围及边界为

$$u = \Omega r + v \sin \Psi \leqslant 0 \tag{2.17}$$

$$r \leqslant \frac{-v}{\Omega} \sin \Psi \tag{2.18}$$

$$r \leqslant -\mu R \sin \Psi \tag{2.19}$$

　　上式表明，反流区的区域是一个以极坐标（$\Psi$，$r$）表示的直径为 $V/\Omega$（或$\mu R$）的圆。事实上，取 $\Psi=270°$，$\sin\Psi=-1$ 时，求得的 $r$ 值，即为旋翼反流区的直径 $d$。

$$d = \frac{v}{\Omega} = \mu R \tag{2.20}$$

　　反流区越大，表明旋翼周向相对气流的不对称性越严重。反流区的大小同飞行速度和旋翼转速有关，前飞速度一定时，转速越大，反流区越小；转速一定时，前飞速度越大，反流区越大。如果反流区超过允许范围，旋翼拉力将降低，所以，直升机的最大允许速度受反流区的限制。

### 3. 旋翼的水平铰与桨叶的自然挥舞运动

#### 1）旋翼水平铰的作用

　　直升机前飞时，由于旋翼周向相对气流不对称，在周向相对气流速度大的一边，桨叶产生的拉力大；在周向相对气流速度小的一边，桨叶产生的拉力小。这样，就形成了旋翼左右两边拉力不对称的现象。如果旋翼的桨叶与桨毂采用刚性连接，就会形成较大的横侧不平衡力矩，迫使直升机向一侧翻倒。此外，没有水平铰的旋翼，桨叶拉力会使桨叶根部受到很大的弯矩。桨叶拉力发生周期性变化，也会使桨叶根部受到的弯矩发生周期性变化，桨叶在这种交变弯矩作用下很容易疲劳损坏。

　　为了克服上述缺陷，最简便的方法就是采用具有水平铰的旋翼。具有水平铰的旋翼，当桨叶的周向气流速度增大，拉力因而增大时，桨叶可绕水平铰向上挥舞；而当周向气流速度减小，拉力减小时，桨叶可绕水平铰向下挥舞，故水平铰又称为挥舞铰。在桨叶挥舞中所引起的桨叶角改变，又会使桨叶的拉力发生变化，这样将引起旋翼拉力的再分布，从而减轻了拉力不对称的程度。在方位角为 0°～180° 时，周向气流速度均有不同程度的增大，所以，桨叶是向上挥舞的。由于桨叶向上挥舞，便产生自上而下的挥舞相对气流，这会使桨叶角减小，拉力减小，且向上挥舞速度越大，桨叶角减小得越多，拉力减小得也越多。同理，桨叶从方位角 180° 转到 360° 时，桨叶因周向气流速度减小而使拉力减小，与此同时，桨叶绕水平铰向下挥舞，由此产生的挥舞相对气流，又使桨叶角增大，拉力增大。这样一来，桨叶通过上下挥舞，自动调整了本身拉力，使拉力大致保持不变，拉力不对称也就被消除了。通常把这种不是因操纵而引起的桨叶挥舞运动，称为桨叶的自然挥舞运动。

　　此外，因为水平铰不能传递挥舞面内的弯矩，所以桨叶拉力形成的弯矩在水平铰处变为零。因此，采用水平铰能大大提高桨叶的抗疲劳强度，从而减轻桨叶的结构重

量。必须指出，不带水平铰的旋翼，其挥舞运动是通过其他方式实现的，道理同水平铰是一样的。

**2）轴流状态下桨叶的自然挥舞运动**

A. 桨叶在挥舞平面上的受力与旋翼锥角的形成

旋翼不旋转时，桨叶受本身重力的作用而下垂。直升机在垂直飞行状态（轴流状态）时，每片桨叶受到的作用力，除桨叶自身重力外，还有桨叶的拉力和惯性离心力。桨叶重力 $G_叶$ 的方向垂直于地面，它对水平铰形成的力矩使桨叶下垂；桨叶拉力 $T_叶$ 的方向垂直于桨叶的轴线，它对水平铰构成的力矩，可把桨叶举起；惯性离心力 $F_惯$ 作用在桨叶重心上，其作用线垂直于旋转轴，它对水平铰所形成的力矩，力图保持桨叶做水平转动。由于桨叶拉力比重力大得多，因此桨叶在 3 个力矩作用下会平衡在上扬的某一个位置上。桨叶在旋转平面扬起的角度，用 $\alpha_0$ 表示。由于桨叶的惯性离心力很大，因此 $\alpha_0$ 实际并不大，一般为 3°～10°。轴流状态下桨叶的自然挥舞如图 2.43 所示。

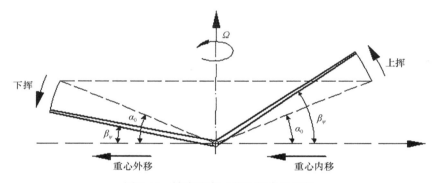

图 2.43　轴流状态下桨叶的自然挥舞

轴流状态下，由于旋翼周向气流是对称的，每片桨叶在旋转一周的过程中，拉力和惯性离心力不变，因此桨叶在各个方位向上扬起的角度 $\alpha_0$ 均相同。此时的角度 $\alpha_0$ 就是桨叶在各方位的挥舞角 $\beta$。旋翼桨叶的这种挥舞形式，称为"均匀挥舞"。既然轴流状态下各片桨叶的挥舞角相同，即 $\beta = \alpha_0$，那么旋翼的旋转轨迹应是一个倒置正锥，$\alpha_0$ 称为旋翼锥度或旋翼锥角，锥形轨迹称为旋翼锥体，桨尖轨迹是旋翼锥体的底面。

B. 轴流状态下的旋翼拉力

如上所述，直升机在轴流状态下，旋翼每片桨叶所受到的力有桨叶拉力 $T_叶$、桨叶重力 $G_叶$ 和惯性离心力 $F_惯$，当这些力对水平铰构成的力矩取得平衡时，桨叶自旋转平面向上扬起，并形成一个锥角 $\alpha_0$。根据力学原理，拉力 $T_叶$、重力 $G_叶$ 和惯性离心力 $F_惯$ 的合力 $F_叶$，其作用线必须通过水平铰并使桨叶形成一定的锥角 $\alpha_0$。将桨叶合力 $F_叶$ 按平行四边形定则相加，就可得到旋翼形成锥体时的旋翼拉力 $T$。旋翼拉力的方向垂直于桨毂旋转平面或者说平行于旋翼的旋转轴。此时的旋翼拉力 $T$ 也垂直于桨尖平面（图 2.44）。

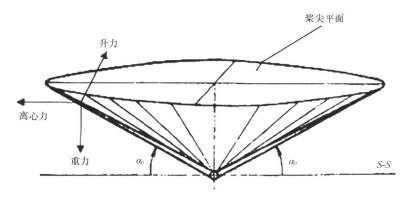

图 2.44 轴流状态下的旋翼拉力

**3）前飞状态下桨叶的自然挥舞运动**

直升机前飞时，桨叶要做有规律的自然挥舞运动，而这种挥舞运动是由不同原因引起的。了解桨叶挥舞运动的原因及特点，对于理解直升机的操纵原理是很有必要的。

A. 旋翼锥体的后倒角 $\alpha_1$

直升机前飞时，旋翼桨叶周向气流速度的周期性变化引起桨叶挥舞。当桨叶由 $0°$ 向 $90°$ 方位转动时，周向气流速度由基准值 $\Omega r$ 不断增大，其增量为 $v\sin\Psi$，促使桨叶拉力增大，且向上挥舞，并在上挥过程中，使上挥速度和挥舞角不断增大；转至 $\Psi=90°$ 方位时，$v\sin\Psi$ 开始减小，上挥速度也由最大值开始减小，而桨叶也就以逐渐减小的速度继续上挥；直至 $\Psi=180°$ 方位，周向气流速度恢复至基准值，上挥速度也减小至零，桨叶在该处上挥至最高位置，挥舞角 $\beta$ 达到最大；当桨叶转过 $180°$ 方位以后，周向气流速度由基准值继续减小，桨叶由最高位置开始下挥，与前行桨叶上挥过程的分析相似，后行桨叶在 $270°$ 方位下挥速度最大；在 $360°$ 方位下挥速度减小到零，桨叶下挥至最低位置，即挥舞角 $\beta$ 达到最小值（图 2.45）。

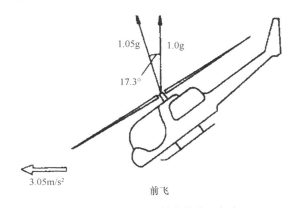

图 2.45 前飞时旋翼锥体的后倒角

综上所述，直升机前飞时，旋翼每转一周，桨叶挥舞速度和挥舞角分别出现一次周期性变化；桨叶在 $90°$ 方位上挥速度最大，在 $270°$ 方位下挥速度最大；桨叶在 $180°$ 方位挥舞位置最高，在 $360°$ 方位挥舞位置最低；其挥舞角的变化比挥舞速度的变化滞后 $90°$。

直升机在前飞中，由于周向气流不对称，桨叶自然挥舞，旋翼锥体向后倾斜了一定角度，这时旋翼的锥体轴线与旋翼轴线不再重合，二者的夹角称为旋翼锥体的后倒角。前飞速度越大，旋翼周向气流不对称越严重，旋翼锥体后倒角也越大。

　　B. 旋翼锥体的侧倒角

　　由于桨叶"上反效应"引起的侧倒角：直升机前飞时，由于旋翼锥体的存在，在旋翼的前半圆 $\varPsi=180°\rightarrow270°\rightarrow360°$ 方位内，相对气流自下而上吹向桨叶，使桨叶角增大；在后半圆 $\varPsi=270°\rightarrow0°\rightarrow90°$ 方位内，相对气流自上而下吹向桨叶，使桨叶角减小；而且，其迎角变化量随方位角变化呈周期性变化。桨叶角的周期性变化又将引起桨叶的挥舞。在 180° 方位，桨叶角增加量 $\Delta\alpha$ 最大，力图使桨叶向上挥舞，且上挥速度也积累至最大，至 270° 方位 $\Delta\alpha$ 为零；在 0° 方位，桨叶角减小量 $-\Delta\alpha$ 最大，桨叶角减小最多，下挥速度积累到最大；在 90° 方位，$\Delta\alpha$ 为零。由于桨叶的"上反效应"引起的挥舞角变化也滞后于挥舞速度变化 90° 相位，这样一来，由此引起的桨叶挥舞结果是，在 270° 方位桨叶上挥位置最高，在 90° 方位桨叶下挥位置最低；旋翼锥体向 90° 方位倾斜一定角度。

　　桨叶的挥舞调节作用对侧倒角的影响：许多直升机的旋翼具有这样的构造特点，当它的桨叶上挥时，变距拉杆拉住变距摇臂使桨叶角减小；当桨叶下挥时，变距拉杆顶住变距摇臂使桨叶角增大。桨叶角的大小随桨叶挥舞角的改变而变化的这一特点，称为桨叶的挥舞调节。桨叶的挥舞调节作用如图 2.46 所示。

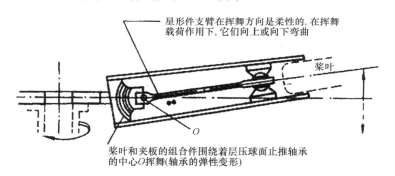

图 2.46　桨叶的挥舞调节作用

　　桨叶具有挥舞调节作用是由旋翼的构造特点决定的。桨叶变距摇臂与变距拉杆的连接点 $A$，位于水平铰轴线之外。设节点 $A$ 离水平铰轴线距离为 $b$，离轴向铰轴线的距离为 $a$，像这样的旋翼结构就具有挥舞调节作用。例如，当桨叶向上挥舞时，由于桨叶绕水平铰向上抬起，$A$ 点也要向上运动，但只要操纵机构不动，$A$ 点就不可能向上移动，其结果必然是变距拉杆要拉着桨叶变距摇臂绕轴向铰转动，使桨叶角减小。同理，当桨叶向下挥舞时，由于 $A$ 点位置不变，变距拉杆要顶住变距摇臂使桨叶角变大。

　　桨叶挥舞调节作用的强弱，可用挥舞调节系数 $K$ 来衡量：

$$K=-\frac{\Delta\varphi}{\Delta\beta}=\frac{b}{a} \qquad (2.21)$$

式中，$\Delta\beta$ 为挥舞角变化量；$\Delta\varphi$ 为桨叶角变化量。

　　在来流角一定的情况下，$\Delta\varphi$ 也是桨叶角的变化量。从公式（2.21）可以看出，在 $a$

值一定时，$b$ 值越大，桨叶的挥舞调节作用越强；反之则越弱。

前面已知，直升机前飞时，由于旋翼周向气流不对称造成旋翼锥体后倾，在 180° 方位桨叶上挥角度最大，而在 0°方位下挥角度最大。由于桨叶挥舞调节作用的存在，桨叶在 180°方位，桨叶角减小量最多，桨叶拉力也减小最多，向下的挥舞加速度最大；桨叶在 0°方位，桨叶角增加量最多，向上的挥舞加速度最大。挥舞角的变化总是滞后于挥舞加速度 90°相位，这样一来，由于桨叶挥舞调节的作用，桨叶在 270°方位挥舞位置最低，在 90°方位挥舞位置最高。总之，由于桨叶的挥舞调节作用，使旋翼锥体向 270°方位倾斜一个角度。

综上所述，直升机在前飞时，由于桨叶的"上反效应"引起锥体向 90°方位侧倒，而由于桨叶的挥舞调节作用会使旋翼锥体向 270°方位侧倒。这两个因素对旋翼锥体侧倒方向的影响是相反的。旋翼锥体最终的侧倒方向取决于这两个因素的综合影响，直升机的旋翼锥体一般都是向 270°方位侧倒，并且我们规定旋翼锥体轴在侧向与旋翼轴之间的夹角为旋翼锥体的侧倒角 $b_1$。

C. 前飞中旋翼锥体的倾斜方向

由前面对旋翼锥体后倒角和侧倒角的分析可知，直升机前飞时，旋翼锥体要向侧后方倾斜。通常，对于俯视顺时针旋翼直升机来说，要向右后方倾斜；对于俯视逆时针旋翼直升机来说，要向左后方倾斜。这时，桨叶挥舞的最高点，既不在正前方，也不在正侧方，而在 130°～150°方位上；桨叶挥舞的最低点则在 310°～330°方位上。

## 4. 旋翼的垂直铰与桨叶的摆振运动

### 1）科里奥利力的产生和危害

旋翼采用水平铰，解决了前飞时旋翼出现的拉力不对称和交变弯矩问题，但又产生了新的矛盾，即桨叶绕水平铰上下挥舞时，还会受到科里奥利力（简称科氏力）的作用。桨叶绕水平铰上下挥舞时，每片桨叶的重心至旋翼轴的距离都在不断变化。桨叶向上挥舞时，桨叶重心至旋翼轴的距离减小；向下挥舞时，距离增大，这样桨叶上下挥舞时，桨叶重心就有了径向速度，必定要受到科氏力的作用。当桨叶向上挥舞时，桨叶重心内移，在桨叶上会产生一个与旋翼旋转方向相同的科氏力，力求使桨叶加速旋转；桨叶向下挥舞时，桨叶重心外移，桨叶受到的科氏力方向与旋翼的旋转方向相反，力求使桨叶减速旋转。

直升机前飞时，由于旋翼周向气流不对称，会引起桨叶空气阻力的周期性变化，再加上科氏力这个交变力的作用，就会使桨叶根部受到很大的交变弯矩，容易使桨叶因材料疲劳而提前损坏。此外，过大的交变载荷传到机体上，还会引起振动的显著增强。

### 2）垂直铰的作用与桨叶的摆振运动

在抗疲劳强度高的新材料出现之前，要解决材料提前损坏问题，就需要增大桨叶与桨毂连接处的截面积，从而使旋翼的结构变得十分笨重。解决上述问题的有效方法之一，就是在旋翼上设置垂直铰，使桨叶可以在旋转面内绕垂直铰前后摆动，进而使旋转平面内的各种交变弯矩减小到零，改善桨叶的受力情况，结构重量和振动也相应地减小了。

桨叶绕垂直铰的前后摆动，就称为桨叶的摆振运动。当桨叶上挥时，科氏力欲使桨叶加速旋转，桨叶可绕垂直铰向前摆动一定角度；当桨叶下挥时，科氏力欲使桨叶减速旋转，桨叶可绕垂直铰向后摆动一定角度。

需要指出的是，如果桨叶绕垂直铰的摆振角过大，就会使旋翼重心过多地偏离桨毂中心，由此产生的不平衡的惯性离心力会引起直升机振动，在某些情况下，还会使直升机发生地面共振。为了防止桨叶绕垂直铰摆动过大而引起直升机振动，大部分直升机都在垂直铰上设置有减摆器和限动块，将桨叶的摆振角限制在一个很小的范围内。另外，没有垂直铰的旋翼，也存在摆振运动，其桨叶的摆振运动大都是靠其他方式实现的。

## 5. 地面效应

旋翼向下排压的气流受到地面阻挡，使旋翼下方的静压增大，诱导速度减小，在保持拉力相同的条件下所需功率减小，或在保持功率不变的条件下拉力增大。

### 1）影响地面效应的因素

#### A. 高度

悬停时，离地高度越低，气流受到地面的阻挡作用越强，地面效应也就越显著。衡量地面效应的强度时，常用 $H/D$（$H$ 为飞行真高，$D$ 为旋翼直径）作为计算条件。理论分析和飞行实验证明，当 $H/D=0.2$ 时，地面效应增升幅度约为 30%；当 $H/D=0.35$ 时，增升幅度约为 30%；当 $H/D=0.50$ 时，增升幅度约为 10%；当 $H/D \geqslant 1$，即飞行真高等于或大于旋翼直径时，地面效应就基本消失了。

地面效应的强弱还与海拔有关，海拔越高，空气越稀薄，密度越小，地面效应也就越弱。

#### B. 飞行速度和风

地面效应的强弱与飞行速度有很大关系。飞行速度增大，地面效应减弱，当飞行速度超过悬停诱导速度的 5 倍时，地面效应就可以忽略不计了。

同样道理，当直升机在有风条件下做有地效悬停，风速增大时，地面效应会减弱。

#### C. 地表环境

地面效应与直升机工作时的地表环境也有关系。例如，直升机在山上、水面或长得很高的草地上空工作时，地面效应要比在陆上或坚实地面上空弱。

### 2）地面效应对飞行的影响

直升机做有地效飞行时，由于地面效应的影响，在保持拉力不变的条件下所需功率要减小，在保持功率不变的条件下拉力要增大。另外，在保持拉力不变时，由于所需功率减小，直升机剩余功率增加，因此直升机有地效悬停升限高于无地效悬停升限。

一般情况下，直升机在大载重条件下，做悬停是很困难的，但若尽量利用地面效应做临近地面的悬停，因剩余功率增加，所以比较安全。

　　在地面效应区，直升机的气动力并不是很稳定。由于旋翼尾流实际上是由脉动气流组成的，因此地面效应带来的增升效果也会有脉动的成分，而且在方向上会有不规则的变化，特别是在低高度，这种脉动往往会造成直升机在小范围内的移位或飘摆。

　　由于地面效应，直升机在近地悬停或前飞中，旋翼都会受到有利影响。当直升机在地面附近从悬停转入前飞时，与远离地面一样，所需功率总是减小的，但是当飞行高度约小于旋翼半径时，直升机从悬停到前飞的过渡飞行期间，所需功率可能不会减小，而是会增加，即在保持功率不变的情况下，旋翼拉力是减小的。地面效应的减弱是由于直升机超越了地面涡。当旋翼前缘接近地面涡时，气流增加，相当于旋翼的一部分处于爬升过程中，从而增加了需用功率；一旦地面涡通过旋翼下方，气流又突然恢复到接近正常的状态。

　　由于直升机飞行高度低，执行任务过程中经常需要在不同的地表环境做贴地飞行，因此地面效应的影响是不容忽视的。

## 6. 直升机的运动

　　直升机在空中有 6 个自由度，即沿 $x$（纵轴）、$y$（主轴）、$z$（横轴）3 个轴的移动和绕这 3 个轴的转动，如图 2.47 所示。在正常飞行时，直升机处于一种平衡状态，作用在它上面的力和力矩之和应该等于零。

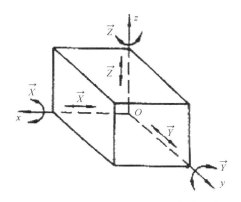

图 2.47　直升机在空中的 6 个自由度

　　若要改变直升机的飞行状态，必须对它进行操纵。所谓操纵，就是改变作用在直升机上的力和力矩，即打破原来的平衡状态，建立新的平衡状态。以单旋翼直升机为例，要使直升机沿 $y$ 轴运动，就必须改变旋翼拉力的大小，当拉力大于直升机的重量时，直升机就上升，反之，直升机则下降。直升机的纵向运动是通过改变旋翼拉力的方向来实现的，当拉力前倾时，产生向前的分力，直升机向前运动；同时拉力还对直升机产生一个俯仰力矩，使直升机绕横轴低头转动；反之，当拉力后倾时，直升机向后运动，并绕横轴抬头转动。同理，控制拉力的横向倾斜，可以实现直升机的横向移动和滚转运动。单旋翼直升机的航向是通过改变尾桨的推力（或拉力）来操纵的，当改变尾桨推力（或拉力）的大小时，尾桨推力（或拉力）对直升机重心的力矩与旋翼反扭矩不再处于平衡状态，直升机就绕 $y$ 轴转动，从而改变直升机的航向。

## 7. 直升机的飞行性能

### 1）悬停

直升机在一定高度上，保持航向、位置不变的飞行状态称为悬停。悬停是直升机特有的飞行方式之一，其目的是检查直升机重心、发动机和旋翼工作情况，为起飞增速或垂直着陆做准备，或进行特种作业。

A. 悬停平衡条件

a. 悬停时的俯仰平衡条件

悬停时直升机取得俯仰平衡，悬停高度应保持不变，不出现前后移动现象。作用于直升机上的有关力和力矩相对于机体轴系而言，应满足下列条件：

$$\sum F_x = 0 \rightarrow H_S - G\sin\theta = 0 \qquad （2.22）$$

$$\sum F_y = 0 \rightarrow T - G\cos\theta\cos\gamma = 0 \qquad （2.23）$$

$$\sum M_z = 0 \rightarrow TX - H_S Y_{sj} - M_{z \cdot gu} + M_{z \cdot 其他} = 0 \qquad （2.24）$$

式中，$H_S$ 为旋翼拉力相对于重心的力臂；$M_{z \cdot 其他}$ 为机身、平尾的俯仰气动力矩与尾桨反扭矩之和。

$$M_{z \cdot 其他} = M_{z \cdot sh} + M_{z \cdot pw} + M_{z \cdot wj} \qquad （2.25）$$

需要注意的是，公式（2.25）没有考虑旋翼前倾角的影响。

b. 悬停时的方向平衡条件

直升机在做无风稳定悬停时，为了取得方向平衡，绕立轴各偏转力矩之和应为零，即

$$\sum M_y = 0 \rightarrow T_{wj} X_{wj} + S_S X - M_反 = 0 \qquad （2.26）$$

近似计算时，可以忽略旋翼侧向力形成的偏转力矩 $S_S X$。从公式（2.26）可知，尾桨拉力产生的偏转力矩是为了平衡旋翼反扭矩的。悬停时的方向控制如图 2.48 所示。

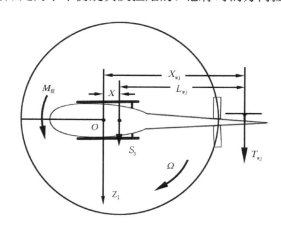

图 2.48　悬停时的方向控制

c. 悬停时的横侧平衡条件

悬停时，直升机若要取得横侧平衡，应保持侧向力和滚转力矩的平衡，使直升机不出现侧向移位和滚转。直升机的横侧平衡条件如下：

$$\sum F_z = 0 \rightarrow T_{wj} - S_S + G\cos\theta\cos\gamma = 0 \tag{2.27}$$

$$\sum M_x = 0 \rightarrow T_{wj}X_{wj} - TZ - S_S Y_{sj} - M_{x\cdot gu} = 0 \tag{2.28}$$

式中，$M_{x\cdot gu}$ 为桨毂力矩。

水平铰外移量不大的旋翼，其大小可以忽略。直升机尾桨的安装位置一般都是高于直升机重心的，所以尾桨拉力对重心构成滚转力矩。如果直升机重心在旋翼轴线上，旋翼拉力 $T$ 就不对重心构成滚转力矩，即 $TZ=0$。

B. 影响悬停的因素

a. 地面效应的影响

悬停时，离地高度越低，气流受到地面的阻挡作用越强，地面效应也就越显著。一般来说，当旋翼离地高度超过旋翼直径的长度时，地面效应基本消失。在载人直升机训练飞行中，有地效悬停高度取 2～5m，无地效悬停高度取 100～150m。

地面效应不仅能使旋翼所需功率减小，还能显著地提高直升机的稳定性。这是因为，当直升机在地面效应范围内悬停时，如果由于外界干扰发生了倾斜，桨盘也要跟着倾斜，其降低部分因离地面近，产生拉力大，而抬起部分因离地面远，产生拉力小，从而形成稳定力矩，使直升机自动恢复平衡。此外，直升机在地效范围内悬停时，由于地面效应的作用，直升机具有自动保持高度的功能。例如，直升机因受扰动而高度降低时，桨盘与地面距离缩短，桨盘下方的压力增大，这样就会产生一个向上的附加拉力，力图使直升机恢复到原来的高度。地面效应的这两种影响，是飞行员做好悬停的有利条件。

b. 风的影响

逆风悬停：逆风中悬停，直升机会以与风速相同的速度向后移位，为了保持位置不变，应向前迎杆，直升机产生俯角，旋翼桨盘前倾，使直升机产生与风速大小相等的前飞速度，因此旋翼的诱导速度减小，悬停所需功率也随之减小；同时，由于直升机的方向安定性增强，容易保持方向，在有风的情况下，应尽量采用逆风悬停。与无风悬停相比，逆风悬停机头稍低，且逆风风速越大，机头越低。

顺风悬停：顺风中悬停，直升机受风的作用会向前移位，所以应向后拉杆，旋翼桨盘后倾，使直升机后退速度与风速大小相等。这时，机头比无风悬停时要高。机头上仰量大，将使尾部离地高度降低，为保证飞行安全，避免尾部擦地，顺风悬停高度要适当地增加。需要特别指出的是，左、右侧风对直升机悬停的影响是不一样的。对于俯视顺时针旋翼的直升机来说，右侧风明显使直升机状态不稳，操纵品质变差，还会引起直升机抖动，这是因为：①在右侧风中悬停，为使地速为零，必然要求直升机产生一个与风速大小相等、方向相反的空速，这就需要较大的桨盘右倾角，从而致使驾驶杆操纵余量减小；②过大的右侧风，可能使尾桨进入涡环（部分进入甚至完全进入），使尾桨所需功率增大，而尾桨所需功率增大，又使旋翼的可用功率减小，这样就增加了操纵的复杂性；③在过大的右侧风中悬停，旋翼桨盘右倾角很大，旋翼尾流对机体、垂尾等产生干扰，还有旋翼桨叶本身的"桨涡干涉"等原因，会引起直升机产生类似"过渡速度"的振动。因此，俯视顺时针旋翼直升机不适合在大的右侧风条件下悬停。而在左侧风条件下，则没有出现上述现象，该条件对直升机的悬停稍有利。

C. 悬停的操纵原理

a. 垂直起飞阶段的操纵

飞行员柔和上提总距杆，使桨距增大，旋翼拉力增大，以便产生足够的拉力使直升机离开地面转入上升状态；同时使发动机可用功率增大，以满足功率平衡。随着总距杆的上提，旋翼的反扭矩增大，并力图使机头左偏，为了保持方向平衡，需相应蹬右舵；蹬右舵后，尾桨拉力增大，构成左滚力矩，为了保持横侧力矩平衡，又需要向右压杆，使桨尖平面右倾，产生向右的侧向力 $S_S$，进而形成右滚力矩，以平衡尾桨拉力构成的左滚力矩；为了保持侧向力平衡，低置尾桨直升机都有一个微小右坡度。因此，驾驶杆左右操纵的方法应是，先向右压杆，待形成右坡度后稳住杆。一般直升机都有旋翼前倾角，为了克服旋翼前倾角的影响，直升机应有一个上仰角，因此，在垂直起飞时，需要适当向后带杆。

b. 悬停保持阶段的操纵

保持直升机位置不变的关键是调整直升机的姿态。如前面所述，在悬停中，要保持直升机没有前后移位，必须使纵向力平衡，也就是旋翼纵向力 $H_S$ 与重力的纵向分力 $G\sin\theta$ 相平衡，所以正确的直升机俯仰姿态是保持前后位置不变的关键。同理，要保持直升机侧向位置不变，也必须使侧向力平衡，直升机的坡度变化必将引起重力侧向分力 $G\sin\theta\sin\gamma$ 的变化，进而影响直升机的侧向力平衡，因此，正确的直升机侧向姿态是保持侧向位置不变的前提。在实际操作中，应先根据直升机的移位情况调整直升机的姿态，在找准直升机的姿态后，以保持这个姿态为目标，在保持姿态过程中，应根据直升机的移位情况，对姿态进行微调，以确保其位置不变。

c. 垂直着陆阶段的操纵

结束悬停时，应柔和下放总距杆，同时利用驾驶杆、脚蹬和总距杆的配合动作，使直升机下降，下降率不超过 2m/s；接地前应进一步减小下降率，使接地时的下降率不大于 0.2m/s。一般俯视顺时针旋翼、低置尾桨的直升机都带有右坡度，所以右主轮先接地。在右主轮接地后还应继续柔和下放总距杆，并适当向右后方带杆，使左轮与前轮轻轻接地，然后继续下放总距杆直到最低位置。

d. 高高度悬停的操纵

高高度悬停应在逆风条件下实施，可以由地面垂直上升进入，也可以从平飞状态减速进入。由垂直上升转入悬停时，应保持好直升机姿态，匀速上提总距杆，并用杆、舵的协调动作确保上升轨迹与地面垂直；高度超过 20m 后，由于没有地面效应的影响，上提总距杆时要特别柔和；上升中适时扫视无线电高度表的指示，到接近预定高度时，稍放总距杆，进入稳定悬停。由平飞进入时，应带杆使桨盘后倾减速，为了保持高度不变，应适时操纵总距杆，并蹬舵保持方向，当速度减小到零时，松杆、稳杆转入悬停。

D. 绕轴悬停回转

绕轴悬停回转是直升机在悬停基础上，绕通过重心的铅垂线偏转而改变方向的飞行，是直升机接近地面飞行时经常采用的机动飞行方式。在风速不大的条件下，直升机可向左、向右做任意角度的回转。载人直升机实施悬停回转的高度一般不低于 3m。

a. 绕轴悬停回转的操纵原理

实施绕轴悬停回转，应柔和地向转弯方向蹬舵，通过改变尾桨拉力，形成方向操纵力矩，直升机即向蹬舵方向回转。随着回转角速度增大，方向阻尼力矩也增大，当阻尼力矩增至与方向操纵力矩相等时，直升机将保持稳定的角速度做悬停回转。

操纵直升机做悬停回转时，改变尾桨桨距，引起尾桨所需功率改变，在发动机可用功率不变的情况下，将使旋翼和尾桨的功率重新分配，从而影响旋翼拉力的大小，因此需要用操纵总距杆进行修正。

蹬舵后，尾桨拉力的改变还会破坏直升机侧向力和滚转力矩的平衡，直升机将出现滚转和侧向移位现象。为保持侧向力和滚转力矩平衡，应同时向转弯方向压杆。

退出悬停回转时，应根据回转角速度的大小，适当地提前蹬反舵制止旋转，同时操纵总距杆保持高度，操纵驾驶杆保持直升机的侧向平衡。

b. 左、右回转的特点

直升机做悬停回转时，由于旋翼和尾桨功率要重新分配，直升机随回转方向不同而出现高度上升或下降的趋势，这就造成了左、右回转时总距杆的操纵不同。右回转时，蹬右舵，尾桨桨距增大，尾桨拉力增大，尾桨所需功率也增大，在发动机功率不变的条件下，旋翼功率减小，直升机有高度下降的趋势，应适当地上提总距杆；左回转时，蹬左舵，尾桨桨距减小，尾桨所需功率减小，功率重新分配，使旋翼功率增大，直升机有高度上升的趋势，应适当下放总距杆。

c. 有风时的悬停回转

现以直升机在逆风悬停中做 360°右回转为例说明风的影响。直升机从悬停进入右回转，逆风变为左逆侧风，转到 90°变为左正侧风，转过 90°后变为左顺侧风，到 180°时变为顺风，转过 180°后变为右顺侧风，到 270°时变为右正侧风，转过 270°后变为右逆侧风，到 360°又回到逆风位置。由此可见，在悬停回转中，风的影响是不断变化的。有风时的悬停回转如图 2.49 所示。

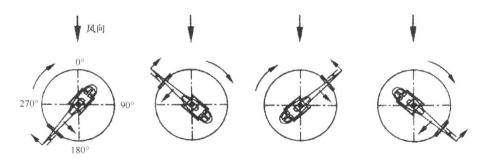

图 2.49　有风时的悬停回转

在有风的条件下做悬停回转，应根据风向、风速，用舵保持回转角速度不变，用总距杆保持高度不变，用驾驶杆保持不移位。在转向风去的方向时，在垂直安定面的方向安定力矩起阻止转弯的作用，应向回转方向加大蹬舵量，以保持回转角速度不变。反之，转向风来的方向时，为保持回转角速度不变，应适当地向回转的反方向增加蹬舵量。增加左舵量时，直升机有增加高度的趋势，要适当下放总距杆；增加右舵量时，则应上提总距杆。在回转中，为保持直升机不出现水平移位现象，在360°回转中，驾驶杆应始终向风来的方向倾斜。

## 2）垂直上升

### A. 垂直上升的操纵原理

直升机在悬停的基础上垂直上升，首先应柔和地上提总距杆，在总距增大的初始阶段，旋翼拉力大于重力，直升机加速上升；随着上升率增大，桨叶来流角也不断增大，桨叶角减小，当来流角增量与总距的增量基本相等时，旋翼拉力等于直升机重力与空气阻力之和，直升机保持稳定垂直上升。

上面讲的是无地面效应的情形。如果直升机悬停高度在地面效应范围之内，随着直升机高度升高，地面效应减小，诱导速度增大，来流角也增大，桨叶角减小，上升到某一高度，如果飞行员不继续上提总距杆，直升机将不再继续上升。

由于上提总距杆，旋翼反扭矩增大，直升机将出现偏转。为保持方向，需要蹬右舵增大尾桨拉力，同时要向右侧压杆，使直升机不出现侧向移位和滚转现象。

由于垂直上升时直升机的稳定性和操纵性较差，操纵动作需要更柔和，杆、舵、总距杆的操纵要协调一致。

### B. 垂直上升的注意事项

飞行员不应以垂直上升作为主要的飞行方式。虽然垂直上升是直升机的特有飞行方式，但由于在垂直上升过程中，所需功率大，稳定性与操纵性比较差，如果不是任务和战术需要，不应把垂直上升作为主要的获得飞行高度的方式。可以采用沿斜平面爬升的办法，达到增加高度的目的。

垂直上升过程中，保持直升机状态比较困难。这主要是因为随着高度升高，机头的遮蔽区增大，飞行员视界减小，不容易判断直升机的运动和状态变化。

要避开回避区。从地面垂直上升时，往往要通过无法自旋降落的回避区，对安全不利。除非是任务特殊需要，一般要避开回避区。

## 3）垂直下降

### A. 垂直下降的操纵原理

直升机在悬停基础上垂直下降，首先应下放总距杆，减小旋翼拉力，使拉力小于直升机重力；下放总距杆后，旋翼反扭矩减小，直升机将向右偏转，必须蹬左舵以保持方向不变，同时，压杆向量指向左方，以保持直升机的横侧平衡。在加速下降过程中，桨叶来流角逐渐减小，当来流角的减小量同总距的减少量相等时，取得法向力平衡，直升机等速下降。

B. 垂直下降的注意事项

要严格防止下降率过大。在垂直下降过程中，如果下降率过大，可能使直升机进入涡环状态。涡环状态是一种危险的飞行状态，严重危及飞行安全，因此，在垂直下降过程中，要用总距杆控制下降率。如果发现下降率偏大或有自动增大的趋势，应及时上提总距杆，或推杆增速退出。

飞行员不应把垂直下降作为主要飞行方式。在垂直下降过程中，直升机的稳定性、操纵性差，下降率过大还可能使直升机进入涡环状态，因此，如果不是任务和战术需要，不应把垂直下降作为降低高度的主要手段。

在海上或低能见度条件下做垂直下降，操纵要格外谨慎。在海上飞行时，由于浪涌的运动，很难准确判断下降率；在低能见度条件下，由于缺少参照物，判断高度变化也是很困难的，因此操纵上要格外谨慎，以免使直升机进入复杂状态。

### 4）平飞

研究直升机的飞行性能问题，一般都是把直升机看作一个质点，通过分析作用在质点上各种力的作用规律，描述质点的响应规律，然后运用功率平衡法来分析直升机的各种飞行性能参数的变化。

A. 平飞中的作用力

为了便于分析直升机质心的运动轨迹和速度变化，有必要将旋翼的气动合力 $R$ 沿气流轴系（速度轴系）的各轴进行分解。可以人为规定，旋翼气动合力 $R$ 沿气流立轴（$Y_V$ 轴）方向的分力为 $R_1$，沿气流纵轴（$X_V$）方向的分力为 $R_2$，沿气流横轴（$Z_V$）方向的分力为 $R_3$。

在桨毂旋转平面和桨尖旋转平面夹角不太大时，可以认为 $R \approx T$，也就是说，把旋翼气动合力 $R$ 近似地看作旋翼拉力 $T$，这样一来，就可以分别用 $T_1$、$T_2$、$T_3$ 代替 $R_1$、$R_2$、$R_3$，以此来分析直升机质心的运动就比较方便了。

直升机做稳定平飞时，其基本特征就是等高、等速、无侧滑，要满足这些特点，所受到的作用力关系如下。

为保持飞行高度不变，旋翼拉力在气流立轴方向的分力 $T_1$ 应等于直升机重力 $G$，即

$$T_1 = G \tag{2.29}$$

为保持飞行速度不变，旋翼桨盘要相对于水平面前倾一定的角度，旋翼拉力在气流纵轴方向的分力 $T_2$ 应等于空气阻力 $X$，即

$$T_2 = X \tag{2.30}$$

为保持直升机无侧滑，在直升机坡度较小时，旋翼拉力在气流横轴方向的分力 $T_3$ 应等于尾桨拉力 $T_{wj}$ 和垂尾侧力 $Z_{cw}$ 之和，即

$$T_3 = T_{wj} + Z_{cw} \tag{2.31}$$

上述分析没有考虑平尾、机身等产生的升力，认为旋翼拉力近似等于旋翼气动合力，尾桨拉力和垂尾侧力都是与气流横轴平行的。这种方法在研究直升机飞行性能时是被允许的。

B. 影响平飞性能的因素

高度对平飞性能的影响：如前面所述，直升机的平飞性能主要是由旋翼可用功率和平飞所需功率两方面确定的，所以，若要研究平飞性能随高度的变化，应先了解旋翼可用功率和平飞所需功率随高度的变化规律。

a. 旋翼可用功率随高度的变化

高度升高，空气密度降低，单位体积的空气质量减小。对于装有涡轮轴发动机的直升机，在设计高度以下，随高度增加，发动机输出功率基本保持不变；超过设计高度以后，随高度增加，输出功率减小，可用功率也随之减小。故旋翼可用功率曲线在超过设计高度后，随高度升高而下移。

b. 平飞所需功率随高度的变化

诱阻功率与诱导速度有关。高度升高时，由于空气密度减小，旋翼需产生更大的诱导速度才能保持拉力不变，因而诱阻功率随高度增加而增大。但是，在用不同速度平飞时，诱阻功率所占百分比是不一样的。小速度平飞时，诱导速度大，诱阻功率所占的百分比大，因此，随高度增加，诱阻功率增加得多；反之，大速度平飞时，随高度升高，诱阻功率增加得少。随着高度增加，空气密度减小，所以废阻功率一直是减小的，小速度时减小得少，大速度时减小得多。型阻功率随高度增加而增大，但变化不大。

总之，在小速度平飞时，随高度增加，诱阻功率增大较多，而废阻功率减小较少，因此，平飞所需功率增大。在大速度平飞时，随高度增加，诱阻功率增大程度减小，而废阻功率减小程度增大，平飞所需功率有所减小。如果将前面分析的平飞所需功率曲线和旋翼可用功率曲线绘制在同一坐标上，就可以看出平飞功率曲线随高度变化的规律，如图 2.50 所示。

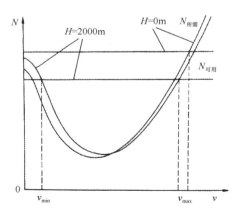

图 2.50　平飞功率曲线随高度变化的规律

必须强调的是，平飞最大速度不仅受到功率的限制，还受到桨叶气流分离和激波的限制。所以，将平飞最大速度的综合边界和平飞最小速度随高度的变化用曲线形式表现出来，就可以得到直升机的平飞速度包线。直升机的平飞速度包线可以反映高度变化对平飞性能的影响。一般来说，随着高度升高，平飞最大速度减小，平飞最小速度增大，平飞速度范围越来越小。当达到某一高度时，平飞速度范围减小到零，也就是说，直升

机只能以一个速度保持平飞，此高度称为该直升机的理论动升限。直升机平飞速度包线
如图 2.51 所示。

　　c. 大气温度对平飞性能的影响

　　气温升高，发动机除容易出现过热现象外，还会因空气密度减小而使发动机输出功
率减小，可用功率也随之减小，从而使平飞最小速度增大，最大速度减小，平飞速度范
围缩小。气温降低时，则相反。

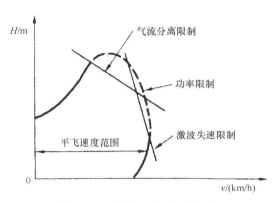

图 2.51　直升机平飞速度包线

　　d. 飞行重量对平飞性能的影响

　　飞行重量增加时，为了保持平飞，必须增大旋翼拉力，这将导致诱阻功率增加而使
直升机的所需功率增大。由于小速度平飞时诱阻功率所占份额较大，故飞行重量越大，
直升机平飞最小速度增大越明显。飞行重量增加，桨叶平均迎角增大，后行桨叶更容易
发生气流分离，使平飞最大速度减小，所以，随着飞行重量的增加，平飞速度范围缩小。

## 5）爬升

　　直升机沿向上倾斜的轨迹所做的飞行，称为爬升。爬升是直升机超越障碍物取得高
度的基本方法，其中，直升机保持爬升角不变的等速爬升称为稳定爬升。实际飞行中，
经常采用的是保持总距杆位置不变、爬升速度不变的爬升。

　　A. 稳定爬升中的作用力

　　与分析平飞性能一样，分析爬升性能时，也将直升机看作一个质点，把旋翼气动合
力 $R$ 沿气流轴系分解为 $R_1$、$R_2$、$R_3$，并且认为 $R \approx T$，可以用 $T_1$、$T_2$、$T_3$ 分别替代 $R_1$、
$R_2$、$R_3$。同时，将直升机重力 $G$，分别沿气流立轴、纵轴、横轴分解，得到 $G_1$、$G_2$、
$G_3$，由此可以得出稳定爬升中的作用力关系。

　　为保持爬升角不变，沿气流立轴方向的合力应为零。即

$$T_1 = G_1 \tag{2.32}$$

　　为保持爬升速度不变，沿气流纵轴方向的合力应为零，即

$$T_2 = G_2 + X \tag{2.33}$$

　　为保持直升机无侧滑，沿气流横轴方向的合力应为零，即

$$T_3 + G_3 = T_{wj} + Z_{cw} \tag{2.34}$$

通常情况下，在稳定爬升中由于直升机坡度很小，$G_3$ 可以忽略。以上分析如图 2.52 所示。

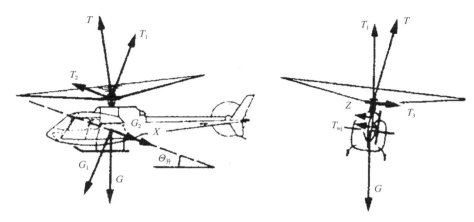

图 2.52　稳定爬升中的作用力

**B. 爬升的操纵原理**

**a. 稳定爬升中的平衡条件和直升机姿态**

由于稳定爬升也是一种平衡状态，作用于直升机上的各力、各力矩应取得平衡。分析爬升中的平衡问题，也应该在机体轴系里进行。稳定爬升中的平衡特性和直升机姿态，与平飞时相似，在此不再赘述。

**b. 由平飞转入爬升**

由平飞转入爬升时，飞行员应向后带杆，减小直升机俯角，进而减小旋翼锥体的前倾量，旋翼拉力第二分力（$T_2$）减小，平飞速度也相应减小，同时，拉力第一分力（$T_1$）增加。当 $T_1$ 大于 $G$ 时，产生向上的向心力，使爬升角逐渐增大转入爬升，在直线爬升中，拉力第一分力（$T_1$）就等于重力第一分力（$G_1$）。所以，当接近预定爬升角时，应及时向前稳杆。直升机由平飞转入爬升过程中，随着爬升角和爬升率的增大，桨叶来流角不断增大，为保持旋翼拉力，应适当地上提总距杆。在上提总距杆时，旋翼的反扭矩增大，直升机向左偏转，需要蹬右舵增大尾桨拉力，以保持爬升方向。尾桨拉力增大又会使直升机向左移动，为了保持直升机的侧向平衡，需要向右压杆。

**c. 稳定爬升阶段的操纵**

直升机达到预定爬升角时，保持预定爬升速度爬升。但随着飞行高度升高，空气密度减小，剩余功率也将随之减小。在飞行速度不变的情况下，爬升角和爬升率都将减小。为保持稳定爬升，应适当上提总距杆，以增大可用功率，保持剩余功率不变。在上提总距杆时，为了保持直升机的方向平衡和横侧平衡，需要适时蹬舵、压杆。

**d. 由爬升转入平飞**

由爬升转入平飞，飞行员应向前顶杆，增加旋翼锥体前倾角，旋翼拉力第一分力（$T_1$）减小。当 $T_1$ 小于重力第一分力（$G_1$）时，产生向下的向心力，直升机由爬升转入平飞。当上升率接近零时，应及时向后回杆。由爬升转入平飞过程中，桨叶来流角减小，桨叶角增大，为了保持旋翼拉力不变，要相应地下放总距杆。在减小总距时，旋翼反扭矩随之减小，此时应蹬左舵，减小尾桨拉力，以保持方向不变。尾桨拉力减小后，为保持直升机的侧向平衡，压杆向量是向左的。

C. 用最大爬升率爬升的操纵

用最大爬升率爬升，就是保持总距杆位置不变，保持爬升速度不变的爬升。采用这种方法爬升，发动机通常要保持最大连续工作状态，爬升速度要保持经济速度。由以上分析可知，这样可以获得相应高度下的最大爬升率，能充分发挥直升机的爬升性能。

用最大爬升率爬升，发动机状态和爬升速度保持不变。随着高度升高，空气密度减小，发动机可用功率减小，用于爬升的剩余功率减小，因此，随着高度升高，直升机的爬升率和爬升角都将减小。所以，用最大爬升率爬升实际上是一个不稳定爬升。

采用这种方法爬升，操纵相对比较简单。进入爬升前固定好总距杆的位置，通过地平仪调整相对位置，保持直升机以经济速度飞行，同时，适时用杆、舵保持直升机的平衡。随着高度升高，直升机的爬升率和爬升角逐渐减小。爬升中对爬升率和爬升角的变化没有什么要求。

**6）下滑**

直升机沿向下倾斜的轨迹所做的飞行称为下滑。下滑是直升机降低飞行高度的基本方法。

A. 下滑中的作用力

与分析平飞、爬升性能一样，分析下滑性能时，也将直升机看作一个质点，把旋翼气动合力 $R$ 沿气流轴分解为 $R_1$、$R_2$、$R_3$，并认为 $R \approx T$，可以分别用 $T_1$、$T_2$、$T_3$ 替代 $R_1$、$R_2$、$R_3$；同时，将直升机重力 $G$，分别沿气流立轴、纵轴、横轴分解，得到 $G_1$、$G_2$、$G_3$，这样就可以得出下滑中的作用力关系。下滑中的作用力如图 2.53 所示。

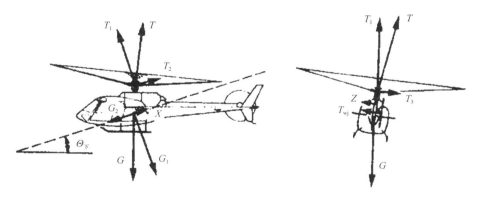

图 2.53　下滑中的作用力

B. 下滑角、下滑距离与下滑率

下滑轨迹与水平面之间的夹角，称为下滑角，用 $\Theta_{\text{下}}$ 表示。下滑中经过的水平距离，称为下滑距离，用 $L_{\text{下滑}}$ 表示。可知，

$$L_{下滑} = H \frac{1}{\tan \Theta_下} \qquad (2.35)$$

从公式（2.35）中可以看出，若以同样的下滑角下滑，下滑距离很长。在发动机工作的条件下，直升机的下滑角可在 0°～90°变化。下滑角为 90°的飞行，称为垂直下降。

直升机单位时间内所下降的高度称为下降率，也称为下降垂直速度，用 $v_y$ 表示。

$$v_y = v_{下滑} \sin \Theta_下 \qquad (2.36)$$

公式（2.36）表明，下降率是随下滑速度及下滑角的增大而增大的。

C. 由平飞转入下滑和由下滑转入平飞的操纵原理

a. 由平飞转入下滑

为使直升机由平飞转入下滑，飞行员应先下放总距杆，使旋翼拉力减小，旋翼拉力第一分力小于重力，产生向下的向心力，使轨迹向下弯曲，从而由平飞转入下滑。一般情况下，下滑速度比平飞时小，在下放总距杆后，应稍带住杆，使直升机减速，当速度减小到接近下滑速度时，再柔和地向前松杆。用总距杆和驾驶杆调整下降率、下滑速度，使直升机保持等速下滑。由于下放总距杆，旋翼的反扭矩减小，直升机将向右偏，需要蹬左舵减小尾桨拉力，以保持下滑方向；同时向左压杆，平衡尾桨拉力的变化。

b. 由下滑转入平飞

由下滑转入平飞，飞行员应上提总距杆，增大旋翼拉力，使旋翼拉力第一分力大于重力第一分力，产生向上的向心力，轨迹向上弯曲，逐渐转入平飞。当下滑角减小时，重力第二分力随之减小，会使飞行速度减小，故应前推驾驶杆；接近预定速度时，稍回杆。由于上提总距杆，旋翼反扭矩增大，直升机向左偏转，需要蹬右舵，增大尾桨拉力，以保持方向；同时，向右压杆，平衡尾桨拉力的变化。

## 7）续航性能

直升机的续航性能包括续航时间和航程两个方面。续航时间是指直升机在空中能持续飞行的时间。航程是指直升机在空中所能持续飞行的距离。直升机续航性能的好坏是由两个因素决定的：一是可用于持续飞行的燃油量的多少；二是单位时间或单位距离内所消耗燃油的多少。

A. 平飞可用燃油量

供平飞阶段使用的燃油量，称为平飞可用燃油量。若其他条件不变，平飞可用燃油量越多，平飞续航时间和平飞航程就越长。

平飞可用燃油量与所装总燃油量有关，然而，每次飞行，所装总燃油量并不完全一样，也不可能完全用于平飞。起飞前发动机地面工作、离地并增速爬升至预定高度、下滑着陆等，都要消耗燃油；同时，要扣除存留在油箱和管道中的不可用油量，还要留出 10%～15%的备份燃油量，以备特殊情况的需要，最后剩下的燃油量，才是平飞可用燃油量。可表示为下式：

$$Q_{平飞} = Q_总 - (Q_{地面} + Q_{上升} + Q_{下滑} + Q_{不可用} + Q_备) \qquad (2.37)$$

上述数据可从各机型的航行手册中查到。

B. 续航时间

这里只分析平飞续航时间。直升机每飞行 1h 发动机所消耗的燃油量，称为小时燃油消耗量，用"qh"表示。显然，小时燃油消耗量越小，平飞续航时间就越长。不同飞行条件下的小时燃油消耗量可从飞行手册上的平飞性能曲线中查到。平飞续航时间可用下式求得

$$T_{续航} = \frac{Q_{平飞}}{qh} \tag{2.38}$$

qh 的大小取决于发动机输出功率和燃油消耗率，即

$$qh = \frac{C_e}{\zeta} N_{平需} \tag{2.39}$$

式中，$C_e$ 为发动机燃油消耗率。

活塞式发动机的 $C_e$ 基本不随速度发生变化，涡轮轴发动机的 $C_e$ 随速度增大而减小。$\zeta$ 为功率传递系数，一般 $\zeta$ 为 0.8～0.9。

C. 航程

这里只分析平飞航程。每飞行一公里距离发动机所消耗的燃油，称为公里燃油消耗量，用"qk"表示。qk 越小，平飞航程越长。平飞航程可用公式（2.40）计算。

$$L_{航程} = \frac{Q_{平飞}}{qk} \tag{2.40}$$

公里燃油消耗量计算公式（qk）如下：

$$qk = \frac{qh}{v_{平飞}} = \frac{C_e}{\zeta} \frac{N_{平需}}{v_{平飞}} \tag{2.41}$$

式中，qh 为小时燃油消耗量；$v_{平飞}$ 为平飞速度。

**8）典型机动动作**

A. 跃升

直升机以较大的爬升角所做的减速爬升称为跃升。跃升可将部分动能转化成势能，以换取高度。跃升往往是直升机进行其他战术动作的基础（图 2.54）。

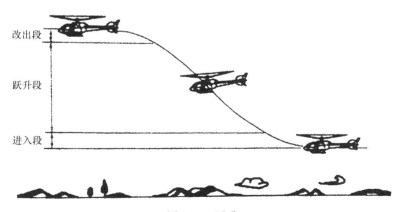

图 2.54　跃升

　　a. 跃升的动态特点

　　直升机的跃升可以分为进入段、跃升段和改出段 3 个阶段。和直升机不同，飞机跃升的中间阶段基本上是一条直线，时间也比较长。直升机的中间阶段不是直线，也不明显。

　　b. 跃升的操纵原理

　　进入跃升前，应将直升机速度调整至预定速度，调整好发动机工作状态，一般进入速度都应大于经济速度。进入时，在保持总距杆位置不变的条件下，均匀一致地向后拉杆，使旋翼拉力第一分力 $T_1$ 大于重力第一分力 $G_1$，产生足够的跃升角。拉杆时应柔和有力，切忌粗猛，以防止俯仰角速度增大过快。一般中型直升机俯仰角速度限制在 3°/s 以下，轻型直升机则限制在 5°/s 以下，这种限制主要是从稳定性、操纵性及结构方面的因素考虑的。大部分直升机要求 6～7s 使俯仰角增大到预定值。

　　跃升中，随着速度减小，由于旋翼桨叶的自然挥舞作用，旋翼桨盘的后倒角减小，因而对直升机产生下俯力矩，力图使直升机低头。为了保持俯仰状态，应逐渐增大拉杆量，并根据地平仪的指示，消除坡度和侧滑，保持好航向。

　　当速度减小到接近预定速度时，力度、速度均匀顶杆，改出跃升，改出过程一般不少于 5～6s，以防止俯仰角速度变化过大。改出后速度应不小于该高度的平飞最小速度。

　　直升机的跃升有以下 3 点需要注意。

　　（1）直升机可以以高桨距做跃升，也可以以低桨距做跃升，这同固定翼飞机不一样，飞机一般是在加满油门的情况下进入跃升的。这主要是由不同的跃升目的决定的，飞机跃升完全是为了增加高度，而直升机跃升在很多情况下，仅仅是一个过渡动作。

　　（2）直升机在跃升过程中，杆力变化明显。这主要是由直升机的操纵品质决定的，直升机的单位载荷杆力比较大。

　　（3）直升机在跃升过程中，严禁提放总距杆。主要是因为跃升中拉杆量很大，如果下放总距杆可能会造成旋翼桨叶同尾梁接近或碰撞。

　　B. 俯冲

　　直升机沿向下倾斜的轨迹所做的加速的飞行称为俯冲。俯冲可以把直升机的势能转化成动能，以迅速取得所需速度。直升机进入俯冲可以采用平飞进入、转弯进入、半滚倒转进入等方式。

　　a. 俯冲的动态特点

　　俯冲可以看作跃升的逆过程，也可以分为进入段、俯冲段、改出段 3 个阶段（图 2.55）。在俯冲过程中，直升机做加速运动，进入时俯角增大，改出时俯角减小（或仰角增大）。在改出俯冲时，从飞行员做出改出动作到直升机改为平飞，需要经过一段时间，因此，直升机在此期间要有一定的下沉量。

　　b. 俯冲的操纵原理

　　进入俯冲前，应将直升机的速度调整至预定速度，调整好发动机工作状态。一般进入速度都不应大于经济速度，以免改出速度过大。进入俯冲时，在保持总距杆位置不变的条件下，均匀一致地向前顶杆，使直升机形成足够的俯角，但要注意防止俯仰角速度变化过快，同时，防止直升机带坡度和侧滑。俯冲过程中，随着速度增大，由于旋翼桨

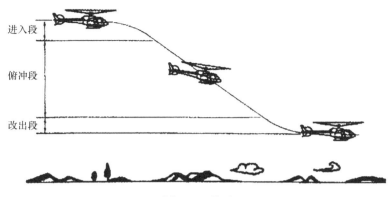

图 2.55　俯冲

叶的自然挥舞作用，直升机有明显的抬头趋势，应逐渐增大顶杆量保持俯角，同时，根据地平仪的指示，消除坡度和侧滑，保持航向。改出俯冲时，应在保持总距杆位置不变的条件下，用力拉杆，使直升机由下俯转为上仰，并严格控制上仰角速度。当直升机停止下降时，应柔和地向前顶杆使其转入平飞。

直升机在俯冲过程中，禁止提放总距杆，原因同跃升一样。一定要严格控制俯仰角速度，切忌粗猛推拉驾驶杆。

C. 盘旋

a. 盘旋的特征

直升机在水平面内做无侧滑的匀速圆周运动称为盘旋（图 2.56）。盘旋是直升机做的等高、匀速的圆周运动。盘旋的基本要求是，保持高度、速度和半径不变。

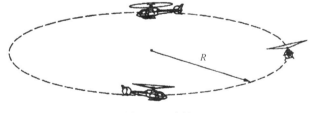

图 2.56　盘旋

盘旋是直升机水平机动飞行的基础，也是直升机执行任务时常采用的飞行动作。直升机不仅可以做水平盘旋，还可以沿螺旋线做盘旋上升或盘旋下降，其操纵原理与水平盘旋基本相同。

b. 盘旋的操纵原理

直升机的盘旋，通常分为进入、保持和改出 3 个阶段，下面将分别分析其操纵原理。

进入阶段：当飞行速度达到盘旋速度（通常取 200km/h）时，应协调一致地向盘旋方向压杆、蹬舵。压杆使直升机倾斜，产生足够的拉力水平分力充当向心力；蹬舵是为了使直升机向盘旋方向偏转，以免产生侧滑。随着坡度增大，旋翼拉力在铅垂面内的分力减小，为了保持高度不变，应在增大坡度的过程中，上提总距杆从而增大旋翼拉力。由于坡度和拉力都增大，向心力也增大，为了防止侧滑，应增大顺舵量。在直升机接近预定坡度时，必须适当地回杆、回舵，以保持规定的坡度和偏转角速度。做大坡度盘旋时，应适当向后拉杆，这是因为直升机需要一定的上仰角速度。

保持阶段：在盘旋过程中，可能会出现各种偏差，必须及时发现并不断修正。

首先，如何保持高度。盘旋中，高度的变化主要是由拉力的铅垂分力与重力不平衡所引起的。$T_1\cos\gamma$ 大于 $G$，则高度增加；$T_1\cos\gamma$ 小于 $G$，则高度降低。如果总距杆上提位置过高，$T_1\cos\gamma$ 大于 $G$ 时，高度增加；总距杆位置较低，$T_1\cos\gamma$ 小于 $G$ 时，高度降低，所以总距杆应保持适当的位置。在总距杆位置适当的条件下，若坡度增大，则 $T_1\cos\gamma$ 减小，高度降低；若坡度减小，高度升高。在总距杆位置适当的条件下，应该用左、右压杆的方法修正高度变化。

其次，如何保持速度。盘旋中要保持速度不变，应正确地操纵驾驶杆。如果带杆过多，旋翼锥体相对后倾，直升机俯角减小，$T_2$ 减小，使直升机速度减小；如果顶杆过多，旋翼锥体相对前倾，$T_2$ 增大，则飞行速度增大。在盘旋中保持好高度有助于保持盘旋速度。若高度升高，为了保持等高就要向前顶杆，这样就会使速度增大；反之，若高度降低，为了保持高度就应向后带杆，速度就会减小。

改出阶段：改出盘旋，首先要消除向心力，故应向盘旋反方向压杆，减小坡度，使旋翼拉力的水平分力减小，同时为了避免侧滑，需要向盘旋反方向蹬舵。随着坡度减小，旋翼拉力的铅垂分力将增大，为了保持高度不变，必须在改出过程中适当下放总距杆，使拉力的铅垂分力与重力、拉力第二分力与阻力保持平衡。当直升机接近平飞状态时，回杆、回舵。

**D. 近地飞行**

直升机近地飞行时，飞行高度为 1～10m，飞行速度通常不大于 20km/h。近地飞行包括前飞、侧飞和后退飞行。直升机的近地飞行属于悬停机动飞行。

**a. 近地飞行的特点**

地面效应的影响显著：直升机近地飞行时，飞行高度一般都在 10m 以下，小于旋翼直径。此时，直升机在地面效应的影响范围之内，所以，在一定功率下，旋翼产生的拉力较远离地面时有所增加。

地面效应对直升机的起飞、着陆会产生良好的影响：在地效范围内，直升机可做超载起飞，以提高其载重能力；直升机在自转着陆时，地面效应可以减小垂直着陆速度。此外，地面效应能增强直升机的稳定性。

地形、地貌对飞行影响大：近地飞行时，如果遇到突然下凹的地形，地面效应迅速消失，会使旋翼拉力突然减小，直升机就有掉入凹坑的危险。又如，地形起伏不定，地面效应强弱会随地形起伏发生变化，从而引起直升机颠簸，造成操纵上的困难。所以，近地飞行时，一定要注意地形、地貌的变化。

**b. 近地飞行的操纵**

前飞：由悬停转为前飞，应柔和地向前顶杆，使旋翼锥体前倾，产生向前的纵向力 $H_S$，对直升机构成下俯力矩，使直升机俯角增大，形成旋翼拉力第二分力（$T_2$），并在此力的作用下向前运动。杆、舵、总距杆的操纵与平飞操纵原理相同。

由前飞转为悬停，应向后带杆，使旋翼桨盘后倾，减小直升机俯角，从而减小向前的旋翼拉力第二分力（$T_2$）。在空气阻力的作用下，前飞速度将逐渐减小。随着速度的减小，旋翼的诱导阻力功率将增大，旋翼拉力减小，直升机下降飞行高度。所以，在减速过程中，要逐渐上提总距杆并相应地蹬右舵，以保持飞行高度和方向。

　　侧飞：侧飞中的作用力如图 2.57 所示。

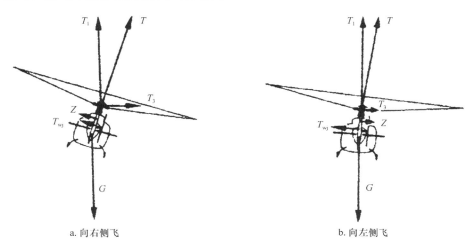

a. 向右侧飞　　　　　　　　　　　　　　　　b. 向左侧飞

图 2.57　侧飞中的作用力

　　向左和向右侧飞，方向不同，侧向力也不相同。向右侧飞时，旋翼拉力向右的水平分力（$T_3$）大于尾桨拉力（$T_{wj}$），直升机向右运动，并在运动中产生向左的侧力（$Z$），当侧向力平衡（$T_3=T_{wj}+Z$）时则保持等速侧飞。向左侧飞时，旋翼拉力向右的水平分力（$T_3$）小于尾桨拉力，在多余的尾桨拉力作用下，直升机向左运动，同时产生向右的侧力（$Z$），当侧向力平衡（$T_{wj}=T_3+Z$）时，则直升机保持等速侧飞。

　　侧飞的操纵原理：由悬停转为侧飞，应柔和地向侧飞方向压杆，旋翼桨盘向侧飞方向倾斜，产生侧向力 $S_S$。在 $S_S$ 作用下直升机产生坡度，使锥体的拉力方向在悬停基础上向侧飞方向倾斜，旋翼拉力第三分力（$T_3$）发生变化，破坏了悬停的平衡状态，从而使直升机向压杆方向运动。

　　侧飞中，相对气流作用于直升机垂尾上，产生的侧力会对重心形成方向偏转力矩，使机头向侧飞方向偏转，所以应及时蹬反舵修正。压杆转入侧飞和蹬反舵保持方向，都将影响拉力第一分力，并使高度发生变化。向右侧飞时，向右压杆，使旋翼拉力向右倾斜，会出现飞行高度降低的趋势；同时，由于蹬左舵，发动机功率重新分配，又出现高度升高的趋势。向左侧飞时，由于向左回杆，旋翼拉力第一分力增大，出现飞行高度升高的趋势；左侧飞蹬右舵，又出现高度降低的趋势。上述左、右侧飞的不同特点，在操纵量过大或操纵不够柔和时，将表现得比较明显。因此，侧飞中要注意动作柔和并随时调整总距杆以保持飞行高度。

　　后退飞行：后退飞行中的作用力如图 2.58 所示。

　　后退飞行的特点：在悬停基础上做后退飞行，旋翼拉力分解出向后的第二分力（$T_2$），使直升机向后运动，飞行中还会产生向前的阻力（$X$）。当纵向力平衡（$T_2=X$）时，直升机将保持等速运动。后退飞行的一个显著特点就是方向不稳定，当受扰动发生方向偏离

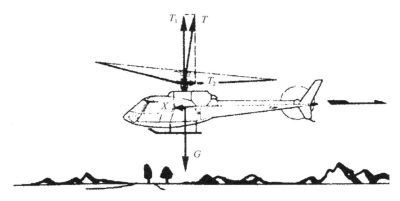

图 2.58　后退飞行中的作用力

后，直升机方向将更加偏离。

后退飞行的操纵原理：带杆做后退飞行时，因旋翼锥体后倾，机体仰角增大，旋翼拉力第一分力减小，直升机有高度下降的趋势，需要相应地上提总距杆，以保持规定高度；上提总距杆，旋翼反扭矩增大，为了保持方向，要适当蹬右舵。后退飞行时机头不宜上仰过高，以防止因拉力第二分力增大过多和第一分力减小过多，使飞行速度过大和高度降低，甚至尾撬擦地。改出后退飞行，应在到达预定地点前，柔和向前顶杆使锥体稍向前倾，旋翼纵向力指向前方，帮助减速；当后退速度减小至零时，应及时拉杆消除向前的纵向力，保持稳定悬停。由于后退飞行时直升机方向是不稳定的，为了保持方向，要及时地用舵修正方向偏差。用舵勤、舵量小是后退飞行的一个特点。

**9）起飞和着陆**

A. 起飞

直升机从开始增大旋翼拉力到离开地面，并增速和爬升到一定高度的过程称为起飞。

a. 有地效垂直起飞

直升机从垂直离地到 1～3m 高度上悬停，然后保持一定的状态沿预定轨迹增速，并爬升到一定高度的过程，称为有地效垂直起飞，如图 2.59 所示。

图 2.59　有地效垂直起飞

垂直起飞的操纵原理：做垂直起飞时，飞行员应柔和地上提总距杆，使旋翼产生的拉力大于直升机重量，直升机垂直离地；在上提总距杆的同时，必须蹬右舵，以保持方向平衡；蹬右舵时，尾桨拉力增加，将引起直升机向左移位，故需向右压杆，使直升机稍带右坡度，旋翼产生向右的侧向力 $S_S$ 以保持滚转力矩及侧向力的平衡；为消除旋翼拉力在水平面内的纵向分力，还应前后操纵驾驶杆；当直升机离地爬升到接近预定高度时，稳住总距杆，使直升机在预定高度保持稳定悬停。

增速爬升的操纵原理：开始增速时，应转移视线到正前方 30～50m 处，在悬停基础上柔和地向前顶杆，使旋翼锥体前倾量增大，拉力纵向分力也逐渐增大，在直升机机头下俯，形成预定俯角后，松杆；保持俯角 8°～10°，直升机在拉力第二分力（$T_2$）作用下，前飞速度逐渐增大；由于前飞速度增大；旋翼尾流相对于水平安定面方向改变，在一定的速度范围内，尾流使水平安定面上产生的负升力增大，对直升机重心构成上仰力矩，使直升机有上仰趋势，飞行员应及时、适当地向前顶杆，保持原有的状态和爬升角继续增速；当速度增加时，尾桨效率提高，又可能出现右偏趋势，此时应适当回舵以保持方向；随着飞行速度增大，飞行员应将视线逐渐前移；当速度通过"过渡速度"范围时，直升机会出现抖动；开始向前顶杆增速时，由于旋翼锥体前倾，直升机形成俯角，拉力第一分力减小，直升机有降低高度的趋势，故应适量上提总距杆，并蹬右舵和适量向右压杆；随着速度增大，直升机的方向稳定性增强，应逐渐回杆、回舵；到达预定速度（一般在经济速度附近）后，飞行员带杆转入正常爬升，根据地平仪指示保持好直升机姿态，同时调整发动机功率，保持规定的爬升率。

b. 无地效垂直起飞

无地效垂直起飞是指直升机在无地面效应的高度上悬停和增速爬升。这种起飞方法适用于在周围有一定高度的障碍物的小场地。由于无地面效应，直升机起飞的有效载重量减小。此种起飞方法的操纵原理与正常垂直起飞相似，但要求飞行操纵动作准确柔和，特别是上提总距杆时，驾驶杆和舵的操纵动作更要协调一致。在超越障碍物时，应高出障碍物足够的高度，防止碰撞，以保证安全起飞。

c. 影响起飞载重量的主要因素

机场标高和空气温度：起飞场地的标高高、气温高，则空气密度小，发动机功率降低，同时，单位时间内流过旋翼的空气质量减小，旋翼效能降低。因此，起飞最大载重量要减小。

风速和风向：逆风起飞时，旋翼相对气流速度增大，单位时间内流过旋翼的空气质量增加，旋翼产生的拉力大，则起飞载重量增大；顺风起飞时，为了避免尾桨打地，直升机悬停高度较高，地面效应减弱，所以载重量将减小。顺侧风或逆侧风起飞时，为了保持直升机的平衡和运动轨迹，需要向风来的方向压杆，因而会对起飞载重量产生不同程度的影响，同时，操纵动作也变得更加复杂。因此，载重起飞要在逆风中进行。

影响起飞载重量的因素还有：地面效应、场地面积和周围障碍物高度、发动机和旋翼的维护质量、飞行员的操纵熟练程度等。起飞前，要综合考虑上述因素，并根据具体情况认真计算起飞载重量，做到心中有数，确保顺利完成起飞。

B. 着陆

直升机从一定高度下滑消速并降落于地面直到停止的过程称为着陆。本部分主要分析直升机垂直着陆操纵原理及下滑消速的操纵规律。

a. 下滑消速的操纵规律

直升机向预定地点降落，要经过下滑消速过程，通过下滑降低高度，通过消速减小速度。直升机一边下降高度一边减小速度的过程称为下滑消速。

直升机的下滑消速是一个过渡飞行阶段。由于飞行状态的变化，作用于直升机上的力和力矩也不断变化，操纵动作比较复杂。为了便于分析，可把下滑消速过程分为两个阶段（图2.60）。

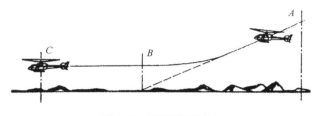

图 2.60　下滑消速过程

$A$ 点为消速时机，$AB$ 段要求飞行员向后带杆，旋翼锥体后倾，增大直升机仰角，使向后的拉力第二分力（$T_2$）增大，此时 $T_2+X>G_2$，直升机减速。在 $A$ 点到 $B$ 点过程中，飞行员应根据水平距离、下滑速度和风向、风速等因素，调整带杆、稳杆量。随着速度减小，接近 $B$ 点时要逐渐向前迎杆。在 $B$ 点以后的近地飞行中，应逐渐向前顶杆和稳杆。接近预定地点 $C$ 时，调整速度使其减小至规定速度（垂直着陆速度为零，滑跑着陆速度按各机型规定）。

在下滑消速过程中，由于前飞速度减小，所需功率增大，飞行员要根据高度变化，及时上提总距杆。在通过 $B$ 点以后的飞行中，因前飞速度仍在继续减小，总距杆上提量逐渐加大。垂直着陆过程中，当前飞速度减至零时，对应的总距杆位置最高。

为保持预定轨迹，在整个过程中，蹬舵量随总距杆操纵而变化。上提总距杆，要相应增大右舵量，而右舵量增大，又会破坏直升机的侧向平衡，因此，随着速度减小，还应不断增大向右的压杆量。

b. 有地效垂直着陆

直升机经过下滑消速，在预定地点上空的地效范围内进行短时间悬停后，再垂直下降接地的着陆方法称为有地效垂直着陆。这种着陆方式的悬停是在地效范围内完成的，因此可以充分利用地面效应，减小所需功率，同时操纵也比较容易。有地效垂直着陆如图 2.61 所示。

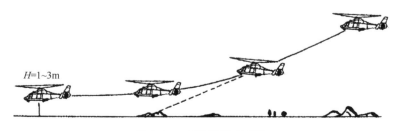

图 2.61　有地效垂直着陆

有地效垂直着陆是在悬停基础上进行的。在整个下降过程中，飞行员应把注意力主要放在保持直升机状态上。其操纵原理与垂直下降基本相似，不同的是，随着直升机高度降低，由于地面效应影响，其下降率要减小，所以应适当下放总距杆。

## 8. 无人旋翼机的飞行操纵

直升机的操纵性是指直升机在空中以相应的运动响应驾驶员操纵杆、舵、油门的能力，即飞行员实施操纵后，直升机的飞行状态随之改变继而建立新的平衡状态的反应性。一般来说，稳定性强的直升机，稳定力矩较大，改变飞行状态需要的操纵行程必然要大；反之，稳定性弱的直升机，稳定力矩较小，改变飞行状态需要的操纵行程也小，甚至过于灵敏。如果阻尼太小的话，直升机就不易稳定在新的飞行状态。因此，飞行员要兼顾直升机的操纵性和稳定性。

### 1）总距操纵

旋翼转动时，通过与桨毂相连的拨杆带动旋转环及变距拉杆一起转动。上提变距杆时，滑筒沿导筒向上滑动，带动内、外环和旋转环一起向上移动，通过变距传动杆使桨叶角增大，旋翼拉力增大；反之，下放变距杆，桨距变小，旋翼拉力减小。桨距的改变，不仅改变了旋翼拉力的大小，同时也改变了发动机输出功率，因此，在构造上常将油门杆与变距杆连在一起，称为总距杆。这样，在上提总距杆增大桨距的同时，发动机输出功率也相应增大；下放总距杆减小桨距时，发动机输出功率也相应减小。旋翼气动合力 $R$ 在旋翼转轴方向的分力就是旋翼拉力，只要气动合力 $R$ 有变化，旋翼拉力 $T$ 就发生变化。改变旋翼拉力大小有两种方法：一是操纵总距杆，改变所有桨叶的桨叶角；二是操纵油门环，改变旋翼转速。

A. 操纵总距杆

上提总距杆，旋翼所有桨叶的桨叶角同时增大（即总距增大），使桨叶角增大，升力系数增大，故旋翼气动合力 $R$ 增大，旋翼拉力 $T$ 随之增大。反之，下放总距杆，所有桨叶的桨叶角同时减小（即总距减小），桨叶角减小，旋翼拉力也减小。

B. 操纵油门环

为了让飞行员在某些情况下不改变旋翼桨叶角，而能单独调节旋翼转速，一些直升机在总距杆上还装有油门环，它只与发动机油门连接。转动油门环可以单独调节发动机功率和旋翼转速，以达到改变旋翼拉力的目的。直-9 直升机的总距杆上没有油门环，但装有一个控制开关，通过电传动装置来单独调节发动机功率和旋翼转速。

### 2）周期变距

操纵旋翼改变锥体方向，是通过驾驶杆操纵自动倾斜器外环带动旋转环倾斜，使桨叶出现周期变距，从而引起桨叶强制挥舞来实现的。我们把自动倾斜器倾斜盘所在的平面称为操纵平面（也称为 C-C 平面）。按照操纵习惯，驾驶杆向某一方向移动，旋翼桨尖平面（D-D 平面）也应随之向同一方向倾斜。但是，对于大部分直升机来说，操纵驾驶杆使自动倾斜器的操纵平面倾斜后，因出现周期性变距，桨尖平面也会跟着倾斜，但两者的倾斜方向并不相同，即锥体倾斜方向与驾驶杆移动方向不一致，不符合操纵习惯。要使旋翼锥体（或桨尖平面）按照驾驶杆移动方向倾斜，就必须使自动倾斜器的纵向或横向摇臂带动操纵平面提前于桨尖平面的倾斜方位一个角度（一般约为 90°）而倾斜。这样，前推驾驶杆时，旋翼锥体前倾；后拉驾驶杆时，旋翼锥体向后倾斜；左、右压杆时，旋翼锥体向压杆方向倾斜，以此来改变旋翼气动合力 $R$ 的方向。当气动合力 $R$ 的方向改变后，必然引起旋翼拉力 $T$、纵向力 $H_S$、侧向力 $S_S$ 的改变，并且会对直升机重心构成力矩，改变直升机的状态，进而达到操纵目的。

**3）航向操纵**

图 2.62 选取的是早期直升机尾桨操纵机构的原理图。尾桨操纵机构主要由钢索、链条、链轮、滑动操纵杆、操纵变距环等组成。当操纵脚蹬时，通过钢索、链条、链轮、涡轮，可使桨距操纵杆带着三叉头伸缩，于是桨距拉杆便改变尾桨的桨距，使尾桨拉力发生变化，从而达到操纵直升机绕立轴转动的目的。

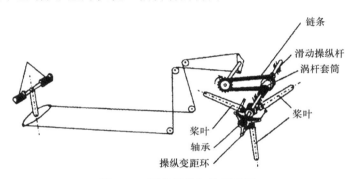

图 2.62　尾桨操纵机构原理图

## 9. 共轴直升机

共轴直升机与传统单旋翼带尾桨直升机的主要区别之一是航向操纵的形式和响应不同，其改变上、下旋翼扭矩的方式又分为：全差动、半差动、桨尖制动、磁粉制动。全差动方式是通过同时反向改变上、下旋翼的桨叶角来实现直升机航向的操纵和稳定，俄罗斯卡莫夫系列共轴直升机均采用此种控制方式。半差动方式一般是通过改变下旋翼桨叶角来改变上、下旋翼的功率分配，使其相等或不等来控制直升机的航向。桨尖制动方式是在旋翼桨尖设置阻力板，通过改变阻力板的迎风阻力面积来改变旋翼的扭矩，以实现直升机的航向操纵和稳定，德国研制的无人驾驶直升机 Seamos 采用了此种控制方式。磁粉制动方式是在传动系统内部通过磁粉离合器对上、下旋翼轴进行扭矩分配，加拿大研制的无人直升机 CL-227 采用了此种控制方式。

根据直升机的飞行原理可知，直升机的飞行控制是通过周期变距改变旋翼的桨盘锥体，从而改变旋翼的总升力矢量来实现的。由于旋翼的气动输入（即周期变距）与旋翼的最大响应（即挥舞）的方位角相差 90°，当旋翼在静止气流中旋转时，以纵向周期变距为例，上旋翼在 90° 方位时，前行桨叶处得到纵向周期变距输入，此时上旋翼为逆时针旋转，对于上旋翼来说将在 180° 方位时得到最大响应，即挥舞最大；而对于下旋翼而言，上旋翼的前行桨叶方位处是下旋翼的后行桨叶方位，此时下旋翼为顺时针旋转，其桨叶前缘正好与上旋翼相反，对上旋翼的最大输入恰好是对下旋翼的最小输入，下旋将在 0°处达到最小挥舞响应；而在下旋翼的前行桨叶处（上旋翼的后行桨叶）达到最大输入，在 180°处达到最大挥舞响应。因此，上、下旋翼在纵向周期变距操纵下的挥舞平面是基本平行的。类似地在给出横向周期变距操纵后，在上、下旋翼的方位角 0°、180°处对上、下旋翼均给出同样的操纵输入，但由于两旋翼的转向相反，翼剖面的前、后缘反向，因此，一个是最大输入，一个是最小输入，两旋翼的最大响应和最小响应相差 180°，其挥舞平面也是平行的。因此，共轴直升机的上、下旋翼的自动倾斜器是由若干拉杆组成的连杆机构，该机构使得上、下旋翼的自动倾斜器始终保持平行。

共轴直升机的纵横向操纵通过操纵下旋翼自动倾斜器的不动环，再通过拉杆机构改变上旋翼自动倾斜器，从而使上、下旋翼的锥体保持平行运动。

由以上分析可知，共轴直升机的纵横向操纵系统是通过平行地操纵上、下自动倾斜器来实现的，共轴直升机的航向操纵则是通过改变上、下旋翼的总距来实现的。

### 10. 多轴无人飞行器

多轴无人飞行器由每个轴末端的电动机转动，从而带动旋翼产生上升动力；旋翼的角度固定，而不像直升机那样可变；通过改变不同旋翼之间的相对速度，可以改变推进力的扭矩，从而控制飞行器的运行轨迹。

## 2.3　特种飞行器

### 2.3.1　旋翼机

自转旋翼机简称旋翼机或自旋翼机，是旋翼航空器的一种。它的旋翼没有动力装置驱动，仅依靠前进时的相对气流吹动旋翼自转以产生升力。旋翼机大多由独立的推进或拉进螺旋桨提供前飞动力，用尾舵控制方向。旋翼机必须像固定翼航空器那样滑跑加速才能起飞，少数安装有跳飞装置的旋翼机能够原地跳跃起飞，但旋翼机不能像直升机那样进行稳定的垂直起降和悬停。与直升机相比，旋翼机的结构非常简单、造价低廉，安全性亦较好，一般用于通用航空或运动类飞行。自转旋翼机无人机平台如图 2.63 所示。

自转旋翼机的设计各式各样，但大多数设计的基本构成要素是相同的。一架具备基本功能的自转旋翼机通常包括机身、动力系统、旋翼系统、尾翼和起落架 5 个部分。

机身：提供其他部件的安装结构。

动力系统：提供旋翼机向前飞行的推力，在飞行时和旋翼系统无关。

旋翼系统：提供旋翼机飞行所必需的升力和控制能力。常见的是带桨毂倾斜控制的跷跷板式旋翼，也可以采用全铰式旋翼。

尾翼：提供稳定性和俯仰、偏航控制，和固定翼飞机的尾翼功能类似。

起落架：提供在地面上的移动能力，类似于固定翼飞机的起落架。最常见的为前三点式起落架。

图 2.63　自转旋翼机无人机平台

## 2.3.2　扑翼机和变模态旋翼机

除了上述几种主流航空器类型外，扑翼机和变模态旋翼机也是现代航空器的重点研究方向。扑翼无人机平台如图 2.64 所示。

图 2.64　扑翼无人机平台

扑翼机是像鸟类和昆虫那样通过上下扑动自身翅膀而升空飞行的航空器，又称振翼机。作为一种仿生学的机械，扑翼机与它模仿的对象一样，由机翼同时产生升力和推进力。但也由于升力和推进力由同一部件产生，涉及的工程力学和空气动力学问题非常复杂，其规律尚未被人类完全掌握。有实用价值的扑翼机至今尚未脱离研制阶段，微型航空器领域是扑翼机最有可能实用化的领域。典型的变模态旋翼无人机平台如图 2.65 所示。

倾转旋翼机是一种典型的变模态旋翼机平台，也称为可倾斜旋翼机，是一种同时具有旋翼和固定翼功能，并在机翼两侧各安装有一套可在水平和垂直位置之间转动的可倾转旋翼系统的航空器。倾转旋翼机无人机平台如图 2.66 所示。

倾转旋翼机在动力装置旋转到垂直位置时相当于横列式直升机，可进行垂直起降、悬停、空中盘旋等直升机的飞行动作；而在动力装置旋转至水平位置时相当于固定翼螺旋桨式飞机，可实现比直升机更快的巡航航速。以上特点使得倾转旋翼机兼具直升机和固定翼飞机的优点，应用前景良好。

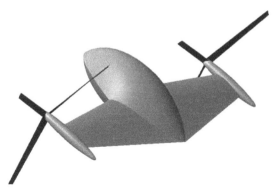

图 2.65　典型的变模态旋翼无人机平台

图 2.66　倾转旋翼机无人机平台

## 2.4　动　力　装　置

　　动力装置是航空器的动力机及保证发动机正常工作所必需的系统和附件的总称。图 2.67 为使用涡扇发动机的大型无人机系统。

　　无人机使用的动力装置主要有活塞式发动机、涡喷发动机、涡扇发动机、涡桨发动机、涡轴发动机、冲压发动机、火箭发动机、电动机等。目前主流的民用无人机所采用的动力系统通常为活塞式发动机和电动机两种。

### 2.4.1　活塞式发动机

　　活塞式发动机也称为往复式发动机，主要结构由气缸、活塞、连杆、曲轴、气门机构、螺旋桨减速器、机匣等组成。活塞式发动机属于内燃机，它通过燃料在气缸内的燃烧，将热能转变为机械能。活塞式发动机系统一般由发动机本体、进气系统、增压器、点火系统、燃油系统、启动系统、润滑系统及排气系统构成。民用无人机广泛使用的林巴赫系列活塞式发动机如图 2.68 所示。

图 2.67　使用涡扇发动机的大型无人机系统

图 2.68　民用无人机广泛使用的林巴赫系列活塞式发动机

## 1. 进气系统

　　进气系统是活塞式发动机的动脉，为发动机提供燃烧做功所需的清洁空气和燃料，油气的混合也是在这里完成。活塞式发动机进气系统的作用是将外部空气和燃油混合，然后把油气混合物送到发生燃烧的气缸。外部空气从发动机罩前部的进气口进入进气系统，这个进气口通常会包含一个阻止灰尘和其他外部物体进入的空气过滤器。小型活塞式发动机通常使用以下两种类型的进气系统。

### 1）汽化器系统

　　汽化器本质上是一根管子，管子中有一个可调节板，称为节流板，它控制着通过管子的气流量；管子中有一段较窄，此部分称为文丘里管，在此窄道中气体流速变快，压力变小；该窄道中有一个小孔，称为喷嘴，汽化器通过它在低压时吸入燃料。活塞式发动机汽化器系统如图 2.69 所示。

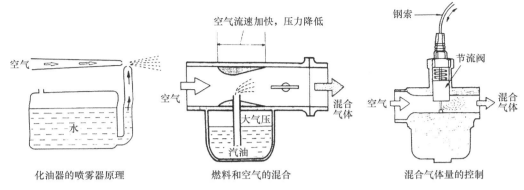

图 2.69　活塞式发动机汽化器系统

### 2）燃油喷射系统

燃油喷射系统即电子燃油喷射控制系统，以一个电子控制装置为控制中心，利用安装在发动机不同部位上的各种传感器，测得发动机的各种工作参数，按照在计算机中设定的控制程序，通过控制喷油器，精确地控制喷油量，使发动机在各种工况下都能获得最佳浓度的混合气。

## 2. 增压器

增压器是一种用于活塞式发动机的辅助装置。发动机产生动力的条件是空气中的氧与燃料的燃烧，由于在一定大气压力下单位空气的含氧量是固定的，同时一般的自然进气发动机是依靠活塞运动产生的压力差将空气或空气与燃油的混合气吸进汽缸的，压力差有其上限，使得自然进气发动机的动力被大气压力局限，因此有了增压器的使用。装设增压器能提高发动机进气的压力，以增加其中氧气的含量，通常可以使同样排气量的发动机增加 20%～50%甚至更高的输出功率；最新的增压器技术，能大幅度降低油耗（图 2.70）。

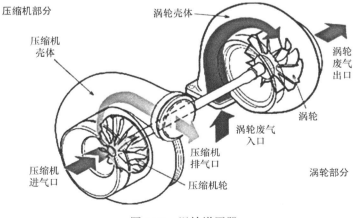

图 2.70　涡轮增压器

### 3. 点火系统

点火系统是用于点燃燃料-空气混合的系统。点火系统应产生足够能量的高压电流，准时和可靠地在火花塞两电极间击穿，使火花点燃发动机气缸内的混合气，并能自动调整点火提前角，以适应发动机不同工况的需求。

点火系统的种类繁多。早期的航空活塞式发动机采用由飞轮磁电机、点火线圈、白金触点断电器和火花塞组成的点火系统。随着电子技术的发展，当前的无人机活塞式发动机多采用可控硅无触点电容放电式点火系统。电容放电式点火系统由霍尔效应传感器、点火控制盒、点火线圈和火花塞组成，如图2.71所示。

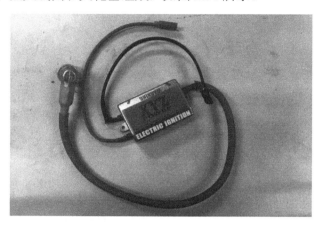

图2.71　电容放电式点火装置

### 4. 燃油系统

活塞式发动机燃油系统由油箱、油泵、燃油过滤器、汽化器或燃油喷射系统组成。燃油系统是被设计用来持续提供从油箱到发动机的洁净燃油流量的。燃油在所有发动机功率、高度、姿态和所有核准的飞行机动条件下必须能够供给发动机。无人机系统一般使用两种常规类别的燃油系统：重力馈送系统和燃油泵系统。重力馈送系统利用重力将燃油从油箱输送到发动机。如果飞机的设计中不能用重力输送燃油，就要安装燃油泵。

### 5. 启动系统

要使发动机由静止状态过渡到工作状态，必须先用外力转动发动机的曲轴，使活塞做往复运动；气缸内的可燃混合气体燃烧膨胀做功，推动活塞向下运动使曲轴旋转，发动机才能自行运转，工作循环才能自动进行。因此，曲轴在外力作用下开始转动到发动机开始自动运转的全过程，称为发动机的启动。完成启动过程所需的装置，称为发动机的启动系统。

不同型号发动机启动系统的结构形式存在区别，但基本原理都是类似的。大型活塞式发动机启动系统的部件均安装在发动机上或其附近，与发动机有关部件连接传动。气缸总容积小于500ml的活塞式发动机多采用独立式启动系统，如图2.72所示。

图 2.72　独立式启动系统

启动发动机时，必须严格遵守安全规则，其中，最重要的是要避开螺旋桨旋转平面。另外，无人机机体此时必须稳固，以避免意外运动导致的危险。

### 2.4.2　电动机

目前大型、小型、轻型无人机广泛采用的动力装置为活塞式发动机系统，而出于成本和使用方便的考虑，微型无人机中普遍使用的是电动动力系统。电动动力系统主要由动力电机、动力电源、调速系统三部分组成。

### 1. 动力电机

微型无人机使用的动力电机可以分为两类：有刷电动机和无刷电动机。其中有刷电动机由于效率较低，在无人机领域已逐渐不再使用。

电动机的型号主要以尺寸为依据。例如，有刷 370 电机是指它不包括轴的长度是 37mm；无刷电子 2208 电机是指它的电子线圈的直径是 22mm，不包括轴电子线圈的长度是 8mm。当然有一些型号是说它相当于某级别的，还有一些是厂家自己命名的。电动机的技术指标有很多，与无人机动力特性最相关的两个是转速和功率。转速一般用 KV 来表示，所谓 KV 是指每伏特能达到的每分钟转速。例如，使用 KV1000 的电机，11.1V 电池，电机转速应该是 1000×11.1=11 100，即每分钟 11 100 转。4108 外转子无刷动力电机如图 2.73 所示。

图 2.73　4108 外转子无刷动力电机（KV480）

无人机使用的电动机作为动力装置具有其他动力装置无法比拟的优点，如结构简单、重量轻、使用方便，可使无人机的噪声和红外特征很小，同时又能提供与内燃机不相上下的比功率。它尤其适合作为低空、低速、微型无人机的动力装置。例如，美国 FQM-151A "指针" 手抛式无人机使用一台 300W 杉钴电动机，法国 "方位角" 便携式轻型无人机使用一台 600W 无刷直流电机，俄罗斯 "蜻蜓" 短程监视和环境监控无人机使用一台 7.5kW 电机。

## 2. 动力电源

动力电源主要为电动机的运转提供电能。通常采用化学电池来作为电动无人机的动力电源，主要包括：镍氢电池、镍镉电池、锂聚合物、锂离子动力电池。其中，前两种电池因重量重，能量密度低，现已基本上被锂聚合物动力电池所取代。

表示电池性能的标称有很多，无人机动力系统设计中最关心的是电压、容量和放电能力。电池的电压用伏特（V）来表示，标称电压只是厂家按照国家标准标示的电压，实际上使用时电池的电压是不断变化的。例如，镍氢电池的标称电压是 1.2V，充电后电压可达 1.5V，放电后的保护电压为 1.1V；锂聚合物电池的标称电压是 3.7V，充电后电压可达 4.2V，放电后的保护电压为 3.6V。在实际使用过程中，电池的电压会产生压降，这和电池所带动的负载有关，也就是说电池所带的负载越大，电流越大，电池的电压就越小，在去掉负载后电池的电压还可恢复到一定值。电池的容量是用毫安时（mAh）来表示的，它的意思是电池以某个电流来放电能维持 1h。例如，1000mAh 就是这个电池能在保持 1000mA 的状态下放电 1h。但是电池的放电并非是线性的，所以我们不能说这个电池在 500mAh 状态下能维持 2h。不过电池在小电流时的放电时间总是大于大电流时的放电时间，所以我们可以近似算出电池在其他电流情况下的放电时间。一般来说，电池的体积越大，储存的电量就越多，这样飞机的重量就会增加，所以选择合适的电池对飞行是很有利的。

电池的放电能力是以倍率（C）来表示的，它的意思是说按照电池的标称容量最大可达到的放电电流。例如，一个 1000mAh、10C 的电池，最大放电电流可达 1000×10=10 000mA，即 10A。在实际使用中，电池的放电电流究竟有多少是与负载电阻有关的？根据欧姆定律，我们知道，电压等于电流乘以电阻，所以电压和电阻是定数时，电池的放电电流也是一定的。例如，使用 11.1V、1000mAh、10C 的电池，而电动机的电阻是 1.5Ω，那么在电池有 12V 电压的情况下，电调和线路的电阻忽略不计，电流等于 12/1.5=8，即 8A。

　　充电过程对电池的寿命有相当大的影响。一般来说，电池的充电时间是和充电电流相关联的。例如，一个 1000mAh 的电池，充电电压略高于额定电压，充电器的电流是 500mA，那么充电时间就等于 1000/500=2，即 2h。但这只是在从零电压充起的情况下，也就是说这只是理想状态，实际的充电时间还要看电池原有的电量。使用大电流充电，就一定能节约时间吗？实验证明，大电流充电会对电池的性能造成一定程度的破坏，也可能充上的只是浮电，一用就没了。一般厂家要求用 0.1C 的电流充电，而锂聚合物电池（图 2.74）因为性能优越，在保证冷却通风的条件下可以用 1C 的电流充电。

图 2.74　锂聚合物电池（15C、16 000mAh、22.2V）

### 3. 调速系统

　　动力电机的调速系统称为电调，全称为电子调速器（electronic speed control，ESC），如图 2.75 所示。针对不同动力电机，电调可分为有刷电调和无刷电调；它根据控制信号来调节电动机的转速。

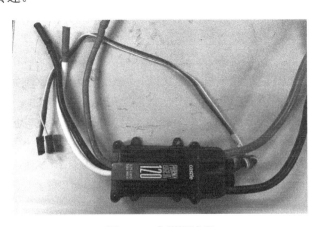

图 2.75　电子调速器

对于它们的连接方式，一般情况如下：电调的输入线与电池连接；电调的输出线（有刷电调两根、无刷电调三根）与电机连接；电调的信号线与接收机连接。

另外，电调一般有电源输出功能（BEC），即在信号线的正负极之间有 5V 左右的电压输出，通过信号线为接收机及舵机供电。

### 2.4.3　涡轮喷气发动机

有人机涡轮喷气发动机（涡喷发动机）技术的发展，为无人机涡轮喷气发动机的发展提供了重要的技术基础。目前小型涡轮喷气发动机已在少数高速无人靶机及突防无人机中得到应用。

小型涡轮喷气发动机结构包含四部分：压气机、燃烧室、涡轮、喷管。压气机使空气以高速度通过进气道到达燃烧室；燃烧室包含燃油入口和用于燃烧的点火器；膨胀的空气驱动涡轮，涡轮同时通过轴连接到压气机，使发动机循环运行；从喷管排出的加速的高温燃气为整机提供推力。小型涡轮喷气发动机如图 2.76 所示。

图 2.76　小型涡轮喷气发动机

### 2.4.4　螺旋桨

螺旋桨是一个旋转的翼面，适用于任何机翼的诱导阻力，失速和其他空气动力学原理也都对螺旋桨适用，它提供必要的拉力或推力使飞机在空中移动。螺旋桨产生推力的方式与机翼产生升力的方式非常类似，产生的升力大小依赖于桨叶的形态、螺旋桨桨叶角和发动机的转速。螺旋桨桨叶本身是扭转的，因此桨叶角从毂轴到叶尖是变化的，最大安装角在毂轴处，而最小安装角在叶尖，如图 2.77 所示。

螺旋桨桨叶扭转是为了从毂轴到叶尖产生一致的升力。当桨叶旋转时，桨叶的不同部分有不同的实际速度，桨叶尖部线速度比靠近毂轴部位的要快，因为相同时间内叶尖要旋转的距离比毂轴附近要长。从毂轴到叶尖安装角的变化和线速度的相应变化就能够在桨叶长度上产生一致的升力。如果将螺旋桨桨叶设计成在整个长度上安装角都相同，那么它的效率会非常低，因为随着空速的增加，靠近毂轴附近的部分将会有负迎角，而叶尖会失速。螺旋桨各截面同一角速度下不同的线速度如图 2.78 所示。

图 2.77　螺旋桨截面安装角的变化

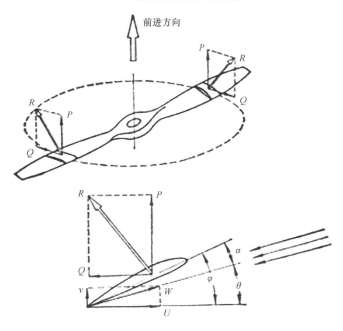

图 2.78　螺旋桨各截面同一角速度下不同的线速度

$R$ 表示桨叶总迎力；$v$ 表示模型前进速度；$P$ 表示拉力；$U$ 表示桨叶旋转线速度；$Q$ 表示旋转阻力；$\varphi$ 表示桨叶角；$\alpha$ 表示桨叶角

　　轻型、微型无人机一般安装定距螺旋桨，大型、小型无人机根据需要可通过安装变距螺旋桨提高动力性能。

## 1. 定距螺旋桨

　　定距螺旋桨不能改变桨距。这种螺旋桨，只有在一定的空速和转速组合条件下才能获得最好的效率。另外，可以把定距桨分为两种类型，即爬升螺旋桨和巡航螺旋桨。飞机是安装爬升螺旋桨还是巡航螺旋桨，依赖于它的预期用途。

**1）爬升螺旋桨**

爬升螺旋桨有小的桨距，因此旋转阻力更小。阻力较低导致转速更高和有更高的功率，在起飞和爬升时增加了性能，但是在巡航飞行时降低了性能。

**2）巡航螺旋桨**

巡航螺旋桨有高桨距，因此旋转阻力更大。更大阻力导致较低转速和有较低的功率，它降低了起飞和爬升性能，但是提高了高速巡航的飞行效率。

螺旋桨通常安装在轴上，这个轴可能是发动机曲轴的延伸，在这种情况下，螺旋桨转速就和曲轴的转速相同了。某些发动机，螺旋桨是安装在和发动机曲轴经齿轮传动的轴上，这时，曲轴的转速就和螺旋桨的转速不同了。

轻型、微型无人机常用定距螺旋桨，尺寸通常用 XXY 来表示，其中 X 代表螺旋桨直径（桨径），单位为英寸（in①）；Y 代表桨距，即螺旋桨在空气中旋转一圈桨平面经过的距离，单位为英寸（in）。例如，22×10 的螺旋桨尺寸为：桨径 22in，约为 55.88cm，螺距 10in，约为 25.4cm。

轻型、微型无人机一般使用二叶桨，少数使用 3 叶桨或 4 叶桨等。根据无人机行业习惯，通常定义右旋前进的螺旋桨为正桨，左旋前进的螺旋桨为反桨。桨径 20in 以下的螺旋桨有木材、工程塑料和碳纤维等材质，需要根据实际需要选用。部分螺旋桨桨叶被设计成马刀形状，桨尖后掠，这样可以在一定程度上提高效率。

## 2. 变距螺旋桨

一些较旧的可调桨距螺旋桨只能在地面调节桨距，大多数现代可调桨距螺旋桨被设计成可以在飞行中调节螺旋桨的桨距。第一代可调桨距螺旋桨只提供两个桨距设定：低桨距设定和高桨距设定。然而，目前几乎所有可调桨距螺旋桨系统都可以在一个范围内调节桨距。恒速螺旋桨是最常见的可调桨距螺旋桨类型，恒速螺旋桨的主要优点是它在大的空速和转速组合范围内把大部分的发动机功率转换成推进功率。恒速螺旋桨比其他螺旋桨更有效率是因为它能够在特定条件下选择最有效率的发动机转速。

装配恒速螺旋桨的无人机有两项控制：油门控制和螺旋桨控制。油门控制功率输出，螺旋桨控制调节发动机转速。

一旦选择了一个特定的转速，调节器会自动地调节必要的螺旋桨桨叶角以保持选择的转速。例如，巡航飞行期间设定了需要的转速之后，空速的增加或者螺旋桨载荷的降低将会导致螺旋桨为维持选择的转速而增大桨叶角；空速降低或者螺旋桨载荷增加会导致螺旋桨桨叶角减小。

恒速螺旋桨的桨叶角范围由螺旋桨的恒速范围和高低桨距止位来确定。只要螺旋桨桨叶角位于恒速范围内，且不超出任何一个桨距止位，发动机转速就能维持恒定。然而，

---

① 1in=0.0254m

一旦螺旋桨桨叶到达桨距止位，发动机转速将随空速和螺旋桨载荷的变化而适当地增加或者降低。例如，选择了一个特定的转速，飞机速度降低到足够使螺旋桨桨叶旋转直到到达低桨距止位，如果需要飞机的速度再次降低，必须减小发动机转速，就像安装了固定桨距螺旋桨一样。当装配恒速螺旋桨的飞机加速到较快的速度时还会发生相同的情况。随着飞机加速，螺旋桨桨叶角增大，以维持选定的转速直到到达高桨距止位，一旦到达高桨距止位，桨叶角就不能再增大，如果需要再加速，发动机必须增加转速。

在装配恒速螺旋桨的飞机上，功率输出由油门控制，用进气压力表指示。这个仪表测量进气道歧管中油气混合气的绝对压力，更准确的说法是测量进气歧管绝对压力（manifold absolute pressure，MAP）。在恒定转速和高度条件下，产生功率的大小直接和流到燃烧室的油气混合流有关。当增加油门设定时，流到发动机的油气就会增多，因此，进气歧管绝对压力增加；当发动机不运行时，进气歧管压力表指示周围空气压力；当发动机气动后，进气歧管压力指示将会降低到一个低于周围空气压力的值。

### 2.4.5　其他

除上述动力系统外，无人机中还有少数涡轴、涡桨、涡扇等动力装置的应用。从现有在役无人机动力装置的情况来看，涡轴发动机适用于中低空、低速、短速的垂直起降无人机和倾转旋翼无人机，飞机起飞质量可达 1000kg；涡桨发动机适用于中高空长航时无人机，飞机起飞质量可达 3000kg（图 2.79）；涡扇发动机适用于高空长航时无人机和无人战斗机，飞机起飞质量可以很大，如"全球鹰"起飞质量达 11.6t。

图 2.79　使用涡桨发动机的中高空长航时无人机

## 2.5　植保无人机

### 2.5.1　植保无人机的发展方向

#### 1. 提高自动化水平

植保无人机采用多传感器（气压传感器、光流传感器、声呐传感器等）的数据融合，进行高度智能判断，获得近地高度的准确值，进行定高定速飞行控制；研发全自动飞行技术，拓展夜间作业范围，提高农药作用效果；降低操作难度，减少人为操作，提高喷药过程的流畅程度，实现傻瓜式操作，降低培训难度，使得植保无人机能够被推广到更多的农田作业中。

## 2. 推动专业服务团队的建设

植保喷药飞行服务团队的建设能够有效地降低农民承受的风险，扩大植保无人机的使用范围，使得农技像收割机等大型农机具一样，在植物生长的特定阶段，帮助农民快速有效地工作。将无人机推广与农药喷洒相结合，作为农机服务进行推广。拓展无人机应用切实可行的路子是向合作社、农机服务站等农技服务单位进行推广。

## 3. 提高田间导航精度

为适应不同地形，植保无人机采用无线电测距方式在作业小区内实现精准导航，在精准农业变量处方图的指导下进行变量作业；采用机器视觉技术，实现针对复杂农田情况做出的自动避障、绕行等动作；采用差分 GPS，避免漏喷和重复喷药的情况。

## 4. 开发工业级解决方案

纵观现在的无人机市场，多数无人机机型仍然是由航模或航拍系统改制的，仍然处于能飞能喷就算植保无人机的程度，与像雅马哈公司 RMAX 这样的工业级解决方案相比，在设计、用料、结构强度和安全性、稳定性上仍然有相当大的差距。应当推广高稳定性和可靠性，经过严格飞行净载荷与动载荷试验检验，在满足经济型的前提下的大载荷比、高容重的机型。研发植保专用机型，推广一体机，实现无人机与植保喷药的深度整合；合理设计药箱，减少药箱中由药液水平降低和晃动惯性造成的飞行姿态不稳的情况；优化控制算法，提高飞行平稳度，对风力、地面反作用力等影响进行深入系统的研究。

## 5. 设计完备的喷药流程

优化喷药动力设备和药液配比，使得单位时间内喷出的有效药液能够均匀地覆盖飞行范围，并满足所需剂量。喷嘴是实现药液均匀散布的关键器件，要确保关键部件系列全，适合不同作业条件，作业规范完备，严格按照农药使用标签施药，保证作业效果，减少液滴因受气流影响飘散。设计喷嘴朝向，借助螺旋桨产生的风压将药液压向植物。减少药液雾滴的弥散，增加雾滴从喷嘴中喷出的初速，提高喷洒均匀性。

## 6. 拓展现有机型

无人机的机型仍然在增加，多种气动力模型在航空领域得到应用，如共轴双桨飞行器、地效飞行器、涵道飞行器等。新的机型相比于现有机型，具有一些明显的优点，如共轴双桨飞行器可以缩小无人机尺寸；涵道飞行器可以改变气流通过方式，提高升力并降低能耗；地效飞行器可以有效利用飞行器产生的向下的气团，从而能够高速稳定地向前走。发展新的无人机机型能够在一定程度上解决现有机型的一些问题。

## 2.5.2　农田信息采集无人机

无人机能拓展人的视野，可有效地降低获取遥感图像的费用，应用范围大、时效高、分辨率高，成为星地遥感和航空遥感的有效替代，为精准农业提供前端数据，为农田作业提供指导依据。无人机技术在农情监测、喷药施肥、森林防火、电力巡线、石油管线巡视、草原监控等方面得以广泛应用。农田信息采集向着多源数据融合匹配、大范围遥感影像制图、光谱数据获得与分析、实时数字图像传输与分析方向发展。

（1）多源数据融合匹配。将图像数据与地表 GPS 数据进行匹配，以实现对地面数据的管理；实现多源数据多尺度融合，如全彩色图、多光谱图像、高光谱图像、热红外图像、激光测距仪所产生的地面高程图等图像间的融合，图像与机载 GPS、定位定向系统（position and orientation system，POS）等飞行数据的融合；实现遥感图像与近地面数据的匹配分析，进行作物估产、病虫害危害情况、水分营养和农药胁迫分布情况等研究；实现多种传感器便携式开发并将其搭载在无人机上。目前很多传感器仍然需要连接计算机才可以使用，如何实现便携式开发，使得无人机能够携带这些传感器，在空中自动采集、存储并回传数据，是目前亟待研究的问题。

（2）大范围遥感影像制图。目前公布的研究结果多是基于单幅图像或者小区域内的遥感影像得到，覆盖大面积土地的报告仍然较少。如何制作大范围遥感影像图是当前需要研究的问题，这涉及无人机动力与续航和远程控制、地面图像拼接与正射图制作。

## 2.5.3　无人机的其他应用

应用无人机来进行播种授粉。草原牧草草种质轻、易飘散，可以通过无人机携带，播撒在指定的土地上；在水稻育种中，需要雄株的花粉飘散到雌株的柱头上实现授粉，可以使用无人机进行授粉，飞过时产生紊流，将花粉散落在雌株上，这种方法方便、快捷、高效，相比于传统"赶穗"，劳动强度降低；还可以让无人机携带花粉，飞到雌株上空，将花粉通过风机播撒出去，这样能够有效提高授粉率。

将无人机作为物联网中继。物联网作为互联网技术的第三次革命，已经掀起了巨大的波澜，智能家居、智慧城市正在如火如荼地发展。农业物联网技术也在农业上取得初步应用：采用农田无线传感网进行田间信息采集，并汇总到中心节点上。然而有时候田地离中心节点很远或者处于山地中，需要进行很多节点才能到达中心节点，这时候使用无人机，搭载中继路由，飞行到田地上空，采集无线传感网传输的信息，增强信号后发送到中心节点，可以有效扩大物联网覆盖范围。

无人机能搭载作业机具，进行远程空中作业。通过搭载机械手等动作机构，可远程操纵无人机进行作业，如采摘果实、驱赶牲畜、除草等。

## 参 考 文 献

陈铭. 2009. 共轴双旋翼直升机的技术特点及发展. 航空制造技术, (17): 26-31.

费景荣. 2011. 共轴式直升机的气动特性、操稳特性与机动性分析. 航空科学技术, (3): 22-24.
孙灿飞, 何泳, 莫固良. 2012. 共轴式双旋翼直升机锥体测量技术研究. 直升机技术, (3): 59-61.
杨树文, 辛德琪, 高桂娟. 2006. 现代汽车发动机起动系统简论. 内燃机与动力装置, (6): 46-50.
尹泽勇, 李上福, 李概奇. 2007. 无人机动力装置的现状与发展. 航空发动机, 33(1): 10-15.
朱宝流, 高国钧, 施定邦. 1980. 模型飞机飞行原理. 上海: 上海教育出版社.

# 第 3 章　无人机飞行控制与导航系统

## 3.1　无人机飞行控制系统

### 3.1.1　闭源飞行控制系统

#### 1. 闭源飞行控制系统的背景

21 世纪前后，国内民用无人机开始逐步发展，但作为核心设备的自动驾驶仪的采购途径非常缺乏。一方面，国内军用无人机研发单位相关设备的结构庞大，技术相对落后，同时还有保密的限制；另一方面，民用单位技术积累有限，自行开发困难。在这种背景下，来自美国的蚍系列自动驾驶仪和来自加拿大的 MP（MicroPilot）系列自动驾驶仪进入我国。这两款自动驾驶仪在相当长的时间里占据了当时的市场。

时至今日，MP 自动驾驶仪的后续产品还在应用中。MP2028 自动驾驶仪如图 3.1 所示。

图 3.1　MP2028 自动驾驶仪

#### 2. 国产自动驾驶仪迅速发展

随着民用市场的不断扩大及国内对自动驾驶技术的学习与积累，国产自动驾驶仪在随后的五六年间相继达到实用阶段。北京航空航天大学、清华大学等数家具有技术背景的研制单位相继推出了各具特色的无人机自驾系统，如 UP、IFLY、YS 系列。其中，UP 系列（图 3.2）专注于测绘领域，IFLY 系列偏重于协助总体单位整合无人机系统，YS 系列偏重于应用的智能化。这一阶段，特别是在专用领域，国产自动驾驶仪大有取代进口自动驾驶仪之势。

同时，近几年信息化技术的不断发展也促使自动驾驶仪的研发不断进步。由于民用大、小型无人机系统庞大，"单片机"大小的一般自动驾驶仪已不能满足功能和可靠性需求，同时国外系统也难以获得。故中国航空、中国电子科学等相关研究院专门开发了相应的军用版"降阶"系统以满足市场需求，得到了应用单位的认可。

图 3.2　UP 自动驾驶仪

相对于固定翼自动驾驶仪，直升机自动驾驶仪的研发更加困难，早期的无人直升机自动驾驶系统还只能选择欧洲、加拿大的相关产品。近年来由于深圳市大疆创新科技有限公司、中国航空自动化所等一些公司和单位的努力，民用无人直升机自动驾驶仪已逐步成型并达到实用状态。

### 3. 浙江大学自行研制的农用无人机飞行控制系统

在农业中应用的无人机，其作业环境与其他民用领域的无人机有较大的区别。例如，在喷药作业中，为了实现药剂的精准变量喷洒，农用植保无人机通常需要以较慢的巡航速度在较低的飞行高度下进行喷洒作业。农业专用飞行控制系统就需要针对低空风切变等作业干扰因素进行及时的处理与修正。而在无人机低空遥感作业中，由于需要对遥感图像进行几何校正等处理，因此就需要飞行控制系统提供精度更高的飞机位置与姿态数据来对遥感数据进行修正。总体而言，农用无人机飞行控制系统与通用飞行控制系统的最大区别在于针对农业特殊的作业环境对飞行控制系统的可靠性、安全性提出了更高的要求。

以浙江大学自行研制的农用无人机飞行控制系统（图 3.3）为例，首先其采用了数字信号处理（digital signal processing，DSP）与 ARM（Acorn RISC machine）的双微控制单元（microcontroller unit，MCU）结构，通过中央 MCU 的 PID 闭环控制实现前进、后退、升降等动作。这种设计保证了飞行控制系统运算的精确性和实时性，能够控制飞机对飞机姿态与外界飞行环境的变化做出及时和有效的响应，从而维持飞机在低空复杂环境中飞行的稳定性，提高飞行的安全性。其次在飞行控制系统中安装了可靠性高的微机电系统（microelectromechanical system，MEMS）三轴陀螺仪、加速度计、三轴磁感应器及气压传感器等装置。结合外部高精度 GPS 模块，其可以为无人机农业作业提供准确的经纬度、飞行高度、速度等导航姿态数据。此外，由于农用无人机经常在作业环境情况较为恶劣的地区进行飞行，因此飞行控制系统的电路连接器设计摒弃了常用飞行控制中的杜邦线与排针组合的方式，采用了防水与防尘性能更高的航空插头。另外，因为与通用无人机相比农用无人机需要频率更高地维护和保养，所以在农业专用飞行控制系统中设计有可靠的数据存储装置，用于在每次飞行中对飞机各种姿态信息、传感器信息、电气系统参数、位置信息、任务载荷信息进行实时记录，方便对无人机飞行参数与状态进行实时记录与监控，为农用无人机的维护和保养提供可靠的信息与依据。

图 3.3　浙江大学自行研制的农用无人机飞行控制系统

综上所述，只有针对农田的实际作业环境与干扰因素进行设计的农业专用飞行控制系统才能够满足农用无人机的实际作业需要，提升农用无人机作业的效率和安全性。

## 3.1.2　开源飞行控制系统

随着集成电路的高速发展，传感器的成本在不断降低，为了得到更好的飞行控制源代码，Arduino 公司开放了其飞行控制系统的源代码。该公司建立了便捷灵活、方便上手的开源电子原型平台，包含各种型号的 Arduino 板的硬件和软件 Arduino IDE。可以说是 Arduino 公司开启了开源飞行控制系统的发展道路。

开源（open source）的概念最早被应用于开源软件，开放源代码促进会（Open Source Initiative，OSI）用其描述那些源代码可以被公众使用的软件，并且此软件的使用、修改和发行也不受许可证的限制。每一个开源项目均拥有自己的论坛，由团队或个人进行管理，论坛定期发布开源代码，而对此感兴趣的程序员都可以下载这些代码，并对其进行修改，然后上传自己的成果，管理者从众多的修改中选择合适的代码改进程序并再次发布新版本。如此循环，形成"共同开发、共同分享"的良性循环。开源软件的发展逐渐与硬件相结合，产生了开源硬件。开源硬件的原则声明和定义是开源硬件协会（Open Source Hardware Association，OSHWA）的委员会及其工作组与其他更多的人员共同完成的。因此，生产经过开源硬件许可的品目（产品）的人和公司有义务明确该产品没有在原设计者核准前被生产、销售和授权，并且没有使用任何原设计者拥有的商标。

第一代开源飞行控制系统以 Arduino 或其他类似的开源电子平台为基础，扩展连接各种 MEMS 传感器，能够让多旋翼等无人机平稳地飞起来，其主要特点是模块化和可扩展能力强。

第二代开源飞行控制系统大多拥有自己的开源硬件、开发环境和社区，采用全集成的硬件架构，将全部 10DOF 传感器、主控单片机，甚至 GPS 等设备全部集成在一块电路板上，以提高其可靠性。它使用全数字三轴 MEMS 传感器组成飞行器姿态系统，能够控制飞行器完成自主航线飞行，同时可加装电台与地面站进行通信，初步具备完整自动驾驶仪的功能。此类飞行控制系统还能够支持多种无人设备，包含固定翼飞行器、多旋翼飞行器、直升机和车辆等，并具备多种飞行模式，包含手动飞行、半自主飞行和全自主飞行。第二代飞行控制系统的主要特点是高集成性、高可靠性，其功能已经接近商业自动驾驶仪标准。其格式可以被其他人获取，以方便对其进行修改。在实现技术自由的同时，开源硬件提供知识共享并鼓励硬件设计开放交流贸易模块。开源硬件是在开源软件定义基础上定义的。该定义是由 Bruce Perens 和 Debian 的开发者作为 Debian 自由软件方针而创建的。了解了开源硬件的概念，开源飞行控制的概念也就比较容易理解了。所谓开源飞行控制就是建立在开源思想基础上的自动飞行控制器项目（open source auto pilot），同时包含开源软件和开源硬件，而软件则包含飞行控制硬件中的固件（机载软件）和地面站软件两部分。爱好者不但可以参与软件的研发，也可以参与硬件的研发；不但可以购买硬件来开发软件，也可以自制硬件，这样便可让更多人自由享受该项目的开发成果。开源项目的使用具有商业性，所以每个开源飞行控制项目都会给出官方的法律条款以界定开发者和使用者的权利，不同的开源飞行控制对其法律界定都有所不同。

第三代开源飞行控制系统将会在软件和人工智能方面进行革新。它加入了集群飞行、图像识别、自主避障、自动跟踪飞行等高级飞行功能，向机器视觉、集群化、开发过程平台化的方向发展。首先它们都能自主从一个地方（$A$）运动到另一个地方（$B$），换句话说，它们能自己驾驶飞机从 $A$ 到 $B$，这就是自驾，就是飞行控制。它们拥有和人一样的自主运动能力，这也是我们把它们称为机器人的原因之一。当然当代的机器人已经能运动了，但不够智能化，但是随着人工智能技术的不断进步，它们不仅能从 $A$ 走到 $B$，还能从 $A$ 联想到 $B$。

较为成熟的开源飞行控制系统。开源飞行控制系统的发展必须从著名的开源硬件项目 Arduino 谈起。Arduino 是最早的开源飞行控制系统，由 Massimo Banzi、David Cuartielles、Tom Igoe、Gianluca Martino、David Mellis 和 Nicholas Zambetti 于 2005 年在意大利多莫斯设计学院合作开发而成。Arduino 公司首先为电子开发爱好者搭建了一个灵活的开源硬件平台和开发环境，用户可以从 Arduino 官方网站获取硬件的设计文档，调整电路板及元件，以符合自己实际设计的需要。

Arduino 可以通过与其配套的 Arduino IDE 软件查看源代码并上传自己编写的代码，Arduino IDE 使用的是基于 C 语言和 C++的 Arduino 语言，十分容易掌握，并且 Arduino IDE 可以在 Windows、Macintosh OSX 和 Linux 三大主流操作系统上运行。

随着该平台逐渐被爱好者所接受，各种功能的电子扩展模块层出不穷，其中最为复杂的便是集成了 MEMS 传感器的飞行控制器。为了得到更好的飞行控制设计源代码，Arduino 公司开放了其飞行控制源代码，它开启了开源飞行控制系统的发展道路。著名的开源飞行控制 WMC 和 APM 都是 Arduino 飞行控制系统的直接衍生产品，至今仍然使用 Arduino 开发环境进行研发。

APM（ArduPilot Mega）是在 2007 年由 DIY 无人机社区（DIY drones）推出的飞行控制系统产品，是当今最为成熟的开源硬件项目。APM 基于 Arduino 的开源平台，对多处硬件做出了改进，包括加速度计、陀螺仪和磁力计组合惯性测量单元（inertial measurement unit，IMU）。由于良好的可定制性，APM 在全球航模爱好者范围内迅速传播开来。通过开源软件 Mission Planner，开发者可以配置 APM 的设置，接受并显示传感器的数据，使用 Google Map 完成自动驾驶等功能，但是地面站软件 Mission Planner 仅支持 Windows 操作系统。

目前 APM 飞行控制系统已经成为开源飞行控制系统成熟的标杆，可支持多旋翼、固定翼、直升机和车辆等无人设备。针对多旋翼，APM 飞行控制系统支持各种四轴、六轴、八轴产品，并且连接外置 GPS 传感器以后能够增加稳定性，并完成自主起降、自主航线飞行、返航、定高、定点等丰富的飞行模式。APM 能够连接外置的超声波传感器和光流传感器，在室内实现定高和定点飞行。

PX4 是一个软硬件开源项目（遵守 BSD 协议），目的在于为学术、爱好和工业团体提供一款低成本、高性能的高端自驾仪。这个项目源于苏黎世联邦理工学院的计算机视觉与几何实验室、自主系统实验室和自动控制实验室的 PIXHawk 项目。PX4FMU 自驾仪模块运行高效的实时操作系统（real time operating system，RTOS），NuttX 提供可移植操作系统接口（portable operating system interface of UNIX，POSIX）类型的环境，如 printf C、pthreads、/dev/ttySl、open（）、write C、poll C、ioctl C 等。软件可以使用 USB bootloader 更新。PX4 通过 MAVLink 同地面站进行通信，兼容的地面站有 QgroundControl，由 3DR 联合 APM 小组与 PX4 小组于 2014 年推出的 PIXHawk 飞行控制系统是 PX4 飞行控制系统的升级版本，拥有 PX4 和 APM 两套固件和相应的地面站软件。该飞行控制系统是目前全世界飞行控制系统产品中硬件规格最高的产品，也是当前爱好者最受欢迎的产品。PIXHawk 拥有 168MHz 的运算频率，并突破性地采用了整合硬件浮点运算核心的 Cortex-M4 的单片机作为主控芯片，内置两套陀螺仪和加速度计 MEMS 传感器，互为补充矫正，内置三轴磁场传感器并可以外接一个三轴磁场传感器，同时可外接一主一备两个 GPS 传感器，在故障时自动切换。它支持目前几乎所有的多旋翼类型，甚至包括三旋翼和 H4 这样结构不规则的产品。它使飞行器拥有多种飞行模式，支持全自主航线、关键点围绕、鼠标引导、"Follow Me"、对尾飞行等高级飞行模式，并能够完成自主调参。PIXHawk 飞行控制系统的开放性非常好，几百项参数全部开放给爱好者调整，靠基础模式简单调试后亦可飞行。

Open Pilot 是由 Open Pilot 社区于 2009 年推出的自动驾驶仪项目，旨在为社会提供低成本但功能强大的稳定型自动驾驶仪。这个项目由两部分组成，包括 Open Pilot 自驾仪及与其相配套的软件。其中，自驾仪的固件部分由 C 语言编写，而地面站则用 C++ 编写，并可在 Windows、Macintosh OSX 和 Linux 三大主流操作系统上运行。Open Pilot 的最大特点是硬件架构非常简单，从它目前拥有的众多硬件设计就可以看出其与众不同之处。官方发布的飞行控制系统硬件包括 CC、CC3D、ATOM、Revolution、Revolution Nano 等，衍生硬件包括 Sparky、Quanton、REVOMINI 等，甚至包含直接使用 STM32 开发板扩展而成的 FlyingF3、FlyingF4、DiscoveryF4 等，其中 CC3D 已经是 300mm 以下轴距穿越机和超小室内航模的首选飞行控制系统，而 DiscoveryF4 被爱好者大量用于研究飞行控制系统，Quanton 更是成为 Taulabs 的首选硬件。

Open Pilot 旗下最流行的硬件是 CC3D。此飞行控制系统板只采用一个 72MHz 的 32 位 STM32 单片机和一个 MPU6000 就能够完成四旋翼、固定翼、直升机的姿态控制飞行。

# 3.2　导　航　控　制

多旋翼飞行器实现各种功能（轨迹跟踪、多机编队等）的核心是快速、稳定的姿态控制和精确的位置控制。常用的多旋翼飞行控制系统主要包含两个控制回路：一个是飞行器姿态控制回路，另一个是飞行器位置控制回路。由于姿态运动模态的频带宽，运动速率快，因此姿态控制回路作为内回路进行设计；而位置运动模态的频带窄，运动速度慢，所以位置控制回路作为外回路进行设计。位置控制回路可以使飞行器悬停在指定位置或者按照设定好的轨迹飞行。姿态控制回路的作用是使多轴飞行器保持稳定的飞行姿态。若两个控制回路同时产生控制信号，则各个旋翼的转速分别作相应的调整，使得多轴飞行器能够按照指令稳定飞行。

## 3.2.1　内回路控制

由于内回路姿态与外回路位置具有直接的耦合关系（滚转/俯仰姿态运动引起水平方向的左右/前后运动），因此所有控制的核心便集中在内回路。考虑到内回路姿态控制算法的可实现性，合理的方法和控制策略是决定控制性能的重点。内回路姿态控制的策略一般有两种：一种是直接对姿态角进行控制，另一种是将姿态角误差转化为期望的修正角速度，对实际角速度进行控制以达到跟踪期望角速度、消除姿态角误差的目的。由于角速度可构成更快的回路，因此第二种策略具有更快的响应速度。

以四轴的姿态控制系统为例，在实际系统中，目前使用的是 PID 控制技术。内回路根据期望的姿态指令与传感器测量解算得到的估计姿态进行比较，所得误差乘以一个系数作为期望的角速度。该角速度的目的是希望四轴以该角速度来修正当前的角度误差。期望的姿态指令是位置控制输出与遥控器姿态指令信号的线性融合。显然，当角度误差越大时，期望的角速度会相应增大，该值与传感器测量得到的角速度误差通过 PID 控制器来消除。例如，当四旋翼滚转通道出现+20°的角度误差时，给该误差乘以系数 4，意味着我们希望四旋翼以 80rad/s 的角速度来修正该误差，那么应在 0.25s 内基本消除该角度误差。若当前滚转通道的角速度为 10rad/s，则 PID 控制器输出一个正的控制增量，使滚转通道的角速度增大，以达到消除角度误差的目的。

内回路姿态控制部分的算法如下所示。

If（2.5ms 时间到）

读测量的姿态角；

期望角速度＝（姿态角指令，测量姿态角）*P_Angle；

控制输出＝（期望角速度和测量角速度）*PID；

限幅；

### 3.2.2　外回路控制

如前文所述，多旋翼飞行器的外回路（位置稳定控制）与内回路（姿态稳定控制）具有直接的耦合关系，因此，外回路的控制原理和内回路基本一致，以某四轴飞行器定点悬停的实现为例对外回路控制原理进行说明。

我们将定点悬停分为两个阶段，即高度保持和水平位置保持。

高度保持的控制思路与姿态角保持类似，即将期望高度与实际高度的误差乘以系数转化为期望的爬升率，将该期望爬升率与使用气压计两次测量数据计算得到的实际爬升率相比较，使用 PID 控制策略，消除速度误差，进而消除期望高度与实际高度之间的误差，达到高度保持的目的。在有 GPS 支持的情况下，将爬升率与 GPS 所测高度得到的爬升率进行融合，尤其在空旷地带，会得到更为准确的爬升率数据。

水平位置数据目前采用 GPS 测量，精度可达到 5m 以内。将期望的悬停位置与四旋翼当前位置的差值转化为期望的水平飞行速度，而该速度通过一定的策略转化为期望的俯仰/滚转角，实现按照期望的修正方向运动，减小定位误差，与此同时，四旋翼航向一般保持不变。但是在实际中，由于任务的需求，可能需要在定点悬停时改变航向，因此确认悬停点时会同时确认悬停的航向信息，之后当航向发生改变时，控制器能够根据当前航向与初始航向的偏差解算合适的滚转/俯仰角，从而得到准确的位置误差修正方向。

定点悬停控制的算法如下所示。

If（250ms 时间到）

读取当前 GPS 位置；

计算位置差；

结合航向变化计算 xy 方向期望加速度；

xy 方向加速度转换为俯仰/滚转角；

限幅；

外回路计算得到期望角度与指令输入融合；

转入内回路；

姿态控制；

### 3.2.3　飞行控制功能的应用

## 1. 作业路径规划与精确导航技术

导航信息采用差分全球定位系统（differential global positioning system，DGPS）和北斗卫星导航系统（简称北斗）并结合惯性导航系统作捷联解算，在动态环境获得高精度位置信息。设定作业田块的边界、喷洒速度和喷幅，即可自动规划航线。作业时按照已规划的航线实行全自主飞行以减少重复喷洒带来的药害和浪费，对飞行速度的管控可以保证喷施的均匀。能根据不同的地形、地貌制定最佳的作业路径规划，实现自主飞行，最大限度地减少目前目视操作带来的重复作业和遗漏作业。

## 2. 障碍物自动感知与避障技术

在飞行器上研制感知与避让装置，实现自适应巡航速度控制，在应对突然出现在飞行路径上的物体时立即阻断飞行或做出合理规避，保障飞机和障碍物的安全。

## 3. 一键起飞与自主降落技术

通过分析农用小型无人机对地面控制站的需求、一键起飞和自主降落技术在地面控制站的结构和功能实现方法、开发地面控制站涉及的关键技术和解决方案，地面控制站采用基于可视 C++ 语言（VC++）开发环境和嵌入式 Matlab 混合编程技术，具有实时性强、稳定性好、人机界面友好、可扩展能力强等优点。

## 4. 仿地形飞行技术

为了适应山地、丘陵等不同地貌及不同高度作物的作业需求，达到最佳的作业效果，农业无人机需要仿地形飞行。在飞行过程中实时感知对地绝对高度，使用多种外部高度传感器融合技术结合内部惯性导航传感器，分析出飞机相对于地面的实际高度，减少植物冠层对高度的影响，实现全自动仿地形飞行。

# 3.3　整体捷联算法和多传感器冗余控制系统

## 3.3.1　常用传感器的介绍

讲开源飞行控制系统，就必须对飞行控制系统上的关键器件 MEMS 传感器进行进一步的研究。如果把自动驾驶仪比作飞行器的"大脑"，那么 MEMS 传感器就是飞行器的"眼、耳、鼻"。正是这些传感器将飞行器的动态信息收集并发给主控单片机，飞行器才能够通过计算得到飞机的姿态和位置。要开发飞行控制系统，如何得到飞行器的姿态是第一任务。传统的载人飞行器一般使用机械陀螺和光纤陀螺来完成这项任务，但是受限于体积、重量和成本，在多旋翼等小型飞行器上无法采用这种设备。因此，以 MEMS 传感器为核心的 DOF 系统成为唯一的选择。近 10 年来，家用游戏机和手机迅速发展，使得 MEMS 传感器在这期间得到了快速普及，让低成本的运动感知成为可能，这正是目前微型飞行控制系统形成的基本条件。

开源飞行控制系统所使用的 MEMS 传感器与手机和游戏机来自相同的厂家，如 STMicroelectronics、InvenSense 等。MEMS 传感器从早期的多芯片组合使用，发展到现在的单芯片集成多轴传感器，从模拟传感器发展为数字传感器，已经经历了多次较大变革。

MPU6000 是开源飞行控制传感器的王者，虽然新的传感器层出不穷，但是它的地位一直无法撼动。PIXHawk 飞行控制的早期版本曾经抛弃了 MPU6000，但是后来又不得不重新使用，因为这款 MEMS 芯片已经被所有进行开源飞行控制项目开发的爱好者所接受。

MPU6000 在一块 4mm×4mm 的芯片内部集成了三轴角速率陀螺和三轴加速度计，

并且集成 AD 采集、解算核心，以及温度传感器。如此高的集成度在当时还是其他厂商望尘莫及的。而对于旋转矩阵、四元数和欧拉角格式的融合演算数据的输出更是降低了主控单片机解算姿态的计算量。SPI 和 I2C 双数字接口、3.3V 供电电压［与大部分单片机相同（2.4～3.4V）］、4mA 的最大功耗、可定制的传感器量程、–40～85℃的工作温度等特性极大地方便了主控计算机的工作。难怪 InvenSense 自信地称这款产品为运动处理单元（motion processor unit，MPU），并且在芯片型号后面不加任何后缀。

所有想深入进行开源飞行控制开发的爱好者都可以从这款芯片开始学习传感器的应用和航姿解算的基本算法，这是最简单有效的途径。Open Pilot 的 CC3D 飞行控制就为大家提供了很好的实例，它只利用了这一个传感器便做出了经典的飞行控制产品。

MS5611 是传感器中的另一个传奇。芯片大小只有 3mm×5mm，传感器精度高于很多专业的航空设备，且价格非常便宜。该传感器由瑞士的 MEAS 公司推出，在此之前，大多数飞行控制系统采用的是摩托罗拉的气压传感器，体积要大几倍，且不是贴片器件，需要"立"在电路板上，MS5611 一经推出就立即成为所有开源飞行控制气压测量的标配。

MS5611 传感器响应时间只有 1ms，工作功耗为 1μA，可以测量 10～1200mbar（1mbar=100Pa）的气压数值。MS5611 具有 SPI 和 I2C 总线接口、与单片机相同的供电电压、–40～85℃的工作温度、全贴片封装、全金属屏蔽外壳、集成 24 位高精度 AD 采集器等特性，这些特性使其非常适合在高度集成的数字电路中工作，所以它成为开源飞行控制测试气压高度的首选。

接触过磁阻传感器（也就是磁罗盘传感器）的人都知道，使 Z 轴磁阻传感器实现扁平化是很不容易的。霍尼韦尔也是在研发了数十款相关的产品之后，最终才有能力生产出这款全集成的三轴数字罗盘的。我们不得不惊叹于它的体积、3mm×3mm 的面积、不足 1mm 的厚度，更加让人惊叹的是其低廉的价格。所以，除了 PIXHawk 这样极度追求硬件先进性的飞行控制系统以外，其他开源飞行控制系统如果配有磁罗盘传感器，无一例外使用的均是 HMC5883。当然，霍尼韦尔早已推出了升级型的 HMC5983，将角度测量精度提高到了 1°以内。对于爱好者来说，HMC5883 已经够用了。

磁阻传感器的设计难点在于铁氧体的消磁，能够把铁氧体传感器和消磁驱动单元、12 位 ADC、运算核心等全部集成在如此小的芯片当中是十分不易的。HMC5883 的其他特性包括：在±8Gs[①]的磁场中实现 2mGs 的分辨率、与单片机相同的供电电压、–30～85℃的工作环境温度等。虽然 STMicroelectronics 已经推出了集成三轴磁阻传感器和三轴加速度计的 LSM303D，并且体积更小、集成度更高，但是 HMC5883 一直是磁罗盘传感器的首选芯片。

L3GD20 的面积仅为 4mm×4mm，注定其为移动设备而生。ST 是最早一批开发 MEMS 芯片的厂家，也是最早发布陀螺产品的公司，但 L3GD20 还是晚来了一步。虽然它精度更高，但是风头已被 MPU6000 抢走。L3GD20 虽然没有集成三轴加速度计，但是凭借高精度角速率测量、大范围的自定义量程，以及更加低廉的价格逐渐为业界承认，

---

① 1Gs=10⁻⁴T

以至于 PIXHawk 一度想用它取代 MPU6000。当然，最终 PIXHawk 并没有实现取代的愿望，它们并存于这款开源飞行控制系统之上，互为补充，完成了 PIXHawk 的冗余设计。如果说其他传感器是为移动设备而生的，那么 LSM303D 就是为 L3GD20 而生的。它与 L3GD20 可以一同组成完整的 9DOF 航姿传感器系统（CIMU），并且其供电电压、测量精度和数字接口几乎一模一样。这套系统要比 MPU6000 与 HMC5883 的组合总成本更低、测量精度更高，难怪 InvenSense 要马不停蹄地推出 MPU9250 系列的单芯片 9DOF 产品来与其竞争。与单片机相同的供电电压、-40～85℃的工作环境温度、兼容 I2C 和 SPI 数字接口、集成温度传感器，这些参数可以参考 L3GD20。

### 3.3.2　飞行控制的软件算法

除了硬件，要做出可靠的飞行控制还需要有可靠的软件算法。目前所有飞行控制都离不开捷联惯导、卡尔曼滤波和 PID 控制这三大算法。

### 1. 捷联惯导系统

捷联惯导系统是为了飞行控制的小型化而产生的。导航的目的是实时获取无人机的姿态、位置和速度等参数。光电码盘可用来测量无人机的转动角度，测速电机可用来测量无人机的角速度，测速计可用来测量无人机的速度。但是以上各种测量手段均不能单独同时测量无人机的线运动和角运动，而惯性导航就可以做到这一点。因为惯性导航系统不需要物理参照，所以它被称为 DOF 系统。此外，惯性导航还不会受到设备外部自然和人为的干扰，特别适合在恶劣环境下使用。

20 世纪 90 年代以后，随着微机电系统（MEMS）技术的发展，惯性敏感元件实现了体积小型化，提高了可靠性，并适合批量生产。从此捷联惯导系统进入了微机电领域，并开始向民用领域广泛渗透，出现在机器人系统和新一代的交通工具中。进入 21 世纪以后，捷联惯导系统几乎完全取代了平台惯导系统（该惯导需要安装在庞大的机械式姿态稳定平台上）。

### 2. 卡尔曼滤波算法

卡尔曼滤波算法是为了更好地对多种传感器数据融合进行姿态解算而产生的。信号在传输与检测过程中不可避免地会受到来自外界的干扰与设备内部噪声的影响，为了获取准确的信号，就要对信号进行滤波。所谓滤波就是指从混合在一起的诸多信号中提取出有用信号的过程。例如，大家所熟知的低通滤波器就是利用信号所处频带的不同，设置具有相应频率特性的滤波器，使得有用的低频信号尽量无衰减地通过，从而去除高频杂波。

而卡尔曼滤波是卡尔曼于 1960 年提出的，是从与被提取信号有关的观测量中通过算法估计所需信号的一种滤波算法。它创新地将状态空间的概念引入随机估计理论中，将信号过程看作具有白噪声影响的线性系统输入输出过程，在估计过程中利用系统的多种方程构成滤波算法。此外，卡尔曼滤波的输入输出是由时间更新和观测更新算法联系在一起的，根据系统状态方程和观测方程估计出所需处理的信号。那么为什么卡尔曼滤波会被应用到惯性导航系统中呢？这主要是因为惯性导航系统的"纯惯性"传感器不足以达到所需的导航精度，为了补偿导航系统的不足，常常使用其他导航设备来提高导航精度，以减小导航误差。因此开发人员想到了卡尔曼滤波算法，利用该算法，可以将来自惯性导航系统与其他导航装置的数据（如惯性导航系统计算的位置与 GPS 接收机给出的位置信息）加以混合利用，估计和校正未知的惯性导航系统误差。

### 3. PID 控制算法

虽然现代控制理论发展日臻完善，人们通过科学研究获得了诸多具有优异控制效果的算法和理论，但在工程应用领域，基于经典 PID 的控制算法仍然是最简单、最有效的控制方案。目前主流的几款开源飞行控制系统中，无一例外地都采用 PID 控制算法来实现无人机的姿态和轨迹控制。PID 控制器是一种线性控制器，它主要根据给定值和实际输出值构成控制偏差，然后利用偏差给出合理的控制量。

那么 PID 控制算法能解决什么问题呢？以多旋翼为例，在没有控制系统的情况下，直接用信号驱动电机带动螺旋桨旋转产生控制力，会出现动态响应太快、太慢，或者控制过冲或不足的现象，多旋翼根本无法顺利完成起飞和悬停动作。为了解决这些问题，就需要在控制系统回路中加入 PID 控制算法。在姿态信息和螺旋桨转速之间建立比例、积分和微分的关系，通过调节各个环节的参数大小，使多旋翼系统控制达到动态响应迅速、既不过冲、也不欠缺的状态。

## 3.4　农用无人机数据链路

控制站与无人机之间进行的实时信息交换需要通过通信链路系统来实现。

地面控制站需要将指挥、控制及任务指令及时地传输到无人机上。同样，无人机也需要将自身状态（速度、高度、位置、设备状态等）及相关任务数据发回地面控制站。无人机系统中的通信链路也常称为数据链。

无人机数据链是一个多模式的智能通信系统，能够感知其工作区域的电磁环境特征，并根据环境特征和通信要求，实时动态地调整通信系统工作参数（包括通信协议、工作频率、调制特性和网络结构等），达到可靠通信或节省通信资源的目的。

无人机数据链按照传输方向可以分为上行链路和下行链路。上行链路主要负责完成地面站到无人机遥控指令的发送和接收，下行链路主要负责完成无人机到地面站的遥测数据及红外或电视图像的发送和接收，并可根据定位信息的传输利用上、下行链路进行测距，数据链性直接影响到无人机性能的优劣。

### 3.4.1　优秀无人机数据链的特征

#### 1. 跳频功能

跳频组合越高，抗干扰能力越强，一般的设备能做到几十、几百个跳频组合，性能优异的设备能做到 6 万个跳频组合。

## 2. 数据加密功能

具有数据加密功能，使数据传输的可靠性提高，防止数据泄漏。常见的加密方式有数据加密标准（DES）、高级加密标准（AES）等。

## 3. 高速率

无人机数据链属于窄带远距离传输的范畴，115 200bps 的数据速率即属于高速率。它还具有低功耗、低误码率和高接收灵敏度。因为无人机采用电池供电，而且传输距离又远，所以要求设备的功耗低（即低发射功率）、接收灵敏度高（灵敏度越高，传输距离越远）。一般是以接收灵敏度衡量设备的接收性能。

军用无人机的通信链路系统可以很复杂，包括很多条链，有指挥部到地面站的、地面站到无人机的、无人机到卫星的、卫星到地面站的、卫星到指挥部的、机群中无人机之间的等。民用无人机的通信链路系统一般很简单，只有 2 或 3 条链。第 1 条就是由我们手里的遥控器和无人机上的遥控接收机构成的上传单向链路，人类发出指令，飞机接收指令，用于视距内控制飞机。第 2 条就是我们常说的数传，由笔记本连接的一个模块和飞机上的一个模块构成双向链路，我们发出修改航点等指令，飞机接收；飞机发出位置、电压等信息，我们接收，用于视距外控制飞机。

### 3.4.2　RC 遥控

时代在不断进步，未来军用领域讲的是进行网络化战争，民用领域讲的是过互联网+的生活。所以将来的无人机链路一定会摆脱这一条条链、一根根线，那将是一个信息的网，不再受今天这种距离与频率等的诸多限制。如今在很多消费类无人机上我们已经看到了这种发展的曙光。

RC 遥控主要用于视距范围内地面人员对飞行器的手控操纵，也是目前大多数消费级多旋翼飞行器必备的一条数据链系统。RC 是"radio control"的缩写，意思是"无线电控制"。发展了数十年的遥控航空模型的技术基础靠的就是这条上行链路。人通过眼睛观察飞机姿态，通过 RC 遥控器发出舵面指令，这就是航模飞行的过程。

用无线电技术对飞行器进行飞行控制的历史，可以追溯到第二次世界大战以前。不过，当时民用无线电控制航模面临十分复杂的法律手续，而且当时的遥控设备既笨重又极不可靠，因此，遥控航模未能推广开来。到了 20 世纪 60 年代初期，随着电子技术的发展，各种应用于航模控制的无线电设备也开始普及。时至今日，无线遥控设备已被广泛地应用于各种类型的民用无人飞行器。民用无人飞行器在起飞和降落过程中主要通过 RC 遥控器手动控制来完成，并且在视距范围内自动驾驶时，如飞机出现异常状况，也需要迅速切换到手控状态。RC 遥控设备分为手里的遥控发射机和天上的遥控接收机两部分，配对后方可使用。

## 1. 遥控发射机

遥控发射机就是我们所说的遥控器，圈子里也称为"控"。它的外部一般会有一根天线，遥控指令都是通过机壳表面的杆、开关和按钮，经过内部电路的调制、编码，再通过高频信号放大电路由天线将电磁波发射出去的。

遥控发射机有两种类型，即玩具用的开关型和航模用的比例型。比例型还有两种样子，即手持盒式比例遥控发射机与手持枪式比例遥控发射机（遥控车）。所谓比例控制其实就是进行模拟量控制而不是开关量控制，即当我们把发射机上的操纵杆由中立位置向某一方向偏移一定角度时，与该动作相对应的舵机也同时偏移相应的量。舵机偏移量与发射机操纵杆偏移角度成比例，简单地说它不仅能控制拐弯，还能控制拐多大弯。遥控发射机除了基本的动作操纵外，还有许多其他功能。例如，储存多种飞行器模式的配置和数据，一机多用；有计时、计数功能，方便练习和操作；有液晶显示屏幕，可显示工作状态和各种功能等。

遥控器有几个通道，表示遥控器可以控制飞行器几个动作或行动。这个动作可以是模拟量，也就是连续动作，如右手杆左右动控制横滚；也可以是开关量，如定高、一键返航等。我们知道，多旋翼飞行器的基本动作有升降运动、俯仰/前后运动、横滚/侧向运动、偏航运动，所以其遥控器要求最少有 4 个比例通道。实际还需要预留一些额外通道来控制其他部件或状态。

## 2. 遥控接收机

遥控接收机是安装在飞行器上用来接收无线电信号的。它会处理来自遥控发射机的无线电信号，将所接收的信号进行放大、整形、解码，并把接收来的信号转换成舵机与电调可以识别的数字脉冲信号（当然，多旋翼的飞行控制系统也能识别这个信号），传输给舵机与电调，这样一来飞行器就会通过这些执行机构来完成我们所发出的动作指令。由于多旋翼飞行器对重量的要求很苛刻，一般都会选择很轻巧的接收机。多数只有火柴盒大小，重量仅几十克，还有几克的，但基本都具有很高的灵敏度。

接收机一般是和发射机成套购买的。实际作业中，每架无人机都有一个接收机，发射机可能只需要一个，但是我们也许会多买几台接收机，并且接收机的成本也远低于发射机。同品牌、同规格的发射机与接收机配对后都可以使用，不同品牌与规格的需要根据实际情况和经验。

早期的遥控设备是模拟式的，频率有 35M（兆）、40M、72M 等几种，每种下设几个频点，如 72.670M、72.810M、72.830M 等。同场飞行，若频点一样，必然互相干扰。所以当时进行飞行作业要准备许多不同频率的晶体，而且发射机有发射机晶体、接收机有接收机晶体。到了飞行场地第一件事就是寻找周围也在进行飞行作业的人协调频率，避免发生干扰。如果有问题，马上更换石英晶体。

模拟类遥控设备的作用距离接近 1km，尽管容易互相干扰，但它有两个不太为大家所熟悉的小亮点。

第一是绕射能力，由于频率低，因此波长长，一些小尺寸的障碍物阻挡无线电波。例如，飞机飞到了水塔后方，2.4G 的设备可能会马上失控，72M 的设备只要我们能估计出飞机姿态，基本还能通过遥控飞出来。

第二是较容易增加距离，由于频率低，因此不用增加多少功率，就能将遥控距离翻数倍以上。很多固定翼 FPV（first person view）就是用这种方法进行远距离飞行的。这里必须提醒大家，国家对民用无线电频率与功率是有严格规定的，私自采购、改装此类设备都会被追究法律责任。

### 3.4.3　无线数传电台

随着技术的不断进步，遥控设备逐渐开始应用数字技术。现在大家广泛使用的 2.4G 系列 FUTABA（日本双叶）遥控器，以及大疆、零度等产品配套生产的 2.4G 遥控器都是这一类产品。发射功率在 0.5W 以下，遥控距离为 1km 左右。这类遥控器使用跳频技术，不用再受同频干扰的制约。就像蓝牙设备一样，只要在飞行前配好对就行。所谓配好对，就好比发射机和接收机商量好一个暗号，飞行时接收机接到的信号中，有这个暗号的就是自家的指令。

无线数传电台是采用数字信号处理、数字调制解调等技术，具有前向纠错、均衡软判决等功能的无线数据传输电台。其传输速率一般为 300～19 200bps，发射功率最高可达数瓦甚至数十瓦，传输覆盖距离可达数十公里。数传电台主要利用超短波无线信道实现远程数据传输。多旋翼使用的数传电台以 900M 频率居多。

它是由地面站计算机连接的一个模块和飞机上的另一个模块构成的双向链路。我们发出修改航点等指令，飞机接收；飞机发出位置、电压等信息，我们接收。用于在视距外（当然也可以在视距内）完成地面控制站与无人机之间的数据收发。

无线数传电台大致分为两种，一种是传统的模拟电台，另一种为采用 DSP 技术的数字电台。传统的模拟电台一般是在射频部分后面加调制解调器转换为数字信号方式来传输数据的，全部调制、解调、滤波和纠错由模拟量处理完成。随着最近 20 多年来集成电路的复杂性和集成度的飞速增加，研究开发出专用处理芯片，可实时或"在线"进行数字信号处理（DSP 技术）。无线数传电台部分甚至全部采用数字处理技术，这些电台通常被称为数字电台。美国 MDS 数传电台、芬兰 SATEL 数传电台为目前国际上比较知名的数据传输电台。

用于航拍或遥感类的无人机还要安装图像传输链路，它是由飞机上的图传发射模块和地面上的图传接收模块构成的下传单向链路。飞机发射图像，我们接收图像，用于监控摄像头方向和效果。正是有了图传后，我们才能在操纵无人机时获得身临其境的感觉。现有的图传主要有模拟和数字两种。小尺度多旋翼的机载图像实时传输系统，其图像质量指标、信道编码效率等均不高，且抗干扰能力差；同时，因为多旋翼载重及能量供给非常有限，不便安装大型图传设备，所以如今地面监视器收到的图传视频多数只是用来监视的，真正高质量的视频与相片还是要靠机载存储、降落后下载使用的。接收端的频率和发射端一致，就可以接收到视频信号，方便多人观看；产品品牌选择较多、搭配不同的天线可达到不同的接收效果；工作距离较远，常用模拟图传设备一般都能达到在开阔地工作距离为 2km 以上的指标；配合无信号时显示雪花的显示屏与定向天线，也能勉强判断飞机的位置；一体化的视频接收及 DVR（录像）和 FPV 专用视频眼镜技术成熟，产品选择多视频信号基本没有延迟。

图传的缺点主要是发射端、接收端和天线的产品质量良莠不齐；易受到同频干扰，两个发射端的频率若接近时，本机的视频信号很有可能被别人的图传信号插入，导致飞机丢失；接线、安装、调试需要一定经验，增加了操作成本；飞行时安装连接天线、接收端电池、显示器支架等过程烦琐；没有 DVR 视频录制功能的接收端无法回看视频，而有 DVR 功能的接收端回看视频也较为不便；模拟图传发射端通常安装在机身外，破坏无人机的空气动力学性能，影响美观；图传天线如果安装不当，可能在有些飞行姿态下会被机身遮挡，导致此时接收信号欠佳，影响飞行安全；视频带宽小，画质较差，分辨率通常为 640×480，影响拍摄时的感观。

## 1. 数字图传

现在厂商所开发的无人机套机通常都搭载了专用的数字图传，它的视频传输是通过 2.4G 或 5.8G 的数字信号进行的。

数字图传的优点是使用方便，通常只需在遥控器上安装手机/平板电脑作为显示器即可；中高端产品的图像传输质量较高，分辨率可达 720dpi 甚至 1080dpi；现在数字图传的中高端产品的传输距离亦可达 2km，可与普通模拟图传媲美；回看拍摄的照片和视频方便；集成在机身内，可靠性较高，一体化设计较为美观。

它的缺点是中高端产品的价格昂贵；低端产品的有效距离短和图像延迟问题非常严重，影响飞行体验和远距离飞行安全，要实现航拍功能时需外接显示器或使用手机/平板电脑作为显示器；普通子机和平板电脑在没有配备遮光罩的情况下，在室外环境下飞行时，较低的屏幕亮度使得驾驶员难以看清画面；限于厂商实力和研发成本，不同的数字图传对于手机/平板电脑作为显示器的兼容性没有得到充分验证，某些型号可能适配性较差。

## 2. 数图一体的局域网链路

无线局域网（wireless LAN，WLAN）是使用无线电波作为数据传送媒介的局域网，用户可以通过一个或多个无线接入点（wireless access point，WAP）接入无线局域网。无线局域网具有可移动性、灵活性、安装便捷、易于扩展等优点，因此非常适合在多旋翼系统中使用，是民用多旋翼链路系统未来的发展方向。它能做到将传统的 3 条多旋翼链路三链合一。现有的不少消费类多旋翼链路系统正在逐步实现这个功能。

然而现阶段无线局域网仍存在着一些缺陷，其不足之处主要体现在性能、速率和传输距离上。目前专业 WiFi 芯片厂商已经在着手计划推出专用芯片。相信很快我们就会看到能同时进行数据与视频传输的双模芯片的诞生。随着技术的发展，将来的民用多旋翼链路一定会摆脱目前这种一条条链、一根根线的模式，那将会是一个信息的网，不再受今天这种距离与频率等的限制。

# 参 考 文 献

黄家威, 罗卫兵, 邵华. 2011. 微小型无人机无线数字视频传输系统的设计与实现. 现代电子技术, 34(4): 4-6.

李少斌. 2013. 微型多旋翼飞行器控制技术研究. 南京: 南京航空航天大学硕士学位论文.

杨明志. 2008. 四旋翼飞行器自动驾驶仪设计. 南京: 南京航空航天大学硕士学位论文.

禹科, 李平, 罗平波, 等. 2012. 小型无人直升机地面控制站设计与实现. 计算机工程, 38(8): 217-220.

张静, 梁伟, 王媛. 2011. 基于开源 CMS 的网络化信息建设方案. 图书情报工作, (S1): 227-228.

# 第4章 无人机仿真系统

## 4.1 研制仿真平台的目的和意义

随着无人机逐渐步入民用领域并展现出巨大的应用前景，无人机在农业上开始得到越来越多的应用，目前其应用主要集中在农田遥感与植保喷洒两个领域。然而作为遥感的载机时，大量传感器由于体积、重量、控制及存储等问题，目前暂时还不能应用在无人机上。搭载在无人机上的传感器其体积和重量要尽量小，同时要实现在空中自动控制获取遥感数据并存储。然而目前在近地面遥感中所用到的传感器，如光谱仪、高光谱相机、PMD 相机等，以及航空遥感所用的如 LiDAR、SAR 等遥感传感器因为以上问题尚不能直接应用在无人机上。这限制了无人机所能完成任务的类型。

另外，由于无人机可以飞行的高度要低于航空遥感平台和卫星遥感平台，其遥感数据分析方法不同于以往，需要大量实验以验证理论模型。与此同时，由于无人机的应用尚处于刚刚开始的阶段，其安全性有待逐步提升，主要体现在飞行控制器安全性不足、无人机机体设计存在缺陷、维护保养操作过程中的人为原因方面。目前飞行控制器由于使用的传感器有限，对环境可能存在的变化反应不足，以及电路板和程序设计不当等，安全性较低，摔机事件频频发生。例如，目前常见的多旋翼无人机，在起飞和降落的过程中，地面紊流会使得无人机受到复杂的气流作用，而可以应用在无人机上的传感器价格高昂，有时候要数倍于无人机本身。

上述问题使得测试喷洒效果优劣、测试喷洒效果影响因素等试验需求大量增加。然而目前农用无人机价格仍然比较昂贵，同时安全事故频发、飞行喷洒试验周期长等因素限制了植保无人机技术的开发与应用。本研究设计并开发了一套高精度、高可控性的无人机喷洒模拟平台，并进行了试验来验证其效果。该系统机械部分水平精度最大误差为2mm，垂直精度最大误差为 1mm，最大承载重量为 50kg；控制部分采用 MFC 上位机控制软件，与主控板 STM32 通过串口进行通信，实现在水平和垂直两个方向上对伺服电机的控制，同时采用 CAN 总线与喷洒控制器通信和远程操控，可以实现喷洒流量控制及旋翼风速控制。本系统可以有效降低喷洒试验载具成本，降低试验风险，对推进无人机喷洒技术开发与测试有积极意义，并且可以拓展到农业植保喷洒测试方面。

利用植保无人机进行农田喷洒目前已成为新型农机应用的热点。目前国内农用无人机领域的研究正处于快速发展阶段，各企事业单位对农用无人机的研究、引进和生产力度正在逐渐加强，全国共有 200 多家企业单位从事无人机研究、生产、销售服务。通过市场的检验，无人机在植保喷药方面相对于传统人工喷药有着速度快、效率高、对人体伤害低、喷洒效果好等优点。随着植保无人机应用的深入，很多细节需要优化与处理，如适用于无人机的喷洒系统设计，包括药泵、药箱、喷头等的优化，喷洒助剂研究与喷洒效果评价等方面。秦维彩等（2014）研究了基于无人直升机的喷雾参数对玉米冠层雾滴沉积分布的影响，喷雾参数包括作业高度与横向喷幅，确定了针对其所使用无人机较为适宜的作业参数。张宋超等（2015）采用 N-3 型农用无人直升机作为载机，通过 CFD 模拟软件在约束条件下对作业过程中旋翼风场和农药喷洒的两相流进行了模拟，并设计了条件相似的对应试验进行验证。试验结果表明，在飞行高度为 6m，侧风风速分别为 1m、2m、3m 条件下，仿真模拟结果与实测数据的拟合直线决定系数 $R^2$ 分别为 0.7482、0.8050 和 0.6875，对实际生产具有一定的指导意义。

传感器是农田信息采集最重要的组成部分。随着无人机应用越来越广泛，不同类型的无人机传感器和多种形式的无人机机载实验都需要在无人机平台上进行大量测试和研究。然而目前很多传感器尚不适合应用于机载传感器上，可安装在无人机上的传感器需要质量轻便、体积较小、可以远程控制和存储。目前已有研究使用包括单反相机（Green et al.，2014；王利民等，2013）、Tetracam ADC 多光谱相机（Link et al.，2013）、6 通道多光谱相机（Candiago et al.，2015）、多光谱相机（Garcia-Ruiz et al.，2013）、热红外相机（Baluja et al.，2012）、高光谱成像仪器（Zarco-Tejada et al.，2013）、LiDAR 相机（Wallace et al.，2012）等传感器进行遥感作业，同时越来越多的传感器逐渐开始应用在无人机上以处理农田信息采集中的多种类型数据。然而目前很多无人机尚未进行便携式开发，如缺乏控制拍照和存储的组件（Yang and Chen，2015）；抑或便携式的传感器尚未找到合适的载机，如传感器较为沉重、体积较大等；抑或研究内容处于探索期，如果直接放在自然环境下不可控因素过多，导致研究内容过于庞杂等。

基于以上情况，研究人员设计并开发了无人机模拟平台，该平台可以针对遥感中基于对象的图像分析、图像配准、时序分析（Turner et al.，2015）、影像分割（Lu et al.，2015）等研究内容开展模拟工作。

户外的无人机实机飞行风险较大。在精准农业及遥感研究中用到的传感器大多数都非常昂贵，如多光谱相机、高光谱相机、LiDAR 相机等，其价格高过无人机本身。而与此同时，民用无人机技术仍然处于发展初期，很多其他技术仍然处于起步阶段，或者处于空白状态，这使得无人机安全性不足，飞行中坠毁事件经常发生。目前很多原因都有可能导致无人机坠毁，其中客观原因包括遥控信号丢失、飞控失效、空气紊流、设备老化等，主观原因包括无人机操作人员经验不足、飞行设备检查不足等。无人机系统高度复杂，需要制作者和使用者在无线电通信、电子电路、发动机原理、控制理论、机械结构、材料学和气象学等方面有一定的知识基础。另外，国内并没有针对制作、生产无人机提出统一的标准，没有建立完整的生产线，以降低无人机事故发生水平。同时人为因素也是不可忽视的一部分。一旦坠落事故发生，会给研究人员造成很大的损失，并且会延误科学实验进度。

无人机实机实验受天气影响较大，降雨、风力、降雪和其他恶劣天气都会对实机飞行有限制，因此一般不建议在以上天气飞行，这对实验周期提出了很高的要求。此外，云和雾都是不可忽略的因素，云会造成光照不均匀而形成暗影，而雾霾会直接降低遥感影像的质量，造成影像模糊（Schulmann et al.，2015）。目前基于无人机的农田航空遥感研究与应用集中在天气晴朗、能见度高、天顶角小的情况下进行。实际农田环境多样，理想天气出现次数很少，主要原因有：①工业废气污染加剧导致雾霾严重，近年来，随着经济发展的加快和城市扩大化，大气气溶胶污染日益严重，雾霾天气出现次数越来越多，这种气候现象在华北平原地区、江汉平原地区、江淮地区、东北地区经常发生，甚至有些工业区与农业区并没有明显分割，工业废气自然扩散到农田上空，空气污染严重，农田上空经常伴有轻度或者重度的雾霾，影响遥感影像获取；②自然云雾对遥感影像制作的影响，雾是近地面空气中的水汽凝结成大量悬浮在空气中的微小水滴或者冰晶，导致水平能见度低于 1km 的天气现象，按照水平能见度来区分可分为雾（<1000m）、大雾（<500m）、浓雾（<200m）及强浓雾（<50m）。大气的消光系数直接影响遥感数据的质量及影像判读结果。大气中粒子的散射及吸收等作用，使得大气的能见度降低，会造成雾天等恶劣天气条件下拍摄的图像严重退化，不仅模糊不清，对比度降低，而且彩色图像还会出现严重的颜色偏移与失真。同时在精准农业遥感信息获取中，多光谱数据是进行地表植物生理生化指标分析与农作物病虫害发生发展情况分析的重要依据，大气雾霾对可见-近红外波段地表反射的影响将直接导致图像质量的退化并直接影响图像色度的真实性，从而造成对植被情况的错误判断。

研究可以发现，以上实验针对的对象并不涉及机身本身，但仍需使用无人机搭载喷洒设备进行实地实验。然而无人机机载实验受很多因素限制，如天气、风力和风向、雨雪和大雾、飞场等自然因素，以及操作人员技术水平、设备挂载安装等人为因素的干扰。同时由于目前无人机系统的稳定性、安全性和可靠性仍需时间检验，无人机机载实验需要承担很大风险，因此实验开展困难，单次实验人力、财力花费较高，阻碍了遥感技术和喷洒技术的发展。

首先，使用无人机进行农田信息采集面临着传感器种类缺乏和数据分析理论与方法不足的现状。同时，不同成像原理、不同用途的传感器由于尺寸大、重量重、必要控制器件缺乏等，目前尚未安装在无人机上进行遥感应用，如 PMD TOF 相机（Langmann et al.，2013）、双目视觉相机（王传宇等，2010）等类型相机需要和上位机相连，无法很好地搭载在无人机上。同时很多数据处理方法处于实验测试阶段，需要更多的实验进行验证，并获取其统计特征，如多源信息融合（张艳超等，2016）、纹理识别（李晓丽等，2008）等。

其次，无人机实机飞行受降水、风力和风向、机身维护、操作人员素质等因素影响，且由于目前无人机技术的限制，飞行的安全性仍存在风险。与此同时，机载传感器制造精密，价格高昂，实机飞行发生意外会对传感器造成重大损伤，从而使得科研成本大大提高，也会影响实验进度安排。在进行实机飞行前，将诸如传感器测试、分析方法验证、震动和晃动对数据影响等工作在地面完成测试，可以有效减少实机飞行次数，降低风险成本。同时不受天气影响，能够提供连续稳定的实验环境。

最后，无人机遥感在实际应用中面临着环境变化大、姿态变化突然、地物场景复杂多变等情况。在无人机飞行过程中，环境的光照强度对所得到的遥感影像数据具有较大影响，较低的光照条件会使得地物特征难以识别，过高则会造成过度曝光等问题。低空遥感中传感器姿态与位置处于实时变化状态，这对不同姿态位置下的遥感数据与地理位置对应关系的研究阻碍很大；环境温度条件对热红外分析结果有重要影响，周建民和张瑞丰（2012）在控制环境温度条件和对象温度条件下对苹果表面缺陷进行研究，证明对温度的主动控制对热红外分析结果有明显影响；雾霾直接影响遥感影像数据清晰度和有效性，且不同类型雾霾对遥感影像质量的影响程度是不同的。构建环境条件可控的实验条件对开展无人机遥感研究有重要意义。

## 4.2　仿真平台的设计思路和要求

无人机模拟系统可以模拟无人机在农田中飞行时位置和姿态的变换，设计包括水平向自由度、垂直向自由度、俯仰、横滚、偏航 5 个自由度动作控制。该系统设计如图 4.1 和图 4.2 所示，分为 3 个层次。底层部件包括水平和垂直伺服电机、接近开关、远端执行器。该系统包括水平和垂直两个方向的导轨，实现对水平位移速度和垂直喷洒高度的控制，采用两个伺服电机实现对水平移动速度和垂直移动速度的精确控制。其中远端执行器为次级控制器，向下获取传感器信息并输出控制指令，为主控器下属控制小区。中央控制器向上接收上位机控制指令，并反馈系统运行状态，向下接收底层反馈信号，并向底层执行部件发送控制指令。上位机软件提供人机交互界面，显示运行状态和任务指令接收。

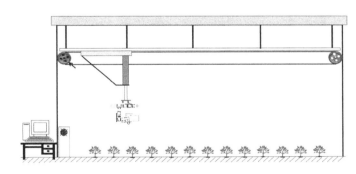

图 4.1　无人机模拟系统构成图

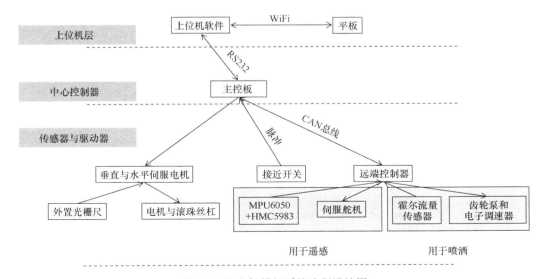

图 4.2　无人机模拟系统流程设计图

## 4.3　仿真平台的组成与工作原理

### 4.3.1　机械部件

为满足不同类型传感器及植保喷洒的需求，系统设计载荷为 50kg，以满足不同实验设备的挂载。系统采用悬垂设计，水平方向采用 30mm 的方形滚珠直线导轨。直线导轨制作精密，且各个方向承受的最大拉压力及扭矩差别很小，多用在自动化机械上提供导向和支撑作用，如 PCB 制板、3D 打印、数控加工机床等精密加工机械（Mondini et al.，2011）。为覆盖较大量程，水平方向设计长度为 12m，采用 3 段直线导轨拼接而成，并安装在一整条槽钢之上。为使得 3 段直线导轨能够较好地配合在同一平面，降低内部应力，研究人员设计将 3 段直线导轨安装在一个用车床冲出的导槽上，并通过 8mm 的螺纹旋紧固定。直线导轨上挂载两个滑块，滑块可承受的最大拉压力为 38.74kN，在上下翻动、左右摇晃及侧向旋转 3 个方向上承受的最大扭矩分别为 0.88kN·m、0.92kN·m、0.92kN·m，受力图如图 4.3 所示。这使得该系统强度高、变形小、可以承受较大的侧向和径向扭矩，从而降低了系统因为频繁加减速而损坏的可能。直线导轨滑块设计如图 4.3 所示，故各个方向上最大承受力相同，相应地对不同方向的冲击具有很好的保护作用。由于该系统为吊装，因此直线导轨相对于滑轨等系统力学性能较好。在实际工作中，导轨滚动摩擦比较小，在长时间的往复运动过程中磨损较小，适合做高精度大型仪器与系统（冯婧婷，2013）。为了降低热胀冷缩的影响，导轨与导轨之间留有 1mm 间距。

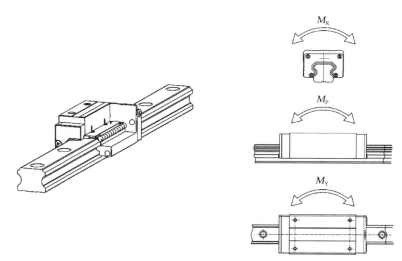

图 4.3　滑块组成与受力图

$M_R$. Roll 方向扭矩；$M_P$. Pitch 方向扭矩；$M_Y$. Yaw 方向扭矩

机电部分水平方向采用东菱 1.2kW 伺服电机，驱动编码器采用配套的 EPS145 驱动编码器。垂直部分设计为电动缸，采用松下伺服电机为主要动作部件，搭配滚珠丝杠，将伺服电机的旋转运动转换成为直线运动，并且使得电动缸输出时没有旋转运动。滚珠丝杠在使用过程中会产生自旋，为解决此问题，研究人员在电动缸内部增加了一条导槽以消除自旋，将电机旋转运动完全转换成直线运动。两个伺服电机的外观和参数如图 4.4 和表 4.1 所示。伺服电机相对于步进电机有明显优点：①步进电机的转矩随着转速的增加而降低，而伺服电机是恒扭矩；②伺服电机的控制精度要比步进电机高大约 10 倍；③伺服电机的过载能力约为步进电机的 3 倍；④步进电机的平稳性较差，特别是在低速时噪声更明显，而伺服电机运行时一直是低噪声、平稳的。

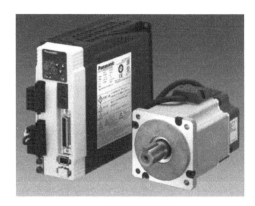

a. 东菱伺服电机　　　　　　　　　　　　　　b. 松下伺服电机

图 4.4　水平和垂直方向伺服电机

表 4.1　水平和垂直方向伺服电机参数

| 参数指标 | 水平方向伺服电机 | 垂直方向伺服电机 |
| --- | --- | --- |
| 伺服电机型号 | Dorna 130DN-MA-1 | Panasonic MSME022G1 |
| 功率/kW | 1.5 | 0.2 |
| 额定输出扭矩/（N·m） | 1.2 | 0.6 |
| 控制端子 | 36pin CN2 插口 | 36pin CN2 插口 |
| 旋转锁紧 | 是 | 是 |
| 编码器 | 17bit | 20bit |
| 所用引脚 | P22，P24，P25，P4，P3，P9，P10，P11，P12 | P22，P24，P25，P4，P3，P9，P10，P11，P12 |

CN2 插口共有 36 针输出，松下和东菱的伺服电机使用相同的引脚定义。其中 P22 为 24VIN，P24 为伺服使能，P25 为控制信号电源，P4 为伺服准备好，P3 为定位完成，P9 和 P10 为指令脉冲输入，P11 和 P12 为指令脉冲方向输入，以上引脚将用于系统开发。

伺服电机有位移精度高、稳定性好、定位精度高、响应速度快、调速范围宽、系统可靠性高、低速扭矩大等优点，相对于减速电机、步进电机等，伺服电机更适合本系统。由于内部存在锁紧装置，因此可以很好地停在所需要的位置，而不会由于外力产生偏差位移。锁紧方法与内部 PID 调节有关，内部编码器以感应到主轴旋转产生的位移量作为反馈，对速度和位移做出相应的调节。17bit 的编码器在旋转一周时所需脉冲数为 $2^{17}$，通过减速比可算出水平方向上的指令脉冲当量为 0.001mm，垂直方向上位置分辨率为 0.0005mm。由此可见该系统精确度很高，也为将来的功能开发提供了良好的基础。

系统在水平和垂直方向上采用限位开关来实现系统归零和位移标定。水平限位开关采用光电式，检测限为 5mm，安装滑块时滑块距离光点限位开关 2mm，满足触发条件。垂直限位开关采用磁感应式，当电动缸内的磁环下移到限位开关时，触发限位开关，产生中断脉冲。中断脉冲被主控记录并作为水平和垂直方向的零点，同时中断脉冲成为系统停止运行的信号。

### 4.3.2　主控单元

为使得该系统自动化程度提高，采用如图 4.2 所示的系统设计。上位机软件向下与主控板采用串口通信，主控板到上位机软件的通信字段包括水平方向速度与位置、垂直方向速度与位置、流量，上位机软件到主控板的通信字段包括设定的水平方向速度与位置、设定的垂直方向速度与位置、设定的风力、设定的流速。

主控板采用 12V 独立电源供电，可接受的电压为 10～50V。两边作为排针接口，如图 4.5 所示，与伺服电机驱动器相连。由于接近开关只有通、断两种状态，因此设立两路 Pulse+ 和 Pulse–给限位开关。主控板采用意法 STM32F103RCT6 嵌入式微控制器，搭配 8MHz 外部晶振。该芯片核心频率为 72MHz，提供了丰富的传感器接口，如 CAN、I2C、IrDA、LIN、SPI、UART/USART、USB，并为外围设备（如电机等）提供脉冲宽度调制（PWM）输出，提供 51 路的输入与输出，工作电压为 3.6V。主控板原理和设计图如图 4.5 和图 4.6 所示。STM32F103 的编程环境为 Keil uVision，采用 C 语言作为编程语言，其中包含的很多库文件可以直接使用，提供了丰富的库函数和强大的调试仿真工具，通过 uVision 这个开发环境可生成容易理解的汇编语言代码，而且支持多种 Windows 操作系统（汪振国，2013）。最新的 Keil uVision4 IDE 旨在提高开发人员的生产力，实现更快、更有效的程序开发。uVision4 引入了灵活的窗口管理系统，能够拖放到视图内的任何地方，包括支持多显示器窗口。uVision4 在 μVision3 IDE 的基础上，增加了更多大众化的功能。此外，系统浏览器窗口的显示设备外设寄存器信息，为开发者提供了较大的便利；调试还原视图创建并保存多个调试窗口布局。

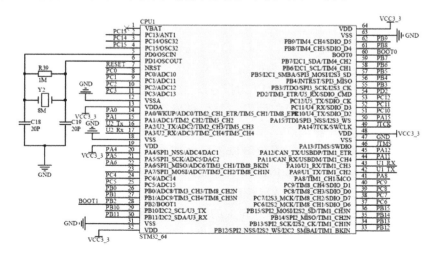

图 4.5　主控板原理图

　　为实现对远端机载部分的控制，本系统采用 CAN 总线进行数据通信和控制指令发送，其控制流程如图 4.7 所示。由于主控芯片意法 STM32F103RCT6 已经提供 CAN 接口，因此不再需要配合 CAN 控制器（胡炼等，2009）。CAN 总线技术是多主分布式控制系统串行通信较好的总线解决方案，能够将控制指令及各控制系统状态信息放在总线上供各控制小区读取，具有高位率、高抗电磁干扰、容错性强、实时性好等优点（安秋等，2008）。

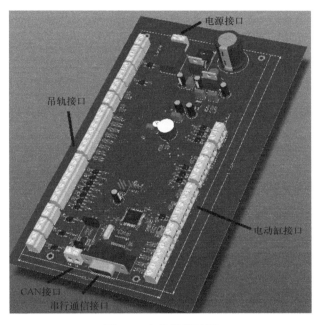

图 4.6　主控板设计图

　　CAN 总线方式最早为德国 BOSCH 公司的汽车车载控制系统，目前发展成为一种成熟的工业总线控制技术。除了以上优点之外，由于控制端处于移动状态并且离主控器较远（＞10m），这时候其他信息传输方式难以实现长距离的控制和数据通信，且CAN 总线采用双绞线（纪朝凤等，2009），传输距离较远，易于部署系统，成为该系统设计的最佳方案。现场总线技术是自动化技术领域发展的热点，CAN 总线相对于485 总线等其他主从类主线类型有明显的优势。首先是多主工作方式，网络间的节点都可根据访问优先权采用无损结构的逐位仲裁的方式竞争向总线发送数据，优先权由标识符决定，且 CAN 协议废除了站地址编码，而代之以对通信数据进行编码，这可使不同的节点同时接收到相同的数据，这些特点使得 CAN 总线构成的网络各节点之间的数据通信实时性强，并且容易构成冗余结构，提高系统的可靠性和灵活性。其次CAN 总线中某一节点在发生严重错误后对整个系统无破坏性。最后 CAN 具有的完善的通信协议可由 CAN 控制器芯片及其接口芯片来实现，从而大大降低系统开发难度，缩短了开发周期。

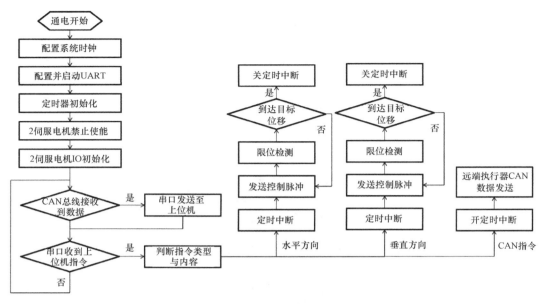

图 4.7 上位机控制流程

2 伺服电机禁止使能表示 2 个伺服电机禁止动作；2 伺服电机 IO 初始化表示输入输出初始化

CAN 总线分为 2 层：物理层和数据链路层，其结构和功能如图 4.8 所示。LLC 子层的功能包括：帧接收滤波；超载通知延迟数据帧或远程帧；恢复管理自动重发功能。MAC 子层的功能包括：发送部分有发送数据封装、发送媒体访问管理，将 LLC 子层待发数据送到物理通道；接收部分有接收数据拆装、接收媒体访问管理，将物理通道接收的数据送到 LLC 子层。

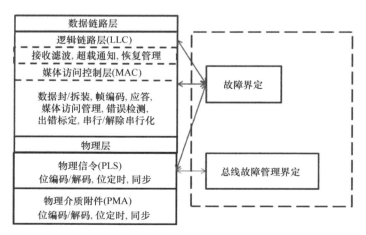

图 4.8  CAN 总线参考模型分层结构

CAN 总线具有如下特点（刘小明，2006）：基于标识符判断优先权的多主访问；非破坏性的仲裁机制；利用接收滤波实现多点传送；节点数目多，目前可达 110 个；错误检测和出错通报功能；帧自动重发和自动断开故障节点等。通过对 CAN 总线的概念和特点的介绍，我们知道总线空闲时，任何节点都可以发送报文，并传播到整个网络。接收节点采用标识符过滤来处理接收的报文，标识符不是目的地址，而是代表信息优先级。

CAN 总线上用"显性"和"隐性"两个互补的逻辑值表示 0 和 1，当总线上同时出现发送显性和隐性位时，其结果是总线数值为显性。CAN_HI 和 CAN_LO 为 CAN 总线收发器接口，数据以两条线之间的差分电压形式表示，如图 4.9 所示，其某一完整帧的数据定义如表 4.2 所示。

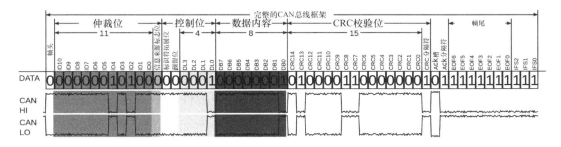

图 4.9　CAN 总线原理图

**表 4.2　CAN 总线释义**

| 字段名 | 长度/bits | 内容 |
| --- | --- | --- |
| 帧头 | 1 | 代表开始传输 |
| 仲裁位标识符 | 11 | 标识符，包含优先级信息 |
| 发送或寻呼标识符 | 1 | 0 为数据帧，1 为寻呼帧 |
| 是否为拓展类型标识符 | 1 | 0 为基本类型，1 为拓展类型 |
| 保留位 | 1 | 一般为 0 |
| 数据长度位标识符 | 4 | 数据长度 |
| 数据内容 | 0~64（0~8bytes） | 传输的数据内容 |
| CRC | 15 | CRC 校验 |
| CRC 分隔符 | 1 | 一定为 1 |
| ACK 槽 | 1 | 发送者为 1，接收者为 0 |
| ACK 分隔符 | 1 | 一定为 1 |
| 帧尾 | 7 | 一定为 1 |

采用 CAN2.0B 通信协议，将通信速率设置为 57 600bps，报文结构体定义如下。

```
typedef struct    {
unsigned int      id; // 29 bit identifier
unsigned char     data[8]; // Data field
unsigned char     len; // Length of data field in bytes
unsigned char     format; // 0-STANDARD, 1-EXTENDED IDENTIFIER
unsigned char     type; // 0-DATA FRAME, 1-REMOTE FRAME
} CAN_msg;
```

其中 data 中的字符 T 为温度，Z 为俯仰，Y 为横滚，X 为偏航数据，在 CAN 总线中将按 ASCII 编码形式进行传输。

### 4.3.3　远端执行器

本系统包含两个远端执行器，分别用三轴自稳与控制云台实现多角度传感器拍照，另一个作为喷洒控制器，都通过 CAN 总线与主控通信，其中两台设备的 id 设置相同，仅发送数据不同。

#### 1. 远端喷洒控制器及组件

远端喷洒控制器主要控制板采用意法 STM32F103RCT6，该控制芯片详情参见主控部分描述，控制板采用独立 12V 锂电池供电，设计图如图 4.10 所示。控制器与主控板通过 CAN 总线进行通信，波特率设置为 57 600bps，实测通信长度为 17.5m，远低于 CAN 总线的最长传输距离。远端控制器向齿轮泵驱动器发送 PWM 信号，控制齿轮泵转速；采用流量传感器发送脉冲计数的方法计算单位时间内通过的液体流量；控制器向无刷电机的电子调速器发送 PWM 信号控制电机转速，PWM 频率为 50Hz，占空比为 25%～75%，通过改变电机转速来改变产生的风压。

图 4.10　远端控制器设计

喷洒组件包括齿轮泵及其 MOS 管（金属氧化物半导体管）调速器、流量计、无刷电机及螺旋桨、导液管及药箱喷杆等。齿轮泵为 385 微型齿轮泵，额定电压为 12V，空载电流为 0.4A，最大水压力为 0.23MPa。控制板输出的 PWM 信号通过 MOS 管来调节输出齿轮泵电机转速。输出流量与 PWM 指令标定函数为

$$\text{Volume} = -8.396 \times 10^5 \text{PWM}^3 - 0.04924\text{PWM}^2 + 11.93\text{PWM} - 49.03 \quad (4.1)$$

标定方法为在 12V 稳压电源下，单位时间（1min）内输出的纯净水，并采用量筒测量排出液体体积，其中 PWM 占空比量化为 256 级。通过测量数据可以看出该齿轮泵输出与 PWM 输入的三次方相关，相关系数达到 $R^2$=0.9986，标定曲线如图 4.11 所示。

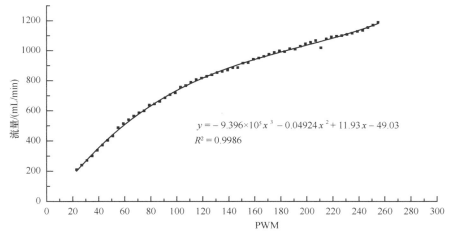

图 4.11  水泵标定曲线

流量计采用基于霍尔元件的微量流量计，其最小检测流量为 0.4mL/min，最大流量为 3mL/min，最大承受压力为 0.8MPa。基于霍尔元件流量计的工作原理（孟志军等，2010）为：当液体流过时，叶轮旋转带动叶轮上的金属片在霍尔元件处产生磁感应，从而产生脉冲，通过脉冲计算脉冲数对应流过液体的体积。流量计线性度很高，其标定方程为

$$Volume = 0.2226Num + 71.377 \qquad (4.2)$$

式中，Num 为脉冲数。

风力系统以目前浙江大学研制的 SH-8V 系列植保无人机的风力及传动系统进行设计，电机采用高压无刷电机，电机轴承采用 NMB 型轴承，轴径为 5mm，槽极结构为 24N22P，电机尺寸为 ø4mm×31mm，工作电压为 22.2V，最大功率为 500.6W。由于最大电流达到 22.8A，相应的电子调速器也要选择较大型号，并且有优化过的散热结构，本系统采用 100A 电子调速器（Niapour et al.，2014），可以通过较高电流，并且设计有散热片，具有较好的散热性能。配 15 寸（1 寸=1/30m）55mm 螺距的碳纤尾桨，在 22.2V 电压下通过风速计测量，最大风速为 4.4m/s，电机位于喷头正上方，以模拟原型机中风场对喷洒雾滴的影响效果（汪沛等，2013）。

导液管及药箱喷杆等采用与原型植保无人机相同的喷洒部件。所搭载喷洒部件皆可依据特定的喷洒环境进行定制化开发，当前采用的喷洒部件中喷头为某型国产扇形喷头（张慧春等，2015），喷洒锥角为 45°，喷头间隔为 1m（图 4.12）。

## 2. 远端云台自稳控制器及组件

远端三轴云台用于模拟无人机飞行过程中的位置和姿态变化对遥感影像造成的影响，并且可以将云台控制在所需角度上进行拍照。为实现该功能，研究人员开发了一个云台自稳控制器，使用 STM32F405+MPU6050+HMC5983 进行云台控制，并通过 CAN 总线将云台状态实时返回给主控以显示在上位机软件上（图 4.13）。MPU6050（InvenSense Ltd.，Sunnyvale，CA，USA）是一个六轴 MEMS 传感器，包括三轴的加速

图 4.12　系统挂载喷洒设备示意图

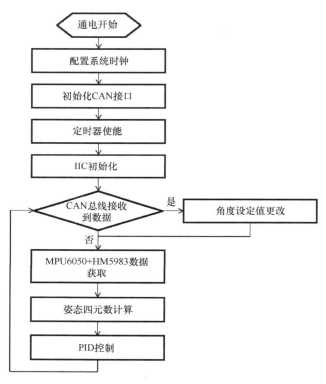

图 4.13　云台控制流程

度计和三轴的陀螺仪,在无人机上有着广泛的应用,主要用于姿态感知与惯性导航。其内置一个 DMP 芯片用来处理从加速度计和陀螺仪产生的原始数据,直接计算得出四元数和姿态改变量,并通过集成电路总线(inter integrated circuit,IIC)传输给控制器。DMP技术是 InvenSense 芯片特有的技术,该芯片同时可以进行温漂修正,还内置了一些有趣的功能,如直接进行计步操作等。MPU-6050 对陀螺仪和加速度计分别用了 3 个 16 位的ADC(模拟数字转换器),将其测量的模拟量转化为可输出的数字量。为了精确跟踪快速和慢速的运动,传感器的测量范围都是用户可控的,陀螺仪可测范围为 $\pm250°/s(dps)$、$\pm500°/s(dps)$、$\pm1000°/s(dps)$、$\pm2000°/s(dps)$,加速度计可测范围为 $\pm2g$、$\pm4g$、$\pm8g$、$\pm16g$。

HMC5983（Honeywell Ltd.，Morristown，NJ，USA）是一个三轴磁向计，用于测量相机与地磁的偏角。其内置自动消磁、偏移消除等功能，并使用 12bit ADC 使得磁向计航向精度在 1°～2°，数据输出采用 IIC 和 SPI 两种，采用 16pin LCC 封装。

控制器用于获取姿态数据，接收主控指令并控制云台稳定指向某一方向，设计图与原理图如图 4.14 所示。控制器采用 STM32F103（STMicroelectronics Ltd.，Geneva，Swiss），是一个 32bit M3 CPU，核心频率为 72MHz，有 256～512KB 的 SRAM 和 4bit 的定时器，接口包括 CAN、I2C、SPI、UART 和 USB。采用经典 PID 对云台姿态进行控制，控制循环每 10ms 一次。与目前市场上常见的云台自稳控制器，如商品控制器［如大疆的 Zenmus（DJI Ltd.，深圳，中国）等］和开源云台控制器［如 BGC（俄国）］相比，该控制器一般采用 PD 控制算法，这是因为其主要应用于摄影领域，控制效果需求是稳定所得影像，无须锁定某一角度。云台控制器与喷洒控制器相同，只是 GPIO 口（通用输入/输出口）定义不同。

## 3. 上位机软件

为了实现对实验因素（如喷洒高度、喷洒流量和喷洒风力等）的远程精确控制，以及对喷洒流量的实时显示，本系统设计开发了上位机软件。软件开发采用 Visual C++ 2010 开发环境，上位机软件采用串口通信，串口波特率选择 57 600bps，设计界面如图 4.15 所示。其中主控板与上位机软件通信协议分为四部分，分别是主从标识、组件标识、内容标识和数据标识。如下所示，第一位 M 表示上位机发送给下位机的命令，S 表示下位机发送给上位机的命令；第二位为组件标识，H 为水平方向伺服电机，V 为垂直方向电动缸，YT 为三轴云台，PS 为喷洒情况；第三位为内容标识和数据标识，代表数据字

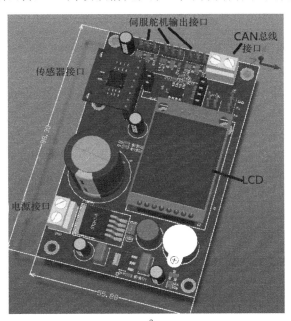

a

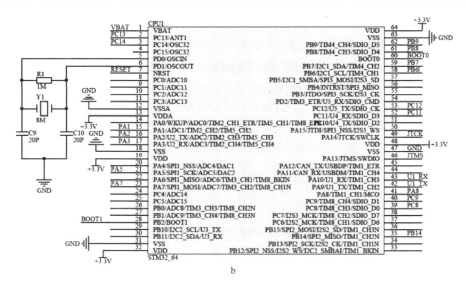

图 4.14 云台控制板设计图（a）与原理图（b）

图 4.15 上位机安装

段名，其中 S 为速度，L 为位置，P 为俯仰，R 为横滚，Y 为偏航：

M，V，S，50，L，300

表示上位机向下位机发送的命令，命令内容为：垂直方向电动缸运动，运动速度为 0.05m/s，运动到距离接近开关 0.3m 处。为方便测试检修，本系统将最基本的运动定义为命令中的标识符，当出现该标识符的时候，系统执行相应的最基础的动作。本系统涉及的自定义标识符如表 4.3 所示。

表 4.3 自定义动作标识符

| 字符名 | 解释 | 字符名 | 解释 |
| --- | --- | --- | --- |
| RESET | 归原位 | STOP | 急停 |
| FORWARD | 前进 1m | BACKWARD | 后退 1m |
| UP | 上升 10cm | DOWN | 下降 10cm |
| BOTH | 双向联动 | | |

当下位机与上位机进行通信时，使用如下函数进行数据上载。

void YaoG::DoDataExchange（CDataExchange* pDX）

其中串口接收数据使用结构体为　　　　　　发送数据所用结构体为

```
struct Info_Data{
    float temp; //温度
    float h_s; //水平速度
    float h_l; //水平位置
    float v_s; //垂直速度
    float v_l; //垂直位置
    int tilt; //俯仰
    int roll; //横滚
    int pan; //航向
    float t; //温度
    int  流量; //俯仰
    char TCP_SEND_BUF[128];
    bool tcp_send_flag;
};
```

```
struct YAOGAN_INFO
{
    int H_speed; //水平速度
    int H_location; //水平位置
    int V_speed; //垂直速度
    int V_location; //垂直位置
    int T; //俯仰
    int R; //横滚
    int P; //偏航
};
```

考虑到以后系统的便携性，增加 WiFi 转发，将个人计算机通过 LAN 口与平板电脑连接入同一局域网中，通过 WiFi 路由器将平板电脑控制指令传输到个人计算机上，将实时信息显示在平板电脑上。平板电脑采用国产某型 Intel CPU 平板电脑，搭载 Windows 8 系统，运行界面如图 4.16 所示。其中运动模块由 OpenGL 制作模型集成进系统用于显示系统运行状态。OpenGL 是一个跨编程语言、跨平台的专业图形程序接口，用于二维和三维图像的显示，是一个功能强大、调用方便的底层图形库。

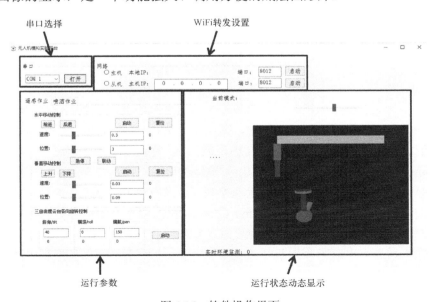

图 4.16　软件操作界面

### 4. 安全考虑

由于本系统运动部分重量较重，在启动和停止时需要较大的作用力来使得悬挂系统产生与设定速度相同的速度。同时悬挂系统并不是一体成型，中间存在诸如减震垫等软性连接部分，在完成运动过程中会产生震动和位移。为降低震动和位移，提高系统安全性，分别从以下三方面进行考虑：机械结构设计优化、控制程序优化、紧急保护。

机械结构设计优化主要体现在：平移部件优化、减震连接件优化设计、喷洒平台平衡性优化。水平移动最常受到力的作用，若用单一滑块搭配电动缸运行，则会在产生加速度时对垂直方向的电动缸产生过大的剪切应力，对滑块和电动缸造成损害，因此在水平方向上构建三角形来提高水平方向的强度。该设计在提高系统强度的同时降低了由于加速度作用造成的悬垂系统的位移。

减震连接件针对下方承载重量较重的情况，遥感无人机常采用该连接方式用以承受较大的拉力，因此采用 VV 型减震器连接的方式。橡胶减震器利用橡胶具有较高弹性和黏弹性、冲击刚度高、静刚度低，有利于减小变形等特点，将金属件与橡胶直接硫化黏合（曾富财与汪艳，2012），成为各类机械、汽车、飞机及航空器等广泛使用的减震连接方式（黄华等，2014）。研究设计采用 4 个 M4 螺纹的橡胶减震器，如图 4.17 所示。

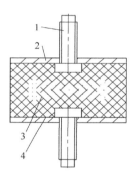

图 4.17　橡胶减震器示意图
1. 螺纹；2. 封口铁；3. 橡胶内填物；4. 底面封口铁。

控制程序优化主要是电机在可能出现较大加速度时的缓速控制。优化表现为：①启动时，水平方向在启动速度≥0.5m/s 时，采用从 0.3m/s 开始启动，在 1s 内提速到设定速度，在到达设定位置之后，速度在 1s 内降低到 0。垂直方向由于速度不大（设定范围为 0～0.5m/s），而且距离有限（50cm），如果缓速启动，存在较大的未使用空间。在设计之初选择电动缸这一传动方式进行运动控制，足以应对上、下产生的加速度。②水平和垂直方向的复位动作采用较低的 0.2m/s 的速度进行。由于在检测零位的时候存在急停刹车动作，因此不宜采用较大的行进速度进行零位寻找。

紧急保护措施有电源紧急切断开关及限位螺栓。在配电柜外部有控制电源开闭的紧急开关，当限位措施失效时有限位螺栓卡紧运动部分，防止滑块出现脱轨现象。

**1）平台测试效果**

　　该系统开发的主要目的是为多种机载传感器，以及相关的遥感理论与方法提供易于测试的平台。从开发目的可知，对平台的系统精度要求主要体现在，对位置及运动平稳性的准确控制。因此平台的测试主要包括两部分，分别是位置精度测量和震动测量。其中位置精度测量是本开发的重点对象，这涉及在遥感应用中定位定向系统（position and orientation system，POS）信息的基准参考。

**2）位置精度测量**

　　位置精度测量采用 iLDM 激光测距仪（CEM Ltd.，深圳，中国）进行，该仪器的量程为 0.05～70m，测量精度为±1.5mm。该仪器采用 635nm type II 类型激光进行长度测量，激光功率低于 1mW。激光测距仪安装在电动缸端点，安装误差为俯仰方向±0.1°，偏航方向±0.2°。俯仰角安装误差通过测距仪读数调节，采用测量远点与零位点在垂直参考面上亮点距离，通过三角方程近似算出偏航角误差。垂直方向测量采用平行于电动缸主轴方向进行安装，激光测距仪安装于电动缸的下端点，并以电动缸活动端点的安装板作为参考平面，安装误差在±0.2°。激光测距仪通过蓝牙与手机相连，可以通过手机来触发数据采集和数据监控装置。图 4.18 为激光测距仪的安装方式和测试。

图 4.18　激光测距仪安装方式与测试

　　平台沿着水平方向分别按照 0.05m/s、0.10m/s、0.15m/s 和 0.20m/s 的速度，每 0.25m 设置 1 个点进行位置测量。每一个位置的数据点做 3 次重复，取平均值。所得的 36 个位置数据如图 4.19 所示，其中在 0.05m/s 条件下均方根误差（RMSE）为 0.002 077，0.10m/s 条件下为 0.002 848，0.15m/s 条件下为 0.002 650，0.2m/s 条件下为 0.002 845。重复误差低于 2mm。图 4.19 中，横轴为通过上位机发送的位置指令，纵轴为实测所得值。

　　垂直方向的位置测量，使得系统在垂直方向分别按照 0.05m/s、0.10m/s、0.15m/s 和 0.20m/s 4 个速度，每个速度做 3 次重复，以 5cm 为间隔采集位置点，取 3 次重复之后的平均值。垂直方向的位置测量如图 4.20 所示，横纵轴含义同图 4.19。

**3）震动测量**

　　震动和晃动在自动化系统中很难避免，一般由电动机转动、不规则加减速等造成。而本系统中运动部件为悬垂安装，以上原因造成的震动和晃动对系统精度影响更为显

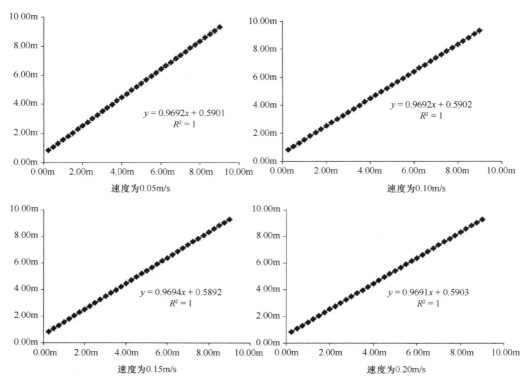

图 4.19 水平方向不同速度下位置测量结果

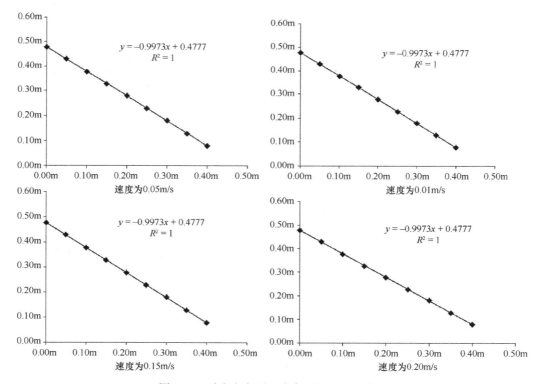

图 4.20 垂直方向不同速度下位置测量结果

著，对系统运行的稳定性和安全性有着很大的影响。且本系统对直线导轨的准直度要求很高，在系统安装和操作过程中，都会有降低系统准直度的表现，准直度低会减少系统寿命。在维护保养中，直线导轨和滑块的锈蚀都会影响系统的表现。因此系统的震动与晃动是系统的基础功能指标。震动与晃动采用华盛昌 CEM DT178 震动分析仪（图 4.21）进行测量，内置三轴加速度计，采样频率为 256Hz，量程为 ±18$g$，测量精度为 0.006 25$g$，支持快速傅里叶变换（FFT）。该震动分析仪固定在云台之上，系统分别以 0.05m/s、0.10m/s 和 0.15m/s 的速度运行，分别测得其运动速度如图 4.22 所示。其中白色的点和线代表 $X$ 向加速度值，红色的点和线代表 $Y$ 向加速度值，蓝色的点和线代表 $Z$ 向加速度值，绿色的点和线代表加速度标量。在垂直静止状态下，$Z$ 向加速度值为 1$g$，加速度标量为 1。

图 4.21　震动分析仪

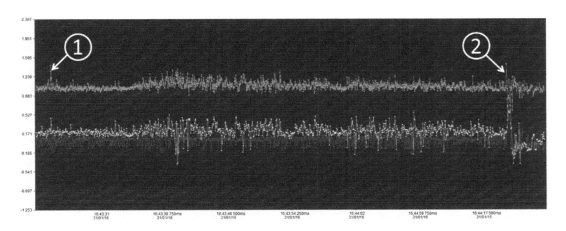

a. 0.05m/s 下震动数据

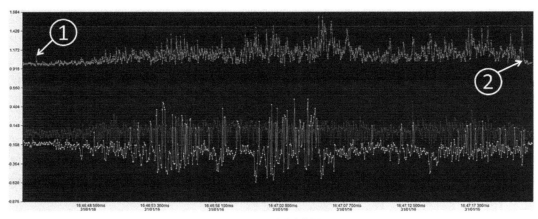

b. 0.10m/s 下震动数据

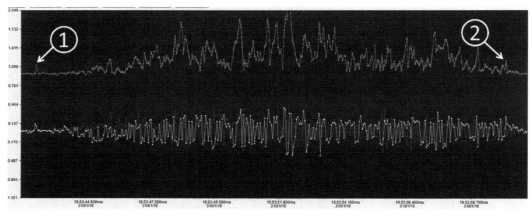

c. 0.15m/s 下震动数据

图 4.22 不同速度下的震动数据（彩图请扫封底二维码）
1. 启动；2. 终止

## 4.4 仿真平台的典型应用——作物养分获取与分析

油菜是我国重要的油料作物，油菜种植时氮肥施用量影响油菜籽的产量及含油量。利用低空光谱成像遥感技术，及时有效地检测油菜冠层的氮含量水平，制定精细的养分管理方案，有利于提高油菜的产量与质量。本研究选用一种甘蓝型油菜——'浙双758'作为研究对象，以 SPAD 值（叶绿素值）作为氮素评判指标，利用无人机模拟平台搭载多光谱相机进行低空遥感，并基于多光谱图像的植被指数和纹理特征分别建立油菜冠层 SPAD 值低空遥感解析模型；通过设置不同的图像采集时间、采集时的相机高度及运动速度等 3 个变量，探究不同采集因素对 SPAD 值解析模型的影响。本研究还利用可见-近红外高光谱成像技术检测油菜冠层 SPAD 值，在优选光谱预处理及特征波段后，分别基于全波段、特征波段光谱反射率及特征波段图像纹理特征，采用不同的化学计量学建模方法建立油菜冠层 SPAD 值解析模型。

大田作物生长状况和生长环境存在时空差异，如何快速获取这些时空差异是实践精细农业的前提。氮素是油菜生长所需的重要营养元素，油菜种植过程中氮肥施用量不足或施用过量都将对油菜的产量和质量造成不利影响，同时不同的生长时期油菜对氮肥的需求量也不尽相同。因此，及时有效地监测油菜冠层的氮含量水平并制定合理的施氮方案，适时适量施加氮肥对于油菜增产具有重要意义。

油菜是否缺氮可以通过含氮量来进行评判。基于传统化学分析检测，如凯氏定氮法、杜马斯燃烧法可以直接测得油菜的含氮量，但是需要损坏植株，流程复杂，耗时费力且成本高。利用 SPAD 仪获取 SPAD 值具有快速、简便和无损的特点。现有研究表明作物叶片 SPAD 值和含氮量具有较好的相关性，目前 SPAD 值已经被广泛用作水稻、油菜、小麦、玉米等作物的氮含量评判指标。

目前已有学者研究了基于多光谱图像技术检测作物氮含量，利用锦橙叶片多光谱图像的颜色特征，建立叶片含氮量检测模型，相关性为 0.84（易时来等，2009）；张晓东等（2009）利用不同生育期油菜多光谱图像特征，建立冠层含氮量检测模型，相关性达到 0.82；张浩等（2008）利用水稻叶片多光谱图像的颜色特征，建立叶片叶绿素检测模型；冯雷等（2006）利用油菜冠层多光谱图像提取植被指数，建立 SPAD 预测模型，相关系数可达 0.927。这些研究表明利用多光谱图像检测作物氮含量可行，然而这些研究多数是在实验室环境下基于地面传感器进行图像的静态获取，需要进一步探究基于低空遥感动态获取多光谱图像进行作物氮素检测的可行性。基于低空遥感获取油菜冠层多光谱图像进行氮素信息解析时，图像的采集时间、采集高度、采集速度可能对解析模型造成影响，油菜生长时间增加使得冠层大小和结构均发生变化，图像采集高度变化会影响图像的空间分辨率，图像采集时相机移动速度过快会影响相机的成像质量，探究这些因素对模型预测性能的影响规律，优化图像采集参数，将有利于氮素解析模型的优化。

本研究利用 SPAD 值作为油菜含氮量的评判标准，基于低空多光谱遥感图像获得植被指数和图像纹理特征，建立油菜冠层 SPAD 值的预测模型，并探究油菜冠层多光谱图像获取时间、相机高度、运动速度对预测模型的影响，然后利用基于植被指数建立的预测模型对 SPAD 值进行可视化反演。

## 4.4.1　油菜冠层多光谱图像数据与 SPAD 采集与处理

试验数据采集按时间节点分 3 次进行，相邻两次数据采集之间相隔一周，每次采集的数据包括每个油菜样本的冠层 SPAD 值、多光谱图像，各自的采集方法如下。

### 1. SPAD 值采集

选用 SPAD-502 叶绿素仪（Minolta Ltd.，Japan）测量 SPAD 值，测量时首先对样本冠层所有展开的叶片按叶位进行编号，然后根据叶片的大小，每片叶子选取 6～10 个点测量 SPAD 值后取平均值，得到该叶片的 SPAD 值，叶片选取的 SPAD 值测量点应均匀分布并且避开叶脉，获得样本所有展开叶片的 SPAD 值后，依据冠层每片叶片的叶面积对该叶片 SPAD 值进行加权平均获得该样本的冠层 SPAD 值。样本 SPAD 值采集在冠层多光谱图像采集之前，且尽可能缩短两者的时间间隔。试验中油菜不同生长时间、不同氮胁迫条件下样本 SPAD 统计值如表 4.4 所示。

表 4.4  冠层 SPAD 统计值

| 时间点 | 缺氮组 | | 适量氮组 | | 过量氮组 | |
|---|---|---|---|---|---|---|
| | 均值 | 标准差 | 均值 | 标准差 | 均值 | 标准差 |
| 1 | 26.9 | 2.1 | 27.6 | 1.8 | 28.4 | 1.7 |
| 2 | 29.8 | 1.9 | 31.9 | 2.4 | 32.4 | 2.1 |
| 3 | 29.7 | 1.7 | 32.3 | 1.8 | 32.5 | 1.8 |

为检验不同氮胁迫条件下油菜冠层 SPAD 值是否有差异，分别对油菜不同生长时间点的 3 组 SPAD 值与氮胁迫程度进行单因素方差分析，方差齐性检验结果见表 4.5，单因素方差分析结果见表 4.6。

表 4.5  冠层 SPAD 值的方差齐性检验结果

| 时间点 | 方差齐性检验 | df1 | df2 | Sig. |
|---|---|---|---|---|
| 1 | 0.100 | 2 | 93 | 0.905 |
| 2 | 1.417 | 2 | 93 | 0.248 |
| 3 | 0.342 | 2 | 93 | 0.711 |

表 4.6  冠层 SPAD 值的单因素方差分析结果

| 时间点 | | 平方和 | df | 均方 | $F$ | Sig. |
|---|---|---|---|---|---|---|
| 1 | 组间 | 32.926 | 2 | 16.463 | 4.687 | 0.011 |
| | 组内 | 326.665 | 93 | 3.513 | | |
| | 总计 | 359.591 | 95 | | | |
| 2 | 组间 | 116.292 | 2 | 58.146 | 12.802 | 0.000 |
| | 组内 | 422.392 | 93 | 4.542 | | |
| | 总计 | 538.684 | 95 | | | |
| 3 | 组间 | 160.431 | 2 | 80.216 | 25.834 | 0.000 |
| | 组内 | 288.773 | 93 | 3.105 | | |
| | 总计 | 449.204 | 95 | | | |

由表 4.5 可知，不同时间 SPAD 值与氮胁迫程度的方差齐性检验结果表明，3 次采样数据不同氮胁迫程度的冠层 SPAD 值的方差齐性检验值分别为 0.100、1.417、0.342，概率 $p$ 值分别为 0.905、0.248、0.711，显著性水平 $\alpha$ 为 0.05，由于 $p$ 值均大于显著性水平，无法拒绝原假设，因此可以认为不同氮胁迫程度的冠层 SPAD 值总体方差无显著差异，满足方差分析的前提要求。由表 4.6 可知，不同时间氮胁迫程度对冠层 SPAD 值的单因素方差分析结果表明，3 次采样不同氮胁迫程度的冠层 SPAD 值的 $F$ 统计量分别为 4.687、12.802、25.834，概率 $p$ 值分别为 0.011、0、0，显著性水平 $\alpha$ 为 0.05，由于 $p$ 值均小于显著性水平，因此拒绝原假设，可以认为不同氮胁迫程度对冠层 SPAD 值产生了显著影响。

为检验不同生长时间油菜冠层 SPAD 值是否有差异，分别对第 1 次与第 2 次、第 2 次与第 3 次不同氮胁迫条件下 SPAD 值进行配对 $t$ 检验，检验结果见表 4.7。显著性水平 $\alpha$ 为 0.05，由表 4.7 可知，两组配对 $t$ 检验的概率 $p$ 分别为 0、0.563，说明第 1 次和第 2 次 SPAD 均值存在显著差异，第 2 次和第 3 次 SPAD 均值不存在显著差异。因此，可以认为，在油菜苗期随着生长时间的增加，油菜冠层 SPAD 值逐渐趋于稳定。

表 4.7　不同时间点冠层 SPAD 值配对 $t$ 检验结果

| 配对时间组 | 成对差分 | | | | | $t$ | df | Sig. |
| | 均值 | 标准差 | 均值标准误差 | 95%置信区间 | | | | |
| | | | | 下限 | 上限 | | | |
| 1 和 2 | −3.737 47 | 2.280 59 | 0.232 76 | −4.199 56 | 3.275 38 | −16.057 | 95 | 0.000 |
| 2 和 3 | −0.114 58 | 1.936 03 | 0.197 60 | −0.506 86 | 0.277 69 | −0.580 | 95 | 0.563 |

不同氮胁迫条件下 SPAD 均值随胁迫时间的变化情况如图 4.23 所示,可以看出不同胁迫组 SPAD 均值存在差异,随胁迫时间的增加,适量氮组和过量氮组 SPAD 均值逐渐增加,增速先大后小,两组间的 SPAD 均值差异逐渐减小;缺氮组 SPAD 均值随胁迫时间增加呈现先增后减的趋势,与适量氮组、过量氮组 SPAD 均值之间的差异逐渐变大;第 2 次 SPAD 均值相比第 1 次有较大提升,第 3 次 SPAD 均值相比第 2 次变化不大。

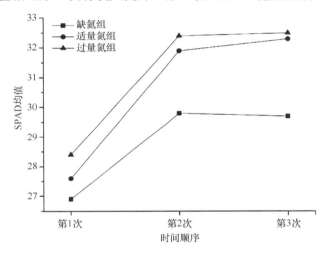

图 4.23　不同氮胁迫条件下 SPAD 均值随胁迫时间的变化

## 2. 多光谱图像数据采集

选用无人机模拟平台搭载 ADC 相机进行多光谱图像数据采集,采集时调整三轴云台,使 ADC 相机镜头始终垂直对地,试验中将相机校正白板和样本均匀放置在无人机模拟平台直线导轨正下方,白板放置高度与样本冠层平均高度一致,同时减少样本与样本之间的重叠,以便后期利用图像分割提取每个样本冠层图片。多光谱图像采集时间选在中午 11:00～13:00,采集前通过无人机模拟平台设定相机高度、运动时间,并依据外界光强、相机与样本冠层平均高度调节相机光圈、曝光时间、焦距,使得获取的图像清晰且不出现过曝光,采集过程中相机参数不变。多光谱图像采集按氮胁迫时间长短分 3 次进行,每次采集分为 5 组,对应相机参数见表 4.8。

表 4.8　多光谱图像采集时的相机参数

| 组别 | 1 | 2 | 3 | 4 | 5 |
| 相机高度/m | 1.5 | 1.7 | 1.9 | 1.9 | 1.9 |
| 相机速度/（m/s） | 0.1 | 0.1 | 0.1 | 0.2 | 0.3 |

由表 4.8 可知,前 3 组图像采集时相机速度均为 0.1m/s,相机高度分别为 1.5m、1.7m、1.9m,用于探究图像采集高度对 SPAD 值预测模型性能的影响;后 3 组图像采集时相机高度均为 1.9m,相机速度分别为 0.1m/s、0.2m/s、0.3m/s,用于探究图像采集速度对 SPAD 值预测模型性能的影响。

获取样本和相机校正白板的多光谱图像后,需要利用 ADC 相机配套软件 PixWrench 对图像进行预处理,处理步骤如图 4.24 所示,依次为:第一步,白板校正,利用白板对图像进行色彩校正,并分别将多光谱近红外(NIR)、红(R)、绿(G)3 个通道分别放置在 RGB 图像的红(R)、绿(G)、蓝(B)通道中,获得多光谱图像的伪彩图;第二步,背景分割,利用 PixWrench 自带的冠层分割(canopy segmentation)功能对图像进行去背景处理,将非植被背景亮度值变为 0;第三步,样本分离,在 PixWrench 中将去背景后的图片进行裁剪从而获得单个样本图像;第四步,图像降噪,利用 Matlab 编写相关算法对图像进行降噪处理,得到单个样本冠层多光谱图片。

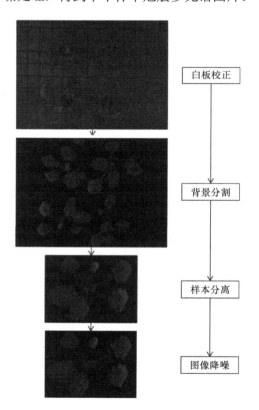

图 4.24　多光谱图像处理流程(彩图请扫封底二维码)

试验中将缺氮、适量氮和过量氮 3 组样本混合,然后按 2∶1 随机划分为建模集和预测集两个集合,建模集样本用于模型建立,预测集样本用于检验建立的预测模型。

## 4.4.2　基于油菜冠层植被指数特征的 SPAD 值预测模型研究

利用 Matlab 对降噪后的图像进行处理,获得多光谱图像 NIR、R、G 3 个通道的灰度直方图，然后分别统计每个通道非零像素点个数 $N$、亮度均值（分别记作 $\text{mean}_{\text{NIR}}$，$\text{mean}_{\text{R}}$，$\text{mean}_{\text{G}}$）。为保留样本内 3 个通道亮度均值差异、同时减小样本间明暗差异的影响，对样本 3 个通道亮度均值进行归一化处理，记作 NIR、$R$、$G$，归一化计算公式如下：

$$\text{NIR}=\frac{\text{mean}_{\text{NIR}}}{\text{mean}_{\text{NIR}}+\text{mean}_{\text{R}}+\text{mean}_{\text{G}}} \tag{4.3}$$

$$R=\frac{\text{mean}_{\text{R}}}{\text{mean}_{\text{NIR}}+\text{mean}_{\text{R}}+\text{mean}_{\text{G}}} \tag{4.4}$$

$$G=\frac{\text{mean}_{\text{G}}}{\text{mean}_{\text{NIR}}+\text{mean}_{\text{R}}+\text{mean}_{\text{G}}} \tag{4.5}$$

本研究选取多光谱相机近红外、红、绿 3 个通道归一化亮度值 NIR、$R$、$G$，比值指数 NIR/$R$、NIR/$G$、$R$/$G$，双通道组合比值指数（NIR–$R$）/（NIR+$R$）、（NIR–$G$）/（NIR+$G$）、（$R$–$G$）/（$R$+$G$）等 9 个特征指数，选用第一次第 2 组、第二次第 2 组、第三次 1～5 组数据建立模型。

利用建模集，分别基于上述 9 种指数建立油菜冠层 SPAD 值预测模型，选用的模型包括线性函数拟合模型、二次多项式函数拟合模型及指数函数拟合模型 3 种，然后将建立的模型应用于预测集。综合考虑所建立模型的建模集相关系数 $R_{\text{c}}$ 及均方根误差 $\text{RMSE}_{\text{c}}$、预测集相关系数 $R_{\text{p}}$ 及均方根误差 $\text{RMSE}_{\text{p}}$，选出模型效果最佳的指数特征，基于优选植被指数的 SPAD 值线性函数、二次函数、指数函数预测模型研究结果依次见表 4.9～表 4.11。

**表 4.9　基于优选植被指数的 SPAD 值线性函数预测模型研究结果**

| 时间点 | 高度/m | 速度/(m/s) | 指数 | 函数 | $R_{\text{c}}$ | $\text{RMSE}_{\text{c}}$ | $R_{\text{p}}$ | $\text{RMSE}_{\text{p}}$ |
|---|---|---|---|---|---|---|---|---|
| 1 | 1.7 | 0.1 | NIR/$G$ | $y=24.26x-0.945$ | 0.6517 | 1.4164 | 0.6141 | 1.6671 |
| 2 | 1.7 | 0.1 | NIR/$G$ | $y=37.469x-14.801$ | 0.6315 | 1.7070 | 0.5933 | 2.2658 |
| 3 | 1.7 | 0.1 | NIR/$G$ | $y=30.651x+0.054$ | 0.7319 | 1.4241 | 0.7103 | 1.7019 |
| 3 | 1.5 | 0.1 | NIR/$R$ | $y=3.3371x+19.594$ | 0.6019 | 1.4984 | 0.5566 | 2.3990 |
| 3 | 1.9 | 0.1 | (NIR–$G$)/(NIR+$G$) | $y=69.731x+30.457$ | 0.7404 | 1.3432 | 0.7354 | 1.7272 |
| 3 | 1.9 | 0.2 | (NIR–$G$)/(NIR+$G$) | $y=68.421x+30.511$ | 0.7250 | 1.4016 | 0.7192 | 1.6863 |
| 3 | 1.9 | 0.3 | (NIR–$G$)/(NIR+$G$) | $y=64.856x+30.741$ | 0.7362 | 1.4385 | 0.6928 | 1.6864 |

为比较线性函数、二次函数、指数函数 3 种预测模型的建模效果，以预测集相关系数 $R_{\text{p}}$ 为评价指标，不同组别的 3 种模型预测性能如图 4.25 所示。由图 4.25 可知，图像采集条件相同时，总体上，基于优选指数特征的线性函数和指数函数模型在预测性能上略优于二次函数模型，考虑到线性模型的简单直观，本研究最终选择使用线性函数模型建立基于优选植被指数的 SPAD 值预测模型。由表 4.9 可知，不同采集时间、高度、速度下，基于优选植被指数的 SPAD 值线性函数模型 $R_{\text{p}}$ 为 0.5566～0.7354，$\text{RMSE}_{\text{p}}$ 为 1.6671～2.3990。

表 4.10　基于优选植被指数的 SPAD 值二次函数预测模型研究结果

| 时间点 | 高度/m | 速度/(m/s) | 指数 | 函数 | $R_c$ | RMSE$_c$ | $R_p$ | RMSE$_p$ |
|---|---|---|---|---|---|---|---|---|
| 1 | 1.7 | 0.1 | NIR/G | $y=-35.697x^2+108.60x-50.668$ | 0.6538 | 1.4131 | 0.6219 | 1.6642 |
| 2 | 1.7 | 0.1 | NIR/G | $y=-99.609x^2+282.28x-165.09$ | 0.6368 | 1.6956 | 0.5719 | 2.3069 |
| 3 | 1.7 | 0.1 | NIR/G | $y=-3.0521x^2+36.922x-3.1598$ | 0.7319 | 1.4242 | 0.7099 | 1.7025 |
| 3 | 1.5 | 0.1 | NIR/R | $y=1.4801x^2-7.1981x+38.168$ | 0.6138 | 1.4813 | 0.5295 | 2.4384 |
| 3 | 1.9 | 0.1 | (NIR−G)/(NIR+G) | $y=110.13x^2+67.096x+30.425$ | 0.74081 | 1.3439 | 0.7361 | 1.7237 |
| 3 | 1.9 | 0.2 | (NIR−G)/(NIR+G) | $y=139.49x^2+64.717x+30.474$ | 0.7255 | 1.4017 | 0.7244 | 0.6786 |
| 3 | 1.9 | 0.3 | (NIR−G)/(NIR+G) | $y=15.863x^2+64.472x+30.735$ | 0.7363 | 1.4384 | 0.6934 | 1.6854 |

表 4.11　基于优选植被指数的 SPAD 值指数函数预测模型研究结果

| 时间点 | 高度/m | 速度/(m/s) | 指数 | 函数 | $R_c$ | RMSE$_c$ | $R_p$ | RMSE$_p$ |
|---|---|---|---|---|---|---|---|---|
| 1 | 1.7 | 0.1 | NIR/G | $y=9.7136e^{0.8856x}$ | 0.6502 | 1.4193 | 0.6095 | 1.6819 |
| 2 | 1.7 | 0.1 | NIR/G | $y=7.0489e^{1.2096x}$ | 0.6348 | 1.7043 | 0.5970 | 2.2748 |
| 3 | 1.7 | 0.1 | NIR/G | $y=11.569e^{0.9744x}$ | 0.7288 | 1.4236 | 0.7123 | 1.6970 |
| 3 | 1.5 | 0.1 | NIR/R | $y=21.572e^{0.1056x}$ | 0.6045 | 1.4952 | 0.5540 | 2.4078 |
| 3 | 1.9 | 0.1 | (NIR−G)/(NIR+G) | $y=30.411e^{2.223x}$ | 0.7500 | 1.3433 | 0.7360 | 1.7294 |
| 3 | 1.9 | 0.2 | (NIR−G)/(NIR+G) | $y=30.464e^{2.1758x}$ | 0.7315 | 1.4009 | 0.7221 | 1.6845 |
| 3 | 1.9 | 0.3 | (NIR−G)/(NIR+G) | $y=30.686e^{2.0582x}$ | 0.7337 | 1.4377 | 0.6953 | 1.6774 |

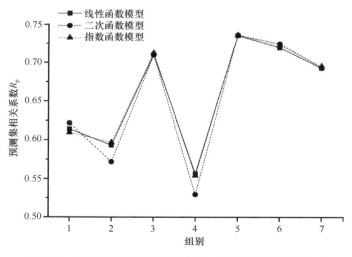

图 4.25　基于优选植被指数的 SPAD 值预测模型性能比较

　　分析表 4.9 可知，多光谱图像获取的时间及获取时相机高度、运动速度都对模型结果有影响。为探究多光谱图像采集时间对基于优选植被指数建立 SPAD 值线性预测模型的影响，选取第 1 次、第 2 次、第 3 次采集高度为 1.7m，速度为 0.1m/s 时获取的多光谱图像建立 SPAD 值线性函数预测模型，模型的建模集和预测集相关系数随时间变化如

图 4.26 所示。

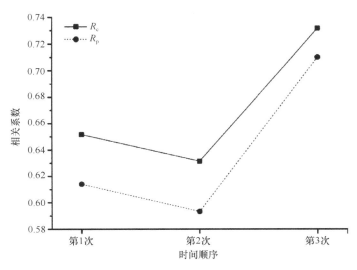

图 4.26　不同采集时间的 SPAD 值线性预测模型

由表 4.9 可知，第 1 次、第 2 次、第 3 次相邻两次采集之间时间间隔一周，氮胁迫时间不同，油菜冠层大小发生变化，虽然优选植被指数特征均为 NIR/R，但线性模型预测性能存在差异，$R_p$ 为 0.5933～0.7103。由图 4.26 可知，第 3 次采集预测模型性能最优，$R_p$ 达到 0.7103。基于低空多光谱遥感成像获取油菜冠层时，在相机采集高度、采集速度一定的条件下，不同采集时间的优选植被指数特征一致，但建立的线性预测方程存在差异，因此不同时期油菜冠层 SPAD 值预测模型不能套用。

为探究多光谱图像采集高度对基于优选植被指数建立 SPAD 值线性预测模型的影响，选取第 3 次采集速度为 0.1m/s，高度分别为 1.5m、1.7m、1.9m 时获取的多光谱图像建立 SPAD 值线性函数预测模型，模型的建模集和预测集相关系数随高度变化如图 4.27 所示。

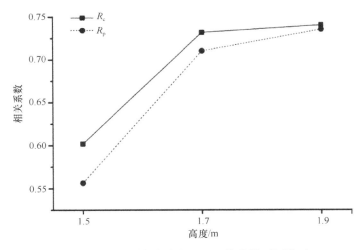

图 4.27　不同采集高度的 SPAD 值线性预测模型

　　由表 4.9 可知，同一采集时间和采集速度，不同采集高度对模型有显著的影响，图像采集高度不同，优选的植被指数不相同。由图 4.27 可知，随高度增加，相关系数 $R_p$ 逐渐增加，高度为 1.9m 时优选植被指数线性模型预测性能略优于 1.7m，明显优于 1.5m，$R_p$ 依次为 0.7354、0.7103、0.5566。采集高度为 1.5m 时模型效果较差，可能是因为相机镜头离冠层较近，冠层不同高度图像清晰度差异较大，导致最终建模效果差异较差。因此不同采集高度，优选的植被指数特征存在差异，线性模型预测性能也存在差异。

　　为探究多光谱图像采集速度对基于优选植被指数建立 SPAD 值线性预测模型的影响，选取第 3 次采集高度为 1.9m，速度分别为 0.1m/s、0.2m/s、0.3m/s 时获取的多光谱图像建立 SPAD 值线性函数预测模型，模型的建模集和预测集相关系数随速度变化如图 4.28 所示。

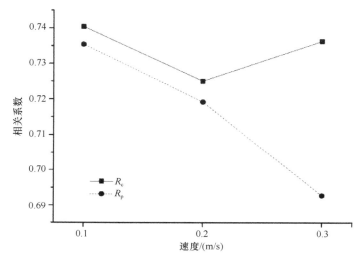

图 4.28　不同采集速度基于优选植被指数的 SPAD 值线性预测模型

　　由表 4.9 可知，同一采集时间和采集高度，不同采集速度对模型性能影响并不显著，图像采集速度不同，优选的植被指数特征相同，线性预测方程系数相近。由图 4.28 可知，随采集速度增加，模型预测性能略有下降，$R_p$ 依次为 0.7354、0.7192、0.6928，采集速度为 0.3m/s 时模型效果最差。在相机曝光时间不变的情况下，相机移动速度增加，成像质量下降，影响最终的模型效果。

### 4.4.3　基于油菜冠层纹理特征的 SPAD 值预测模型研究

　　油菜在不同氮胁迫下生长出现差异，冠层叶片含氮量变化造成叶片间的差异，冠层图像的纹理特征也可能发生变化，本节探讨基于纹理特征对油菜冠层 SPAD 值进行诊断的方法。纹理特征是图像的重要属性，在图像分类、识别中应用广泛，获取图像纹理特征的方法较多，本节选取一种基于统计的纹理特征提取方法，利用图像灰度直方图提取多光谱图像的纹理特征。

　　提取纹理特征前，首先利用去背景后的油菜冠层多光谱图像获得 NIR、R、G 3 个颜色通道的灰度图，然后提取各个通道的灰度直方图。图 4.29、图 4.30 分别为某样本冠层的伪彩图及各颜色通道灰度图、灰度直方图。

图 4.29　多光谱图像伪彩图及各颜色通道灰度图（彩图请扫封底二维码）

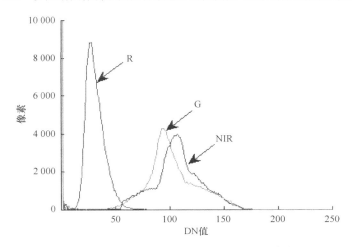

图 4.30　多光谱图像 NIR、R、G 颜色通道灰度直方图

图像直方图，横坐标表示 DN 值；纵坐标表示像素总个数

　　由图 4.29 可知，多光谱图像 NIR 通道亮度值均值大于 R 通道，与绿色植物叶绿素对近红外光的高反射率及对红光的高吸收率有关，与实际情况相符。由图 4.30 可知，3 个颜色通道灰度直方图形态存在明显差异，R 通道灰度直方图窄而高，NIR 通道宽而矮。

目前常用的灰度直方图统计特征较多，包括灰度均值（mean）、方差（variance）、偏斜度（skewness）、峭度（kurtosis）、能量（energy）、熵（entropy）等，用于描述图像呈现出来的规律性。考虑到部分纹理特征之间存在相关性，以及实际多光谱图像的特征，本研究仅选用灰度均值、方差、峭度、能量 4 个纹理参量进行分析，计算公式如下。

（1）均值 $\mu$：

$$\mu=\sum_{i=0}^{L-1} z_i\, p(z_i) \tag{4.6}$$

（2）方差 $\sigma^2$：

$$\sigma^2=\sum_{i=0}^{L-1}(z_i-\mu)^2\, p(z_i) \tag{4.7}$$

（3）峭度 $k$：

$$k=\frac{1}{\sigma^4}\sum_{i=0}^{L-1}(z_i-\mu)^4\, p(z_i) \tag{4.8}$$

（4）能量 $E$：

$$E=\sum_{i=0}^{L-1} p(z_i)^2 \tag{4.9}$$

式中，$L$ 为灰度级数目；$z_i$ 为第 $i$ 级灰度值；$p(z_i)$ 为灰度值 $z_i$ 出现的概率。

本节选用的数据集和 4.4.2 小节一致，获得单个样本冠层多光谱图像后利用 Matlab 获取近红外、红、绿 3 个通道的灰度直方图，然后基于各个灰度直方图获取样本每个颜色通道的灰度均值、方差、峭度、能量纹理参量，每个样本累计获得 12 个纹理参量。

## 1. 模型建立

模型建立选用的数据集及样本划分方式与 4.4.2 小节一致，以样本冠层多光谱图像近红外、红、绿 3 个通道的灰度均值、方差、峭度、能量等累计 12 个纹理参量为变量，以样本 SPAD 值为因变量，建立多元线性回归（MLR）、偏最小二乘（PLS）预测模型。模型统计结果如表 4.12 所示，可知在多光谱图像获取时间、高度、速度相同的情况下，建立的 MLR 和 PLS 预测模型性能存在差异。单独比较 $R_p$，前 4 组数据建立的 MLR 模型 $R_p$ 大于 PLS 模型，后 3 组数据建立的 MLR 模型 $R_p$ 小于 PLS 模型，难以评判 MLR 和 PLS 模型的优劣。同时比较后 3 组 $R_c$ 和 $R_p$，不同组数据建立的 MLR 和 PLS 模型 $R_c$ 均大于 $R_p$，但 MLR 模型的 $R_c$ 与 $R_p$ 差值更大，部分数据建立的模型 $R_c$ 在 0.8 以上，但 $R_p$ 不足 0.6，说明本研究中 MLR 模型的稳定性不如 PLS，因此认为 PLS 模型优于 MLR 模型，后文以 PLS 模型的结果作为进一步分析的基础。

## 2. 不同因素对基于纹理特征建立 SPAD 值 PLS 预测模型的影响

基于纹理特征建立 SPAD 值 PLS 预测模型，统计结果如表 4.13 所示，由表 4.13 可知，多光谱图像获取的时间及获取时的相机高度、运动速度都对模型结果有影响。

表 4.12　基于纹理特征的 SPAD 值预测模型研究结果

| 时间点 | 高度/m | 速度/(m/s) | 模型 | $R_c$ | RMSE$_c$ | $R_p$ | RMSE$_p$ |
|---|---|---|---|---|---|---|---|
| 1 | 1.7 | 0.1 | MLR | 0.7377 | 1.2892 | 0.5472 | 1.6818 |
| | | | PLS | 0.6369 | 1.4721 | 0.4719 | 1.7626 |
| 2 | 1.7 | 0.1 | MLR | 0.7574 | 1.5711 | 0.6232 | 1.8455 |
| | | | PLS | 0.7144 | 1.6838 | 0.5315 | 2.0270 |
| 3 | 1.7 | 0.1 | MLR | 0.7845 | 1.3366 | 0.7222 | 1.5225 |
| | | | PLS | 0.7683 | 1.3796 | 0.6336 | 1.7062 |
| 3 | 1.5 | 0.1 | MLR | 0.7223 | 1.4510 | 0.5992 | 1.8556 |
| | | | PLS | 0.4929 | 1.8254 | 0.4687 | 2.0540 |
| 3 | 1.9 | 0.1 | MLR | 0.8403 | 1.1917 | 0.5492 | 2.1251 |
| | | | PLS | 0.7838 | 1.3848 | 0.7800 | 1.6884 |
| 3 | 1.9 | 0.2 | MLR | 0.8100 | 1.2106 | 0.6602 | 1.7165 |
| | | | PLS | 0.7752 | 1.3048 | 0.6646 | 1.7183 |
| 3 | 1.9 | 0.3 | MLR | 0.8133 | 1.2303 | 0.5543 | 1.9082 |
| | | | PLS | 0.7617 | 1.4459 | 0.6031 | 1.6384 |

表 4.13　基于纹理特征的 SPAD 值 PLS 预测模型研究结果

| 时间点 | 高度/m | 速度/(m/s) | $R_c$ | RMSE$_c$ | $R_p$ | RMSE$_p$ |
|---|---|---|---|---|---|---|
| 1 | 1.7 | 0.1 | 0.6369 | 1.4721 | 0.4719 | 1.7626 |
| 2 | 1.7 | 0.1 | 0.7144 | 1.6838 | 0.5315 | 2.0270 |
| 3 | 1.7 | 0.1 | 0.7683 | 1.3796 | 0.6336 | 1.7062 |
| 3 | 1.5 | 0.1 | 0.4929 | 1.8254 | 0.4687 | 2.0540 |
| 3 | 1.9 | 0.1 | 0.7838 | 1.3848 | 0.7800 | 1.6884 |
| 3 | 1.9 | 0.2 | 0.7752 | 1.3048 | 0.6646 | 1.7183 |
| 3 | 1.9 | 0.3 | 0.7617 | 1.4459 | 0.6031 | 1.6384 |

**1）图像采集时间对 PLS 模型预测性能的影响**

为探究多光谱图像采集时间对基于纹理特征建立 SPAD 值 PLS 预测模型的影响，选取第 1 次、第 2 次、第 3 次采集高度为 1.7m，速度为 0.1m/s 时获取的多光谱图像建立 SPAD 值 PLS 函数预测模型，模型的建模集和预测集相关系数随时间变化如图 4.31 所示。

由图 4.31 可知，随生长时间增加，氮胁迫时间变长，油菜冠层变大，基于纹理特征的 PLS 模型预测性能增强，$R_p$ 依次为 0.4719、0.5315、0.6336。基于低空多光谱遥感成像获取油菜冠层时，在相机的采集高度、采集速度一定的条件下，不同生长时间，基于多光谱图像纹理特征建立冠层 SPAD 值 PLS 模型预测性能存在较大的差异，冠层较小时，$R_p$ 仅为 0.4719。

**2）图像采集高度对 PLS 模型预测性能的影响**

为探究多光谱图像采集高度对基于纹理特征建立 SPAD 值 PLS 预测模型的影响，选取第 3 次采集速度为 0.1m/s，高度分别为 1.5m、1.7m、1.9m 时获取的多光谱图像建立 SPAD 值 PLS 函数预测模型，模型的建模集和预测集相关系数随高度变化如图 4.32 所示。

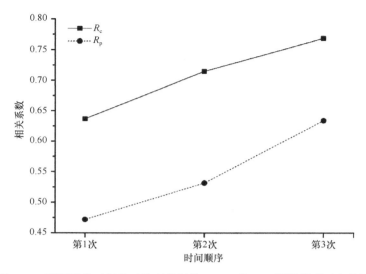

图 4.31　不同采集时间基于纹理特征的 SPAD 值 PLS 预测模型研究结果

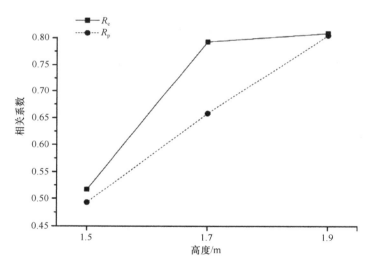

图 4.32　不同采集高度基于纹理特征的 SPAD 值 PLS 预测模型研究结果

由图 4.32 可知，不同采集高度对 PLS 模型预测性能有显著的影响，随图像采集高度由 1.5m 经 1.7m 增加至 1.9m，模型 $R_p$ 逐渐增加，依次为 0.4687、0.6336、0.7800，当采集高度为 1.5m 时 $R_p$ 仅为 0.4687，模型效果很差，可能与相机镜头离冠层较近有关，相机镜头景深的影响使得冠层不同高度图像清晰度差异较大，导致基于纹理特征的建模效果变差。

**3）图像采集速度对 PLS 模型预测性能的影响**

为探究多光谱图像采集速度对基于纹理特征建立 SPAD 值 PLS 预测模型的影响，选取第 3 次采集高度为 1.9m，速度分别为 0.1m/s、0.2m/s、0.3m/s 时获取的多光谱图像建立 SPAD 值 PLS 函数预测模型，建立模型的建模集和预测集相关系数随速度变化如图 4.33 所示。

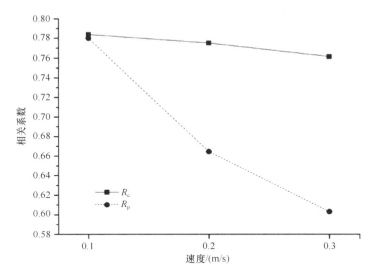

图 4.33　不同采集速度基于纹理特征的 SPAD 值 PLS 预测模型研究结果

由图 4.33 可知，不同采集速度对模型性能有明显影响。图像采集速度增加，基于纹理特征的 PLS 模型预测性能下降，$R_p$ 依次为 0.7800、0.6646、0.6031。在相机曝光时间等参数不变的情况下，相机移动速度增加，成像质量下降，纹理清晰度受到相应的影响，使得 PLS 模型预测效果变差。

### 4.4.4　基于油菜冠层植被指数的 SPAD 值可视化研究

为直观显示 SPAD 在冠层中的分布情况，试验基于 4.4.2 小节中建立的 SPAD 值线性预测模型，对不同采集条件下的多光谱图像进行可视化反演，不同采集条件下的 SPAD 值线性预测模型结果见表 4.9，图 4.34、图 4.35、图 4.36 分别为某样本在不同采集时间、不同采集高度、不同采集速度下可视化结果对比，该样本第 1 次、第 2 次、第 3 次图像采集时冠层 SPAD 均值分别为 26.7、30.4、32.4，第 3 次图像采集时该样本 8 片叶子的 SPAD 均值按叶位自上而下依次为 32.7、36.7、34.5、34.3、32.0、27.8、23.7、19.6。

**1. 图像采集时间对线性模型反演效果的影响**

由图 4.34 可知，不同生长时间，样本大小发生明显变化，冠层 SPAD 值也逐渐上升，与实测值变化趋势一致。以第 3 次采集的图像为例，不同叶位的叶片 SPAD 均值呈现差异，上层新叶 SPAD 值大，下层老叶 SPAD 值小，与实际测量情况一致；同一叶片不同部位 SPAD 值也存在差异；部分叶片边缘、叶柄边缘出现 SPAD 值较高的异常值（深红色像素点）。

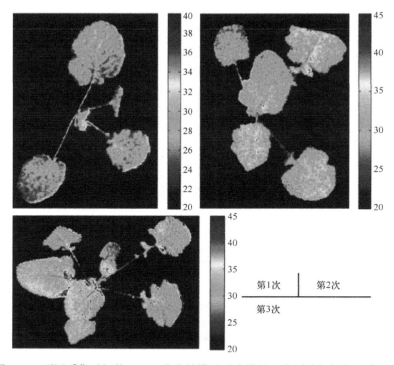

图 4.34　不同采集时间的 SPAD 值线性模型反演结果（彩图请扫封底二维码）

## 2. 图像采集高度对线性模型反演效果的影响

由图 4.35 可知，由于采集时相机的位置存在差异，3 张图片上冠层形态存在差异，不同采集高度条件下建立的预测模型反演结果存在明显差异。由样本各叶位叶片实测 SPAD 均值（自上而下依次为 32.7、36.7、34.5、34.3、32.0、27.8、23.7、19.6）可知，不同叶片 SPAD 均值存在明显差异，1.7m 与 1.9m 条件下模型反演效果相近，优于 1.5m 下模型反演效果；由表 4.9 可知，速度为 0.1m/s 时 1.5m、1.7m、1.9m 条件下建立的 SPAD 值预测模型 $R_p$ 分别为 0.5566、0.7103、0.7354，图 4.35 验证了 1.7m 和 1.9m 条件下建立的模型优于 1.5m 条件下建立的模型。

## 3. 图像采集速度对线性模型反演效果的影响

由图 4.36 可知，图像采集时相机的运动速度不同，建立的模型反演效果未见显著差异，难以评判反演效果的优劣；由表 4.9 可知，高度为 1.9m 时 0.1m/s、0.2m/s、0.3m/s 条件下建立的 SPAD 值预测模型 $R_p$ 分别为 0.7354、0.7192、0.6928，不同采集速度条件下模型性能的差异比不同高度条件下小。

## 4. 不同程度氮胁迫下 SPAD 值线性模型反演效果

由表 4.9 可知，基于多光谱图像光谱指数建立的油菜冠层 SPAD 值线性预测模型，预测集相关系数 $R_p$ 在第 3 次采集高度为 1.9m、速度为 0.1m/s 时达到最大值，选择在该条件下采集的多光谱图像进行 SPAD 值反演，分析不同程度氮胁迫下的反演效果。如图 4.37 所示，3 张图片分别为缺氮组、适量氮组、过量氮组部分样本多光谱图像伪

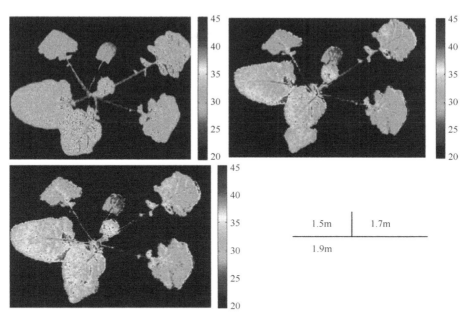

图 4.35　不同采集高度的 SPAD 值线性模型反演结果（彩图请扫封底二维码）

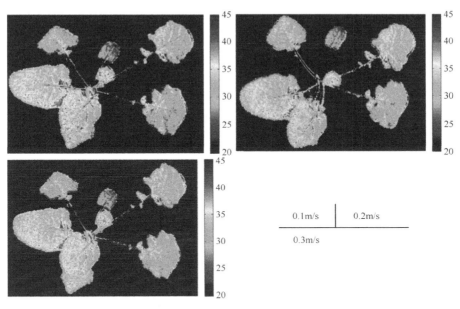

图 4.36　不同采集速度的 SPAD 值线性模型反演结果（彩图请扫封底二维码）

彩图，3 张图片中样本个数依次为 6 个、6 个、4 个，各样本对应的冠层 SPAD 均值实际测量值见图 4.37 右下角。

　　由表 4.4 可知，第 3 次样本采集时，缺氮组、适量氮组和过量氮组所有样本冠层 SPAD 均值分别为 29.7、32.3、32.5，图 4.37 中选取的 3 组样本冠层 SPAD 均值分别为 29.2、32.5、33.1，反映出过量氮组样本冠层 SPAD 均值略高于适量氮组、高于缺氮组的规律，说明图 4.37 的样本选取具有一定的代表性。

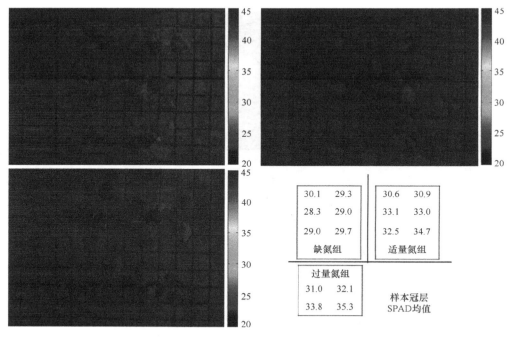

图 4.37 不同程度氮胁迫下样本图像及对应的冠层 SPAD 均值（彩图请扫封底二维码）

利用 PixWrench 自带的冠层分割功能对图 4.37 中的 3 张多光谱图像进行去背景处理，然后依据表 4.9 中的 SPAD 值线性预测模型进行反演，结果如图 4.38 所示，其中图 4.38 右下角为图中各样本对应的冠层 SPAD 均值实际测量值。

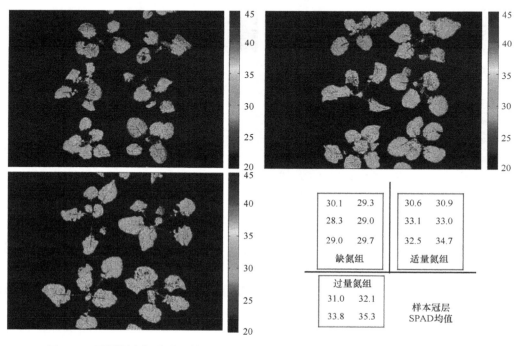

图 4.38 不同程度氮胁迫下的 SPAD 值线性模型反演结果（彩图请扫封底二维码）

由图 4.38 可知，总体上，SPAD 值线性预测模型的反演结果呈现出缺氮组样本冠层 SPAD 值明显低于适量氮组和过量氮组的规律，与实际测量值一致。单独分析缺氮组样本反演结果，图 4.38 左下样本反演结果 SPAD 值明显高于其他样本，与实测 SPAD 值不符，图 4.38 左上样本实测值略高于其他样本，但并未表现在反演图中，说明模型对缺氮组样本 SPAD 值的预测性能较差；对适量氮组和过量氮组的反演效果较好，反演图各样本 SPAD 值走势和实测值基本一致。

为进一步分析不同程度氮胁迫对模型反演效果的影响，选取第 3 次采集优选植被指数建立的线性模型，分别求得缺氮组、适量氮组、过量氮组组内全部样本（包括建模集和预测集）冠层 SPAD 实测值与预测值之差的均方根（均方根误差），如表 4.14 和图 4.39 所示，均方根误差越小，说明模型对该组样本 SPAD 值拟合度越好，利用模型进行可视化的反演效果可信度越高。

表 4.14　不同程度氮胁迫下样本 SPAD 值线性模型预测性能对比

| 时间点 | 高度/m | 速度/(m/s) | 均方根误差 | | |
| --- | --- | --- | --- | --- | --- |
| | | | 缺氮组 | 适量氮组 | 过量氮组 |
| 3 | 1.5 | 0.1 | 1.9842 | 1.5063 | 1.9641 |
| 3 | 1.7 | 0.1 | 1.7081 | 1.3478 | 1.4985 |
| 3 | 1.9 | 0.1 | 1.5910 | 1.3328 | 1.5113 |
| 3 | 1.9 | 0.2 | 1.6270 | 1.3394 | 1.5269 |
| 3 | 1.9 | 0.3 | 1.7147 | 1.3249 | 1.5123 |

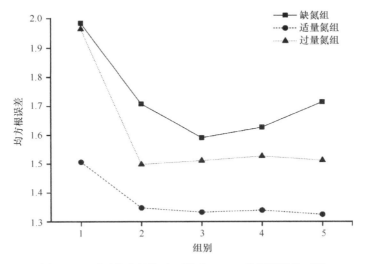

图 4.39　不同程度氮胁迫下样本 SPAD 值预测性能对比

由图 4.39 可知，第 3 次不同条件下采集图像建立的 5 组 SPAD 模型，第 3 组在采集高度为 1.9m、采集速度为 0.1m/s 时，模型的总体均方根误差最小，预测性能达到最优，与 4.4.2 小节中的结论一致。比较不同条件下预测模型对缺氮组、适量氮组和过量氮组样本的拟合性能，可知适量氮组样本均方根误差最小，缺氮组样本均方根误差最大，说明模型对适量氮组样本 SPAD 值的拟合效果优于过量氮组和缺氮组。因此，利用优选植被指数模型对缺氮组进行 SPAD 值反演时，结果可信度低于适量氮组和过量氮组，图 4.38 选取的样本具有较好的代表性。

# 4.5　仿真平台的典型应用——喷洒模拟

本研究设计并开发了一套无人机喷洒模拟系统，以取代无人机机载喷洒实验，具有易于推广、拓展性强、自动化程度高、参数覆盖范围广等优点。

无人机仿真平台是由浙江大学生物系统工程与食品科学学院无人机实验室自主设计研发的实验平台。该平台有 2 个平移自由度，3 个轴向旋转自由度，水平行程 12m，不仅可以搭载多种传感器，实现近地面遥感，也可以搭载喷雾设备，模拟无人机空中喷洒。虽然该平台具有许多优点，但其在软件、硬件上还需进一步完善，如控制软件上一些性能参数显示值与实际值不一一对应（显示值范围为 0~100），这会给实验研究带来不便。因此，对无人机仿真平台软件参数进行测定，确定软件显示值与实际值之间的关系显得十分必要。

## 1. 无人机仿真平台软件药泵参数的测定

所用到的测试器件如图 4.40 所示。

　a. 智能数字压力表　　　　　　　b. 光电转速表　　　　　　　c. 温湿度计

图 4.40　无人机仿真平台软件示意图

测定方法如下。

（1）取下无人机仿真平台上"T"型三通快速接头左右两侧中一侧的塑料软管。

（2）剪一段新的长度适宜的塑料软管，一端插入压力表的下端接口，用生料带将连接部位重复缠绕，保证密封良好，另一端接入"T"型三通快速接头的一侧。

（3）向无人机药箱中加入一定量的自来水，启动无人机仿真平台及计算机。

（4）调节软件药泵参数及其他各项参数为 0，观察塑料软管、三通接头及压力表处是否存在漏水情况。若无漏水，则继续进行下一步操作；若有漏水，则应关闭无人机仿真平台电源，检查漏水部位情况，有必要时可以更换三通接头或重新缠绕生料带以保证密封性。

（5）在 50～90 按 10 的梯度调节药泵参数，分别测定每个药泵参数条件下的压力表示数，记录数据。实验重复 3 次。实验中要注意观察药箱水位，及时添加。

（6）记录温湿度计示数。

## 2. 无人机仿真平台软件风力参数的测定

（1）检查无人机仿真平台旋翼各部分结构是否完整。

（2）启动无人机仿真平台及计算机，调节各项参数为 0。

（3）在 50～90 按 10 的梯度调节风力参数，在每个风力参数条件下，启动光电转速表，用单侧眼睛隔着光电转速表的透明屏幕观察旋翼，眼、光电转速表、旋翼呈三点一线，同时手动调节光电转速表的频率值，直到肉眼所见的旋翼出现"停滞"现象为止，记录此时的光电转速表示数。实验重复 2 次。

（4）记录温湿度计示数。

## 3. 无人机仿真平台软件药泵参数与实际压力之间的关系

由图 4.41 可知，$R^2=0.9866$，软件药泵参数与实际压力之间存在显著的线性关系。若设实际压力为 $y$，药泵参数为 $x$，则两者之间的关系为

$$y=1.2467x+37.2 \tag{4.10}$$

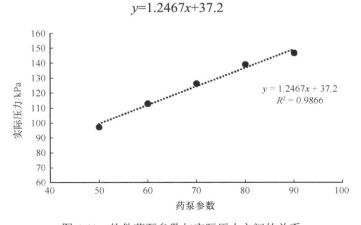

图 4.41　软件药泵参数与实际压力之间的关系

图 4.42 中的左、右分别表示无人机的左旋翼和右旋翼。由图 4.42 可知，相同风力参数条件下，左旋翼和右旋翼的实际转速不完全相同，右旋翼转速略大于左旋翼转速，随着风力参数的增大，旋翼之间的转速差也逐渐增大。$R^2$（左）$=0.9788$，$R^2$（右）$=0.9927$，两个旋翼的转速与风力参数之间都有显著的线性关系。若设实际转速为 $y$，风力参数为 $x$，则对于左旋翼：

$$y=32.88x+158.4 \tag{4.11}$$

对于右旋翼：

$$y=35.5x+16.2 \tag{4.12}$$

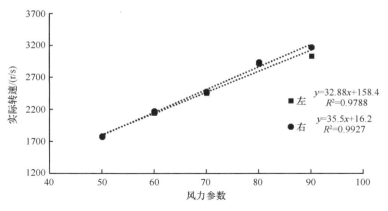

图 4.42　软件风力参数与实际转速之间的关系

## 4. 无人机喷药系统喷幅的测定

喷幅指喷头喷出液滴的雾化形状的大小（宽度），是植保无人机作业的重要参数之一。本研究通过理论分析与室内实验相结合的方式，测定并比较喷头理论喷幅与实际喷幅之间的差异。该喷药系统的喷头型号为 VP110-015，商品参数为：喷雾角度 110°，工作压力 0.2～0.5MPa。

所需仪器如下。

（1）无人机仿真平台（浙江大学生物系统工程与食品科学学院无人机实验室研制），VP110-015 喷头。

（2）DLE4000 激光测距仪（罗伯特·博世有限公司）（图 4.43）。

图 4.43　DLE4000 激光测距仪

实验方法如下。

（1）轻触启动键，打开激光测距仪。选择仪器前沿为基准边，将激光测距仪前沿紧贴无人机仿真平台一端的喷头，用激光瞄准另一端的喷头，再次轻触启动键测量，记录两喷头间距为 $L_d$。

（2）选择仪器后沿为基准边，将激光测距仪后沿紧贴无人机仿真平台一端的喷头，用激光瞄准喷头正下方，轻触启动键测量，记录喷头高度为 $H_1$。

（3）计算理论喷幅，记为 $L_x$。

如图 4.44 所示，喷嘴的理论单侧喷雾角度为

$$\theta_x = \frac{1}{2} \times 110° = 55°  \tag{4.13}$$

实验测得 $H_1$=1.176m，$L_d$=0.995m，则

$$L_1 = H_1 \times \tan\theta = 1.680\,\text{m}  \tag{4.14}$$

因为理论喷幅为两喷头单侧喷幅与喷头间距之和，所以

$$L_x = 2L_1 + L_d = 4.355\,\text{m}  \tag{4.15}$$

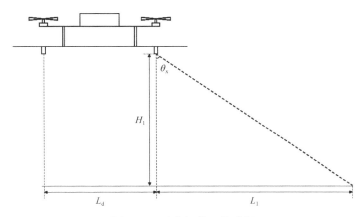

图 4.44 无人机的理论喷幅

其次进行实际喷幅的测定。

（1）无人机仿真平台（浙江大学生物系统工程与食品科学学院无人机实验室研制），VP110-015 喷头。

（2）DLE4000 激光测距仪（罗伯特·博世有限公司）。

（3）HTC-1 温湿度计（上海吉煜实业有限公司）。

（4）自来水。

实验方法如下。

（1）向无人机药箱中加入一定量的自来水，启动无人机仿真平台及计算机。

（2）调节软件各项参数为 0，观察塑料软管、三通接头处是否存在漏水情况。若无漏水，则继续进行下一步操作；若有漏水，则应关闭无人机仿真平台电源，检查漏水部位情况，有必要时可以更换三通接头以保证密封性。

（3）调节软件药泵参数为 100，观察喷头喷雾情况，待喷雾较为均匀时，调节药泵参数为 0，停止喷雾。在地面两端喷雾痕迹最远处做好标记。

（4）轻触启动键，打开激光测距仪。选择仪器前沿为基准边，将激光测距仪前沿紧贴地面一端的标记，用激光瞄准另一端标记，再次轻触启动键测量，记录两个标记间距为实际喷幅 $L_s$。

（5）记录温湿度计示数。

在室温 73.4℉（23℃）、相对湿度 64%、室内无风条件下，实验测得实际喷幅 $L_s$ 为 2.800m。在相同环境条件下，实验测得无人机喷药系统理论喷幅 $L_x$ 为 4.355m，实际喷幅 $L_s$ 为 2.800m。药泵参数 100 对应的压力只有 0.162MPa，商品参数上的工作压力为 0.2～0.5MPa，理论喷幅与实际喷幅之间的差异可能是无人机喷药系统喷压不够所导致的。雾滴大小与喷幅都可以通过调节压力的方式改变，增大压力，在获得较细雾滴的同时也在一定程度上增加了喷幅。

在同一作业高度下，无人机喷药系统不同喷幅所产生的雾滴沉积分布存在一定的差异。在一定条件下，喷头的商品参数得到的理论喷幅与实际喷幅可能存在差异，若直接使用理论值，将会使实验结果产生偏差，故实验前必须进行测定校正。

## 4.6　仿真平台的典型应用——多源数据融合

将来自多个传感器的数据在不同级别、不同角度、不同层次依据相应的方法进行处理和综合，可以获取比原来单个传感器数据更准确可靠、更有代表性的特征或信息（Zhou et al.，2016；Oliveira et al.，2016）。在低空遥感和近地面遥感作业中，越来越多的应用需要多源数据作为判据进行分析决策。单一源数据由于其提供的数据量少，因此判别误差较大。在遥感信息分析中，需要对各种传感器信息进行准确有效的识别与处理，而基于视觉成像的图像处理是遥感数据分析的重要手段。可以发现，当下依据单一源数据越来越难以满足日益增长的遥感需求，需要利用不同源数据之间的相关性进行融合分析，以取长补短，实现对遥感数据更有效的利用（刘波等，2014；吴鑫等，2013）。

多光谱遥感是将地物辐射电磁波分割成若干个较窄的光谱段，获得地表和植被在不同谱段上影响的遥感技术。由于地物在不同的谱段上的辐射能有差异，而不同的地物拥有不同的光谱特性，因此我们可以根据多光谱影像的形态和结构的差异来进行判别。国内外对于作物的光谱遥感已经开展了一系列的研究，Berni 等（2009）采用机载多光谱相机与热红外相机证明多光谱成像计算所得的指数（NDVI、LAI 等）与地表理化值有很高的相关性。还有应用多光谱进行植株病虫害检测（吴迪等，2008；陈孝敬等，2008；李晓丽等，2008）、果蔬品质检测（曹芳等，2011）等方面，证明多光谱图像能够反映对象在红外区的电磁反射特性，所得图像经过处理能够反映对象有机质的空间变化。三维图像是基于激光相位差计算光程差所得的 3D 图像，是一种主动距离观测系统，通过编码的激光雷达传感器发射的激光脉冲经地面反射后被传感器接收，通过计算返回激光的相位差来计算其光程差。马晓丹等（2014）采用尺度不变特征转换（SIFT）算法对双源图像中的特征点进行提取，采用目标函数优化的随机抽样一致性（RANSAC）算法完成提取，找出了不同源图像之间仿射变换的空间映射关系，所提出的算法在晴天和阴天条件下都有较高的配准正确率。周薇等（2013）采用 Harris 角点的方法对不同光照条件下的深度图像与真彩色图像的特征点进行提取，在归一化互相关系数法的基础上运用邻域的支持强度实现了 PMD 图像与彩色图像的同名点配准，该方法应用在 50 组图片上，结果表明不论顺光还是逆光，匹配率都达到了较高的水平。

本研究采用 SIFT 算法计算双源图像的特征点，然后采用关键点特征向量欧氏距离作为两幅图像中关键点的近似度量，针对不同匹配率的匹配效果进行比较。在获得同名特征点之后，按照仿射变换的方法以多光谱图像为基准图，将深度图投影到同一尺度空间中，实现二源图像的配准，深度图像采用最邻近内插法进行插值扩大。然后以配准图像为基础，分别实现了二源数据的图像特征级融合与植株三维构建。

### 4.6.1　多光谱图像采集与预处理

本研究所用的冬油菜为 2014 年 11 月播种，培育 2 个月之后得到的植株。植株无明显损伤，长势良好，在实验前清洗叶片。本研究采用的是 ADC 宽波段多光谱相机（Tetracam Ltd.，USA），相机传感器采用 Bayer Layer Filter 阵列方式排布 R-G-NIR 感光单元，像素数为 2048H×1536V 共计 300 万像素，可以采集红、绿和大于 920nm 的近红外共 3 个通道的多光谱图像，相机进光量通过镜头旋转调节光圈大小。

三维成像相机采用德国 PMD 公司生产的光程差相机。传感器发出经调制的近红外光，遇物体后反射，传感器通过计算光线发射和反射时间差或相位差，来换算被拍摄景物的距离，以产生三维信息。PMD 相机可以同时产生 3 种数据图像，分别是三维图像、反射强度图像及幅度图像。三维图像是根据发射的红外激光和接收到的红外激光通过相移得到的，是镜头到相应场景点之间的距离计算值，测量精度可达到 2mm，而反射强度图像是根据接收信号的实部信息经 AD（模拟数字）转化后得到的，表示场景各点反射光的强度；幅度信息是根据接收信号的虚部信息的幅度得到的，它代表用来计算距离信息的信号的强度。为保证所得图像外参一致，实验在无人机模拟平台上进行，实验场景如图 4.45 所示，此平台水平精度<2mm，垂直精度<1mm，带系统刹车功能，能够实现水平和垂直可控运动，并且在停止时稳定在一个固定位置。相机搭载于双目云台上，能够实现多角度定位采集，其中俯仰轴长 450mm，可搭载多种相机，多光谱相机和三维成像相机安装方式如图 4.45 所示，双目云台可以实现位置锁紧。

### 4.6.2　多源图像采集与内参标定

多光谱相机与深度图像相机均固定在双目云台上，双目云台会在导轨上运行，到达一定位置之后由模拟系统主控停止移动，并分别采集多光谱图像和三维图像。在采集多光谱图像时，在开始之前先采集 Teflon 板图像以备白板校正消除相机暗噪声。

所得多光谱图像经白板标定后转化为 8bit 位图。在 Lightvis 软件中分别采集植株的三维图像和强度图像，由于以上两幅图像的传感器单元均为同一个，其图像的尺寸相同，畸变相同，可以依据强度图像对相机的畸变进行校正，并作为配准的依据。所得图像如图 4.46 所示。

由于两幅图像来自不同相机，其成像焦距、成像原理和传感器类型等并不相同，为提高配准精度，需要对图像进行畸变校正。

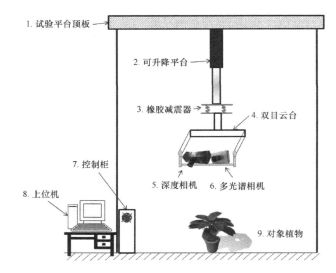

1. 试验平台顶板
2. 可升降平台
3. 橡胶减震器
4. 双目云台
7. 控制柜
8. 上位机
5. 深度相机　6. 多光谱相机
9. 对象植物

图 4.45　双源图像采集方法

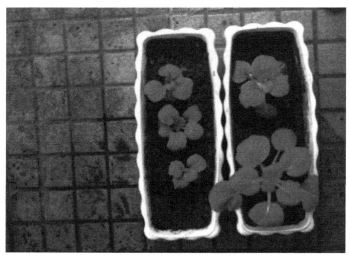

a. 多光谱图像

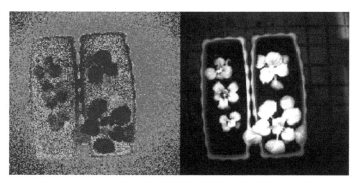

b. PMD相机的深度图与强度图

图 4.46　双源图像（彩图请扫封底二维码）

畸变校正首先需要计算相机的内参，内参计算采用针孔相机模型，依据棋盘格标定方法进行。首先对多光谱图像进行标定，采用张正友标定（李斌等，2012）方法，分别用多光谱相机采集不同角度的棋盘格图像，在每一场景中标定板图像尽量占据所成图像的 70%以上。深度图像无法按照以上方式进行相机内参标定，通过研究相机成像原理得知，其 Intensity 图与三维图像畸变相同，而强度图像可以很清晰地看到图像角点，因此以 Intensity 图进行 Harris 角点寻找与配准方法。在计算得到相机参数之后对原始所得的多光谱图像和三维图像及强度图像进行畸变校正（Meng et al.，2015），如图 4.47 所示。

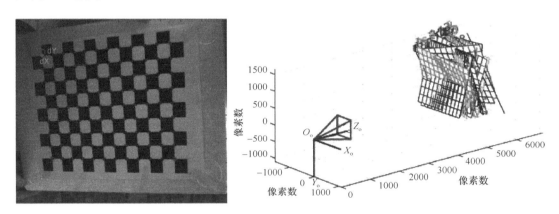

图 4.47　标定板 Harris 角点检测结果与标定内外参显示

### 4.6.3　图像融合

#### 1. SIFT 关键点计算与匹配

本研究对二源图像分别计算两图的 SIFT 特征点，并依据特征点描述子间最大马氏距离，进行关键点匹配。尺度不变特征转换（SIFT）算法是对局部特征进行提取和描述的算法，最早由 David Lowe 提出并完善（Lowe，2004），并在机器视觉领域取得广泛应用（张静和桑红石，2014；何宾等，2013）。该方法首先构建尺度空间高斯金字塔，对相邻层之间进行差分计算形成差分金字塔，然后进行极值点筛选，最终依据邻域梯度向量的加权产生关键点描述子。该 SIFT 关键点描述子已经不再受两幅图像缩放和旋转等几何变形因素的影响，描述子特征向量归一化之后，进一步去除曝光和变化的影响。通过 SIFT 方法计算得到单一源图像的特征点描述子之后，依据关键点特征向量的欧氏距离来进行相似性判定，欧氏距离最近的特征点与次近的特征点之间高于一定比率下，会被认为是匹配点，完成匹配。降低该比率，匹配成功点数目会减少，但会提高对环境的鲁棒性，误匹配率更低，更加稳定。经试验，三维图像所得的 SIFT 匹配效果很差，关键点检测很少，在进行外参计算时，低于 6 个点就无法完成基础矩阵的计算。而强度图像更清晰，纹理信息丰富，计算所得到的特征点数更多，满足需求，因此本研究采用畸变校正后的强度图像进行特征点匹配，结果如图 4.48 所示。

图 4.48　深度图像与多光谱图像点对应关系

## 2. 图像配准

在匹配完成之后是二源图像的外参关系计算。相机的外参是指相机针对世界坐标系的平移和旋转，该运动通过基础矩阵来表示，以 match ratio=0.6 计算得到二源图像之间的 20 个匹配点，以多光谱图像作为标的（reference）图像，深度图像为待配准（mobile）图像，进行了以缩放、平移和旋转为主的仿射变换，使得特征的大小和方向相同。

然后以一个匹配点位置为基点，分别在深度图像和多光谱图像中截取一个大小为1463×1232 的矩阵图像，这样就完成了配准，得到空间配准的二源图像（图 4.49），其特征为不仅大小和方向相同，同时其空间位置也是一一对应的。

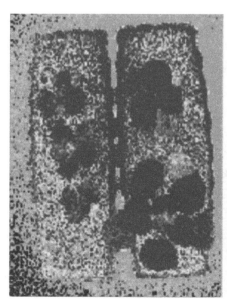

图 4.49　图像裁剪配准后的二源图像

## 3. 图像数据融合

小波变换是一种新的信号时域和频域分析的方法，相对于传统傅里叶变换有明显优点，在一维信号（波谱信息）和二维信号（图像）领域得到了大量应用，是傅里叶变换的继承与发展（贾伟宽等，2015；李晖等，2012）。傅里叶变换是时域和频域之间的转换，可以揭示平稳信号的特征，但无法同时兼顾时域和频域的分析（Li et al.，2007）。而小波变换可以同时分解时域和频域信号，可以揭示非平稳信号内部特征，正交小波基与多分辨率分析对图像多层次分解重构有很好的效果，可以实现图像在任意尺度的缩放。

图像是二维信号，二维多分辨率分析与一维情况类似，而空间 $L^2(R)$ 变成 $L^2(R \times R)$，一维中引入的尺度函数 $\Phi(x)$ 变为 $\Phi(x, y)$。

设 $\{V_j\}_{j \in Z}$ 是 $L^2(R)$ 的一个多分辨率分析，则可以证明张量空间 $\{V_j^2\}_{j \in Z}$ 为

$$V_j^2 = V_j \otimes V_j \tag{4.16}$$

构成 $L^2(R \times R)$ 的一个多分辨率分析，并且二维多分辨率分析 $\{V_j^2\}_{j \in Z}$ 的二维尺度函数 $\Phi(x, y)$ 为

$$\Phi(x, y) = \Phi(x)\Phi(y) \tag{4.17}$$

式中，$\Phi(x)$ 是 $\{V_j^2\}_{j \in Z}$ 的尺度函数（一维）。

公式（4.17）说明了二维尺度函数的可分离性。对于每一个 $j \in Z$，函数系 $\{\Phi_{j,n,m}(x, y) = \Phi_{j,n}(x)\Phi_{j,m}(y) \mid (n, m) \in Z^2\}$ 构成 $\{V_j^2\}_{j \in Z}$ 的规范正交基，则 $\{V_j^2\}_{j \in Z}$ 称为 $L^2(R \times R)$ 的可分离多分辨率分析。因为 $\Phi(x)$、$\Phi(y)$ 都是低通尺度函数，所以 $\{V_j^2\}_{j \in Z}$ 是平滑的低通空间。

如果 $\Psi(x)$ 是一维多分辨率分析 $\{V_j^2\}_{j \in Z}$ 的正交小波基，则二维多分辨率分析的 3 个小波函数为

$$\begin{cases} \psi^1(x, y) = \phi(x)\psi(y) \\ \psi^2(x, y) = \psi(x)\phi(y) \\ \psi^3(x, y) = \psi(x)\psi(y) \end{cases} \tag{4.18}$$

对于每一个 $j \in Z$，它们的整数平移系为

$$\begin{cases} \psi_{j,n,m}^1(x, y) = \phi_{j,n}(x)\psi_{j,m}(y) \\ \psi_{j,n,m}^2(x, y) = \psi_{j,n}(x)\phi_{j,m}(y) \\ \psi_{j,n,m}^3(x, y) = \psi_{j,n}(x)\psi_{j,m}(y) \end{cases} \tag{4.19}$$

注意这里的上标只是索引。它们构成了 $\{W_j^2\}_{j \in Z}$ 的规范正交基。由于以上 3 个正交基都至少包含一个带通的 $\Psi(x)$ 或 $\Psi(y)$，因此它们都是带通函数。这三部分反映的都是细

节信息，即函数系

$$\left\{\psi_{j,n,m}^{\varepsilon}(x,y)\right\}=\left\{2^{j}\psi^{\varepsilon}\left(x-2^{j}n,y-2^{j}m\right)\right\} \tag{4.20}$$

式中，$j\geqslant 0,\varepsilon=1,2,3$ 是 $L^2(R\times R)$ 的正交归一基，分别对应水平、垂直和对角 3 个方向。

对于任一二维图像信号 $f(x,y)\in L^2(R\times R)$，在分辨率 $2^j$ 下有

$$\begin{cases} A_j f=f(x,y),\phi_{j,n,m}(x,y),(n,m)\in Z^2 \\ D_j^1 f=f(x,y),\psi_{j,n,m}^1(x,y),(n,m)\in Z^2 \\ D_j^2 f=f(x,y),\psi_{j,n,m}^2(x,y),(n,m)\in Z^2 \\ D_j^3 f=f(x,y),\psi_{j,n,m}^3(x,y),(n,m)\in Z^2 \end{cases} \tag{4.21}$$

上式表明，在分辨率 $2^j$ 上将图像分解成 4 个子图，其中 $A_j f$ 对应源图像在分辨率 $2^j$ 上的近似像（低频，用 LL 表示）；$D_j^1 f$ 给出了 $y$ 方向的高频分量（$x$ 方向的边缘细节，用 LH 表示）；$D_j^2 f$ 给出了 $x$ 方向的高频分量（$y$ 方向的边缘细节，用 HL 表示）；$D_j^3 f$ 则对应于 $x$ 和 $y$ 反向的高频分量（对应角点，用 HH 表示）。图 4.50 表示图像的二级小波分解，符号的上标表示图像的小波分解层数。可以看到，在每一层分解层上，图像均被分解为 LL、LH、HL 和 HH 4 个频带；下一层的分解仅对低频分量 LL 进行分解。

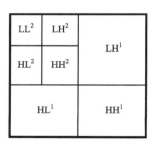

图 4.50　二级小波分解塔式结构

基于小波的图像融合是先将图像分解到指定层，在该层进行数据融合，构建小波塔式结构，然后在塔式结构之上进行小波重建，得到融合图像。

分别从交叉熵、平均梯度、均方根误差、峰值信噪比、互信息量等 5 个方面对融合结果进行评价（表 4.15）。

（1）交叉熵（cross entropy，CE）用来评价融合图像与源图像之间的差异。交叉熵越小，说明图像间的变异越小。

（2）平均梯度（average gradient，AG）（胡前等，2013）表征图像细节对比程度和纹理变化特征。平均梯度值越大表示所得图像越清晰，细节越完备。

（3）均方根误差（root mean square error，RMSE）表示融合后所得图像和源图像间的均方根误差，是统计指标之一。均方根误差大小表征融合后图像与源图像之间变异的大小。

（4）峰值信噪比（peak signal-to-noise ratio，PSNR）（Ananthi and Balasubramanian，

2016）是用于最大值信号和背景噪声之间的参数。峰值信噪比越高表示融合效果越好。

（5）互信息量（mutual information，MI）是对融合所得图像中所保留源图像信息量多少的度量。互信息量越大表示融合效果越好。

表 4.15　5 个参量表征多光谱图像融合结果

| 小波基 | 交叉熵 | | 平均梯度（AG） | 均方根误差 | | 峰值信噪比 | | 互信息量（MI） |
| --- | --- | --- | --- | --- | --- | --- | --- | --- |
| | $CE_{A, F}$ | $CE_{B, F}$ | | $RMSE_{A, F}$ | $RMSE_{B, F}$ | $PSNR_{A, F}$ | $PSNR_{B, F}$ | |
| harr | 1.7857 | 0.4788 | 0.0063 | 0.0566 | 0.0119 | 60.6019 | 67.3689 | 8.6015 |
| db2 | 1.7637 | 0.4262 | 0.0053 | 0.0626 | 0.0179 | 60.1673 | 65.6080 | 7.9249 |
| db4 | 1.1893 | 0.5139 | 0.0050 | 0.0581 | 0.0134 | 60.4891 | 66.8574 | 8.5971 |
| sym2 | 1.7637 | 0.4262 | 0.0053 | 0.0626 | 0.0179 | 60.1673 | 65.6080 | 7.9249 |
| sym4 | 1.1172 | 0.5160 | 0.0050 | 0.0603 | 0.0156 | 60.3252 | 66.1879 | 8.6447 |
| Bior2.2 | 1.2231 | 0.4984 | 0.0050 | 0.0559 | 0.0112 | 60.6595 | 67.6492 | 8.0294 |
| Bior2.4 | 1.3344 | 0.5001 | 0.0050 | 0.0566 | 0.0119 | 60.6019 | 67.3689 | 7.9919 |
| Coif2 | 1.6081 | 0.4474 | 0.0051 | 0.0596 | 0.0149 | 60.3792 | 66.3998 | 7.9199 |
| Coif4 | 1.8882 | 0.4392 | 0.0051 | 0.0544 | 0.0097 | 60.7769 | 68.2706 | 7.8833 |

注：A 为多光谱源图像，B 为三维源图像，F 为融合图像

从上面结果数据可知，不同的小波基函数在一定程度上影响融合结果，采用多项指标进行综合评价。观察表 4.15 中数据可知，harr 小波基融合后平均梯度较大，纹理特征较为丰富；sym4 小波基融合后互信息量较大，表明融合效果数据保存比较完整；db4 小波基融合图像相对于多光谱源图像交叉熵较低，而相对于三维源图像较高，说明该分解结果对三维源信息的吸收更多。图像小波基 harr、sym4 融合效果较为突出，在各项参量表现较为均衡，光谱信息保持得较好，细节信息丢失得较少。

不同小波分解层级会对融合效果的直观性有较大影响。Harr 小波基的第 3、4、5、6 层分解融合效果图如图 4.51 所示。观察可知，小波分解第 3、4 层的图像融合效果较好：植株的叶面纹理和边缘轮廓清晰，噪点少。随着分解层数的增加，虽然融合结果的细节变得更为丰富，但是融合的精确度和噪声都增加了。

小波分解缩放尺度直接关系到图像融合结果的优劣。小波分解尺度越小，对高频信号保存得越好，从而使得图像细节保持得越丰富。然而由于小波是变时频分析，分解层数越多，依据测不准原理，如果带宽大，则窗口宽度就要小，从而造成时域局部化特性被忽略。由于这些丢失的信息量均不能通过小波重构得以恢复，因此需要对基于小波变换的层数进行优选。

本研究依据经验针对分解层数（3～6）所得的融合结果进行分析。分别从交叉熵、平均梯度、均方根误差、峰值信噪比和互信息量 5 个参量对不同层融合效果进行评价。通过表 4.16 可知，5 层和 6 层的融合效果确实要次于 3 层和 4 层的效果，而 3 层和 4 层分解重建所得融合效果差别不是很大，其中第 3 层保留了源信息，各项指标优于其他层级。

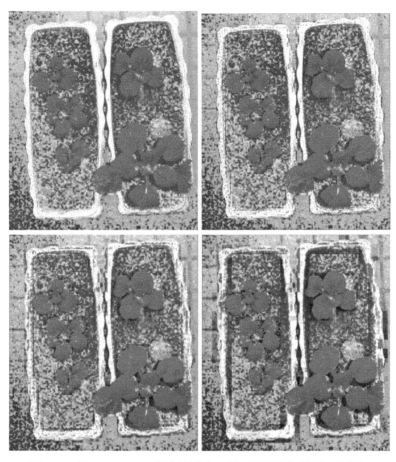

图 4.51　第 3、4、5、6 层小波融合结果（彩图请扫封底二维码）

表 4.16　不同分解层数融合结果

| 分解层数 | 交叉熵 | | 平均梯度（AG） | 均方根误差 | | 峰值信噪比 | | 互信息量（MI） |
|---|---|---|---|---|---|---|---|---|
| | $CE_{A, F}$ | $CE_{B, F}$ | | $RMSE_{A, F}$ | $RMSE_{B, F}$ | $PSNR_{A, F}$ | $PSNR_{B, F}$ | |
| 3 | 1.1530 | 0.5148 | 0.0061 | 0.0566 | 0.0119 | 60.6019 | 67.3689 | 8.8783 |
| 4 | 1.7857 | 0.4788 | 0.0063 | 0.0566 | 0.0119 | 60.6019 | 67.3689 | 8.6015 |
| 5 | 1.7856 | 0.4519 | 0.0064 | 0.0566 | 0.0119 | 60.6019 | 67.3689 | 8.2943 |
| 6 | 1.5278 | 0.4182 | 0.0066 | 0.0536 | 0.0089 | 60.8368 | 68.6183 | 8.0193 |

　　图像融合涉及信息融合、传感器、计算机图像处理等多个领域，是一个崭新的研究方向，在遥感、军事、医学及机器人等领域有巨大的应用前景。本研究以多光谱图像和三维图像为研究对象，对两个不同源相机的图像进行校准、特征点计算和匹配，在所得匹配点基础上进行仿射变换，并进行配准。分别以不同小波基分解所得结果进行融合，然后对融合后的小波金字塔进行逆变换，最终得到融合后的图像。为了对融合结果进行客观的评价，分别以 db2、db4、sym2、sym4、Bior2.2、Bior2.4、Coif2、Coif4 小波基进行二源数据融合，通过交叉熵、平均梯度、均方根误差、峰值信噪比和互信息量 5 个

参量判断融合效果发现，harr、sym4 小波融合效果具有较好的代表性。以 harr 小波基融合为例判断融合效果，通过观察可知，3 层和 4 层具有很好的代表性。这两层融合结果图像纹理丰富，在边缘处无阴影和直线等误匹配现象出现，再次通过 5 个参量进行评价得出第 3 层小波分解融合结果优于其他层。最终将两种数据进行三维构建，得到植株的多光谱数据三维分布的点云，并在 Matlab 中实现可视化。本研究探索了对多源图像进行数据融合的方法，并以 5 个参量为基础对融合结果进行评价，并以一种小波基对不同分解层数的小波基融合效果进行衡量，最终对植株进行三维构建，得到植株的多光谱点云分布，所得结果对将来多光谱与空间三维数据融合具有指导意义。

# 参 考 文 献

安秋, 姬长英, 周俊, 等. 2008. 基于 CAN 总线的农业移动机器人分布式控制网络. 农业机械学报, 39(6): 123-126, 117.

曹芳, 吴迪, 郑金土, 等. 2011. 基于可见-近红外光谱和多光谱成像技术的梨损伤检测研究. 光谱学与光谱分析, 31(4): 920-923.

陈孝敬, 吴迪, 何勇, 等. 2008. 基于多光谱图像颜色特征的茶叶分类研究. 光谱学与光谱分析, 28(11): 2527-2530.

冯婧婷. 2013. 直线导轨精密矫直的误差检测及补偿技术研究. 武汉: 武汉理工大学硕士学位论文: 78.

冯雷, 方慧, 周伟军, 等. 2006. 基于多光谱视觉传感技术的油菜氮含量诊断方法研究. 光谱学与光谱分析, 26(9): 1749-1752.

韩云, 钟圣伦, 叶正圣, 等. 2014. 基于视角无关转换的深度摄像机定位技术. 物理学报, (7): 74211.

何宾, 陶丹, 彭勃. 2013. 高实时性 F-SIFT 图像拼接算法. 红外与激光工程, (z2): 440-444.

胡炼, 罗锡文, 张智刚, 等. 2009. 基于 CAN 总线的分布式插秧机导航控制系统设计. 农业工程学报, 25(12): 88-92.

胡前, 杜军平, 方明, 等. 2013. 基于结构相似性的多传感器图像融合. 东南大学学报(自然科学版), 43(z1): 158-162.

黄华, 卢曦, 余慧杰. 2014. 基于 Ansys 与 iSIGHT 的橡胶减震器迟滞回线仿真研究. 现代制造工程, (12): 59-63.

纪朝凤, 刘刚, 周建军, 等. 2009. 基于 CAN 总线的农业车辆自动导航控制系统. 农业机械学报, 40(z1): 28-32.

贾伟宽, 赵德安, 阮承治, 等. 2015. 苹果夜视图像小波变换与独立成分分析融合降噪方法. 农业机械学报, 46(9): 9-17.

李斌, 王海峰, 黄文倩, 等. 2012. 菠萝采收机械低成本双目视觉平台搭建与田间试验. 农业工程学报, 28(z2): 188-192.

李寒, 王库, 曹倩, 等. 2012. 基于机器视觉的番茄多目标提取与匹配. 农业工程学报, (5): 168-172.

李晖, 肖鹏峰, 冯学智, 等. 2012. 结合光谱和尺度特征的高分辨率图像边缘检测算法. 红外与毫米波学报, 31(5): 469-474.

李晓丽, 何勇, 裘正军, 等. 2008. 基于多光谱图像的不同品种绿茶的纹理识别. 浙江大学学报(工学版), 42(12): 2133-2138, 2165.

刘波, 朱伟兴, 杨建军, 等. 2014. 基于深度图像和生猪骨架端点分析的生猪步频特征提取. 农业工程学报, 30(10): 131-137.

刘松林, 牛照东, 陈曾平. 2014. 交叉熵约束的红外图像最小错误阈值分割. 红外与激光工程, (3): 979-984.

刘小明. 2006. 基于 CAN 总线汽车组合仪表的设计与研究. 武汉: 武汉理工大学硕士学位论文.

马东辉, 薛群, 柴奇, 等. 2011. 基于图像信息的红外与可见光图像融合方法研究. 红外与激光工程, 40(6): 1168-1171.

马晓丹, 刘刚, 冯娟, 等. 2014. 成熟期苹果树冠层器官异源图像配准. 农业机械学报, 45(4): 82-88, 140.

孟志军, 刘卉, 付卫强, 等. 2010. 农田作业机械测速方法试验. 农业工程学报, 26(6): 141-145.

秦维彩, 薛新宇, 周立新, 等. 2014. 无人直升机喷雾参数对玉米冠层雾滴沉积分布的影响. 农业工程学报, 30(5): 50-56.

童涛, 杨桄, 孟强强, 等. 2014. 基于边缘特征的多传感器图像融合算法. 红外与激光工程, (1): 311-317.

汪沛, 胡炼, 周志艳, 等. 2013. 无人油动力直升机用于水稻制种辅助授粉的田间风场测量. 农业工程学报, 29(3): 54-61.

汪振国. 2013. 捷联导航计算机的数据采集系统设计. 哈尔滨: 哈尔滨工程大学硕士学位论文.

王传宇, 赵明, 阎建河, 等. 2010. 基于双目立体视觉技术的玉米叶片三维重建. 农业工程学报, 26(4): 198-202.

王利民, 刘佳, 杨玲波, 等. 2013. 基于无人机影像的农情遥感监测应用. 农业工程学报, (18): 136-145.

吴迪, 朱登胜, 何勇, 等. 2008. 基于地面多光谱成像技术的茄子灰霉病无损检测研究. 光谱学与光谱分析, 28(7): 1496-1500.

吴鑫, 王桂英, 丛杨. 2013. 基于颜色和深度信息融合的目标识别方法. 农业工程学报, (S1): 96-100.

项荣, 应义斌, 蒋焕煜, 等. 2012. 基于双目立体视觉的番茄定位. 农业工程学报, (5): 161-167.

易时来, 邓烈, 何绍兰, 等. 2009. 三峡库区柑桔园紫色土光谱特征及其与氮素相关性研究. 光谱学与光谱分析, 29(9): 2494-2498.

张浩, 姚旭国, 张小斌, 等. 2008. 基于多光谱图像的水稻叶片叶绿素和籽粒氮素含量检测研究. 中国水稻科学, 22(5): 555-558.

张慧春, Dorr G, 郑加强, 等. 2015. 喷雾飘移的风洞试验和回归模型. 农业工程学报, 31(3): 94-100.

张静, 桑红石. 2014. 基于初始尺度变换的 SIFT 匹配算法. 红外与毫米波学报, 33(2): 177-182.

张宋超, 薛新宇, 秦维彩, 等. 2015. N-3 型农用无人直升机航空施药飘移模拟与试验. 农业工程学报, 31(3): 87-93.

张晓东, 毛罕平, 程秀花. 2009. 基于 PCA-SVR 的油菜氮素光谱特征定量分析模型. 农业机械学报, 40(4): 161-165.

张艳超, 肖宇钊, 庄载椿, 等. 2016. 基于小波分解的油菜多光谱图像与深度图像数据融合方法. 农业工程学报, 32(16): 143-150.

周建民, 张瑞丰. 2012. 基于主动热成像技术的苹果表面缺陷分类方法. 华东交通大学学报, 29(1): 86-89.

周薇, 冯娟, 刘刚, 等. 2013. 苹果采摘机器人中的图像配准技术. 农业工程学报, (11): 20-26.

曾富财, 汪艳. 2012. 橡胶减震器金属件与橡胶直接硫化粘合的研究. 特种橡胶制品, 33(1): 34-36, 40.

Ananthi V P, Balasubramaniam P. 2016. A new image denoising method using interval-valued intuitionistic fuzzy sets for the removal of impulse noise. Signal Processing, 121: 81-93.

Baluja J, Diago M P, Balda P, et al. 2012. Assessment of vineyard water status variability by thermal and multispectral imagery using an unmanned aerial vehicle(UAV). Irrigation Science, 30(6): 511-522.

Bennasar M, Hicks Y, Setchi R. 2015. Feature selection using joint mutual information maximisation. Expert Systems with Applications, 42(22): 8520-8532.

Berni J A J, Zarco-Tejada P J, Suarez L, et al. 2009. Thermal and narrowband multispectral remote sensing for vegetation monitoring from an unmanned aerial vehicle. IEEE Transactions on Geoscience and Remote Sensing, 47(3): 722-738.

Calderón R, Navas-Cortés J A, Lucena C, et al. 2013. High-resolution airborne hyperspectral and thermal imagery for early detection of Verticillium wilt of olive using fluorescence, temperature and narrow-band spectral indices. Remote Sensing of Environment, 139: 231-245.

Candiago S, Remondino F, De Giglio M, et al. 2015. Evaluating multispectral images and vegetation indices for precision farming applications from UAV images. Remote Sensing, 7(4): 4026-4047.

Garcia-Ruiz F, Sankaran S, Maja J M, et al. 2013. Comparison of two aerial imaging platforms for identification of Huanglongbing-infected citrus trees. Computers and Electronics in Agriculture, 91(91): 106-115.

Green S, Bevan A, Shapland M. 2014. A comparative assessment of structure from motion methods for archaeological research. Journal of Archaeological Science, 46(2): 173-181.

Langmann B, Hartmann K, Loffeld O. 2013. Increasing the accuracy of time-of-flight cameras for machine vision applications. Computers in Industry, 64(9): 1090-1098.

Li X, Cao F, He Y. 2007. Application of hybrid pattern recognition for discriminating paddy seeds of different storage periods based on Vis/NIRS. Lecture Notes in Computer Science, 4426: 989-996.

Link J, Senner D, Claupein W. 2013. Developing and evaluating an aerial sensor platform(ASP)to collect multispectral data for deriving management decisions in precision farming. Computers and Electronics in Agriculture, 94: 20-28.

Lowe D G. 2004. Distinctive image features from scale-invariant keypoints. International Journal of Computer Vision, 60(2): 91-110.

Lu H, Liu C, Li N W, et al. 2015. Segmentation of high spatial resolution remote sensing images of mountainous areas based on the improved mean shift algorithm. Journal of Mountain Science, 12(3): 671-681.

Meng H, Guan W, Liu C, et al. 2015. Algorithm research of vignetting distortion correction based on near-infrared CCD thermometer. Design, Manufacturing and Mechatronics(ICDMM 2015): 1290-1298.

Mondini A C, Guzzetti F, Reichenbach P, et al. 2011. Semi-automatic recognition and mapping of rainfall induced shallow landslides using optical satellite images. Remote Sensing of Environment, 115(7): 1743-1757.

Niapour S A K M, Tabarraie M, Feyzi M R. 2014. A new robust speed-sensorless control strategy for high-performance brushless DC motor drives with reduced torque ripple. Control Engineering Practice, 24: 42-54.

Oliveira S A F, Neto A R R, Bezerra F N. 2016. A novel genetic algorithms and SURF-based approach for image retargeting. Expert System with Applications, 44: 332-343.

Schulmann T, Katurji M, Zawar-Reza P. 2015. Seeing through shadow: modelling surface irradiance for topographic correction of Landsat ETM plus data. ISPRS Journal of Photogrammetry and Remote Sensing, 99: 14-24.

Song Y, Wu Y, Dai Y. 2016, A new active contour remote sensing river image segmentation algorithm inspired from the cross entropy. Digital Signal Processing, 48: 322-332.

Turner D, Lucieer A, De Jong S. 2015. Time series analysis of landslide dynamics using an unmanned aerial vehicle(UAV). Remote Sensing, 7(2): 1736-1757.

Wallace L, Lucieer A, Watson C, et al. 2012. Development of a UAV-LiDAR system with application to forest inventory. Remote Sensing, 4(6): 1519-1543.

Yang B, Chen C. 2015. Automatic registration of UAV-borne sequent images and LiDAR data. ISPRS Journal of Photogrammetry and Remote Sensing, 101: 262-274.

Zarco-Tejada P J, Guillént-Climent M L, Hernández-Clemente R, et al. 2013. Estimating leaf carotenoid content in vineyards using high resolution hyperspectral imagery acquired from an unmanned aerial vehicle(UAV). Agricultural and Forest Meteorology, 171-172: 281-294.

Zhang X E, Cui Z Q, Wang D B. 2016. Sensing of biomolecular interactions using fluorescence complementing systems in living cells. Biosensors and Bioelectronics, 76(SI): 243-250.

Zhou L, Lei Y, Zhang D, et al. 2016. An ultra-sensitive monoclonal antibody-based enzyme-linked immunosorbent assay for dibutyl phthalate in human urinary. Science of The Total Environment, 541: 570-578.

# 第5章　农用无人机植保应用

## 5.1　植保机械发展的历史和趋势

### 5.1.1　植保机械的发展历史

  农业发展是国家进步的基础，也是人民富足的前提。王昌陵等（2016）总结出我国农作物品种繁多，相应的病虫害也出现种类多、程度重、频次高、区域广、危害大等特征，对农作物，尤其是粮食作物安全生长构成较大威胁，是影响粮食生产安全、制约农业产品质量提高和农业增产的重要因素。因此，在农业发展的过程中离不开植物保护这一重要环节。为了更加高效地开展植物保护作业，我们首先需要积极综合采用各种手段，以预防灾害发生为主要目标，将各种对作物生长不利的生物因素控制在成灾之前；其次是在灾害暴发后，及时发现，尽早治理。植物保护的动力来源从人力、畜力发展至现代化机械，如从小动力喷雾机和拖拉机等，发展到如今的航空植保机械。虽然我国农业植保机械发展时间较短（从新中国成立后生产力得以解放，植保机械才开始了真正的发展），但随着经济的发展与科技的进步，植保机械的发展从量变开始转变成质的飞跃。工业化和城镇化趋势明显，农村劳动力减少，导致农村出现日趋严重的动力不足、劳动力昂贵等问题，这时候高效植保机械的出现为我们节省了大量的农村劳动力，有力地推动了农村综合体系的建设和全面发展。

  植物保护是目前农业生产中的一个重要环节。植物保护的方法有很多，主要通过化学手段、物理手段、生物手段等方式进行，具体包括以下几种保护途径：①农技防治，主要运用抗病虫害作物选育、化肥合理施用、合理轮作、栽培方法改进等手段消灭土壤中的病虫害；②生物防治，主要通过引入天敌的做法来实现病虫害防治；③物理防治，是利用射线、热、温度等物理手段对植物生长环境中的病虫害进行灭杀的一种手段；④化学防治，主要是通过各种喷施机械，对农田进行大面积化学药剂喷洒，以达到及时灭杀植物病虫害的目的。由于化学防治效率高、时效性好，运用这种方法在面对大规模植物病虫害时能够及时应对并将其灭杀，因此它仍然是对作物进行病虫害防治的主要方法。在化学防治中包括了喷洒药剂配制，作业机具研发，施药技术改进这3个方面。作业机具研发是实现化学防治重要的一环。郑文钟和应霞芳（2008）指出，我国植保机械和施药技术的开发可追溯到20世纪30年代，从传统的手动喷药机械，到电动、风送、地面车辆喷施装备，再到目前正在国内兴起的农用航空施药。目前，植保机械及装备处于快速发展的状态中。植保作业发展史中的机械类型有：传统的手动喷雾器、背负式电动（或机动）喷雾器、担架式（或手推车式）动力喷雾机、风送式喷雾机、烟雾喷药机、喷杆式喷雾机及植保机械飞行器。

## 1. 传统的手动喷雾器

我国目前仍然在大量使用手动喷雾器（图 5.1）。其技术原理如陈轶等（2005）所述，通过摇杆部件的摇动，将外部气体压入气室，使气室内压力逐渐升高，药液箱底部的药液经过出水管再经喷杆，最后在气压的作用下经由喷头雾化释放到农田中。由于手动喷雾器结构简单、技术含量低的特点，目前仍然被大量运用于农田植保作业当中。在农田的使用环境下其安全性与可靠性方面均凸显了一定的问题。其药液跑、冒、滴、撒、漏的情况特别严重，喷射部件单一，防渗性能差，如传统的工农-16 型喷雾器、踏板式喷雾器等。正是由于这些缺点，在目前广泛运用于农田的过程中，该种手动喷雾器容易对使用者造成危害，严重恶化了农业生产工作环境。

图 5.1　工农-16 型喷雾器

## 2. 背负式电动（或机动）喷雾器

将手动喷雾器的手动加压模式换成了采用电力驱动或者小型内燃机驱动，将外部气体压入气室的模式，从而发展为背负式电动（或机动）喷雾器（图 5.2）。在这样的工作模式下，喷雾器作业效率有所提高，但是由于农户缺乏电器部件的养护常识，喷雾器经常出现人为故障。此外，背负式喷雾器笨重、噪声大，不利于留守农村的妇女和老人使用。

## 3. 担架式（或手推车式）动力喷雾机

担架式（或手推车式）动力喷雾机（图 5.3）相比于背负式的机动喷雾器，其药箱容量、动力装置的大小有了进一步的提升，但由于射程有限、在田间转移不方便等，其在田间运作时仍有诸多不便。

## 4. 风送式喷雾机

风送式喷雾机是一种适用于较大面积果园施药的大型机具（图 5.4）。它不仅靠液泵的压力使药液雾化，而且依靠风机产生强大的气流将雾滴吹送至作物的各个部位。风机的高速气流不仅扩大了药液的覆盖面积，而且有助于促使叶片翻动，提高了药液附着率。然而由于其专用田间作业道路设计尚不完善，不利于大面积推广。

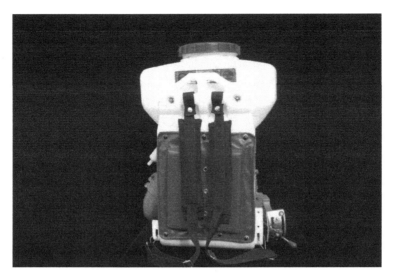

图 5.2　背负式机动喷雾器

图 5.3　担架式动力喷雾器

## 5. 烟雾喷药机

烟雾喷药机主要通过烟雾剂来播撒药物（图 5.5）。其特点在于雾化颗粒小、有较好的穿透性和弥漫性、附着性好等，但在雾化时通常会伴随高温的环境，这对药剂在高温情况下的稳定性要求较高。

## 6. 喷杆式喷雾机

喷杆式喷雾机是一种将喷头装在喷杆上的机动喷雾机（图 5.6）。该种喷雾设备一般由农田拖拉机带入田中进行大范围喷洒作业，具有喷洒质量好、作业效率高、喷洒均匀的特点。喷杆式喷雾机适合大面积喷洒各种农药、肥料、植物激素等液态药剂，适用于旱地农作物初期的病虫害防治，不适宜进入水稻田进行病虫害防治。该种喷雾机对农田规划要求较高，且对土质有一定损伤。

图 5.4　风送式喷雾机

图 5.5　烟雾喷药机

图 5.6　喷杆式喷雾器

## 7. 植保机械飞行器

植保机械飞行器是将药箱与喷雾装置装载于飞行器上，在空中进行施药喷洒（图 5.7）。其特点为高效安全、人药分离。根据飞行器种类的不同，植保机械飞行器可分为有人航空植保机和无人航空植保机。前者能够搭载大容量药箱进行大面积作业，而后者则有着灵活性强、飞行成本较低的优点。然而目前我国农用航空植保作业处于发展的初期阶段，植保机械飞行器的价格还不宜被大多数农民接受。

图 5.7　植保机械飞行器

综上所述，对目前我国常用的几种主流的植保作业方式进行性能特点对比，其结果如表 5.1 所示。

表 5.1　常用植保作业方式性能特点对比表

| 性能特点 | 喷洒方式与平台 | | | |
|---|---|---|---|---|
| | 无人机喷洒（农用航空喷洒） | 有人机喷洒（农用航空喷洒） | 田间车辆喷洒（喷杆式喷雾机） | 背负式喷雾器喷洒（人工喷洒） |
| 地形适应度 | 受地形影响极小 | 受地形影响很大 | 需要平坦的地面，对土质有要求 | 不受地形影响 |
| 人工投入与需求 | 人力投入少，培训成本高，培训速度快 | 人力投入少，培训成本极高，培训速度慢 | 人力投入少，培训成本低，培训速度快 | 人力投入多，无须培训，对人的体质有要求 |
| 喷洒成本 | 成本低 | 成本极高 | 成本较低 | 成本一般 |
| 喷洒速度 | 快 | 快 | 较快 | 慢 |
| 对人的危害性 | 小 | 小 | 小 | 大 |
| 对农田环境的影响 | 影响小 | 影响小，需要专门的机场 | 影响大，轮胎压实土壤 | 影响小 |

## 5.1.2　国内外农用航空植保的发展与案例分析

1903 年，莱特兄弟成功试飞了世界上第一架飞机之后，飞机在农业等民用领域应用的研究一直是热门的课题。1918 年，美国人在防治牧草害虫时，使用飞机对其喷洒砷素剂并取得了成功，就此掀开了农业航空的历史。自此以后，苏联、日本、加拿大、新西兰、韩国和德国等也开始了农业航空领域的探索研究及示范应用。第二次世界大战以后，农药也迎来了新一轮革命，化学除草剂、杀虫剂等农药相继出现，此时的农业发展迫切需要一种喷洒效率较高的喷洒机具。与此同时，战后大量军用小型飞机过剩，于是，美国等发达国家纷纷将其转用到农业植保上来，使农用航空得到了快速发展（李庆中，1992）。

日本雅马哈（YAMAHA）公司出产的无人机是世界上出货量最大，市场份额最高的植保无人机。早在 1987 年雅马哈公司就接受日本农业省委托，对农用喷粉无人机进行开发生产，最早的植保无人机也就由此诞生。现在看来，日本无人机普及率很广，民用化水平较高，并且已经拥有了成熟的植保无人机机型、健全的市场，以及完善的服务体系。其代表机型 RMAX 无人直升机在喷洒作业中，能够实现傻瓜式操作，定高、定速飞行，这不仅降低了操作难度，而且质量安全可靠。

　　截至目前，日本农林航空作业面积高达 25 300km$^2$，占其全国耕地总面积的 40%以上；历年农用轻型直升机保有量都已登记在册，其数量从 1997 年的 892 架已经增加到了 2004 年的 2346 架，其中，施药无人直升机为其主要产品类型，它们的生产厂家有：富士重工、洋马农机株式会社及雅马哈公司。无人直升机产品有：雅马哈的 R-50、RMAX（图 5.8），洋马的 YH300、AYH-3，富士重工的 RPH2 等。以 RMAX 为例，其最大商用载荷为 28kg，发动机类型为水平对置双缸水冷发动机，发动机排量为 246cm$^3$，最大输出功率为 15.4kW；喷洒用喷嘴采用扇形喷头，喷洒能力达到 3.5～4hm$^2$/d，滞空时间可达 5h；飞机寿命 1000h，使用年限为 6～9 年；售价大约为 100 万美元。雅马哈公司在日本建立了完善的培训体系和售后服务体系，在其全国各地也都有厂家认可的修理工厂，一旦飞机发生故障，可以随时联系售后，售后负责拉去修理工厂修理。如果飞机出现重大故障且不能采取就近维修的办法，雅马哈公司会提供另一架飞机为客户继续作业，故障飞机可以送到总部进行维修处理。正是由于这些完善的服务与售后保障体系，日本植保无人机使用的普及率在作业面积上可以高达 50%。

图 5.8　RMAX 无人直升机

　　着眼于农业航空装备技术的发展状况，目前美国是最先进且技术应用最广泛的国家。与日本农业航空体系类似，美国也具备完善的农业航空服务组织体系及航空施药作业规范。另外，美国的施药部件系列齐全，掌握的多种精准农业技术手段，如施药自动控制系统、GPS 自动导航及各种作业模型都已经进入实用阶段，农业航空的高度自动化使其实现了精准、高效且更加环保的喷洒作业。

随着农业精准化要求的提高，美国开始将空间统计学、变量施药控制、航空遥感技术等逐渐应用到农田产量、植物水分、病虫害、植物营养状况等方面的监测中。航空技术在美国农业领域中发挥着越来越重要的作用。美国农业航空的主要作业项目包括：除草、灭虫、播种、施肥等。农用植保无人机空中作业效率高，成本较低；不受地形、地势限制，突击能力强，在消灭暴发性病虫害时优势明显；作业不受作物长势的限制，有利于高大植株或者作物生长后期作业；与地面机械田间作业相比，不会压实土壤，也不会破坏农作物的优势。所以，农用植保无人机很受美国农场主的欢迎（薛新宇和兰玉彬，2013）。

美国的植保无人机中，主要采用有人驾驶固定翼飞机进行植保作业。美国每年采取有人驾驶固定翼飞机来进行航空作业的耕地面积达 320 000km²，达到美国耕地总面积的一半，而且美国 65% 的化学农药都是采用飞机来完成喷洒的。美国国家农业航空协会（NAAA）给予了很大的支持，自 2002 年以来，已有大约 700 万美元被投入农业航空的技术研发中。在机型方面，美国常用的农用作业机型为 Air Tractor（图 5.9）、Piper Brave 等有人驾驶飞机。而在无人机方面，美国在原型机——日本雅马哈公司的 RMAX 的基础上另外配备陀螺仪模块、差分全球定位系统（differential global positioning system，DGPS）等传感器，从而使其能够对周边的障碍物做出快速反应，并在机载摄像头的支持下选择飞行路线（刘剑君等，2014）。在农业航空政策及体系建设方面，美国强大的农业航空组织体系是农业航空服务的一大重要特点。该体系包括了美国国家农业航空协会及将近 40 个州级的农业航空协会。美国国家农业航空协会由来自 46 个州的 1700 个会员组成，会员主要包括飞行员和企业业主。协会提供品牌保护、继续教育、安全计划，以及农业、林业与公共服务业方面的联系与信息服务，开展提高航空应用效率与安全性

图 5.9　Air Tractor

方面的研究与教育计划。此外，民用无人机市场在美国与欧盟等地仍处于管制阶段，需要经过许可才可以飞行，高等院校的科研活动及非营利性的遥感探测可采用无人机飞行。然而，美国与欧盟拥有的飞行器设计技术、无人机飞行控制技术与导航技术处于世界领先地位，它们还有很多在商业利益的驱动下可以较快转化的技术。在 2015 年，美国联邦航空管理局（Federal Aviation Administration，FAA）批准了多个植保无人机的豁免项目，植保无人机在政策层面上逐步开放对于植保无人机的使用。相信未来植保无人机在美国的应用会得到更大范围的普及。

　　除美国与日本之外，还有很多国家也开始重视航空技术在无人机植保作业中的研究应用。在俄罗斯，国家航空安全技术中心作为俄罗斯联邦航天局中的一个独立机构，于1996 年 8 月得以组建；该中心成立后，在俄罗斯科学技术部的任命下，成为国家航空标准的中心实验室，此中心作为航空器技术维护及修理的审定中心，专门负责组织航空安全方面的科学研究，开发并组织实施了具体的安全管理程序及措施；俄罗斯常用的航空机型有安-2 和安-24 等（图 5.10）。而澳大利亚从 1948 年起便开始发展农业航空，于 20世纪 70 年代引进美国的 Air Tractor（图 5.9）和 Ayres Thrush 机型（图 5.11），其发展模式与美国类似；目前，飞机施肥面积已占澳大利亚施肥总面积的一半以上。在加拿大，全国有 900 多架农业飞机，作业面积达 88 000km$^2$；其发展模式与美国类似，主要机型为美国的 Air Tractor 和 Ayres Thrush；加拿大农业航空协会（Canada Agricultural Aviation Association，CAAA）目前共有会员 169 个，其经典机型包括 CL-35 等。发展中国家中，巴西在国家政策的支持下，使包括农业航空在内的通用航空得到迅速发展，目前巴西农业航空协会（Brazilian Agricultural Aviation Association）共有 143 个单位会员；伊帕内玛飞机是一款由巴西航空工业公司生产的在巴西最为畅销的农用飞机（图 5.12），已经持续生产了 40 余年；2012 年，66 架该款飞机得以售出；该款飞机可实现的功能较多，主要包括

图 5.10　安-24

图 5.11　PL-12 Airtruk Aircraft

图 5.12　伊帕内玛

喷洒农药和化肥、农作物的播种、撒播鱼苗及灭火等，达到了很好的虫害防治效果；使用该款飞机进行作业的主要农作物包括柑橘类水果、桉树、棉花、甘蔗、玉米、大豆和咖啡。在韩国，农业航空应用起步较晚，在 2003 年首次引进了直升机用于农业航空作业，应用效果较好，农业航空作业面积因此逐年增加；截至 2010 年，全国共有 121 架农用直升机，其中，植保无人机 101 架，其年作业面积可达 43 460hm$^2$；有人驾驶直升机有 20 架，其年作业面积为 55 200hm$^2$。

　　总体上来说，无人机市场处于刚刚兴起，正在逐步取代传统地面作业，如遥感与航空摄影、植保喷药、农田信息采集等。由于无人机存在各种样式，其安全性和可靠性仍需验证，各国政策都对它进行了不同程度的限制，同时各国都在积极地加强对无人机的引导和支持，并将无人机纳入国家空中管理系统，使之成为各国飞行器的一部分，从而增加就业机会。

　　然而，对于我国而言，农业航空施药才是实现国家生态安全与粮食安全的有效保障。目前，我国受农药污染的耕地面积高达 130 000～160 000km$^2$（李丽等，2012）。2014 年统计结果显示，我国农药喷洒量为 400 000t，传统的喷洒手段下农药的有效利用率却小于 30%，但是植保无人机在空中喷药过后，农药有效利用率可达 81.3%。除此之外，植保无人机的精准施药技术也已经成为降低农药残留的有效手段。无人机植保机械正在向自动化、轻巧化、智能化的方向转型。

　　我国的植保无人机飞行始于 1951 年，随着农业科技的进步，如今无人机植保机械也迎来了高科技的智能转型阶段，该阶段的转型特点为：①智能控制起点低，植保无人机主要由飞行平台、飞控系统和喷洒系统组成。②植保无人机机型五花八门，有固定翼、直升机、单旋翼、多旋翼等类型。③植保无人机动力系统分为电动和油动两种类型。我国土地单户种植面积较小，土地分散且地形大多不平整，油动无人机油动系统的动力足、续航时间久、载荷量大等优点难以充分发挥，并且因为研发难度和操作难度较大，油动无人机机构占比仅为 3%左右。因此，目前市场中推广较多的还是凭借灵活、成本低、操作简单、易维护等优势胜出的电动多旋翼植保无人机。④行业规范相对匮乏，植保无人机的喷药质量标准和作业评价指标尚不明确。⑤专业生产的企业数量虽然不少，但产品技术保障有待提高。目前市场上植保无人机种类繁多，有中航工业西安飞行自动控制研究所的 AF811/AR-100 型、中国人民解放军总参谋部第六十研究所的 Z-5 型和 Z-3 型、中国科学院沈阳自动化研究所的 ServoHeli-120 型、潍坊天翔航空工业有限公司的 V-750型、无锡汉和航空技术有限公司的 CD-10 型、北方天途航空技术发展有限公司的 RH-2型和 EH-3 型、北京博航联合技术有限公司的 BH330-200 型、珠海羽人飞行器有限公司的 YR-H-15 型、珠海银通农机科技有限公司的 YT-A5 型（张东彦等，2014）及无人机领域的领军人物——深圳市大疆创新科技有限公司在 2016 年 11 月推出的 MG-1S 农用植保无人机。

　　分析表 5.2 可知，我国在固定翼飞机与旋翼无人机的数量、作业面积等方面都和国外主要国家有较大差距，然而，这也说明农用施药飞机、无人机在我国有巨大的发展和应用前景。

　　在植保无人机发展的未来几年中，我国应该首先立足于国内农业实际生产需求，然后向应用较为成熟的国家，如美国、日本、俄罗斯及澳大利亚等国学习，借鉴其在农用施药飞机机型上丰富的配置经验，大型农用飞机的生产服务体系建设可参考欧盟标准，植保无人机的作业规范可参考日韩标准。在农业部各项政策扶持下，在国家专项科研资

**表 5.2　国内外航空施药飞机的应用**

| 国家 | 数量/架 | 类型 | 作业面积比例/% | 备注 |
|------|---------|------|----------------|------|
| 美国 | 4 000 | AT-402，510G | 40 | 农用飞机、无人机 |
| 俄罗斯 | 11 000 | M-18 | 35 | 农用飞机 |
| 巴西 | 1 050 | AT-402，510G | 20 | 农用飞机 |
| 中国 | 500 | Y-5，Y12，M-18，510G | 1.8 | 农用飞机 |
| | | RH-2，RH-3，YR-H-15 | | 无人机 |
| 日本 | 2 346 | YAMAHA RMAX | 30 | 无人机 |
| 韩国 | 500 | Roll-balanced helicopter | 20 | 无人机 |

金的大力支持下，引进并消化国外先进成熟的农用航空喷洒技术，同时开发设计具有自主知识产权的农用植保无人机，建立健全我国农用航空施药飞机作业的行业标准及作业规范。

# 5.2　航空植保的优点

航空植保在我国具有无限的发展潜力。随着我国精准农业发展要求的提高，在国家的大力扶持下，农业航空得到飞速发展，科技部、农业部及相关部委在近几年的科研规划中都将农业航空应用作为重要支持方向。"十二五"规划中，将"微小型无人机遥感信息获取与作物养分管理技术"等农用航空计划进行了立项研究；"基于低空遥感的作物追肥变量管理技术与装备"和"无人机变量喷药控制分析平台的研发"均被列入"十三五"课题。在各级政府部门、农业机械企业和各大农业院校及科研院所的广泛关注下，植保无人机在我国取得了快速发展，并以较高的工作效率投入到真正的农用植保无人机工作中。高浓度、低容量的低空植保无人机施药技术已经成为我国农业植保无人机领域有力的新生力量，植保无人机的优势包括：适应能力强、作业高效、节省劳动力、节约资源、保护人身健康和环境。

## 5.2.1　适应能力强

航空施药不仅对突发性、暴发性显著的病虫害具有实时、快速处理的优势，也对药剂类型有超强的适应性，无论是选用水剂、油剂还是乳剂，又或者是固体颗粒的粉剂。与地面机械田间作业相比，无人机的空中飞行对地面土壤和农作物破坏程度小。在复杂多变的农林地形，如崎岖山林、遍布高大植株或灌木排布紧密的农林环境中，植保无人机更是凭借其体积小、可悬停、调控灵活等优势，在各个领域中展现出超强的作业环境适应能力和高效的作业能力。例如，植保无人机能够搭载全球定位系统（global positioning system，GPS），借助 GPS 导航系统，可根据不同作业地形、作业时期环境来规划无人机的作业路线，减少漏喷和重喷现象的发生，实现药物喷施的高覆盖率和最大程度的喷施自动化。植保无人机还采用雷达或超声波等先进技术，达到无人机壁障作业和仿地形飞行的目的，给山地、林区和高原等特殊地段带来了福音。

### 5.2.2 作业高效

**1. 作业成本低**

美国 Sky Tractor 农业航空服务公司的研究数据显示：每英亩的作业面积上，航空作业与地面机械作业相比，可减少作物损伤及其他支出，如用水、用工、油料、维修、折旧等共计约 40 美元。

**2. 作业收益高**

在《无人机系统新兴应用市场分析报告》中，罗锡文于 2013 年根据生产实践的数据推算，按照微小型无人机使用寿命为 5 年、机动喷雾机与手动喷雾器的使用寿命为 3 年来计算，在进行航空喷施作业中，以年度收益为主要评价指标时，有效载荷为 25kg 的单旋翼油动无人直升机和有效载荷为 15kg 的单旋翼电动无人直升机分别是机动喷雾机的 33 倍和 25 倍；未将人工成本计算在内时，二者分别是人工手动喷雾器的 133 倍和 93 倍。

**3. 作业效率高**

植保无人机喷药采用航空专用药剂，药剂主要特点就是低容量、高浓度。刘婷韬（2014）在为北京市植保无人机推广发展提出意见时，提到植保无人机的喷洒效率是人工喷洒的 100 倍，可达到 $4.00 \sim 6.67 \mathrm{hm}^2/\mathrm{h}$。

**4. 作业质量好**

飞机飞行产生的下洗气流使雾滴在冠层内有更大的渗透性，增加了雾滴在植物叶片上的沉积压力，有助于叶片对雾滴的吸收；无人机旋翼产生的涡流会吹动叶片，使叶片的正、反面均能接触到药液，大大增加了作物各部位与药剂的接触概率，与机械与人工喷洒系统相比，旋翼无人机将作物病虫害防治效果提高了 15%～35%。

### 5.2.3 节省劳动力

农村劳动力逐年降低，原因主要有以下两个方面：①随着工业化脚步的加快，第二和第三产业快速发展，使得人们在高收入的驱动下向该类产业流动；乡镇工业与城市经济相对较快的发展也促使农村劳动力逐渐从农村转移出来，具有代表性的行为就是"民工潮"，它是社会发展的必经历程，也是工业化进程中的必然产物，它揭示了经济规律中的协调规律，也反映了社会人口空间布局变化规律。②我国实行的计划生育政策使得农村出生率降低，现阶段的适龄劳动从业人员减少，老龄化趋势明显，导致劳动供给增速放缓。科技进步带动农用航空自动化程度的提高，植保无人机的快速发展和广泛应用为我国农村的农业生产节省了大批的劳动人员，有效地解决了农村劳动力向城市大范围迁移及劳动供给增速放缓造成的农村劳动力数量不足的问题。

### 5.2.4 节约资源

无人机施液量为 $1 \sim 2 \mathrm{L}/\mathrm{hm}^2$，占传统喷洒机械喷洒量的 2%～4%（Xue et al.，2016）。

低量喷雾提高了农药利用率，相比于田间喷药机械能源损耗低。例如，无人机喷洒系统安装变量喷洒装置，脉冲宽度调制（PWM）是将模拟信号电平进行数字编码的一种方法。PWM 变量喷洒技术是在一个控制周期内，通过调节电磁阀开闭的时间对流量进行调节，是通过降低农药使用量来实现变量喷洒的常用技术手段（蒋焕煜和周鸣川，2015）。利用 PWM 变量喷洒技术，可以针对不同作业参数，如作业高度、飞行速度等，农田作物不同养分分布及作物分布疏密等情况，通过改变脉冲的宽度或占空比来调压，只要控制方法得当，就可以使频率与电压协调变化，达到减少喷洒量、精准喷洒的效果，使植保无人机具备极好的实时调整喷洒作业参数，并对其喷洒系统各功能进行全方位优化的能力。

### 5.2.5  保护人身健康和环境

航空施药操作员无须与农药直接接触，降低了农药对农民的伤害。目前，我国受农药污染的耕地面积高达 130 000～160 000km$^2$（李丽等，2012），采用低容量喷洒为我国农药资源的高效利用提供了科学支撑和技术保障。农业航空的精准施药标准保证药液在目标物上的精准喷洒，减少了雾滴在目标区以外地方的飘移，对我国农田环境、周边水域环境及附近百姓的身体健康进行了有效的保护。

## 5.3  航空植保发展的研究重点与关键技术

### 5.3.1  航空植保发展的研究重点

科技改变世界，科技发展带动产业进步，机械化的时代已悄然来临。陈娇龙等（2013）总结到：植保无人机的概念可以追溯到德国人于 1911 年提出的用飞机喷洒农药来预防森林虫害，而美国在 1949 年研制出世界上第一台专用于航空喷雾的农用飞机。经过 30 多年的发展，日本于 1987 年研制出第一台农用无人机，此后，日本农用无人机取得迅猛发展，成为世界上农用无人机生产及运用第一大国。

我国植保飞机开始于 1951 年。我国农业虽然比其他产业发展滞缓，短时间内还跟不上其他许多机械领域的步伐，但也慢慢从半自动化一点点转化起来。如今植保机械也迎来了高科技的智能转型阶段，该阶段的转型特点为：智能控制起点低，植保机型五花八门，行业规范相对匮乏。尽管如此，却也处处充满生机，多种机型齐头并进，多家企业取长补短，研发高效、优质植保飞机的劲头十足。一番优胜劣汰过后，目前市场中出现较多的还是凭借多种优势胜出的多旋翼植保无人机。总而言之，植保机械正在向自动化、轻巧化、智能化等方向转型。

目前，我国农用植保无人机已进入小批量生产阶段，但依然处于半自驾阶段。以现在市场中使用较广泛的多旋翼无人机为例，虽然具有灵活、可悬停、起降方便和价格低等优点，但也存在以下具体问题：①动力系统是机械的"心脏"部分，由于动力技术相对于国外较为落后，机械动力不足；②飞机续航时间短，无人机以电动力飞行，1 块电池可以续航 8～10min，不适合大范围、长时间的植保作业，农田大面积作业过程中需要多次更换电池，使用电池具有成本较高且充电时间长、耗损期短等缺点；而油动无人机的续航时间为 10～30min，油动系统动力足，将油动和电动两种动力结合使用的油电混合动力无人机，续航时间可以达到 60min 以上。另外，我国的施药技术和施药器械还比较落后，喷洒系统和飞行控制系统自动化程度不高，农药的有效利用率仅为 20%～40%，大部分农药都流失到土壤和环境中，不仅造成巨大的资源浪费，而且严重污染生态环境。由此可见，应为农田植保作业研制续航能力更强、稳定耐用的动力系统，并且进一步改善无人机的飞行控制系统，降低因飞机起降造成的能源浪费现象的发生率。无人机飞行高度、飞行速度及航线规划等方面都很容易受到操作员的操作影响，目测判断的差异很容易使植保作业发生漏喷或重喷的现象，对施药效果造成不良的影响。

总而言之，与发达国家成熟的农业航空应用体系相比，我国在很多方面还存在很大的不足，如航空施药基础理论研究、航空静电喷雾技术、航空变量施药技术及低空喷洒沉降规律等。所以，借鉴国外有人机植保经验，采用大量先进技术，提高设备的可靠性、安全性及方便性，提高我国植保机械技术水平，同时满足越来越高的环保要求，进行高效、低量、低污染、有良好防治效果的航空施药技术研究与植保无人机喷洒部件结构的优化设计及相应机载设备的开发是一项迫切的工作。

航空植保专用药剂的高浓度特性要求我们一定要注意用药安全，如何克服消极影响，充分发挥农药的积极作用，以取得最佳社会效益和经济效益，已然成为农药、药械、植保及环境科学等领域的重要课题。近几年来在有关农药、植保、药械的国际学术研讨会上，很多专家学者指出：当前施药技术正处于一个技术革新的新时期，这场技术革新的关键是科学、均匀、经济而又安全有效地将农药施洒到靶标作物关键位置上，提高农药的有效利用率，减少飘移流失，降低环境污染，期待用最少量的农药达到最佳的防治效果。其中，安全施药成为核心问题。

针对目前我国农业航空发展过程中出现的种种问题，应当对植保机械关键技术提出更高要求：①应满足农业、林业、园艺等不同自然条件下，不同生态、不同种类植物病、草、虫、菌害的防治要求；②可以将液体、粉剂、油剂或颗粒等各种剂型的农药均匀散布在靶标作物所要求的部位上；③所施用的农药要在植株各部位上有较高的附着率，在植株冠层有较高的渗透率及较少的雾滴飘移损失；④喷洒机具应具备基本的安全性、稳定性、较好的使用经济性及较高的生产效率。

随着精准农业发展要求的提高，一些不同类型的精准农业技术包括全球定位系统（GPS）、遥感系统（RS）、地理信息系统（GIS）、作物生产专家管理系统与新类型喷洒设备及部件，也逐步与农业航空进行结合运用。这些精准农业技术在农业方面的应用，进一步提升了美国农业航空技术水平。美国、日本等发达国家在农业航空先进技术方面的研究热点，主要包括以下 3 个方面：图像实时处理系统、多传感器数据融合技术和变量喷洒系统。

## 1. 图像实时处理系统

图像的实时处理可以缩小航空变量喷洒和遥感的差距。数据的采集与处理是农业航空精细喷洒的重要部分之一。无论是人们的观察、实验室样品的检测、空中的图像采集，还是地面传感器及仪器的监测，都需要进行准确的数据分析，这样对数据进行处理后才可以得到更加真实可靠的实验结果和喷洒效果。为了可以准确绘制出航空变量喷洒地图，对多光谱图像的实时处理是一个挑战。该项研究的终极目标是建立一个拥有友好界面的图像处理软件，旨在快速分析和处理空中图像数据，以便在采集数据后可以立即进行变量喷洒作业。

### 2. 多传感器数据融合技术

多传感器数据融合技术可以把不同检测位置的多光谱数据、环境数据、多分辨率数据及生物数据进行综合，并能够实现传感器之间可能存在的冗余的消除及矛盾数据的互补，降低数据的不确定性，形成一套相对完整、一致的感知描述，进而使遥感系统决策、规划、反映的正确性和快速性得以提高。

### 3. 变量喷洒系统

目前，市场中的商业变量喷洒控制设备操作困难，但成本居高不下，因此变量喷洒系统在应用推广的时候受到限制，所以应该着力开发一种经济有效的、拥有友好软件界面的整合系统，方便实时对空间分布信息进行处理，并对有效面积上的喷洒作业进行科学指导。此外，喷洒部件中的关键——喷嘴，应设计达到释放雾滴并使其沉积均匀的目的，并提供最大的覆盖面积及沉积密度，尤其是喷嘴孔径大小应根据可以提供的药液压力界限来设计，也可以对喷嘴的最佳压力范围进行调节。适用于农业航空精准喷洒作业的变量喷洒系统会大大提高农药的有效利用率，在节省农药的同时，药效能达到农民的要求，还可以达到节能环保的目的。

由于 PWM 变量喷雾系统在作业过程中喷头是不连续作业的，因此雾滴的沉积分布均匀性，尤其是喷雾机运动方向上的分布均匀性难以把控，为此浙江大学蒋焕煜和周鸣川（2015）利用高速电磁阀、不锈钢压力罐、压力传感器、气泵、调速输送带等构建了一套动态 PWM 变量喷雾实验平台，并对该平台动态喷雾雾滴分布特性进行了实验研究。研究表明，衡量雾滴沉积分布均匀性的指标——变异系数（CV）随控制信号占空比的增大而减小；控制信号频率在很大程度上影响着动态喷雾雾滴的分布均匀性，变异系数同样会随着控制信号频率的增大而减小；虽然喷雾压力对变异系数的影响较小，但在喷雾压力增大的情况下，变异系数还是会小幅度增加。

## 5.3.2　航空植保的关键技术

当前在我国农作物的生产过程中，仍然以人工喷洒、半机械化小型机（电）动喷雾机喷洒农药作为防治虫害的主要方式。相关资料显示，目前我国使用的手动施药药械和背负式机动药械在植保机械保有量中的占比分别为 93.07% 和 5.53%，另外，拖拉机悬挂式植保机械占比为 0.57%。然而，农作物的病虫害呈现出的特点为暴发性、迁飞性和流行性等，目前的植保方式明显与其发生特点不匹配；从农业生产方式来看，我国目前已进入规模化生产模式，传统的小型半机械化防治病虫害的措施与其模式也不匹配；此外，传统的植保作业方式需要大批量农村劳动力提供支持，且劳动强度过大，而我国已步入工业化进程，大批农村青壮年投入到高收入的第二、第三产业寻求发展，这与农村植保劳动力所需不匹配。

病虫害对粮食安全的危害不容小觑，粮食生产过程中的重要环节就是要做好病虫害的防治工作。我国农作物的种植地形多种多样，既有大面积的平原种植区，也有水田、丘陵等复杂地形，特殊地形给大型机械的田间运作造成了严重的不便，且大型机械对土壤的压实作用不利于农田作物的生长，从而给病虫害防治带来了难题。植保机械发展现状将会导致实时监测预警和统防统治脱节，一旦发生病虫灾害，就会使大面积农作物受害，经济损失惨重。我国农田不仅地形多样、田块也较为分散，学习国外大型有人植保机的使用方法只会增加能耗负担。国内航空植保机械呈现出向轻便灵活、价格低廉、高端智能机型方向发展的趋势。航空植保的关键技术体现在以下方面：低量喷雾技术，机电一体化技术，药液雾滴飘移控制技术，自动对靶施药技术，农药注入（DIS）和自清洗技术，生物防治方法和生物农药的喷洒装置研制和更加先进、高效的设计方法。

## 1. 低量喷雾技术

农业航空的低量喷雾技术不仅要求航空药剂具有高浓度特性，更要求对无人机装备自身结构进行改性和完善，达到以最少的农药起到最佳的防治效果的目的。林明远和赵刚（1996）将低量喷雾划分为以下 3 个级别：低量喷洒、微量喷洒和精量喷洒。

### 1）低量喷洒

常规喷雾所需水量较大，每公顷土地需 200～500L。为了减小植保机载重，降低为其添加药液的次数，节省资源和能源，提高喷洒效率，应当以低量喷雾代替传统大容量喷雾方式。将喷洒量减少后，如果雾滴的直径还是与常规喷雾的一样，那么雾滴在作物上分布均匀性差，因此，就要求低量喷雾的雾滴要小一些。为了达到喷量少、雾滴小的效果，需要将喷嘴结构进行改善，减小喷嘴孔径。而随之而来的小孔径堵塞问题就需要得到解决。一种空气辅助喷洒的作业方式可以用来满足这种要求，它是通过为喷雾提供气流帮助药液雾化，来获得小雾滴；另一种解决方法是在喷洒系统多处设置目数级别不同的过滤网，将药液中的颗粒物进行隔离，使药液更加流畅地进行雾化。

### 2）微量喷洒

近几年来，微量喷洒技术已被广泛应用于农业、园艺等领域，它比低量喷洒的用药量更少。例如，用于塑料大棚或玻璃温室的常温烟雾机，其喷洒量为 $2\sim4L/hm^2$，雾滴粒径仅为 $20\sim30\mu m$，甚至更小。微量喷洒的显著优点如下：更小的雾滴对植株冠层有较好的穿透性，叶子表面得到良好的药液覆盖；对飞行类害虫起到良好的防治效果；可以节省大量劳力和机耗能量。总体来说，微量施药方法提高了农药的有效利用率，对病虫害防治有更好的效果；减少了农药残留，有效地消除了高量喷洒药液损失到周围水域或土壤而造成的环境污染。

微量喷洒对雾滴大小与雾化质量都提出了更高的要求，一种用在微量喷洒作业中的控滴喷头由此产生。控滴喷头是一种机械式雾化装置，它的工作原理是：导入的药液在内锥面的旋转运动中被甩到锥面的边缘,边缘上分布的小齿或沟槽会将液体分离成一条条细线,这些雾线在与空气撞击的过程中产生细小雾滴。这种细小雾滴分布集中且均匀。由于不同喷雾对象有与其相适合的农药雾滴粒径要求,如对飞翔昆虫具有杀伤力的雾滴粒径为 $10\sim50\mu m$,对茎叶上昆虫有杀伤力的为 $30\sim50\mu m$,喷洒茎叶时雾滴粒径要求为 $40\sim100\mu m$,喷洒除草剂时雾滴粒径要求为 $250\sim500\mu m$,控滴喷头可以通过改变其转盘(转杯)的旋转速度,进而产生不同粒径范围的雾滴。为了提高雾滴在靶标对象表面的附着能力,有效防止细小雾滴的飘移,涡轮控滴喷头由此产生,它是在控滴喷头上联动一个叶轮,叶轮倾角可调节,叶轮旋转产生的气流会传送给雾滴,帮助雾滴更好地定向到达靶标。另外,气力喷头也可应用于微量喷洒,此种喷头不易损坏、可靠性强。由于药液中的一些化学混合物容易产生泡沫或受到气流的影响,喷量不易精准调定。德国Fontan 常温烟雾机就是一种气力喷头的应用实例,它是借助于联动的风机将雾滴吹送到距温室 60m 远的地方。

**3)精量喷洒**

精量喷洒与前文介绍的低量喷洒和微量喷洒的相似之处就是施液量少;它们的区别在于对靶喷洒。对靶喷洒可以确保在喷量较少的情况下,药液还能拥有较高的附着率,从而达到较好的病虫害防治效果。美国联邦海事委员会(FMC)将计算机控制系统应用于果园风送喷雾机,该系统首先通过超声波传感器来确定果树形状,机载计算机调控农药喷雾特性来与果树形状保持高度一致;其次,计算机可以调节总的喷洒量,使其与喷雾机的作业速度精准配合。无论喷洒系统的流量如何变化,控制系统始终保持管道内液压不变。对喷雾特性所需流量变化进行实时、精准的补偿,从而保证了精良喷洒过程中农药分布的对靶准确性。

## 2. 机电一体化技术

我国研制的植保无人机大多是以人工操控飞机飞行的方式进行植保作业,由航模发展来的无人机需要具有航模操作经验的操控人员,或者经专业培训至少 4 个月的飞手才可以到农田操控飞机进行植保作业,这提高了对农机操作人员的专业要求,在一定程度上限制了植保无人机的普及。相比之下,日本雅马哈公司的无人机市场普及率很高,因为雅马哈公司的无人机可以实现全傻瓜式的操作,操控人员只需按下飞行开关键,飞机便可自主起飞与降落,飞到一定高度后实现悬停,用户完全自主控制飞机的飞行方向,大大降低了对无人机操作人员的专业技术能力要求,所以,此类无人机的通用性较高。与美国、日本和韩国等具备丰富农用无人机应用经验的国家相比,我国无人机机电一体化技术还较为落后。我国应提升农用植保无人机的自动化水平,从而实现无人机的一体化操作,降低无人机喷洒作业过程中可能出现的人为因素的影响,逐步提升我国植保无人机的作业效率。

控制系统和电子显示系统已经成为大中型植保机械系统中不可缺少的部分。自走式喷雾机配备的电子显示系统功能齐全,但系统较为复杂;悬挂式或牵引式农机机型匹配的电子显示系统就相对简单些。电子显示系统一般可以显示喷量、压力、喷洒面积、机组前进速度、喷杆倾斜度和药箱药液量等。通过面板操作,可以控制电磁阀,并且可以调整系统压力及单位面积的喷液量等。

不同气象环境下,针对不同施药对象,有不同的施药量要求,因此,系统要依据农机前进速度自动调节单位时间的喷洒量。例如,自走式喷杆喷雾机在作业时,系统可根据不同的地况和气候条件、不同的作物种类及生长期高度等来实现施药量及雾滴粒径的自动调节。传统自走式果树风送喷雾机劳动强度大,且对操作者身体有严重侵害。日本开发出一种感应电缆式无人驾驶果树喷雾机,可以在规划好的果园里沿果园路径进行喷洒作业,在空中 150~200cm 处或地下 30cm 处设置感应电缆,并通以交流电,通过控制系统测量出其磁场中的感应信号,使机具沿感应电缆路径行走。控制系统除了可与个人计算机相连外,还可配置 GPS,从而实现精准施药。

### 3. 药液雾滴飘移控制技术

目前农业航空领域遇到的关键问题是雾滴飘移和蒸发。控制雾滴的飘移损失、提高药液的附着率成为减少农药流失及其对土壤及环境造成污染的重要措施。农田作业环境复杂多变,且飞机在飞行过程中会受到自然风等因素影响,这都会造成药液的飘移损失,使药液不能准确地落到靶标作物的关键位置,从而造成药液的浪费及农田周边环境的污染破坏,导致对作物病虫害的防治效果较差。因此,从喷洒作业参数方面来讲,针对不同机型的植保无人机进行进一步试验研究,得出最优作业高度、作业幅宽、雾滴粒径和喷雾速度等参数;从结构上来讲,可以优化喷头、喷嘴等雾化结构,使其在喷洒过程中,减少雾滴的飘移损失,提高农药利用率,同时要加强规范化喷洒作业,将药液损失和环境损害都控制在最低程度。

国外在控制雾滴飘移方面开发了多项技术,如防飘移喷头、静电喷雾技术、风幕技术及雾滴回收技术等。其中,使用静电喷雾技术可将药液损失减少 65%以上,但由于该项技术成本过高,应用到产品上尚未完全成熟,因此目前只有少量植保机械采用静电喷雾技术施行喷洒作业。在 20 世纪末期,风幕技术在欧洲兴起,该技术是将风筒和风机增加到喷杆喷雾机的喷杆上,喷雾机喷雾时,喷头上方强制沿喷雾方向送风,进而形成风幕。风幕技术不仅增大了雾滴在作物冠层间的穿透力,而且可以在有风(小于 4 级风)的环境下进行工作,不会发生雾滴飘移现象,从而节省 20%~60%的施药量。但由于添加风幕技术导致成本升高,而且喷杆的折叠和悬挂机构复杂且庞大,因此植保机械厂家又开发出新型防飘移喷头。该喷头的工作压力为 300~800kPa,气流从喷头的两侧小孔进入,在喷头内部形成气液混合体,由于颗粒较粗,喷出后不易飘移且穿透性好,气液颗粒在击中靶标后发生爆炸,形成更小、更多的液体颗粒,在靶标表面达到更好的覆盖率。使用这种喷头的喷雾机同样可以在防止雾滴飘移和提高附着率方面达到风幕式喷杆喷雾机的良好效果。

### 4. 自动对靶施药技术

在目前的实际生产应用中,可以实现对靶精准喷药的主要有以下两种方式。首先,可以利用图像识别技术对农田的图像进行实时采集,利用机器视觉与深度学习的方法,结合样本特征库的数据进行比对,判别识别区域中的对象为作物、杂草还是空地等,然后根据不同的判别结果判定控制系统是否开始进行喷洒。其次,可以基于叶色素光学传感系统和超声波测距系统对作物进行特征识别，这些装置在田间随作业机械按照特定线路进行运动的过程中，如果识别到了作物的存在，可以通过控制平台将喷头的位置调整到作物上方进行喷洒。在同等喷施效果下，使用该种技术可以减少60%～80%的用药量。然而目前这种技术只能在裸地上使用，并且由于成本和技术方面的原因，以上两种方式还处于试验改进和应用推广阶段。傅泽田等（2007）在精准施药研究中提出以下两种主要的自动对靶喷雾技术。

**1）基于实时传感器的自动对靶喷雾技术**

人工神经网络（ANN）被广泛运用于基于可见光图像对特征物体进行的分类识别之中，在农业机器视觉中也有极大的应用。Yang 等（2003）利用 ANN 技术与模糊控制（fuzzy control）技术对除草剂施药作业进行了进一步的仿真与模拟。如图 5.13 所示，利用图像采集系统获取农田中的图像数据，利用深度学习进行杂草和作物的识别与分类，确定农田杂草和作物的整体分布情况；根据分布情况，基于模糊控制的基本原理，确定除草剂在不同区域的喷药量。结果表明喷洒系统的对靶覆盖率为 80%～90%。

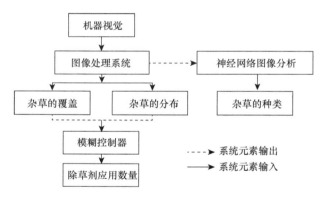

图 5.13　基于神经网络和模糊控制结构图

Tian（2002）研制的喷雾机是一种基于机器视觉技术的对靶喷雾机，整套系统由主控计算机单元、雷达测速传感器、机器视觉装置、末端执行器等设备组成（图 5.14）。在系

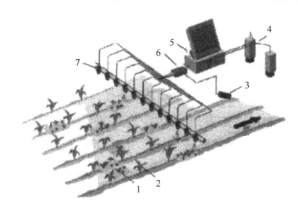

图 5.14　精准喷雾机（Tian，2002）

1. 杂草；2. 作物；3. 雷达测速传感器；4. 机器视觉装置；5. 主控计算机单元；6. 喷头控制器；7. 变量喷药喷头

统工作时，机器视觉装置采集农田图像数据，初步处理后传输给主控计算机单元进行分析；计算机主要采用杂草覆盖率算法与离散小波变换算法来判定与识别作物和杂草在图像中的分布；雷达测速传感器用于测量拖拉机行驶速度；在综合了上述所有数据之后，末端执行器中的喷头控制器调整变量喷药喷头的喷洒角度和速度，从而实现精准变量喷洒。

史岩（2004）在现有的自动对靶喷雾的基础上，开发了一套基于流量传感器的无级变量喷药系统（图 5.15）。该系统主要在机器视觉识别农田中作物与杂草的基础上，根据图像内作物与杂草的分布和覆盖率情况，通过安装在管路中的流量传感器反馈的管道内液体流速数据来设定与调节喷药速度和喷药量。在系统实际工作状态中，系统中的 CCD 摄像机采集农田图像信息，输入主控计算机进行图像处理，计算得到在该区域的计划喷药量；控制单元根据计划喷药量与压力传感器及流量传感器提供的管道内实时液体流量数据，控制实际喷药量达到预先设定的计划喷药量。喷雾系统末端执行器主要由多个喷洒单元组成，每个单元均由可控电磁阀、喷杆、比例减压阀、压力传感器和流量传感器组成。

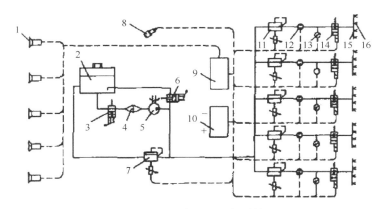

图 5.15　无级变量喷雾机结构图

1. 图像采集相机；2. 药箱；3、6、14. 可控电磁阀；4. 过滤器；5. 给药泵；7. 比例溢流阀；8. 雷达测速传感器；9. 嵌入式计算机；10. 电源；11. 比例减压阀；12. 流量传感器；13. 压力传感器；15. 喷杆；16. 压力式变量喷洒装置

计算机当中的主控单元通过总线扩展器当中的通用输入/输出口（general purpose input output，GPIO）管脚，将高低电平信号发送到变量喷洒装置的各个电磁阀，通过电磁阀实现各个喷洒单元的喷雾和停喷。此外，主控单元还可以将控制信号发送给各个喷雾单元的比例减压阀，调整喷洒的工作压力，实现无级变量喷雾。随着喷雾压力的变化，压力式变量喷雾装置可以线性调节喷量，这样不仅变化幅度较大，而且能维持稳定的雾化状态。这两个特点可以较好地满足自动对靶压力式变量施药系统的作业要求。

**2）基于地理信息技术的自动对靶喷雾技术**

3S 技术的主要内容包括了地理信息系统（GIS）、全球定位系统（GPS）、遥感（RS）技术，它是精准农业技术的重要组成部分。在自动变量对靶施药系统中，应用 3S 技术能够极大地提高施药装置的作业效率与效果。利用 GIS 技术、RS 技术和决策支持系统对农田的作物情况进行分析处理，生成基于经纬度坐标的作业处方图。自动对靶喷施机械根据设定的作业处方图，在全球定位系统的支持下，判别此时对靶喷雾装置的经纬度数据，对照作业处方图实时调节喷药量，进行喷雾作业。邱白晶等（2004）开发了一种运用 3S 技术的自动对靶变量喷雾控制装置，其系统组成结构如图 5.16 所示。其中，GPS 装置用于规划作业处方图并对喷雾控制装置进行位置定位，对于病虫害而言，主要是获得与位置信息相关的病虫害空间分布信息；GIS 技术主要用于记录分析实时采集的遥感数据，建立植物生长环境、作物生长状况、作物病虫害发展等信息的农情数据库，为分析农情和实施调控提供参考依据，为实施变量植保作业提供准确的作业处方图。在实施喷雾作业时，计算机控制台根据 GPS 装置对系统的定位、雷达传感器传输的系统运行速度信息、输液管路压力及作业处方图，形成植保作业指令控制信号；系统主控单元通过伺服阀控制流向喷杆的总流量，管路中安装有可以实时向主控单元反馈药液管路中液体流速信息的流量传感器，从而实现闭环控制，提高作业效率和效果。

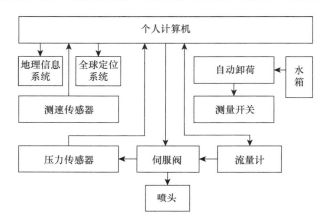

图 5.16　系统组成结构示意图

## 5. 农药注入和自清洗技术

在实际的植保喷药作业过程中，对人体造成主要危害的因素是在人工加药及药箱清洗过程中人体与残留药液的接触。如今市面上的大型与中型喷杆喷雾系统都装有农药注入装置。这种装置的原理是农药不直接混入待喷施的药箱中，而是把药加入专用的加药箱内，利用计量泵将一定剂量的药液加入水箱中进行混合。此外，还可以在加药箱中标有精确的计量刻度，按照刻度加入药剂后用非计量泵将加药箱内所有药剂泵入待喷施的药箱中。另外，也可以利用混药器按照一定的水和药剂的比例将药剂吸入水中进行混合，然后再用专门的搅拌系统将其搅匀。一般在喷杆喷雾系统中备有两个清水箱，分别用于人员洗消及机具洗消，避免了在作业过程中人体与药液的直接接触。此外，在植保无人机地面配药的过程中，也可以在雾化前利用液体的抽吸作用进行药剂混合与配制，这样完全避免了农药与植保作业人员的接触。

## 6. 生物防治方法和生物农药的喷洒装置研制

目前，发达国家中较为热门的植保研究领域就是利用生物来对植物病虫害进行防治的研究。适当运用机械化装备促进作物害虫天敌的繁殖与释放，其中，作物、害虫和有益生物（天敌）是农田生态系统中 3 个重要的组成成分。目前，多数研究集中在天敌-害虫、作物-害虫、作物-害虫-天敌的相互影响与关系上，而对于农田生态系统中的非作物植物与害虫、非作物植物与天敌之间的关系，以及它们之间相互作用的研究却是空白。

肖英方等（2013）在定义生物防治新概念时指出：生物防治植物病虫害的主要优势是可以充分利用自然界存在的植物或选育的作物。其特点主要表现在：①引入一种或几种植物到作物生长的生态系统中，增加了生物多样性，但不会对作物产量产生影响；②减少了化学药品的污染，为有机食品提供安全保障；③易于操作且经济实用。随着对生物防治的不断深入研究，研究人员会开发出很多新的生物防治植物，其作用优势会更加突出，也会被更多的生产者所接受。

生物防治植物是一个新概念，生物防治主要通过 3 种途径起作用。其一是拒避害虫，减少害虫的取食，直接抑制或将害虫杀灭，如抗性作物、杀虫植物、拒避植物和诱集植物；其二是通过影响有益生物，从而提高对害虫的控制作用，如直接或间接地为有益生物的繁殖提供有利条件，进而增加有益生物的种群数量，来提高生物防治效果，如载体植物、特定杂草或特定显花植物，最近美国佛罗里达大学在这一方面进行了木瓜载体植物系统等的开发研究；其三是不参与农田中害虫的直接控制，而是通过间接过程与防治害虫产生联系，如养虫植物等。

## 7. 更加先进、高效的设计方法

杨学军等（2002）采用计算机辅助设计（尤其是对喷杆喷雾机的喷杆悬挂系统和喷头），利用计算机数值动态仿真法，在各种工况下动态模拟喷杆的展开及折叠情况和药液的雾化，以此确定合理的喷洒作业参数。试验结果表明：此设计可靠、准确，而且速度快。徐博等（2015）在对无人机作业航线规划算法进行研究及对其进行验证时，利用小型旋翼无人机作为载体，搭载了农药喷雾设备进行喷洒作业，结果发现小型植保无人机具有起降无须跑道、地形适应性好、作业灵活及可悬停等特点。

# 5.4　植保专用作业飞行管理系统

植保专用作业飞行管理系统是植保无人机的重要组成部分。此系统对于植保无人机的田间作业管理，无人机实时信息的获取起到重要作用。该系统能基于不同的植保作业需求，对植保无人机作业任务实施自主规划与控制。为了实现上述目标，简易典型的植保专用作业飞行管理系统需要具有以下功能：①植保无人机的实时信息获取与监控；②植保无人机作业路径规划与作业任务发布。基于此，本节以典型的植保专用作业飞行管理系统为例，分析植保专用作业飞行管理系统的功能，阐述地面站系统在植保作业飞行管理中的应用。

## 5.4.1　无人机位置信息实时获取与标注

植保无人机一般在其无人机飞行平台上安装有 GPS，北斗等全球卫星定位装置。这些卫星定位装置通过接收卫星定位信号，从而提供飞机准确的经纬度数据，如果在地面基准站的帮助下进行信号修正，其定位精度可以满足植保无人机的作业需要。通过无人机上自带的无线数据传输链路与植保专用作业飞行管理系统相连，并发送坐标位置信息，即可将无人机的位置实时标注在地图上，供使用者对无人机实时位置进行监控（图5.17）。

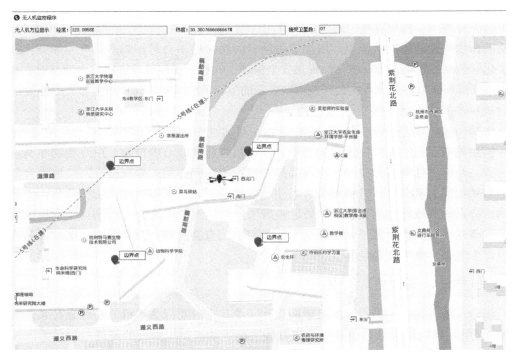

图 5.17　无人机位置标注演示

目前常用的低成本 GPS 模块均采用串口或者 I2C 等信号总线与主控元件，从而实现坐标数据传输与通信（图5.18）。当接收到小于 4 颗 GPS 卫星信号时，GPS 模块输出不包含 GPS 坐标信息的空白语句；而当其接收到 4 颗卫星以上的 GPS 信号时，数据接收模块会输出相关坐标信息。对于 GPS 的信息获取与解读，主要是基于 NMEA-0183 的通信协议格式进行的，其中，包含了 GPS 坐标信息的典型语句为 GPGGA 语句，其基本格式如图5.19 所示。

基于上述的通信协议，我们以逗号作为分隔符，将 GPGGA 语句分隔成一个字符串数组，直接读取该数组中特定位置的数据即可得到我们所要的定位坐标。以语句"$GPGGA，072121.00，3018.60770，N，12004.59050，E，1，04，6.39，54.1，M，7.1，M，*57"为例，在数据接收程序识别到"GPGGA"字符时，自动将语句以逗号为分隔符进行分隔，读取字符串数组中第 2、3、4、5 个数据即可得到我们所要的坐标："3018.60770，N，12004.59050，E"，经过单位和坐标转换，即可得到该坐标信息为东经 120.076 508 333 333°，北纬 30.310 128 333 333 3°。将该坐标信息输入地图程序模块中，即可在地图上标示出无人机的位置，将其与作业处方图进行对照，计算出当前所需的喷药量。

图 5.18　GPS 模块与配套天线

图 5.19　GPGGA 语句格式分解

①UTC 时间，时分秒格式（hh-小时，mm-分钟，ss-秒）；②纬度，度分格式（前三位数字为度，其余位数数字表示分）；③纬度半球（N 为北半球，S 为南半球）；④经度，度分格式（前三位数字为度，其余位数数字表示分）；⑤经度半球（E 为东经，W 为西经）；⑥GPS 状态（0＝未定位，1＝非差分定位，2＝差分定位）；⑦参与定位的卫星数量（00～12）；⑧水平精度因子；⑨海拔；⑩海拔单位（m）；⑪地球椭球面相对于大地水准面的高度；⑫地球椭球面相对于大地水准面的高度单位（m）；⑬差分时间；⑭差分站 ID 号（0000～1023）；⑮校验位

## 5.4.2　作业任务规划和界面设计

无人机喷药装置在被无人机等平台搭载升空时，会受载重量和安装位置的限制，其搭载的控制模块和装置空间十分有限，而且无人机植保作业对定位系统传输的坐标数据处理的实时性要求较高，所以，将数据接收程序模块、数据分析程序模块、作业处方图置于数据处理能力更强的地面端植保专用作业飞行管理系统中，可以提高整个植保作业系统的可靠性，因此，植保专用作业飞行管理系统的设计应该实现无人机坐标数据的实时获取、分析与处理功能。一套基本的系统用户界面设计如图 5.20 所示。

正常的系统工作流程为：打开程序—加载地图模块—选择串口号、波特率与工作模式—加载处方图—打开特定串口—开始工作。其中，如果地图区采用了网络地图产品或供应商的产品，系统就需要利用因特网接入地图数据库才可以实现正常的地图标示功能。在野外的工作环境下，利用目前覆盖率较高的 3G 和 4G 网络，可以有效地解决网络接入问题，从而实现无人机信息的实时标注和反馈。

由喷药装置上的 GPS 模块接收的 GPGGA 语句经由无线传输模块与 USB 接口传入系统；程序自动识别过滤出句首的 GPGGA 语句，将其按照分隔符分隔成多个字符串；读取特定位置的字符串即可得到坐标信息，将该坐标数据经由应用程序编程接口（API 接口）传输至网络地图数据库，即可得到标注无人机位置信息的地图。

目前植保无人机常用的任务规划方式为：将当前的无人机位置信息与预先制定的作业处方图进行比对，计算得出此时的设定喷药量，并以此为依据调节喷药装置进行喷洒。在如图 5.21 所示的作业处方图设计中，作业范围可以简单地被规定为由 4 个边界点组成的

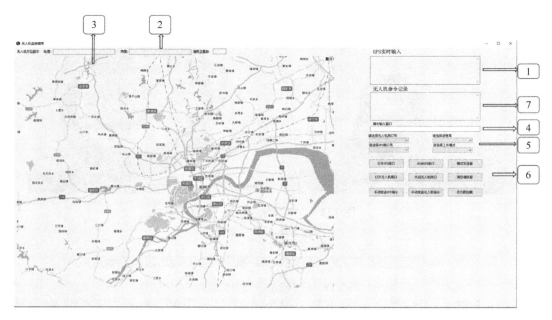

图 5.20　管理系统用户界面

1. GPS 数据输入区，实时显示经由无线传输模块传输进的 GPS 数据；2. 坐标显示区，实时输出当前无人机经纬度坐标及接收卫星信号个数；3. 地图区，加载地图程序模块，将经纬度坐标实时标示在地图上；4. 手动指令输入区，供手动输入相关指令进行系统修正与调试；5. 模式选择区，负责选择无线传输口号、波特率、系统工作模式等设置；6. 控制台，负责对系统进行操控；7. 命令传输区，实时记录软件对无人机发送的命令，便于监测系统状态

| $(X_1, Y_1)$ | | | $(X_2, Y_2)$ |
| --- | --- | --- | --- |
| 1 | 130 | 240 | |
| 23 | 10 | 123 | |
| 19 | 55 | 64 | |
| 73 | 25 | 5 | |
| 0 | 0 | 8 | |
| 0 | 0 | 0 | |
| $(X_3, Y_3)$ | | | $(X_4, Y_4)$ |

图 5.21　作业处方图设计

图中四边形的值表示该区域内设定的电泵的功率档位

四边形区域（事前测定），并规定在此四边形内的喷药量为一个特定值，该值范围为 0～255，将电泵的输出功率从 0 到最高功率分为 256 个档位，附在边界坐标点坐标之后，封装入作业处方图中。以此产生的作业处方图中的特定作业区域如图 5.22 所示。

图 5.22 中，作业处方图包含了在各个区域内的喷洒速度，从而能够为无人机提供一套较为完整的喷洒方案。

在喷药装置上的定位模块提供坐标之后，系统将无人机位置标示在地图上。程序根据经纬度坐标计算该坐标点到各个边界点之间的距离，进而通过余弦定理算出各个内角

图 5.22　喷药作业处方图（彩图请扫封底二维码）
4 个红色指示点即为作业区域的边界点，边界点围住的四边形区域即为喷洒区域

并判定其是否处于边界点圈定的范围内，从而发出调整转速的指令。当 $E$ 点不在四边形 $ABCD$ 范围内时，如图 5.23a 所示，其内角之和小于 360°；如果 $E$ 点在四边形 $ABCD$ 内部，如图 5.23b 所示，则其内角和等于 360°。故可以此作为判断无人机是否在指定作业区域内的标准。

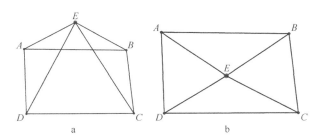

图 5.23　喷药装置相对位置判定原理图
$E$ 点为无人机位置，$A$、$B$、$C$、$D$ 为边界点位置

　　在农用无人机飞行作业过程中，无人机需要不分先后地前往多个固定路径航点，植保专用作业系统有时需要根据航点对其飞行路径进行自动规划，从而计算出能完成植保作业任务的最短飞行路径。目前借助于无人机地面站和飞行控制系统，已经可以实现计算机对于无人机飞行航向的自动控制。无人机路径规划可以通过枚举方法来进行遍历，从而得出最优路径。对于路径航点较少的区域而言，此种方法可以行之有效地得到全局最优解，然而当路径点增多时，计算量将呈几何倍数增加，运算量极大。基于此问题，路径规划时常引入人工智能算法来寻求最短路径，其中一种较为典型的最短路径规划算法就是遗传算法。

　　遗传算法是一种基于生物进化论而衍生出来的算法，它的主要内容就是优胜劣汰。适应度好的个体将在自然选择中获得更大的留存机会，将自己的优势传给下一代；而适应度差的则将更有可能在自然选择中失败，从而遭到淘汰。所以，这种算法主要包括了对于问题的分析编码、交叉计算、变异计算、适应度计算等几个环节，来完成对于问题中所有自变量有选择的遍历。经过多次迭代往复，就可以得到有意义的局部最优解。在植保专用作业系统中，将各个路径点以一定的方式进行编码，经过交叉、变异及适应度计算后，就可以在合适的硬件条件、功耗和运算能力下快速得到局部最优路径，从而为无人机路径规划问题提供一种解决方案（图 5.24）。

图 5.24　路径规划演示

## 5.5　植保机配套设施与检测手段

　　航空施药设备性能直接关系到农业航空作业的效率和服务于农业生产的可靠性。农用植保机的发展得到了我国政府的支持、老百姓的广泛认可。在打开农业市场的同时，农用植保机除了需要具备普通无人机必备的硬件系统和控制系统外，还需要拥有一套完整、可靠的喷洒系统，与之配套的航空植保专用药剂也要紧随其后。与传统农药不同，航空植保专用药剂在农药成分、选用助剂、配比浓度等方面都有着独特的要求和标准。

### 5.5.1　喷洒系统

　　农用植保无人机与其他领域无人机的很大区别在于它拥有着一套适合农田喷洒作业的喷洒系统。该系统主要部件包括：水泵、药箱、喷嘴和管路。

　　水泵作为动力系统，是农用植保无人机喷洒系统的"心脏"部件。水泵是用来使液体增压并输送液体的机械，它输送的液体主要包括水、油、普通液体、乳化液、酸碱液、液态金属和悬乳液等；也可以用来输送气体混合物及含悬浮固体物的液体。水泵工作实现过程：将原动机的机械能或其他外部能量传送给水泵内容物，使其能量增加。衡量水泵性能的技术参数包括：流量、扬程、轴功率、水功率、吸程和效率等。根据工作原理的不同，可将水泵分为容积泵和叶片泵等类型。容积泵是利用工作室内液体容积的变化来输送液体，具体包括隔膜泵、齿轮泵、活塞泵、柱塞泵、螺杆泵等。叶片泵是通过泵中叶轮的高速旋转，将其机械能转化为泵内液体的动能和压能，叶轮中有弯曲、扭曲的叶片，因此称为叶片泵。叶轮结构的不同导致对液体作用力的不同，由此叶片泵又可分为：①离心泵，依靠叶轮旋转形成的惯性离心力来将液体抽送的泵；②轴流泵，依靠叶轮旋转产生的轴向推力而将液体抽送的泵，这属于大流量、低扬程的泵型，一般技术参数的性能为扬程 $1\sim12m$、比转数 $500\sim1600$、流量 $0.3\sim65m^3/s$；③混流泵，依靠叶轮旋转既产生惯性离心力也产生轴向推力，二者共同将液体抽送的泵。其他类型的泵还有水锤泵、电磁泵、射流泵等。

农用植保无人机喷洒系统配备的药箱首先要在飞机承重范围之内，其次结构还要对称来保持飞机的基本平衡。一个合格的植保无人机药箱一定要具备轻质、防腐蚀、不漏水、与其他部件紧密结合的多种特性。喷洒用药箱内还需根据喷洒雾滴粒径的不同要求，配备不同尺寸的过滤网，用来过滤药液中的杂质或者大分子固体物质，防止堵塞管路和喷嘴。药液在飞行过程中会出现动荡现象，因此，药箱内还需配备防药液动荡装置。

农用植保无人机喷洒系统配备的管路需要具备防腐蚀的特性，配备的喷头、喷嘴或者泄压阀选用的制作材料同样要具备防腐蚀的特性。喷嘴作为喷射药液的关键部件，在控制雾滴特性上起着举足轻重的作用。精准农业作业要求是精准和稳定，目标田区的目标作物上的目标组织的精准喷洒要求植保无人机喷洒出的液滴具备高浓度、低容量的特性，因此，喷嘴的材料和结构设计一定要符合航空植保作业精细雾滴的要求。

## 5.5.2 航空植保专用药剂

航空植保专用药剂应当满足航空植保高浓度、细喷雾、低容量的低空、低量喷雾技术要求，此外，对药液的持效期和残留也有一定要求，并且要达到对作物无害的效果。按照作业方式来划分，农药大致可分为触杀型和内吸型两种。触杀型药剂（简称触杀剂）能经皮肤进入人、虫、畜体内，引起中毒。石油乳化剂可在害虫体表形成薄膜，封闭气门使害虫窒息致死，也属于一种触杀剂。这类药剂必须在直接接触昆虫后进入其体内，才会使昆虫中毒死亡。大部分杀虫剂以触杀作用为主，兼具胃毒作用，但是对于蚧壳虫一类，其表面有很多蜡质，触杀型杀虫剂不易渗透进体内，可在触杀剂中加入增加渗透力的展着剂，如有机硅，以此提高防治效果，或者使用内吸型杀虫剂。常见的触杀剂有辛硫磷、马拉硫磷、氯吡硫磷、抗蚜威、溴氰菊酯、氰戊菊酯等。内吸型药剂是能通过植物叶、茎、根部吸收进入植物体，在植物体内输导至作用部位的药剂。内吸型药剂按照运行方向又可分为向顶性内吸输导作用和向基性内吸输导作用。此类药剂本身或其代谢物可以对已侵染的病原菌生长发育过程进行抑制，从而保护植物免受病原菌的二次侵染。该类杀菌剂适合在植物发病后进行施药治疗，可直接喷施、拌种或进行土壤处理（灌浇、沟施等）。在实际使用中，因其作用点单一，病原菌易产生抗药性，而往往与其他多作用点的非内吸性杀菌剂混用，以延缓抗药性的产生。有些药剂能被植物吸入体内，但不能在体内输导，将此现象称为渗透作用或内渗作用，以有别于内吸作用。

　　传统农药制剂主要有乳油剂型和粉剂型。乳油剂型就是将不溶于水的原药溶于甲苯、二甲苯等有机溶剂中，与乳化剂一起配合而制作出的农药制剂；粉剂型主要是可湿性粉剂，是可以在水中分散后，形成稳定悬浮液的粉状制剂。在航空植保领域，应当选用活性高、有内吸传导性、亩用量少、对作物无害的活性成分，以水基化的水剂、悬浮剂、水乳剂作为主要剂型的新型药剂来配制航空植保专用药剂。飞防药剂中经常会添加飞防专用助剂，用来增加雾滴的沉降率、细小雾滴的比率，减少飘移；或是添加表面活性剂，通过药液在植物叶片表面附着，增强叶片表面张力，使药液以更小的接触角附着在叶片上，可以高效渗透进叶片内部，使作物更好地吸收药液，同时减少药液，在复杂多变的农林环境内喷洒的过程中，受高温或风场等影响所产生的加速蒸发现象。

### 5.5.3　喷洒效果的检测手段

　　近几年农用航空行业发展迅速，行业规范匮乏，这从一定角度说明我们并没有一个体系化的喷雾效果检测系统。从国外喷洒检测试验和我们多次喷洒试验积累的经验得出：①从作业效率上来讲，利用农用植保无人机需要达到的喷洒量应该为 0.8～1.0L/亩；②从喷洒类型上讲，可以把农药喷洒分为常量喷洒，即每公顷喷洒量大于 30L（含）的喷洒作业；低容量喷洒，即每公顷喷洒量为 5～30L 的喷洒作业；超低容量喷洒，即每公顷喷洒量小于 5L（含）的喷洒作业；③从喷雾特性上来讲，雾滴在单位面积上的沉积密度（个/cm$^2$）、沉积覆盖率（%）、雾滴粒径大小（μm）及雾滴沉积均匀情况都是影响药滴在植物叶片上附着和吸收的因素，从而作为达到药效的主要评价指标。

　　单位面积雾滴沉积密度计算公式如下：

$$D = \frac{x}{S} \tag{5.1}$$

式中，$D$ 为单位面积雾滴沉积密度（个/cm$^2$）；$x$ 为该水敏纸上雾滴沉积数量（个）；$S$ 为该水敏纸面积（cm$^2$）。

　　雾滴沉积覆盖率计算公式如下：

$$C = \frac{A}{S} \tag{5.2}$$

式中，$C$ 为雾滴沉积覆盖率（%）；$A$ 为该水敏纸上沉积的所有雾滴面积之和（cm$^2$）；$S$ 为该水敏纸面积（cm$^2$）。

　　雾滴密度变异系数是反映雾滴沉积均匀性的重要参数。变异系数越小，雾滴沉积越均匀；反之，雾滴沉积越分散。其计算公式如下：

$$\bar{X} = \frac{\sum X_i}{n} \tag{5.3}$$

$$d = \left[ \frac{\sum \left( (X_i) \sum \bar{X} \right)^2}{n-1} \right]^{\frac{1}{2}} \tag{5.4}$$

$$CV = \frac{d}{\overline{X}} \times 100\% \tag{5.5}$$

式中，$X_i$ 为各采集卡上单位面积雾滴沉积密度（个/cm²）；$\overline{X}$ 为所有采集卡单位面积雾滴沉积密度的平均值；$n$ 为本次试验采集卡数量；$d$ 为一条采集带上所有采集卡单位面积雾滴沉积密度的标准差；CV 是单位面积雾滴沉积分布的变异系数。

雾滴尺寸的测量方法有很多，按照测量原理，可分为 3 类：机械测量、电子测量和光学测量。

机械测量方法的工作原理简单，但需要将雾滴集中收集进行分析处理。此类方法具体包括：压痕法、熔蜡法、冷冻法和沉降法。压痕法是利用显微镜或图像处理技术对粒子撞击压痕或雾滴沉积印痕进行测量；熔蜡法是对收集的颗粒进行统计测量；冷冻法是借助显微镜对收集的固体颗粒进行直接测量（Sifiso et al.，2015）；沉降法与熔蜡法类似，都需要进行统计测量。相比较而言，压痕法是成本较低且简便可行的雾滴尺寸测量方法。

电子测量方法的工作原理是对雾滴所产生的电子脉冲进行测量和分析，最后将其转化为雾滴粒径大小分布的图谱形式。此方法具体包括：电极法、热线法和导线法等。电子测量属于统计方法，可以节省测量时间，并且计数简单。但是，如果安装电极、热线或导线的数目太少，测量结果就不能代表整个喷雾场的情况；如果安装数量太多，则会对喷雾场造成干扰（Tate，1982）。

相比较而言，光学测量方法就不会对喷雾场形成干扰，它是一种无接触式的雾滴粒径测量方法。它从大类上可以分为摄影法和非摄影法。摄影法具体包括高速摄像或高速摄影法、激光全息摄影法和闪光摄影法等；而非摄影法则是以激光作为入射光源，具体包括激光多普勒法、多源散射光法、马尔文激光衍射法和干涉条纹光谱法等（Nuyttens et al.，2005）。

电子测量方法和光学测量方法具有成本高、不适合田间即时测量的缺点。因此，通过水敏纸雾滴印迹修正测定的方法在无人机施药雾滴特性检测方面应用得更加广泛。水敏纸是一类单色化学试纸，遇到水滴会变色，显示出液滴的沉积情况。其工作原理是：水敏纸中的某一种或某几种成分遇水发生变色反应，并且水敏纸越精准，液滴在试纸上的扩散系数越小，试纸上液滴沉积变色的区域就越接近液滴原本的尺寸和形状（图 5.25）。

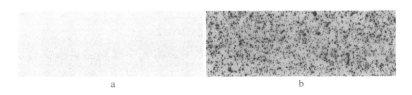

a                                      b

图 5.25　水敏纸喷洒前（a）、喷洒后（b）效果图

在用水敏纸对雾滴特性进行检测的过程中，需要注意水敏纸上印痕的大小并不是雾滴的真实尺寸（图 5.26）。当雾滴沉积到水敏纸上时，会存在相应的扩散系数，扩散系数的大小并不是恒定的，它会受到喷洒材料、设备、气象等多种因素影响。

图 5.26　雾滴在水敏纸上扩散示意图

　　近年来，关于田间雾滴沉积状况的检测，也有较多研究中提到使用荧光染料作为药液载体来对雾滴沉积量进行计算，具体方法在秦维彩等（2014）的文章中有详细说明：将荧光剂添加至农药样品中，在试验田相应位置布置好聚酯卡，每一次喷洒试验过后，收回聚酯卡，将其上的溶液再度溶解后，使用分光光度计记录其在某一波长光波下的吸光度，根据吸光度与浓度成正比的关系，得到不同试验位置上荧光染料的浓度，从而推算出单位面积上农药雾滴沉积量。

　　早在 1997 年，MHT 1008-1997 飞机喷施设备性能技术指标中心做出喷洒设备应具备的相关指标规定，后来在 2010 年，MHT 1031-2010 农用飞机喷施设备性能检测规范又重新将一些指标加入规定，并做出相应调整。

　　雾滴粒径大小的表示方法（范庆妮，2011）有很多，主要分为以下几种。

　　（1）算术平均直径（$D_0$）：在一次喷雾样本中，所有雾滴粒径的平均值。

　　计算公式如下：

$$D_0 = \frac{\sum D_i N_i}{\sum N_i} \tag{5.6}$$

式中，$D_i$ 为某一尺寸间隔的雾滴粒径（μm）；$N_i$ 为某一尺寸间隔的雾滴数。

　　（2）体积中径（VMD）：在一次喷雾样本中，将其中所有雾滴的体积按由小到大的顺序累积，当累积叠加的体积值等于取样雾滴体积总和的 50% 时，所对应的雾滴粒径即为此次雾滴样本中雾滴的体积中径。

　　计算公式如下：

$$\mathrm{VMD} = \left( \frac{\sum D_i^3 N_i}{\sum N_i} \right)^{\frac{1}{3}} \tag{5.7}$$

　　（3）数量中径（NMD）：在一次喷雾样本中，将其中雾滴数量按雾滴从小到大顺序累积，当累积的雾滴数量等于雾滴总数的 50% 时，所对应的雾滴粒径即为此次雾滴样本中雾滴的数量中径。

　　（4）面积中径（AMD）：在一次喷雾样本中，将其中雾滴的面积按雾滴从小到大顺序累积，当累积的面积值等于雾滴面积总和的 50% 时，所对应的雾滴粒径即为此次雾滴样本中雾滴的面积中径。

计算公式如下：

$$AMD = \left( \frac{\sum D_i^2 N_i}{\sum N_i} \right)^{\frac{1}{2}} \tag{5.8}$$

（5）索特平均直径（SMD）：在一次喷雾样本中，若某一直径条件下雾滴的体积与表面积之比等于所有雾滴的体积之和与表面积之和的比，则此雾滴粒径即为索特平均直径。

计算公式如下：

$$SMD = \frac{\sum D_i^3 N_i}{\sum D_i^2 N_i} \tag{5.9}$$

在上面的雾滴粒径表示方法中，比较常用的有数量中径（NMD）、体积中径（VMD）和索特平均粒径（SMD）。

数量中径（NMD）和体积中径（VMD）的比值称为雾滴扩散比（DR），它也是一个衡量喷雾性能好坏的重要指标。

$$DR = \frac{NMD}{VMD} \tag{5.10}$$

DR 值越接近 1，表明雾滴大小越均匀。实践证明，DR＜0.67，则表明喷雾机械所产生的雾滴大小不够均匀，雾滴在植物上的覆盖率和穿透性差。DR＞0.67，则喷雾质量良好（彭军，2006）。在一定作业环境下，不同喷洒类型和喷洒对象条件下，对雾滴粒径大小的要求如表 5.3 所示；在一定作业环境下，不同喷洒对象对雾滴沉积密度要求如表 5.4 所示。

**表 5.3　不同喷洒对象对雾滴大小的要求**

| 喷洒类型 | 喷洒对象 | | 雾滴大小/μm | 备注 |
|---|---|---|---|---|
| 常量 | 除草剂 | 苗前 | 300～400 | |
| | | 苗后 | 250～300 | |
| | 杀虫剂 | | 250～300 | 内吸性 300～350μm |
| | 杀菌剂、杀螨剂 | | 250～300 | 内吸性 300～350μm |
| | 化学肥料 | | 250～300 | |
| 低容量 | 除草剂 | 苗前 | 250～300 | |
| | | 苗后 | 200～250 | |
| | 杀虫剂 | | 150～200 | 内吸性 200～250μm |
| | 杀菌剂、杀螨剂 | | 150～200 | 内吸性 200～250μm |
| | 化学肥料 | | 200～250 | |
| 超低容量 | 杀虫剂 杀菌剂、杀螨剂 | 卫生害虫 | ≤80 | |
| | | 农、林、牧业害虫 | 80～120 | |
| | | 农、林业病虫害 | 80～100 | |

表 5.4 不同喷洒对象对雾滴沉积密度的要求

| 喷洒类型 | 喷洒对象 | | 雾滴沉积密度/(个/cm²) | 备注 |
|---|---|---|---|---|
| 常量 | 除草剂 | 苗前 | 30～40 | |
| | | 苗后 | 40～50 | |
| | 杀虫剂 | | 40～50 | |
| | 杀菌剂、杀螨剂 | | 50～60 | |
| | 化学肥料 | | 30～40 | |
| 低容量 | 除草剂 | 苗前 | 20～30 | |
| | | 苗后 | 30～40 | |
| | 杀虫剂 | | 30～40 | 内吸性 25～35μm |
| | 杀菌剂、杀螨剂 | | 35～45 | 内吸性 25～35μm |
| | 化学肥料 | | 25～35 | |
| 超低容量 | 杀虫剂 | 农、林、牧业害虫 | 15～20 | 内吸性 5～15μm |
| | 杀菌剂、杀螨剂 | 农、林业病虫害 | 20～40 | 内吸性 15～25μm |

农业航空领域发展最为成熟的美国，对航空喷洒作业中因雾滴飘移造成的环境污染问题十分重视，已健全明确的法律法规来规范航空施药的安全区域，而飘移模型的应用已经成为决策是否允许航空施药和处理相关纠纷的重要手段。早在 20 世纪 70 年代末至 80 年代初，计算机模型就被美国农业局用来分析和预测航空施药中的雾滴飘移情况。最早的飘移模型是 FSCBG（forest service Cramer Barry Grim），该模型分别研究了天气因素、雾滴蒸发情况和冠层穿透对雾滴沉积特性的影响，并对雾滴分布进行了预测，便于航空喷洒过程中作业方案的制定和对环境影响的风险评估（薛新宇和兰玉彬，2013）。

在 Teske 和 Thistle（2004）的共同努力下，FSCBG 模型发展成如今著名的 AGDISP（agricultural dispersion）模型。该模型将飞机尾流、直升机旋翼下旋气流、翼尖涡流和机身周边空气的扰动归入对雾滴的影响因素当中，对航空施药的离散对象喷洒雾滴进行分析，将体积分数和平均粒径作为衡量参数，将数据通过拉格朗日方程进行处理，得到雾滴的运动轨迹方程，以此来预测雾滴的运动状态和地面沉积模式。

AGDISP 模型在不断地被深入研究，也在不断地扩充和完善。澳大利亚 Hewitt 等（2002）将地理信息系统结合到航空飘移模型中，通过测定实时的风速来优化喷施策略，实现非靶标区域的农药飘移损失的有效降低。近年来，国内的一些研究学者也开始了飘移方面的相关研究：Xue 等（2014）研究了无人直升机施药装备的低空、低量喷洒，也研究了水稻病虫害在防治过程中的药液飘移情况，研究结果表明，当自然环境中侧风风速小于 5m/s，飞机喷洒高度为 5m 时，能够把 90%的飘移量有效控制在 8m 以内；曾爱军（2005）将飘移潜在指数（drift potential index，DIX）看作雾滴喷洒质量的评价指标，在风洞条件下对小喷量的扇形雾化喷头进行了雾滴飘移沉积特性的试验研究；张铁等（2012）利用仿真软件，对超高地隙喷杆喷雾机在施药过程中产生的雾滴飘移分布现象进行建模，并进行了相应的试验研究。但从国内外科研成果及国内学者研究重点来看，目前农机领域主要集中在地面植保装备，或仅仅在风洞等理想的条件下进行的初步探索，国外学者的研究也主要适用于有人驾驶固定翼飞机和直升机。张宋超等（2015）提出一种较传统、方便的检测方法——计算流体力学（computational fluid dynamics，CFD）模拟方法，通过对 N-3 型无人直升机在施药过程中药液飘移情况进行分析模拟研究，可以比较准确、定性地模拟出实际飘移情况，在近似实际农田的作业环境下总结出一些喷洒规律，对实际生产具有一定的指导意义。

Zhang 等（2010）对基于地面光谱反射率来测量药液雾滴有效沉积特性进行了研究和分析。Zhu 等（2011）研究了基于图像分析技术，利用水敏试纸的药液沉积分析系统，该系统包括：水敏纸的雾滴采集；扫描仪的雾滴成像及图像处理软件，如 Image J 等，从而得出雾滴沉积参数，包括上文中提到的雾滴粒径、单位面积雾滴沉积密度和雾滴覆盖率、雾滴沉积分布变异系数等。Salyani 和 Serdynski（1990）通过研究药液沉积量对导体电阻率的影响，设计了一种基于可变电阻器原理的药液沉积传感器，并以自来水作为药液进行试验，建立了药液沉积量与传感器输出电压之间的关系模型。洪添胜（2001）采用叶片面积测试、DGPS 定位等试验方法，研究了喷洒在葡萄树中的雾滴沉积分布情况。袁雪等（2012）利用 CFD 模拟技术研究了温室风送式弥雾机喷洒下雾滴的沉积模型。张慧春等（2012）利用激光粒度仪研究了扇形雾化喷头尺寸和在不同风速、压力和喷雾距离情况下的雾滴粒径、数量等参数的变化情况。目前，国内关于航空施药雾滴沉积地面的实时传感技术研究还相对较少。相比于传统施药手段，航空喷施作业产生的雾滴粒径较小、单位面积作物上雾滴沉积量也较少、对雾滴特性检测的实时性要求高。张瑞瑞等（2014）基于变介电常数电容器原理，利用传感器网络技术，设计出航空施药雾滴地面沉积实时监测系统，与水敏纸检测雾滴后图像分析方法相比较，该系统获得的雾滴地面沉积量分布曲线拟合度可达 0.9146，样点位置单位面积雾滴沉积量的相对测量误差为 10%～50%，除此之外，他们还探究了该系统用于雾滴地面沉积量测量的实用性。

数值模拟手段对于真实作业过程中产生的大量不同粒径雾滴、与空气的相互作用及雾滴运动规律的计算能力仍显不足，需要联合风洞试验来模拟真实飞行环境，唐青等（2016）在针对 IEA-I 型航空植保高速风洞设计时也提出：对风速、风向等参数做到准确把控，试验结果重复性好，才有利于建立航空喷头雾滴粒径分布的数据库。

目前，美国农业部的农业航空技术研究中心已经建成一座用于研究航空喷头雾滴粒径分布的航空施药风洞。也有类似的航空施药风洞在澳大利亚昆士兰大学得以建设。我国农业部南京农业机械化研究所已建成适用于雾滴飘移研究的 NJS-I 型植保低速风洞。

如何给农民展现出一个直观的作业效果，来评价农用植保机作业质量的好坏呢？这还需要根据不同防治对象对防治效果的不同要求，选择不同天数后的农田信息作为反映病虫害防治效果的数据，在每个作业区作业结束 24h、48h、72h 后，调查虫害情况；在每个作业区作业结束 3 天和 7 天后，采取随机取样、棋盘式取样或五点取样法调查病害防治效果，并予以记录。

## 5.6　农用植保无人机

### 5.6.1　国内外植保无人机的作业模式

目前，国内植保无人机公司主要是提供无人机全产业链的服务商，主营固定翼无人机、无人直升机和无人机，集研发、测试、制造和技能培训于一体，为无人机行业客户提供特定专业领域的无人机产品、培训及服务。

### 5.6.2　农用植保无人机的正确选择与合理使用

现如今，随着农用植保无人机的快速发展，很多人急于利用先进的设备进行喷洒作业，却忽视了专业操作的重要性。初级飞手或者农民如果只是会使用遥控器，就开始进行农田喷洒作业，并不能了解到农田喷洒的诸多问题，如农田情况（农田地形、地况、土地类型等）、作物情况（作物类型、作物种类、作物生长期、作物高度等）、作业参数（飞行速度、飞行高度、喷嘴类型、喷洒流量、药剂种类、药剂配比等）、气象条件（温度、相对湿度、自然风风向、风速等）。这些具体问题都需要具体分析，否则会导致很多恶劣后果：航线规划失策会产生漏喷、重喷等现象；药剂选择错误或者药剂配比失调容易产生药害；喷施量不合适，过少的喷施量达不到标准药效，过多的喷施量导致资源的浪费；喷洒密度不够大，单位面积上的雾滴量太少，叶片吸收农药不足，药效起不到作用等。

农田作业环境复杂，气象条件不可控，因此，农用植保无人机机身材料在质量轻便的前提下要具备足够的强度、韧度、刚度及防水、防腐蚀的性能。喷洒作业要用到的农药种类多样，按照形态来划分，可分为液态、粉剂（即固态）、乳剂和油剂等；按照酸碱性来划分，有酸性、碱性和中性的药剂。当添加防飘移的助剂或者增加叶片表面张力的表面活性剂时，增加了药液的浓度，其黏度、流动性等特性都会发生变化，因此，与药剂接触的所有部件，如管路和喷嘴等都需要具备防腐蚀的性质。

另外，要选择合适的气象条件进行作业，适合作业的天气情况总结如下。

云高：大于 1km，且无雷雨云。

能见度：水平能见度大于 5km。

温度：最适喷药气温为 24～30℃，当大气温度超过 35℃时应暂停作业。

湿度：喷雾时相对湿度应在 60%以上，喷粉时相对湿度应为 40%～90%。

降雨：内吸型农药在施药期间 5～12h 没有降雨，一般化学农药在 24h 没有降雨，生物农药在 48～72h 内没有降雨才能进行喷洒作业。

风速：喷雾时最大风速不超过 5m/s；喷粉时，丘陵山区最大风速不超过 3m/s，平原区不超过 4m/s。

建议 10:00 之前和 15:00 之后进行施药作业，避免雨天和暴晒天进行喷洒作业。

要想作业质量得到保证，从作业效率上来讲，利用农用植保无人机需要达到的喷洒量应该为 0.8～1.0 L/亩；从喷雾特性上来讲，雾滴在单位面积上的沉积密度（个/cm²）、沉积覆盖率（%）、雾滴粒径大小（μm），以及雾滴沉积均匀都是影响药滴在植物叶片上附着和吸收，从而达到药效的主要评价指标，而具体指标应达到的标准又因作物品种不同，叶片表面张力不同，自然光照、温度、湿度、风向、风速等客观因素的变化而变化。

## 5.7　植保作业相关规范与标准

为全面掌握农用植保无人机发展情况，农业部决定开展农用植保无人机专项统计工作。

农用植保无人机是无人驾驶航空器的重要组成部分，是农用航空领域新的热点，在实践推广应用中已表现出明显特点和优势。但作为新生事物，农用植保无人机底数不清、标准体系建设滞后、作业规程缺乏和管理机制不健全等问题比较突出，急需通过专项统计摸清底数，为后续管理和应用提供数据支撑。

农用植保无人机专项统计是一项创新性工作，需要各级农机化、种植业（植保）主管部门共同组织开展。一要突出重点，主要统计农用植保无人机的拥有量和作业面积，同时可结合实际就其他情况开展调查。二要规范流程，采用全面调查的方法，从乡镇开始统计，由县级进行汇总审核后逐级上报。三要密切协作，各级农机化主管部门侧重于拥有量指标的统计，并对辖区内农用植保无人机的主要类型、基本性能、购置价格和购置扶持措施等进行分析；种植业（植保）主管部门侧重于作业量指标的统计，并对辖区内采用植保无人机作业的作物种类、作业区地形条件、作业效率与效果、作业成本与收费和作业扶持措施等进行分析。四要加强指导，结合实际开展宣传培训，使基层统计人员了解农用植保无人机的基本知识，熟悉和掌握统计范围、统计指标，解释和调查分析方法等，保障专项统计工作顺利进行。今后，农用植保无人机专项统计将作为年度常规性工作加以开展，条件成熟后可逐步纳入《农业机械化管理统计报表制度》范围。

# 参 考 文 献

陈娇龙, 朱俊平, 杨福增. 2013. 基于 Virtools 的山地遥控拖拉机虚拟装配技术研究. 农机化研究, 35(6): 214-217.

陈轶, 施德, 叶素丹. 2005. 新型手动喷雾器田间应用研究及推广前景. 中国农机化学报, (2): 66-68.

范庆妮. 2011. 小型无人直升机农药雾化系统的研究. 南京: 南京林业大学硕士学位论文.

傅泽田, 祁力钧. 1998. 国内外农药使用状况及解决农药超量使用问题的途径. 农业工程学报, 14(2): 8-9.

傅泽田, 祁力钧, 王俊红. 2007. 精准施药技术研究进展与对策. 农业机械学报, 38(1): 189-192.

洪添胜. 2001. 基于 DGPS 的农药喷施分布质量的研究. 农业机械学报, 32(4): 42-44.

蒋焕煜, 周鸣川. 2015. PWM 变量喷雾系统动态雾滴沉积均匀实验. 农业机械学报, 46(3): 73-77.

李丽, 李恒, 何雄奎. 2012. 红外靶标自动探测器的研制及试验. 农业工程学报, 28(12): 159-163.

李庆中. 1992. 飞机在农业中的应用. 农业现代化研究, 13(3): 190-191.

林明远, 赵刚. 1996. 国外植保机械安全施药技术. 农业机械学报, 27: 149-154.

刘剑君, 贾世通, 杜新武, 等. 2014. 无人机低空施药技术发展现状与趋势. 农业工程, 4(5): 10-14.

刘婷韬. 2014. 北京市植保无人机推广前景与发展建议. 农业工程, 4(4): 17-19.

彭军. 2006. 风送式超低量喷雾装置内流场数值模拟研究. 武汉: 武汉理工大学硕士学位论文.

秦维彩, 薛新宇, 周立新, 等. 2014. 无人直升机喷雾参数对玉米冠层雾滴沉积分布的影响. 农业工程学报, 30(5): 50-56.

邱白晶, 李会芳, 吴春笃, 等. 2004. 变量喷雾装置及关键技术的探讨. 江苏大学学报(自然科学版), 25(2): 97-100.

史岩, 祁力钧, 傅泽田, 等. 2004. 压力式变量喷雾系统建模与仿真. 农业工程学报, 20(5): 118-121.

唐青, 陈立平, 张瑞瑞, 等. 2016. IEA-I 型航空植保高速风洞的设计与检测. 农业工程学报, 32(6): 73-81.

王昌陵, 何雄奎, 王潇楠, 等. 2016. 无人植保机施药雾滴空间质量平衡测试方法. 农业工程学报, 32(11): 54-61.

肖英方, 毛润乾, 万方浩. 2013. 害虫生物防治新概念——生物防治植物及创新研究. 中国生物防治学报, 29(1): 1-10.

徐博, 陈立平, 谭彧, 等. 2015. 基于无人机航向的不规则区域作业航线规划算法与验证. 农业工程学报, 31(23): 173-178.

薛新宇, 兰玉彬. 2013. 美国农业航空技术现状和发展趋势分析. 农业机械学报, 44(5): 194-201.

杨学军, 严荷荣, 徐赛章, 等. 2002. 植保机械的研究现状及发展趋势. 农业机械学报, 33(6): 129-131.

袁雪, 祁力钧, 冀荣华, 等. 2012. 温室风送式弥雾机气流速度场与雾滴沉积特性分析. 农业机械学报, 43(8): 71-77.

曾爱军. 2005. 减少农药雾滴飘移的技术研究. 北京: 中国农业大学博士学位论文.

张东彦, 兰玉彬, 陈立平, 等. 2014. 中国农业航空施药技术研究进展与展望. 农业机械学报, 45(10): 53-59.

张慧春, Dorr G, 郑加强, 等. 2012. 扇形喷头雾滴直径分布风洞实验. 农业机械学报, 43(6): 53-57.

张瑞瑞, 陈立平, 兰玉彬, 等. 2014. 航空施药中雾滴沉积传感器系统设计与实验. 农业机械学报, 45(8): 123-127.

张宋超, 薛新宇, 秦维彩, 等. 2015. N-3 型农用无人直升机航空施药飘移模拟与试验. 农业工程学报, 31(3): 87-93.

张铁, 杨学军, 董祥, 等. 2012. 超高地隙风幕式喷杆喷雾机施药性能试验. 农业机械学报, 43(10): 66-71.

郑文钟, 应霞芳. 2008. 我国植保机械和施药技术的现状, 问题及对策. 农机化研究, (5): 219-221.

Hewitt A J, Maber J, Praat J P. 2002. Drift management using modeling and GIS systems. Iguacu Falls, Brazil: Proceedings of the World Congress of Computers in Agriculture and Natural Resources: 290-296.

Nuyttens D, Sonck B, Schampheleire M D, et al. 2005. A pdpa laser-based measuring set-up for the characterisation of spray nozzles. Communications in Agricultural and Applied Biological Sciences, 70(4): 1023-1035.

Salyani M, Serdynski J. 1990. Development of a sensor for spray deposition assessment. Transactions of the ASAE, 90: 1464-1469.

Sifiso A N, James M D, Etienne V D W, et al. 2015. Validation of the AGDISP model for predicting airborne atrazine spray drift: a South African ground application case study. Chemosphere, (138): 454-461.

Tate R W. 1982. Some problems associated with the accurate representation of drop-size distribution. Madison, USA: Proceedings of the 2nd International Conference on Liquid Atomization and Sprays: 341-351.

Teske M E, Thistle H W. 2004. Aerial application model extension into the far field. Biosystems Engineering, 89(1): 29-36.

Tian L. 2002. Development of a sensor-based precision herbicide application system. Computers and Electronics in Agriculture, 36(2): 133-149.

Xue X Y, Kang T, Qin W C, et al. 2014. Drift and deposition of ultra-low altitude and low volume application in paddy field. International Journal of Agricultural and Biological Engineering, 7(4): 23.

Xue X, Lan Y, Sun Z, et al. 2016. Develop an unmanned aerial vehicle based automatic aerial spraying system. Computers and Electronics in Agriculture, 128: 58-66.

Yang C C, Prasher S O, Landry J A, et al. 2003. Development of a herbicide application map using artificial neural networks and fuzzy logic. Agricultural Systems, 76(2): 561- 574.

Zhang H, Lan Y, Lacey R, et al. 2010. Ground-based spectral reflectance measurements for evaluating the efficacy of aerially-applied glyphosate treatments. Biosystems Engineering, 107(1): 10-15.

Zhu H, Salyani M, Fox R D. 2011. A portable scanning system for evaluation of spray deposit distribution. Computers and Electronics in Agriculture, 76(1): 38-43.

# 第 6 章　农用无人机低空遥感技术与装备

## 6.1　农用无人机低空遥感概述

近年来，以无人机为平台的低空遥感技术迅速发展起来。无人机遥感主要以无人驾驶飞行器为平台，结合传感器技术、定位技术、通信技术、遥测控制技术等，依据电磁波理论，在一定距离，非接触式地获取目标物体所反射、辐射或散射的电磁波信息，并进行分析处理，从而实现对目标物体的信息获取。我们把高度在 1000m 以下的航空遥感称为低空遥感，无人机遥感属于低空遥感的范畴（白由路等，2010）。无人机低空遥感相比于传统的卫星和航空遥感，在时效性、准确度、可操作性、成本，以及对复杂农田环境的适应性等方面有显著的优势，已经成为现代农业信息技术的研究热点和未来的主要航空遥感技术之一（图 6.1）。农用无人机低空遥感技术完善了遥感技术的时空分辨率，为多维度信息的准确获取、实现农业的精准化管理和决策提供技术支持。

图 6.1　无人机低空遥感

### 6.1.1　遥感技术特点

1917 年无人机出现，主要服务于军事。自 20 世纪以来，随着计算机技术、导航技术、控制技术和通信技术的发展，以及各种体积小、重量轻、检测精度高的便携式传感器的出现，无人机低空遥感技术逐渐向民用、实用化阶段发展（范承啸等，2009）。21世纪以来，无人机技术门槛进一步降低，其在农业中的应用逐年增多。相比于传统的有人驾驶飞机，以无人机作为低空遥感平台，其机动灵活、作业选择性强、环境适应性好，对获取数据时的地理环境、空域限制及气象条件要求相对较低。同时，随着通信技术、控制技术的发展，无人机操作的智能化和人性化也将进一步推进农用无人机的应用。

## 1. 传统遥感技术特点

与无人机低空遥感相比，发展更早的有卫星遥感、航空遥感、近地遥感等传统的遥感方式（图 6.2）。卫星、航空等传统的遥感方式一般以轨道卫星和大型飞机作为遥感平台，来进行大范围的遥测，它提供不同的空间、光谱特性和分辨率的动态变化卫星影像，监测作物长势，并对作物产量进行预测。但是传统的遥感方式通常不能准确地确定光谱波段、飞行位置、高度和采集时间，存在信息获取周期性长、时空分辨率较低的缺点，且易受空间辐射和云层等因素的干扰。

轨道高度　　　　　　卫星遥感

高空　　　　　　航空遥感

低空　　　　　　无人机低空遥感

地面　　　　　　近地遥感

图 6.2　无人机低空遥感与传统遥感方式

把传感器安置在地面、低塔、高塔和吊车上对地面进行探测，这种方式称为"地面遥感"或"近地遥感"。或者说近地遥感就是将传感器设置在地面平台上，如车载、船载、手提、固定或活动的高架平台等的遥感。在现代遥感技术中，近地遥感主要是在距地面不同高度的平台上使用野外光谱仪进行各种不同地物的光谱测定，为航空航天遥感图像资料的解译、识别和分类提供基础依据。近地遥感的优点有：需要的仪器设备比较单一，测定方法比较灵活，可以不改变自然环境，真实地反映自然界各种农作物和土壤的光谱反射特性。但近地遥感也有缺点，如获取的光谱数据易受外部环境及仪器本身设置等多种因素的影响。

## 2. 无人机低空遥感的优缺点

21 世纪以来，随着轻小型无人机及其相关传感器的不断发展，无人机低空遥感作为一种新型的遥感平台，弥补了传统遥感技术的缺陷，在农业中的应用越来越广泛。无人机低空遥感系统主要包括飞行平台系统、传感器系统、数据传输与处理系统三大部分。飞行平台系统指搭载传感器的平台及其控制系统，包括固定翼、直升机和多旋翼无人机；传感器系统用来获取地面信息，由于轻小型无人机的载荷有限，无人机低空遥感中所用的传感器的重量受到一定限制；数据传输与处理系统可以实现实时快速的高分辨率遥感数据的无线传输，并进行后续的图像匹配、拼接、校正与信息提取等过程。

相比于卫星遥感和航空遥感，无人机低空遥感主要应用在田间尺度的农田信息获取上，具有较多的优势，详细介绍如下。

（1）高时空分辨率。卫星、航空遥感存在一些很严重的问题，如同物异谱、混合像元、异物同谱等会导致其在农作物面积估测方面的分类精度降低（秦博和王蕾，2002）。无人机低空遥感可以获取地面分辨率非常高的图像，并可以根据作业需求实现较多次数的重复信息获取，这样不仅可以获得小区域农田的大比例尺度影像，还可以获得农作物不同生长时期的遥感影像，大大提高了时间和空间分辨率，对于遥感作业精度的改善具有深远的意义（唐晏，2014）。

（2）成本低。卫星、航空遥感的高精度影像价格非常昂贵，而随着无人机技术的不断发展，无人机的价格越来越便宜，而无人机的维护运行成本较卫星、航空遥感等又少很多，极其适用在农业的信息获取方面。

（3）受天气、云层覆盖限制较小。卫星、航空遥感受云层覆盖的影响非常大，当云量大于 10% 时，二者无法获取清晰的数据（张廷斌等，2006）。而由于无人机飞行高度相对较低，可以忽略云层覆盖的影响。在遇到雷暴、起风、积冰、积水、起雾、降雨等恶劣天气时，卫星、航空遥感及无人机低空遥感均会受到一定限制，而无人机低空遥感受限制较小，如微风、小雨天气时，无人机仍能进行遥感作业。

（4）实时性好、飞行操作灵活。通常农作物的生长发育较快，在不同的生长时期需要获得相应的遥感影像，且实时性要高，这样才能满足特定时间段农作物的生长需求。卫星及航空遥感的数据获取时间长、时效性相当差，无法满足在短时间内获得农田指定范围的数据。而无人机可以根据农作物的生长需求，在特定的时间快速开展任务，其飞行时间非常灵活，可以连续采集农作物不同生长时期内的数据。

相对于近地遥感，无人机低空遥感可以减少大量的人力、物力及干扰因素。现今，近地遥感研究较多的是实时在线获得农作物的生理生长信息。随着图像处理技术和算法的不断完善，图像处理在农作物近地遥感中的应用也越来越广泛。利用图像处理技术对获得的田间农作物图像进行特征提取和分析处理，通过建模实现图像分类，也可以获得农作物的不同生长状态，进而实现对农作物的生长监测（田秀东，2015）。与无人机相比，使用图像处理等技术的近地遥感成本高（Burgos-Artizzu et al.，2011），且大面积获取信息时效率太低，此外，当近地遥感所用的车载平台行驶在裸土等比较光滑的地面上时，容易出现转向不稳的情况，导致行驶轨迹偏差较多，需要人力参与进行调试和干预

（刘仁杰，2015）。

　　然而，无人机的续航、载重量及安全性是亟待解决的三大难题，它们限制了无人机低空遥感的快速发展。低空遥感平台所使用的轻小型无人机体积小、重量轻，在飞行过程中易受到风速和恶劣天气的干扰，导致安全性不高和获取的影像质量较差，需要后续大量烦琐的预处理过程。

### 6.1.2　无人机低空遥感的研究进展

　　随着无人机技术的不断进步与发展，无人机低空遥感作为一项空间信息获取的重要手段，得到了越来越多的关注，在农业中也得到了越来越广泛的应用。下面具体描述组成无人机低空遥感系统的三部分，包括飞行平台、传感器和数据传输与处理系统的研究进展及其在农业中的应用。

### 1. 飞行平台的发展

　　飞行平台主要有固定翼无人机、无人直升机和多旋翼无人机 3 种（图 6.3）。固定翼无人机具有飞行速度快、运载能力大、效率高、经济性好、安全性好、操作简单、抗风能力较强等优点，但易受起飞条件、飞行速度等诸多因素的限制。多旋翼无人机具有体积小、重量轻、噪声小、隐蔽性好、适合多平台多空间使用等特点。直升机具有灵活性强的特点，可以实现垂直起降、定点悬停等功能。无人直升机和多旋翼无人机均较适合于获取定点、多重复、多尺度、高分辨率的农田作物生长生理信息。

a. 无人直升机　　　　　　　　　　　　b. 多旋翼无人机

c. 固定翼无人机

图 6.3　无人机飞行平台

　　国外，如日本、美国、德国、英国等国家的无人机起步较早、发展较快、技术较成熟。1991 年，日本雅马哈（YAMAHA）公司打开了将无人机应用于农业的大门，到现在为止，其在市场上的地位仍无人能撼动。有些国家如美国对商业级无人机的飞行管制较严，导致国外农业领域多采用有人驾驶飞机进行相关农田作业。

近年来，我国从事农业航空技术的企业也开始迅速发展壮大起来，北方天途航空技术发展有限公司、深圳市大疆创新科技有限公司、深圳高科新农技术有限公司（简称高科新农）等都已研制出应用于农业的无人机机型，并在续航时间、载荷量和飞行控制系统上都做了相应的创新与突破。浙江大学、华南农业大学、国家农业信息化工程技术研究中心等在多种无人机平台上搭载不同的遥感设备，将其应用于田间农作物低空遥感信息的获取，并进行农作物养分信息的采集，病虫害信息的诊断及农田土壤、环境信息的监测。

## 2. 传感器的发展

传感器是无人机低空遥感技术的核心。一方面，保证遥感任务顺利完成的传感器是任务载荷，这里称为通用传感器，如气压计、激光雷达、超声波测距仪、微波遥感器等。从 20 世纪 80 年代无人机应用于农业开始，无人机上的通用传感器系统已较为成型，加速度计、气压计等传感器实现了无人机的飞行控制，电流传感器用于监测和优化电能消耗，以确保无人机内部电池充电和电机故障检测系统的安全。近些年来，随着无人机在遥感作业时对避障的要求，超声波测距仪的应用越来越广泛。

另一方面，随着信息技术和传感器技术的发展，各种数字化、重量轻、体积小的新型遥感传感器不断面世，如数码相机、多光谱和高光谱相机、多光谱扫描仪、热成像仪等（图 6.4）。由于农用无人机的载荷有限，目前农用无人机低空遥感平台上所搭载的遥感传感器主要以一些轻型的数码相机、多光谱相机和热红外相机为主（白由路等，2010）。Suzuki 等（2009）基于直升机和可见-近红外相机研制了一种微小型无人机遥感系统，该系统由 GPS 接收机、两个照度计和可见-近红外光谱传感器组成，并在芬兰维赫蒂进行了地面植被的分类遥感监测试验，结果表明，搭载带有 GPS 接收机和照度计的可见-近红外光谱成像遥感系统的微小型无人机能够较好地被应用在地面植被的监测研究中，且精度较高。Calderón 等（2013）开发出一种可搭载多光谱相机和热红外相机的无人机低空遥感系统，利用此系统采集橄榄树图像并进行分析，诊断橄榄树黄萎病，发现早期黄萎病与绿光波段相关，$R^2$ 为 0.83，随着病害加重，叶绿素荧光指数值下降。国内，中国科学院上海技术物理研究所葛明锋等（2015）基于轻小型无人直升机开发了一种与无人机精密结合的高光谱遥感成像系统，该系统包括高光谱成像采集存储、姿态和位置测量及地面监视控制等部分，获得的高光谱图像精度较高。

## 3. 数据传输与处理技术的发展

### 1）数据传输技术

数据传输包含两部分：一是无人机本身和遥感传感器的状态参数的传输，包括飞行姿态、高度、速度、航向、方位、距离及无人机上电源电压的实时显示，并反向传输地面操纵人员的指令，实现对无人机的控制。二是遥感传感器获取的图像等信息的传输，主要是为了供地面操纵人员实时观察与应用。

a. 数码相机        b. ADC相机

c. 热红外相机        d. 多光谱相机

图 6.4　无人机低空遥感搭载的部分传感器

　　数据传输技术的发展尤其重要，目前数据传输的距离与延时是数据传输技术亟待解决的关键问题。无人机和传感器的状态参数的实时传输可通过无线电遥测系统或特高频卫星链路数据传输系统实现，并在地面辅助设备中以数据和图形的形式显示。无人机遥感信息的传输比无人机和传感器状态参数的传输要复杂得多。Grasmeyer 和 Keennon（2001）研究了一套基于 Black Widow 无人机的图像传输系统（简称图传），该图传采用的是调频体制，发射频率为 2.4GHz，有效传输距离为 1.5km，视频发射器质量为 1.4g，可以获得清晰可辨的黑白图像。以色列的 Amimon CONNEX 高清图传传输数字信号，空中端重量仅为 130g，发射频率为 5.8GHz，有效传输距离为 1km，可以实现图像传输的零延时。

**2）数据处理技术**

　　数据处理包括低空遥感图像的校正、匹配与拼接等过程（图 6.5）。

　　低空遥感图像的校正，包括辐射校正和几何校正。同一地物的遥感影像受传感器标定、太阳方位角、大气条件等因素影响，在不同成像时间、成像高度，地物的反射光谱存在差异，反映为图像亮度值误差，辐射校正包括辐射定标和大气校正，用来消除和减轻这种辐射失真。遥感定量化的基础是遥感数据的辐射定标。辐射定标是将空间相机入瞳辐射量与探测器输出量的数值相联系的过程。目前研究最多的是采用场地替代定标的方式，也称为伪标准地物辐射纠正法进行辐射定标。大气校正是将辐射亮度转化为地表实际反射率，主要用于大气散射、吸收、反射引起的误差。无人机在飞行过程中不可避免地出现倾斜、抖动，造成拍摄的图像发生几何畸变，包括平移、旋转、缩放、非线性等基本形态；另外搭载相机性能、大气折射都会使图像发生不同程度的畸变，几何校

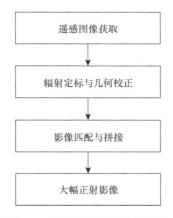

图 6.5　遥感图像数据处理流程

正可以尽可能地消除畸变对图像的影响，使校正后的图像符合地面实际图像。几何校正方法有基于地面控制点（ground control point，GCP）校正和无地面控制点校正。杨贵军等（2015）在利用伪标准地物辐射纠正法进行辐射定标的基础上，利用尺度不变特征转换（scale-invariant feature transform，SIFT）算法匹配同名点建立校正模型，实现了整幅无人机影像的辐射一致性校正。徐秋辉（2013）在无人机遥感平台上集成了定位定向系统（positioning and orientation system，POS）记录仪，提出了一种无地面控制点的无人机遥感影像几何校正方法，在无地面控制点的情况下，通过 POS 参数（飞机的姿态参数、速度、加速度、角加速度信息）与遥感影像的结合实现了遥感图像的几何校正。

　　低空遥感图像的匹配与拼接。目前低空遥感图像的匹配方法有基于灰度信息的匹配方法和基于特征的匹配方法，最常用的是基于 SIFT 特征点的匹配方法。徐秋辉（2013）基于几何坐标实现了遥感图像的无缝拼接，在用 SIFT 特征点方法进行匹配后，进行遥感图像的几何坐标调整，按坐标进行遥感图像的无缝拼接。目前，市场上也出现了越来越多比较成熟的遥感图像拼接软件，如 Photoscan、Pix4D 等，大大提高了遥感图像的处理效率。

## 4. 在农业中的应用

　　无人机搭载传感器进行低空遥感，获得高分辨率、高时效性的光谱图像数据，能有效应对农情信息复杂、维度多的情况，低空光谱成像遥感将成为快速获取农情信息的突破口。光谱成像遥感是遥感技术研究的重要内容，近年来，随着光谱和图像技术在植物养分、病虫害监测方面研究的深入，以及现代农业对农情信息监测的需求，基于光谱和图像分析技术获取农情信息成为研究热点，搭载光谱成像传感器获取农情信息将是无人机低空遥感的重要应用方向，例如，监测植被覆盖度、作物长势，诊断作物病虫草害、养分丰缺，评估生物量、预估作物产量等。

　　利用光谱成像遥感技术获取作物生长信息的理论基础在于作物结构受生理特性影响，作物生理特性的差异将导致作物对光的反射、吸收、透射产生差异，作物的图像差异和光谱差异可以在一定程度上反映作物长势差异、养分丰缺、病虫害程度等方面的生长信息。目前，多光谱图像解译时常用的特征主要包括颜色特征、光谱指数、纹理特征、形状特征等。常用的颜色特征一般包括 RGB、HSV 颜色空间各颜色通道的统计量，如灰度均值、标准差等；常用的光谱指数包括归一化植被指数（normalized difference vegetation index，NDVI）、比值植被指数（ratio vegetation index，RVI）等；纹理特征提取方法较多，可根据应用需求选择基于统计法、基于频谱法、基于模型或基于结构的方法提取图像纹理特征，其中，基于统计法的纹理特征提取方法又包括灰度直方图、灰度共生矩阵法等；图像形状特征主要包括轮廓特征和区域特征，轮廓特征包括周长、面积、偏心率、矩形度等，区域特征包括区域内颜色、纹理特征等。

　　国外光谱成像遥感研究主要基于光谱图像的光谱指数特征。Berni 等（2009）利用无人机搭载 MCA6 多光谱相机获取橄榄树的多光谱图像，建立基于土壤调整植被指数（soil-adjusted vegetation index，SAVI）的叶绿素预测模型，模型拟合回归参数 $R^2$ 为 0.89，并建立基于归一化植被指数的叶面积预测模型，$R^2$ 为 0.88。Turner 等（2014）利用多旋翼无人机搭载 mini-MCA 多光谱相机获取南极苔藓图像，建立基于多时相植被指数（multi-temporal vegetation index，MTVI）的苔藓健康状况模型，$R^2$ 为 0.636。Guillen 等（2014）利用无人机搭载 MCA6 多光谱相机获取柑橘和桃树林的多光谱图像，基于马氏距离监督分类，将地物分为植被、光照土壤、阴影土壤。Zarco 等（2013）基于光化学植被指数（photochemical reflectance index，PRI）研究植株冠层色素含量。Torres-Sánchez 等（2013）利用无人机遥感平台在不同航拍高度下获取 RGB 彩色图像、多光谱图像，并利用 NDVI、归一化绿红差异指数（normalized green-red difference index，NGRDI）、过绿指数（excess green index，ExG）等植被指数对地物中裸地、作物、杂草进行区分，发现 NDVI 效果优于 NGRDI、ExG，可以很好地区分植被和裸土，而对杂草和作物进行区分时，NGRDI、ExG 效果优于 NDVI，但当飞行高度增加时，图像分辨率下降，导致误判率较高。Matese 等（2013）利用无人机搭载 ADC 相机获取葡萄园多光谱图像，发现 NDVI 和葡萄冠层花青素含量相关，$R^2$ 为 0.51。Andrea 和 Albert（2009）利用无人机低空航拍获取地物高空间分辨率图像，基于图像的纹理特征进行决策树分类，对地物中裸地、草地、灌木的识别精度在 95% 以上。Hernández-Clemente 等（2012）利用无人机搭载多光谱相机获取针叶林空间分辨率较高的多光谱图像，发现针叶林冠层胡萝卜素含量和比值植被指数 $R_{515}/R_{570}$ 显著相关，$R^2$ 大于 0.71，研究展现出利用无人机低空多光谱遥感能获取差异性植被冠层生化组分信息。Haboudane 等（2004）在利用无人机机载高光谱相机探究 NDVI、重新归一化植被指数（renormalized difference vegetation index，RDVI）、改进红边比值植被指数（modified red edge simple ratio index，$MSR_{705}$）、SAVI、土壤和大气阻抗植被指数（soil and atmospherically resistant vegetation index，SARVI）、三角植被指数（triangular vegetation index，TVI）、修饰叶绿素吸收比值指数（modified chlorophyll absorption ratio index，MCARI）等植被指数和叶面积指数的相关性时，发现随着叶面积指数的增大，部分植被指数趋于饱和。Dabrowski 和 Orych（2014）研究利用 MCA6 进行无人机低空机载遥感时如何确定合适的曝光时间。Dandois 和 Ellis（2013）利用运动恢复重建三维结构获得树高，重建结果和实测结果相关性达 0.84，和激光雷达（LiDAR）图结果相关性达 0.87。

国内光谱成像遥感研究主要包括基于光谱指数特征和基于纹理、形状等图像特征两方面。汪小钦等（2015）在可见光波段利用无人机遥感提取植被信息时，通过 RGB 图像构建可见光波段差异植被指数（visible-band difference vegetation index，VDVI），对健康绿色植被的提取精度达到 90%。田振坤等（2013）基于无人机低空多光谱遥感对农田小麦、光照土壤、阴影土壤进行快速分类，利用绿光、近红外的反射率值及 NDVI 值进行决策树分类，精度达 90%以上。李冰等（2012）基于无人机低空多光谱遥感，利用土壤调整植被指数（SAVI）区分冬小麦和裸土，监测冬小麦覆盖度的变化。李宗南等（2014）利用无人机搭载数码相机获取农田玉米地的 RGB 图像，通过提取的颜色特征和纹理特征来区分正常与倒伏玉米，并测算倒伏面积，发现基于纹理特征提取的倒伏面积的误差更小，达到 6.9%。王利民等（2013）利用无人机航拍获取的 RGB 图像，基于图像颜色、纹理特征、形状特征，采用面向对象分类的方法对苜蓿、春玉米、夏玉米和裸土进行分类，精度达 92%以上。赵川源等（2013）基于多光谱图像的形状、纹理和分形维数等特征进行杂草识别，识别率高达 96.3%。李晓丽和何勇（2009）基于多光谱图像的形状特征、纹理特征和组合特征对不同等级的茶叶进行区分，发现基于组合特征的区分模型效果最好，正确率为 85%。孙光明等（2009）基于多光谱图像的 RGB、HSI 颜色空间各通道图像的平均灰度值、方差等 12 个颜色特征建立偏最小二乘支持向量机（least square support vector machine，LS-SVM）模型，对大麦赤霉病进行识别，识别率达 93.9%。张晓东等（2011）基于多光谱图像的颜色特征和比值特征对油菜含水率进行研究，平均相对误差小于 8%。

## 6.2　无人机低空遥感任务设备传感仪器与稳定平台

无人机作为一种低成本、操作灵活、综合效益较高的新型遥感平台，在农业信息获取中有很大的应用前景。但其在飞行过程中易受环境等因素干扰，从而引起航线偏离，使得拍摄的影像重叠度不规则，影响最终的图像拼接与重构。其在遥感作业中的三维空间位置、飞行状态、环境参数、遥感平台的稳定性是实现无人机自主巡线飞行、自主控制、获取高质量遥感数据的关键。本节将重点介绍用于保障遥感任务顺利实施的各种传感器及遥感设备的稳定平台。

### 6.2.1　遥感任务设备通用传感器

#### 1. 气压式高度计

气压式高度计（简称气压计）（黄成功等，2009）的体积小、重量轻、功耗低、准确度高，它在测量高度时有着得天独厚的优势，广泛应用于微小型无人机的飞行控制上。目前一般的飞行控制都带有气压计，如图 6.6 所示。

#### 1）气压式高度计的工作原理

气压计所测高度是绝对高度。大气压是由地表空气的重力所产生的，随着海拔的上升，地表的空气厚度减小，气压下降。于是可以通过测量所在地的大气压，将其与标准

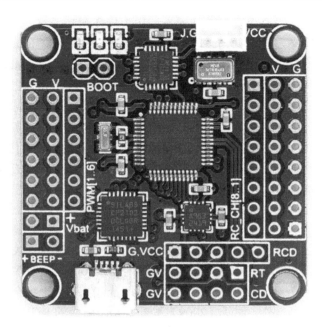

图 6.6　带有气压计的飞行控制

值比较而得出高度值，这就是气压式高度计的基本工作原理。气压式高度计往往都是利用电路来再现这些气压与高度间的对应关系，气压计内部有敏感元件，可以将气压值转化为电压值，当气压作用于敏感元件上产生压电效应时，气压计内部电路电压发生变化。

**2）在无人机高度测量中的应用**

气压计测量高度的原理是随着高度的上升，大气压降低，随着高度的下降，大气压升高，两者之间有对应的数学关系。因此，在气压传感器测得大气压后通过计算就可以获得无人机的高度，公式（6.1）所示为标准的气压与高度之间的数学关系：

$$H = \frac{T_b}{\beta}\left[\left(\frac{P_H}{P_b}\right)^{-\beta R/g} - 1\right] + H_b \qquad (6.1)$$

式中，$P_H$ 和 $P_b$ 分别为高度是 $H$ 和 $H_b$ 时对应的气压（Pa）；$T_b$ 为高度是 $H_b$ 时的温度（K）；$\beta$ 为温度垂直变化率（K/m）；$R$ 为空气专用气体数[m²/(K·s²)]；$g$ 为重力加速度常数（m/s²）。

对公式（6.1）进行微分化可得

$$\mathrm{d}H = \left[-\frac{T_b R}{P_0 g}\left(\frac{P}{P_0}\right)^{-1-\beta R/g_0}\right]\mathrm{d}P = a \cdot \mathrm{d}P \qquad (6.2)$$

式中，$\mathrm{d}H$ 和 $\mathrm{d}P$ 分别为高度和气压变化的微分量；$a$ 为系数；$P_0$ 为高度为 0 时对应的气压；$P$ 为高度为 $H$ 时对应的气压；$g_0$ 为高度为 0 时对应的重力加速度常数。

由于微小型无人机飞行高度较低，离海平面较近，属于低空飞行，而在海平面附近，气压变化比较小，系数 $a$ 近似为$-78.91$m/kPa，由公式（6.1）可知，无人机每升高 1m，气压约降低 12.7Pa，因此，无人机的飞行高度 $H$ 与大气压 $P$ 的数学关系可以近似为

$$H = \frac{1}{12.7} \times (101\,352 - P) \tag{6.3}$$

将公式（6.3）与公式（6.1）进行对比可以发现，公式（6.3）将无人机飞行高度和大气压间复杂的非线性关系简化成了简单的线性关系，其大大减少了运算量，便于快速实时获取无人机的高度参数。

## 2. 激光测距仪

激光测距仪是通过调制激光的某个参数实现对目标距离的测量的仪器。按照测距方法将其分为相位法测距仪和脉冲法测距仪。激光测距仪与其他测距仪（如微波测距仪等）相比，具备的特点是：探测距离远、测距精度高、抗干扰性强、保密性好、体积小、重量轻。

### 1）原理

激光测距的基本公式为

$$d = \frac{1}{2}ct \tag{6.4}$$

式中，c 为大气中的光速；t 为光波往返所需时间。

由测距公式（6.4）可以看出，得到精确距离的关键是获得精确的 t 值。目前，根据测量 t 的方法不同，应用较多的有两种测距方法：脉冲测距和相位测距。

### 2）在无人机地形匹配飞行中的应用

农用无人机在复杂的农田环境中作业时，若仅按照地面站所规划的路径飞行，则无法控制好与地面的相对高度，这会对高精度遥感作业产生非常不利的影响，往往会导致农田信息监测效果差。因此研究无人机仿地飞行方法，对于无人机低空遥感在农田信息获取中的应用具有重大意义（文恬等，2015）。

图 6.7 所示为通过两个激光测距仪实现地形匹配飞行的原理。H 为一个激光测距仪所测得的无人机相对于正下方地面的垂直距离，β 为无人机仿地飞行系统预先设定好的两个激光测距仪在无人机飞行方向上的夹角，D 为另一个激光测距仪获得的无人机与前方地面间的距离。根据三角形余弦公式可以得到：

$$\alpha = \arcsin\left( \frac{D\sin\beta}{\sqrt{D^2 + H^2 - 2DH\cos\beta}} \right) \tag{6.5}$$

式中，α 为无人机正下方地面起伏的倾斜角。

无人机飞行控制系统通过获得的高度 H、直线距离 D，以及倾斜角度 α 等参数对飞机的飞行姿态进行控制，从而使无人机对前方地形的变化提前做出反应并与地面始终保持一定的飞行高度。

## 3. 激光雷达

通过发射光波，从其散射光、反射光的返回时间及强度、频率偏移、偏光状态的变

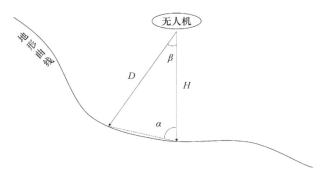

图 6.7　地形匹配飞行原理

化等测量目标的距离及密度、速度、形状等物理性质的方法及装置称为光波雷达，由于实际上使用的光几乎都是激光，因此又称为激光雷达（谭衢霖和邵芸，2000）。

**1）激光雷达遥感原理**

激光雷达系统由 4 个部分组成（图 6.8）：激光扫描系统，全球定位系统，惯性测量单元，监测与控制系统。其中，激光扫描系统由激光扫描仪和测距单元组成，是激光雷达系统最重要的组成部分，其作用是发射激光信号并接收反射回来的信号，从而获得激光雷达系统与地面目标间的距离及激光回波能量等参数，测距单元主要是负责激光信号的发射与接收，确定地面目标到激光器的距离、回波数量及激光回波强度信息。而全球定位系统和惯性测量单元则是用于解算航空平台三维坐标和姿态信息的功能性部件，其获得的数据结合测距单元获得的数据能够综合解算出地表地物信息。监测与控制系统主要负责对雷达系统整体的控制、协调和数据存储。

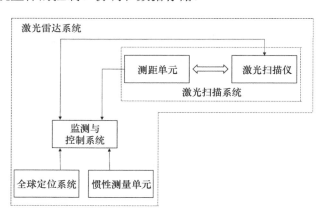

图 6.8　激光雷达系统组成

激光雷达方程见公式（6.6）：

$$P_R = \frac{P_T G_T}{4\pi R^2} \cdot \frac{\delta}{4\pi R^2} \cdot \frac{\pi D^2}{4} \cdot \eta_{\text{Atm}} \eta_{\text{Sys}} \tag{6.6}$$

式中，$P_R$ 为激光扫描仪接收到的激光回波能量值；$P_T$ 为激光扫描仪发射的激光能量值；$G_T$ 为激光扫描仪上发射天线的增益系数；$R$ 为激光雷达系统与地面探测目标间的距离；

$\delta$ 为地面目标反射的激光信号形成的散射截面面积；$D$ 为激光扫描仪上的接收孔径；$\eta_{\text{Atm}}$ 为大气的单程传输系数；$\eta_{\text{Sys}}$ 为激光雷达系统的光学传输系数。

通过上述方程获得地面高程数据以后，结合定位系统和惯性导航系统的数据，可以演算出被测点的三维坐标，即激光雷达数据。激光雷达数据是一些离散的三维坐标点，由于激光雷达数据坐标点的密度非常高，彩色较密的点看起来像云彩一样，因此激光雷达数据又称为激光点云或点云。机载激光雷达系统的一次激光发射脉冲会形成多次回波，因此在点云中包含了多种地表物体信息，在对数据的滤波进行分类等处理后，计算激光雷达穿透率，从而建立植株的三维模型并提取叶面积指数（leaf area index，LAI）。图 6.9 所示为使用激光雷达得到的某区域地形三维点云图。

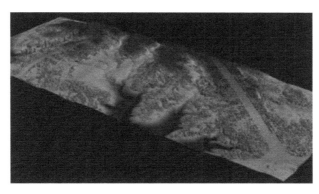

图 6.9 激光雷达图像

**2）在叶面积指数遥感反演中的应用**

机载激光雷达在农业遥感中的应用主要集中在叶面积指数的反演上。Alonzo 等（2015）利用激光雷达技术测量计算出加利福尼亚州圣巴巴拉地区郊区植被的激光透过率等参数，并分别从激光透过指标和树高、树冠底面高度、树冠区域表面积等激光雷达演算结构指标等两个方向来对叶面积指数进行反演。前者 $R^2$ 能达到 0.82，后者 $R^2$ 能达到 0.84，评估效果较好。徐光彩（2013）则利用了机载小光斑全波形数据反演森林叶面积指数，他根据比尔-朗伯定律推导出基于波形分解能量信息的叶面积指数反演公式：

$$\text{LAI} = -\frac{1}{k}\ln\left(E_t / E_g\right) = -2\ln\left(E_t / E_g\right) \tag{6.7}$$

式中，$E_t$ 为整个回波波形的能量；$E_g$ 为来自地面回波的能量。他又结合叶面积指数仪实测的叶面积指数数据进行建模，比较分析了根据波形分解能量信息反演叶面积指数的最佳高度（15m），利用点云数据分类将数据分为针叶林、阔叶林和针阔混交林分别进行回归分析。

**4. 微波遥感器**

微波遥感器指利用波长为 1cm 至数十厘米的微波进行遥感。根据微波遥感器系统是否主动发射微波，将微波遥感分为两种观测方式，一种是主动微波遥感［如高度计、散射计和合成孔径雷达（synthetic aperture radar，SAR）等］，另外一种是被动微波遥感

（如微波辐射计）。微波遥感具有穿云透雾、可以全天候工作、对地表的穿透能力较强等优点。而在农业遥感中，合成孔径雷达是最常见的微波遥感方式。

**1）合成孔径雷达的工作原理**

合成孔径雷达在距离向上与真实孔径雷达相同（图 6.10），采用脉冲压缩来实现高分辨率，而其在方位向上则通过合成孔径处理来改善分辨率。通过对位置不断变化的同时接收的包含相位的信号进行记录、数据处理，就可以达到采用比实际天线更长的假设天线长度（合成孔径长度）进行观测的同样效果（张祥伟，2009）。

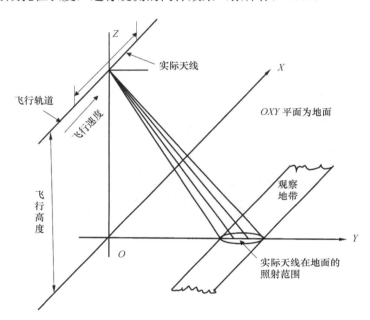

图 6.10  合成孔径雷达工作原理图

**2）合成孔径雷达在农作物识别中的应用**

合成孔径雷达在农业遥感中的应用主要集中在农作物识别上。Le Toan 等（1997）在印度尼西亚和日本开展水稻识别及面积测定实验，他们利用合成孔径雷达获得了多时相的 ERS-1 和 RADARSAT-1 C 波段合成孔径雷达数据，根据水稻 $\sigma^0$ 时域变化差异的阈值分类方法有效识别出水稻，识别精度大于 80%，并计算出了水稻的种植面积。谭炳香等（2006）利用合成孔径雷达所获得的 ENVISAT ASAR APP 双极化数据，在江苏省洪泽县开展了水稻遥感识别研究实验，研究发现在水稻的生长后期，水稻 SAR 数据的 $\sigma^0$ 比值（HH/VV）与其他地物有明显差别，由此来区分水稻与非水稻，具有较高的识别精度和分类精度。

## 5. 光流传感器

光流于 1950 年由 Gibson 首先提出，它表征了空间运动的物体对应成像面上的像素运动的瞬时速度（张洪涛等，2014）。光流可以根据像素灰度的时域变化和相关性确定图像中每个像素点的运动速度,被广泛应用于对被观察物体运动情况的描述(Koenderink, 1986)。而光流传感器是一种在硬件上集成了图像采集系统和数字信号处理器,在软件上集成了光流算法的视觉传感器,被广泛应用于机器人和自动控制设备的视觉运动测量(于合龙等,2014)和相对运动感知(郭力等,2012)。近年来,基于光流传感器进行飞行导航(Zingg et al.,2010)和避障(Green et al.,2003)也成为微小型无人机研究领域的一个热点方向。

**1)光流传感器的工作原理**

光流传感器通过图像采集系统,以一定速率连续采集目标物的表面图像,再由数字信号处理器对获得的图像数字矩阵进行分析。由于相邻的两幅图像总是存在重叠的部分,即可以找到相邻两幅图像的特征点,通过对这些特征点的位置变化进行对比,就可以显示出物体表面特征的平均运动情况,这种变化最后被转换成二维的坐标偏移量,并以像素数形式存储在特定的寄存器中,实现对运动物体的检测(宋宇等,2015)。

**2)光流传感器在无人机飞行导航中的应用**

吕强等(2014)提出了一种基于光流传感器的四旋翼飞行器悬停校正方法,该方法是将光流传感器安装在四旋翼飞行器底部,利用光流信息检测四旋翼飞行器相对于地面的水平移动速度,对姿态估计进行补偿,从而实现悬停校正,结果表明该方法能够有效地提高四旋翼飞行器的悬停稳定性。因为光流传感器所获得的速度参数是建立在二维空间上的,无法满足无人机在三维空间上的导航需求,所以很多学者通常将其与惯性导航等系统结合。宋宇等(2015)采用双光流传感器测量飞行器的高度和速度,并将二维光流信息与捷联惯性导航系统通过扩展卡尔曼滤波(extended Kalman filter,EKF)器进行数据融合,得到了实时的位置、速度和姿态,提高了无人机的定位精度。杨天雨等(2016)设计基于光流法辅助微惯性导航的无 GPS 自主导航方案,提出了一种基于无损卡尔曼滤波(unscented Kalman filter,UKF)的非线性融合导航方法,提高了导航精度。

## 6. 超声波传感器

超声波传感器是将超声波信号转换成其他能量信号(通常是电信号)的传感器。如图 6.11 所示,常用的超声波传感器由两个探头组成,一个探头负责发射超声波,另一个探头负责接收超声波。超声波传感器具有方向性好,易于定向发射,强度可控,成本较低等诸多优点。

**1)工作原理**

超声波传感器主要通过发送超声波并接收超声波来对某些参数或事项进行检测。发送超声波由发送器部分完成,主要利用振子的振动产生并向空中辐射超声波;接收超声波由接收器部分完成,主要接收由发送器辐射出的超声波并将其转换为电能输出;除此之外,发送器与接收器的动作都受控制部分控制,如控制发送器发出的超声波的脉冲频率、占空比、探测距离等;整个系统的工作也需能量的提供,此部分由电源部分完成。

图 6.11 超声波传感器

这样，在电源作用下、在控制部分控制下，通过发送器发送超声波与接收器接收超声波便可完成超声波传感器所需完成的功能（闫锦龙，2014）。

**2）超声波传感器在无人机上的应用**

超声波传感器在无人机中的应用主要表现在位置估计，高度、速度估计，姿态测量等方面（杨景阳等，2013；刘博和常佶，2010；Chee and Zhong，2013；Tarazona et al.，2015）。位置估计的应用表现之一就是障碍物检测及避障，主要应用于多种多样的灾难性野外环境或者无定位信息的复杂环境。位置估计按照应用环境的不同又可分为室内位置估计和室外位置估计两种，其中室外位置估计主要应用于无人机的自主起飞和着陆、自主导航及路径规划等。而高度估计除在自主起飞、着陆中起重要作用外，还应用于低空高度测量和地形绘制等方面。在上述研究中，DFRobot 公司 SRF 系列、MaxBotix 公司的量程在 7m 以内的超声波测距模块应用广泛。

## 6.2.2　无人机云台

既然要把相机、摄像机带到空中，无人机机身的晃动与震动自然会影响到拍摄，这时就需要自稳云台了。这里说的云台与常见的摄影云台不同，自稳云台通过惯性测量单元（inertial measurement unit，IMU）等传感器感知无人机机身的动作，由云台控制系统控制电机，让相机保持在原始平衡的位置，抵消无人机姿态变化及机身晃动等对云台的影响。现时的自稳云台主要也是由无刷电机驱动，在水平、横滚、俯仰 3 个轴向对相机进行增稳，可搭载的摄影器材从小摄像头到 GoPro，再到微单/无反相机，甚至全画幅单反及专业级电影机都可以。摄影器材越大，云台就越大，相应的机架也就越大。

无人机机载自稳云台是无人机遥感平台的一项重要组成部分。无人机在飞行过程中，由于主动姿态偏移、气流扰动、电磁干扰、传感器误差等，其姿态会产生偏移。机载云台是安装、固定成像仪器的支撑设备，是自稳云台的一种，能够有效地将载体的角运动隔离，在载体姿态变化时保持相机视轴的稳定性，这对于获取高分辨率的遥感图像具有重大的作用。同时，云台还能够根据指令使相机视轴在相应的旋转轴转动，将其调整到期望姿态。所以，机载自稳云台，本质上就是实现视轴稳定与目标跟踪功能的系统。

## 1. 无人机自稳云台分类

### 1）固定式自稳云台

一般的军事用固定翼无人机所采用的拍摄云台，大多数是固定式自稳云台，垂直面向地面拍摄，没有运动补偿等稳定画面的装置，而先进的军事侦察用的无人机中，加入了球形监视器摄像头，能够 360°地调整角度，优点是能够保持机身气流的流畅性，全方位拍摄影像，缺点是画面清晰度较差及调整角度并不太灵活。在 2012 年前后娱乐无人机刚面世时，普遍所采用的自稳云台都是固定式自稳云台（图 6.12），就如大疆的 Phantom 一代等产品，所采用的自稳云台都是固定式的设计，将相机与飞行器固定在一起，通过调整飞机的角度，来调整航拍时的视角。固定式自稳云台的优点是能够减少成本、减轻重量、省电，从而提高飞行时间，但其缺点也非常明显，就是航拍画质较差、无法改变视角。

图 6.12　固定式自稳云台

### 2）带三轴稳定补偿的自稳云台

带三轴稳定补偿的自稳云台（简称三轴自稳云台）（图 6.13）是微型陀螺仪的技术成熟后才诞生的。在过去，用来测量水平度的陀螺仪都较为庞大，但随着科技的进步，陀螺仪微型化逐渐被应用到自稳云台上，使航拍时无人机的前进、后退引起的飞机姿态的变化所产生的影像得以弥补。三轴自稳云台是现在主流航拍无人机所采用的航拍防抖云台，如亿航 GhostDrone 2.0、零度 XPLORER、大疆 Phantom 3 都使用了三轴自稳云台，其优点是对航拍时的画面保持全方位的稳定，保证画面清晰，而缺点是工程造价较高，由于由电机控制，因此相对会耗电，缩减航拍的续航时间。

图 6.13　三轴自稳平台

### 3）带两轴稳定补偿的自稳云台

带两轴稳定补偿的自稳云台（简称两轴自稳云台）（图 6.14）其实是三轴自稳云台的缩减版，被市场上一些定位在低端产品的无人机所大量采用，原因是两轴稳定器能够降低成本，省去了垂直方向上的稳定补偿，对耗电也会有所帮助。大多航拍用的无人机都是轴对称的结构，而轴对称结构在垂直方向上的晃动都不是太厉害。相比于三轴自稳云台，两轴自稳云台的优点是价格便宜，拍摄效果还可以接受，而缺点也是耗电影响续航时间，同时在无人机做剧烈运动的时候，视频拍摄不能平滑过渡。目前市面上常见的有三轴增稳云台和两轴增稳云台。

图 6.14　两轴自稳云台

## 2. 无人机云台结构及组成

### 1）云台机械结构

以应用得最多的三轴自稳云台为例，主要包括一个基座和 3 个框体（图 6.15），由

3 个旋转关节连接。每个旋转关节由一个直流电机驱动。相机挂载在内框上，控制板安装在基座上的盒子内。基座通过一个橡胶减震器与飞行器平台连接来减少飞行器机身产生的干扰，如风和电机的震动干扰。

图 6.15　三轴稳定云台结构图

**2）传感器**

旋转编码器可以测得稳定云台旋转关节的旋转角度信息，被安装在直流电机和稳定云台传动连接处。转轴的角速度可以通过测量角度信息之差除以两次采样时间之差获得。

稳定云台上装有一个惯性测量单元（IMU），位于相机装载处。IMU 包括陀螺仪和加速度计，用于测量相机姿态的变化，包括横滚（roll）、俯仰（pitch）和偏航（yaw）。陀螺仪被用来测量相机的角速度，累计积分进而解算出相机相对于地面的姿态信息，这种方法称为航位推测法。然而，这种方法由于长时间积分，会引起累计误差不断增加，导致姿态信息不准确。累计误差通常由其他传感器信息进行融合校准，如 GPS 加速度计。本研究就采用了加速度传感器和陀螺仪进行融合解算来获取相对准确的相机的姿态数据。

稳定云台的用户输入包括两种模式，分别为期望角速度模式和期望角度模式。期望角速度模式是使用者根据实时获取的图像信息，通过手持操纵装置发送无线通信指令操纵直流电机来改变相机的横滚角、俯仰角和偏航角，而相机的速度是在相机坐标系中定义的。从手持操纵装置发出的无线指令包括 3 个值，代表了相机 3 个轴的期望角速度，然后稳定平台控制单元重新计算稳定平台转轴的相对速度，当手持操作装置停止输入之后，相机的姿态就停止变化。期望角度模式是输入相机相对于地面的期待角度（姿态）。输入的角度结合 IMU 和编码器信息，输入控制器内进行处理，进而控制直流电机实现相机的姿态转换。

## 3. 自稳云台主流控制算法及其发展进程

### 1）主流控制算法

自稳云台控制系统的功能就是在确定了机械结构、驱动方式、传感器等硬件设备之后，利用有效契合的控制算法，使自稳云台的性能达到或者超过设计指标。在自稳云台的系统中存在许多非线性干扰因素，使常规的控制算法无法达到要求的性能指标。对于普适性民用机载自稳云台来说，最重要的干扰因素来自于负载，也就是相机重量和重心的变化。一方面，负载变化会使两个旋转轴或 3 个旋转轴的旋转中心不再和自稳云台的重心匹配；另一方面负载的变化本身会导致控制量的变化，系统由定常系统变成非定常系统。另外，机载自稳云台因形状不同都会不同程度地受到风阻力和摩擦阻力的影响，而且飞行时飞行器的飞行方向与自然风的风速、风向的影响也对控制算法提出更高的要求。除此之外，控制算法还要解决传感器噪声、轴间的耦合效应等干扰因素。

经典的比例积分微分（proportion integration differentiation，PID）控制在目前工业应用领域仍处于主导地位，其控制适应性好、结构简单、易于工程实现等特点，使其成为应用最广泛的控制方式，但由于其并不适用于非线性系统，因此通常是将非线性系统线性化或者结合其他现代控制技术产生新的控制算法，对非线性系统进行补偿。

由于受到自稳云台系统自身的惯性和其中小惯性环节的影响，不能通过调整增益系数来调节系统带宽，此时，前馈控制器可以解决反馈控制的不足，这样的控制方式通常称为复合控制（马佳光，1988）。经典控制理论对于定常系统来说，已经足够设计出性能良好的伺服系统。

重复控制（李翠艳等，2005）是在做周期运行中，每次运算将上一周期单位误差和当前周期的误差累加到一起，形成新的控制偏差；基本原理是利用内模原理设计的内模控制器。重复控制方法在工程上简便易行，结构简洁，能够有效实现伺服系统周期信号的精确跟踪，并提高系统鲁棒性；其缺点是只能跟踪周期信号，所以并不适用于自稳云台控制系统。

模糊理论和神经元网络理论等已发展得比较成熟，且已经广泛应用于各个领域。将智能控制用于自稳云台控制，能够解决系统的非线性因素和模型未知的问题，且能够自适应、自学习，控制速度快、适应性强、鲁棒性高。

**2）发展进程**

Skoglar（2002）运用 PID 和 LQ 控制器来控制稳定平台。LQ 控制器运用动态模型的线性化来实现响应的快速性，同时保持不激发太多阻尼的状态。

毕永利等（2005）比较了几种滤波方法对光电稳定平台控制系统的影响。结果表明，滤波法在相同相位滞后的情况下，对噪声的抑制能力最强。

高嵩等（2007）提出了一种模糊自整定 PID 控制算法。仿真结果表明，该算法能在保持原有精度的情况下，改善机载光电自稳云台的动态性能。

杨蒲和李奇（2007）根据频域分析法设计了三轴陀螺自稳云台的控制算法，并针对陀螺信号噪声问题，运用了小波阈值滤波方法。测试结果表明，该算法能够有效消除反馈信号的噪声，拥有较高的跟踪精度。

Sun 等（2008）运用了模糊控制器来控制机载云台跟踪地面目标。仿真结果表明，无人机能够跟踪地面目标，但是跟踪效果和鲁棒性会受到风速大小和方向的严重影响。

杨胜科等（2008）提出了一种基于 PD 控制的自动调速控制方法。结合 Matlab 仿真和现场调试，系统可以达到预期效果。

Li 等（2009）设计了一种 L1 型自适应控制器，在扰动出现和模型不确定的情况下保证了暂态性能，但解耦问题和目标跟踪速度慢的问题还有待解决。

房建成等（2010）提出了一种基于不平衡力矩观测器的惯性稳定平台不平衡力矩前馈补偿方法。仿真结果显示，自稳云台的稳定精度大幅提高。

陈猛（2010）选择模糊自增益 PID 控制方式，运用 Matlab 进行系统建模仿真。

沈晓洋等（2011）提出了利用基于径向基函数（radial basis function，RBF）神经网络辨识的模型参考自适应控制算法来克服被控对象模型不准确的问题，使其稳定性和快速性都有所提升。

Li 等（2011）分析了相机在无人机上的旋转和平移，结合无人机的速度和旋转角速率作为反馈补偿自稳云台的角误差，来实现高精度的目标跟踪。仿真结果表明，该控制器能有效提高追踪精度和减小自稳云台的视轴震动。

张洪亮和王志胜（2011）设计了基于 PID 神经元网络的稳定平台伺服控制算法。仿真结果表明，该算法具有较快的响应速度、较高的稳定精度和抗负载干扰能力。

徐晓霞（2012）提出了一种模糊自适应 PID 控制算法，并比较了经典 PID 控制、模糊控制和模糊 PID 控制的系统跟踪效果。仿真结果表明，模糊 PID 控制算法具有超调小、鲁棒性强、稳定性好、响应快等优点。

Qadir 等（2013）提出了一种神经网络模糊控制器，来提升自稳云台目标跟踪的动态性和解决自稳云台的非线性问题。他们在地面上使系统自学习达到一定精度，进而在空中及不同风场情况下进行学习调整。实验结果表明，该控制器能够实现自稳云台高精度的位置和速度控制。

Jędrasiak 等（2013）制作了一个能实现 360°旋转，调节精度达到 1/210，快速响应的自稳云台，为精准目标跟踪提供了保障，也为更复杂的算法提供支持。

孙高（2013）利用半捷联稳定方式，通过弹载惯性器件信息实现导引头光轴的惯性稳定，有效解决了传统速率陀螺稳定方式中存在的系统体积大、质量大和成本高的问题，为半捷联光电自稳云台的机械设计和元器件选择提供了理论依据。

刘锦（2013）提出了两轴机载自稳云台自抗扰控制器的三大模块参数整定的方法，并与传统 PID 进行比较，最后提出级联自抗扰控制器。仿真结果表明，该算法能提高系统的抗干扰能力和跟踪性能，将非线性系统的不确定性线性化。

Lin 和 Yang（2014）利用无人机机身的姿态信息和 GPS 信息来补偿自稳云台的偏角。结果显示，自稳云台和目标跟踪效果能够达到预期要求。

朱倚娴等（2014）提出了一种自适应模糊 PID 复合控制方法，引入自适应因子实现模糊控制和 PID 控制的复合，误差较大时增强模糊控制的作用以加快系统响应，误差较小时增强 PID 控制的作用以实现无静差调节。仿真结果表明，在干扰情况下，该控制算法抗干扰能力较强，稳态精度提高 0.4′左右。

Rajesh 和 Ananda（2015）比较应用粒子群算法优化过的 PID 控制器和普通 PID 控制器在机载自稳云台上的控制效果。结果表明，粒子群算法优化过的 PID 控制器在自稳云台控制方面有更精确和更稳定的收敛性。

从以上研究情况来看，模糊 PID 和自抗扰算法在自稳云台上的应用相对较普遍，同时结合无人机自身的姿态信息来对自稳云台的角位移进行修正也是常见的提升稳态精度的方法。然而具体应用仍要结合系统的具体结构、工作环境和性能指标要求进行探讨与选择。

## 4. 农用机载自稳云台的开发

目前市场上具有高性能的机载自稳云台价格普遍昂贵，且产品大多只针对单独的图像采集仪器开发，普适性差，没有针对农业中常用的多光谱成像仪、高光谱成像仪、红外相机的相关产品。常规的普适性自稳云台的控制精度和稳定性又无法达到精准农业遥感的要求，原因一方面是相关执行器的性能及精度不足；另一方面是控制算法的不完善，在成像仪器改变时无法实时改变参数，适应新的负载。本研究中的例子旨在采用先进的控制算法，对几款常用的相机进行建模分析，将其应用到已有的自稳云台框架模型上，提高自稳云台的经济性和实用性，为农用无人机遥感推广做好铺垫。

### 1）云台建模

根据实验室开发的平台进行三维建模（图 6.16），并对三轴自稳云台内框进行改造，使之能够调整位置、改变重心，并针对 3 种精准农业中常用的相机，根据三维模型建立运动学方程，再利用拉格朗日-欧拉法建立系统的动力学方程，之后建立无刷电机的数学模型，得到 3 个负载不同的自稳云台的数学模型，为后续的 Simulink 仿真作准备。

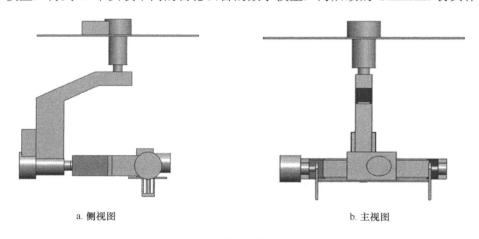

a. 侧视图  　　　　　　　　　　　　　　　b. 主视图

图 6.16　云台机械结构侧视图及主视图

建立运动学方程，运动学主要是研究运动的所有几何和时基的特性，分为两个基本问题（蒋新松，1994）：①运动学正问题；②运动学逆问题。

A. 正向运动学方程

三轴自稳云台可以视为多刚体系统。多刚体系统的正向运动学阐述的是关节参数的配置如何影响末端执行器的平移和旋转。在机器人学中，末端执行器通常连接着机器人的执行工具，而本研究自稳云台的执行工具是一部相机。正向运动学问题能归结为寻求联系附体坐标系和参考坐标系的变换矩阵。附体坐标系相对于参考坐标系的转动可以用 3×3 的旋转矩阵来描述，然后用齐次坐标表达三维空间的位置矢量，把旋转矩阵扩展为

4×4 的齐次变换矩阵，用以包括附体坐标系的平移（蒋新松，1994）。这种以矩阵代数描述和表达操作机各杆件相对于固定参考系的空间几何关系的方法称为 D-H 变换法。

B. 逆向运动学方程

逆向运动学问题是已知末端执行器的旋转和角度信息，求取各个关节参数，使末端执行器达到预期的位姿。在普通的机器人应用中，目标常常是将工具移动到一定位置，保持一定的姿态。由于有多种能实现期望位姿的参数，因此问题变得比较复杂。常见的解决办法是让机器人学习关节参数的配置而不是计算关节参数。逆向运动学问题在自稳云台应用中相对比较简单，因为只需要考虑相机的姿态（角度位置）而不用考虑位置。逆向运动学将被用于产生控制自稳云台的参考信号。

建立动力学方程，机器人的动态特性可以用一组数学方程来描述，称为机器人动态运动方程。机器人动力学研究如何建立机器人运动的数学方程。实际动力学模型可以根据拉格朗日-欧拉法和牛顿-欧拉法推导实际机器人的运动方程。

自稳云台 Simulink 建模，针对富士 X-T1 红外相机、Tetracam ADC 相机、尼康 D90 相机 3 种不同型号的成像仪，分别建立了自稳云台模型（图 6.17）。建模过程中将几款相机视为长方体，富士 X-T1 红外相机质量为 440g，Tetracam ADC 相机质量为 520g，尼康 D90 相机质量为 620g。根据第 2 章中的运动学方程和动力学方程分别建立了模型，其区别主要在自稳云台模块 gimbal model 中。

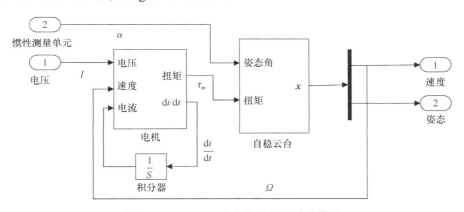

图 6.17　Simulink 中自稳云台的系统模型

该模型包括两个模块，即电机模块 Motors 和自稳云台模块 gimbal model。gimbal model 的输入有 IMU 输出的姿态角 $\alpha$，电机输出的扭矩 $\tau_m$，输出值为各关节的角度和角速度向量 $x$；电机模块 Motors 的输入有电压 $u$，电机转速也就是关节角速度 $\Omega$，电流大小 $I$，输出为扭矩 $\tau_m$ 和电流的微分 $di/dt$

## 2）自稳云台 PID 控制器设计及仿真

PID 控制算法是工业领域应用最多、最广的控制算法，由于算法编写简易，不需要获取具体的系统模型，控制参数相互独立，在工程上易于实现，已经被广泛应用于过程控制和运动控制当中。PID 调节是连续系统动态品质校正的一种有效方法，它的优点为整定参数比较方便、结构改变比较灵活。下面将介绍 PID 控制器在自稳云台的应用过程。

常规 PID 控制器由比例环节、积分环节、微分环节组成。系统由控制器与被控对象组成（图 6.18）。

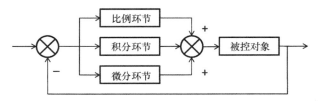

图 6.18　PID 控制系统原理图

在计算机控制系统中，只能计算离散信号，所以需要将模拟 PID 离散化使用。以连续的采样时间点代替连续时间，以矩形数值和式积分近似代替连续积分，以增量式近似代替微分项。

针对富士 X-T1 红外相机、Tetracam ADC 相机、尼康 D90 相机分别依据运动学和动力学建立了自稳云台模型，同时利用上面建立的 PID 控制器模型，采用同一套参数，在 Simulink 环境下组合进行仿真，得到阶跃响应曲线，如图 6.19 所示。

图 6.19c 俯仰轴响应曲线表明，富士 X-T1 红外相机模型 PID 控制效果尚可，另外两款模型跟踪效果较差，且稳态精度不足，这一方面是由于 PID 参数与模型系统不匹配；另一方面是由于偏航轴和横滚轴的偏差扰动传递到俯仰轴。可以看出，对于自稳云台在负载不同的情况下，经典 PID 控制尚未达到目标的控制需求。

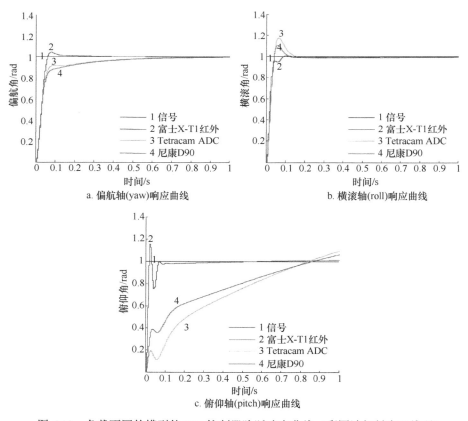

图 6.19　负载不同的模型的 PID 控制器阶跃响应曲线（彩图请扫封底二维码）

　　由此考虑结合模糊控制的理论。模糊控制的基本工作原理是：对输入信号进行模糊化，输入量由数字量变为模糊量，之后送入模糊推理机，应用模糊规则得到模糊集合，最后经过解模糊器去模糊化得到清晰量，再输送给下一级控制对象。

　　将图 6.20 中的 PID 控制器模块替换为模糊 PID 控制器模块，Simulink 仿真设置同前面，模糊 PID 阶跃响应的曲线如图 6.21 所示。

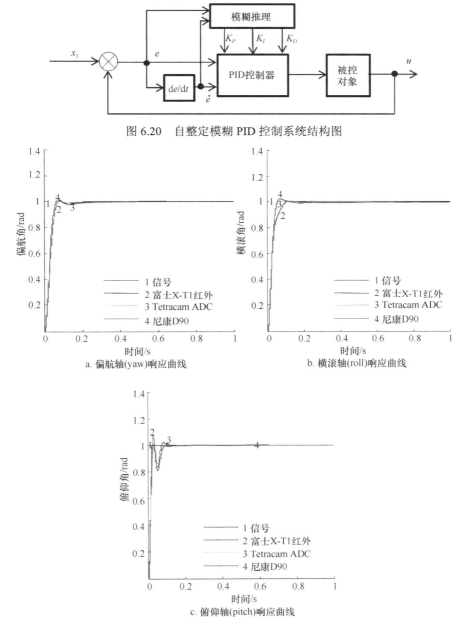

图 6.20　自整定模糊 PID 控制系统结构图

图 6.21　负载不同的模型的模糊 PID 控制器阶跃响应曲线（彩图请扫封底二维码）

通过图 6.21 与图 6.19 数据比较分析，可以得出模糊 PID 的控制效果较经典 PID 控制超调量更小，调节时间更短，稳态误差更低，且针对不同负载的稳定模型，模糊 PID 控制较经典 PID 控制具有更优良的适应性，能满足农用无人机机载自稳云台负载不同的控制需求。

## 6.3　遥感图像处理

基于无人机的农田低空遥感研究与应用集中在天气晴朗、能见度高、天顶角小的情况下进行，然而实际农田环境多样，理想天气出现次数很少，主要原因有：①污染加剧。目前工业区与农业区并没有明显分割，工业废气自然扩散到农田上空，空气污染严重，农田上空经常伴有轻度或者重度的雾霾，影响遥感影像获取。此外，伴随着经济的高速发展和城市规模的迅速扩张，大气气溶胶污染加剧所导致的雾霾天气出现频率增加，这种气候现象在华北平原地区、江汉平原地区、江淮地区、东北地区经常出现。据中国气象局统计，我国在 2014 年全国平均雾霾天数为 30 天，达到 50 年来雾霾天数最大值，辽宁雾霾天数更是高达 115 天。②自然雾对遥感影像制作的影响。雾的主要成分是悬浮于近地空气中的大量微小水滴或冰晶，依照雾所导致的水平能见度，通常将其划分为雾、大雾、浓雾和强浓雾，对应的能见度范围分别为 1000m、500m、200m 和 50m 以内。在湿气较重的江淮、江浙、华南、四川盆地等地，由于湿度较高，水分散失慢，容易形成自然雾，而这些地区又是我国粮食主产区。一些经济作物，如茶叶、杨梅等多种植在丘陵地区，也是自然雾多发的地方，而经济作物在较短时间内会在产出品质、产出产量等方面有较大变化，对此进行大范围快速信息获取有着很重要的意义。③农民活动产生的烟雾。主要集中在以下两个方面。第一方面为秸秆焚烧，在作物收获之后，很多地方出现秸秆焚烧的现象，直接降低能见度，而此时是对土地耕种情况、土壤有机质等进行遥感的最佳时机；第二方面为霜降前后点燃生烟物来保护果园果树等一些农民活动，造成农田上空能见度降低。同时在突发山林大火的时候，山林烟雾笼罩，将无人机应用于突击监测山林大火蔓延情况有着很重要的意义，然而烟雾会直接影响遥感影像的质量。

能见度直接影响遥感图像的质量和影像分析结果。大气介质（粒子）会对地面反射光线进行散射和吸收，令地面能见度降低，尤其在雾天天气中，遥感图像的质量严重受损，不仅清晰度严重降低，还会出现颜色的偏移和失真，直接影响图像信息的真实性（如色度）。在这种情况下，对植被生理现象的感知亦会出现偏差。研究农田低空遥感图像除雾技术、对雾天降质图像进行复原处理、提升遥感图像质量，是无人机低空遥感的必要程序，这对增加无人机适用情况、提升遥感所得数据精确度、促进无人机遥感应用的推广、促进农业信息化进程，有着重要的意义。目前我国对农田低空遥感图像除雾技术的研究存在空白，农田雾霾成因不同于城市的雾霾成因，农田上空空气中飘浮颗粒物浓度相对较低，从而使得农田低空雾霾的大气气溶胶光学特性相较于城市有较大不同。

鉴于雾天天气对于遥感等领域的严重影响，计算机视觉和计算机图形学领域在近年来将图像去雾技术列为其前沿课题，吸引了大批国内外研究者参与其中。对于精准农业，去雾的目的不仅是要提高图像的清晰度，更为重要的是能够还原植被的真实色彩，避免信息偏差。以此为出发点，近年来较为流行的图像去雾技术多从雾化图像形成的本质原因进行研究，借助大气与光线（成像物体）相互作用的数学物理模型，实现对雾化图像的复原。其中，一些代表性工作基于大气散射理论同时对雾化图像退化过程和大气成像模型进行分析，提出的一系列去雾算法在相当大程度上克服了恶劣天气等条件的影响，极大地推进了遥感图像分析领域的发展。

此外，目前去雾效果较理想的算法往往存在着算法计算量大、运算速度偏慢的缺点，较差的实时性是阻碍去雾算法广泛应用的绊脚石。提高图像去雾速度，可以从算法优化和硬件优化两个方面进行。其中算法优化近年来已取得一定成果，能在一定程度上提高运算速度，并且有较好的去雾效果，但与实时处理去雾视频相比，尚存在一定距离。近年来嵌入式技术获得快速发展，已成为信息实时处理技术的主要手段。因此，研究和开发适用于嵌入式系统的图像实时并行处理技术也将成为今后的研究重点。

### 6.3.1　入射光衰减模型和大气光成像模型

在户外成像过程中，大气的存在会对成像质量产生影响。入射光经成像物点反射后，在传输过程中与大气介质相互作用会发生衰减。根据米氏散射理论（Nieto-Vesperinas and Dainty，1990），最终到达成像设备的入射光可以分为两部分：经大气衰减后的物体入射光和来自周围环境的大气光，而其中的物理过程分别由入射光衰减模型和大气光成像模型进行描述。

入射光衰减模型主要描述经成像物点反射后的入射光因大气介质散射，使部分光线偏离原有路径而造成的衰减。在描述该衰减过程时，主要考量的指标为成像物点与成像设备间的光线传播距离。假设传播距离为 $d$，光强的衰减 $E(d, \lambda)$ 可以表示为

$$E(d, \lambda) = E_0(\lambda)\mathrm{e}^{-\beta(\lambda)d} \tag{6.8}$$

式中，$E_0(\lambda)$ 为成像物点表面反射光的初始光强；$\lambda$ 为波长；$\beta(\lambda)$ 为大气透射率，用于描述光线在单位面积大气介质中的散射程度，该值越大，衰减越强。

可以看出，模型在描述衰减光强与传输距离之间的关系时，采用了 Bouguer's 指数衰减法则，衰减光强程度随传播距离的增加呈现指数级增加。此外，需要注意的是，上述针对入射光衰减过程的描述，遵循的一个重要假设为大气呈均匀分布，即光线在成像物点表面为平行入射。这种假设令公式（6.8）仅适用于对薄雾天气状况下衰减过程的表示，如果涉及雨、雪等动态天气，则需进一步考虑成像物点表面的漫反射现象。

大气光成像模型主要描述非成像物点光线（来自于周围环境）中因大气介质作用，发生散射而进入成像设备的光线，称为大气光。产生大气光的主要原因有：天空光散射、太阳光直射或其他地面光等。与入射光衰减不同，大气光通常随成像物点与成像设备间距离的增加而增加。造成该现象的主要原因是，当物点与设备间的距离较远时，来自光线传播路径周围的环境光更易发生散射和聚集而融入成像设备。因此，大气光光强与传播距离成正比。

下面，对大气光成像过程作数学形式的描述。参照图 6.22，首先考虑在成像物点与成像设备路径间（仍距离为 $d$），距离成像设备 $x$ 处的一个单位体积 d$v$ 内（假设 d$v$ 为点光源）的大气光散射情况。d$v$ 计算公式如下：

$$\mathrm{d}v = \mathrm{d}\omega \cdot x^2 \cdot \mathrm{d}x \tag{6.9}$$

式中，$\mathrm{d}\omega$ 为图 6.22 椎体切面与中轴线的夹角；$\mathrm{d}x$ 为 $\mathrm{d}v$ 的高度。通常将 $\mathrm{d}v$ 的光强 $\mathrm{d}I(x, \lambda)$ 定义为

$$\mathrm{d}I(x,\lambda) = \mathrm{d}v \cdot k \cdot \beta(\lambda) = \mathrm{d}\omega \cdot x^2 \cdot \mathrm{d}x \cdot k \cdot \beta(\lambda) \tag{6.10}$$

式中，$k$ 是一个比例常数，用于表示环境光在 $x$ 未知处也为未知常量。考虑 $\mathrm{d}v$ 处点光源光强亦会经大气传播而发生衰减，根据公式（6.8），光线最终到达成像设备时的光强 $\mathrm{d}L(x, \lambda)$ 如下：

$$\mathrm{d}L(x,\lambda) = k\beta(\lambda)\mathrm{e}^{-\beta(\lambda)x} \tag{6.11}$$

因此，为得到成像物点与设备距离为 $d$ 时的总大气光光强，可对上式两边进行积分：

$$L(d,\lambda) = k\left(1 - \mathrm{e}^{-\beta(\lambda)d}\right) \tag{6.12}$$

当 $d \to \infty$ 时，即成像物点在无穷远处，大气光的光强达到最大：

$$L(d,\lambda) = L(\infty,\lambda) = k \tag{6.13}$$

公式（6.13）可进一步表示为

$$L(d,\lambda) = L(\infty,\lambda)\left(1 - \mathrm{e}^{-\beta(\lambda)d}\right) \tag{6.14}$$

根据公式（6.8）和公式（6.14），雾天退化模型可以表示为

$$I(x) = E_{\mathrm{dr}}(d,\lambda) + E_a(d,\lambda) \tag{6.15}$$

式中，$E_{\mathrm{dr}}(d, \lambda) = J(x)\mathrm{e}^{-\beta(\lambda)d}$，为入射光衰减后的光强；$E_a(d, \lambda) = A(1 - \mathrm{e}^{-\beta(\lambda)d})$，为融入成像设备的大气光光强；$J(x)$ 为成像场景光强，$x$ 为二维空间的坐标。

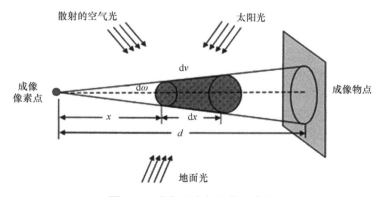

图 6.22  大气光参与成像示意图

## 6.3.2  结合导向滤波的暗原色去雾算法

在计算机视觉和计算机图形学领域，雾天退化模型被广泛应用于对雾天拍摄图像作去雾处理，其中的代表性工作为结合导向滤波的暗原色去雾算法（He et al.，2010）。为形式化阐明该算法，此处首先给出暗原色图像的基本定义。对于任意一幅图像，设其原始的成像场景光强为 $J$，其暗原色图像 $J^{\mathrm{dark}}$ 可由公式（6.16）给出：

$$J^{\text{dark}}(x) = \min_{C \in \{R,G,B\}} (\min_{y \in \Omega(x)} (J^C(y))) \tag{6.16}$$

式中，$J^C$ 为原始图像的彩色通道（R，G，B 通道）；$\Omega(x)$ 为以 $x$ 为中心的局部图像块，经由对原始图像做等尺寸划分而得到。

可以看出，暗原色图像借由两个极小值操作子对图像进行运算得到。首先 $\min_{C \in \{R,G,B\}}$ 对每一个像素点求取其在 R、G、B 通道中的最小颜色值；然后，求取每一个局部图像块内的最小值，$\min_{y \in \Omega(x)}$ 可视为一个最小值滤波操作。He 等（2010）在进行经验性的统计观察后得出结论，如果给定图像中不存在雾化现象，暗原色图像的像素值将非常微弱，几乎趋近于 0。结合导向滤波的暗原色去雾算法，将暗原色图像的这一特性作为基本先验，进而对雾化图像进行去雾处理（图 6.23）。

图 6.23　结合导向滤波的暗原色去雾算法效果示例（彩图请扫封底二维码）
a. 输入图像；b. 粗略传播图；c. 精细传播图；d. 通过 b 所得的去雾图像，去雾后在成像物体边缘存在一定程度的弥散效应；e. 通过 c 所得的去雾图像，可精准地捕获突变的边缘，强化成像物体轮廓

考虑公式（6.15）中的雾天退化模型，表征原始成像场景光强的图像 $J(x)$（即欲求得的清晰图像），经过入射光衰减和大气光融合后，雾化图像 $I(x)$ 可作如下表示：

$$I(x) = J(x)t(x) + A(1 - t(x)) \tag{6.17}$$

式中，$t(x) = e^{-\beta(\lambda)d(x)}$，为光线通过大气的透射率，此处称为精细传播图；$A$ 为大气光光强；$x$ 为图像中像素位置。结合暗原色原理，可按以下步骤对 $J(x)$ 进行求解。

（1）将输入图片作降采样处理，再等尺寸划分为图像块 $\Omega(x)$（如 15×15），求取暗原色图。

（2）假定大气光光强 $A$ 已经给定 [$A$ 的自适应估算在步骤（7）给出]，对雾化图像在 R、G、B 各通道内分别进行标准化处理：

$$\frac{I^C(x)}{A^C} = t(x)\frac{J^C(x)}{A^C} + 1 - t(x) \tag{6.18}$$

（3）进一步假设透射率 $t(x)$ 在局部图像块 $\Omega(x)$ 内保持恒定，并标记为粗略传播图 $t'(x)$，对公式（6.18）两边计算暗原色：

$$\min_C \left( \min_{y \in \Omega(x)} \left( \frac{I^C(y)}{A^C} \right) \right) = t'(x) \min_C \left( \min_{y \in \Omega(x)} \left( \frac{J^C(y)}{A} \right) \right) + (1 - t'(x)) \tag{6.19}$$

（4）依据前述暗原色先验，去雾后图像 $J(x)$ 的暗原色图像 $J^{\text{dark}}$ 各像素点将趋向于 0：

$$J^{\text{dark}}(x) = \min_C(\min_{y \in \Omega(x)}(J^C(y))) = 0 \tag{6.20}$$

又由于 $A^C$ 值恒为正，因此可知，

$$\min_C\left(\min_{y \in \Omega(x)}\left(\frac{J^C(y)}{A}\right)\right) = 0 \tag{6.21}$$

将公式（6.21）代入公式（6.19），即可估计粗略传播图 $t'(x)$：

$$t' = 1 - \min_C\left(\min_{y \in \Omega(x)}\left(\frac{I^C(y)}{A}\right)\right) \tag{6.22}$$

（5）在实际情况中，即便处于晴朗天气，大气中依然存在一定数量的颗粒。因此，在观望距离较远的物体时，雾化现象依然存在。如果彻底对这些区域进行去雾，不仅会导致图像失真，亦会令整幅图像的深度信息弱化。通常的选择是对远处成像物体维持微弱的雾化效果。具体做法是在公式（6.22）中引入一个常数参数 $\omega$（$0 < \omega < 1$）：

$$t' = 1 - \omega \min_C\left(\min_{y \in \Omega(x)}\left(\frac{I^C(y)}{A}\right)\right) \tag{6.23}$$

$\omega$ 的大小依据应用场景的不同可适应性地进行选择，通常设定为 0.95。

（6）对所求得的 $t'$ 进行导向滤波，得到平滑的透射率分布，以雾化图像作为辅助图像，之后再做上采样可得到精细传播图 $t$；将 $t$ 代入公式（6.17），即可得到去雾图像 $J(x)$：

$$J(x) = \frac{I(x) - A}{t(x)} + A \tag{6.24}$$

需要注意的是，当 $t$ 接近于 0 时，$J$ 将会对噪声非常敏感。此时的常用做法是人为给 $t$ 的取值限定一个下界 $t_{\min}$，从而令最终的去雾图像 $J(x)$ 为

$$J(x) = \frac{I(x) - A}{\max(t(x), t_{\min})} + A \tag{6.25}$$

（7）最后，考虑俯视航拍图像具有取景位置高、作业天气变化大等特点，需要使大气中的粒子干扰具备更强的鲁棒性。因此，对大气光光强的适应性估值也非常重要，针对步骤（2）中对 $A$ 的假设，可以利用公式（6.26）进行克服：

$$J(x) = R(x)A \tag{6.26}$$

式中，$R \leqslant 1$，为成像物点的反射率。

### 6.3.3  除雾中的实际问题

通过对图像作降采样处理可显著提升除雾算法的执行效率。例如，将采样区域设定为 2×2 或 3×3 后，算法的执行耗时约降低到 1/4 或 1/9。一般情况下，降采样处理可能会导致所求得的去雾图像存在边缘不平滑现象，主要原因是粗略传播图在经过插值处理还原为精细传播图时，会在一定程度上损失图像的细节信息。但这种类型的细节损失在俯视航拍的图像中，可以得到有效抑制。俯视航拍图像的特点是不存在景深变化较大的天际区域，因此整个图像中边缘区域变化较为平缓，对该类图像的粗略传播图实现导向

滤波所得到的去雾图像，也不会存在明显的弥散效应（通常存在于突变的边缘）。此外，由于不存在天空区域或大块高亮区域，俯视航拍图像一般也不会面临一些文献中所提及的暗原色失效区域问题。

在导向滤波算法中，通常会使用固定的先验参数［如公式（6.24）中的 $\omega$］对图像进行去雾。但俯视航拍场景中的雾气浓度可能会随时间增加而发生变化，极端情况下则没有雾气存在，因而无法令每一幅图像都达到理想的去雾效果（如过度去雾）。针对此类情况，可考虑一些自适应方法对去雾算法进行优化。例如，根据常用去雾效果评价方法，计算达到理想去雾标准的像素点比例，根据该比例进行微调。一些文献（陈超等，2016）提到，若达到标准的像素点数目较少，可考虑以一定幅度（如 0.05）增加 $\omega$ 值的大小。自适应调整参数虽然可以较好地应对雾气浓度变化等因素的影响，但通常会令单幅图像的去雾速度下降，尤其在航拍中采用视频拍摄模式时，算法的实时性会大打折扣。在此类情况中，亦可考虑融合一些其他的先验假设来对算法进行加速。例如，俯视航拍的图像场景较大，如果连续帧间的时间间隔较短，场景中的雾气程度则不会在此时间段内出现较大变化。因此可以假设雾气浓度非常接近，在该段时间内算法的参数是非常接近甚至完全相同的，故可以仅将连续图像中的某一帧调整后的参数作为依据，来对相同时间段内的其他图像进行估计，从而实现加速过程。在俯视航拍图像的去雾过程中，去雾效果的评价也是实际应用中的一个必要的考虑方面，以便对现有方法进行改进，促进实现更加自动、鲁棒和实时的去雾方法。一般来说，去雾效果主要涉及图像颜色和对比度两个方面。在颜色的评价方面，主要有色调及坐标直方图、RGB 图像主成分分析、直方图相似度等；而在对比度评价方面，则包括全局对比度、局部对比度等。但由于目前缺乏一些公开的数据库（如各种类型的天气条件下所获取到的图像样本），因此这些评价标准通常较为局限。如果在特定场景中进行应用，一个较好的解决方案是采集该场景在不同天气条件下的多幅图像，以便选择最优方法。

综上所述，目前的图像去雾方法在自动、鲁棒和实时性方面，仍没有完全达到实际应用的要求。因此，该研究领域仍具有很大的发展空间。

## 6.4　遥感地物特征获取与三维建模

利用遥感影像我们可以快速地获取地物数字高程信息，并建立三维模型，对农情进行全面、有效的监测。虽然遥感影像在技术和应用方面得到了长足的发展和进步，但无人机上还是有很多需要完善的地方。由于无人机飞行稳定性较差、航向重叠和旁向重叠不规则、成像范围小，利用传统摄影测量的方法进行无人机遥感图像处理的工作量大、周期长，需要耗费大量人力、物力和财力，甚至由于无人机图像获取的特殊性，一些传统摄影测量技术无法被直接使用到无人机图像处理中。计算机视觉中三维重建是通过模仿人类视觉，从图像中提取对象的三维几何特征，建立三维模型，并从中提取物体的空间定量特征。随着计算机性能的快速发展，尤其是图形处理算法的速度大大加快，三维重建技术也有了更成熟的发展，应用也越来越广泛。将近年来计算机视觉中在视频、图像领域获得巨大成功的三维重建技术应用在无人机平台全自动重建领域中，对有力推动高效、鲁棒、批量化的无人机图像处理应用具有重要意义。近些年，国内外基于无人机平台的三维重建系统也陆续问世，随着无人机法规的相应完善，三维重建技术在市场上的应用将更加广阔、频繁。

本小节旨在探讨计算机视觉中的三维重建相关技术在无人机平台上的应用。首先介绍计算机视觉中几个重要的三维重建相关技术；其次介绍传统的增量式三维重建，在该方法的基础上，加入相机辅助信息优化，提出基于辅助信息的分组三维重建及无人机图像全自动生成大比例尺的真正射影像方法；最后介绍三维系统和市面上一些常用的三维建模软件。

### 6.4.1　计算机视觉中的三维重建相关技术

近些年来，随着计算机技术的不断发展，三维重建技术更加优化，尤其是特征点检测和匹配算法、鲁棒性估计算法、自标定算法、运动恢复结构（structure from motion，SfM）算法及多视图立体匹配（multi-view stereopsis，MVS）算法等技术的不断进步和完善，基于图像的三维重建技术有了突飞猛进的发展。目前一些重建的结果在重建精度和完整度上，几乎可以和激光扫描结果相媲美，这也使得基于图像的自动三维重建技术受到了越来越多的关注，并在诸多领域得到了广泛的应用。总结起来，从图像到三维结构（三维点云）这一完整的三维重建包括以下几个关键环节：①匹配算法，提取准确的图像特征点及图像之间的特征点匹配；②运动恢复结构，通过图像点的匹配计算准确的相机之间的相对运动，即恢复出相机的拍摄位姿和场景的稀疏几何结构；③稠密点云重建，即得到场景的稠密三维点云结果。

### 1. 图像特征点的提取与匹配

三维重建中最困难的一个问题就是如何利用计算机自动建立两幅或多幅图像之间的匹配关系，即图像匹配。通过寻找匹配图像之间的点对应来建立互相重叠图像之间的网状联结关系，进而可计算出图像间的视角对应关系（即相机外参数）。在图像之间寻找点对应通常分两步完成：首先是特征点检测与描述，其次是特征点匹配。

基于相机运动的算法需要先获取特征点匹配集，然后获取相机的位置信息。有许多方法可以用来检测特征点或特征区域，在特征描述方面，比较流行的是基于直方图的方法，如 SIFT、SURF、GLOH 和 DAISY 等（Lowe，2004），这些描述子通过建立梯度方向和位置直方图来进行关键点描述（Iparraguirre et al.，2014）。SIFT 算法通过在尺度空间寻找极值点，提取局部不变特征，包括旋转、尺度、亮度等特性，其算法步骤主要包括：①利用高斯差分核与图像卷积生成的高斯差分（difference of gaussian，DOG）尺度空间（Zhang and Sang，2014）对图片进行逐层递减采样，筛选出稳点的关键点；②把每一个采样点和它所有的相邻点进行比较，筛选出尺度空间的极值点；③精确关键点的位置和尺度，可利用拟和三维二次函数同时去除低对比度的关键点和不稳定的边缘响应点；④根据邻域像素的梯度方向确定每个关键点的向量参数。至此，所有特征点位置、所处尺度、方向信息均可以确定。

基于直方图的特征描述方法在通常情况下可以获得较好的结果，但是直方图无法应对复杂光照情况，包括伽马校正、镜面反射、曝光变化等。为了解决上述问题，一些研究者提出了用灰度序替代原始灰度的特征描述方法。Gupta 和 Mittal（2008）提出了在极值区域统计灰度序的反转加权求和的描述方法。为了提高特征点检测和描述的速度，Heikkila 等（2009）则结合了 SIFT 和 LBP（location binary pattern）方法，提出了 CS-LBP（center symmetric-location binary pattern）描述子。在此方法基础上，Gupta 和 Mittal（2008）提出中心对称局部二进制模式（center symmetric-location triple pattern，CS-LTP）描述子，使之对高斯噪声更加鲁棒。近两年很多研究者提出了基于比较的二值描述子，如 BRIEF（binary robust independent elementary feature）、BRISK（binary robust invariant scalable keypoint），在计算实时性要求高或平台计算能力受限的应用中具有很好的表现。另外，结合利用图形处理器（graphics processing unit，GPU）强大的计算能力，可以采用基于 GPU 的 SIFT 特征点提取和匹配算法，Cornelis 等（2008）给出了基于 GPU 的 SURF 特征点检测提取算法。

　　为了在两幅图像之间实现特征匹配，首先需分别在每幅图像中提取特征，然后在特征描述空间中，寻找最近邻作为匹配结果。由于一些描述子维数很高（如经典的 SIFT 达 128 维），单幅图像检测到的特征点个数很多，人们研究了大量高维数据搜索算法，其中包括 KD-tree（K-dimensional tree）、BBF（best bin first）、LSH（local sensitive hash），而在搜索策略上，通常为了加快匹配速度，会采取如 KNN（K-nearest neighbor）、ANN（approximate nearest neighbor）这些近邻搜索的方法。最后通过一些距离尺度度量或者是比率测试等策略去掉一些错误匹配。如果两幅图像之间的匹配特征数量大于一定的阈值，就认为两幅图像是匹配的。对于两幅图像上匹配的特征点一般会采用极限几何约束，但对于物体（或场景）本身纹理重复或相似的情况很容易发生误匹配，近年来研究者也给出了其他假设作为约束条件，如连续性约束、唯一性约束和次序约束，但不论使用什么约束条件，都不能完全避免误匹配的发生。大量的研究表明，多个视点的图像对于减少由重复或相似纹理带来的匹配歧义性具有明显的作用。

## 2. 运动恢复结构

　　SfM 算法是计算机视觉三维重建中的一项关键技术，其可由影像恢复出运动相机的位置、姿态及所摄场景的三维结构，且对影像数据要求低，不受摄影测量理论中许多假定前提条件的约束，通用性好。

　　Bundler 是目前最常用的 SfM 优化算法，它依赖 RANSAC（random sample consensus）去估计一些含有噪声或错误数据的模型从而达到鲁棒性。RANSAC 由 Fischler 和 Bolles（1981）最先提出，它是一个随机抽样的过程，可以稳健地估计出模型的参数，算法的思想是：首先选择用于重建的初始图像对，然后通过迭代地增加单幅（或少量几幅）图像，对新的公共匹配点进行三角化，并对新加入的图像进行标定。该算法运行稳定的重要原因在于精心地选择了初始重建的图像对，并设计了较好的图像加入策略，每一步加入图像完成之后，会进行捆绑调整以优化相机的位置姿态信息。Bundler 算法面对大量的图像数据时，效率很低，并且由于对初始图像的依赖，其稳定性也受到考验。在 Bundler 基础上，一些学者提出了优化算法，Riccardo 等（2010）通过 Samantha 系统提高 SfM

的精度；"一天重建罗马"的工作中，Agarwal（2010）采用了分步重建方法，该方法是将罗马重建问题分解为许多子场景的重建问题，通过子场景重建的融合实现大场景三维重建，他采用了词汇树（vocabulary tree）检索的方法，对每幅图像进行了两次检索以形成连接组，然后通过融合和检索扩张的方法，形成稠密连接图，最后用骨架集和增量式重建的思路完成整个大场景重建；与前几种方法依赖的迭代优化架构不同，Sim 等（2006）提出的批处理重建方法只需要一次性优化即可完成场景的三维重建，但是该方法对错误的特征点匹配非常敏感，甚至一个错误的外点就会导致重建失败。

### 3. 多视角三维重建

运动恢复结构后，得到的场景结构仅仅只是一些稀疏的特征点，这些稀疏的三维点只能勾勒出物体的大致结构，不能呈现细节部分，在大多数情况下，这些点不能满足三维场景重建应用的需要。在得到摄像机投影矩阵后，通常是利用多视角立体匹配（multi-view stereopsis，MVS）技术进行稠密点云的重建。

MVS 算法的目的是从一组已知相机内外参数的图片中，通过计算三维体积块的代价函数或深度映射集合，获取基于图像之间已知的相关知识，提取物体的表面信息，最终重建出完整的三维模型。

MVS 的结果主要从两方面进行评估，一方面是重建结果与真实对象是否接近；另一方面是比较重建点与真实对象的距离。

### 6.4.2　基于相机辅助信息的三维重建

大场景三维重建系统中，面临的一个需要解决的重要挑战是在保持系统稳定性和精度的情况下，如何提高系统的重建效率。在经典的增量式的重建处理流程中，穷举式的两两图像间特征点匹配和迭代式的捆绑调整，是整个算法最费时的环节。图像特征点匹配的时间复杂度为 $O(n^2)$（$n$ 为处理的图像个数），而在增量式重建阶段，捆绑调整过程的时间复杂度为 $O(n^4)$。

本节主要目的是探索如何利用相机中一些精度不高，甚至往往被人为忽略的粗略辅助信息，包括挂载的 GPS 定位信息、指北信息、聚焦距离信息及无人机挂载的精度不高的 IMU 信息等，来提高大场景三维重建的效率与鲁棒性。这里首先简单介绍一下在计算机视觉中广泛应用的增量式重建算法 Bundler 的主要流程，然后对相机辅助信息进行介绍，最后给出我们分组重建的流程（郭复胜等，2013a）。

### 1. 增量式重建 Bundler 简介

Bundler 算法是通过不断地添加新的图像优化，最终实现结构重建的方法（图 6.24）。其过程为首先多次随机抽取一定数量的样本，每次抽取出尽可能少但足够用于估计模型参数的样本；然后根据模型参数将所有的数据进行分类，一类称为内点，即该数据在参数模型允许的误差范围之内，另一类称为外点，即数据偏离正常范围很远，在该参数模型允许的误差范围之外，常常认为这些外点是数据集的噪声；最后进行迭代计算，找出每次随机抽样数据在参数模型允许误差范围内的内点个数，将内点个数最多的估计作为参数的最优估计，用于重新估计模型。

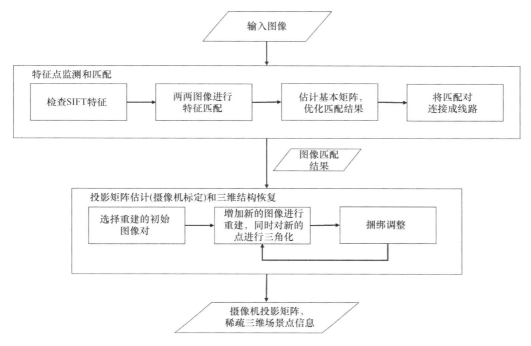

图 6.24　增量式重建算法 Bundler 的算法流程

增量式重建 Bundler 在无人机图像重建应用中存在如下问题。

（1）面对大量图像时，算法效率较低。穷举两两图像的特征点匹配和迭代式的捆绑调整是原始增量式重建算法中最费时的环节，时间复杂度高达 $O（n^4）$。虽然可以通过并行加速或者分组重建进行改善，但依然无法改善增量式重建算法的本质问题。

（2）鲁棒性受初始图像影响较大。该算法依赖于初始图像对的选取，需要参考一对较好的图像对作为初始图像对进行重建，之后所加入的所有图像都要与初始图像进行遍历匹配，因此初始图像质量影响三维重构速度与效果。

（3）缺乏先验信息优化。对于航空拍摄，特别是无人机拍摄，我们经常会得到一些精度不高的辅助先验信息，包括 GPS 位置信息、指北信息、姿态信息、聚焦距离信息、拍摄视场角信息、航线数据及飞行区域的高程信息等。这些信息可以帮助我们对三维重建的图像集进行一个大体的划分，大幅提高三维重建的效率和鲁棒性。通过实验发现，直接用 Bundler 而没有用到这些辅助信息进行重建时，有些无人机图像数据的实验结果很不理想。

## 2. 相机辅助信息

辅助信息主要包括 GPS 位置信息、指北信息、聚焦距离信息和拍摄视场角信息等。对于空中拍摄的无人机图像，相机辅助信息指 GPS 信息、IMU 姿态信息和飞行区域的概略 DSM（digital surface model）信息。无人机装载的导航 GPS 精度大约为 10m，同时辅助数据记录的角信息精度也较低，一般在 10°以内。一般来说摄像机的光心位置可近似理解为相机记录的位置信息；光轴在水平面上的投影与正北方向的夹角可以作为指北方向信息；很多镜头在对焦时会同时记录到聚焦距离信息，即光心到场景聚焦点的深度；视场角则可由相机的焦距长度和相机的 CCD（charge-coupled device）尺寸等推算出来。

## 3. 分组三维重建

分组三维重建利用相机辅助信息对图像进行分组，在这些分组的子场景中重建对象，然后将这些子对象进行融合，实现大场景三维重建。分组三维重建的一般步骤为先计算视图间的重叠度，然后依据这些重叠度信息进行视图的聚类分组，对各组内图像分别重建后，最后借助 GPS 信息和组间的公共匹配点，对场景进行整体的捆绑调整优化，得到最终的摄像机投影矩阵和稀疏三维场景点信息（郭复胜等，2013a）。

### 1）视图重叠度计算

先基于辅助信息确定轮廓，再根据视场角确定每张图的覆盖范围，最后确定重叠度对应的地面拍摄的图像。由相机辅助信息可以获取相机光心位置 $C$（$X_C$、$Y_C$、$Z_C$），相机光轴的指北方向 $\theta$ 与水平面的夹角（默认俯角）$\beta$ 及光心距离场景深度信息 $D$，据此，我们可以近似估算得到场景点 $S$（$X_S$、$Y_S$、$Z_S$）在参考平面上（平行于 $Z_C$ 的平面）的投影坐标（图 6.25）：

$$X_S \approx X_C + D\cos\beta\cos\theta$$
$$Y_S \approx Y_C + D\cos\beta\sin\theta \qquad\qquad (6.27)$$
$$Z_S \approx Z_C - D\sin\beta$$

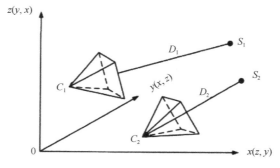

图 6.25　地面拍摄图像辅助信息示意图

通过离散位置大致推断出待重建场景的概略轮廓。各图像间在轮廓上的重叠度可以通过相机拍照时的视场角信息获取。根据之前获得的信息，我们可以将场景点连接起来，形成一个轮廓，再将轮廓展开平铺，合成一条或多条曲线，这样方便我们计算重叠度。

确定每个相机拍照点及其视场角，任选一个光心在场景的投影点为原点，将场景轮廓线展成一维的线段，根据各视点的相机在该线段投影的重叠部分确定各视图间的重叠度 $a_{ij}$：

$$a_{ij} = U_i \bigcap U_j \qquad\qquad (6.28)$$

$U_i$ 与 $U_j$ 代表不同图像覆盖范围，在计算 $a_{ij}$ 时，如果采用解析的方法很困难，可以考虑将一维的轮廓线离散化为等间隔采样点的方法，以确定视点 $C_i$ 和视点 $C_j$ 之间视场的重叠区域（图 6.26）。

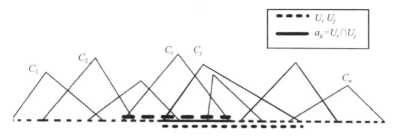

图 6.26　一维轮廓线上视场重叠示意

### 2）视图聚类分组

视图聚类需要满足两个基本条件：①对应相同或相近场景区域的图像应尽可能地分到同一组内；②不同组内图像个数尽可能相等或接近，以保证各分组的均衡性。

在得到视图间的重叠度后，我们采用图划分（graph partitioning）方法对视图进行了聚类分组。我们需要依据视图间的重叠度，将 $n$ 幅视图尽可能分成规模相同的 $k$ 组。该问题可以转化为图论中的 k-way 划分，k-way 划分是指：给定无向图 $G$（$V$，$E$）（$V$ 为点集，$E$ 为边集），计顶点个数 $n = |V|$，将 $V$ 分割成 $k$ 组 $V_1$，$V_2$，$\cdots$，$V_k$，使得 $i \neq j$ 时，$V_i \cap V_j = \Phi$，$|V_i| \approx n / k$，且 $U_{vi} = V$。当图 $G$ 的边 $E$ 带有权重时，约束不同分组的边权的和最小。即要求：

$$\min \sum\nolimits_{e \in E_{cut}} \varpi e \qquad (6.29)$$

式中，$E_{cut}$ 为边界集合；$e$ 为每条边；$\varpi$ 为权重。

可以采用基于递归的二分谱图划分方法进行多层图划分，以达到更好的划分质量和分割平衡性能。在操作中，由计算机实际的处理能力来划分合适的组数 $k$。

### 3）视图组内独立重建

通过获得视图间的重叠度信息，匹配和重建效率在视图分组完成后得到大幅提升。运动恢复结构在分组后主要分 3 个步骤进行：图像运动结构在各组的恢复、公共连接匹配点在子场景间的确定及整体优化。整个流程如图 6.27 所示。

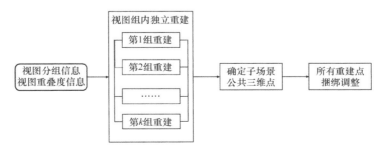

图 6.27　分组后重建流程

图像个数为 $a$ 时，特征点匹配的时间复杂度在原始增量式重建过程中为 $O(a^2)$，捆绑调整的时间复杂度在原始增量式重建过程中为 $O(a^4)$。通过减少不存在的视图匹配搜索，可同时提高效率和准确度，使各组内匹配的复杂度下降为 $O(a^2/k^2)$，捆绑调整复杂度下降为 $O(a^4/k^4)$。此外，使用并行算法可有效降低匹配和捆绑调整的时间复杂度。

各摄像机的姿态信息可通过各视图组内重建后的场景进行获取。利用摄像机坐标系和世界坐标系之间的相似变换获取组内的位姿信息与世界坐标系之间的关系。在各相机位置已知的 GPS 坐标个数远多于 3 个的情况下，可直接利用对应 GPS 位置信息通过相似变换计算得到摄像机光心位置。本小节采用了基于 RANSAC 框架的鲁棒估计方法，可避免因部分求解的摄像机位置信息的较大误差带来的干扰。

首先为了建立组间公共三维点和对应的图像匹配的约束，先要确定不同子场景间的公共三维点及对应的公共图像匹配点。

由图像视图重叠度计算可以确定某一组重建完成的子场景图像中各图像与其他组内图像间的重叠度，然后不同组再根据互相之间存在的重叠图像进行匹配，我们只需要选取 GPS 已被纠正且标定后的被独立重建出来的稀疏三维点进行不同组间图像匹配，因为这些确定的稀疏三维点可一一对应各图像的重建三维点。所有稀疏三维点及所对应的图像匹配完成后，以统一世界坐标系为初值，通过组间公共点的约束剔除错误的稀疏三维点和误匹配。

**4）场景整体捆绑优化**

采用稀疏捆绑调整（sparse bundle adjustment，SBA）进行稀疏三维点 $X_i$ 和投影矩阵 $\boldsymbol{P}_j$ 最后的可见性优化调整。目标函数采用反投影误差和：

$$\min_{x_i, p_j} \sum_{i=1}^n \sum_{j=1}^m \left( \left( \boldsymbol{P}_j X_i, X_{ij} \right) \right)^2 \tag{6.30}$$

式中，$X_i$ 为所有稀疏三维点；$\boldsymbol{P}_j$ 为第 $j$ 幅图像的投影矩阵；$X_{ij}$ 为 $X_i$ 在 $\boldsymbol{P}_j$ 下的投影图像坐标。

### 6.4.3　基于无人机图像真正射影像方法研究

随着无人机遥感技术逐步成熟，采用直观、真实、信息量丰富的无人机图像进行大比例尺的真正射影像生成成为可能。真正射影像图并不是传统的中心投影，而是指垂直投影，通过三维数字表面模型（DSM）进行微分纠正可消除投影误差，从而使地物处在正确的平面位置，该方法也称为数字正射影像纠正。关于真正射影像生成的算法和理论，总结起来，大多需要包括 DSM 或建筑物数字模型（digital building model，DBM）等数据的支持，而这些数据的获取需要大量的手工操作，昂贵并且耗时。所以需要研究一种全自动高效的数字真正射影像生成的方法。本小节主要讨论如何通过计算机视觉技术达到全自动生成大比例尺真正射影像的目的。

#### 1. 真正射影像算法流程

通过无人机图像获取的真正射影像算法流程图如图 6.28 所示。

图 6.28　真正射影像生成算法示意图

首先利用 SfM 和 MVS 方法生成稠密三维点云，并利用重建的三维点云构造规则格网表面模型。

在得到点云的规则表面模型后，利用稠密三维点云建立规则格网关系集，利用马尔可夫随机场方法确定各规则格网的可见性关系，再利用该可见性关系生成正射影像，并对表面纹理进行优化。

## 2. 由无人机图像生成数字表面模型

通过 SfM 技术导入多幅场景图像，全自动重建稀疏三维点云，并恢复相机的拍摄位姿，再导入 MVS 算法之中获得场景的稠密三维点云重建结果。为了标定摄像机投影矩阵，利用增量式重建算法 Bundler，同时结合三维多视角立体视觉算法（the patch-based MVS，PMV），得到准稠密的三维点云。如果本身带有充足的 GPS 和姿态信息，也可采用 6.4.1 节和 6.4.2 节的方法（郭复胜等，2013b）。

在重建稀疏三维点云时，法向小面片 $p$ 的准可见性 $V(p)$ 和可见性图像集 $V^*(p)$ 关系如公式（6.31）和公式（6.32）所示。该面片 $p$ 具有中心 $c(p)$，单位法向量 $\boldsymbol{n(p)}$，以及参考图像 $R(p)$。

$$V(p) = \left\{ I \middle| \boldsymbol{n(p)} \cdot \frac{\overline{c(p)o(I)}}{c(p)o(I)} > \cos\tau \right\} \tag{6.31}$$

$$V^*(p) = \left\{ I \middle| I \in V(p), h(p, I, R(p)) \leqslant \alpha \right\} \tag{6.32}$$

式中，$I$ 为图像；$o(I)$ 为图像光心；$h(.)$ 为面片 $p$ 在图像 $I$ 和其参考图像上投影的灰度一致性度量，具体定义为减去归一化互相关值（normalize across-correlation，NCC）。

如果有地面控制点或充足的 GPS 和姿态信息，通过相似变换可以直接简单地确立地面信息，即世界参考坐标系。规则格网需要每一个点云垂直向上的方向信息，以建立适应 DSM 生成的局部坐标系。

## 3. 真正射影像的生成

获得点云的规则表面模型后，在其上分析规则格网坐标的可见性关系，利用中心投影将可见性关系转换为正射投影的图像，最后选择每一个格网对应的最佳图像，选择合适的格网面片，并对正射投影的图像进行匀色，消除纹理不一致现象。

正射投影的图像各像素点 $X_{rec}$ 与原始图像点坐标 $x_{org}$ 之间的映射关系为 $X_{rec} = \Psi(x_{org})$（$\Psi$ 为原始图像点与正射投影图像点之间的映射函数），如图 6.29 所示。

正射投影的图像点 $X_{rec}$ 与对应的数字表面模型上的点 $X_{dsm}$ 之间存在相似变换的关系，计算方法如公式（6.33）所示。

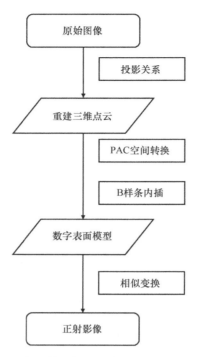

图 6.29　真正射影像映射过程的坐标系转换关系

$$X_{rec} = \lambda \left( X_{dsm} - X_{dsm\_min} \right) \qquad (6.33)$$

式中，$\lambda$ 为数字表面模型与正射影像像素间的比例关系，该值可以通过正射影像的分辨率来确定；$X_{dsm\_min}$ 为数字表面模型的最小值。

### 6.4.4　三维重建系统软件平台

三维重建技术在近几年的发展，可以说使得该技术从实验室走向了实际应用。近些年，国内外三维重建系统也陆续问世。随着重建技术的发展，基于图像的三维重建系统朝着精度更高、重建模型更加完美、效率更快、数据处理规模更大等方向发展。本小节对于现在主流的一些三维重建系统进行简要的介绍。

#### 1. 街景工厂/像素工厂

街景工厂（street factory）是像素工厂产品线的一个延伸产品，作为海量航空航天遥感影像自动处理系统，它能够在人工干预极少的情况下全自动地处理高精度的三维模型，解决广泛应用问题，如城市规划、危机管理、国防、电信、测绘、地理信息系统及位置服务，代表了当今市场上最先进的三维建模技术。

街景工厂主要优势如下。

（1）精确而稳健的几何处理。街景工厂产品内嵌高级传感器模型，可适应各种复杂的多相机影像获取平台。它可以支持不同配置的各种固定式倾斜相机数据及移动测量系统（街景车）影像数据的处理。

（2）高效的摄影测量功能。采用了精确的传感器模型，使得在街景工厂产品中对任何类型的多视角传感器进行精确的立体量测成为可能，实现了对相机所有视角的量测。

（3）3D 带纹理的不规则三角网。基于输入数据最优化处理后得到的完美的几何模型，可对所有视角进行密集 3D 量测。对 3D 量测结果进行合并，则可生成真实的 3D TIN，借此可创建所观测景观或城市的密集 3D 展示效果。

（4）并行处理。街景工厂产品是为解决多种并行处理问题而自主设计的，极大地加快了计算时间。

街景工厂功能强大，技术领先，运行高效，但是对硬件要求极高，并且价格昂贵，单一节点价格均在百万元以上。

2016 年下半年，像素工厂和街景工厂产品正式合并，新的产品命名为 PixelFactory NEO。

### 2. Pix4D mapper

Pix4D mapper 是集全自动、快速、专业精度为一体的无人机数据和航空影像处理软件，在航测制图、灾害应急、农林监测、水利防汛、电力巡线、海洋环境、高校科研方面具有广泛应用。该软件可以快速将数千张影像制作成专业精准的三维模型，同时可以在相同工程中处理不同相机、不同架次的大数据，便于用户整合管理。

Pix4D mapper 无须 IMU，只需影像的 GPS 位置信息，即可全自动一键操作，不需要人为交互处理无人机数据，整个过程完全自动化，并且精度高。

### 3. Agisoft PhotoScan Professional

Agisoft PhotoScan Professional 无须设置初始值和相机校验便可自动生成高质量三维模型。

整个工作流程轻松简便，首先将航空照片或数码相机照片导入软件之中，配合实际控制点，结合多视图三维重建技术，完成自动化三维重建或者正射影像生成。该软件的最大优势是小巧，操作灵活，并能接受 Python 脚本接口，用户可根据自己需求对工作流程进行自动化设计。

## 6.5　遥感图像地理配准技术与仪器

### 6.5.1　遥感图像地理配准概述

地理配准是将遥感数据信息与实际地理位置进行关联的方法。遥感所得影像，包括星地遥感、航空遥感等数据，必须进行地理配准才可以让用户准确知道在哪里、发生了什么。对于面阵遥感成像传感器来说，进行地理配准的方法主要有两种。一种是地面控制点，即在图像覆盖范围内均匀设置 7 个以上的地面控制点，采用 GPS 仪测定该点的地理经度、纬度和高度（简称经纬高），以此进行配准，如图 6.30a 所示，该方法应用场景局限，必须人工设置明显的地面控制点，当无人机需前往人迹无法到达的地方时无法采用该方法，且测定该点经纬高需专用仪器采集较长时间，时效性差、成本高；另一种是所得遥感影像与已知的正射影像通过人工目视选择点的方式进行地理配准，也是目前 GIS 软件中用得较多的方法，如 ArcGIS、ERDAS 等软件中都有的 Registration 模块，该方法自动化程度差，针对高像素、高清晰度的遥感影像效果较好，但是对于目前低像素的如热红外相机等新类型传感器，则配准难度较大。

a. 地面控制点　　　　　　　　　　　　　　　　b. 人工地理配准

图 6.30　传统地理配准方式

对线扫类遥感传感器如激光雷达高光谱相机，目前在无人机上应用较少，其中一个主要的原因是无法准确获得每一线数据的空间位置和角度，从而进行准确拼接。目前线扫类遥感数据多采用人工拼接，极为费时费力，限制了线扫类遥感传感器在无人机上的应用。

直接地理配准技术是指获取遥感数据采集时的位置和姿态数据，按照仿射变换的方法实现对遥感数据的直接地理配准和标记，使得遥感数据带有准确的位置信息。直接地理配准技术可以有效减少无人机遥感对地面控制点的依赖，同时提高了数据配准的自动化程度。

遥感影像的地理配准一直依靠在作业小区之上的地面控制点进行空三解算求得，然而地面控制点耗时很长，耗费巨大，而且又很难将控制点与地表植被区分开来，甚至在有些地方没有办法采集地面控制点。另一种方法是采用具有地理配准的正射影图作为基图，将所得遥感影像作为移动图，选择明显可以看到的点进行手工匹配，这样主观性高，人的经验对匹配精度影响较大，并且视角与地面不垂直和相机镜头存在的畸变会导致地理配准效果较差。

直接地理配准使用直接测量所得的传感器位置和姿态（也称为外方位参数），不需要作业区域上额外的地面信息，这些参数使得机载遥感数据能够投影到地理坐标系或者本地坐标系下（Xiang and Tian，2011）。大量研究主要集中在图像几何校准和基于 GPS 的图像位置信息采集，而随着无人机更多地被应用在农田信息采集中，开发相应的能够提供遥感影像数据直接地理配准的辅助信息的仪器几乎处于空白状态。POS 记录仪直接为遥感影像数据分析提供高精度的在线或者离线的外方位辅助信息，无须为空中三角测量进行地面控制点的采集和检验，可以有效提高地理配准工作流程的自动化水平和质量。此外在荒无人烟、人迹罕至的地方无法取得地面控制点，只能采取基于 POS 数据进行的地理配准作业从而得到地面信息。在很多遥感设备上必须要有精准的 POS 数据进行分析，如使用数字影像结合数字高程图制作正摄影像时，必须要结合 POS 数据；在线扫描成像的遥感作业中，必须要依靠 POS 数据实现在线扫描所得数据的拼接，如 LiDAR（Zhang and Shen，2013）、SAR（程春泉等，2015）、线扫描高光谱相机（Tuo and Liu，2005）等。

辅助惯导定位研究与应用始于 20 世纪 40 年代火箭导航研究，逐渐发展成为飞行器最常用的定位方法。早期的惯导定位没有外源定位传感器，研究内容主要是提高传感器测量精度，由于系统很大、耗电高、成本贵，很难将其应用在航空上。随着微机电系统（micro electro mechanical system，MEMS）技术的发展，加速度计等高速传感器体积越来越小，精度也在逐步提高，为提高传感器测量精度提供了很好的基础。惯性导航具有很多优点，它能够连续工作，很少出现硬件故障，并且可以提供高速高带宽的输出，很低的短时噪声；它既能提供有效的姿态、角速率和加速度测量，又能输出位置和速度，并且不容易受外界干扰。然而，由于惯性仪表误差通过导航方程被不断积分，因此惯性导航的精度随着时间延长而下降。

Kalman 在 1960 年提出了滤波算法，该方法可以很好地将惯导数据和其他定位传感器的数据进行融合来消除飘移，即使使用的是廉价的传感器。早期应用 Kalman 滤波方法是采用雷达高度计数据融合惯导数据后进行轮廓计算，并用已知工作区地形数据进行匹配，以进行导弹的地面引导飞行，然而由于地面引导信号容易被干扰，这种方式并不可靠。自从美国不再执行对 GPS 选择性干扰（SA）政策及差分 GPS 的快速发展，GPS 辅助导航因其成本低廉和不依赖平台的特点，成为无人机和地面车辆定位系统的首选。

目前市场上尚无应用在无人机上的 POS 记录仪，应用在航空遥感上的 POS 记录仪主要有加拿大 Applanix 公司的 POS/AV 系统和德国 IGI 公司的 AEROControl 系统，两种 POS 记录仪如图 6.31 所示，其中 POS/AV 主要由四部分组成。

a. POS/AV系统　　　　　　　　　b. AEROControl系统

图 6.31　主流 POS 记录仪

（1）加速度计和陀螺仪数据采集原始姿态增量与加速度信息，并将原始数据传送到计算机系统（PCS）进行存储，传送速率为 200～1000Hz。惯性测量装置（IMU-装置）包括：3 个加速度计、3 个陀螺仪、数字化电路和一个执行信号调节及温度补偿功能的中央处理器。

（2）GPS 接收机：采用载波相位差分 GPS 动态定位技术（real-time kinematic GPS，RTK GPS）求解 GPS 天线中心地理坐标系下的位置数据。在多数类型机中，POS/AV 系统采用内嵌式高信噪比双频 GPS 接收机来采集导航 L1 波段电磁波信号。

（3）计算机系统（PCS）：PCS 包含时序控制器、中央控制器、大规模存储系统和一个实时组合导航的计算机。将实时组合导航的计算结果作为飞行管理系统的输入信息。

（4）数据后处理软件包 POSPac：POS/AV 系统的核心是集成的惯性导航算法软件 POSPac，其由 POSRT、POSGPS、POSProc、POSEO 4 个模块组成。

AEROControl 系统是德国 IGI 公司开发的高精度机载 POS 系统，与 POS/AV 系统结构相近，主要由四部分组成。

（1）惯性测量装置（IMU-装置）由 3 个加速度计，3 个陀螺仪和信号预处理器组成。IMU-Ⅱ能够进行高精度的转角和加速度的测量。

（2）GPS 接收机：接收 GPS 数据。

（3）计算机装置：采集原始 IMU 和 GPS 数据，并将它们保存在机载存储系统上，用于地面后处理，GPS、IMU 及所用的航空传感器采用时间同步。将计算机装置实时组合导航的计算结果作为 CCNS4 的输入信息。

（4）用于航空飞行任务的导航、定位和管理的 CCNS4 系统。软件除了提供 DGPS/IMU 的组合卡尔曼滤波功能外，还提供用于将外定向参数转化到本地绘图坐标系的工具。该软件需要与传感器系统直接相连。

以上两种 POS 记录仪主要存在以下问题。①很多 POS 记录仪是应用在有人航空遥感上，其体积、重量都比较大，无法应用在无人机上；以上两款 POS 记录仪重量都在 2kg 以上，体积较大，且价格昂贵，上述几点限制了其在无人机上的应用，故主要在航空遥感上使用。②POS 记录仪无法与机载传感器进行同步，这使得其准确性降低；在应用以上 POS 记录仪时需要进行精确的机械安装及后期校准。

除此以外还有一些公司生产的主要针对本公司成像设备的 POS 产品，如 Tetracam 公司的 GeoSnap VN-TC，如图 6.32 所示，该产品主要针对 Tetracam 多光谱相机，体积比较大，且并不进行组合导航运算，直接使用卫星定位数据，无法提供高刷新率的 POS 数据，价格昂贵，降低了实用性。

## 6.5.2 直接地理定位机载 POS 记录仪的开发

### 1. 设计思路

目前全球卫星导航系统（global navigation satellite system，GNSS）可以提供长时间米级定位精度，动态差分（RTK）可以提供分米级定位，以本实验中所采用的 Piksi 差分定位系统来说，其典型值为 10Hz。而惯性导航算法可以提供高速（＞100Hz）连续的惯导定位结果，且多种传感器结合可以计算姿态。通过比较可知，惯性导航算法与 GNSS 的优缺点是互补的，因此可以将两者组合在一起，结合两种技术的优势，以提供长时间、高速高精度的位置数据。在记录仪内保存低速率 GNSS 导航数据，同时保存高速惯导传感器数据，在地面进行后处理。后处理采用组合导航定位算法将 GNSS 数据与惯导数据融合，得到连续高精度的定位数据，为直接地理定位提供数据支持，同时解决图像与 POS 数据同步的问题，留有相机控制端口。

图 6.32　Tetracam GeoSnap VN-TC 位置姿态记录仪

## 2. 组件开发

### 1）RTK GNSS

　　本研究使用的差分 GNSS 接收机为 Swift 的 Piksi 模块（美国，加利福尼亚州），其相关参数如表 6.1 所示。该模块定位精度高，标称 RTK fixed 定位精度在没有云层遮挡的情况下可以达到 3cm 之内，与目前 Trimble 高性能产品，如 R8、GEOXH9000 等性能参数接近；硬件程序完全开源，与其他 GNSS 产品商相比，端口可输出原始定位数据，并且板载算法完全开源，为实现更方便的开发提供了便利；体积小，重量轻，为搭载在无人机上、实现基于 GNSS/INS（inertial navigation system，惯性导航系统）的 POS 数据记录提供了基础。

表 6.1　Piksi GNSS 接收机数据

| 参数 | 性能 |
| --- | --- |
| 差分方式 | 载波相位 RTK |
| PVT 数据刷新率 | 10Hz |
| 定位精度 | 厘米级相对定位精度 |
| 数据接口 | Micro USB×1，UART×2 |
| 天线 | 板载陶瓷天线，外置天线 |
| 尺寸与重量 | 53mm×53mm，32g |
| 电台 | 3DR 915MHz 数传电台 |
| 输入电压 | 3.5～5.5V |
| 典型功耗 | 500mW |

　　该模块主要分为三部分：射频前端，SwiftNAP 流处理和微控制器，如图 6.33 所示。射频前端采用 Maxim MAX2769 和一个三位 16.368M/s 的 AD 转化，该射频前端可以完成 L1 GPS 信号的转化。该射频前端与天线相连，接收机天线分为陶瓷天线和外置天线，其中，外置天线可以更好地跟踪卫星获取信号。外置天线为 Linx Technologies 生产的高

增益天线，中心频率为 1575.42MHz，灵敏度为 38dB。SwiftNAP 由一个 Xilinx Spartan-6 FPGA 模块构成，内部有相关接收器来利用卫星信号的相关特性，将有用信号从干扰和噪声中提取出来进行卫星信号的跟踪和获取。微控制器为 STM32F4 芯片，运算速度达到 168MHz，执行包括卫星跟踪循环、卫星数据管理和 PVT（位置、速度、时间）高速（默认 10Hz）计算等任务。Piksi GNSS 接收机的主要性能指标如表 6.1 所示。

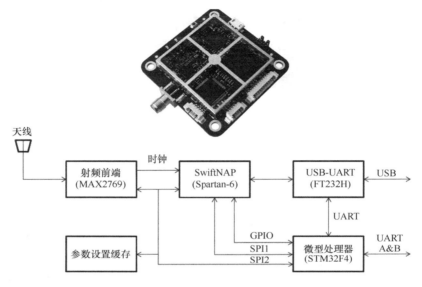

图 6.33　Piksi 结构方框图

由星历预报误差，以及卫星时钟、电离层、对流层误差的残差导致的相关测距误差，会随时间增加和用户位置的变化而缓慢变化。Piksi 采用载波相位 RTK 技术，通过在已知位置上设置参考站来比较伪距观测量，从而修正测距误差，仅存留信号跟踪误差和多径误差，从而提高定位精度。由于自身结构及测量中随机噪声误差限制测距码，差分 GPS 仅可满足米级动态定位需要；载波相位差分技术测量噪声误差远低于测距码，在静态相对定位中已实现厘米级的精度，但整周未知数求解需进行长时间的静止观测，数据需事后处理，这些都限制了该方法在动态定位中的应用，然而快速逼近整周模糊度技术的出现使利用载波相位差分技术实时求解载体位置成为可能。

载波相位差分定位技术是在基准站上安置一台 GPS 接收机，对卫星进行连续观测，并通过无线电传输设备实时地将观测数据及测站坐标信息传送给用户站；用户站在接收卫星信号的同时通过无线接收设备接收基准站信息，根据相对定位原理实时处理数据并以厘米级精度给出用户站的三维坐标（刘玥，2013）。载波相位差分定位技术可分为修正法和求差法，前者将载波相位的修正量发送给用户站，对用户站的载波相位进行改正，实现定位；后者将基准站的载波相位发送给用户站，由用户站对观测值求差进行坐标解算（黄金，2014）。

**2）MEMS 惯导元件**

板载惯导设备采用的是 BMX055，同时采集了 BMP180 气压计的数据，如图 6.34

所示。BMX055 为博世公司（Bosch，德国）生产的九轴传感器，包含 12 位三轴加速度计、16 位三轴陀螺仪、三轴磁强计。加速度测量范围为±2$g$/±4$g$/±8$g$/±16$g$，陀螺仪测量值为±125°～±2000°/s，磁强计测量值为 1300μT，其中 Z 轴方向 2500μT，测量分辨率为0.3μT。采用 20 针 LGA 封装，尺寸为 3.0mm×4.5mm，厚度为 0.95mm，功耗很低。数据接口为 SPI、IIC 两种。该芯片同时将加速度计、陀螺仪、磁强计集成在一起，体积小，可以应用在如导航、航迹推测、增强现实、人机交互等领域。

图 6.34　所用 MEMS 惯导传感器 BMX055

BMP180 是博世公司（Bosch，德国）相对于 BMP085 新一代的传感器，如图 6.35a 所示，通过气压表测量周围的大气压力 $P_b$，利用标准大气模型 ［公式（6.34）］确定高度

$$h_b = \frac{T_s}{k_T}\left[\left(\frac{P_b}{P_s}\right)^{-\frac{Rk_T}{g_0}} - 1\right] + h_s \qquad (6.34)$$

式中，$P_s$ 和 $T_s$ 分别为表面压力和温度；$h_s$ 为测量点的大地高程；$R$=287.1J/(kg·K)，为气体常量；$k_T$=6.5×10$^{-3}$K/m，为大气温度梯度；$g_0$=9.806 55m/s$^2$，为表面平均重力加速度。

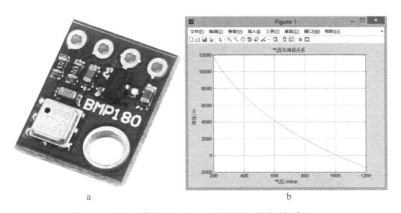

图 6.35　气压高度计（a）及气压与海拔关系（b）

### 3）控制器

微控制器为 STM32F103 芯片，配合 8MHz 外部晶振，通过通用异步收发传输器

（universal asynchronous receiver/transmitter，UART）从 GNSS 接收机采集达到 10Hz 的位置信息，并通过集成电路总线（inter-integrated circuit，IIC）分别从 BMX055 和 BMP180 采集三轴加速度计、三轴陀螺仪、三轴磁强计和气压信息，将气压信息 实时转化为高度信息，采用 SD 卡存储数据信息。板子采用双面 PCB（printed circuit board）打印，由于为测试开发，因此 BMX055 和 BMP180 采用集成模块，预留 5V 电源口供电源输入，UART 串口与 Piksi 通信，以及两路受控光耦实现对有快门线（remote trigger）相机的控制。

数据记录的方式为，对 UART 串口进行监听，当有 GNSS 数据出现时对所得数据判断，当 MSG_POS_LLH 的 flag 为 1 时，将此条数据进行记录，对 BMX055 传感器所得数据每 5ms 记录 1 次。

目前有快门线的相机或者可以通过改装实现类似于快门线拍照的相机有尼康 D90、Tetracam ADC 及 Sony NEX7 等。快门线是一种常用的控制相机的方式，一般有两段，第一段对焦，第二段拍照，可以通过受控光耦实现通断达到控制相机拍照的目的。目前缺乏针对单反相机的控制方法，刘小龙（2013）采用嵌入式开发板对尼康 D90 单反相机进行控制，将嵌入式工控主板通过 USB 与相机相连，构建嵌入式交叉编译环境，采用开源 gPhoto 实现对单反相机的控制。然而 gPhoto 支持的相机才可以使用此方法，且后端装置略大，对于实际应用来说尚有一段距离。

### 4）各元件的通信协议与数据结构

Piksi 接收机与单片机通信协议为通过 UART 的 SBP（swift binary protocol）协议，该协议由 Swift 公司自行定义，以满足高速定位通信的需要。目前无人机端常见的模块由 Ublox、Unicom 公司等出品，其数据输出格式均采用 NMEA-0183 标准，由美国国家海洋电子协会开发。NMEA-0183 协议定义的语句非常多，但是常用的，或者说兼容性最广的语句有$GPGGA、$GPGSA、$GPGSV、$GPRMC、$GPVTG、$GPGLL 等。目前国内多模接收机输出语句根据定位模式的差异，针对北斗定位系统增加了$BD 和$GN 等前缀。该协议采用 ASCII 编码，其串行通信默认参数为：波特率=4800bps，数据位=8bit，开始位=1bit，停止位=1bit，无奇偶校验。数据结构协议定义如表 6.2 所示。

表 6.2　Piksi 接收机数据结构协议定义

| 偏移量/bytes | 大小/bytes | 属性 | 说明 |
| --- | --- | --- | --- |
| 0 | 1 | 起始位 | 帧头，一般为 0×55 |
| 1 | 2 | 帧类型 | 定义该帧数据的类型 |
| 3 | 2 | 发报机 | 发报机标识符 |
| 5 | 1 | 长度 | 帧内数据的长度 |
| 6 | N | 结构数据 | 二值信息结构体 |
| N+6 | 2 | CRC | CRC 循环冗余校验 |

用 SBP 与 Swift 设备进行的通信速度快，指令精简，是一种最小的二值通信协议。SBP 通信协议包含两部分，第一部分是一个 6 位的二值帧头部分，第二部分为结构数据内容。其帧数据结构如表 6.2 所示。

举例说明，对于从串口读取的一帧数据，如 55 02 02 cc 04 14 70 3d d0 18 cf ef ff ff ef e8 ff ff f0 18 00 00 00 00 05 00 43 94，对其二值的解释如表 6.3 所示。

表 6.3　数据位释义

| 字段名 | 类型 | 码文 | 值 |
| --- | --- | --- | --- |
| 起始位 | u8 | 55 | 0×55 |
| 帧数据类型 | u16 | 02 02 | MSG_BASELINE_ECEF |
| 发报机 | u16 | cc 04 | 1 228 |
| 数据长度 | u8 | 14 | 20 |
| .tow | u32 | 70 3d d0 18 | 416 300 400ms |
| .x | s32 | cf ef ff ff | −4 145mm |
| .y | s32 | ef e8 ff ff | −5 905mm |
| .z | s32 | f0 18 00 00 | 6 384mm |
| .accuracy | u16 | 00 00 | 0 |
| .nsats | u8 | 05 | 5 |
| .flags | u8 | 00 | 0 |
| CRC | u16 | 43 94 | 0×9 443 |

相比较可知，SBP 采用的是二进制编码，而 NMEA-0183 是 ASCII 编码，在表示同一数据时，SBP 使用字符量更少，数据紧凑，可以降低通信数据量，极大地提升通信速率。目前常见的 GPS 设备采用 1～5Hz 的输出间隔，一是受限于传统卫星数据定位，二是受限于处理器速度，三是受限于通信协议，这三点在 Piksi 的 GNSS 模块上得到了很好的解决。

对于帧类型来说，由于 Swift 产品处于快速发展中，因此目前 SBP 包含两种帧类型：一种是稳定（stable）集，是目前及将来都不会作更改的；另一种为草稿（draft）集，是针对应用定义来定义的，在将来会随着开发的进步逐步更改。

由于本开发数据按照 200Hz 记录 BMX055 数据，150Hz 记录 BMP180 数据，10Hz 记录 SBP 数据，单位时间内数据量很大，记录机载数据以进行数据后处理，因此需要对以上传感器进行高速记录。在写数据过程中，由于数据量极大，需要采用较小的数据格式，同时采用自定义的二值数据记录格式。本格式与 SBP 相似，分为两部分，分别是帧头与数据，数据记录结构协议定义如表 6.4 所示。

表 6.4　POS 记录仪数据记录结构协议定义

| 偏移量/bytes | 大小/bytes | 属性 | 说明 |
| --- | --- | --- | --- |
| 0 | 1 | 起始位 | 帧头，一般为 0×55 |
| 1 | 2 | 帧类型 | 定义该帧数据类型 |
| 3 | 1 | 长度 | 帧内数据的长度 |
| 4 | N | 结构数据 | 二值信息结构体 |
| N+6 | 2 | CRC | CRC 校验 |

## 3. 算法原理

### 1）参考系

当描述一个物体的位置、方向和运动时，必须要将该物体的运动放置在一定坐标系下。本小节介绍无人机定位中的相对参考系和姿态描述。本开发涉及的参考系有：地心地固坐标系、地理坐标系、导航参考系、体参考系和相机参考系。

地心地固坐标系（ECEF），在本研究中希望得到遥感数据对应的地理位置，该坐标系对本研究非常重要，常常既做参考坐标系也做投影坐标系。地心地固坐标系使得用户可以参照地心来导航，然而本研究更重要的是要知道自身相对于地球表面的位置，这需要对地心地固坐标系进行分析。地球表面是一个椭球，其赤道平面相较于自转轴方向要宽，且地球表面是不规则的，无法进行精确建模，因此地球表面一般被近似为接近于地球实际平均海平面的规则形状。构建椭球模型需要测量大量的地球表面点的位置，由于椭球点中心不一定是严格的质心，因此没有使用相对于地球中心的位置测量方法，只能通过测量点的相对位置来确定某点的位置，该方法被称为三角测量。目前，很多国家和地区采用该方法建立了多个不同的椭球模型或者基准数据库，然而这些模型对本地的地球表面的匹配较好，而在其他区域较差。目前构建地球模型的主要标准有两个，分别是世界测地坐标系 1984（world geodetic system，WGS84）和世界大地参考坐标系（international terrestrial reference frame，ITRF），两者都将原点定义在地球质心。WGS84最早由美国国防部开发，其不仅定义了 ECEF 坐标系和椭球体，还提供了地球大地水准面、重力场及一系列基本常数，目前在 GPS 和大部分惯性导航系统中应用，已经成为导航系统的国际标准。ITRF 由国际地球自转服务（IERS）维护，其数据库是科学家，特别是地理学家的首选，其数据是通过包括卫星激光测距、月球激光测距、超长基线干涉测量法等在内的混合测量法测量所得，这使得 ITRF 相比于 WGS84 更准确。我国的北斗系统采用的国家大地坐标系 2000（CGCS2000），基本与 ITRF 一致。考虑到大陆架漂移，地表各点相对于地球中心存在每年厘米级的位移，因此数据库要定时更新。

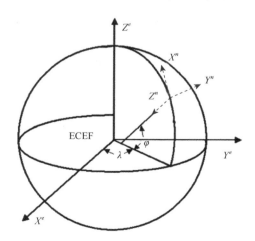

图 6.36　地心地固坐标系（ECEF）、地理坐标系和导航坐标系的关系

　　当地导航坐标系，也称作当地水平导航坐标系，其原点是由导航结果所描述的对象，可以是导航系统自身一点，也可以是载体或者用户的质心等。如图 6.36 中虚线所标出，一般来说，Z 轴为参考坐标系的法线方向，大致指向地心，实际上由于重力场的不均匀性，真实的重力矢量与之稍有差异。一般情况下，用户需要知道自己相对于北向、东向和地向的姿态，当地导航坐标系可以方便地进行位置和速度的投影，但是不能作为位置和速度的参考系。由于北向和东向轴在地球两极处存在奇异性，在该坐标系下的导航方程不适合在两极地区使用，通常采用其他坐标系，在导航数据处理结束后，再将其他坐标系下的导航结果转换为当地导航坐标系。

　　体坐标系由导航中需要解算对象的原点和姿态确定。对于角运动来说，载体坐标系的轴分别称为滚动轴、俯仰轴和偏航轴。在定位导航中，体坐标系是表征定位结果所描述的对象，惯性传感器和 GNSS 等其他航位推算传感器测量的是体坐标系的运动，绝大多数情况下传感器与体坐标系之间的姿态是相对固定的。在直接地理配准中，以上所有坐标系的相关关系如图 6.37 所示。

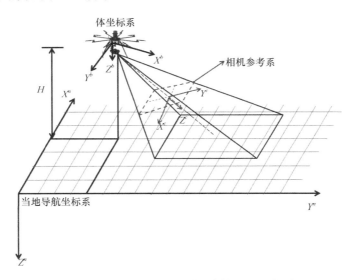

图 6.37　坐标系之间的关系与直接地理配准原理

**2）参考坐标系与坐标变换**

　　本开发依据当地导航坐标系作为最终地理配准（geographic registration）的结果坐标系，将图像数据及 POS 数据变换到该坐标系下面。通过 GPS 获得的数据是在地理坐标系下的经纬高（LLH），需要如下变换才能将地理坐标系下的位置转换为导航坐标系下的数据。

$$
\begin{aligned}
X^e &= \left(N+h\right)\cos\varphi\cos\lambda \\
Y^e &= \left(N+h\right)\cos\varphi\sin\lambda \\
Z^e &= \left[N\left(1-e^2\right)+h\right]\sin\varphi \\
N &= a\big/\sqrt{1-e^2\sin^2\varphi}
\end{aligned}
\tag{6.35}
$$

$$f = (a-b)/a \tag{6.36}$$

$$e^2 = 2f - f^2 \tag{6.37}$$

式中，$X^e$、$Y^e$、$Z^e$ 为 ECEF 坐标系下的位置；$\lambda$、$\varphi$、$h$ 为地理坐标系下的经度、纬度、海拔；$a$ 为地球长半轴，其值为 6 378 136.49m；$b$ 为地球短半轴，其值为 6 356 755.00m；$N$、$f$、$e$ 均为中间值。

然后是从 ECEF 坐标系向导航坐标系的变换：

$$\begin{bmatrix} X^{\mathrm{ned}} \\ Y^{\mathrm{ned}} \\ Z^{\mathrm{ned}} \end{bmatrix} = \boldsymbol{T}_{\mathrm{ECEF}}^{\mathrm{ned}} \begin{bmatrix} X^e \\ Y^e \\ Z^e \end{bmatrix} \tag{6.38}$$

其中，转换矩阵 $\boldsymbol{T}_{\mathrm{ECEF}}^{\mathrm{ned}}$ 为

$$\boldsymbol{T}_{\mathrm{ECEF}}^{\mathrm{ned}} = \begin{bmatrix} -\sin\lambda\cos\varphi & -\sin\lambda\sin\varphi & \cos\lambda \\ -\sin\varphi & \cos\varphi & 0 \\ -\cos\lambda\cos\varphi & -\cos\lambda\sin\varphi & -\sin\lambda \end{bmatrix} \tag{6.39}$$

**3）姿态表示**

姿态描述的是一个坐标系的轴系相对于另一个坐标系轴系的方向，表示姿态的方法之一是由一组轴系旋转到另一组轴系时的转动方程。欧拉角 $\boldsymbol{\Psi} = [\phi, \theta, \psi]^T$，是描述姿态最直观的方法，尤其是在描述体坐标系相对于对应的当地导航坐标系运动时。姿态可分解为 3 个连续的转动过程，每次旋转所围绕的轴与前后旋转所围绕的轴正交。通过欧拉角描述从参考坐标系到目标坐标系投影轴的旋转，可方便地表示目标坐标系相对于参考系的方位。欧拉角的转动顺序非常重要，3 个欧拉角旋转没有互换性，先进行偏航轴旋转，再进行俯仰轴旋转，最后进行滚动轴旋转，否则得到的姿态结果不同。在实施欧拉角逆变换时，原先的操作必须反转，从滚动轴开始，到俯仰轴再到偏航轴，如果仅对欧拉角符号取反，则得不到原始姿态。

方向余弦矩阵是一个 3×3 的矩阵 $\boldsymbol{C}_{(\cdot)}^{(\cdot)}$，用来表示从一个坐标系转换到另一个坐标系的转换矩阵。例如，$\boldsymbol{C}_b^n$ 表示将体坐标系下坐标 $x^b$ 转换到轨道坐标系下的方向余弦转换矩阵：

$$\boldsymbol{x}^n = \boldsymbol{C}_b^n \boldsymbol{x}^b \tag{6.40}$$

假设 $A$ 坐标系下向量 $\boldsymbol{x}^a = (i^a\ j^a\ k^a)$ 经过 $\boldsymbol{C}_a^b$ 转化为 $B$ 坐标系下的 $\boldsymbol{x}^b = (i^b\ j^b\ k^b)$，变换矩阵则表示为

$$\boldsymbol{C}_a^b = \begin{bmatrix} i^a i^b & j^a i^b & k^a i^b \\ i^a j^b & j^a j^b & k^a j^b \\ i^a k^b & j^a k^b & k^a k^b \end{bmatrix} \tag{6.41}$$

方向余弦矩阵与欧拉角的关系如下：

$$C_b^n = \begin{bmatrix} \cos\psi\cos\theta & \cos\psi\sin\theta\sin\phi - \sin\psi\cos\theta & \cos\psi\sin\theta\cos\phi + \sin\psi\sin\phi \\ \sin\psi\cos\theta & \sin\psi\cos\theta\sin\phi + \cos\psi\cos\theta & \sin\psi\sin\theta\cos\phi - \cos\psi\sin\phi \\ -\sin\theta & \cos\theta\sin\phi & \cos\theta\sin\phi \end{bmatrix} \quad （6.42）$$

四元数姿态表示，即一次转动可以用一个由 4 个元素组成的超复数来表示，4 个参数 $q = [e_0, e_1, e_2, e_3]$ 中，$e_0$ 为转动幅度函数，其余 3 个元素为转动幅度和旋转轴函数。四元数与欧拉角和方向余弦矩阵的关系如公式（6.43）和公式（6.44）所示。由于只有 4 个元素，对于一些处理过程来说，四元数表示法比坐标变换矩阵计算效率要高，也避免了欧拉角中奇异值的问题。

$$\begin{bmatrix} e_0 \\ e_1 \\ e_2 \\ e_3 \end{bmatrix} = \begin{bmatrix} \cos\frac{\psi}{2}\cos\frac{\theta}{2}\cos\frac{\phi}{2} + \sin\frac{\psi}{2}\sin\frac{\theta}{2}\sin\frac{\phi}{2} \\ \cos\frac{\psi}{2}\cos\frac{\theta}{2}\sin\frac{\phi}{2} - \sin\frac{\psi}{2}\sin\frac{\theta}{2}\cos\frac{\phi}{2} \\ \cos\frac{\psi}{2}\sin\frac{\theta}{2}\cos\frac{\phi}{2} + \sin\frac{\psi}{2}\cos\frac{\theta}{2}\sin\frac{\phi}{2} \\ -\cos\frac{\psi}{2}\sin\frac{\theta}{2}\sin\frac{\phi}{2} + \sin\frac{\psi}{2}\cos\frac{\theta}{2}\cos\frac{\phi}{2} \end{bmatrix} \quad （6.43）$$

$$C_b^n = \begin{bmatrix} e_0^2 + e_1^2 - e_2^2 - e_3^2 & 2(e_1 e_2 - e_0 e_3) & 2(e_1 e_3 + e_0 e_2) \\ 2(e_1 e_2 + e_0 e_3) & e_0^2 - e_1^2 + e_2^2 - e_3^2 & 2(e_2 e_3 - e_0 e_1) \\ 2(e_1 e_3 - e_0 e_2) & 2(e_2 e_3 + e_0 e_1) & e_0^2 - e_1^2 - e_2^2 + e_3^2 \end{bmatrix} \quad （6.44）$$

### 4）惯性定位方程

本小节讲述如何通过惯导传感器数据推导位置、速度和姿态的算法。采用卡尔曼滤波对多种数据进行融合时，需要使用统一的参考系，使用大地坐标系可以保证定位结果在一段时间内具有地理依据。惯导定位方法为一阶微分方程，可以以起始点的位置和朝向为基础，按照算法执行时间进行数值积分，计算当前飞行平台的位置和朝向（图 6.38）。以初值估算所得的位置、速度和姿态数据为基础，进行持续的数值积分，从而进行定位的装置被称为惯性定位系统，这是辅助惯性导航的关键组成部件。

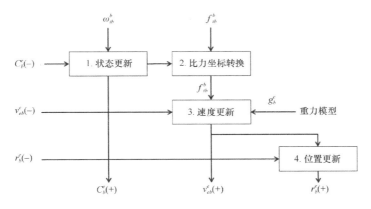

图 6.38　惯性定位方程

## 5）位置和速度解算方程

无人机的位置定义为地心坐标系下的向量 $\boldsymbol{P}^e$。体坐标系的中点一般定位为 IMU 的中点，以此来简化方程，提高通用性。位置相位可以以笛卡儿坐标系或极坐标系来表示：

$$\boldsymbol{P}^e = \begin{bmatrix} \left(\dfrac{a}{\sqrt{1-e^2\sin^2\lambda}}+h\right)\cos\lambda\cos\varphi \\[2ex] \left(\dfrac{a}{\sqrt{1-e^2\sin^2\lambda}}+h\right)\cos\lambda\sin\varphi \\[2ex] \left(\left[\dfrac{a}{\sqrt{1-e^2\sin^2\lambda}}\right](1-e^2)+h\right)\sin\lambda \end{bmatrix} \tag{6.45}$$

式中，$a$=6 378 137m，为地球的长半轴；$e$=0.081 891 9，为地球椭圆的偏心率；$h$ 为无人机距离地球表面的距离（高于平均海平面）；$\lambda$、$\varphi$ 分别为当前无人机的地理经度和纬度。位置和速度的变化速率分别由公式（6.46）和公式（6.47）给出：

$$\dot{p}^e = v^e \tag{6.46}$$

$$\dot{v}^e = C_b^e \boldsymbol{f}^b - 2\left(\boldsymbol{\omega}_{ie}^e \times v^e\right) + g_l^e \tag{6.47}$$

式中，$\boldsymbol{f}^b$ 为通过 IMU 校正之后测量到的力矢量；$\boldsymbol{\omega}_{ie}^e$ 为相对于地球坐标系里惯性空间的旋转速度矢量。

$$\boldsymbol{\omega}_{ie}^e = \begin{bmatrix} 0 \\ 0 \\ \omega_{\text{Earth}} \end{bmatrix} \tag{6.48}$$

式中，$\omega_{\text{Earth}}$=7.292 115×10$^{-5}$rad/s，公式（6.47）中 $g_l^e$ 为

$$g_l^e = g^e - \boldsymbol{\omega}_{ie}^e \times (\boldsymbol{\omega}_{ie}^e \times \boldsymbol{p}^e) = -g\begin{bmatrix} \dfrac{p_x^e}{|p^e|} \\[2ex] \dfrac{p_y^e}{|p^e|} \\[2ex] \dfrac{p_z^e}{|p^e|} \end{bmatrix} - \left[\times\boldsymbol{\omega}_{ie}^e\right]^2 \tag{6.49}$$

式中，$g$ 为作用在无人机上的重力加速度；$\left[\times\boldsymbol{\omega}_{ie}^e\right]$ 为地球自转矢量的斜对称矩阵。

## 6）姿态解算方程

姿态解算方程需要通过以下方法进行坐标系的转化：

$$C_b^e = C_n^e C_b^n \tag{6.50}$$

式中，$\boldsymbol{C}_b^e$ 为体坐标系到地心坐标系的转换，取决于飞机的地理位置 $\boldsymbol{C}_n^e$ 从当地导航坐标

系向地心坐标系的转换；$C_b^n$ 为从体坐标系向当地导航坐标系的转换：

$$C_n^e = \begin{bmatrix} -\sin\lambda\cos\varphi & -\sin\varphi & -\cos\lambda\cos\varphi \\ -\sin\lambda\sin\varphi & \cos\varphi & -\cos\lambda\sin\varphi \\ \cos\lambda & 0 & \sin\lambda \end{bmatrix} \tag{6.51}$$

四元数变化率和欧拉角在变化中表述如下：

$$\dot{q} = Q_b^n \omega_{nb}^b \tag{6.52}$$

$$Q_b^n = \frac{1}{2}\begin{bmatrix} -e_1 & -e_2 & -e_3 \\ e_0 & -e_3 & e_2 \\ e_3 & e_0 & -e_1 \\ -e_2 & e_1 & e_0 \end{bmatrix} \tag{6.53}$$

$$E_b^n = \begin{bmatrix} 1 & \sin\phi\tan\theta & \cos\phi\tan\theta \\ 0 & \cos\phi & -\sin\phi \\ 0 & \sin\phi\sec\theta & \cos\phi\sec\theta \end{bmatrix} \tag{6.54}$$

$$\dot{\Psi}^n = E_b^n \omega_{nb}^b \tag{6.55}$$

式中，$E_b^n$ 为体坐标系向轨道坐标系的变换矩阵；$Q_b^n$ 为四元数从体坐标系到轨道坐标系的变换矩阵；$\omega_{nb}^b$ 为体坐标系相对于轨道坐标系的自旋变化率。

### 7）惯性导航方程的简化

在短时间内无人机系统处于较小地理区域内，惯性导航方程可以通过简化来实现，假设前提为无人机的飞行忽略科里奥利力和向心加速度，并且忽略地球自转造成的无人机旋转，如此，位置和速度的变化率变为

$$\dot{p}^n = v^n \tag{6.56}$$

$$\dot{v}^n = C_b^n f^b + g^n \tag{6.57}$$

式中，$g^n = [0 \quad 0 \quad g]$ 是飞行地域的重力加速度值（海平面加速度典型值 $g$=9.81m/s²）。无人机姿态是通过方向余弦矩阵 $C_b^n$ 来表示的，飞行在当地坐标系下体坐标系的旋转近似为

$$\omega_{nb}^b = \omega_{ib}^b \tag{6.58}$$

### 8）惯性方程的数值积分

基于无人机位置、速度、姿态的初值进行积分，是完全基于一阶微分方程的数值积分，其中离散采样的力、旋转率是由 IMU 提供。为了简化运算，一阶欧拉方程数值积分通过公式（6.59）～公式（6.61）表述，并用于推算目前的位置 $p^e(k)$、速度 $v^e(k)$ 和姿态 $\Psi^n(k)$：

$$p^e(k) = p^e(k-1) + \dot{p}^e \Delta t \tag{6.59}$$

$$v^e(k) = v^e(k-1) + \dot{v}^e \Delta t \qquad (6.60)$$

$$\Psi^n(k) = \Psi^n(k-1) + \dot{\Psi}^n \Delta t \qquad (6.61)$$

式中，$\Delta t$ 为两次测量的时间间隔；$k$ 为当前来自 IMU 的读数。先进行四元数和欧拉角的积分。四元数首先归一化：

$$q(k) = \frac{q(k)}{\sqrt{e_0^2 + e_1^2 + e_2^2 + e_3^2}} \qquad (6.62)$$

无人机位置、速度和姿态初值估计一般直接来自于辅助传感器，如位置和速度来自于卫星定位系统，姿态通过静止状态下 IMU 读数和磁强计融合推导出来。

**9）拓展卡尔曼滤波算法**

状态估计算法决定了一个运动系统的运动参数，如位置、速度、角速度等。卡尔曼滤波是导航系统中大多数状态估计算法的基础，它不仅仅是一个滤波器，自从在 1960 年被卡尔曼提出来之后，大量学者对该算法进行改进和优化，使之成为飞行器、导弹等最常用的状态估计算法。卡尔曼滤波实时估计系统中的参数，通过一系列受噪声干扰的观测量来进行更新，观测量是待估计参数的函数。在得到有效信息后，卡尔曼滤波利用系统参数的确定性和统计特性等先验知识，以及观测量来获得最优估计，这属于贝叶斯估计方法。在提供初值估计的基础上，卡尔曼滤波通过递推运算，用先验值与最新观测数据中所得到的新值加权平均来更新状态估计。卡尔曼滤波技术在导航中应用广泛，包括 GNSS 和路基无线电导航、GNSS 信号监测、惯性导航系统等。本小节将对卡尔曼滤波的特性及算法方程进行讨论。

卡尔曼滤波算法包含状态向量及其协方差、系统模型、观测向量及其协方差 5 个核心要素。状态向量是一组描述系统的参数，卡尔曼滤波估计的对象。在大多数导航应用中，状态向量一般包括位置或者位置误差。与状态相关联的是描述卡尔曼滤波状态估计的不确定度及估计误差之间相关程度的误差协方差矩阵。误差协方差矩阵中的相关信息包括：①可完全表示状态估计的误差分布；②观测量中往往没有足够的信息来独立地估计卡尔曼滤波的状态，相关信息使其保持状态间的线性关系；③误差间的相关信息可以建立起观测量之间的联系，通过建立模型使得某些状态可由其他状态确定，如从一系列的位置中确定速度。卡尔曼滤波是一个迭代过程，故状态向量和协方差矩阵的初始值需由用户设定或由其他过程确定。

系统模型，也被称为过程模型或者时间传播模型，描述了卡尔曼滤波的状态及其误差协方差矩阵随时间的变化规律。例如，位置状态作为速度状态的积分，将会随时间发生变化；位置不确定度会因为速度不确定度的积分而随时间积累；并且，位置估计误差与速度估计误差之间的相关性会越来越强。系统模型对状态来说是确定的，因为它是基于系统的已知特性建立起来的。在缺少新的观测信息的情况下，系统中的未知变化会导致状态估计过时，因此状态的不确定度也会随时间增加而增加。这些变化可能是未被测量的动态变化量或仪器输出的随机噪声。例如，在加速度未知的情况下，速度的不确定度必然会随时间增加而增加，这种与状态真值间的偏差被称为系统噪声或过程噪声，其统计特性一般由卡尔曼滤波设计者定义。观测向量是针对同一时刻的系统特性参量的观测值，系统初始化之后所有的状态估计值便可以从这些信息中获得。与观测向量对应的是观测噪声协方差矩阵，它描述了观测噪声的统计特性，对于很多系统来说，观测信息按照时间间隔传入卡尔曼滤波器中，有些应用也可能时间间隔不固定。观测模型描述了在没有观测噪声的情况下，观测向量作为真实状态向量函数的变化规律，观测模型是确定的，是基于已知系统建立的。卡尔曼滤波算法使用观测向量、观测模型和系统模型来获得状态向量的最优估计。

卡尔曼滤波算法由两个流程构成：系统传播流程和观测更新流程。两个流程每次迭代可分为以下 10 个步骤，如图 6.39 所示。

第 1 步和第 2 步分别计算系统模型中的确定部分和噪声部分。

第 3 步为状态传播，利用该步骤实现状态向量估计的更新。

第 4 步为协方差传播，依据系统噪声引起的状态不确定度的增加，来更新误差协方差矩阵。

第 5 步和第 6 步分别计算观测模型的确定性部分和噪声部分。

第 7 步为增益计算，依据当前状态估计的不确定性和观测噪声，对状态的修正量进行优化加权，计算卡尔曼滤波的增益矩阵。

第 8 步为构建观测向量。

第 9 步为观测更新，用卡尔曼增益加权的观测数据更新状态估计。

第 10 步为协方差更新。

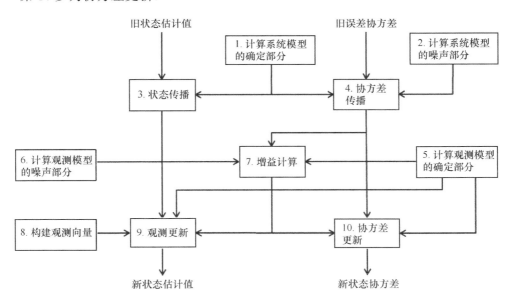

图 6.39　卡尔曼滤波流程

**10）组合结构**

目前 GNSS/INS 组合导航系统体系结构的不同表现在 3 个方面：①对惯性导航参数

的校正；②使用什么类型的 GNSS 测量值；③INS 和组合算法如何辅助 GNSS 设备实现快速定位。常见的耦合结构分为：松耦合、紧耦合、超近耦合、紧密耦合、级联耦合及深度耦合等。其中松耦合 GNSS/INS 系统（Zhao et al.，2016）是直接使用 GNSS 接收机输出的定位信息与 INS 组合计算输出 PVT 的方式。该方式结构简单，便于工程实现，两个系统独立工作，在组合导航系统中被广泛使用。本研究采用松耦合组合方式，并对松耦合效果进行测试。

在系统模型中，INS 和 GNSS 状态之间没有相互作用，它们仅通过测量模型实现相互作用。系统矩阵、系统转换矩阵和系统噪声协方差矩阵可以被划分成如公式（6.63）所示的 3 个矩阵。

$$
\begin{aligned}
\boldsymbol{F} &= \begin{pmatrix} F_{\text{INS}} & 0 \\ 0 & F_{\text{GNSS}} \end{pmatrix} \\
\boldsymbol{\Phi} &= \begin{pmatrix} \Phi_{\text{INS}} & 0 \\ 0 & \Phi_{\text{GNSS}} \end{pmatrix} \\
\boldsymbol{Q} &= \begin{pmatrix} Q_{\text{INS}} & 0 \\ 0 & Q_{\text{GNSS}} \end{pmatrix}
\end{aligned}
\tag{6.63}
$$

除了最高精度的 INS，对其他所有的 INS 系统来说，在组合中对姿态误差进行估计均可以显著提高性能。对惯性 MEMS 元件来说，其误差估计的选择依赖于其对位置、速度和姿态的影响，如果一个 IMU 误差对导航精度有重要影响，则 IMU 的重要性就显著。

本研究是针对相对于地球，并投影到当地导航坐标系的姿态和速度的误差进行预估，估计的位置误差以经度、纬度和高度表示，$k$ 时刻的 15 阶状态方程如下：

$$
\hat{x}(k) = [p^e(k)\ v^e(k)\ \Psi^n(k)\ f^b(k)\ \omega_{ib}^b(k)]^T \tag{6.64}
$$

$$
\delta\hat{x}(k) = [\delta p^e(k)\ \delta v^e(k)\ \delta\Psi^n(k)\ \delta f^b(k)\ \delta\omega_{ib}^b(k)]^T \tag{6.65}
$$

式中，$p^e(k)$ 为预测位置；$v^e(k)$ 为预测速度；$\Psi^n(k)$ 为预测姿态；$f^b(k)$ 为比力转换坐标预测值；$\omega_{ib}^b(k)$ 为相对旋转速率。

连续误差方差表述如下：

$$
\delta\hat{x} = \boldsymbol{F}_c\delta\hat{x} + \boldsymbol{G}_c\boldsymbol{w} \tag{6.66}
$$

其中

$$
\boldsymbol{F}_c = \begin{bmatrix} 0 & I_{3\times3} & 0 & 0 & 0 \\ -\left(\left[\times\omega_{ie}^e\right]^2\right) + M_g & -2\left[\times\omega_{ie}^e\right] & \left[\times\hat{f}^e\right] & \hat{C}_b^e & 0 \\ 0 & 0 & \left[\times\omega_{ie}^e\right] & 0 & \hat{C}_b^e \\ 0 & 0 & 0 & 0 & 0 \\ 0 & 0 & 0 & 0 & 0 \end{bmatrix} \tag{6.67}
$$

$$G_c = \begin{bmatrix} 0 & 0 & 0 & 0 \\ \hat{C}_b^e & 0 & 0 & 0 \\ 0 & \hat{C}_b^e & 0 & 0 \\ 0 & 0 & I_{3\times3} & 0 \\ 0 & 0 & 0 & I_{3\times3} \end{bmatrix} \tag{6.68}$$

$w$ 为组合状态噪声向量

$$w = \begin{bmatrix} w_{\text{accel}}^b, w_{\text{gvro}}^b, w_{b\text{-accel}}, w_{b\text{-gvro}} \end{bmatrix} \tag{6.69}$$

预测误差方程如下：

$$\dot{\delta\hat{x}}(k) = F_c \delta\hat{x}(k-1) + G_c w(k) \tag{6.70}$$

$$\dot{\delta}p^e = \delta v^e \tag{6.71}$$

$$\dot{\delta}v^e = -(\begin{bmatrix} \times\omega_{ie}^e \end{bmatrix}^2 + M_g)\delta p^e - 2\begin{bmatrix} \times\omega_{ie}^e \end{bmatrix}\delta v^e + \begin{bmatrix} \times\hat{f}^e \end{bmatrix}\delta\Psi + \hat{C}_b^e \delta f^b + \hat{C}_b^e v \tag{6.72}$$

$$\dot{\delta}\Psi = \begin{bmatrix} \times\omega_{ie}^e \end{bmatrix}\delta\Psi + \hat{C}_b^e \delta w^b + \hat{C}_b^e w_{\text{gvro}}^b \tag{6.73}$$

式中，$w_{\text{accel}}^b$ 和 $w_{\text{gvro}}^b$ 分别为加速度计和陀螺仪的白噪声值；$w_{b\text{-accel}}$ 和 $w_{b\text{-gvro}}$ 分别为加速计和陀螺仪的偏移噪声。

$$\hat{F}^e = \begin{bmatrix} \hat{f}_x^e & 0 & 0 \\ 0 & \hat{f}_y^e & 0 \\ 0 & 0 & \hat{f}_z^e \end{bmatrix} \tag{6.74}$$

式中，$\hat{f}_x^e$，$\hat{f}_y^e$，$\hat{f}_z^e$ 为 ECEF 坐标系下的比例。$M_g$ 为 $g_l^e$ 的雅可比行列式：

$$M_g = g \begin{bmatrix} \dfrac{x^2}{r^3} - \dfrac{1}{r} & \dfrac{xy}{r^3} & \dfrac{xz}{r^3} \\ \dfrac{xy}{r^3} & \dfrac{y^2}{r^3} - \dfrac{1}{r} & \dfrac{yz}{r^3} \\ \dfrac{xz}{r^3} & \dfrac{yz}{r^3} & \dfrac{z^2}{r^3} - \dfrac{1}{r} \end{bmatrix} \tag{6.75}$$

对于观测模型与 EKF 更新阶段的数据融合，与 MEMS 惯性定位元件相关的测量观测模型为

$$\delta z(k) \approx \nabla H \delta\hat{x}(k) + D v(k) \tag{6.76}$$

式中，$\delta z(k)$ 为 MEMS 惯导元件的观测数据与惯导定位方程所得预测数据的差值；$H(.)$ 为与惯导定位状态向量相关的测量方程；$v$ 为误差模型，一般认为是均值为 0 的高斯白噪声。

在卫星定位系统位置测量中，

$$z_{\text{pos}} = p^e - C_b^e I_{\text{GPS}} + v_{\text{pos}} \tag{6.77}$$

式中，$z_{pos}$ 为卫星所提供的定位数据；$p^e$ 为测量点的真实位置；$v_{pos}$ 为测量噪声；$I_{GPS}$ 为接收机到惯导元件之间的杠杆臂。EKF 的观测模型为

$$\nabla H_{pos} = \begin{bmatrix} I_{3\times3} & 0 & 0 & 0 \end{bmatrix} \tag{6.78}$$

$$D_{pos} = I_{3\times3} \tag{6.79}$$

GNSS 定位传感器速度测量值为

$$z_{vel} = v^e - \boldsymbol{C}_b^e \left( \omega_{ib}^b \times I_{GPS} \right) + v_{vel} \tag{6.80}$$

式中，$z_{vel}$ 为卫星所提供的速度数据；$\boldsymbol{C}_b^e$ 为体坐标系向地球坐标系的旋转矩阵。

卡尔曼滤波的预测阶段计算频率与 IMU 接收数据相同，误差状态 $\delta\hat{x}(k)$ 假定为 0，而误差状态协方差矩阵的预测值非 0，且随着惯导误差传播不断变化，协方差矩阵表述如下：

$$\boldsymbol{p}(\boldsymbol{k}) = Fp(\boldsymbol{k}-1)F^T + G\boldsymbol{Q}G^T \tag{6.81}$$

式中，$\boldsymbol{Q} = E\left[ww^T\right]$，为加速度计、陀螺仪和 IMU 偏差噪声的协方差矩阵。

在卡尔曼滤波更新阶段，当卫星定位系统可用或有数据输出时，将使用 EKF 算法来估计误差状态向量，以此来修正惯性定位系统得出的数据。更新后的误差状态向量的均值和误差协方差矩阵计算方法如下：

$$\delta\hat{x}(k) = W(k)\delta z(k) \tag{6.82}$$

$$W(k) = \boldsymbol{P}(\boldsymbol{k})\nabla H^T S^{-1}(k) \tag{6.83}$$

$$S(k) = \nabla H \boldsymbol{P}(\boldsymbol{k})\nabla H + DRD^T \tag{6.84}$$

式中，$\boldsymbol{P}(\boldsymbol{k})$ 为当前预测阶段的协方差估计矩阵；$R = E\left[v(k)v(k)^T\right]$，为与观测噪声 $v$ 相关的噪声协方差。通过 $\delta\hat{x}$ 来修正惯导定位系统的位置、速度、姿态和 IMU 状态偏差：

$$p^e = p^e - \delta\hat{p}^e \tag{6.85}$$

$$v^e = v^e - \delta\hat{v}^e \tag{6.86}$$

$$C_b^e = \left[ I_{3\times3} + [\delta\hat{\Psi}] \right] \hat{C}_b^e \tag{6.87}$$

最终状态误差的协方差估计通过公式（6.88）得到：

$$P(k)^+ = P(k) - W(k)S(k)W(k)^T \tag{6.88}$$

**11）图像畸变校正与坐标变换**

对于面成像相机来说，相机的畸变是指成像过程中所产生的图像像元的几何位置相对于参照系发生的挤压、伸展、偏移和扭曲等变形，使图像空间的相对几何位置、尺寸、形状、方位等发生改变，需通过几何校正进行消除。相机的畸变包括径向畸变和切向畸变两种，其中径向畸变是光线在远离透镜中心的地方比靠近中心的地方更加弯曲，

径向畸变主要包含桶形畸变和枕形畸变两种；而切向畸变是由相机镜头安装与成像平面不平行所造成（图 6.40）。

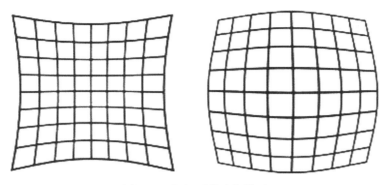

图 6.40　相机两种畸变类型

对于遥感中常用的相机来说，径向畸变是其主要的畸变类型，在进行图像畸变校正过程中需要知道相机的内参和外参。

设 $OXYZ$ 为世界坐标系，$uv$ 为以像素为单位的图像坐标系。如果物点 $P$ 在世界坐标系下的坐标为（$X$，$Y$，$Z$），对应的图像点 $p$ 在图像坐标系的坐标为（$u$，$v$），可以有

$$\lambda \begin{bmatrix} u \\ v \\ 1 \end{bmatrix} = \begin{bmatrix} f_u & 0 & u_0 & 0 \\ 0 & f_u & v_0 & 0 \\ 0 & 0 & 1 & 0 \end{bmatrix} \begin{bmatrix} R & T \\ & 1 \end{bmatrix} \begin{bmatrix} X \\ Y \\ Z \\ 1 \end{bmatrix} = \boldsymbol{M_1} \, \boldsymbol{M_2} \begin{bmatrix} X \\ Y \\ Z \\ 1 \end{bmatrix} \tag{6.89}$$

式中，$f_u$、$f_v$、$u_0$、$v_0$ 只与摄像机本身内参有关；矩阵 $\boldsymbol{M_1}$ 为内参矩阵，其中 $f_u=f/\mathrm{d}X$，$f_v=f/\mathrm{d}Y$，二者分别为 $u$ 轴和 $v$ 轴上的归一化焦距，$f$ 是相机的焦距，$\mathrm{d}X$ 和 $\mathrm{d}Y$ 分别表示传感器 $u$ 轴和 $v$ 轴上单位像素的尺寸大小；$u_0$ 和 $v_0$ 是光学中心位置，即摄像机光轴与图像平面的交点，一般位于传感器平面中心处，其值常取分辨率的一半。然而相机由于透镜制造工艺、成像单元制造、安装配合中出现细微失误等，真实内参矩阵与理论内参矩阵存在细微差距，体现在 3 个方面，分别是焦距和主点位置略有差别、上三角项非 0。

公式（6.89）中 $\boldsymbol{M_2}$ 是由平移矩阵和旋转矩阵组成，而旋转矩阵可以表示为

$$\boldsymbol{T} = \begin{bmatrix} r_{11} & r_{12} & r_{13} \\ r_{21} & r_{22} & r_{23} \\ r_{31} & r_{32} & r_{33} \end{bmatrix} \tag{6.90}$$

式中，$\boldsymbol{T}$ 为 $\boldsymbol{C_b^n}$ 的逆矩阵。当已知欧拉角之后，$\boldsymbol{C_b^n}$ 便已知，可以通过求逆获得 $\boldsymbol{T}$ 的所有参数值。图像点与导航坐标系下的点对应关系为

$$s \begin{bmatrix} u \\ v \\ 1 \end{bmatrix} = \boldsymbol{M_1} \begin{bmatrix} r_1 & r_2 & r_2 & T \end{bmatrix} \begin{bmatrix} X_m \\ Y_m \\ 0 \\ 1 \end{bmatrix} = \boldsymbol{M_1} \begin{bmatrix} r_1 & r_2 & r_2 & T \end{bmatrix} \begin{bmatrix} X_m \\ Y_m \\ 1 \end{bmatrix} \tag{6.91}$$

通过以上变换，可以解得遥感影像上某一点对应的地理位置，从而实现地理配准。

## 4. 上位机软件

为配合所开发的 POS 记录仪，研究者开发了相应的上位机软件。上位机软件开发环境为 QT+MSVC2013，上位机软件功能主要包括以下三部分：①实现对本开发所得数据的转化和输出；②实现基于原始数据的松耦合拓展卡尔曼滤波处理，以得到地理坐标系下的地理坐标和姿态；③实现坐标系变换，并将遥感图像进行地理配准，同时在软件下展示地理配准的结果。

POS 记录仪参数设置如图 6.41 所示，在 I2C 通信频率为 3μs，记录频率为 200Hz，通过板载的 FTDI 模块实现对板载 flash 的设置参数的更改。参数设置主要有 3 个，分别是加速度计的记录频率、记录时长、I2C 通讯采样间隔。

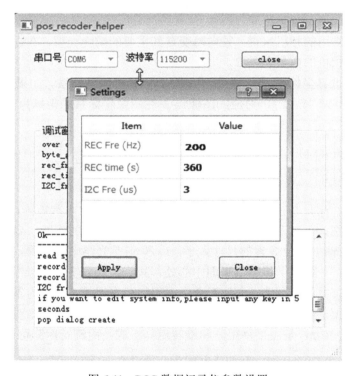

图 6.41　POS 数据记录仪参数设置

## 5. 评价方法

GNSS 定位精确度的评价采用标准差、CEP、DRMS、2DRMS 4 个指标进行（表 6.5）。

为测试所开发 POS 记录仪功能与松耦合组合导航算法的运行效果，以及探究 Piksi 实际运行效果，研究者分别设计了静态单点实验和动态连续实验。

（1）静态单点定位。静态单点实验的地点位于浙江大学紫金港校区农业生命环境大楼顶（北纬 30.3005°，东经 120.0853°），实验人员将所制作的模块放置在开阔处连续采集数据（图 6.42）。实验步骤如下。

**表 6.5　GNSS 定位精度评价指标**

| 精度表征参数 | 公式 | 定义 |
|---|---|---|
| 标准差 $\sigma_x$ | $\sigma_x = \sqrt{\dfrac{1}{N}\sum\limits_{i=1}^{N}\text{Distance}_{x\to\mu}^2}$ | 所有点到以经度均值所在精度面的距离 |
| 标准差 $\sigma_y$ | $\sigma_y = \sqrt{\dfrac{1}{N}\sum\limits_{i=1}^{N}\text{Distance}_{x\to\mu}^2}$ | 所有点到以纬度均值所在精度面的距离 |
| DRMS | $\sqrt{\sigma_x^2 + \sigma_y^2}$ | 有 65%概率出现在圆内半径 |
| 2DRMS | $2\sqrt{\sigma_x^2 + \sigma_y^2}$ | 有 95%概率出现在圆内半径 |
| CEP | $0.62\sigma_y + 0.56\sigma_x$ | 有 50%概率出现在圆内半径 |

图 6.42　静态测试实验场景

①采用长时间静态测量法测定基站点的经度、纬度、高度；②设置基站经纬度和海拔；③PC 端观察 Rover Piksi 输出，直到其接收到 fixed RTK 数据；④打开模块进行记录；⑥分析所得结果。

（2）基站 GPS 点测定。对于基站地理位置的测定方法有很多，如太阳高度角、组网测量等，最直接、最有效的是长时间的静态测量并计算平均值。采用 Ublox 7P GPS 接收机进行测定，Ublox 7P 的参数如表 6.6 放置在基站站点，收集时间为 1h 以上，采样频率为 4Hz，共收集 4203 个 GPS 数据。Ublox 7P 可使用星基增强系统（SBAS）进行差分，支持 GPS、GLONASS（global navigation satellite system）、QZSS（Quasi-Zenith satellite system）等多个导航系统，标称单点定位精度为 4m，在开机 2min 左右，将会进行精密单点定位从而获得 fixed 3D 位置。在有差分信号的时候，精度达到 1m 左右。计算所得经纬度空间分布图如图 6.43 所示。

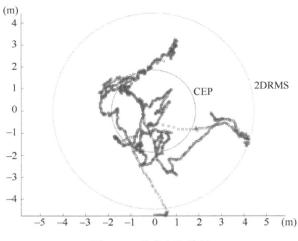

图 6.43　单点定位结果

单点定位数据统计结果如表 6.6 所示。

表 6.6　单点定位数据统计结果

| 参数指标 | 北纬/（°） | 东经/（°） |
| --- | --- | --- |
| 均值/（°） | 30.180 341 954 627 686 | 120.051 214 934 136 7 |
| 标准差/（°） | 1.573 022 716 242 315 | 1.580 647 242 496 489 |
| CEP/50%/m | 1.860 436 539 868 269 | |
| RMS/66.7%/m | 2.229 987 930 690 681 | |
| 2DRMS/95%/m | 4.459 975 861 381 362 | |

将基于 GPS 的单点定位所得经度、纬度、高度数据设置成为基站数据，基站通过 915MHz 数传电台广播差分信号。

（3）静态单点数据采集。通过 PC 端控制台观察接收并产生 fixed RTK 数据之后，打开 POS 数据记录仪，采集 40min 的记录仪原始数据，经过软件将 RAW 数据转译，得到字符文件（.txt 格式），数据以逗号隔开，记录格式如下。

惯导数据：$X$ 轴磁场（μT），$Y$ 轴磁场，$Z$ 轴磁场，加速度 $X$（$g$），加速度 $Y$，加速度 $Z$，角速度 $X$（rad/s），角速度 $Y$，角速度 $Z$，0，0，0，0，0，0，0；

Piksi 数据：

3, MSG_GPS_TIME- > wn, MSG_GPS_TIME- > tow, MSG_POS_LLH- > Latitude(deg), MSG_POS_LLH- > Longitude(deg), MSG_POS_LLH- > Height(m), MSG_POS_LLH->n_stas, MSG_POS_ECEF->x(m), MSG_POS_ECEF->y, MSG_POS_ECEF->z,, MSG_POS_ECEF- > flag, MSG_VEL_ECEF- > x(mm/s), MSG_VEL_ECEF- > y, MSG_VEL_ECEF->z, MSG_VEL_NED->n(mm/s), MSG_VEL_NED->e, MSG_VEL_NED->d.

将所得数据导入 Matlab 中进行分析。通过观察数据可知，初始的 1000 个数据内存在较大的波动，这是因为初始时输出的数据并不是 fixed RTK 数据，此时的 MSG_

POS_Baseline->Flags 仍然是 0×01，等待一段时间之后才可以作为分析的基础。选取之后，对所得数据进行统计分析，所得结果如图 6.44 所示。

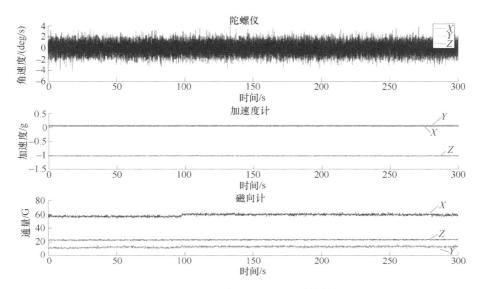

图 6.44 惯导传感器 BMX055 原始数据

Piksi 数据和统计结果如图 6.45 和表 6.7 所示。

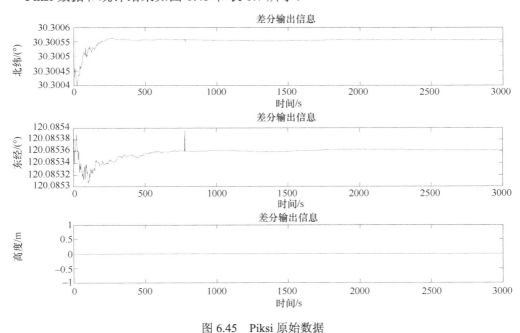

图 6.45 Piksi 原始数据

（4）数据分析结果。所得数据将在经过时间同步之后得到惯导数据，经拓展卡尔曼滤波之后所得结果如图 6.46 所示。

**表 6.7　Piksi 数据统计结果**

| 参数指标 | 北纬/（°） | 东经/（°） |
| --- | --- | --- |
| 均值 | 30.300 552 195 527 434 | 120.085 358 199 521 0 |
| 标准差 | 0.147 931 682 789 502 | 0.170 444 448 475 094 |
| CEP/50% | 0.187 166 534 475 544 | |
| RMS/66.7% | 0.225 688 043 079 187 | |
| 2DRMS/95% | 0.451 376 086 158 374 | |

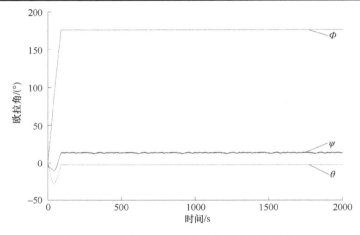

图 6.46　卡尔曼滤波组合导航输出的欧拉角

在刚开始阶段的角度输出改变是因为卡尔曼滤波中四元数初始化为 0，在迭代运算中逐步向观测值逼近。在静态实验中，角度未发生变动，所得数据应当是维持不变的，因此，需对数据进行可信度分析（表 6.8）。

**表 6.8　欧拉角可信度分析**

| 参数指标 | $\phi$ 方向/（°） | $\theta$ 方向/（°） | $\psi$ 方向/（°） |
| --- | --- | --- | --- |
| 均值 | 176.037 966 599 408 | −2.503 258 917 211 42 | 13.501 103 250 008 5 |
| 标准差 | 0.080 056 452 494 235 0 | 0.082 550 815 929 195 5 | 0.353 909 291 475 126 |
| 95%置信区间 | 176.036 426 627 771 | −2.504 846 870 601 53 | 13.494 295 425 605 2 |
| | 176.039 506 571 045 | −2.501 670 963 821 30 | 13.507 911 074 411 7 |
| 区间大小 | 0.003 079 943 273 917 25 | 0.003 175 906 780 226 61 | 0.013 615 648 806 489 1 |

GPS 经拓展卡尔曼滤波之后，计算所得结果如表 6.9 和图 6.47 所示。

**表 6.9　组合导航计算结果**

| 参数指标 | 北纬/（°） | 东经/（°） |
| --- | --- | --- |
| 均值 | 30.300 552 195 423 758 | 120.085 358 175 781 6 |
| 标准差 | 0.065 340 580 940 864 | 0.072 814 816 158 365 |
| CEP/50% | 0.081 287 457 232 020 | |
| RMS/66.7% | 0.097 833 475 711 875 | |
| 2DRMS/95% | 0.195 666 951 423 751 | |

（5）动态测试。将差分基站安置在实验区域，采用静态测量法测定该点的经纬度及高度：北纬 30.304 809°，东经 120.083 661°，海拔 7.2m，将该点作为基准站数据输入。航迹规划如图 6.48 所示。

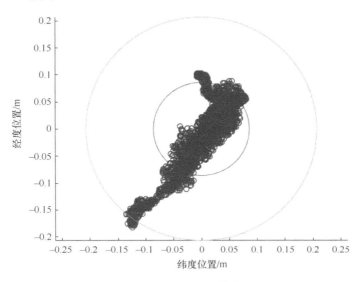

图 6.47　组合导航计算结果

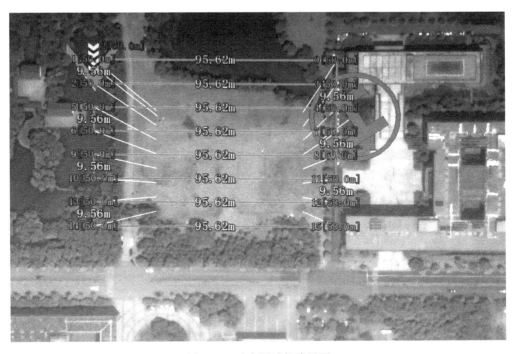

图 6.48　动态测试航线设置

其中位置预测误差如图 6.49 所示。

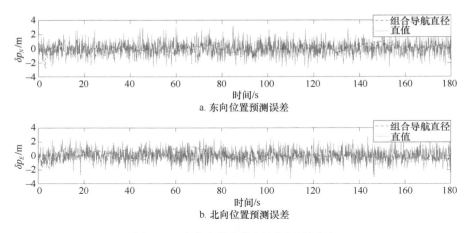

图 6.49　东向和北向位置预测误差分布

速度预测误差如图 6.50 所示。

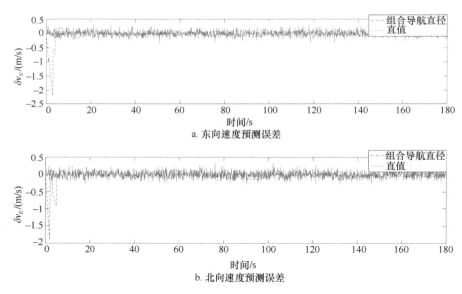

图 6.50　东向和北向速度预测误差分布

# 6.6　地-空-星三位一体多源信息获取与融合技术

在遥感技术领域，欧美等发达国家早在 21 世纪就开始进行研发，其中以美国为代表的发达国家已经经历了第三代的技术革新。遥感技术虽然在我国起步较晚，但是通过引进—学习—自主创新的结合模式，近几年我国在系统设计和多项关键技术上都积累了一定的技术经验，经历了从多波段扫描到高光谱成像，从光学机械扫描发展到面阵推扫的过程（肖政浩等，2015）。根据不同尺度的使用需求，我国分别研发了近地遥感、低空遥感及星载遥感的应用系统和成套设备，如图 6.51 所示。

a. 近地遥感　　　　　　　　b. 低空遥感　　　　　　　　c. 星载遥感

图 6.51　不同尺度的遥感平台

近地遥感具有分辨高的特点,能够解决农田信息空间变异大、作物适时测试要求高、肥水药管理粗放等问题;星载遥感覆盖范围广,能够解决作业面积受限等问题;而无人机低空遥感则能解决地面监测点有限等问题,弥补遥感卫星难以满足农田墒情信息高频率定期监测的不足。近年来无人机技术的蓬勃发展大大加快了"地-空-星"三位一体化新型遥感平台的建设速度,为获取不同尺度的农田信息提供了新技术与新装备(图 6.52)。"地-空-星"三位一体化平台弥补了近地遥感效率低、成本高,低空遥感载荷有限、飞行时间较短及作业面积有限,星载遥感周期长、云雾影响大、分辨率低等缺点,能够实现点面结合、时空互补,满足农作物生长环境及不同生长阶段水分、养分和病虫害等关键信息适时、全域、准确获取的需求,有利于实现土壤养分、作物病虫害信息的卫星反演,以及陆表过程模型计算的有机融合,能满足作物全周期、全天候、大面积、低成本信息获取与精准管理的要求。

星载遥感

低空遥感

近地遥感

图 6.52　"地-空-星"三位一体化遥感平台

不同尺度的遥感信息之间,由于波谱分辨率、几何特征及成像原理不同,因此目标物体的响应特征也有所不同,需要不同尺度遥感信息之间的信息融合,相互补充,消除影响，从而综合反映目标的光学特性，扩大应用范围并提高应用效果。图 6.53 为不同尺度遥感信息（"地-空-星"）数据管理与分析的流程图，可分为以下几个步骤（Pohl and van Genderen，1998；童庆禧等，2006；赵英时，2003）。

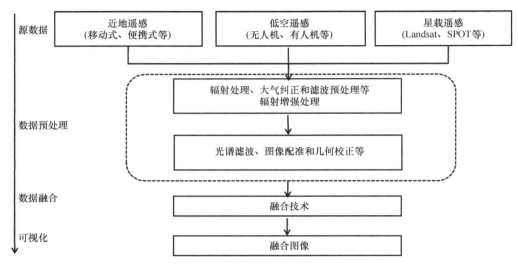

图 6.53　"地-空-星"数据管理与分析

（1）多源数据高效存储与分布管理。多尺度数据的存储和管理涉及通信、测绘、计算机等诸多领域，需要不同学科之间相互补充。近地遥感、低空遥感和星载遥感的数据之间存在尺度差异，因此目前多尺度及多类型遥感数据的存储和管理手段主要采用两种模式，即金字塔数据存取架构与多比例尺相结合的遥感数据存储和单一比例尺进行无级缩放的一体化存储。这两种存储与管理模式，目前的商业软件一般都支持。

（2）数据预处理（辐射校正、几何校正、地理配准等）。一般采用去斑纹处理，该方法可根据不同应用场合，在几何纠正前后进行。为了排除大气的干扰，会采用大气纠正来去除气象因子的影响，同时还会通过查找表拉伸、直方图均衡化、直方图匹配、亮度反转、去霾处理、降噪处理、去条带处理等方法进行辐射增强处理。对于平坦的地区，一般利用图像与图像的相互配准或者依靠地形图对图像进行地理编码。而针对地形较为复杂的崎岖地区，往往需要借助数字高程模型进行模型校正。

（3）大数据分析与信息融合。经过预处理后，可采用多种方法进行数据融合，如空间频谱相关法、小波变换、马尔可夫随机场法及神经网络等。通过数据融合，可应用星载遥感低分辨率、范围广的特点对图像进行宏观分析、特征提取，缩小目标方位，进而利用高分辨率的低空遥感和近地遥感进行细化研究，实现不同尺度的优势互补。

## 参 考 文 献

白由路, 杨俐苹, 王磊, 等. 2010. 农业低空遥感技术及其应用前景. 农业网络信息, (1): 5-7.
毕永利, 王连明, 葛文奇. 2005. 光电自稳云台控制系统中数字滤波技术研究. 仪表技术与传感器, (4): 54-57.

陈超, 彭鑫珏, 马利庄. 2016. 视频实时自适应去雾算法. 计算机工程与应用, 52(6): 150-155.

陈猛. 2010. 基于 DSP 和模糊 PID 的稳定平台的设计. 哈尔滨: 哈尔滨工程大学硕士学位论文.

程春泉, 黄国满, 杨杰. 2015. POS 与 DEM 辅助机载 SAR 多普勒参数估计. 测绘学报, 44(5): 510-517.

范承啸, 韩俊, 熊志军, 等. 2009. 无人机遥感技术现状与应用. 测绘科学, 34(5): 214-215.

房建成, 戚自辉, 钟麦英. 2010. 航空遥感用三轴惯性稳定平台不平衡力矩前馈补偿方法. 中国惯性技术学报, 18(1): 38-43.

高嵩, 朱峰, 肖秦琨, 等. 2007. 机载光电跟踪系统的模糊自整定 PID 控制. 西安工业大学学报, 27(4): 312-316.

葛明锋, 亓洪兴, 王义坤, 等. 2015. 基于轻小型无人直升机平台的高光谱遥感成像系统. 红外与激光工程, 44(11): 3402-3407.

郭复胜, 高伟, 胡占义. 2013. 无人机图像全自动生成大比例尺真正射影像方法. 中国科学: 信息科学, 43(11): 1383-1397.

郭复胜, 许华荣, 高伟, 等. 2013a. 利用相机辅助信息的分组三维场景重建. 计算机科学与探索, 7(9): 783-799.

郭力, 昂海松, 郑祥明. 2012. 基于单目视觉的微型飞行器移动目标定位方法. 系统工程与电子技术, 34(5): 996-1000.

韩曾晋. 1995. 自适应控制. 北京: 清华大学出版社.

黄成功, 邵琼玲, 王盛军, 等. 2009. 基于 MPX4115 的小型无人机气压高度测量系统设计. 宇航计测技术, 29(4): 30-35.

黄金. 2014. 基于差分 GPS 的滑坡监测技术研究. 南京: 南京理工大学硕士学位论文.

蒋新松. 1994. 机器人学导论. 沈阳: 辽宁科学技术出版社.

李冰, 刘镕源, 刘素红, 等. 2012. 基于低空无人机遥感的冬小麦覆盖度变化监测. 农业工程学报, 28(13): 160-165.

李翠艳, 张东纯, 庄显义. 2005. 重复控制综述. 电机与控制学报, 9(1): 37-44.

李贤涛, 张葆, 沈宏海. 2014. 基于自抗扰控制技术提高航空光电稳定平台的扰动隔离度. 光学精密工程, 22(8): 2223-2231.

李晓丽, 何勇. 2009. 基于多光谱图像及组合特征分析的茶叶等级区分. 农业机械学报, 40(s1): 113-118.

李宗南, 陈仲新, 王利民, 等. 2014. 基于小型无人机遥感的玉米倒伏面积提取. 农业工程学报, 30(19): 207-213.

刘博, 常佶. 2010. 用于小型无人机的超声波低空测高系统实验研究. 宇航计测技术, 30(3): 74-78.

刘佳, 王利民, 滕飞, 等. 2015. Google Earth 影像辅助的农作物面积地面样方调查. 农业工程学报, 31(24): 149-154.

刘锦. 2013. 双自由度稳定平台跟踪算法的研究及应用. 绵阳: 西南科技大学硕士学位论文.

刘仁杰. 2015. 大田作物冠层无损检测设备应用及车载平台开发. 哈尔滨: 东北农业大学硕士学位论文.

刘小龙. 2013. 基于无人机遥感平台图像采集处理系统的研究. 杭州: 浙江大学硕士学位论文.

刘玥. 2013. 支持在载波相位差分定位方法研究. 哈尔滨: 哈尔滨工程大学硕士学位论文.

吕强, 倪佩佩, 王国胜, 等. 2014. 基于光流传感器的四旋翼飞行器悬停校正. 装甲兵工程学院学报, 28(3): 68-72.

马佳光. 1988. 复合控制及等效复合控制原理及应用. 光电工程, (5): 3-18.

秦博, 王蕾. 2002. 无人机发展综述. 飞航导弹, (8): 4-10.

沈晓洋, 陈洪亮, 刘昇. 2011. 机载陀螺稳定平台控制算法. 电光与控制, 18(4): 46-50.

宋宇, 翁新武, 郭昕刚. 2015. 基于光流和惯性导航的小型无人机定位方法. 传感器与微系统, 34(1): 13-16.

孙高. 2013. 半捷联光电稳定平台控制系统研究. 北京: 中国科学院大学博士学位论文.

孙光明, 杨凯盛, 张传清, 等. 2009. 基于多光谱成像技术的大麦赤霉病识别. 农业工程学报, 25(s2):

204-207.

谭炳香, 李增元, 李秉柏, 等. 2006. 单时相双极化 ENVISAT ASAR 数据水稻识别. 农业工程学报, 22(12): 121-127.

谭衢霖, 邵芸. 2000. 遥感技术在环境污染监测中的应用. 遥感技术与应用, 15(4): 246-251.

唐晏. 2014. 基于无人机采集图像的植被识别方法研究. 成都: 成都理工大学博士学位论文.

田秀东. 2015. 浅析数字图像处理与遥感影像处理的区别与联系. 黑龙江科技信息, (15): 116.

田振坤, 傅莺莺, 刘素红, 等. 2013. 基于无人机低空遥感的农作物快速分类方法. 农业工程学报, 29(7): 109-116.

童庆禧, 张兵, 郑兰芬. 2006. 高光谱遥感——原理、技术与应用. 北京: 高等教育出版社.

汪小钦, 王苗苗, 王绍强, 等. 2015. 基于可见光波段无人机遥感的植被信息提取. 农业工程学报, 31(5): 152-159.

汪亚峰, 傅伯杰, 侯繁荣, 等. 2009. 基于差分 GPS 技术的淤地坝泥沙淤积量估算. 农业工程学报, 25(9): 79-83.

王利民, 刘佳, 杨玲波, 等. 2013. 基于无人机影像的农情遥感监测应用. 农业工程学报, 29(18): 136-145.

王伟, 张晶涛, 柴天佑. 2000. PID 参数先进整定方法综述. 自动化学报, 26(3): 347-355.

文恬, 高嵩, 邹海春. 2015. 基于激光测距的无人机地形匹配飞行方法研究. 计算机测量与控制, 23(9): 3209-3212.

肖政浩, 汪大明, 温静, 等. 2015. 国内外星-空-地遥感数据地面应用系统综述. 地质力学学报, 21(2): 117-128.

徐光彩. 2013. 小光斑波形激光雷达森林 LAI 和单木生物量估测研究. 北京: 中国林业科学研究院博士学位论文.

徐秋辉. 2013. 无控制点的无人机遥感影像几何校正与拼接方法研究. 南京: 南京大学硕士学位论文.

徐晓霞. 2012. 机载光电跟踪系统的模糊 PID 控制. 电子设计工程, 20(2): 108-111.

闫锦龙. 2014. 带自动避障系统的智能四轴飞行器的设计. 合肥: 安徽大学硕士学位论文.

杨贵军, 李长春, 于海洋, 等. 2015. 农用无人机多传感器遥感辅助小麦育种信息获取. 农业工程学报, 31(21): 184-190.

杨景阳, 李荣冰, 杭义军, 等. 2013. 超声波阵列的飞行高度与姿态测量方法. 航空计算技术, 43(5): 128-131.

杨蒲, 李奇. 2007. 三轴陀螺稳定平台控制系统设计与实现. 中国惯性技术学报, 15(2): 171-176.

杨胜科, 汪骏发, 王建宇. 2008. 航空遥感中 POS 与稳定平台控制组合技术. 电光与控制, 15(2): 62-65.

杨天雨, 贾文峰, 赖际舟, 等. 2016. 惯性/光流/磁组合导航技术在四旋翼飞行器中的应用. 传感器与微系统, 35(1): 156-160.

于合龙, 刘浩洋, 苏恒强. 2014. 基于光流追踪技术的变形位移测量方法. 吉林大学学报(理学版), 52(2): 331-335.

张洪亮, 王志胜. 2011. 基于 PID 神经元网络的稳定平台伺服控制系统设计. 电工电气, (1): 17-19.

张洪涛, 张广玉, 李隆球, 等. 2014. 微型二维光流传感器设计. 哈尔滨工程大学学报, 35(5): 619-623.

张慧春, 郑加强, 周宏平. 2011. 精确林业 GPS 信标差分定位精度分析. 农业工程学报, 27(7): 210-214.

张廷斌, 唐菊兴, 刘登忠. 2006. 卫星遥感图像空间分辨率适用性分析. 地球科学与环境学报, 28(1): 79-82.

张祥伟. 2009. 基于太赫兹波的高精度雷达设计与应用理论分析. 长春: 吉林大学硕士学位论文.

张晓东, 毛罕平, 左志宇, 等. 2011. 基于多光谱视觉技术的油菜水分胁迫诊断. 农业工程学报, 27(3): 152-157.

赵川源, 何东健, 乔永亮. 2013. 基于多光谱图像和数据挖掘的多特征杂草识别方法. 农业工程学报, 29(2): 192-198.

赵英时. 2013. 遥感应用分析原理与方法. 北京: 科学出版社.

朱倚娴, 陆源, 许江宁, 等. 2014. 一种陀螺稳定平台自适应模糊 PID 复合控制方法. 中国惯性技术学报, 27(3): 317-321.

Alonzo M, Bookhagen B, McFadden J P, et al. 2015. Mapping urban forest leaf area index with airborne lidar using penetration metrics and allometry. Remote Sensing of Environment, 162: 141-153.

Andrea S L, Albert R. 2009. Texture and scale in object-based analysis of subdecimeter resolution unmanned aerial vehicle(UAV)imagery. IEEE Transactions on Geoscience and Remote Sensing, 47(3): 761-770.

Berni J A J, Zarco-Tejada P J, Suárez L, et al. 2009. Thermal and narrowband multispectral remote sensing for vegetation monitoring from an unmanned aerial vehicle. IEEE Transactions on Geoscience and Remote Sensing, 47(3): 722-738.

Burgos-Artizzu X P, Ribeiro A, Guijarro M, et al. 2011. Real-time image processing for crop/weed discrimination in maize fields. Computers and Electronics in Agriculture, 75(2): 337-346.

Calderón R, Navas-Cortés J A, Lucena C, et al. 2013. High-resolution airborne hyperspectral and thermal imagery for early detection of Verticillium wilt of olive using fluorescence, temperature and narrow-band spectral indices. Remote Sensing of Environment, 139: 231-245.

Chee K Y, Zhong Z W. 2013. Control, navigation and collision avoidance for an unmanned aerial vehicle. Sensors and Actuators A: Physical, 190(1): 66-76.

Cornelis N, van Gool L. 2008. Fast scale invariant feature detection and matching on programmable graphics hardware. Anchorage, Ak: In IEEE Conference on Computer Vision and Patter Recognition (CVPR) Workshops: 1-8.

Dabrowski R, Orych A. 2014. Chosen problems with acquiring multispectral imagery data using the MiniMCA camera. Vilnius, Lithuania: Proceedings of the 9th International Conference "Environmental Engineering", 9: 1-6.

Dandois J P, Ellis E C. 2013. High spatial resolution three-dimensional mapping of vegetation spectral dynamics using computer vision. Remote Sensing of Environment, 136: 259-276.

Fischler M A, Bolles R C. 1981. Random sample consensus: a paradigm for model fitting with apphcatlons to image analysis and automated cartography. Communications of the ACM, 24: 381-395.

Grasmeyer J, Keennon M. 2001. Development of the black widow micro air vehicle. Reston, USA: Proceedings of 39th AIAA Aerospace Sciences Meeting and Exhibit, 127: 1-9.

Green W E, Oh P Y, Sevcik K, et al. 2003. Autonomous landing for indoor flying robots using optic flow. Washington, USA: Proceedings of ASME International Mechanical Engineering Congress, 1: 1347-1352.

Guillen C M L, Zarco T P J, Villalobos F J. 2014. Estimating radiation interception in heterogeneous orchards using high spatial resolution airborne imagery. IEEE Geoscience and Remote Sensing Letters, 11(2): 579-583.

Gupta R, Mittal A. 2008. SMD: A locally stable monotonic change invariant feature descriptor. Marseille, France: Proceedings of 10th European Conference on Computer Vision, 5303: 265-277.

Haboudane D, Miller J R, Pattey E, et al. 2004. Hyperspectral vegetation indices and novel algorithms for predicting green LAI of crop canopies: modeling and validation in the context of precision agriculture. Remote Sensing of Environment, 90(3): 337-352.

He K, Sun J, Tang X. 2010. Single image haze removal using dark channel prior. IEEE Transactions on Pattern Analysis & Machine Intelligence, 33(12): 2341-2353.

Heikkila M, Pietikainen M, Schmid C. 2009. Description of interest regions with local binary patterns. Pattern Recognition, 42(3): 425-436.

Hernández-Clemente R, Navarro-Cerrillo R M, Zarco-Tejada P J. 2012. Carotenoid content estimation in a heterogeneous conifer forest using narrow-band indices and prospect dart simulations. Remote Sensing of Environment, 127: 298-315.

Iparraguirre J, Balmaceda L, Mariani C. 2014. Speeded-up robust features (SURF) as a benchmark for heterogeneous computers. IEEE Biennial Congress of Argentina: 519-524.

Jędrasiak K, Bereska D, Nawrat A. 2013. The prototype of gyro-stabilized UAV gimbal for day-night surveillance. Springer, 440: 107-115.

Koenderink J J. 1986. Optic flow. Vision Research, 26(1): 161-179.

Kristy S, Richard H. 2006. Recovering camera motion using 10 minimizations. International Conference on Computer Vision and Pattern Recognition (CVPR): 1230-1237.

Le Toan T, Ribbes F, Wang L F, et al. 1997. Rice crop mapping and monitoring using ERS-1 data based on experiment and modeling results. IEEE Transactions on Geoscience and Remote Sensing, 35(1): 41-56.

Li X Q, Sun X X, Peng J L, et al. 2011. Motion compensation based gimbal controller design for small UAV. Systems Engineering and Electronics, 33(2): 376-379.

Li Z Y, Dobrokhodov V, Xargay E, et al. 2009. Development and implementation of L1 gimbal tracking loop onboard of small UAV. Chicago, USA: AIAA Guidance, Navigation, and Control Conference: 1-18.

Lin C E, Yang S K. 2014. Camera gimbal tracking from UAV flight control. Taiwan: Proceeding of CACS International Automatic Control Conference: 319-322.

Lowe D G. 2004. Distinctive image features from scale-invariant keypoints. International Journal of Computer Vision, 60(2): 91-110.

Marko H, Matti P, Cordelia S. 2009. Description of interest regions with local binary patterns. Journal of Pattern Recognition, 42(3): 425-436.

Matese A, Capraro F, Primicerio J, et al. 2013. Mapping of vine vigor by UAV and anthocyanin content by a non-destructive fluorescence technique. Precision Agriculture, 13: 201-208.

McNairn H, Kross A, Lapen D, et al. 2014. Early season monitoring of corn and soybeans with TerraSAR-X and RADARSAT-2. International Journal of Applied Earth Observation and Geoinformation, 28: 252-259.

McNairn H, van der Sanden J J, Brown R J, et al. 1993. The potential of RADARSAT-2 for crop mapping and assessing crop condition. Japanese Journal of Radiological Technology, 49(2): 69-72.

Nico C, Luc V. 2008. Fast scale invariant feature detection and matching on programmable graphics hardware. International Conference on Computer Vision and Pattern Recognition(CVPR): 1-8.

Nieto-Vesperinas M, Dainty J C. 1990. Scattering in Volumes and Surfaces. North-Holland Delta Series: 126-130.

Pohl C, van Genderen J L. 1998. Review article multisensor image fusion in remote sensing: concepts, methods and applications. International Journal of Remote Sensing, 19: 823-854.

Qadir A, Semke W, Neubert J. 2013. Vision based neuro-fuzzy controller for a two axes gimbal system with small UAV. Journal of Intelligent and Robotic Systems, 74(3-4): 1029-1047.

Raj G, Harshal P, Anurag M. 2010. Robust order-based methods for feature description. International Conference on Computer Vision and Pattern Recognition(CVPR): 334-341.

Rajesh R J, Ananda C M. 2015. PSO tuned PID controller for controlling camera position in UAV using 2-axis gimbal. International Conference on Power and Advanced Control Engineering: 128-133.

RemuB V. 2006. MARVIN-An autonomously operating flying robot. TU Berlin department of computer science. http: //pdv.cs.tu-berlin.de/MARVIN/fubr0693.html[2017-12-6].

Riccardo G, Michela F, Andrea F. 2010. Improving the efficiency of hierarchical structure-and-motion. International Conference on Computer Vision and Pattern Recognition(CVPR): 1594-1600.

Sameer A, Yasutaka F, Noah S, et al. 2010. Reconstructing Rome. Journal of Computer, 43(6): 40-47.

Skoglar P. 2002. Modelling and control of IR/EO-gimbal for UAV surveillance applications. Institutionen För Systemteknik: 1-105.

Sun M, Zhu R, Yang X. 2008. UAV path generation, path following and gimbal control. IEEE International Conference on Networking: 870-873.

Suzuki T, Amano Y, Takiguchi J, et al. 2009. Development of low-cost and flexible vegetation monitoring system using small unmanned aerial vehicle. Fukuoka, Japan: Proceedings of ICROS-SICE International Joint Conference: 4808-4812.

Tarazona R D F, Lopera F R, Góez-Sánchez G D. 2015. Anti-collision system for navigation inside an UAV using fuzzy controllers and range sensors. 2014 XIX Symposium on Image, Signal Processing and Artificial Vision(STSIVA), 29(3): 325-327.

Torres-Sánchez J, Peña-Barragán J M, Gómez-Candón D, et al. 2013. Imagery from unmanned aerial vehicles for early site specific weed management. Precision Agriculture, 13: 193-199.

Tuo H Y, Liu Y C. 2005. A new coarse-to-fine rectification algorithm for airborne push-broom hyperspectral images. Pattern Recognition Letters, 26(11): 1782-1791.

Turner D, Lucieer A, Malenovský Z, et al. 2014. Spatial co-registration of ultra-high resolution visible, multispectral and thermal images acquired with a micro-UAV over Antarctic Moss Beds. Remote Sensing, 6(5): 4003-4024.

Xiang H, Tian L. 2011. Method for automatic georeferencing aerial remote sensing (RS) images from an unmanned aerial vehicle(UAV)platform. Biosystems Engineering, 108(2): 104-113.

Yasutaka F, Jean P. 2010. Accurate, dense, and robust multi view stereopsis. IEEE Transactions on Pattern Analysis and Machine Intelligence(PAMI), 32(8): 1362-1376.

Zarco T P J, González D V, Williams L E, et al. 2013. A PRI-based water stress index combining structural and chlorophyll effects: assessment using diurnal narrow-band airborne imagery and the CWSI thermal index. Remote Sensing of Environment, 138: 38-50.

Zhang J, Sang H. 2014. Parallel architecture for DoG scale-space construction. Microelectronics and Computer, 31: 6-9.

Zhang Y, Shen X. 2013. Direct georeferencing of airborne LiDAR data in national coordinates. ISPRS Journal of Photogrammetry and Remote Sensing, 84(10): 43-51.

Zhao L, Qiu H, Feng Y. 2016. Analysis of a robust kalman filter in loosely coupled GPS/INS navigation system. Measurement, 80: 138-147.

Zingg S, Scaramuzza D, Weiss S, et al. 2010. MAV navigation through indoor corridors using optical flow. Anchorage, USA: IEEE International Conference on Robotics and Automation, 58(1): 3361-3368.

# 第7章　农用无人机农田信息监测

## 7.1　无人机光谱与成像检测技术

### 7.1.1　无人机光谱检测技术与装备

《中华人民共和国国民经济和社会发展第十二个五年规划纲要》针对遥感提出了深入开展遥感技术研究及应用，加强遥感科技基础研究，突破遥感关键技术，提升遥感技术及应用水平，发挥全国遥感力量，从过去积累的海量遥感数据中充分挖掘和有效反演有用信息的发展理念，标志着中国遥感应用从此开始步入一个黄金时期。农业是遥感技术最重要和最广泛的研究及应用领域之一，随着遥感技术的持续发展，各种遥感平台，包括近地遥感平台、航空遥感平台和卫星遥感平台，都被广泛应用于现代农业信息化管理，以及作物生长信息无损快速识别等方面。然而，传统的高光谱遥感数据多采用卫星进行拍摄，所获取的影像存在信息时效性较弱、周期比较长、光谱分辨率低及容易受到天气条件影响等问题。近年来，随着自动控制技术、计算机技术及传感器技术的快速发展，无人机航空技术得到了飞速发展。其性能的不断提高及功能的日益完善，为无人机技术从试验阶段向应用化阶段的发展创造了条件。无人机技术得到了越来越多的应用，该项技术已成为未来航空遥感发展的主要方向之一。

无人机遥感技术相对于传统的航空航天遥感技术，具有不可比拟的优点，包括研制成本低、研制周期短、运行成本低等。此外，其遥感平台多样，主要分为固定翼 UAV、垂直起降 UAV 和多旋翼 UAV 等，并且能搭载各种类型的传感器来获取实时高分辨率遥感影像与光谱数据。与载人航空遥感相比，无人机遥感能避免由恶劣气象条件、长航时、大机动、险恶环境等造成的影响。与卫星遥感相比，无人机遥感既能克服卫星因时间和天气条件无法获取感兴趣区域遥感信息的缺陷，又能避免地面遥感视野窄、工作范围小、工作量大等问题。

基于光谱应用技术的无人机需要搭载能够覆盖一定波段范围的非成像光谱仪作为传感器，借助非成像光谱仪在野外或实验室测量目标物的光谱反射特征，利用很多很窄的电磁波波段（一般<10nm）从感兴趣的目标物中获取相关光谱信息。其中高光谱遥感具有较高的光谱分辨率（波段宽度<10nm），在 400～2500nm 有几百个波段，具有较强的波段连续性。除此之外，加上光谱导数和对数变换，使其数据量成千上万倍地增加。无人机搭载的光谱技术可以帮助人们理解目标地物的光谱特性，进而提高不同遥感数据的分析应用精度。随着现代科技的快速发展，高集成器件技术、传感器、微型器件、硅工艺等在功能与性能上取得了惊人的进展。此外，现代信息理论、数学处理方法、计算机软件系统的不断发展，促使光谱技术不断地向更新颖的方向发展。无人机遥感技术除了继续向高精度、多功能、高灵敏度、高分辨率、高可靠性、多维信息的方向发展，同

时还会更灵活地适用于现场、生产线、战场实地工作、无人监守、联网工作等新颖的实用领域。目前较常用的地面非成像光谱仪有美国 ASD（Analytical Spectral Device）公司生产的 ASD 野外光谱辐射仪、美国 SVC（Spectra Vista Corporation）公司生产的 GER 系列野外光谱仪及 SVC 系列光谱仪。

## 1. 无人机搭载光谱的应用原理

在电磁波作用下，目标地物在不同波段会形成不同的光谱吸收和反射特征，这是由真实的地物状态所决定的光学物理属性。根据地物的光谱响应特性，分析描述对象的光谱信息，以反映其内部的物质成分和结构信息。地物的光谱特征是探测物质性质和形状的重要根据。在农业应用领域，农业无人机遥感监测的主要对象为作物与土壤，图 7.1 显示了这两类地物的典型反射光谱曲线。在可见-近红外光谱波段中，作物反射率主要受到作物色素、细胞结构和含水率的影响，在可见光-红光波段有很强的吸收特性，在近红外波段有很强的反射特性。根据植被这些特有的光谱特性，可以进行作物长势、作物品质、作物病虫害等方面的监测。在可见-近红外光谱波段，土壤的总体反射率相对较低，主要是因为受到土壤中有机质、氧化铁等赋色成分的影响。因此，土壤、作物等地物所固有的反射光谱特性可以作为农业遥感的理论基础。

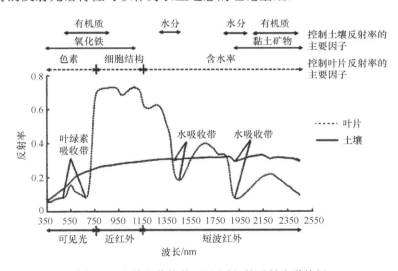

图 7.1　土壤和作物的可见-近红外反射光谱特征

对于植物而言，不同的植物具有不同的形态特征和化学组成，这种差异使其发射和反射的电磁波也不尽相同，在光谱学中表现为不同植物的光谱特征也不相同，因此我们可以根据植物的光谱反射特征来反演其化学组成。而其化学组成受到品种、生育期、发育状况、健康状况及生长条件的影响，因此，理论上可以通过植物的高光谱特征来反演其生理生化组分和含量、冠层结构及植株长势等。

绿色植物的叶片在叶绿素的作用下大量吸收红光和蓝光，并被植物的光合作用所消耗，而绿光的部分被叶绿素反射，红外辐射主要受叶片栅栏组织的影响，在近红外波段形成一个高反射平台。通常情况下，绿色健康植物在 350～2500nm 波段具有以下典型反射光谱特征。

（1）在可见光的 350～700nm 波段，是叶绿素的吸收带。由于叶片的光合作用，红光、蓝光被强烈吸收，而绿光被强烈反射，在 550nm 附近形成一个小的反射峰——"绿峰"，因此健康植物一般呈绿色。叶绿素是植物活力的体现，当植物机能旺盛、营养充足时，叶绿素含量较高，此时的光合作用较强，植物表现为明显的绿色。而当植物遭受胁迫（如缺乏氮素或水分、重金属污染、病虫害等）时，植物体内因缺乏营养叶绿素含量减少，光合作用强度下降，此时，"绿峰"被削弱，植物也往往表现出黄色。因此，可以利用植物的这些光谱特征进行生理参数估测和营养胁迫的评估。

（2）在 700～1300nm 波段，受叶片细胞结构及多层叶片多次反射的影响，形成一个近红外平台。叶片的细胞结构影响单片叶子在近红外波段的反射率，而叶片冠层结构影响叶片在近红外波段光谱反射的总次数，从而共同影响植被在近红外范围的光谱反射率。因此，覆盖度高、健康旺盛的植被在近红外波段的反射率较高，相反，当植物受到胁迫或衰老后，近红外波段的反射率就会降低。但需要注意的是，如果植被在遭受营养胁迫时失水过多，近红外波段的反射率反而会增大。

（3）在红光与近红外波段的过渡部分，由于叶绿素对红光的强吸收及冠层对近红外光的强反射，形成一个反射率急剧上升的陡坡，称为"红边"（red edge position，REP）。"红边"是绿色植物独有的光谱特征，通常位于 680～760nm 波段，与植物的生育期和体内组织成分密切相关。当植物长势旺盛，叶片叶绿素含量较高时，光合作用增强，进而需要消耗更多的长波光子，导致"红边"向长波方向移动（Collins，1978），即"红边红移"。而当植被遭受胁迫或逐渐衰老、叶片叶绿素含量较低时，光合作用减弱，植被"红边"表现出"蓝移"现象。因此，可以通过"红边"来对植被的生理参数及长势进行定量估测。

（4）在 1300～2500nm 波段，植被的光谱反射率主要受叶片含水量的影响，1450nm 和 1940nm 附近是水分的强吸收带，而其他物质（如蛋白质、木质素等）虽然在 1450～2450nm 波段存在吸收，但往往被水分的强吸收特征所掩盖。水分的这一吸收特征，使得 1300～2500nm 波段的光谱反射率与叶片含水量存在很高的相关性，植被光谱反射率随叶片含水量的增加而降低，而 1450nm 和 1940nm 更是进行叶片含水量反演的敏感波段。但在实际应用中，由于空气水分的影响，通过水分吸收波段反演叶片含水量的精度大大降低。

对于土壤而言，可根据无人机遥感对大面积土壤中的含水率进行检测，实现对农作物产量的预测，对农田环境监测、合理灌溉、防洪抗旱等有着重要意义。目前土壤水分遥感监测手段主要包括光学、热红外、主动及被动微波遥感等，反演方法包括热惯量法、植被指数法、温度-植被指数法、微波反演法等。其中热惯量法较适用于裸露或植被覆盖稀疏的土地，该方法主要根据遥感获取的土壤热惯量、地表昼夜温差、土壤水分含量之间的关系来进行土壤水分的反演。温度-植被指数法较适用于植被覆盖区，根据土壤与作物之间的水分关系，建立土壤水分的间接预测模型，实现土壤水分的遥感监测。

## 2. 无人机搭载光谱的关键技术

无人机光谱遥感技术正日益深入国民经济发展的各个行业、领域,应用越来越广泛,采用无人机搭载高分辨率遥感载荷以获取高光谱数据的技术正处于快速发展的阶段。高光谱维和空间特征维能够为高光谱遥感提供详细的地物信息,但同时也给高光谱遥感的后续处理带来困难。因此,高光谱遥感数据后期处理的关键在于:如何对这成百个波段的高维高光谱数据去除冗余信息,挖掘数据本征空间,提取有效鉴别特征。维数约简(dimensionality reduction,DR)是解决这一问题的有效方法,其目的就是降低数据维数,得到高维数据有意义的低维表示,以便于对其本质的理解及后续处理。

无人机光谱遥感技术作为一种新型的遥感技术在各个应用领域得到了越来越多的青睐与认可。无人机科学技术的发展促使其具备更低的运营成本、高效灵活的任务安排、自动化和智能化的操作。但是针对航天遥感传感器,目前无人机搭载传感器的类型仍旧单一,缺少红外、多/高光谱及 LiDAR 等快速发展的新型传感器。此外,目前的无人机遥感搭载光谱平台还面临一些难题,任何单一遥感平台、单一遥感传感器、单一光谱波段的遥感数据均具有各自特定的应用范围,导致其无法全面反映作物的生理生化特征。因此如何增加无人机传感器类型、拓宽光谱数据波段范围、提高无人机的应用能力,是亟待解决的问题。目前解决这一问题的有效手段为采用多源遥感信息数据融合的方法,通过数据融合技术将具有冗余性、互补性和合作性的遥感数据进行筛选与汇集,综合出更具有代表性与针对性的有效数据信息。例如,根据信息互补的原则,利用数据融合的手段处理来自同一地区不同数据源间的信息,是适用于该应用领域最有效的途径之一。不仅有利于减少由单一遥感检测带来的不确定性、不完全性和误差,而且能最大限度地利用多源遥感数据中所包含的信息进行决策。这样有利于扩大遥感数据的应用范围,提高遥感信息的分析精度及增强应用效果,具有较广泛的实用价值。

## 3. 无人机搭载光谱的应用框架

无人机搭载光谱遥感技术具有覆盖面积大、分辨率高、重访周期短的特点,可实现对农田精准化施肥、施药和灌溉的管理,并能实现对农田尺度作物长势、病虫害和土壤水分等信息的监测。针对不同的应用需求,可采用不同空间分辨率的光学遥感或微波遥感,它们各具优缺点。例如,针对田间尺度的精准农业,可选择高空间分辨率的遥感数据;而针对大面积农作物长势的监测,更适宜选择高时间分辨率、覆盖范围广的遥感数据。无人机机载光谱的主要应用有如下几方面。

**1）农业资源调查**

田振坤等(2013)以冬小麦为研究对象,采用无人机搭载美国 Tetracam 公司的 ADC Air 冠层测量相机,进行低空航飞,从而获取高空间分辨率的农作物遥感数据,根据记录的植物冠层反射比、农作物波谱特征和 NDVI 变化阈值,提出了一种地表农作物快速分类提取方法,对反演农作物覆盖信息和土地资源利用调查具有重要意义。

该应用中采用配备地面遥控系统的京商 260 遥控汽油直升机 Kyosho Caliber ZG 作

为无人机平台。无人机的核心参数包括：主桨长度为1770mm，机身长、宽、高分别为1570mm、450mm、740mm，有效载荷为5kg，总重量为6kg，飞行速度可达100km/h，飞行高度可达 500m，抗风能力达到 5 级。相机的主要技术指标包括：320 万像素（2048×1536）CMOS 传感器，波段范围为绿色、红色与近红外波段，标准 8.5mm 镜头，并提供多种镜头可供选择，图像大小为每图 3MB，图像采集速度为每图 2～5s，输入电压为 5～12V DC（RS-232 接口），尺寸为 137mm×90mm×80mm，重量为 630g。

其应用原理是根据健康小麦与土壤背景之间光谱反射特性的差异进行分类提取。如图 7.2 所示，健康小麦在绿光波段存在一个小的反射峰，在红光波段出现一个吸收谷，在近红外波段则有很高的反射峰（反射率高达 0.7），明显高于在绿光波段的反射率。裸露的背景土壤从绿光至近红外波段的反射率逐渐增加，各波段反射率的总体趋势近似于一条斜率很低的直线。

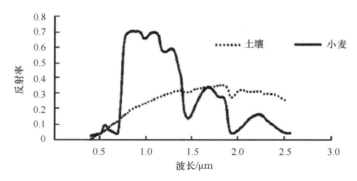

图 7.2　典型小麦、土壤特征波谱曲线

试验获取健康小麦在绿光波段的反射率为 0.3～0.5，而在近红外波段的反射率高达 0.7以上；光照区域的土壤在绿光波段的反射率稍低于近红外波段，但是有少部分土壤在绿光波段的反射率反而大于近红外波段，这可能是因为受到土壤中某些残留物的影响；阴影区域的土壤在绿光波段的反射率稍高于近红外波段。因此可以利用小麦与土壤在绿光、红光和近红外波段的反射率差值进行小麦的分类划分提取。

**2）农作物生长状况监测**

姚霞等（2014）利用无人机平台获取不同氮素水平、不同种植密度、不同品种的小麦的氮素营养和生长指标，比较了两种不同的辐射定标方法（经验线性校正法和光强传感器校正法），定量分析了植被指数与冠层叶片氮含量、叶片氮积累量、叶干重、叶面积指数的关系。结果表明，基于无人机多光谱遥感来监测小麦氮素状况和生长特征的准确性较高，能够定量反演小麦的氮素营养和生长状况。

**3）农业灾害预报**

鱼自强等（2015）采用美国 Tetracam 公司所研制设计的无人机搭载近红外传感器，主要应用于农业领域植被的健康状况监测。相机的主要参数为（Tetracam 相机波段特征见图 7.3）：320 万像素（2048×1536）CMOS 传感器；标准 8.5mm 镜头（4.5～10mm 可调）；记忆卡容量为 2GB；影像存储时间为 2～5s；尺寸为 114mm×77mm×60.5mm；重量为 200g。如图 7.4 所示，该无人机遥感平台获取的多光谱数据光谱范围包括绿光、红光、近红外波段，对所获取的数据进行分析处理，可提取出非健康植被信息，可用于作物减产等损失调查和评估。

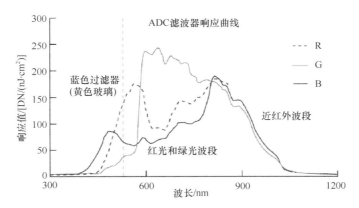

图 7.3　Tetracam 相机波段特征

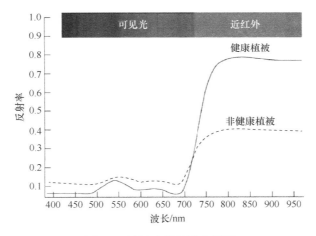

图 7.4　植被光谱波段分异图

### 4）精准农业

Córcoles 等（2013）利用旋翼无人机实现了洋葱郁闭度的无损检测，并通过建模分析了郁闭度与叶面积指数之间的关系；Lelong 等（2008）将滤光片与数码相机结合搭载在无人机上，对法国西南部的小麦试验田进行监测，基于获取的可见-近红外波段范围的光谱影像分析了光谱指数与农田实测的生物物理参数之间的联系。

高林等（2016）利用 ASD FieldSpec FR Pro 2500 光谱辐射仪（ASD）和 Cubert UHD185 Firefly 成像光谱仪（UHD185），在冬小麦试验田进行空地联合试验，基于获取的孕穗期、开花期及灌浆期地面数据和无人机高光谱遥感数据，估测冬小麦叶面积指数（LAI）（图 7.5）。试验采用的无人机遥感系统主要包括八旋翼电动无人机遥感平台（单臂长 386mm，机身净重为 4.2kg，载重为 6kg，续航时间为 15～20min）、飞行控制系统、高光谱数据获取系统、记录飞行状态下的地理位置和三轴姿态的惯性测量单元（inertial measurement unit，IMU）、无线遥控系统、地面站控制系统及数据处理系统等部分。选择同步获取的冬小麦冠层 ASD 光谱反射率数据作为评价无人机高光谱数据质量的标准，依次从光谱曲线变化趋势、光谱相关性及目标地物光谱差异三方面展开分析。结果表明 458～830nm（第 3～96 波段）的 UHD185 光谱数据可靠，可使用其探测冬小麦 LAI，为发展无人机高光谱遥感的精准农业应用提供了参考。

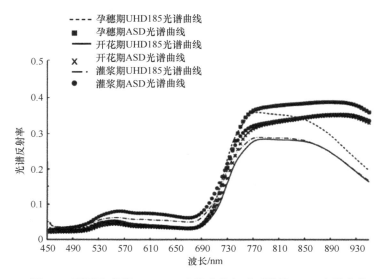

图 7.5　不同生育期 UHD185 光谱曲线与重采样的 ASD 光谱曲线

　　无人机作为一种无人驾驶、动力驱动的可重复使用的新型遥感平台，与其他遥感平台相比，具有灵活性、实时性、可移动性等诸多优势。尤其是随着可搭载光谱仪的小型化，随时获取高空间分辨率的光谱数据成为可能。根据地物的波谱特征，无人机可用于农业耕地土壤资源调查、农田环境调查、农作物估产、大宗农作物的长势监测和产量预测、农作物病虫害监测、农田精准化施肥、施药和灌溉等，提供各类资源的评价数据，便于农业生产的组织、管理和决策，促使无人机非成像光谱遥感系统平台在农业等领域得到了广泛的应用与快速的发展。

## 7.1.2　无人机光谱成像检测技术与装备

### 1. 无人机光谱成像系统的构成

　　光谱成像技术的主要作用是构建作物养分生理信息稳定、可靠的指标预测模型。光谱成像技术将光谱分析技术和成像技术结合起来，它既能获取样本的光谱信息，也能获取空间信息，并且能同时获取样本的物理特性和化学特性。光谱成像技术无损、快速、绿色无污染。目前，该技术被广泛应用于作物养分生理信息检测等方面。

　　在过去的几十年中，随着地理信息系统（geographic information system，GIS）、全

球定位系统（global positioning system，GPS）和遥感（remote sensing，RS）技术的发展，其在检测土壤、作物生长、杂草丛生、昆虫、疾病和水的状态等方面为田间指导和农业管理措施提供了数据及信息。遥感卫星为精准农业提供了图像信息，卫星图像现在更常用于研究作物和土壤条件的变化，但是获取难度大、低分辨率和高成本等问题，限制了精准农业的发展。近年来传感器飞速发展，越来越多日益复杂的农业设备正在被开发。而搭载遥感传感器的无人机具有高分辨率、高灵活性、低成本等优势，使其与遥感技术很好地结合在一起，低空遥感光谱成像在农业信息技术上的应用应运而生。

　　一般情况下，无人机遥感以小型成像与非成像传感器作为机载遥感设备，具有采样周期短、分辨率高、像幅小、影像数量多等优点。但是，其存在倾角过大和倾斜方向不规律等问题。因此，要对其特殊的飞行特性和图像处理进行分析。与一般的图像处理系统相比，无人机遥感图像处理系统有所不同。一般影像的处理过程是根据遥感影像的特点、相机定标参数、拍摄时的姿态数据和地面控制点进行几何和辐射校正；而对用于监测目的的遥感数据的处理过程，则需要更高的实时性、影像自动识别和快速拼接软件等功能，实现对飞行质量、影像质量的快速检查，数据的自动、交互式快速处理和自动变化检测等。当前，无人机遥感数据的处理主要有地面实时处理和机上实时处理两种。传统无人机遥感数据的处理主要以地面处理为主，它通过固定或移动地面数据接收站，建立海量数据存储、管理和分发中心，对遥感数据库中的遥感影像数据进行加工和应用。

　　无人机光谱遥感成像系统设计如图 7.6 所示，分为无人机机载遥感成像系统和地面遥感监控系统，二者通过无线数据链路进行通信。其中无人机机载遥感成像系统需搭载在无人机平台上，考虑到无人机平台的载重有限，且各不相同，系统设计主要考虑轻量化、小型化、模块化及低功耗。该系统的完整设计包括 5 个子系统：电源管理系统、高

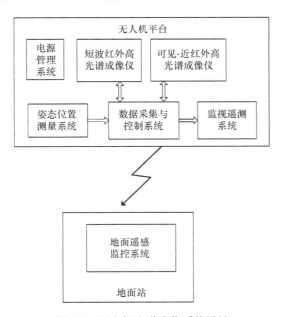

图 7.6　无人机光谱成像系统设计

光谱成像系统、数据采集与控制系统、姿态位置测量系统及监视遥测系统。主要由以下几部分构成。

**1）电源管理系统**

为满足无人机平台上所有设备的正常工作，电源供给是一大难题。电源在轻小型无人机上设计标准不一，且自身载重有限，电气系统的可靠性无法保证，所以无法依靠无人机提供稳定的电源输出。为解决设备供电问题，系统中以高容量的锂离子电池作为电源，设计了一套可向系统中所有设备供电的模块。电源管理系统设计图如图 7.7 所示，电源经过降压模块分别传送给可见-近红外高光谱成像仪、短波近红外高光谱成像仪、数据采集与控制系统和无线图传模块，以及经过升压模块传送给 POS 系统。

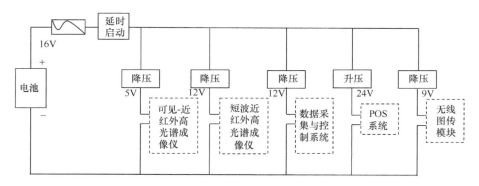

图 7.7　电源管理系统设计图

**2）高光谱成像系统**

高光谱成像系统是整个系统的核心，将二维成像遥感技术和光谱技术有机地结合。一方面，利用成像系统获得被测物的空间信息；另一方面，利用光谱系统将被测物的辐射分解成不同波段的辐射谱。此时，一个光谱区间内可以获得每个像元几十甚至几百个连续的窄波段信息。高光谱成像技术可以实现同时获取目标的几何特征和光谱特征。该系统主要由成像模块、分光系统模块和探测器模块组成。

**3）数据采集与控制系统**

数据采集与控制系统主要用于采集与存储高光谱成像仪获取的高光谱图像数据、姿态位置测量系统获取的平台位置与姿态数据。该部分设计主要考虑数据传输的协议和传输速率。根据这两种传输协议的特点，采用计算机作为数据采集存储模块的核心部分，实现对相机的控制与数据采集，该系统结构如图 7.8 所示。

**4）姿态位置测量系统**

姿态位置测量系统用于测量成像平台的姿态角和位置。POS 系统一般由惯性测量单元（IMU）、GPS 接收机及数据处理单元组成。POS 系统获取的平台姿态位置数据用于高光谱图像数据的几何校正，因此姿态位置数据与成像数据需要进行同步。由于 POS 系统

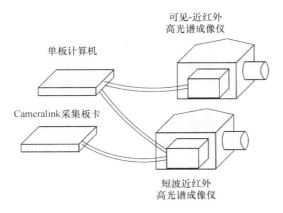

图 7.8　数据采集与控制系统

是独立的商品,它的时钟与成像仪的时钟是各自自主的,使用时需要获取同步的时间信息。常见的方法有两种:一是打码同步,成像时刻,相机向 POS 系统发送一个脉冲信号,POS 系统获取脉冲信号在 POS 数据中进行标记,后期通过标记位进行数据同步;二是软件同步,采集系统同时获取 POS 系统数据和成像数据,但 POS 系统的数据频率要高于成像频率。

**5）监视遥测系统**

当系统搭载在无人机上时,无法直接监视和控制仪器的运行,所以需要建立一个无线数据传输通道,以便实时监视和控制仪器的运行,及时调整仪器参数以获取较好的成像质量。无线数据传输通道的建立有两种方式,如图 7.9 所示:①点对点直接传输;②通过基站中继传输。

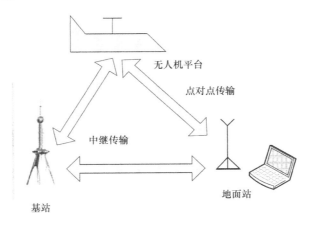

图 7.9　无线数据传输通道

前者直接传输,传输速率高,实时性好,但是对传输路径要求很高,中间不能有障碍物,而且传输距离有限;后者通过基站传输数据,对传输路径要求低,作用距离远,适应性更好,但是实时性、传输速率均有限。为保证系统的适用性,决定同时采用这两种传输方式。

## 2. 无人机光谱成像检测的关键技术

遥感影像处理首先要解决的是影像外定向问题。无人直升机影像存在倾角大、像幅小、重叠度不规则等问题。因此，要解决无人直升机影像单模型定向及精度等问题。不开定向点的获取是影像单模型定向的基础，它和影像匹配密切相关，并且影像匹配的精确性、可靠性和速度直接影响到影像处理的效率及精度，它是遥感影像处理自动化中的关键技术。

传统的遥感影像几何纠正方法主要包括多项式处理法、直接线性变换法、共线方程处理方法，这些方法根据无人机遥感的特点进行参数设置，从而进行无人机遥感影像的几何纠正。

### 1）多项式处理法

多项式处理法适用于遥感影像的几何变形是由多种因素引起的，并且其变形规律难以用严格的数学表达式来描述的情况。它利用近似的描述来纠正前后相应点的坐标关系，并将控制点的图像坐标和参考坐标系中的理论坐标按照最小二乘法原理求解出多项式中的各个系数，最后以该多项式对图像进行几何校正。

一般情况下，不考虑像片成像内、外方位元素和投影关系，若地形平坦且其地形图精度高、比例尺大，此时可以通过影像从地形图中获取足够多的平面控制点，采用一次、二次、三次多项式模型的几何处理方法产生影像地图，满足二维平面几何精度的要求。这样的技术路线简单成熟。

### 2）直接线性变换法

直接线性变换法适用于非量测型相机，或者未知内、外方位元素的情况。它利用已知的地面控制点和对应像点坐标，通过平差计算三维直接线性变换方程的系数，得到构象的几何关系式。其优点是像点坐标无须内定向，也不必计算内、外方位元素，方便了相对控制条件的引入。缺点是每张像片需要 6 个以上三维地面控制点，并且不能分布在一个平面上。这种方法比较适用于覆盖范围较小的地区，对大范围的地形图测绘则不适宜。

### 3）共线方程纠正法

共线方程纠正法基于对遥感器成像时的位置和姿态进行模拟及解算，即构象瞬间的像点与其相应地面对应点位于通过遥感器投影中心的一条直线上。共线方程的参数既可以按预测给定，也可以通过最小二乘法原理求解，从而得到各个像点的改正数，达到纠正的目的。该方法理论上严密，同时考虑了地面点高程的影响，纠正精度较高，特别是对地形起伏较大的地区和静态遥感器的影像纠正，其优越性更加明显。但是，采用此方法进行纠正时，需要有地面点的高程信息，并且计算量大。在动态遥感器中，在一幅影像内，遥感器的位置和姿态角是随时间而变化的，此时外方位元素在扫描运行过程中的变化规律只能得到近似的表达，因此共线方程本身理论上的严密性很难保持，动态扫描影像的共线方程纠正法与多项式纠正法的精度的相关性不是很明显。

## 3. 无人机光谱成像检测技术的应用

农情遥感监测就是以遥感技术为主对农业生产过程进行动态监测，主要对大宗农作物种植面积、长势、墒情与产量的发生与发展过程进行系统监测。其优点是范围大、时效强和客观准确。无人机遥感技术的出现和发展，解决了 GPS 实测地面样方的方法存在的效率低、样方面积小等问题。无人机成本低，操作简便，地面分辨率高，可以快速获取某一重点研究区域大范围的遥感影像。通过结合农作物地面测量数据，能迅速而准确地完成该区域的农情监测任务，并为更大范围的农情采样估计提供便利。农田农情遥感监测图如图 7.10 所示。

图 7.10　农田农情遥感监测图（彩图请扫封底二维码）

### 1）作物农情监测

全程自动化、机械化作业是未来农业生产的主要模式，快速、大面积地对作物的长势进行无损检测至关重要。利用微小型无人机遥感平台获取作物的遥感信息，对研究区域内的作物生长状况进行定点定量分析，实施精准农业生产。利用无人机低空遥感平台获取遥感图像能够很好地对作物的产量和生物量进行估算。

Zarco-Tejada 等（2013）研究了类胡萝卜素和叶绿素含量估计方法的发展过程，使用无人机获得高分辨率的高光谱图像。对窄带多光谱相机、微型高光谱相机和热成像相机在检测植物叶绿素含量变化方面进行了尝试并取得了一定的成果：对柑橘园内的果树进行了水分胁迫，利用光谱数据分析叶绿素荧光和光化学反射指数，结果表明，光化学反射指数和拱顶温度、实地测量的气孔导度、水势存在一定的关系；对葡萄园内的果树进行了长达 3 年的检测，3 年间使用了两种不同的无人机平台搭载多光谱相机和微型超光谱成像仪，获得了葡萄园的高分辨率高光谱图像，经过实验和建模分析验证，估算误差低于 9.7%。祝锦霞等（2010）采用无人机航空摄影平台获取了水稻田冠层图像，识别了 4 种氮素营养水平的综合特征参量，采用扫描仪和无人机平台获取了水稻叶片和冠层的数字图像，运用数字图像处理技术研究了不同氮素营养水平水稻叶片和冠层的综合特征信息，并将其应用于水稻的氮素营养诊断中。

**2）面积量算**

A. 相关参数

遥感影像处理是遥感技术应用的后续处理过程，是较关键的一个环节。利用遥感技术对植被相关信息进行监测是遥感影像的主要应用，植被指数是植被遥感监测中被广泛应用的参数之一。它有效地反映了叶绿素含量、植被覆盖度、叶面积指数、生物量、净初级生产力和光合有效辐射吸收等生物物理与生物化学参数。

B. 作物覆盖度

植被覆盖度是描述地表植被分布的重要参数。无人机遥感能够灵活获取多尺度、多时相的地面观测数据，开展卫星遥感数据和产品真实性检验及尺度转换等方面的研究工作。随着精准农业的发展需要，遥感成为监测作物覆盖度的重要手段。遥感监测作物覆盖度的变化主要分为两类：一是利用卫星影像数据，建立与光谱植被指数及覆盖度相关的模型；二是利用人工地面采集数字影像，对影像进行图像分割或分类操作，提取覆盖度。

C. 作物面积

王利民等（2013）针对 4.2km×3.1km 的范围，搭载 RICOH GXR A12 型相机进行了航拍实验，主要测试了定位定向系统（positioning and orientation system，POS）数据辅助下光束法区域网平差方法平面定位及面积测量精度，以及无人机影像的作物面积识别精度，研究取得了良好的效果，说明无人机遥感在获取小范围、样方式分布的作物影像方面具有广泛的应用前景，有望部分替代现有人工 GPS 测量的作业方式。李宗南等（2014）研究了灌浆期玉米倒伏的图像特征和面积提取方法，分别基于色彩特征和评选出的纹理特征提取倒伏玉米面积，对比两种方法的误差发现，基于红、绿、蓝色均值纹理特征提取倒伏玉米面积的误差最小为 0.3%，最大为 6.9%，显著低于基于色彩特征提取方法的误差，为应用无人机彩色遥感图像准确提取倒伏玉米面积提供了依据和方法。

**3）无人机在农情监测领域的趋势和前景**

在农情遥感监测领域，无人机影像的应用具有巨大的优势和广阔的前景，它具有更高的地面空间分辨率，能带来农作物精细纹理等额外的遥感信息，可以很好地应用于精准农业遥感监测领域；它还能很方便地应用于统计某一地区作物的种植结构、作物长势等信息，为大范围的农作物种植及长势、产量等信息的计算提供实际依据。无人机影像获取与处理法、几何校正精度、面积量算精度、监督分类和面向对象分类方法对无人机影像农作物分类的精度及无人机在农情方面未来的应用趋势和前景等方面都有很大的作用。

## 7.1.3　基于荧光遥感的无人机机载信息获取技术

叶绿素荧光是指植物吸收光能后重新发射出来的一种波长较长、能量较低的红光。

Kautsky 和 Hirsch（1931）首次发现并报道了叶绿素荧光现象，即经过暗适应的植物在突然暴露在可见光下后，会发出一种强度不断变化的暗红色光。叶绿素荧光参数可以反映叶片光合过程中光系统对光能的吸收、传递、耗散、分配等运转情况，从而表征植物的内部生理特征，对植物抗性（如抗旱性、抗冷性、抗热性、抗盐性、抗病性等）做出鉴定和评价。

　　光合作用是植被生长中的关键生理过程，不仅对植物内部的生理循环产生影响，还能够快速、直接地反映植物的受胁迫程度。叶绿素荧光与植物光合作用密切相关。植物吸收的太阳辐射能量有 3 条释放途径：①光化学反应；②热耗散；③荧光。这三者之间存在此消彼长的相互竞争关系，因此通过检测荧光的变化可以探测植被的光合作用。近年来，无人机技术及多光谱成像技术的发展使得植被叶绿素荧光的遥感监测成为可能，通过采用被动荧光探测的方法，对日光诱导的大范围植物的叶绿素荧光信号进行采集。太阳光谱经过大气吸收到达地表后存在许多波段宽度为 0.1～10nm 的暗线，即夫琅禾费吸收暗线。在夫琅禾费吸收暗线波段，植被的反射光很微弱，从而使荧光得到凸显（Moya et al.，2004）。2011 年，美国国家航空航天局（NASA）（Joiner et al.，2011）公布了全球第一张陆地植物荧光地图（图 7.11），该地图是利用日本温室气体观测卫星（greenhouse gases observing satellite，GOSAT）光谱仪小组 2009 年收集的数据绘制而成的。地图显示北半球 7 月荧光强度较强，这与北半球夏季的光照和温度环境利于植物生长从而促使植物光合作用增强的现象相一致，显示出荧光遥感在探测植物生长是否受胁迫的应用上具有重大潜力。

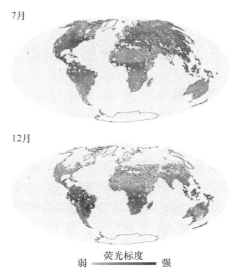

图 7.11　全球陆地植物荧光图（彩图请扫封底二维码）

　　由于夫琅禾费吸收暗线的波段宽度很窄，一般采用高分辨率成像光谱仪才能够提取荧光信息（Alonso et al.，2008；Middleton et al.，2008）。例如，SPECIM 公司的 Aisa IBIS 植物荧光高光谱相机（图 7.12），利用夫琅禾费荧光探测法原理进行太阳诱导荧光探测，可在地面或空中对小到一片叶子大到整个生态系统进行光合作用活性的探测，即使处于快速成像的飞行状态，也能拥有超高的光谱采样精度和极好的成像质量，同时具备噪声低、采集范围广、信噪比高的优点。2009 年，国外学者 Zarco-Tejada 等（2009）使用分辨率为 2.5nm 的机载多光谱成像系统对日光诱导的植被叶绿素荧光进行低空遥感检测，研究水分胁迫下叶绿素荧光的变化规律，同时进行了地面数据采集。实验结果显示，机载系统测得的胁迫与非胁迫状态下植被日光诱导叶绿素荧光信息与地面实测数据之间具有很高的相关性，证实了低空荧光遥感在植被冠层水分胁迫检测应用中的可行性。

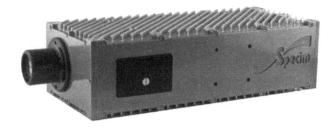

图 7.12　Aisa IBIS 植物荧光高光谱相机

目前，荧光遥感的应用型研究主要包括三部分：①研究不同胁迫类型下叶绿素荧光光谱特征和荧光敏感植被指数的变化；②利用高光谱采集植被荧光数据，根据荧光参数与荧光敏感植被指数之间的相关关系研究植物的内部光合动态；③研究植物的能量释放过程，探索光化学反应、热耗散及荧光发射三者之间存在的竞争规律。由此可见，荧光遥感是一种极具潜力的新型遥感手段，在大范围植被生长过程监测、光合作用探索的应用上具有广阔前景。

## 7.2　农田土壤信息检测

### 7.2.1　农田土壤信息检测背景

农作物赖以生长的土壤圈提供了作物生长的养分、水分和适宜的理化条件。土壤主要是由矿物质和有机质等构成的固相、土壤水分构成的液相、土壤空气构成的气相所组成，而它们是相互转化、相互作用和相互联系的有机体，具有高度的空间异质性。虽然我国的确实现了从农产品严重短缺到供求总量平衡、丰年有余的历史性跨越，但并不意味着我们对我国的粮食安全可以高枕无忧。农业仍然是我国保持经济发展和社会稳定的基础，因此我国仍然要保护和提高粮食生产能力。而严格保护耕地是保护、提高粮食综合生产能力的前提。耕地是人类获取食物的重要基地，维护耕地数量与质量，对农业的可持续发展至关重要。保护、提高粮食综合生产能力，必须以稳定一定数量的耕地为保障。党的十六届三中全会就指出，要"实行最严格的耕地保护制度，保证国家粮食安全"。目前土地资源的管理模式开始从简单的数量维护向生态保护的质量维护方面发展，同时向着定量化和自动化方向前进。

传统的检测土壤理化系数的方法主要基于土壤的实验室分析，一方面，这些分析需要采集和制备大量的土壤样本，进行烘干、称重、研磨，直至进行土壤物理性质分析、有机质分析，以及强酸消化元素、土壤氧化物、土壤微形态薄片等分析。这些理化分析需要使用有潜在危害性的药品进行测试，而且实验过程中需要大量的人物、物力和财力支持；不得不说实验分析过程漫长，结果也未必理想。另一方面，传统土壤参数测定与监测方法是基于点测量的方法，由于检测点稀少、速度慢、范围有限，无法揭示土壤的空间异质性规律，不能满足农业、水文、气象等部门及陆地生态系统相关研究对土壤时空变异状况的要求，不具有实时性。精准农业是在现代信息技术、生物技术、工程装备技术等一系列高新技术最新成就的基础上发展起来的一种重要的现代农业生产形式，由 10 多个系统组成，见图 7.13（郑良永等，2005）。其中遥感技术是精准农业获取数据源的重要途径之一。

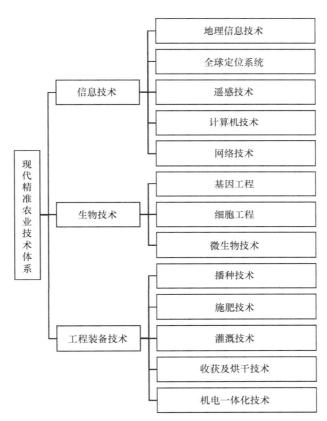

图 7.13　现代精准农业技术体系（郑良永等，2005）

土壤是极其复杂的物质体系，其物质组成（有机质、氧化铁）、墒情、表面粗糙程度及质地等的不同都会导致光谱的改变，总体来说，土壤的光谱特征是土壤理化参数的综合反映。自然状态的土壤表面的反射率没有明显的峰值和谷值，一般来说，土质越细，反射率越高；有机质含量和含水量越高，反射率越低。就同一种土壤来说，有机质含量的高低与土壤颜色的深浅相关，土壤中有机质含量高，土壤呈深褐色，有机质含量低则呈浅褐色；土壤有机质含量的不同也会导致土壤的波谱产生波动。在 620～660nm 波段处存在和土壤有机质密切相关的特征光谱。500～640nm 波段平均反射率与土壤中氧化铁含量的相关性较好，呈线性负相关。土壤的质地也可以通过 2000～2500nm 光谱段来鉴定，土壤质地对光谱的响应不仅与粒径组合及土壤表面状况有关，也与粒径的化学组成密切相关（徐金鸿等，2006）。土壤的水分含量也可以通过近红外光谱的特征波段来检测。

土壤光学遥感是土壤学与遥感光谱学有机结合的产物，它指的是利用土壤的反射光谱信息，可以实现土壤参数的快速测定。遥感和地理信息技术的有机结合为区域土壤侵蚀监测和预报系统提供了有力的手段。土壤光学遥感能够提供实时、同步、大范围的地表信息，遥感图像能够清晰地反映土壤的理化信息，包括其周围的环境条件等。而 GIS 则能够在空间范围内对多源、多时相的信息进行组合、集成、提取等拓扑分析。利用遥感信息源，辅助以其他相关的信息、野外实时调查及样方检测方法，可以有效地进行土壤参数的测定，揭示土壤的时空变异规律，从而为土壤环境的保护、规划、生态建设等服务提供实时有效的信息支持。近年来，农业科技化的发展越来越受到重视，以智能机器人取代人工进行劳作与监察的技术逐渐进入大众的视野。农业植保无人机的应用，使喷洒农药、播种等农用技术变得更简便、精确而有效。无人机技术作为一种新型的遥感数据获取手段，其更强的实时性、准确性、高分辨率及高光谱分辨能力将满足越来越多的应用需求，也势必会在土壤质量评价中得到迅猛的发展。其低空传感器更便于实现精准农业技术对土壤水分、土壤养分等的准确监测，从而实现真正的精准农业耕作。

## 7.2.2　无人机在农田土壤信息检测中的应用

土壤质量指标反演主要集中在土壤腐殖质、氧化铁、土壤水分含量、土壤矿物质及表土结构等方面的研究和评价。成像光谱技术在定量反演植被组成成分方面的应用较为成熟，无人机技术作为一种新型的低空遥感数据获取手段，目前在土壤质量指标反演方面的应用还较少。

我国在农村地区经历了工业生产和制造的过程，导致了农业土壤的工业污染。如今，这一问题需要通过应用现代科技来加以解决。无人机飞行范围广，可以用来监测并报道土壤污染情况，在飞行的时候需要按照特定的路线以涵盖所有的检测区域，见图 7.14 中无人机的飞行轨迹。如果怀疑某地区有重金属污染，无人机会参与监测，并将所测得的 GPS 数据和污染程度结合起来。几个地点的"地面实况"需要将整个地面的整体情况与污染地区用仪器人工测量的结果相结合方能显现出来。这种监测方法快速准确，与传统方法相比，它也更加简便廉价。

土壤墒情也就是土壤含水量，是陆面水资源形成、转化、消耗过程研究中的基本参数，是联系地表水与地下水的纽带，也是研究地表能量交换的基本要素，对气候变化起着非常重要的作用。水是连接土壤-作物-大气这一系统的介质，水在吸收、输导和蒸腾的过程中把土壤、作物、大气联系在一起，关于土壤墒情的研究一直比较活跃。土壤遥感分析最常用的还是利用光学-热红外数据，选择参数建立模型进行含水量的反演。例如，基于植被指数类（简单植被指数、比值植被指数、归一化植被指数、增强植被指数、归一化水分指数、距平植被指数）的遥感干旱监测方法；基于红外的遥感干旱监测方法；基于地表温度的遥感干旱监测方法；基于植被指数和温度的遥感干旱监测方法等。目前，

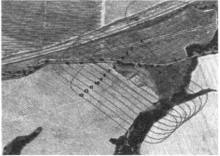

a. 无人机东西方向运动轨迹　　　　　　　　　　b. 无人机南北方向运动轨迹

图 7.14　无人机在勘探农田时的飞行轨迹（Zarco-Tejada et al.，2014）

监测土壤中水分含量用来预报旱涝也是无人机遥感的一个重要课题。Hassanesfahani 等（2015）利用无人机多光谱遥感结合人工神经网络（artificial neural network，ANN）模型来量化评估土壤表面水分，相关系数可以达到 0.88。该研究首先由搭建 AggieAir 平台的无人机获得 300～400 张可见/近红外/热红外的光谱图像，利用图像处理软件 EnsoMOSAIC 拼接的图像只需要导入具有一定重叠率的照片，无论是精细的工业模具还是大量的航空摄影测量影像，都可以通过自动化的工作流程进行处理，可得到精确度高、细节丰富的结果（图 7.15）。由无人机高空获得的伪彩色图片可以清晰地区别土壤中的含水量，甚至可以辨别田地中的路径（图 7.16）。

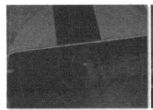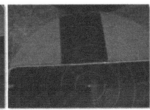

a. 从无人机中获得的原始图像

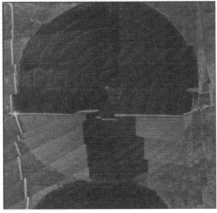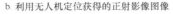

b. 利用无人机定位获得的正射影像图像　　　　　　c. 利用EnsoMOSAIC拼接的图像

图 7.15　利用无人机进行农田墒情检测所获图像（Hassanesfahani et al.，2015）

（彩图请扫封底二维码）

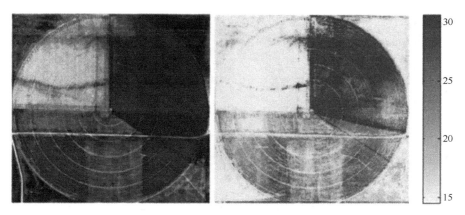

图 7.16　利用多光谱图片获得的伪彩色图片（Hassanesfahani et al.，2015）（彩图请扫封底二维码）

### 7.2.3　研究展望

　　农业技术信息化是全球农业产业的趋势，充分利用高新技术发展现代农业是国际农业产业发展的潮流。2016 年 12 月印发的《"十三五"国家信息化规划》中就强调要"发展智慧农业。推进智能传感器、卫星导航、遥感、空间地理信息等技术应用，增强对农业生产环境的精准监测能力"。而遥感技术是"精准农业"的重要技术支持，特别是无人机低空遥感技术的到来更是给"精准农业"插上了飞翔的翅膀。从创造经济效益的角度来看，农用无人机的回报和成本相比将是非常诱人的。农田损失的很大一部分原因是土地信息的缺失或不准确。而连接上多光谱摄像头的无人机可以通过多次飞行进行土地检测，让我们更准确地了解地貌特征，并且了解粮食生长情况，从而更有针对性地采取措施，做到因地制宜，精准施肥、浇水。无人机低空遥感技术具有低成本、实时性、准确性、灵活获得大面积农田信息的优点及高光谱分辨能力，将满足越来越多的应用需求，将会在土壤质量评价中得到广泛应用。

## 7.3　无人机作物养分信息检测

### 7.3.1　概述

　　作物养分信息检测是作物生长监测过程中的重要内容，主要包括作物生长所需的大量元素（氮、磷、钾）、微量元素、水分及与生长状况紧密联系的生理指标。当前的作物养分信息检测，主要是基于实验室的理化分析方法，或者基于现代的分析手段，采用图像处理技术、光谱及光谱成像技术，这些方法能够有效地检测作物养分信息，其中现代分析手段可以实现实时、快速、准确的检测，但每次检测仅限于较小的农田地块，且仅限于地面检测，无法实现大范围的实时、快速检测。更大范围的作物养分信息检测则需要用到遥感技术，航空遥感、卫星遥感等技术已经被用于作物养分信息检测。这些方法的优点是高效，能够快速实现大面积的检测，缺点是无法得到地面小范围或单株植株的细节养分信息。

　　无人机遥感的出现，有效地弥补了地面检测技术和设备及航空、卫星遥感技术和设备之间的不足，通过将检测仪器设备安装在低空飞行的无人机上，在飞行中获取作物的不同传感器数据信息，建立养分信息与传感器数据的分析模型，从而实现养分信息的反演和预测。在无人机距离作物植株仅数米的高度，可以实现对作物养分信息的快速、准确获取，也可以同时获取大范围的作物养分信息，以及单株植株的细节养分信息。无人机为作物养分大范围的近地监测提供了更为有效的方法，而且无人机作物养分信息检测不需要人或机器进入作物之间，从而减少了对作物造成的影响。

无人机遥感轻便灵活，作业范围广，时效性强，维护、使用费用低，且时空分辨率更高。由于无人机同时具有地面检测技术和航空、卫星遥感的优点，其在作物养分信息检测中也得到了更多的应用。

无人机应用于作物养分信息检测，主要是对作物生长过程中的养分信息指标的遥感反演研究，结合作物生长过程中的养分状况和生长状况，实现对农作物的实时养分等级监测评估。无人机遥感对作物养分信息检测为作物生长的精细化管理提供了基础。

## 7.3.2　无人机在作物养分信息检测中的应用

无人机轻便、灵巧、便携的特点，高效、快速的信息获取方式，较为低廉的价格，以及较易操作等优点使其突破了传统地面检测和高空遥感的限制，更容易得到推广和应用。国内外学者基于无人机平台，采用不同的传感器，对作物养分信息检测进行了深入的研究。

受限于国内无人机的发展，国内将无人机用于作物养分信息检测的研究起步较晚，近几年才开始将无人机用于农业生产中，其中无人机在作物养分信息检测中的研究较少。姚霞等（2014）采用无人机遥感技术，利用机载多光谱定量分析了植被指数与冠层叶片氮含量、叶片氮积累量、叶干重、叶面积指数（LAI）的关系，同时研究了经验线性校正法和光强传感器校正法等两种不同的辐射定标方法，发现二者各有优缺点。结果表明，基于无人机多光谱遥感监测小麦氮素状况和生长特征是可行的，具有较高的准确性。Duan 等（2014）利用搭建在无人机上的高光谱遥感，基于 PROSAIL 模型实现了对玉米、马铃薯和向日葵 LAI 的测量。分别采用无人机携带的 UVA-HYPER 传感器和地面的 SVC HR-1024 地物手持式光谱仪获取了玉米、马铃薯和向日葵的反射光谱信息。无人机飞行高度达到了 3.5km。在进行辐射校正、大气校正和几何校正之后，建立了 PROSAIL 模型。采用 UVA-HYPER 传感器，进行了双角度的信息采集，而研究结果也表明，双角度测量的结果要优于单角度测量的结果。Lu 等（2015）分别在水稻的抽穗期和拔节期利用无人机搭载 Mini-MCA 相机（红、绿、蓝和近红外波段）在 150m 高度对水稻地上部分生物量、LAI 及作物的含氮量进行了预测研究。通过研究不同植被指数与水稻地上部分生物量、LAI 及作物的含氮量之间的关系，发现作物含氮量的预测效果在水稻拔节期较为精确（$R^2 = 0.69$），而 Mini-MCA 相机在无人机遥感系统中兼容性很好。未来需要研发更多的无人机远程遥感来实现水稻养分的预测，从而实现肥料的精细化管理。Li 等（2015）采用装载有 Canon A3300 IS（Canon A3300 IS，东京，日本）数码相机的无人机在 50m 飞行高度上对水稻冠层的氮含量进行了检测研究，通过建立深绿色颜色指数（dark green colour index，DGCI）与氮含量之间的关系，研究结果发现，DGCI 与氮含量具有良好的线性关系，这表明无人机遥感可用于水稻氮素含量的检测（图7.17）。

a　　　　　　　　　　　　　　　　　　　　b

图7.17　装载数码相机的六旋翼无人机（a）和数据采集平台（b）（Li et al., 2015）

浙江大学何勇教授团队，通过模拟无人机飞行状况，设计和构建了无人机近地遥感模拟平台。通过无人机模拟平台，搭载 ADC 多光谱相机，采集不同氮素浓度下油菜植株的多光谱图像，研究了飞行高度和飞行速度对多光谱图像采集和分析的影响。研究结果表明，无人机模拟平台能对氮素分布进行检测，但存在一定的误差，需要进一步提高预测精度。

国外学者在无人机作物养分检测方面较早就开始了研究和探讨，进行了大量的探索性研究，取得了较多的研究成果。Zarco-Tejada 等（2013）采用两个不同的无人机平台分别搭载机载多光谱成像仪及机载高分辨率高光谱成像仪（Micro-Hyperspec VNIR model，Headwall Photonics，马萨诸塞州，美国）对葡萄园葡萄叶片叶绿素含量和类胡萝卜素含量进行了检测。多光谱图像采集高度为150m，高光谱图像采集高度为575m。对无人机平台采集到的图像校正之后进行分析，对与类胡萝卜素相关的植被指数 $R_{515}/R_{570}$、与叶绿素含量相关的植被指数 TCARI/OSAVI 及对应的色素含量进行分析。通过分析不同模型下的结果，发现采用 PROSPECT-5 叶片辐射传输模型之后的叶绿素及类胡萝卜素检测效果最佳。研究结果表明，无人机结合高光谱成像技术可以有效地实现对葡萄园葡萄叶片叶绿素和类胡萝卜素的检测（图7.18）。

Geipel 等（2016）采用无人机遥感对冬小麦的地上生物量、氮（N）含量、产量及麦粒进行了检测研究。通过无人机结合多光谱相机（D3，VRMagic GmbH，曼海姆，德国）研究冬小麦生长过程中拔节期结束与开花期结束之间不同生长阶段的地上生物量、N 含量、麦粒蛋白质含量与植被指数 NDVI、红边拐点之间的线性关系。飞行高度为25m时，研究发现 NDVI 对地上生物量具有较好的估计效果，而红边拐点对 N 含量及麦粒蛋白质含量具有较好的估计效果，NDVI 和红边拐点对冬小麦产量具有较好的估计效果。研究结果表明，无人机结合多光谱相机进行低空遥感可用于冬小麦的养分信息和生长信息检测。Lelong 等（2008）采用无人机遥感对小麦的养分及生理特性进行了检测研究。通过安装在无人机上的两种不同的数码相机（CANON EOS 350D 和 SONYDSC-F828），对小麦的总氮（NC）、总氮吸收（QN）、叶面积指数（LAI）及地上生物量进行了图像获取。通过选择红、绿、蓝及近红外波段内的光谱，计算 NDVI、绿色归一化植被

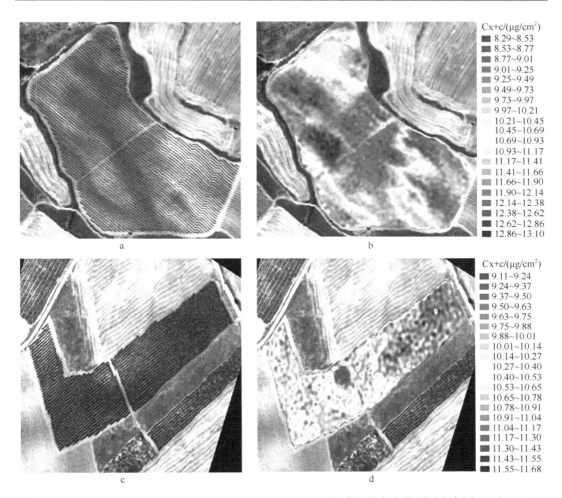

图 7.18　两个不同葡萄园的高光谱图像（a 和 c）及对应的类胡萝卜素的预测分布图（b 和 d）
（Zarco-Tejada et al.，2013）（彩图请扫封底二维码）

指数、土壤调节植被指数和绿度指数等植被指数，并通过 NDVI 与 LAI，以及 GNDVI
和 QN 之间的关系，成功地绘制出了 LAI 及总氮吸收量的分布图（图 7.19）。研究结果
表明，无人机遥感可以被有效地用于小麦的生长监控。

　　Lucieer 等（2014）设计了一个新的高分辨率的高光谱无人机系统，并以此进行了 3
场机载实验，证明了该系统在标准条件，以及远程恶劣低温环境下的可操作性。实验结
果表明，该系统能够提供 5cm 精度下的定量植物生理生化变化及健康状况的地图。Baluja
等（2012）利用机载的红外热遥感相机 Thermovision A40 M（FLIR，美国）和多光谱成
像仪 Multiple Camera Array（MCA-6，Tetracam，Inc.，加利福尼亚，美国）来预测评估
葡萄园的水分状态，无人机飞行高度为 200m。分别获取葡萄园红外热图像和多光谱图
像中的温度参数及植被指数，并分别研究了温度参数和植被指数与根水势和气孔导度的
关系。研究发现，温度参数与根水势及气孔导度显著相关，且植被指数与葡萄园的水分
状态相关，其中 NDVI 和土壤调节指数相关性最高。研究结果表明，无人机可被有

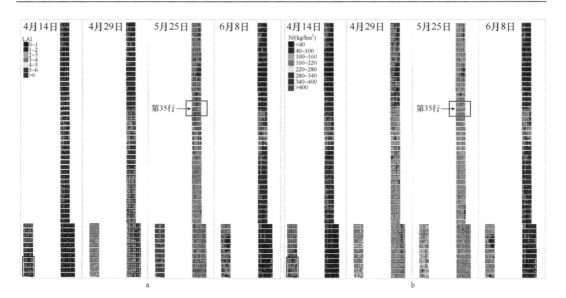

图 7.19　基于 NDVI 和 LAI 的回归模型得到的 LAI 分布图（a）及基于 GNDVI 和 QN 的回归模型得到
的 QN 分布图（b）（Lelong et al.，2008）（彩图请扫封底二维码）

效地用于葡萄园水分状态的检测，为精细灌溉的实现提供科学依据。Vega 等（2015）采用无人机结合多时相影像技术，对向日葵植株的籽粒产量、地上生物量及含氮量与 NDVI进行了线性回归分析。通过 Microdrones MD4-200 无人机平台搭载的 ADC 相机（Tetracam nc.，加利福尼亚，美国）获取了向日葵生长期不同日期的多光谱图像，并对图像中的向日葵与土地进行了分类研究。通过计算图像 NDVI 与籽粒产量、地上生物量及含氮量之间的线性关系，发现 NDVI 与向日葵植株的籽粒产量、地上生物量及含氮量在 99%的置信水平上具有良好的线性相关性。结果表明，无人机遥感可用于向日葵籽粒产量、地上生物量及含氮量的检测。Jannoura 等（2014）采用远程控制的六旋翼直升机装载数码相机 Panasonic Lumix DMC-GF1 采集豌豆和燕麦的图像信息，飞行高度为 30m。通过计算图像中植株区域的归一化绿红差异指数（normalized green-red difference index，NGRDI），并对 NGRDI 与叶面积指数（LAI）及地上生物量的关系进行分析，发现 NGRDI 与地上生物量显著相关，但是 NGRDI 与豌豆和燕麦的 LAI 无显著相关关系。研究结果表明，基于无人机遥感获取的 NGRDI 可用于作物地上生物量的预测。Saberioon 等（2014）采用地面数字图像技术与无人机遥感技术分别对不同生长期水稻叶片和冠层的叶绿素含量（以 SPAD 值表示）进行了检测研究，遥感图片采集高度为 100m。分别通过对数码相机采集的遥感照片及单个叶片照片的分析，提出了新的颜色参数主成分分析指数（$I_{PCA}$），并通过提取包含 $I_{PCA}$ 在内的 12 个不同的颜色参数和植被指数，建立颜色参数和植被指数与叶片和冠层叶绿素含量之间的关系（图 7.20）。研究发现，基于地面叶片图像和无人机冠层图像得到的 $I_{PCA}$ 与叶绿素含量在 $p=0.05$ 的显著性水平下显著相关，表明提出的主成分分析指数可用于地面和无人机遥感的水稻叶绿素含量检测，且结合数码相机的无人机遥感可用于水稻叶片和冠层叶绿素含量的检测。

图 7.20　稻田 RGB 图像（a）及 $I_{PCA}$ 分布图（b）（Saberioon et al., 2014）（彩图请扫封底二维码）

Bellvert 等（2014）采用无人机遥感技术结合红外热成像仪（Miricle 307K；Thermoteknix Systems Ltd.，剑桥，英国）对葡萄园葡萄的水分胁迫进行了检测研究。无人机的飞行高度控制在 200m。他们比较了地面获取的和无人机遥感红外热成像仪获取的冠层温度、作物水分胁迫指数（CWSI）和叶片水势之间的关系，并研究了不同图像获取时间对红外热图像的影响。研究结果表明，无人机红外热遥感可以有效地对葡萄园葡萄植株的水分胁迫指数进行检测（图 7.21）。

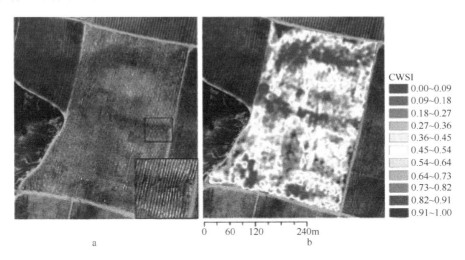

图 7.21　无人机遥感 RGB 图片（a）及基于无人机红外热遥感的 CWSI 分布图（b）（Bellvert et al., 2014）
（彩图请扫封底二维码）

Caturegli 等（2016）采用无人机遥感对施肥后的 3 种草坪的氮（N）含量进行了检测研究。为控制草坪的氮含量呈梯度上升，通过人工施氮肥，使施肥量在 $0\sim250kg/hm^2$ 按一定梯度递增。通过无人机搭载数码相机（Canon S100，Canon Inc.，东京，日本）和 ADC 多光谱传感器（Tetracam ADC Micro，Tetracam，Inc.，加利福尼亚，美国）获取草坪图像，飞行高度为 50m。研究氮肥施肥量变化下草坪的 N 含量与基于多光谱图像提取的植被指数（NDVI）之间的线性关系，并结合地面手持式作物传感器测定的 N 含量和 NDVI 结果进行比较。研究发现，无人机遥感测得的 NDVI 与作物传感器近地测得的

NDVI 有较高的相关性，并且 NDVI 对草坪的 N 含量有较好的估计结果。这一研究结果表明，无人机遥感能够充分评估草坪的 N 含量在空间范围内的变化，这为大面积的草地管理提供了技术支持。

### 7.3.3　研究展望

基于无人机遥感的作物养分信息检测，其遥感数据分析方法兼具地面分析方法和遥感分析方法，基于无人机所搭载的传感器可以实现各种检测目的。当前国内外的研究已经表明采用无人机遥感检测作物养分信息是可行的。然而，无人机用于作物养分信息检测需要进一步的研究，主要研究内容包括基于无人机遥感的作物养分信息获取与解析的方法，以及基于多传感器数据传递和融合的作物养分信息检测，建立养分检测模型，从而绘制基于无人机遥感的作物养分空间分布处方图，建立基于无人机遥感的作物养分管理决策系统。进一步研究、发挥无人机遥感的优点，为作物养分信息的大范围、快速、无损、准确地检测提供支持。

## 7.4　植物病害信息监测

### 7.4.1　概述

农作物病害是影响作物生长、制约农业生产稳定发展的主要因素之一。农作物病害不仅会导致作物产量减少及农产品品质下降，而且会增加杀菌剂等农药的使用，从而引起农产品的安全问题。根据联合国粮食及农业组织的估计，农作物遭受病害造成的平均损失为总产量的 10%～15%。在我国，每年由于病害造成的农业损失高达数十亿元。因此，对作物病害进行早期监测预警，对提高作物的产量和品质具有重要的意义。

目前用于农作物病害检测的传统方法主要有人工感官检测和理化检测（何勇等，2015）。实际检测中，理化检测虽然较为精确，但其操作复杂，且对实验样本具有破坏性；人工感官检测易受到情绪、疲劳和环境等主观和客观因素的影响，而且不能长时间地进行。除此以外，传统手段的监测范围多局限于实验室和近地面等微观监测，不适用于大田病害数据的获取和监测。所以为克服传统技术带来的弊端，大面积、快速、无损的监测技术在农作物病害监测中的应用越来越广泛。

随着遥感技术在农业中的深入应用，其在我国植物病害监测中的应用越来越普遍，主要有卫星遥感和无人机遥感等方式。卫星遥感监测多适用于大面积的地块面积估测、生长状况及灾害监测，其在小范围田间尺度的精准农业方面应用不多。相比于卫星遥感，无人机遥感适合小区域内的图像采集。一是由于飞行范围有限；二是由于传感器成像视场有限，成像图像覆盖面积小，大范围图像拼接过程中会有大量信息丢失，多幅图像重叠时，难以实现精确对齐，因此监测范围有限。主要应用在田间尺度调查，其作为卫星遥感的补充，具有重量轻、体积小、性能高等优点，现已成为遥感发展的热点和新的趋势（姚云军等，2008）。

## 7.4.2　地面病害信息的获取

在利用无人机遥感光谱监测之前，研究人员对病害的监测主要集中在实验室的微观监测，利用可见-近红外光谱仪、高光谱成像仪、多光谱成像仪、拉曼光谱成像仪及激光诱导击穿光谱仪等获取连续的光谱影像信息。在分析和检测作物病害方面，相比于无人机，地面高光谱技术可以提供小尺度空间虫害管理，同时高光谱遥感波段连续性强，可提高对作物的探测能力和监测精度。此外，地面光谱信息丰富、获取简单、成本低廉，又是卫星遥感中定标的重要环节，也是遥感数据与病害信息建立关系的重要步骤，为利用遥感技术对大面积植物病害的监测提供前期研究基础。

国内外学者利用地面光谱技术对作物病害进行了广泛的基础研究并取得了突破性的进展，为无人机低空遥感监测的实施提供了理论基础和先决条件。针对这些情况，已经有相当数量的研究对不同作物病害的光谱特征进行了报道。

浙江大学何勇教授团队在病害监测领域进行了大量的基础研究，取得了一定的成果。

李晓丽等（2014）利用共聚焦显微拉曼技术研究了炭疽病感染所致茶叶细胞壁结构化学成分的变化。对茶叶健康和染病组织细胞进行微米级空间分辨率的显微拉曼光谱扫描，并结合透射电镜观察炭疽病侵染所致的细胞超微结构的变化。结果显示，染病前后细胞壁的拉曼光谱位移和强度都有明显的差异，表明炭疽病侵染导致细胞壁化学成分发生了很大的变化。图 7.22a 代表健康叶片，图 7.22b 代表染病叶片。从图 7.22 中我们可以看到健康和染病组织的超微观结构有明显差异。图 7.23 代表健康样本和染病样本的聚类散点图。从图 7.23 中可以看出，健康样本和染病样本的分类效果较明显。共聚焦显微拉曼技术可以揭示由炭疽病侵染引起的茶叶细胞壁化学成分和结构的变化。本研究是共聚焦显微拉曼技术首次用于植物病理学中寄主-病原物互作机制的研究，将为深入研究寄主-病原物在细胞层面上的互作机制另辟蹊径。

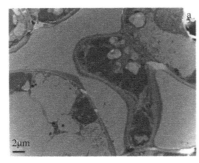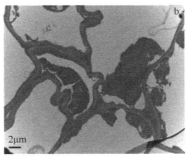

图 7.22　健康茶叶叶片的细胞壁变化图（a）和炭疽病侵染后的茶叶细胞壁变化图（b）

Xie 等（2015）利用高光谱成像技术对番茄叶片早期和晚期的枯萎病进行了检测分析。该研究首先基于全波段利用极限学习机（extreme learning machine，ELM）分类模型进行建模分类，然后利用连续投影算法（successive projection algorithm，SPA）挑选重要波长，再基于选出的波长（442nm、508nm、573nm、696nm、715nm）建立 ELM

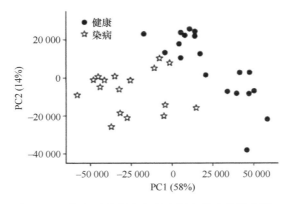

图 7.23 代表健康样本和染病样本的聚类散点图

主成分 1（PC1）解释了 58%的变量，主成分 2（PC2）解释了 14%的变量

模型，然后基于灰度共生矩阵提取 5 个有效波长下的 8 个纹理特征，利用这 8 个纹理特征建立检测模型。最后结果显示：基于光谱信息建立的模型其整体的分类正确率可以达到 97.1%～100%，基于纹理特征等建立的 ELM 模型的整体分类正确率为 70%左右。从结果可以看出，高光谱成像技术对番茄叶片枯萎病的早期和晚期的检测具有较好的效果。图 7.24 显示的为健康、染病早期和晚期的平均光谱曲线图。从图 7.24 中可以看出，在波长 555nm、750nm 和 970nm 可以明显区分 3 个不同时期的番茄叶片。表 7.1 显示的是 ELM 模型和 SPA-ELM 模型的分类结果。

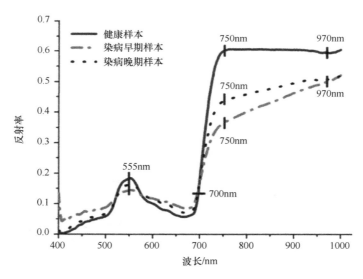

图 7.24 健康、染病早期和晚期样本的平均光谱曲线图

Zhao 等（2016）应用高光谱成像技术通过检测叶绿素和类胡萝卜素的含量来分辨黄瓜的角斑病。利用偏最小二乘回归（partial least squares regression，PLSR）模型在光谱和色素含量中建立定量分析模型，再利用 PLSR 模型中的回归系数选取重要的波长来建立模型。结果显示，利用特征波长建立的分析叶绿素和类胡萝卜素的模型其相关系数 $R$ 分别为 0.871 和 0.876。最后，利用最优模型 pixel-wise 对叶绿素和类胡萝卜素在感染了

表 7.1 ELM 模型和 SPA-ELM 模型的分类正确率

| 建模 | 样本类型 | 变量 | 建模集 | | | 预测集 | | |
|---|---|---|---|---|---|---|---|---|
| | | | 样本数 | 错判样本数 | 分类正确率/% | 样本数 | 错判样本数 | 分类正确率/% |
| ELM | 健康 | 477 | 80 | 0 | 100 | 40 | 0 | 100 |
| | 染病早期 | | 80 | 0 | 100 | 40 | 0 | 100 |
| | 染病晚期 | | 47 | 0 | 100 | 23 | 0 | 100 |
| | 总数 | | 207 | 0 | 100 | 103 | 0 | 100 |
| SPA-ELM | 健康 | 5 | 80 | 0 | 100 | 40 | 0 | 100 |
| | 染病早期 | | 80 | 0 | 100 | 40 | 0 | 100 |
| | 染病晚期 | | 47 | 0 | 100 | 23 | 3 | 87 |
| | 总数 | | 207 | 0 | 100 | 103 | 3 | 97 |

角斑病的黄瓜叶片上的分布做了图解，结果显示高光谱成像技术对感染了角斑病的黄瓜叶片上色素的可视化反映研究是可行的。图 7.25 为感染了角斑病的黄瓜叶片的叶绿素和类胡萝卜素的高光谱图像分布图。

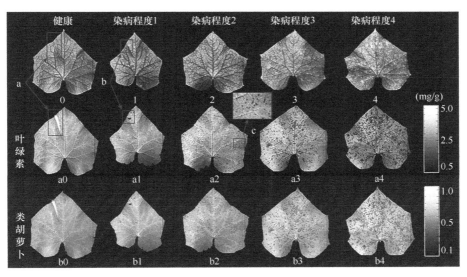

图 7.25 感染了角斑病的黄瓜叶片的叶绿素和类胡萝卜素的 HIS 分布图（彩图请扫封底二维码）
a. 皱纹的部分；b. 病斑点；c. 病斑点区域的放大图

根据本团队的研究成果和国内外目前的研究现状可以总结出，在病害的胁迫下，植物的反应主要体现在光谱的生理机制和特征位置上。

因为作物在病害侵染的过程中，一方面，作物体内变化，如色素、水分等的变化，会导致其在不同的波段下出现不同程度的吸收和反射特性，即病害的光谱响应。由于受各类色素（叶绿素、类胡萝卜素、花青素）的吸收作用的影响，健康植株的光谱在可见光区域通常反射率较低；受叶片内部组织的空气-细胞界面的多次散射作用的影响，在近红外区域往往反射率较高；受水、蛋白质和其他含碳成分的吸收作用的影响，在短波红外区域呈现较低反射率。在受到病菌侵染后，植物叶片上常会形成不同形式的病斑、坏死或枯萎的区域，色素的含量和活性降低，导致可见光区域的反射率增加，同时红边（670～730nm）向短波方向移动。另一方面，植株在受到严重的病害侵染时，其外部结构和形态会发生较大的改变，出现如叶倾角变化、植株倒伏等冠层形态的变化，从而在较大程度上影响近红外波段的反射率光谱。健康作物受病害侵染达到一定程度时，其形态结构的改变大多是由其叶片和植株中水分的亏缺造成的，进而引起近红外波段反射率的变化。但是，相对于色素而言，水分对光谱的影响具有更大的不确定性。多种病害（如小麦白粉病、条锈病）易发生于环境湿度较高的地方，此现象与病害对植株水分的波长移动的方向相反，因此对二者的影像常难以区分。此外，在冠层尺度上，太阳光易造成大气中水汽的变化，使得对植株体内水分信息的提取难度加大。因此，目前对于植物病害反射率光谱的研究，较多的还是考虑色素、细胞结构及冠层结构的影响。总体而言，目前植物病害胁迫下引起光谱响应的生理机制基本是明确的。这些机制为利用遥感技术研究感病植物在不同波段下的光谱响应变化奠定了理论依据（张竞成等，2012）。

由于病害叶片或冠层光谱是对植物生理、生化、形态、结构等改变的整体响应，具有高度复杂性，因此对于不同植物，不同类型、不同发展阶段的病害，可能会有多样的光谱特征。针对这些情况已经有相当数量的研究对不同作物病害的光谱特征进行了报道。在小麦研究方面：Delwiche 和 Kim（2000）研究发现，小麦赤霉病的光谱响应位置主要在 550nm、568nm、605nm、623nm、660nm、697nm、715nm 和 733nm 处；黄木易等（2011）通过研究小麦条锈病的光谱特征，发现对条锈病敏感的波段为 630～687nm、740～890nm 和 976～1350nm；Graeff 等（2006）通过对感染白粉病和全蚀病的小麦叶片的光谱进行分析后发现，病害的发生导致 490nm、510nm、516nm、540nm、780nm 和 1300nm 波段处产生强烈的光谱响应；刘良云等（2004）发现小麦条锈病与 560～670nm 波段的反射率变化有密切的关系，并据此构建了监测模型；Moshou 等（2004）通过光谱分析筛选出 680nm、725nm 和 750nm 这 3 个与小麦条锈病有关的光谱波段。在其他果蔬研究方面：Sasaki 等（1999）发现黄瓜在受到炭疽病病菌感染后会在 380～450nm 和 750～1200nm 波段处出现吸收特征的改变；Zhang 等（2003）发现番茄晚疫病的发生能够引起 700～750nm、750～930nm、950～1030nm 和 1040～1130nm 处光谱反射率的显著改变；Jones 等（2010）通过分析感染叶斑病的番茄叶片光谱发现，在 395nm、633～635nm 和 750～760nm 位置的反射率有显著的改变；Naidu 等（2009）通过研究发现能够通过 752nm、684nm 和 970nm 处的反射率对葡萄卷叶病进行识别和诊断；Wang 等（2009）发现能够用 1150～1280nm 波段的反射率诊断洋葱的酸腐病。Huang 等（2014）在监测芹菜菌核病时发现采用 400～1300nm 波段的反射率可有效反映菌的侵染程度。

利用光谱的特征位置和生理机制进行建模分析，得出区分不同病害时的光谱生理机制和特征位置的响应规律，将基础实验的光谱规律应用到遥感图像上，有利于提高大面积病害监测的准确性。

### 7.4.3 无人机低空遥感信息的获取

地面光谱技术因其自身具有的局限性而不适用于进行大面积的病害监测，不能对作物生长过程中不同阶段病害的侵染及时做出评估。而无人机因其轻型、便捷及可携带采集设备等优势具有监测农业和环境变化的潜力。无人机在农田上空精确抽样，通过采集设备，能够从宏观、微观方面分析作物病害。目前国内外学者越来越多地将其应用到农作物病害监测中，取得了不错的结果。

Lenthe（2007）利用无人机搭载热红外成像系统应用小气候条件促进对小麦发病率和严重程度的检测。实验中对单个叶片和冠层叶片的叶面温度进行了区分和检测，结果如图 7.26 和图 7.27 所示。研究表明，无人机搭载热红外成像系统可以实现对小麦病害程度的监测。

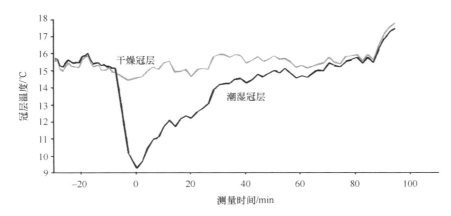

图 7.26　干燥和潮湿小麦植株的冠层温度
负值表示开始向冠层喷施水分并干燥之前记录冠层温度的时间

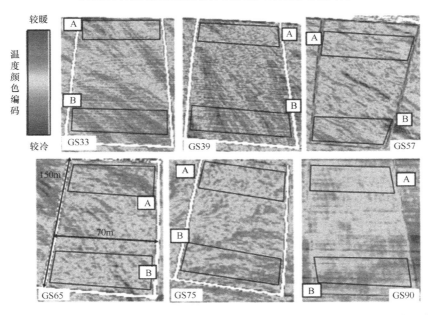

图 7.27　没有杀菌剂处理下的小麦不同生长阶段的冠层红外温度图（彩图请扫封底二维码）
A、B 是在不同生长时期研究对比的区域

冷伟锋等（2012）使用无人机遥感技术对小麦条锈病进行监测分析。通过使用无人机航拍小麦冠层图像，分别分析从图像中获得的小麦冠层反射率及各波段反射率与病情指数之间的关系，结果如表 7.2 所示。结果显示，获取的几种反射率与小麦病情指数之间有较高的相关性，并且研究中利用反射率数据所构建的小麦条锈病的病情指数模型拟合度较好，表明利用无人机遥感技术进行小麦条锈病监测的可行性，具有一定的应用价值。

表 7.2　小麦条锈病病情指数反演模型

| 反射率种类 | 反演模型 | 决定系数 | 差异平方和 | 回归误差 |
|---|---|---|---|---|
| 冠层反射率 | $y=1015x-42.03$ | 0.747 | 249.737 | 35.677 |
| 红光区域反射率 | $y=2461x-22.31$ | 0.771 | 225.324 | 32.189 |
| 绿光区域反射率 | $y=3016x-51.07$ | 0.742 | 254.286 | 36.326 |
| 蓝光区域反射率 | $y=3736x-56.75$ | 0.656 | 339.355 | 48.479 |

注：在模型中，$y$ 是指病情指数（DI），$x$ 是指反射率值

　　Qiao 等（2006）利用无人机设备及高精度相机对小麦白粉病进行了低空拍摄，对获取的影像进行了遥感分析，结果如图 7.28 和图 7.29 所示。研究结果表明，所拍摄的遥感影像各波段的反射率与小麦白粉病的病情指数之间具有很高的相关性。而利用无人机遥感技术对小麦全蚀病监测的相关研究则较少。本研究主要以无人机遥感技术为平台，探究无人机遥感技术在小麦全蚀病监测方面的可行性，以便于为大规模地对小麦全蚀病进行实时监测提供参考和支持。

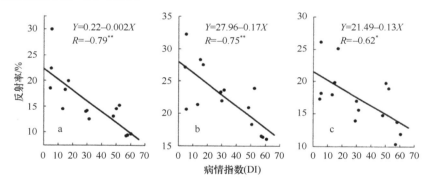

图 7.28　低空遥感红、绿、蓝三波段反射率与病情指数的关系

*表示不显著；**表示显著

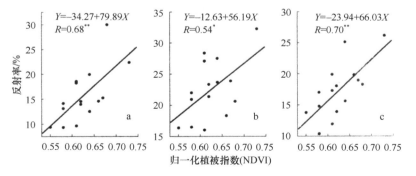

图 7.29　低空遥感各波段反射率与归一化植被指数的关系

*表示不显著；**表示显著

　　在实验室微观研究的基础上，目前无人机在农业病害中的研究越来越广泛。在研究中以农田作物病害为研究对象，多利用便携式机载设备，如多光谱相机、热红外相机及

机载高光谱相机等，调节无人机飞行时的速度和高度，采用光谱信息分析和数字图像处理技术研究作物病害的病斑分割、特征提取等问题，取得了较好的成果。下一步将在现有的研究成果上建立完善的低空遥感农田作物病害信息采集系统，为农作物病害的研究提供基础。

# 7.5　植物虫害信息监测

## 7.5.1　概述

　　虫害是威胁作物生长，影响粮食增收的另一主要灾害。虫害监测是虫害综合防治的关键环节，实现对虫害的实时、快速、准确的监测对虫害的及时发现和对症防治具有重大意义。传统的作物虫害检测方法主要是人工方法，包括田间系统调查、灯光诱测等。虽然人工检测虫害的方法简单、直观，但是其不仅工作量大、检测范围小、时效性差、检测成本高，还是一种粗放型的检测方法。其检测结果是建立在人体感官上的，具有很高的主观性，会因为检测人员的经验和相关专业知识及其统计分析方法的不同而产生较大的误差。此外，植物在遭受害虫的咬噬后，其外观形态和生理效应会发生变化，如叶片卷曲、残缺、发黄、枯萎等，引起作物冠层形态结构的变化，而且当咬噬的叶片发黄或枯萎后，其叶片中叶绿素和类胡萝卜素等色素也会发生变化，影响作物的生长发育，造成受害植物的光谱特性与健康植物的光谱特性出现差异。因此将光谱分析技术、遥感技术等应用到作物虫害快速检测中，可以为判断虫害病情的严重性提供更科学有力的依据。其中光谱技术主要应用于地面作物的微观分析，而遥感技术可以从大尺度上分析作物虫害的发展情况，但是针对大面积的作物虫害还需要积累地面光谱数据进行分析。

## 7.5.2　地面虫害信息的获取

　　除传统方法外，目前国内外学者对虫害的研究主要集中在光谱成像技术及机器视觉技术上。国内外学者利用光谱分析技术围绕作物虫害进行了大量的研究。

　　Huang 等（2014）利用高光谱成像技术对山楂的虫害进行了检测。扫描获取高光谱图像并从中提取光谱信息，然后从全谱中提取特征波长，并计算出 4 个光谱特征值——最大值、最小值、平均值和标准差；从图像中提取 10 个纹理特征，如能量、熵、相关系数、逆差矩等。然后分别基于全波段和特征波段利用 14 个光谱和纹理特征进行偏最小二乘判别分析（partial least squares discriminant analysis，PLS-DA），再基于同特征的组合进行建模分析。结果显示，利用光谱平均值、能量及熵基于全波段进行建模，分类正确率可以达到 98%。利用以上 3 个组合特征基于特征波长建模，得到的分类正确率为 97.4%。以上结果显示，基于全波长和特征波长进行建模分析在分类正确率上并没有太大的差异，正确率都相对较高。因此利用高光谱成像技术对山楂的虫害进行检测具有较大的潜力。

　　孙红等（2010）利用光谱技术对水稻稻纵卷叶螟虫害进行了检测。通过分析田间水稻稻纵卷叶螟受害区和对照区冠层反射光谱及一阶微分光谱特征差异发现，可见光区

（400～700nm）550nm 附近对照冠层反射率明显高于中度受害水稻冠层反射率，重度受害水稻冠层反射率则高于对照区冠层反射率；水稻受虫害时，干枯导致叶绿素含量降低，对红光波段（600～700nm）的吸收减小。近红外区（750～770nm），受害水稻冠层反射光谱曲线均出现不同程度的"尖峰"波动，且光谱曲线红边拐点发生"蓝移"。通过构建样本总修正曲线可以直观地判别广域水稻受稻纵卷叶螟虫害侵扰的程度。进一步探讨稻纵卷叶螟受害区检测参数发现，利用 NIR-NDVI 特征可以有效地区分对照区和受害区，经验证，准确率达 70%。

计算机视觉技术作为新兴技术在虫害监测中处于起步阶段，相较于光谱技术对虫害的研究较少。

在国外，Keagy 和 Schatzki（1993）较早地采用机器视觉开展对甲虫虫害的研究。Habib 等（2000）基于计算机视觉、人工神经网络、模糊控制方法建立自适应神经模糊控制系统对棉花害虫进行分类，取得了较好的分类效果。陈佳娟等（2001）应用局部门限法完成了图像与背景的分割，用高斯拉普拉斯算子进行图像边缘检测，用边缘跟踪算法确定棉叶中的孔洞来测定棉花虫害的程度。邱道尹等（2007）设计了一套基于机器视觉的储粮害虫的智能检测系统，以提取出的储粮害虫的面积、周长、复杂度为特征，运用模糊决策分类器对粮仓中常见的害虫进行了分类，该系统的识别正确率达到 95.2%。此外，在此基础上设计了大田害虫实时监测系统，利用试验验证了系统的可行性。

浙江大学何勇教授团队也利用计算机视觉技术对虫害进行了监测研究，并取得了突破性的进展。以农田典型害虫作为研究对象，采用计算机视觉图像处理技术和模式识别技术研究了害虫图像的分割、特征提取、分类器分类等方面的技术问题，并在此基础上结合无线网络技术建立了基于物联网的昆虫远程自动识别系统。

该系统使用 CMOS 相机和定焦镜头，以及 CCD 相机和变焦镜头两种害虫图像采集方式采集诱捕到的害虫的图像和田间害虫的图像。之后针对害虫图像背景和目标颜色的特点，将基于 HSV 颜色模型的 Otsu 阈值分割方法应用到背景和目标的分割中。在进行图像分割前，将图像的 RGB 模型转换成 HSV 模型，并且将转换得到的 H 分量旋转 180°后，利用 Otsu 算法自适应找到阈值，从而实现背景和目标的分离（图 7.30）。

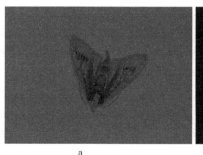

　　　　　　　a　　　　　　　　　　　　　　　　　　b

图 7.30　H 分量旋转 180°图像的灰度图（a）及阈值分割图（b）（彩图请扫封底二维码）

之后根据害虫的形态特点、颜色差别和纹理特点，提取了害虫的几何形状特征、矩特征、颜色矩和基于灰度共生矩阵的害虫的纹理特征，组成了 35 个低层视觉特征。然后基于蚁群算法的特征选择技术，将原始的 35 维特征降低到 29 维，简化了计算过程，提高了识别精度，并采用 SVM 模式识别方法建立害虫的识别模型。

　　基于这一成果，该团队构建了基于物联网的害虫远程智能识别系统。系统通过 3G 无线网络组成一个主控端和多个远端的分布式识别网络，系统既能够在远端自动识别害虫，也能够在远端将害虫图像压缩后，通过 3G 无线网络将图片传输到主控端，在主控端进行自动识别。系统通过读入本地磁盘保存的图片实现了动态扩充样本库的功能。同时，系统设计了供专家识别的接口，使专家能够对本系统识别后的害虫图片进行观测分析，并和系统识别的结果进行比较。该系统采用在自然光、姿态随机的状态下获得的害虫图像进行建模，识别模型具有较强的泛化能力，克服了现有大多数研究中因采用标准样本图像建立识别模型而导致推广能力较差的不足（图 7.31，图 7.32）。

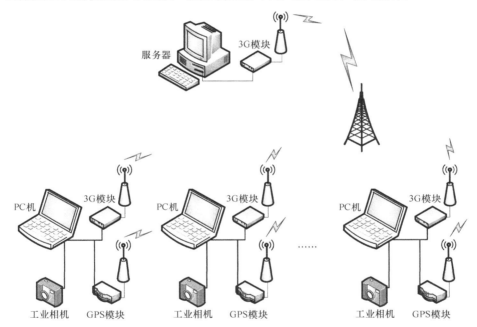

图 7.31　害虫远程识别系统结构图

图 7.32　害虫远程识别系统的主控端平台（a）和远端平台（b）

　　在后续的研究中，该团队利用该系统进行了一系列的实验研究，并提出了基于显著性检测的田间害虫定位方法。利用基于全局对比度的显著性区域检测方法对自然图像中的害虫目标进行定位和提取，并缩放为统一尺度。经过定位后的图像被用于训练深度神经网络，进行局部图像特征的学习与表达。针对深度神经网络进行了一系列重要参数的优化，包括局部感受野的尺寸、数量及卷积步幅，神经元子采样概率和最终的损失函数等。为了进一步提高深度卷积神经网络的实用性能，该团队通过压缩网络的深度和宽度探究了不同架构的训练耗时、测试耗时及相应的识别性能，确定了可应用于农业嵌入式设备等低性能平台的有效模型尺寸。在针对害虫图像测试集上，定位精度达 90% 以上。以超过 10 000 幅定位后的害虫图像为对象，构建了大型深度卷积神经网络用于图像的表达和识别，精度达 95% 以上，领先于同领域内的其他方法（Liu et al., 2016）。图 7.33～图 7.35 为害虫识别过程和结果。

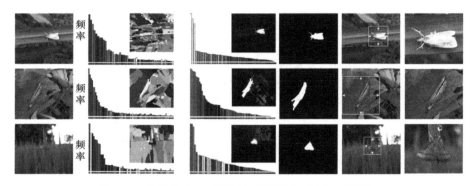

图 7.33　构造害虫 ID 的样例（彩图请扫封底二维码）

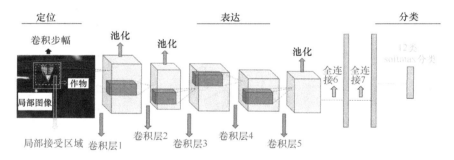

图 7.34　模型的总体结构图

### 7.5.3　无人机低空遥感信息的获取

光谱技术和机器视觉技术对作物虫害的检测，主要是根据不同害虫身体所表现出的光谱特性、形态和颜色等的差异，来快速鉴别害虫的种类。目前相关研究表明，光谱技术和机器视觉技术对某些特定范围内的害虫的识别有较高的准确率。但是直接识别害虫时往往需要害虫是静止不动的，而由于田间的害虫有很高的隐蔽性和迁移性，因此实现在田间实时检测害虫还有一定的距离。

Nilsson（1995）结合了多光谱测量、热红外、数码摄像、雷达、短波、激光、卫星等多种遥感监测技术对植物病害防控进行研究应用，在植物病害测量中具有很大潜力。

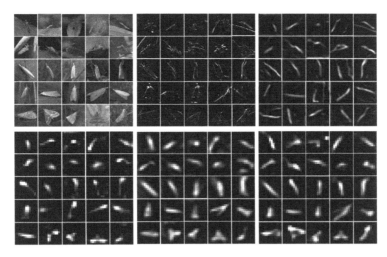

图 7.35　可视化特征图的整体框架（彩图请扫封底二维码）

无人机低空遥感技术具有低空、不直接接触目标物体且观测范围广等优势。因此无人机低空遥感技术也被人们用于作物虫害的检测，其通过接收目标物体反射或辐射的电磁波，探测地物波谱特征信息，并获取目标地物的光谱数据和图像，从而实现对地面信息的获取。

目前在作物虫害的检测中，遥感技术主要有两个方面的应用。其一是对害虫的生态环境进行检测。通过低空遥感技术手段获得目标区域的表现害虫栖息、生长、繁殖的相关环境参数，如归一化植被指数（normalized differential vegetation index，NDVI）、抗大气植被指数（atmospheric resistance vegetation index，ARVI）等，结合当地的气象资料，根据虫害的发生与害虫生态环境的关系，从而推测出虫害发生的程度和趋势。其二是对受到虫害的作物响应进行检测。一般情况下，受到虫害的作物的反射光谱与正常作物的反射光谱有很大的区别，可以通过采集作物冠层或叶片的反射光谱数据，再根据作物在受到虫害之后本身生化指标的变化来建立相关关系，从而推测出害虫的种类、密度、空间分布和危害程度等信息。除光谱信息外，也可以通过获取低空遥感图片，对大面积的虫害进行识别，将机器学习模式识别下的规律应用到低空遥感图像的虫害的检测识别中。

目前国内外应用无人机低空遥感技术对农田作物虫害的监测还不普遍，有些学者开始将无人机低空遥感技术应用到森林等大面积虫害的监测中，取得了突破性的进展，进而运用到农作物的虫害监测中。

费运巧等（2015）以错分率、相对最终测量精度及运行时间为评价标准，利用无人机采集的油松及沙棘正射图像为测试图像，对 6 种基于像素聚类及分水岭的图像分割算法的性能进行了定性分析及定量比较。对无人机在不同飞行高度下采集的图像进行识别分割。结果显示，基于相同高度和不同高度的图像分割，其适用的算法并不一致，但是都取得了较好的分割效果。故经过实验比较，在森林虫害中应用的不同算法可以用于农田作物虫害的监测中。

Yuan 和 Hu（2016）利用无人机航空影像技术对森林中的虫害信息进行了监测，将图像细分为许多超像素，然后计算 12 维统计纹理信息，从而进行建模分类。最后通过简单的规则来改善分类结果。实验结果表明，该方法可以有效地对无人机图像中的森林害虫区进行提取（图 7.36，图 7.37）。

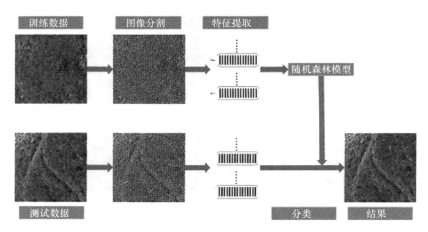

图 7.36　实验采集和数据处理的流程图（彩图请扫封底二维码）

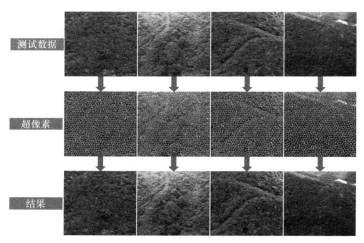

图 7.37　森林害虫提取的方法示例（彩图请扫封底二维码）
顶部图像是测试图像，中间图像是通过 SLIC 分割的超像素显示示例，下面的图像是森林害虫的提取结果，紫色区域是虫害

目前无人机在农作物虫害的监测中应用较少，多利用图像的分割算法和光谱的反射指数来进行识别分析，取得了较好的结果。因此，无人机遥感平台在基于地表虫害信息的研究下，开始作为一种新的信息获取手段应用于精准农业中。下一步将在已有的研究基础上探寻、优化和改进作物虫害的无人机遥感图像分析方法，建立和完善无人机遥感监测体系，为真正实现虫害的卫星遥感监测提供一定的基础。

# 参 考 文 献

陈佳娟, 纪寿文, 李娟, 等. 2001. 采用计算机视觉进行棉花虫害程度的自动测定.农业工程学报, 17(2): 157-160.

费运巧, 刘文萍, 骆有庆, 等. 2017. 森林病虫害监测中的无人机图像分割算法比较. 计算机工程与应用, 53(8): 216-223.

高林, 杨贵军, 于海洋, 等. 2016. 基于无人机高光谱遥感的冬小麦叶面积指数反演. 农业工程学报, 32(22): 113-120.

何勇, 刘飞, 李晓丽, 等. 2015. 光谱及成像技术在农业中的应用. 北京: 科学出版社.

黄木易, 王纪华, 黄文江, 等. 2011. 冬小麦条锈病的光谱特征及遥感监测. 农业工程学报, 19(6): 154-158.

冷伟锋, 王海光, 胥岩, 等. 2012. 无人机遥感监测小麦条锈病初探. 植物病理学报, 42(2): 202-205.

李晓丽, 罗榴彬, 胡小倩, 等. 2014. 基于共聚焦显微拉曼光谱揭示炭疽病侵染下茶叶细胞壁变化的研究. 光谱学与光谱分析, 34(6): 1571-1576.

李宗南, 陈仲新, 王利民, 等. 2014. 基于小型无人机遥感的玉米倒伏面积提取. 农业工程学报, 30(19), 208-213.

刘良云, 黄木易, 黄文江, 等. 2004. 利用多时相的高光谱航空图像监测冬小麦条锈病. 遥感学报, 8(3): 275-281.

邱道尹, 张红涛, 刘新宇. 2007. 基于机器视觉的大田害虫监测系统. 农业机械学报, 38(1): 120-122.

孙红, 李民赞, 周志艳, 等. 2010. 基于光谱技术的水稻稻纵卷叶螟受害区域检测. 光谱学与光谱分析, 30(4): 1080-1083.

田振坤, 傅莺莺, 刘素红, 等. 2013. 基于无人机低空遥感的农作物快速分类方法. 农业工程学报, 29(7): 109-116.

王利民, 刘佳, 杨玲波, 等. 2013. 基于无人机影像的农情遥感监测应用. 农业工程学报, 29(18): 136-145.

徐金鸿, 徐瑞松, 夏斌, 等. 2006. 土壤遥感监测研究进展. 水土保持研究, 13(2): 17-20.

姚霞, 刘勇, 王妮, 等. 2014. 基于无人机遥感的小麦氮素营养和生长监测. 南京: 中国作物学会学术年会.

姚云军, 秦其明, 张自力, 等. 2008. 高光谱技术在农业遥感中的应用研究进展. 农业工程学报, 24(7): 301-306.

鱼自强, 支晓栋, 周萍, 等. 2015. 无人机近红外遥感初探. 测绘科学, 40(10): 74-78.

张竞成, 袁琳, 王纪华, 等. 2012. 作物病虫害遥感监测研究进展. 农业工程学报, 28(20): 1-11.

郑良永, 曹启民, 夏炜林, 等. 2005. 精准农业发展趋势及其在我国的应用. 华南热带农业大学学报, 11(1): 40-44.

祝锦霞, 陈祝炉, 石媛媛, 等. 2010. 基于无人机和地面数字影像的水稻氮素营养诊断研究. 浙江大学学报, 36(1): 78-83.

Alonso L, Gómezchova L, Vilafrancés J, et al. 2008. Improved fraunhofer line discrimination method for vegetation fluorescence quantification. IEEE Geoscience & Remote Sensing Letters, 5(4): 620-624.

Baluja J, Diago M P, Balda P, et al. 2012. Assessment of vineyard water status variability by thermal and multispectral imagery using an unmanned aerial vehicle (UAV). Irrigation Science, 30(6): 511-522.

Bellvert J, Zarcotejada P J, Girona J, et al. 2014. Mapping crop water stress index in a 'Pinot-noir' vineyard: comparing ground measurements with thermal remote sensing imagery from an unmanned aerial vehicle. Precision Agriculture, 15(4): 361-376.

Caturegli L, Corniglia M, Gaetani M, et al. 2016. Unmanned aerial vehicle to estimate nitrogen status of Turfgrasses. PLoS One, 11(6): e0158268.

Collins K J. 1978. The Fluxes of Organic Carbon and Nutrients in Southampton Water. Southampton: University of Southampton.

Córcoles J I, Ortega J F, Hernández D, et al. 2013. Estimation of leaf area index in onion (*Allium cepa* L.) using an unmanned aerial vehicle. Biosystems Engineering, 115(1): 31-42.

Delwiche S R, Kim M S. 2000. Hyperspectral imaging for detection of scab in wheat. Biological Quality and Precision Agriculture II, 4203: 13-20.

Duan S B, Li Z L, Wu H, et al. 2014. Inversion of the PROSAIL model to estimate leaf area index of maize, potato, and sunflower fields from unmanned aerial vehicle hyperspectral data. International Journal of Applied Earth Observation & Geoinformation, 26(2): 12-20.

Geipel J, Link J, Wirwahn J, et al. 2016. A programmable aerial multispectral camera system for in-season crop biomass and nitrogen content estimation. Agriculture, 6(1): 4.

Graeff S, Link J, Claupein W. 2006. Identification of powdery mildew (*Erysiphe graminis* sp. *tritici*) and take-all disease (*Gaeumannomyces graminis* sp. *tritici*) in wheat (*Triticum aestivum* L.) by means of leaf reflectance measurements. Central European Journal of Biology, 1(2): 275-288.

Habib G, Nadipuram R P, John J E, et al. 2000. A neuro-fuzzy approach for insect classification. World Automation Congress, Third International Symposium on Soft Computing for Industry, Maui, Hawaii.

Hassanesfahani L, Torresrua A, Jensen A, et al. 2015. Assessment of surface soil moisture using high-resolution multi-spectral imagery and artificial neural networks. Remote Sensing, 7(3): 2627-2646.

Huang M, Ma Y N, Li Y H, et al. 2014. Hyperspectral image-based feature integration for insect-damaged hawthorn detection. Analytical Methods, 6: 7793-7800.

Jannoura R, Brinkmann K, Uteau D, et al. 2014. Monitoring of crop biomass using true colour aerial photographs taken from a remote controlled hexacopter. Biosystems Engineering, 129: 341-351.

JJeong S, Ko J, Kim M, et al. 2016. Construction of an unmanned aerial vehicle remote sensing system for crop monitoring. Journal of Applied Remote Sensing, 10(2): 1-14.

Joiner J, Yoshida Y, Vasilkov A P, et al. 2011. First observations of global and seasonal terrestrial chlorophyll fluorescence from space. Biogeosciences Discussions, 8(3): 637-651.

Jones C D, Jones J B, Lee W S. 2010. Diagnosis of bacterial spot of tomato using spectral signatures. Computers and Electronics in Agriculture, 74(2): 329-335.

Kautsky H, Hirsch A. 1931. Neue Versuche zur Kohlensäureassimilation. The Science of Nature, 19(48): 964.

Keagy P M, Schatzki T E. 1993. Machine recognition of weevil damage in wheat radiographs. Cereal Chemistry, 70(6): 696-700.

Lelong C C D, Burger P, Jubelin G, et al. 2008. Assessment of unmanned aerial vehicles imagery for quantitative monitoring of wheat crop in small plots. Sensors, 8(5): 3557-3585.

Lenthe J H, Oerke E C, Dehne H W. 2007. Digital infrared thermography for monitoring canopy health of whea. Precision Agriculture, 8(1-2): 15-26.

Li J, Zhang F, Qian X, et al. 2015. Quantification of rice canopy nitrogen balance index with digital imagery from unmanned aerial vehicle. Remote Sensing Letters, 6(3): 183-189.

Liu Z Y, Gao J F, Yang G G, et al. 2016. Localization and classification of paddy field pests using a saliency map and deep convolutional neural network. Scientific Reports, 6: 20410.

Lu J, Miao Y, Huang Y, et al. 2015. Evaluating an unmanned aerial vehicle-based remote sensing system for estimation of rice nitrogen status. Fourth International Conference on Agro-Geoinformatics. IEEE: 198-203.

Lucieer A, Malenovský Z, Veness T, et al. 2014. HyperUAS-Imaging spectroscopy from a multirotor unmanned aircraft system. Journal of Field Robotics, 31(4): 571-590.

Middleton E M, Corp L A, Campbell P K E. 2008. Comparison of measurements and FluorMOD simulations for solar‐induced chlorophyll fluorescence and reflectance of a corn crop under nitrogen treatments. International Journal of Remote Sensing, 29(17-18): 5193-5213.

Moshou D, Bravo C, West J, et al. 2004. Automatic detection of 'yellow rust' in wheat using reflectance measurements and neural networks. Computers and Electronics in Agriculture, 44(3): 173-188.

Moya I, Camenen L, Evain S, et al. 2004. A new instrument for passive remote sensing : 1. Measurements of sunlight-induced chlorophyll fluorescence. Remote Sensing of Environment, 91(2): 186-197.

Naidu R A, Perry E M, Pierce F J, et al. 2009. The potential of spectral reflectance technique for the detection of Grapevine leafroll-associated virus-3 in two red-berried wine grape cultivars. Computers and Electronics in Agriculture, 66(1): 38-45.

Nilsson H. 1995. Remote sensing and image analysis in Plant Pathology. Annual Review of Phytopathology,

15: 489-527.

Qiao H B, Zhou Y L, Bai Y L, et al. 2006. The primary research of detecting wheat powdery mildew using infield and low altitude remote sensing. Acta Phytophylacica Sinica, 33(4): 341-344.

Saberioon M M, Amin M S M, Anuar A R, et al. 2014. Assessment of rice leaf chlorophyll content using visible bands at different growth stages at both the leaf and canopy scale. International Journal of Applied Earth Observation & Geoinformation, 32(10): 35-45.

Sasaki Y, Okamoto T, Imo K, et al. 1999. Automatic diagnosis of plant disease: recognition between healthy and diseased leaf. Journal of the Japanese Society of Agricultural Machinery, 61(2): 119-126.

Vega F A, Ramírez F C, Saiz M P, et al. 2015. Multi-temporal imaging using an unmanned aerial vehicle for monitoring a sunflower crop. Biosystems Engineering, 132(13): 19-27.

Wang W, Thai C, Li C Y, et al. 2009. Detection of sour skin diseases in *Vidalia* sweet onions using near-infrared hyperspectral imaging. 2009 ASABE Annual International Meeting, Reno, NV, Paper No: 096364.

Xie C Q, Shao Y N, Li X L, et al. 2015. Detection of early blight and late blight diseases on tomato leaves using hyperspectral imaging. Scientific Reports, 5: 16564.

Yuan Y, Hu X Y. 2016. Random forest and objected-based classification for forest pest extraction from UVA aerial imagery. The International Archives of the Photogrammetry, Remote Sensing and Spatial Information Science, 2016 XXIII ISPRS Congress: 1093-1098.

Zarco-Tejada P J, Berni J A J, Suárez L, et al. 2009. Imaging chlorophyll fluorescence with an airborne narrow-band multispectral camera for vegetation stress detection. Remote Sensing of Environment, 113(6): 1262-1275.

Zarco-Tejada P J, Guillén-Climent M L, Hernández-Clemente R, et al. 2013. Estimating leaf carotenoid content in vineyards using high resolution hyperspectral imagery acquired from an unmanned aerial vehicle (UAV). Agricultural & Forest Meteorology, s171-172(8): 281-294.

Zarco-Tejada, P J, Diaz-Varela R, Angileri V, et al. 2014.Tree height quantification using very high resolution imagery acquired from an unmanned aerial vehicle (UAV) and automatic 3D photo-reconstruction methods. European Journal of Agronomy, 55(2): 89-99.

Zhang M H, Qin Z H, Liu X, et al. 2003. Detection of stress in tomatoes induced by late blight disease in California, USA, using hyperspectral remote sensing. International Journal of Applied Earth Observation and Geo Information, 4(4): 295-310.

Zhao Y R, Li X L, Yu K Q, et al. 2016. Hyperspectral imaging for determining pigment contents in cucumber leaves in response to angular leaf spot disease. Scientific Reports, 6: 27790.

# 第 8 章  农用无人机空中无线传感器网络系统

## 8.1  UAV 与无线传感器网络概述

### 8.1.1  UAV 与无线传感器网络

近些年来，无线传感器网络（wireless sensor network，WSN）的传感器节点体积小，能耗低，价格低廉，还具有感知并收集不同维度、不同类型的外界环境信息和无线通信及运算等功能（宋渊，2008）。以无线电、存储等技术，微电子机械系统（MEMS）、处理器等为依托的无线传感器网络，使大规模生产微传感器成为可能（Pottie and Kaiser，2000）。

大量的无线传感器节点被部署在一个较大的地理区域内，它们组成一个密集的无线 Ad-Hoc 传感器网络。这样一个网络系统能够感知、收集和传播环境中的信息。这些无线传感器节点所组成的网络解决了每一个独立的无线传感器节点感知能力有限的问题，还能监测所处环境中的各类信息和现象，如温度信息、声信号和光电信号等（Li et al.，2001）。

这类无线传感器节点可以布置在偏远地区、存在有毒气体的城市街区、大型的工业厂房和飞行器内部构造等恶劣或良好的环境中来监测目标的信息（Shah and Rabaey，2002）。此外，它还能控制和指导自动制造机器人、办公建筑环境、高安全性的智能家居、身份识别等。

无线传感器网络具有如下的特点（李罕上，2014）。

自组织网络：采用分层协议和分布式算法，无线传感器节点自发地、适当地调度工作过程。

动态拓扑结构：会因为任务的需要被添加进当前的网络，也会因为损坏或耗尽电量等其他故障而退出网络，因此网络的拓扑结构是动态变化的。

分布式结构：无线传感器节点可以根据需要实时进出网络，并且网络的运行不依赖于某些特定的节点。

硬件资源有限：无线传感器节点需要进行简化操作系统的协议层。

能量有限：无线传感器节点的能量资源较少且不能随时补充能量。

分布区域密集：大量的无线传感器节点被部署到无线传感器网络来加强监控采集地区的目标环境信息。

传统的 WSN 中引进移动采集节点，不仅能提高整个 WSN 系统的信息收集效率，也能够对整个系统生存时间进行优化，还可以进一步解决系统延时和延迟问题（Lindsey and Raghavendra，2002）。而 UAV 是移动采集节点很好的选择。UAV-WSN 在传统的静态 WSN 系统性能上进行了部分的改进。其移动性能产生很大的便利，利用移动节点执行多种任务和工作，能给 UAV-WSN 系统带来很多明显的优势。

然而传统的 WSN 系统中的网络通信协议在 UAV-WSN 系统中并不适用。首先，UAV 具有移动性，无线传感器节点只能在很短的时间内与 UAV 进行通信，因此必须要提高 UAV-WSN 系统中传输协议系统的吞吐率；其次，任务性质不同，UAV 收集到的信息的分布情况反映着 UAV 执行信息收集任务的质量，因此必须使 UAV 收集到的信息更均匀地分布。

UAV-WSN 指的是采用 UAV 作为移动数据收集器进行空中数据收集的网络数据收集方式。图 8.1 表示的是空中数据收集的基本模型。由图 8.1 可知，地表网络具有两种类型的节点：信标节点和普通节点。一般情况下，信标节点由携带了 GPS 模块的节点构成，其目的是实现分布式节点定位。考虑到节点定位的准确性，同时为了降低成本，一般会将信标节点和普通节点按照一定的比例混合。在收集数据的过程中，UAV 在携带有接收节点的 GPS 导航系统的帮助下，完成对目标地点准确的访问，这是保障空中数据收集能够顺利进行的基本条件。

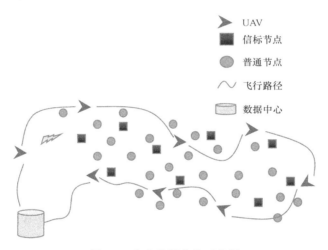

UAV
信标节点
普通节点
飞行路径
数据中心

图 8.1　空中数据收集示意图

空中数据收集不仅具有在地表进行数据收集的优势，同时还有以下优势。

（1）飞行速度快。相比于地表数据收集，空中数据收集采用可控的无人机作为移动数据收集器，具有更快更平稳的飞行速度。在应用到大面积部署的传感器网络中时，该方法能够缩短数据收集周期，提高网络寻访的速度。

（2）部署环境灵活。空中数据收集采用具有自动导航功能的无人机作为移动数据收集器，不受地表交通状况及恶劣环境等的限制和影响，能被应用到一些特殊的被监测区域，如沼泽湿地、核辐射区域等人类无法靠近的危险环境。

（3）低延迟和高带宽。空中数据收集采用空对地的无线传输方式，这种方式具有更大的无线信号覆盖面积和较少的障碍物，能够解决通信延迟弊端并能提高带宽速度。

## 8.1.2　国内外的研究现状及分析

早在 20 世纪 90 年代初，Weiser（1991）就提出了关于移动 WSN 的概念。直到近些年来，移动 WSN 的概念才开始逐渐被使用和普及。随着 WSN 技术的不断向前发展和 WSN 中移动采集节点的应用逐渐增多，应用 WSN 系统采集节点逐渐成为热门话题。将移动性引入传统的 WSN 系统中，这一举措给传统 WSN 系统带来很多优点和突破（Wang et al.，2005）。

能效问题是 WSN 系统的一个重点和难点问题。在应用移动采集节点的 WSN 网络中，通常是多个无线传感器节点对一个或少量采集节点的通信。而传统的 WSN 网络需要利用多跳传递方式将数据从数据源节点发送至信息采集节点，这导致了信息采集节点周围的节点因大量转发数据过早地耗尽能量而退出网络，即能量空洞（Intanagonwiwat et al.，2000）。

移动 Sink 无线传感网络系统中拓扑结构是动态变化的，这导致了系统中的通信链路往往不可靠，尤其是当网络系统的通信信道的状态不能得到保证时，问题更加突出。另外，移动采集节点的移动性限制了传统的 WSN 系统中一些路由协议和 MAC 层协议。因此当前有很多工作试图优化设计数据传输协议来适应 MSWSN 系统的特点。

信息采集节点具有移动性，无线传感器节点只能在特定的时间内与其通信，提高系统的吞吐率是数据通信协议设计最主要的目的，即在有限的时间内使更多的传感器节点向移动采集节点发送信息。保证能获取无线传感器节点及移动采集节点的准确位置在 MSWSN 系统的各类应用中非常重要，因此要有效地控制移动采集节点，实现优化系统性能的目的。目前控制 WSN 中移动采集节点的方式主要分为两类：一类主要从全局对移动采集节点进行控制，主要是对移动采集节点进行相应的路径规划来优化当前网络的各项性能指标；另一类主要从局部对移动采集节点进行控制，使移动采集节点能够完成预定的任务。

如上文所述，相比于传统的 WSN 系统，UAV-WSN 系统既保持了传统的 WSN 的优点，也发挥了其特有的巨大优势。因此在应用中，既要考虑 UAV-WSN 系统所固有的一些特点，也要考虑 UAV 的移动特性给系统带来的结构性变化。将 UAV 引入 WSN 系统的信息收集工作中，这对 UAV-WSN 系统的设计提出了新的改进要求，因此，必须针对传统 WSN 设计的路径规划算法和信息传输协议进行修改及创新，使其适用于 UAV-WSN 系统（Rahimi et al.，2003）。

## 8.2　UAV-WSN 系统的结构及关键技术

### 8.2.1　UAV-WSN 系统的组成结构

UAV-WSN 系统对采集区域内监测目标的信息进行感知、收集和处理，并把其发送给需要的观察者。UAV-WSN 系统中包括 4 种元素：无线传感器节点、UAV、感知对象和观察者。它们可以通过无线网络相互通信，其中，最常见的 Ad-Hoc 网络的无线传感器节点既是信息的发送和接收者，也能充当网络中的路由器。无线传感器节点包括电源、嵌入式处理器、存储、通信部件和软件等部分；观察者既是 WSN 的用户，也是感知信息的接收者，身份可以是人、计算机或其他设备中的一种或多种，一个 WSN 中可以有多个观察者，即观察者可以作为 WSN 系统中的多个用户，它可以主动或被动地发送或接收传感器网络所发布的感知信息。观察者观察、分析挖掘收集到的感知信息并做出决策或采取相应的行动；感知对象是观察者所感兴趣的目标和执行监测任务时 WSN 的目标对象，感知对象主要包括物理信号、化学信号和其他数字信号。

　　UAV-WSN 系统的一般结构如图 8.2 所示，其中数据中心（data center）的作用是控制 UAV 并与其进行通信，UAV 开始从某一点进入目标信息采集区域，并按照某种预定好的路径采集信息，然后向通信距离内的传感器节点发送信标信号（beacon signal），最后无线传感器向 UAV 发送其采集到的信息。

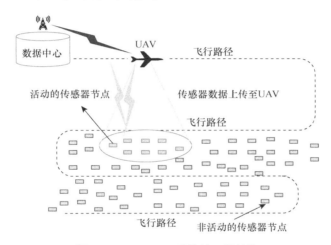

图 8.2　UAV-WSN 系统的一般结构

UAV-WSN 系统中主要有以下几个方面的关键技术。

　　（1）能量管理技术。无线传感器节点能量非常有限，并且会因能量耗尽而退出网络或发生故障。因此，能量限制是阻碍无线传感器节点发展和应用的最严重的问题。

　　（2）数据融合技术。数据融合是将多种数据或信息进行组合。将此技术应用于无线传感器网络可以减少网络所传输的数据量，提高网络的精度和可靠性，使整体收集数据的效率达到最佳状态。

　　（3）安全性技术。安全性是一个系统行之有效的基础和前提。其算法必须能够保证安全通信，能耗低，能最大限度地降低成本。

　　（4）可扩展性技术。在覆盖的网络中，无线传感器节点的数量在不同时期会有所不同。在 WSN 被部署的时间周期内，会有部分无线传感器节点因故障或耗尽能量而退出网络，使无线传感器的节点数目减少。因此，设计一个有效的机制来保证 WSN 的适应性和提高动态调整的能力非常重要。

## 8.2.2　UAV-WSN 系统的网络结构

　　UAV-WSN 系统被广泛应用于各种复杂的任务环境中，因此在 UAV-WSN 系统中进行网络结构分析与设计时，首先要考虑到目标对象的应用环境。在不同的应用环境下，UAV-WSN 系统的拓扑结构也可能会有很大不同。

典型的 UAV-WSN 系统网络结构模型有 3 层：上层、中间层、下层，如表 8.1 所示。

表 8.1 UAV-WSN 结构层次

| 结构层次 | 作用 |
| --- | --- |
| 上层 | 信息接入节点 |
| 中间层 | UAV 传输节点 |
| 下层 | 无线传感器节点 |

表 8.1 中，上层为信息接入节点，主要是指网络中的基站或数据中心，具有较高的能量储备、较强的数据处理能力和抗毁性，其作用是负责与 UAV 进行通信连接并控制其运动路线，执行特定的任务。中间层是移动采集节点，即 UAV 传输节点，在信息接入节点的控制下，UAV 在目标信息区域执行相应的任务，它的作用是与各个无线传感器节点进行通信，收集无线传感器节点采集到的目标环境信息。下层是无线传感器节点，其作用是在目标信息区域内感知并收集目标环境信息。

## 8.2.3 UAV-WSN 系统的协议结构

UAV-WSN 系统接收汇聚信息点的离散方式与运动特性，组网方法和结构与 WSN 没有本质区别。UAV-WSN 的基本通信协议结构如表 8.2 所示。

表 8.2 UAV-WSN 协议结构

| 系统通信协议结构 | 作用 |
| --- | --- |
| 应用层 | 任务调度、数据分发和定位等 |
| 传输层 | 数据传输控制 |
| 网络层 | 分组路由、网络互联 |
| 数据链路层 | MAC 和逻辑链路控制 |
| 物理层 | 无载波通信技术、扩频 |

无线传感器网络协议栈可以划分成 TCP/IP 的 5 层模型：物理层、数据链路层、网络层、传输层、应用层。物理层提供简单、强度足够大的信号和无线收发技术；数据链路层分成逻辑链接控制层和介质访问控制层两个子层，其主要作用是进行数据成帧、帧检测、控制媒介访问和差错；网络层主要负责生成路由和选择路由；传输层主要负责数据的传输控制，保证通信服务质量；应用层主要检测一系列的应用层软件。

## 8.2.4 UAV-WSN 系统的信息采集

移动信息采集节点应用于 WSN 中，以 UAV 作为载体，是移动信息采集节点很好的一种选择，并且有很多优点。UAV 作为移动信息采集节点的载体，在 WSN 中可以执行信息采集任务，其采集方式主要包括如下几个方面。

### 1）多跳接力

多跳通信的方式用来发送信息源节点数据，因此无线通信至少需要跳到使得信息到达目的节点的位置的程度。由于移动信息采集节点的位置不断变化，因此它必须周期性地以某种方式通知 WSN 内的其他节点自己当前的位置信息。当某些应用任务要求较为苛刻时，为了降低消息时延，会增大消耗在更新位置信息上的开销。这些补偿了 WSN 中热点问题所带来的能耗，解决了信息采集节点的相邻节点大量地转发信息导致能量过快地耗尽而退出网络的问题。

**2）有限距离的多跳接力**

在此类移动信息采集节点网络中，设置了一个类似于最大生存时间的模式，即将信息源发送的信息送至移动信息采集节点的过程中，经过的跳数必须小于一个具体的上限时间。任务采集区域为面积相等的正方形区域，每个正方形区域形成一个网格，UAV 随机访问每个网格的中心。UAV 在一个特定区域访问节点并感知收集信息，降低了整个 WSN 的能耗。信息的传递方式规定了跳数的上限并且减少了接力传输节点的负载开销。但是，这种方式带来了整个系统延时增大的问题，因此这种采集方式一般应用于对时间要求不高的任务中。

**3）直接传输**

这种信息源节点直接与 UAV 进行通信，适用于分布不均匀、种类不同的 WSN 系统。这种 WSN 系统中有两类传感器节点，分别是较高的能量储备传感器节点和有限的能量资源传感器节点。在这种系统中，整个网络以某种方式进行分簇。其中簇头节点能量储备较高，主要负责与簇内的其他普通传感器节点进行通信，收集这些传感器节点信息并将其发送到移动信息采集节点。

**4）被动信息收集**

在这种采集方式中，UAV 要逐个访问无线传感器节点来采集信息。UAV 定期向外发送信标信号，当无线传感器节点收到来自 UAV 发送的信标信号时，会主动地向 UAV 发送采集到的信息。这种方法最大能力地提高了能量效率，从而延长了整个网络的生存时间，但是与此同时，这种方法导致了整个系统的信息传输时延较高。因此，这种信息采集方式适用于传输时延要求较低的环境中，尤其是部署在其中的无线传感器节点难以置换的应用任务中。

## 8.2.5　UAV-WSN 系统的信息传输

移动信息采集节点能够灵活机动地根据源信息的发送者、生存时间和位置等信息进行判断、决策和执行任务。在静态的 WSN 系统的信息传输中，只有一种信息传输方式，即多对一的传输方式。而在移动信息采集节点的 WSN 系统中，主要有以下几种信息传输方式。

**1）多对一的传输**

在这种方式下，所有无线传感器节点会将其感知到的信息发送给单一的信息收集传感器节点。它的优点是移动信息采集节点访问单一的传感器节点就能获取大范围内采集到的信息；缺点是一旦这个单一的传感器节点受到损坏便会导致采集信息丢失等问题，容错性能较差。同时，单一的传感器节点周围的邻居节点会因大量转发信息导致能量过快耗尽，即热点问题。

**2）多对多的传输**

在这种方式下，网络内的无线传感器节点会按照某种方式和规则被分成若干个子网。每个子网中都有单一的信息收集节点，用来收集该子网内的无线传感器节点采集到的信息。整个网络内的目标信息需要移动信息采集节点访问这些信息收集节点来采集。

**3）一对多的传输**

在这种方式下，网络系统内的任意一个无线传感器节点都会保存其他无线传感器节点收集到的信息。移动信息采集节点访问网络内任意的无线传感器节点便可获取该网络所采集的全部信息。信息采集获取的无线传感器节点多，但是这种方法将造成大量的能量消耗，实际应用的效果很差。当前还没有解决这种方式所带来的巨大能量消耗问题的方法。

**4）一对一的传输**

在这种方式中，每个无线传感器节点采集到的信息都存储在自身的缓冲区中，UAV逐个地访问整个网络中的所有节点。UAV会定期地发送信标信号通知无线传感器节点并向其发送信息。这种方式适合应用于恶劣的地理条件中，但是可能会存在 UAV 不能够访问整个网络的问题，而且会导致信息传输的时间过长。

### 8.2.6　UAV-WSN 系统的能量管理

目前无线传感器节点主要由微处理器、传感器、内存、射频模块、I/O 接口等部件组成。网络中的能量消耗主要来自感知、处理和在网络上无线操作几个方面。无线模块进行的操作有 4 个状态：发送状态、接收状态、等待状态和睡眠状态。无线传输能量消耗主要来自以上 4 种状态，并且每种状态的能量消耗都不同。无线模块是无线传感器节点能量消耗的最主要的来源。其中，空闲状态消耗和睡眠状态的消耗相近。无线模块的能量消耗主要来自 3 个方面：发送模块、功率放大器模块和接收模块。

另外，UAV 的能量消耗也是 UAV-WSN 系统中需要考虑的一部分。UAV 的能量消耗主要来自于飞行时和无线传感器节点进行通信，因此，尽可能地提高 UAV 与无线传感器节点的通信效率就非常重要。与此同时，还要在保证完成信息收集任务的同时尽可能地缩短 UAV 的飞行距离。

### 8.2.7　UAV-WSN 系统的 MAC 协议

高效的 MAC 协议在很大程度上可以延长无线传感器网络的寿命。MAC 协议控制无线通信，而无线通信是无线传感器节点的一个主要能量消耗来源。此外，MAC 协议还控制着无线传感器节点的共享无线信道，可以减少冲突并增加吞吐量，提高系统的灵活性以应对各种应用程序。

目前有很多关于 UAV-WSN 系统的 MAC 协议的设计与实现的相关研究。在早期的研究阶段，研究人员为了能够得到更少的能量消耗而选择牺牲系统的吞吐量和时延。但是为了支持多任务系统和提高突发流量的高效传输效率，原来的设计思路已经不能满足这样的需求，需要开发新的 MAC 协议。

UAV-WSN 的 MAC 协议主要分为 4 类：同步、异步、帧时隙和多通道。一般来说，同步和异步 MAC 协议与 WSN 的工作循环机制有关。为了能减少能量消耗，WSN 中广泛采用工作循环机制。在这种机制中，传感器节点在活动和睡眠这两种状态之间交替。当两个传感器节点同时处于活动状态时，它们之间才可以通信。在同步 MAC 协议中，相邻节点的状态同步，它们在同一时间被唤醒。它们之间通信的主要目的是减少延迟和提高吞吐量。在异步 MAC 协议中，主要研究如何有效地建立两个不同活动的无线传感器节点之间的通信。

帧时隙机制中使用一种将所有两跳通信邻域两个节点分配到不同的槽的方式，来提供更高的吞吐量。其主要目的是解决信道冲突和隐藏终端问题，为传感器节点间的通信建立一个无碰撞的无线信道。它的问题是，当少量传感器节点准备发送信息时，分配给它们的相邻的时隙被浪费掉，信道利用率较低。帧时隙机制主要研究在低信道竞争环境下如何提高信道利用率。多通道方式的 MAC 协议的目的是进一步提高网络容量。因此，MAC 协议面临的两个主要问题是分布式信道分配和高效的多通道通信。

## 8.2.8 UAV-WSN 系统中的运动模式

UAV 可以根据应用任务要求和具体需求来选择运动模式，并且在运动的过程中可以随时地改变路径。UAV 可以停留在某些特定位置，重新配置路径、发送信息、请求信号等，并且可以在下一个位置继续重复之前的工作。其运动方式可以分为以下三类。

### 1）随机运动

这是目前 UAV-WSN 系统中应用范围最广的一种运动方式。UAV 随机地进行决策，而不需要在向下一个目的地移动时采集来自网络的任何信息。这种运动方式不依赖于当前的网络状态，十分简单，容易实现。但是由于信息源传感器节点仍然可以通过其他方式将信息发送给其他节点，并最终被 UAV 接收到，这种运动方式不能优化整个网络的生存时间。而且在这种运动方式下，UAV 的位置信息必须周期性地更新，网络的路由信息也必须随之改变。

### 2）可预测的运动

在这种运动方式中，UAV 的运动基于某种策略和技术要求而被规划。此时，UAV 的运动轨迹和 WSN 的网络信息相联系，并将其存储到传感器网络中。在可预测的运动方式中，可以预测 UAV 的未来位置，它的基本原理是：一方面，UAV 向传感器节点发送信息请求信号；另一方面，它也会向其发送自己的运动方向和速度等信息。当信息源节点提前预测到 UAV 在 $t$ 时间后的位置时，就可以根据这种预测将采集节点所需要的信息发送到预期的位置。这种可预测的运动方式的优点是不需要周期性地更新 UAV 在网络中的位置信息，这样便可以避免大量的能量消耗。因此，采用可预测的运动方式的

UAV 可以具有更好的能效。

### 3）可控的运动

在这种运动方式中，UAV 在运动时状态和轨迹是不可预测的。但是这种运动可以根据位置、剩余能量等网络参数来进行控制，并可以通过控制改变自身的运动方式来实现优化和延长 WSN 系统生存时间的目的。其中一个典型案例就是直升机健康与使用监控系统（HUMS）。在 HUMS 中，提出了一种针对 UAV 不间断采集 WSN 中目标信息的运动策略。

## 8.3　UAV-WSN 自组网技术

### 8.3.1　UAV-WSN 自组网技术的理论基础与原理

UAV-WSN自组网技术分为地面传感网络组网技术与空中无人机相互组网技术，UAV与WSN结合时，可以是单机模式，也可以是群机模式。如图 8.3 和图 8.4 所示，在一个WSN区域内，只有一架无人机闯入WSN网络中，但是携带有网络组网终端的设备往往以节点形式闯入既有网络，破坏网络结构，因此必须实施网络重组。

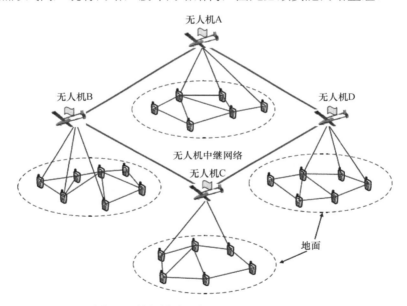

图 8.3　单机模式下的 UAV-WSN 组网模式

局部网络重组发生的前提是：在网络内，$S_i$ 节点为 $S_k$ 节点的前向节点，$S_k$ 节点在原网络路径上依靠 $S_i$ 节点路由信息，当 $S_i$ 节点失效后，$S_k$ 节点将陷入盲区，如图 8.5a 所示。当 $S_i$ 失效后，在 $S_k$ 无线信号有效覆盖区域内，还存在 $S_n$ 和 $S_m$ 节点，而且 $S_n$ 节点可通过前向节点将信息路由到汇聚节点。因此，$S_k$ 可以通过局部网络重组后，通过 $S_n$ 节点路由信息，如图 8.5b 所示。假如 $S_n$ 节点不在 $S_k$ 节点的有效信号覆盖区域内，而 $S_m$ 节点在 $S_k$ 节点信号覆盖区域内，而且 $S_m$ 节点的信号覆盖区域内包含了 $S_n$ 节点，此时，$S_k$ 节点仍可通过 $S_m$ 节点将信息路由到 $S_n$ 节点，最后把信息传输给汇聚节点，如图 8.5c 所示。

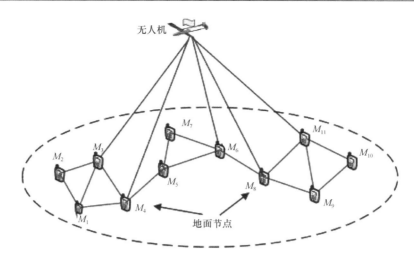

图 8.4　群机模式下的 UAV-WSN 组网模式

如果 $S_k$ 节点无线信号有效覆盖范围内不存在任何节点可为之路由信息，如图 8.5d 所示，$S_k$ 将被网络孤立。另外，如图 8.5e、图 8.5f 所示，$S_k$ 节点附近虽然可以找到多个节点，也能组网，但是它们无法将信息传递给汇聚节点。

　　终端节点一般在网络中只负责信息采集与自身信息传输。终端节点在上位机没有下达重新组网规则的命令时，不会随意改动节点的属性。每一个节点均有两种属性，可以由上位机配置。网络中的节点失效传输路径如图 8.6 所示。

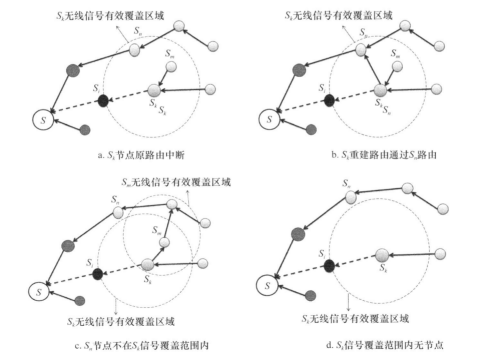

a. $S_k$ 节点原路由中断

b. $S_i$ 重建路由通过 $S_n$ 路由

c. $S_n$ 节点不在 $S_k$ 信号覆盖范围内

d. $S_k$ 信号覆盖范围内无节点

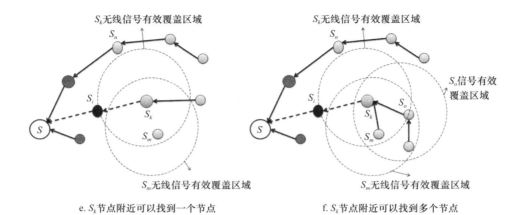

e. $S_k$节点附近可以找到一个节点　　　　f. $S_k$节点附近可以找到多个节点

图 8.5　局部网络重组的几种组网布置情况

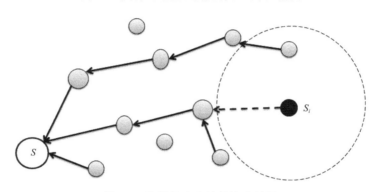

图 8.6　终端节点失效传输路径图

在图 8.6 中，$S_i$ 节点失效后，由于 $S_i$ 节点在该网络中没有承担为其他节点路由信息的任务，因此称该节点为终端节点。该节点在网络中的失效对整个网络的影响相对较小，网络内其他信息传输路径不变。因此，该类节点的失效处理机制为：可以通过每一个周期信号扫描每个节点的更新的数据情况，若超过最大更新周期时间 $T$，系统上位机将提示报警，警示该节点已撤离网络，等候用户处理。

$$T_{\text{updata-max}} = \sum_{i=0}^{n} T_{s_i} + \sum t_{\text{net-delay}} \tag{8.1}$$

$$t_{\text{updata}} = \sum_{i=0}^{n} t_{\text{net-link}}(i) + t_{\text{sample}} \tag{8.2}$$

式中，$n$ 为节点个数；$i$ 为节点；$t_{\text{net-delay}}$ 为网络时间延迟；$T_{\text{updata-max}}$ 为最大更新周期时间；$t_{\text{updata}}$ 为更新时间；$t_{\text{net-link}}$ 为节点连接时间；$t_{\text{sample}}$ 为节点传输时间。

设计极限周期时，考虑到网络中通信的不确定因素，当 UAV 接收的节点的更新时间大于 3 倍的节点最大更新时间时，可以确定该节点已失效，将发出一个该节点的 break 警告信息。当 break=1 时，说明该节点已失效。上述处理机制是基于上位机信息管理系统的管理规则提出的。至于 $S_i$ 节点的失效，可能存在的原因比较多，如该节点电源供应不足导致停止工作或是直接由节点损坏、移除而导致节点在网络中失效。

当物联网网络中的路由节点失效时，网络可能会出现通信中断等情况。如图 8.7 所示，当 $S_i$ 节点失效时，$S_m$ 节点的上位机路由路线被打断，原有网络中的 $S_m$ 节点与 $S_n$ 节点均无法上传数据。

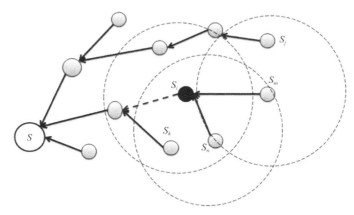

图 8.7　路由节点失效的模式图

当发生如图 8.7 所示的节点失效的情况时，首先要制定判别措施，用于判断 $S_i$ 节点的失效情况。判断方法如下：正常情况下，$S_i$ 节点、$S_m$ 节点、$S_n$ 节点会定时为网络传输数据，当 $S_i$ 节点从网络上消失后，对于上位机管理系统而言，$S_m$ 节点与 $S_n$ 节点的信息传输都会陷入盲区，上位机无法判断 $S_m$ 节点、$S_n$ 节点是否与 $S_i$ 节点一起失效。

上位机无法判断哪个节点失效后，$S_m$ 节点、$S_n$ 节点由于数据长时间发送不到汇聚节点，其网络状态的 node_net 属性将会变为 0，这说明 $S_m$ 节点、$S_n$ 节点已脱离网络，$S_m$ 节点、$S_n$ 节点将发出局部重组网络的请求。以 $S_m$ 节点为例，局部重组网络的具体步骤如下。

（1）$S_m$ 节点搜索在其信号覆盖范围内有无节点可与之通信。

（2）若存在多个节点在有效通信覆盖范围内，先从距离最短的节点开始与之建立通信连接。通信距离的判别方法是根据所接收到的各节点信号强度大小进行区分，接收到的节点信号越强，可能离本节点的距离越近。按距离依次与 $S_m$ 节点建立通信连接。

（3）在覆盖区域内，查询与之连接的节点的 node_net 属性，如果该属性为 0，则表示该节点也未入网。若该属性为 1，则表示该节点已入网，可以成功地将信息采集节点的数据传输至汇聚节点。重复上述动作，将 $S_m$ 节点通信有效覆盖区域内的数据写入。

（4）启动网络组网程序，并启用组网的优化规则，成功找出能建立最低路由深度级数的局部网络重组网后，$S_m$ 节点将原来路由的 $S_i$ 节点故障状态信息打包入信息发送包，并报告给上位机。上位机根据节点报告自动产生警报信息，提醒用户处理。

如图 8.8 所示，经过局部网络重组的方式，$S_m$ 节点、$S_n$ 节点分别找到了信息路由节点。此时，在物联网网络中，$S_m$ 节点、$S_n$ 节点的 node_net 属性被重置为 1，从而恢复数据传输，网络正常运行。

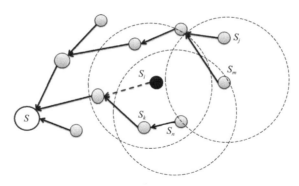

图 8.8 变异后的网络通信结构图

## 8.3.2 无人机单机和组网的差异

无人机自组网必须要研究的问题是无人机单机和组网工作的差异,因为这不仅对无人机网络的通信协议产生影响,还会使无人机的功能模块发生变化,并且会影响无人机的工作方式。下面我们分别从无人机单机工作和无人机自组网工作两种情况来分析。无人机单机工作的简单示意图如图 8.9 所示,无人机自组网工作的简单示意图如图 8.10 所示。

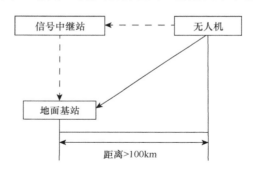

图 8.9 无人机单机工作简单示意图

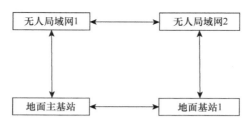

图 8.10 无人机自组网工作简单示意图

从上面的结构图中可以看出,无人机单机和自组网差异的关键在于网络的信息可以不通过基站的信号处理和转发就可以使其他终端获得,这样带来了以下几个方面的好处。

(1) 极大地提高了无人机网络对信号的传输能力。从两种无人机工作示意图中可以看到,无人机单机工作时,自身获得的信号要直接发送给地面基站,当工作距离较大时就无法直接通信,此时必须通过信号中继站来完成。当信号中继站出现信道故障或阻塞时,所获取的信息将无法及时地发送到地面基站,因此就无法保证信息的及时性和准确性。而无人机在组网工作状态就能避免这个问题，当出现信号无法直接传输的情况时，还可以将网络中的其他无人机群的信号进行转发，通过地面基站的切换来保证通信的畅通，从而实现信息的及时传递。

（2）提高了无人机系统的可靠性和抗毁性。在无人机处于单机工作时，一个时段里信息只能通过一条链路来传输，在这个单链的环节中，任何节点出现问题都会使整个系统处于瘫痪状态。而无人机自组网模式克服了这个缺点，它的信息传送可以是多路的，并且能自动选择最优路径。当无人机网络某些链路发生阻塞或受到攻击而使某些节点出现故障或失去功能时，采用自组网模式工作的无人机系统可以动态地改变网络的结构，自动地选择一个最优的模式来保障信息的传输，提高了无人机系统的可靠性和抗毁性。

（3）提高了无人机系统对信号的处理速度和响应能力。在无人机自组网的工作机群中，各个机群担负着不同的任务，从而形成一个有机的结合体，因为信号包含了大量的信息，有些信号会要求一些特定的机群来执行，如果这些信号还是通过信号基站再转发给执行任务的机群，就会对信号造成很大的延迟，所以内部的信息传递应当是高效的。应用于无人机上的专家系统，信息预处理能力很强，可以根据预先设定的任务对获得的信息进行迅速而正确的处理，极大地提高了系统对信号的处理速度和信号的传输效率，也增强了对各种特殊情况的响应能力。

（4）增强了无人机系统功能的多样化。无人机自组网以后，其工作流程复杂，但是有很多优势，它不仅使系统的工作性能得到巨大的提高，还拓宽了无人机的使用范围。无人机单机因为本身功能的限制，只可以完成一到两个特定的任务，若要完成其他的任务就必须将信息发送给地面基站，再由地面基站指挥其他执行机群执行预定的任务。而无人机自组网工作的情况就大不相同了，因为在网络中不同的单机可能担负着不同的角色，有着不同的分工和能力，能够适应多重任务的需求，另外，在完成同样的任务时，组网工作方式的效果比单机的效果要好得多。

### 8.3.3　无人机网络系统

无人机网络系统是一个多通道的网络综合系统，也是一个具有自组织能力的临时性自治系统。要保证建立的无人机网络满足实际使用的要求，就必须从多个方面考虑，包括通信安全、信道容量大小、完整性、网络和数据结构、系统一体化性能、系统工作效率等。

由于无人机网络的特点，它通常不作为中间承载网络，一般只允许内部节点的信息出入，不允许其他网络的信息进入本网络，这样大大地减少了网络的路由开销，还保证了网络的可控性和稳定性。无人机网络可利用网络中的群节点来构成骨干网，节点会根据自身及其他节点的分布情况来调整自身在网络中的地位，因此节点的分布情况很大程度上决定了骨干节点的位置和网络的拓扑结构。骨干节点的容量、节点的数量、发送功率及信道传播特性和用户的分布情况都要与具体任务相结合，更要适应无人机网络拓扑结构变化大的特点。

无人机网络是一个动态变化的无线移动通信系统，因此系统面临的情况会非常复杂。要使网络中的节点或通信链路发生故障时能够保持通信，就需要网络中的群节点尽量能直接覆盖所有的节点；如果普通节点不能直接接入骨干网，可以通过一跳或者多跳转发的形式接入。网络的级数越多，规模越大，扩展性能就会越好，但同时对网络的维护开销也会越大，管理也会更加复杂。设计在无线高速移动环境下的无人机网络系统，最重要的是选择合适的技术和合适的组网方法，确定了某种组网方法，则所有网络节点所执行的网络功能也将确定，因此，组网方法将极大影响网络性能。无人机网络的构成需要满足以下几个要求。

（1）为网络中的所有节点提供通信路径。

（2）保证网络的通信安全和可靠性。

（3）尽量避免在变化环境下多址接入的隐蔽终端问题。

（4）网络要具有较强的抗毁能力和自适应能力。

（5）保证信道容量基本不变。

当然，在进行无人机系统设计时，还要考虑其他方面的因素，特别是那些对系统的其他性能产生影响的因素，这涉及很多方面的问题，只有仔细的设计与实践的结合才能建立一个高效的无人机网络系统。

随着网络技术的发展及其在无人机中的应用，无人机系统将会成为一个多通道的网络型综合系统。无人机本体和控制站组成的无人机系统是构成网络型系统的基础，一个完整的无人机网络系统包括多方面内容，其结构如图 8.11 所示。

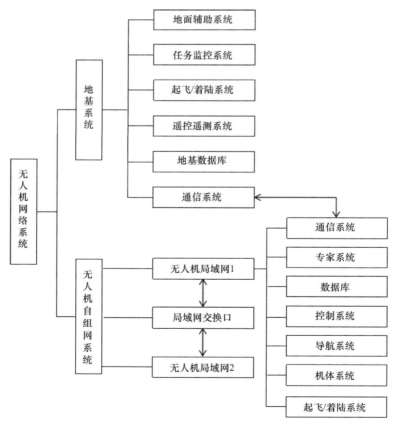

图 8.11　无人机网络系统结构示意图

无人机网络系统中的地基系统可以在陆地上，也可以移到船上或空中，如船载指挥控制中心和预警机等，还可以是通过地面控制站直接遥控的无人机。预警机、人造卫星和通信中继无人机的应用给无人机系统带来了极大的灵活性，同时也使无人机拥有与载人机共同执行任务的能力。

地基系统包括：地面辅助系统、起飞/着陆系统地面部分、遥控遥测系统地面部分、任务监控系统、通信系统、地基数据库。地面辅助系统包括后勤支援设备、维护保养设备等；起飞/着陆系统地面部分的作用是完成无人机发射和回收工作，是整个无人机系统不可缺少的重要环节，也是无人机灵活机动应用的综合保障；遥控遥测系统在无人机系统中非常重要，机载部分和地面部分同时工作，提供地面基站和无人机的状态，实现对无人机的有效监控和指挥，从而完成预定的作战任务，遥控遥测系统在无人机系统中起到的作用相当于人的神经中枢；任务监控系统在遥控遥测系统之上，提供人对无人机的监控和指挥，且当无人机发生意外或出现故障时也能进行人工干预。在地基系统中，任务监控系统在整个无人机系统中处于中心地位，它全面监视、控制和指挥其他子系统的工作，为决策者提供全面的信息，并根据决策者的命令安排各个子系统完成预定的任务，也可以对突发事件做出合理的反应并及时地报告给决策者，从而使决策者做出合理的决定；通信系统是保证地面基站和无人机在无线信道中能保持联系的关键；地基数据库是一个和所有系统都有联系的系统，它对系统中的所有信息都进行存储，并为各个系统提供需要的数据。

### 8.3.4　无人机网络的信道

#### 1. 无线数字通信系统的构成及模型

通信的目的是把消息及时可靠地发送给接收方，而通信系统就是基于通信目的而构建的，它通常包括信源、信号和信道编码器、信源和信道译码器、传送信道、信宿、噪声源等。对信号保密性的要求使得实际发送的信号构成要更加复杂，为了保证信号的可靠性，就要牺牲一定的传送速度，如何使这一对矛盾达到最佳结合状态是通信系统设计的关键。数字通信系统模型图如图 8.12 所示。

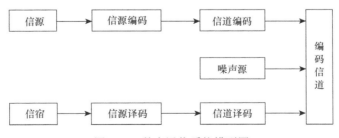

图 8.12　数字通信系统模型图

信号主要是在传输信道中被干扰，而在编码和译码时几乎不会加入干扰。信号传输信道中可能加入各种不同的干扰信号，所以为了抵抗在传输过程中的各种干扰信号，常常会人为地在信号中加入一些有特殊功能的信号，来提高信号的纠错能力。

## 2. 移动通信信道的特性

所有无线通信系统首先要面对的问题是无线电波的传播特性，传播特性的好坏直接关系到通信设备的能力。通信覆盖范围的计算、天线高度的确定及实现可靠通信所采用的技术和措施都会受到它的影响。在移动信道中，信号衰落有时会影响通信的可靠性，所以要在这样的传播条件下保持可靠的传输质量，就必须采取各种技术来抵消衰落的不利影响，这些技术包括分集、跳频、扩频、均衡、交织和纠错编码等。

移动性是无线通信系统中的一个基本特征，而发射机和接收机之间的传播路径又非常复杂，包括从简单的视距传播到各种复杂的路径传播，所以无线信道传播特性的随机性很强。而且发射机和接收机之间的距离会不断增加，会引起电磁波信号急剧衰减的问题，所以无线信道一直是移动无线网络设计的重点和难点。对移动信道的研究主要有以下几个方面。

### 1）平均衰落深度

信号的衰落深度指的是信号的有效值与该次衰落的信号最小值的差值。因为差值在每次衰落时都会不同，所以它的值是随机的，我们定义信号的平均衰落深度为信号的中值与信号概率 $p$ 为10%的值的差。对于瑞利衰落，此差值可视为恒定的分贝数。在实际的测量和使用中，人们通常把瑞利分布的平均衰落深度定为8.2dB。

### 2）平均衰落速率

衰落速率被定义为单位时间内信号衰落的次数，它可以用信号包络每秒以正斜率通过中值电平的次数来表示。它和移动台速度、多径信号的数目、工作的波长有关，平均衰落速率可以表示为

$$平均衰落速率 = 2\frac{v}{\lambda} \tag{8.3}$$

式中，$v$ 为移动台速度；$\lambda$ 为工作的波长。

### 3）电平通过率

电平通过率是指信号在单位时间内以正斜率通过某规定电平的次数。这一参数的意义是，如果把规定的电平定为接收门限值，则电平通过率就是单位时间里信号包络与接收门限的次数。因为信号包络是随机起伏的，所以电平通过率也是随机的，通常用平均电平通过率来表示，其表达式为

$$N(s) = \sqrt{2\pi} f_m \rho \exp(-\rho^2) \tag{8.4}$$

式中，$f_m$ 为多普勒最大频谱；$\rho$ 为指定电平和有效值之比。

### 4）平均衰落持续时间

平均衰落持续时间是平均每次信号衰落低于接收门限电平的时间，可表达为

$$T_f = \frac{T_0}{\rho}[\exp(\rho^2) - 1] \tag{8.5}$$

式中，$T_f$ 为平均衰落持续时间；$T_0$ 为接收门限电平时间。

公式（8.5）表明，门限值越低，平均衰落持续的时间就越短，这个数值表示在此期间信号将在接收门限之下，模拟信号会产生中断或失真的现象，但这个时间每次不超过数毫秒，所以提高信号的强度就能减少衰落时间。但对数字信号来说，衰落信号如果低于门限值就会产生误码，可以说从很大程度上衰落信号决定了误码率。

### 3. 无人机网络的信道特点

无人机局域网建立在无线信道上，是一个典型的数字通信系统，具有数字系统的基本结构和特点，但同时也因为其网络终端的移动性大等的影响，其信道的统计特性很难表示，而且信道的统计特性会因为不同的条件而剧烈变化。其特点主要体现为以下几个方面。

**1）信号强度变化大**

无人机自组网工作时，由于在不同的区域可能有许多无人机同时工作，而且无人机通常是运动的，因此无人机工作的距离会有很大的变化，这就直接导致了信号在发送和接收时的强度变化大。

**2）信号衰落速度快**

目前无人机基本都是在亚音速状态下工作，将来有可能在超音速状态下工作，所以无人机单机作为一个无线终端来说有很大的机动性，这必定会引起信号的衰落，甚至是深度的信号衰落。

**3）噪声和多径干扰强**

无人机的工作环境复杂，工作距离变化大，若距离太远则需要信号中继站来保障通信，这些都会在通信的过程中把更多的噪声引入系统；同时不同路径的信号的反射和吸收等因素也会加强多径干扰。

**4）网络存在异质节点**

一般情况下，无人机网络中的无人机机群构成的局域网络是同质的，但是也有可能因为任务的需要而构成异质网络，这样各个节点的通信能力和信息处理能力就会有较大的差异；在和外部的网络进行通信时，也会出现这样的情况。

**5）动态变化的网络拓扑**

无人机网络中终端能以任意可能的速度和形式移动。无线信号干扰、发射功率的变化、气象条件不同等因素的影响可能会使移动终端间的无线信道形成的网络拓扑随时发生变化，而且变化的方式和速度都是难以预测的。

### 8.3.5　扩频通信技术

**1）扩频通信概述**

扩频通信即扩展频谱通信（spread spectrum communication），它是一种传输信息的方式，是通过一个独立的码序列，用编码及调制的方法来实现的。在接收端用同样的码序列进行同步接收、解扩可以恢复所传输的数据信息。它的基本特点是传输信息所用信号带宽远大于信息本身的带宽，其主要目的是提高通信的安全性和可靠性。

扩频通信的可行性是从信息论的基本公式中得来的，信道容量的香农（Shannon）公式为

$$C = W \log_2(1 + S/N) \tag{8.6}$$

式中，$C$ 为信道容量；$S$ 为有用信号功率；$W$ 为信号频带宽度；$N$ 为噪声功率。

香农公式说明，可以通过两种途径来提高信道容量 $C$，即加大带宽 $W$ 或提高信噪比 $S/N$。当信道容量 $C$ 一定时，信号带宽 $W$ 和信噪比 $S/N$ 是成反比的，即增加信号带宽 $W$ 可以降低接收信号的信噪比 $S/N$，当带宽增加到一定程度，即使在很低的信噪比的情况下也可以传输信息。扩频通信的目的就是用带宽来换取高信噪比。扩频通信系统的原理如图 8.13 所示。

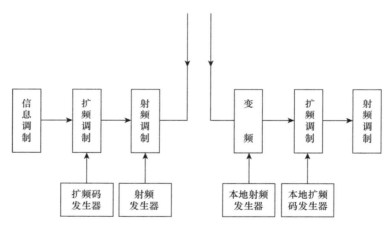

图 8.13　扩频通信系统原理图

由图 8.13 可见，扩频通信系统通常要进行 3 次调制。一次调制为信息调制，二次调制为扩频调制，三次调制为射频调制。在接收端有相应的射频解调，扩频解调和信息解调。

**2）扩频通信的增益和抗干扰容限**

扩频通信系统在发送端扩展信号频谱，在接收端解扩还原信息，这样带来的好处是大大提高了系统的抗干扰能力。理论分析表明，扩频系统的抗干扰性能与信息频谱扩展后扩频信号的带宽比例有关。一般把扩频信号的带宽 $W$ 与信息带宽 $\Delta F$ 之比称为处理增益 $G_P$，即

$$G_P = \frac{W}{\Delta F} \tag{8.7}$$

公式（8.7）表明了扩频系统信噪比的改善程度。除此之外，扩频系统的其他性能也大都与处理增益有关，所以处理增益是扩频系统的一项重要的性能指标。

系统的抗干扰容限（$M_j$）的定义是系统在多大的干扰下依旧可以正常工作的能力，抗干扰容限表示如下：

$$M_j = G_P - (S/N_0 + L_S) \tag{8.8}$$

式中，$S/N_0$ 为输出端的信噪比；$L_S$ 为系统损耗。

由此可见，抗干扰容限与扩频处理增益正相关，提高扩频处理增益，抗干扰容限也会大大提高，从而保证其通信系统在很大的噪声下能正常通信。

**3）扩频通信在无人机自组网中的作用**

无人机自组网对信道编码技术的要求要比单机的要求高得多，它不仅仅是简单地增加了系统的无线终端，更对系统控制、抗干扰能力、隐蔽信号等提出了更高的要求。而扩频通信本身的优点正好可以满足无人机网络对信号安全和高速传输的要求，它在无人机自组网中的作用主要表现在以下几个方面。

A. 提高了频谱的利用率，保证了无人机网络的信道容量

因为扩频通信采用了相关接收技术，使其不仅可以在很强的信道噪声和热噪声环境中工作，而且可以在同一地区重复使用同一频率，并与现今的各种窄带通信共享同一频率资源，所以无人机网络采用扩频技术可以保证多终端同时工作时系统的信息传输速度。

B. 加强了无人机网络的抗干扰能力

扩频通信在发送端扩展信号频谱，在接收端采用相关检测解扩技术还原信息，可以获得很大的增益。它可以使有用的宽带信息信号恢复为窄带信号，把不需要的信号扩展成宽带信号，然后再通过窄带滤波技术提取有用的信号。对于各种干扰信号，因为其非相关性在解扩后的窄带信号中只有很微弱的成分，所以可以获得很高的信噪比。利用扩频码的自相关特点，可以在接收端从多径信号中分离出最强的有用信号，或把从多个路径来的同一码序列的波形相加合成（这相当于梳状滤波器的作用），这样能获得更高的信噪比；在采用频率跳变扩频系统时，由于同时采用多个频率的信号传送信息，不仅能起到频率分集的作用，还能达到抗多径干扰的目的。因此在无人机网络中采用扩频通信技术可以很大程度地加强系统的抗干扰性。

C. 保证了无人机网络通信的隐蔽性

扩频通信的发送功率很低（通常小于 1W），而且信号在相对较宽的频带上被扩展，所以在单位频带内的信号功率很小，常常淹没在噪声里而不易被发现，要想进一步检测信号的参数（如伪随机编码序列）就更加困难，因此它不仅可以保证无人机网络通信的隐蔽性，而且使得信号被截获的概率很低。

D. 增强了无人机的兼容性和扩容能力

扩频通信利用扩频码序列进行调制，所以可以充分利用不同码型的扩频码序列之间优良的自相关特性和互相关特性，可以在分配给不同用户码型的情况下区分不同用户的信号，这样无人机系统就能保证在同一频带上让更多的终端同时通信而互不干扰，还可以和其他的通信系统进行连接，从而提升无人机网络和其他系统的兼容性能。

总之，扩频通信技术提高了无人机网络信号传输的可靠性，保证了无人机网络通信的隐蔽性，加强了无人机网络的抗干扰能力，增强了无人机的扩容能力和兼容性，提升

了无人机系统的功能和拓宽了应用范围。

**4）通信切换在无人机自组网中的应用**

移动台在业务通信中，因为所处的位置和情况不同，通常会有不同的切换方式，一般包括以下几种。

A. 软切换

这种切换的特点是，移动台开始与一个新的基站联系时，并不会立即中断与原来基站之间的通信。软切换的局限在于只能用于具有相同频率的信道之间，但是软切换可提供在基站边界处的前向业务信道和反向业务信道的路径分集。

B. 更软切换

这种切换在同一个基站具有相同频率的不同扇区之间发生，更软切换是由基站完成的，并不会通知移动交换中心（MSC）。

C. 硬切换

要实现这种切换方式，移动台首先要中断与原基站的联系，再与新基站取得联系（硬切换一般发生在不同频率的信道间）。

在实现系统运行时，这些切换是组合出现的，可能同时具有软切换、更软切换和硬切换。例如，一个移动台处于一个基站的两个扇区和另一个基站交界的区域内时，就会发生软切换和更软切换。假如移动台处于 3 个基站交界处时，又会发生三方软切换。上面两种形式的软切换都是在具有相同载频的各方容量有余的条件下完成的，假设其中某一相邻基站的相同载频已经达到满负荷，就会发生硬切换，此时的 MSC 就会让基站指示移动台切换到相邻基站的另一载频上。当三方发生切换时，只要另两方中有一方的容量有余，就优先进行软切换。

当移动台处于同一个基站交换中心（BSC）控制下的相邻区域时，移动台既会维持与原交换中心的无线连接，又会与目标交换中心建立无线连接，之后再释放与原交换中心的无线连接。如发生在同一个 BSC 控制下的同一个交换中心不同扇区之间时，会发生更软切换。

导频信号的强度是切换的主要标准。导频信号是每个基站连续发射的未经调制的、直接序列的扩频信号，它的主要作用是使所有在基站覆盖区中工作的移动台同步。尽管导引信道的 PN 码相同，但是由于每个导引信道的时间偏置不同，移动台会根据每个基站的导引信号的强度来决定是否进行切换（导频信号强度被定义为接收到的导频能量与接收到的全部能量的比值），系统中的小区都会使用同一个频率，移动台会根据接收到的基站导频信号的不同偏置来区分基站是否相同。要使每个小区的导频信号有效，就要使之与其在信道中的正向业务信道相配合。当移动台检测到一个强度足够大的导频信号时，它会向基站发送一个导频强度测量报告，基站根据此报告决定是否进行切换。

一旦进行软切换，移动台首先会搜索所有导频信号并测量出它们的强度。移动台计算导频的所有多径分量 Ec/Io（一个比特的能量 Ec 与接收总频谱密度 Io 的比值）可以作为该导频强度的表示方法。当导频的强度大于某一个特定值时，移动台会认为此导频的强度已经足够大，能够对其进行正确的解调，但尚未与该导频对应的基站联系时，它就向原基站发送一条导频强度测量消息，指示移动台开始进行切换。

在移动台接收到来自基站的切换指示消息后，会将新基站的导频纳入有效导频集之中，并开始同时解调新基站和原基站的前向业务信道。当移动台向基站发送一条开始切换的消息时，会通知基站其本身已经根据命令开始对两个基站同时解调了。随着移动台的移动，两个基站中某一方的导频强度可能已经低于某一特定值，这时移动台就会启动切换去掉计时器。当该切换去掉计时器 $T$ 期满时（在此期间，其导频强度应当始终低于门限值），移动台会发送导频强度测量消息。两个基站接收到导频强度的测量消息后，将此信息发送至 MSC，MSC 再返回到相应切换指示消息，然后基站会给移动台发送切换指示的消息，移动台将切换去掉计时器到期的导频并将其从有效导频集中去掉，此时的移动台只与目前有效导频集内的导频所代表的基站保持通信状态，同时会发一条切换完成的消息给基站，表示切换工作已经完成。

当无人机单机或组群慢慢走出原先的基站控制区域，进入另一个基站控制区时，新基站与无人机之间的链路会取代原基站与无人机之间的链路，这时就会发生新的切换过程。如果仍采用传统的硬切换方式，系统一定会在一段时间内处于失控状态，对整个系统来说，其危害性是很大的。

在无人机自组网中，如果能够很好地应用软切换技术，那么在保障系统的信号传输速率和提高对信号的处理能力上将更加行之有效。软切换在无人机自组网应用中带来的性能改善主要体现在以下几个方面。

（1）软切换发生时，无人机单机只有在取得了与新基站的链接之后，才会中断与原基站之间的联系，从而极大地降低了通信中断的概率。

（2）软切换进行时，无人机群和各基站采用宏分集接收技术，它的好处是，不用过多地增加机载天线的发射功率，就能获得较好的抵抗衰落能力。基站分集接收，保证在参与软切换的基站中，只要有一个基站能正确接收无人机群的信号就可以保持正常通信。如果此时采用反向功率方式控制，还可以使移动台的发射功率降至最小，进一步降低移动终端对系统的干扰。

（3）软切换可以让切换的影响降到最小。软切换过程基本上不会引入硬件噪声，而且系统工作的功率变化也不明显，它对无人机系统的要求比硬切换低得多，所以大大加强了无人机系统的稳定性。

## 8.3.6　无人机的组网方式、网络结构及关键问题

### 1. 组网方式和网络结构

作为一种新的网络体系结构，主动网络和传统网络有着很大的不同。传统网络只负责转发终端和系统之间的数据，不对数据内容进行调整、修改和改造；而主动网络能够使网络内部的计算和处理功能大大增强，其网络的交换设备会对经过它的用户数据进行计算和分析，而不仅仅是被动地转发，从而极大地提高了网络的适应性。

主动网络的主动主要有以下两层含义：一是指交换设备对经过它的用户数据进行计

算及处理；二是指用户可以将程序输入网络，从而增加制定更具有针对性的处理程序的可能性。这样一来，主动网络交换设备之间及交换设备和用户之间可以交互程序代码，大大地增强了网络的性能和交互能力。

采用主动网络技术来构造无人机网络系统，可以满足对无人机自组网的要求。而建立在主动网络技术基础上的无人机网络系统具有更加强大的功能，因此具有更加广阔的应用前景和更大的应用价值。

要实现主动网络技术的无人机网络系统还必须要有一个可实现的网络结构，根据不同的组网决策可以获得不同的基本网络结构图，目前无线移动通信网按组网方法通常可以分为 4 类。

### 1）完全集中式的组网方法

完全集中式网络由一个中心节点，多个中继节点和多个终端组成。其路由选择方式全部由中心控制系统来完成，而中继节点和终端都没有路由选择的功能。中继节点之间可以通过转发组的方式来扩大中心节点的通信范围，终端仅仅具有简单的发送和接收功能。

### 2）分层集中式的组网方法

分层集中式网络主要包含几个集中控制式的分层，上一级分层的节点是下一级分层节点的中心节点。这种组网方式具有一个或多个中心节点，这些中心节点对组网非常重要，整个网络会因为这些中心节点的连接被破坏而瘫痪。因此，这种组网方式不适合应用在对网络的抗毁性能方面要求很高的无人机网络中。

### 3）完全分布式的组网方法

完全分布式网络中的网络控制由所有网络节点均匀分担，所有节点处于均等的地位，若要有效地进行网络控制就必须要求所有节点完全同步。因为这种组网方式需要在所有节点之间交换组网信息，所以会增加大量的附加开销，显然这不适合于频段资源缺乏和网络联通结构经常发生改变的无人机网络中。

### 4）分层分布式的组网方法

在分层分布式的网络中，网络结构是分多层的，在同一层结构中所有节点的地位都相同。分层分布式的组网方法大大地减少了网络资源的开销。对于一个由控制节点和数据终端组成的两层的分布式网络，当用户要和一个自己并不直接连接的节点通信时，用户只需将分组发送到本地的控制节点上，再由分组转发到目的节点即可。分层节点之间采用完全分布式，这种方式可以使路由选择只由网络中的小部分节点来完成，这样既减少了节点间需要交换的组网信息，又解决了集中式网络路由控制过分集中的弊端，因此非常适合无人机网络。分层分布式的分群组网方式，只需要相对较少的控制节点就能完成网络的路由控制，这样就能减少网络的附加开销，提高网络对业务量变化的灵敏度。其结构示意图如图 8.14 所示。

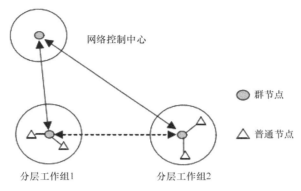

图 8.14　分层分布式分群网络结构示意图

整个网络系统由几个网络分群组成，所有网络节点在网络中有两种不同的地位：群节点和普通节点，网络可以根据具体的情况来自我调整。其中物理协议可以采用时隙系统，它给每一个节点分配一个相应的时隙，当一个节点分配的时隙到达时它才开始工作，而其他的节点不工作，时隙系统的优点是使各个节点分别使用不同的时隙信道，而不会发生碰撞。分群结构中节点是不断移动和变化的，因此建立的通信路径也会不断变化，如果网络中的源节点和目的节点之间有多条可用的通信路径，就会存在路径选择的问题。而主动网络可以选择合适的路由来获得较好的网络特性，包含取得较高的吞吐量、较小的时间延迟和较高的网络可靠性。

在无人机网络中，节点可以移动并且其能力往往相同，所以网络并不适合采用集中式控制结构。尤其在无人机工作和应用的环境中，中心节点容易被发现和摧毁，这会极大地影响网络的性能，也说明在无人机网络中并不适合采用中心控制式的组网方式。

## 2．无人机自组网中的关键问题

无人机自组网的过程中需要考虑许多方面的问题，针对当前无人机自组网的特点，对以下几个关键性问题进行探讨。

### 1）网络数据备份

信息作为数字化的网络中最根本的要素，它的采集和正确的传输是非常重要的。但在某些情况下因为数据量很大，而网络的传输能力相对较弱，无法保证把所有的信息立即传输出去，有时甚至会因网络而引起通信中断，因此如果没有网络的信息存储能力，网络的用途将是非常有限的。在无人机网络中，因为无人机工作的范围大、飞行的距离远，可能会经常出现通信中断的情况，这时如果不能够及时地把获得的信息存储下来，无人机先前的工作就失去了意义。如果网络中个别的无人机出现故障或损坏时，网络备份还可以把已经获得的信息通过网络上的其他终端进行保存并发送回基地。所以在无人机网络中必须要有一个完善的网络信息备份机制，以保证信息的可存储性。

### 2）信息的加密处理

信息加密是信息在无人机网络可靠传播的重要保障。因为无人机是工作在远距离的无线环境下的，在网络中传输的信息容易被侦察，如果不对信息进行加密处理，后果是非常严重的。而对信息加密的情况要具体分析，在对获得的原始信息进行处理时，因为信息是在内部工作的，而内部是一个封闭的环境，所以就没有加密的必要，如果对信号先加密再进行处理，工作的效率就会大大降低；而对要通过无线方式发送的信息就必须进行加密处理，哪怕只是在距离很近的群内通信，也必须要对信号进行加密处理。在信息处理的流程中不仅需要考虑信息加密的位置，还要考虑加密信号所采用的方法。因为在不同的情况下，不同的信号加密方法会有不同的效果，特别是在信号容易被侦察的情况下，必须要经常改变信号在无线信道中的加密方法，使得加密的信号很难被破解。

另外，无人机出现故障而失去控制时，必须有应急的措施将数据进行销毁，以保证信息加密的安全性。

### 3）信息的预处理问题

无人机网络工作时，会有大量的信息进入无人机系统，如果不对这些信息进行预处理，信息的容量将会很大，这不仅会影响对信息量的存储，更重要的是会影响到对信息的传送和处理的速度。所以必须要通过必要的环节来完成这个任务，多专家系统在这个环节上起了至关重要的作用。

多专家系统的特点是根据任务的性质和具体情况进行必要的模块切换，对处理过的信息进行必要的分类和存储，然后根据任务的性质进行后期的处理。这个过程是由专门的程序来完成的，处理的速度和效果都会比较好。

### 4）工作模式的切换

要保证无人机网络完整的功能，工作模式的切换是必需的。因为无人机所处的环境变化大，情况可能不同，所以需要对工作模式进行调整，以保证网络处于最佳的工作状态。工作模式的切换包括对信号的处理和工作频段等内外部的切换，它和任务的转换过程相关。

工作频段的选择要根据具体的任务通过机载的系统专家来判定，在正常工作的情况下可以采用通用的频段，以保证信号的隐蔽性；在特殊情况下，如信号的干扰太强，但要求信号必须立刻传输时，可以选择干扰小的特殊频段，此时应该采用跳频的方式，增强信号的保密性。

内部的切换主要是对单机系统的任务和工作方式的切换，一方面是为了得到更好的工作效果，另一方面是因为任务的变化要进行内部的调整。内部的切换包括部分硬件的切换，但主要是完成内部的软件切换，实际上就是对任务控制系统的调整。

无人机自组网是一个广义的局域网络，它采用分层分布式的网络，以保证无人机自组网的功能。采用负反馈的方式可以实现对网络的整体控制，各个终端及时地将信息反馈给网络控制中心，然后再按照控制中心的要求进行校正，在某种程度上，这种方式解决了无人机单机工作的缺点。

采用主动方式建立的无人机网络可以应用于无人机工作距离和环境变化大及干扰多的情况中，在网络的结构和部分功能出现问题时可以进行必要的调整，保证网络功能的完整性。

采用分层分布式的分群网络可以减少网络中控制信息的传输量，降低网络中的关键节点数，提高信道的利用效率，增强无人机网络的抗毁能力。无人机自组网工作流程如图 8.15 所示。

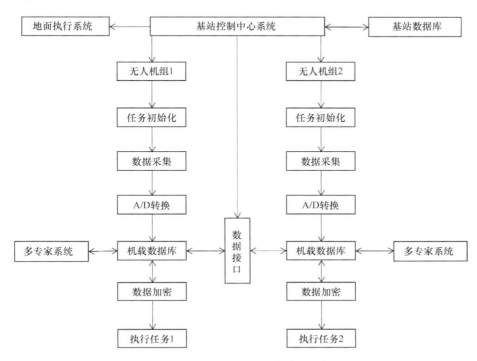

图 8.15　无人机自组网工作流程示意图

其工作过程如下：在网络组建之前和网络组建过程中，首先要建立网络资源数据库，存储网络的设备种类和数量及网络的结构、性能参数与分布情况等，然后根据任务需求和网络资源数据库优化设计工作网络的拓扑结构，并由此开通网络，此时的网络处于初始的工作状态；在执行任务的过程中，要对目标进行相关的数据采集，并进行必要的预处理，删除原始信息中的冗余信息和无用的信息，然后再对信息进行备份（必要的时候可以在网络上备份），接着对经过预处理的信息进行加密，把信号通过数据接口发送出去。基站控制中心在接到各个群发送的信息后会根据具体情况，再把相关的控制信息发送给各个终端，各个终端再按照新的指令进行调整和执行新的命令。

网络安全问题的研究和解决是保证无人机网络得以实现的一个先决条件。许多现有的无线网络安全协议虽然不能完全适用于无人机网络，但还是有很多值得借鉴的东西，所以可以结合无人机的特点在构建无人机网络时吸收利用。

## 8.4　基于 UAV-WSN 技术的应用

传统的农业信息数据的采集方法主要是人工采集，这种方式拥有比较不错的灵活性和较为理想的精确度及相对较低的成本，可是由于人工采集方法没有办法得到大面积的农业数据信息，因此其对精准农业的研究和发展存在难以弥补的短板。伴随着无线传感器传输技术、自组网技术、通信技术及控制技术的不断发展和完善，现代的农业信息数据获取技术已经能够实时地通过放置信息数据采集节点或者智能仪器设备采集被监测农作物的各种状态数据，如当前作物的地理位置、土壤墒情、生长状况及产量等信息数据，从而做到实时、任意、精准地监控农田信息，这恰恰很好地达到了精准农业的需求。目前地面农业信息采集系统依然面临着许多问题，如通信协议不完善、无线通信设备成本较高、安全性能不佳及供电不足等，相比于国外优秀的先进技术，我国农田信息采集装置和设备在集成和自动化方面亟待跟进。

航空遥感通常指机载遥感，通过使用飞机、飞艇等空中移动飞行器搭载传感器相关设备对目的区域进行巡航遥感，是从航空摄像侦测衍生而来的综合性、多功能的检测技术。根据飞行器的飞行高度分为低空、中空、高空三级航空遥感。航空遥感的主要平台设备是有人驾驶飞行器，其具有很高的传感器分辨率、遥感数据容易回收、不容易受到地面状况的干扰影响、遥测周期比较短等优点。高空飞艇等遥感飞行器平台的造价低、航空管制限制低、滞空时间长等优点，使得其在航空遥感领域应用较为广泛。上述两类飞行器平台飞行高度较高，可以在平流层进行遥感工作。

除了以数据记录形式的传统航空摄影的遥感方式以外，成像和非成像遥感方法也是遥感中比较常见的形式。在非成像遥感方式中，常见的一般有微波探测、地物波谱测试和激光测高等；而在成像遥感方式中，红外扫描、侧视雷达和多波段摄影等较为常见的。在航空遥感平台上，传感器一般包括侧视雷达、航空多谱段扫描仪及航空摄影机等设备。侧视雷达通常安装在飞行器的外侧，在其发射的微波信号在目标物体上散射并返回脉冲信号之后，通过显示成像方法，在显示器上形成雷达图像。航空多谱段扫描仪与单波段航空图像相比，其携带的信息量远远要多。同样，航空摄影机在平台上也可以得到形式多样的航空像片。

航空遥感拥有高空间分辨率、大成像比例尺、简单地面处理设备和成熟的相关技术等优点，使得其广泛应用于大面积地形测绘和小面积详查领域。但是由于续航能力的影响，航空的监测范围和全天候作业能力受到制约。即便如此，航空遥感依然在地球环境与资源探测研究领域得到了广泛的应用。特别在近些年来，无人驾驶飞机因其机动性能、使用成本和操作简单等优点已经被视为理想的航空遥感平台。以无人机为平台构建的农业信息获取和传输系统在精准农业中已经得到应用，并对相关的信息获取进行完善和补充，为现代精准农业提供实时、准确的信息支持，从而满足现代精准农业对信息快速检测的要求。与此同时，无人机产业的技术基础和产业应用理论因其在农业领域的实际应用得到了丰富和发展。

## 8.4.1 基于无线传感技术的无人机与灾害监测

国外的无人机在灾害监测领域的应用较早，并获得了不错的实际效果。目前，国外无人机在火灾、气象、地质灾害现场得到较大力度的使用。近些年来，国内加强了无人机在灾害监测方面的研究，并获得了比较好的成果，其在 2008 年的特大冰冻灾害、汶川 8.0 级地震和 2010 年的玉树 7.1 级地震的灾害监测中都得到了很好的应用。尤其是在地震灾害当中，由于地震灾害影响范围广，破坏范围大，常规的监测手段已不能满足此类灾害，无人机因其独特的优点，在地震损失检测、灾后重建情况跟踪方面发挥了非常大的作用。因此，加大对无人机在灾害领域的研究力度，对于加强国内对灾害监测和救助力度，以及对灾害现场实时监控具有重要的实际意义。

北京时间 2008 年 5 月 12 日 14:28，四川汶川县（31.0°N、103.4°E）发生里氏 8.0 级地震。这次地震破坏性、受灾程度都是新中国成立后最严重的。在地震发生之后，民政部相关技术工作组快速赶赴灾区，使用无人机对相关重灾区进行地震灾情数据收集和评定工作。5 月 15 日，技术工作组通过实地考察和无人机航拍结合的方式，获取了灾区大量的高清晰度的遥感影像和图片数据信息。前线抗震救灾指挥部根据收到的数据信息，制定出了切实有效的救灾方案。

同时，民政部国家减灾中心与首都师范大学，对北川县地震灾区无人机遥感影像（图 8.16）进行了判断和分析（图 8.17），结果表明：在遥感影像中显示的北川县城南部地区建筑物面积大于 10 000 $m^2$，其中直观倒塌面积占 75%以上；地震引发的滑坡对北川县曲山镇西南的老县城造成了严重破坏，使得省道 S302 难以通行；曲山镇滑坡造成的崩塌、倒塌房屋堵住河流；堰塞湖水位的不断抬升，造成曲山镇以西的沿江公路被水淹没，无法通行。这些遥感图像为民政部指导北川县抗震救灾工作提供了第一手资料和可靠依据。

图 8.16　5 月 15 日北川县地震灾区无人机遥感影像拼接图

图 8.17　北川县地震灾区典型灾害遥感影像判读图（部分）

民政部首次将无人机应用到救灾当中，并取得了良好的应用效果。实践表明，无人机技术在救灾救援方面拥有积极的促进作用，具体主要体现在以下几个方面。

（1）增强灾情监测能力。在严重的地质灾害（如地震、洪涝、干旱等）中和恶劣的地理条件（如山路不通、工作人员无法到达的地点）下，能够通过使用无人机迅速到达指定的灾害现场进行灾情数据采集与监测，为灾害应急指挥提供实时有效的信息支持。

（2）提供客观灾情信息。通过无人机提供的客观真实的遥感影像数据，可以排除人为等主观因素的影响，有助于灾害指挥中心得到准确的判断和评估，并制定切实有效的救灾措施，降低灾害影响。

（3）监督灾区重建进程。无人机遥感影像数据除了可以为灾后重建工作提供依据以外，还能为重建工作的相关项目提供验收和评判依据。

（4）提升预警监测水平。以无人机为搭载平台，采取航拍技术对灾情进行监测，通过航拍遥感技术获得大量影像数据信息，建立灾情数据库，提高灾害预警的准确性。

（5）健全对地观测技术在灾情救助方面的应用。作为遥感监测的一部分，无人机灾害监测弥补了卫星遥感、航空遥感等对地观测的精度低、清晰度不够等不足，改善了我国的灾害遥感监测系统。

无人机对灾害监测包含以下三方面应用技术。

（1）飞行器。主要研究飞行过程控制、飞行半径范围、持续续航能力、抗恶劣气象能力等方面。飞行器结构由机身、飞控系统、通信系统和数据发射回收系统四部分构成，它们对飞行器的飞行性、安全性、监控性和可维护性起着决定性的作用。

（2）采集器。主要指飞行器搭载的各种遥感设备，包括红外扫描仪、高清数码相机、合成孔径雷达等。采集器根据采集任务不同而有所区别。同样，采集器设备自身的仪器设置参数也因采集任务不同而进行改变。以地震灾害为例，灾区的灾害遥感影像数据信息通常使用感光度好、存储量大的相机进行采集，广角对焦尽量无穷远，以便获取具有较高分辨率的影像信息。

（3）数据处理与分析。主要对象是无人机采集的遥感影像，通过图像处理等相关技术获取有价值的灾情数据。无人机在飞行过程中受到自身因素的干扰会导致采集的影像数据产生失真问题，因此需要校正采集的影像数据；另外，还需要处理遥感影像拼接形成的灾区整体灾情监测图像。通过无人机采集的遥感影像信息需要经过相关的数据分析，并结合以往经验，才能合理而有效地通过影像信息反映出真实的灾害监测状况。

## 8.4.2　基于无线传感技术的无人机与农情监测

农情监测是以遥感技术为手段对农业生产过程中的各种状态数据信息进行监测，其内容是对农作物的生长情况、具体墒情及病虫害等信息进行监控。在应用场景、时效性和准确度方面，常规的监测手法难以与之相比较。目前星载高空间分辨率数据重访时间过长，无法满足农业生产过程中因农业生产变化快，需要指定时间范围内的影像数据的要求。由于高精度 GPS 实测地面样方的方法效率低，且实测样方的面积不够大等问题，难以有效推广，而无人机遥感技术能够很好地解决这类问题。无人机成本低、操作简单、采集数据效率高和影像分辨率高，具有可以快速采集某些研究区域对象遥感数据的功能，并且可以结合地面站的农作物检测数据，完成研究区域内的农情监测工作。

当前无人机的研究领域主要集中在无人机的飞行控制系统研制、图像处理方法及影像采集精度等方面。虽然也报道过一些行业内的应用，且集中在国防军事、地理测绘勘探、自然灾害监测等领域，但在农田农情监测领域涉及相对较少。因此无人机在农田农情领域有着很广泛的应用前景。

## 1. 无人机与农情监测

传感器节点通常具有体积小、能耗低、价格便宜等特点，并且能够对外界的环境数据进行感知，同时还拥有无线数据传输和数据处理等功能。一般传感器节点拥有微型控制器，这类节点可以用来感知各类环境数据，如土壤温湿度、水体 pH、光照强度或者其他类型的数据。许多这类传感器节点按要求布置在制定区域当中，并且这些节点通过特定协议能够组成一个密集的无线 Ad-Hoc 传感器网络。一个传感器节点通常只能准确地感知当前节点位置的环境数据，无法宏观地展示监控区域整体的环境参数，但是通过在大面积农田或者农业作物种植区域中布置的无线传感器节点，能够形成农业信息感知系统，并对当前监测领域的环境进行大规模的感知与数据采集活动。

中继节点是连接无线传感器节点和移动无人飞行器通信与数据传输的桥梁和枢纽，其自身不需要感知环境信息，它作为区域农田无线传感网的数据集中节点，主要用来通知其所在区域内的传感器节点去采集数据，并将数据存放在中继节点的缓存区中，在规定的通信时间内将数据传输给无人飞行器。每一个中继节点之间的距离可以很大，而且不需要相互通信。一般来说，中继节点与传感器节点相比，有更强的电源供应和较长时间的生命周期，可以通过天线增益等方式提供较大的通信范围。

无人飞行器是携带移动通信设备的固定翼或旋转翼无人驾驶飞行器，自带动力并且可以控制，没有驾驶舱，但安装有自驾仪、飞行姿态控制等设备。无人飞行器通常携带多种通信设备，支持目前市场上多种通信协议和通信接口，因此，无人飞行器可以有多种通信手段与控制平台进行通信。飞行器能够提供电源，携带的设备需要具备一定的运算能力和存储功能，从而实现数据压缩和处理。当出现通信质量不好的情况时，从地面接收到的数据应该能够存储在缓存区中，在恢复良好通信质量时，再将数据传送给数据中心。

数据中心由服务器、数据库、存储系统、地理信息系统、农田信息系统、高速网络通信等资源组成，主要作用是接收由无人飞行器传输回来的数据。为确保数据的完整性和可靠性，数据中心可以将收集到的感知信息进行统计分析、数据挖掘，从而做出决策或采取相应的行动（如对无人飞行器发出指令、调整路径采集数据等）。用户、计算机或其他设备可以访问数据中心的数据，数据中心在互联网或移动互联提供服务终端的访问后，可以友好直观地展示分析后的数据信息界面。

应用过程中，通常在地面布放 8 个中继节点，每个中继节点之间的距离超过 150m，确保每个中继节点不会干扰和影响其他地块内节点的工作。依据星形结构放置 2~4 个传感器节点，一般这些传感器节点只与邻近的中继节点进行通信，如图 8.18 所示。此时，无人机速度为 1m/s、飞行高度为 15m，在空中按照预先设定的轨迹飞行，飞行过程中在进入中继节点 $n$ 的通信范围时，立刻与节点 $n$ 建立通信，并进行农田数据的采集（$n$ 代表具体数字 1、2、3、4 等）。

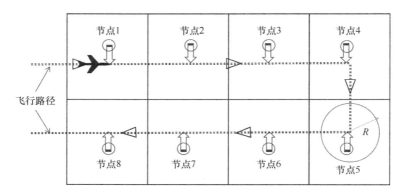

图 8.18　试验设备

　　无人机影像农情遥感监测的研究主要有 3 个部分：无人机作物识别方法研究、无人机影像获取与定位原理、外业方案及地面数据采集。无人机作物识别方法研究主要通过面向对象分类方法和监督分类方法，以精度评价为手段，开展不同种类农作物面积识别精度与能力的研究。外业方案及地面数据采集主要包括布设基站与传感器节点，获取农田区域、农田农作物分类及作物生长状况信息等。无人机影像获取与定位原理是根据本次研究所采用的无人机的具体情况，介绍包括相机参数设置及校验、航线规划、无人机影像定位原理与方法等方面的内容。

## 2. 无人机与农作物信息获取

　　目前，无人机已经被应用于农作物的农情数据获取领域。通过无线传感技术，无人机可对田间作物的信息进行自动采集，并将其上传到数据中心或者物联网系统中心进行处理。浙江大学何勇教授团队已经实现了利用无人机在不同区域的果园和桑园中进行数据中继与数据采集，如图 8.19 所示，桑园部署有无线传感器网络，旁边楼顶花房也有空中无线传感器网络，在正校门北侧也有一片果园。平时，3 个无线传感器网络因为距离与楼房遮挡等无法实现相互中继与通信，而通过无人机中继或定时采集，实现了在楼顶数据监控中心对三地信息的统一获取。该实验中，无人机在整个数据交互进程里分别通过两种方式完成数据获取：自组网式数据采集和读数式数据采集。

### 1）无人机自组网式数据采集

　　在采用无人机自组网式数据采集方式时，无人机在整个数据采集过程中并不需要飞行到指定作物种植区域上空，而是要在不同种植区域之间做飞行停留。其功能类似于无线传感器网络中的中继节点，在间隔距离较远且无法实现数据传输的种植区域间构建起通信桥梁。当无人机飞行到指定区域后，通过相关的组网技术与田间的感知单元建立无线传感器网络，通信网络构建之后，感知单元的数据采集节点将作物数据信息发送到无

图 8.19　无人机农作物数据采集

人机端，无人机再将其传输到下一区域，完成数据中继后，无人机进行下一个地点的数据中继传输。

　　在实验研究中，如图 8.20 所示，在桑园和果园中安装有数据感知单元，考虑到桑园和物联网控制中心距离较近，可以直接进行数据传输，而果园和桑园的距离较远，无法直接建立稳定的无线通信网络，因此，控制无人机飞行到果园和桑园之间，然后无人机与果园和桑园之间自动完成组网，并构建起桑园和果园的通信网络，随后果园自动将采集到的数据通过该网络传输到桑园的控制节点，控制中心直接获取桑园感知单元采集的数据和果园的数据信息。

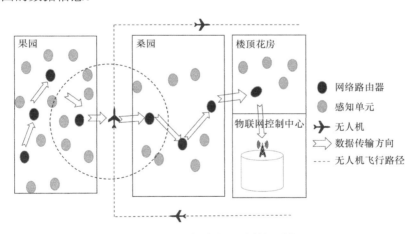

图 8.20　无人机自组网式数据采集

### 2）无人机读数式数据采集

　　与自组网式数据采集不同，采用无人机读数式数据采集方式时，无人机在整个通信过程中始终处于一个采集数据的状态。当需要获取农作物种植区域的数据信息时，无人机飞行到指定作物区域，与该区域内的数据感知单元通过相关的组网技术建立起通信网络；随后，无人机通过广播的方式，主动获取本区域农作物的各类数据；获取数据结束后，无人机飞离采集区域进入下一个采集区采集数据；当采集完所有农作物区域的数据后，无人机飞回控制中心，并将已经采集到的数据上传到控制中心，从而完成整个数据采集过程。

在实验研究中，同样以桑园和果园为对象，区别于无人机自组网采集，在读数式数据采集方式中，无人机通过预先规划好的路径飞入果园区域上空，并与果园当中的传感器感知单元组建连接网络；通信网络组建好之后，无人机主动下发广播命令，要求感知单元将预先采集到的相关数据信息发送到无人机；数据接收结束后，无人机按照规划路径飞入桑园区域上空并重复之前的过程；最后无人机将所有采集到的数据上传到数据控制中心，如图 8.21 所示。

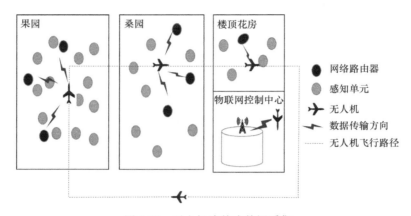

图 8.21　无人机读数式数据采集

### 3）无人机数据获取方式比较

自组网式数据采集方式和读数式数据采集方式相比，前者数据传输快，能够减少采集时间，但是组网难度较大，不适用于远距离多区域作物的数据采集；读数式数据采集方式操作简单，与农作物种植区域内的感知单元组网也简单，但是在多区域作物的情况下，耗时较长。

## 3. 无人机与作物识别方法

通过无人机对研究区域的农作物面积进行识别的方法有两种。一种是基于最大似然分类法（maximum likelihood classification，MLC）的监督分类方法。最大似然分类法数学理论基础严密，具有较好的概率统计特性，一直被认为是比较优秀的分类方法。在传统的图像分类中，最大似然分类法得到了较为广泛的应用。该方法以确定一个分类函数为目的，对训练样本进行相关统计和具体计算，得到各个类别的均值和方差等参数，然后通过向各个分类函数代入待分类图像中的像元点，从而计算出其最大似然概率。

另一种识别方法是面向对象的分类方法，它利用影像多尺度分割的法则，以影像对象作为信息提取的基本单元，通过采用模糊数学方法获得相应对象的属性信息，进而实现类别信息的自动提取。影像分析分为两个独立的过程：对象生成及信息提取。对象生成是运用相关分割技术产生不同属性影像对象，影像分割是影像分析的必要条件。影像的信息提取是基于模糊数学的分类方法，依据对象属于某一类的相对概率并根据地物特征和整体空间的相关信息建立一个模糊的知识库，从而对类别信息进行自动提取。

## 4. 无人机在农情监测领域的优势和前景

相比于卫星影像，由于无人机影像拥有很高的地面空间图像分辨率，因此在农业农情监测领域，无人机有很强的优势和广阔的应用前景，而且，无人机影像具有农作物精细纹理等额外的遥感信息，因此在精准农业遥感监测领域，无人机同样拥有很广阔的应用空间。一方面，无人机可以用于统计地区作物的种植结构，收集作物生长态势信息等，为大面积农作物相关信息的计算提供参考依据；另一方面，无人机可以为地面作物提供样本参考数据，获取由于影像区域有限而造成缺失的样本信息。在农情监测中，利用无人机影像进行农作物分类提取方面的研究成果有很多，并且无人机在获取效率方面仍有很大的挖掘潜力。在调查成果方面，传统的 GPS 测量方法只能简单地获得样方内土地覆盖的矢量图。由于无人机在农情遥感监测领域起步相对较晚，因此需要进行更多的研究工作，其中包括制作和获取更高精度和更多类型的影像图（红外、多光谱和高光谱等），针对农业应用方面进行更多地研究，如植被指数研究、作物长势评估研究、作物产量预测及灾情监测等。

## 8.4.3　基于无线传感技术的无人机与森林防火

林业是全国生态建设的主体部分，在保持国家经济增长和社会发展中起着不可替代的作用，对环境保护起着举足轻重的作用。我国拥有面积为 1.75 亿 $hm^2$ 的森林，18.21% 的森林覆盖率使得我国既是森林资源大国，同时又是森林火灾多发国家。利用相关高科技技术手段预防、监控和解决森林火灾问题及调查研究林业资源逐渐成为林业产业发展的重要方向。近些年来，国外在森林防火方面出现了较多的新方法、新技术及新应用，但是国内在森林防火方面的技术研究仍处于落后的现状。不过，随着国家和政府对森林保护的投入力度增大，在森林防火方面，出现了相对先进的技术，如运用资源卫星对森林火场进行监控、使用无人机系统对森林状态及森林灾情进行监控（图 8.22）。

图 8.22　无人机防火技术

## 1. 无人机在森林防火中的具体用途

### 1）日常森林防火巡护

传统的人工巡护耗时，浪费较多的人力资源，存在较多的巡护盲点。相比于人工巡护，无人机的巡护效率要远远高于传统的巡护方式，同时也能够节约大量的巡护成本。

### 2）森林防火

A. 快速定位火点

利用无人机上搭载的红外设备及可见光摄像机，快速获取发生森林火灾的位置（经度、纬度等），并将灾情位置信息通过无线通信网络迅速传输到地面指挥控制中心，同时将其显示在地面站的数字地图上，为消防部门快速制定救灾方案提供依据。

B. 快速确定火情

利用无人机实时拍摄，将火场的轮廓、火情蔓延速度情况及火情面积等相关重要数据实时传回地面指挥控制中心。指挥中心研究灾情，合理地部署火灾救援方案，快速动员、有效组织并部署灭火队伍。这将提高火灾救援效率，同时还能防止消防人员受到不必要的伤害。

C. 提供最佳撤离路径

从无人机传送过来的各项数据信息，一方面可以使消防部队迅速安排人员对重点区域进行灭火工作；另一方面还能供指挥中心依据火场图像资料信息制定最佳撤离路线，以便消防人员撤离危险地区。

### 3）人工增雨

无人机系统应用于人工增雨作业，操作简单、机动性能优异、投放便捷，因此它适合在森林救灾过程中实施人工增雨作业。无人机将人工增雨所需要的增雨材料挂载在飞机机身下侧，通过地面控制中心的控制启动人工增雨操作。通过无人机进行人工增雨作业不仅能够提高森林火灾救援的效率，也能减少因救灾而产生的次生环境问题。

## 2. 通过搭载不同任务载荷可有效提高消防工作的机动和搜救效率

### 1）双通道红外成像仪

双通道红外成像仪发射的红外线可穿透烟雾对火灾现场进行成像，无人机实时将成像后影像通过图像传输系统传输到地面控制系统，地面人员可以有效确认人员及危险品等重点人或物的具体位置。双通道红外成像仪具有区域温差显示、最高温度定位、红外及视频影像、双视频通道叠加等功能。

### 2）高分辨率数码相机

在观测 100m 以内的事物时，高分辨率数码相机的分辨精度可以达到 10mm，能够记录事物的细节；对发生火灾的区域进行记录拍照，形成时相性强的火灾区域遥感图像，使任务决策、灾情管控及灾后重建更加直观有效。

### 3）高清数码摄像机

无人机通过机载摄像机将火灾现场的实时视频影像摄录下来，并通过实时图像传输系统将视频数据发送到地面控制站，有效协助相关工作人员锁定、关注火灾现场的情况。

### 4）物资投递设备

无人机集成各种救灾相关设备，如探杆、线轮、物品仓和软梯等，执行相关救灾物资横向快速投递、电路或通信线路牵引及相关传单大范围高投等工作。

### 5）其他

广播、照明、通信中继等。

## 参 考 文 献

李罕上. 2014. UAV-WSN 系统 MAC 协议及 UAV 的路径规划研究. 哈尔滨: 哈尔滨工业大学硕士学位论文.

宋渊. 2008. 无线传感器网络 MAC 协议研究及性能优化. 西安: 西安电子科技大学硕士学位论文.

Intanagonwiwat C, Govindan R, Estrin D. 2000. Directed diffusion: a scalable and robust communication paradigm for sensor networks. New York, USA: Proceedings of the 6th annual international conference on mobile computing and networking. ACM: 56-67.

Li Q, Aslam J, Rus D. 2001. Hierarchical power-aware routing in sensor networks. New Brunswick, USA: Proceedings of the DIMACS workshop on pervasive networking.

Lindsey S, Raghavendra C S. 2002. PEGASIS: power-efficient gathering in sensor information systems Los Angeles USA: Proceedings of the IEEE Aerospace Conference. IEEE: 1125-1130.

Liu B, Brass P, Dousse O, et al. 2005. Mobility improves coverage of sensor networks. Chicago, USA: Proceedings of the 6th ACM international symposium on Mobile Ad-Hoc networking and computing. ACM: 300-308.

Pottie G J, Kaiser W J. 2000. Wireless integrated network sensors. Communications of the ACM, 43(5): 51-58.

Rahimi M, Shah H, Sukhatme G, et al. 2003. Studying the feasibility of energy harvesting in a mobile sensor network. Proceeding of the 2003 IEEE International Conference on Robotics & Automation: Vol. 1: 19-24.

Shah R C, Rabaey J M. 2002. Energy aware routing for low energy ad hoc sensor networks. Orlando, USA: Wireless Communications and Networking Conference. IEEE, 1: 350-355.

Wang W, Srinivasan V, Chua K C. 2005. Using mobile relays to prolong the lifetime of wireless sensor networks. New York, USA: Proceedings of the 11th annual international conference on mobile computing and networking. ACM: 270-283.

Weiser M. 1991. The computer for the Twenty-First Century. Scientific American, 265(3): 19-25.

# 第 9 章　农用无人机的其他应用

## 9.1　授　粉　作　业

### 9.1.1　概述

　　春种一粒粟，秋收万颗子，一粒小小的种子与农民的收入息息相关。当前，我国水稻种植和收获机械化水平发展较快，在 2016 年，水稻的耕种和收获基本实现了机械化。但杂交水稻制种机械化水平仍处于较低水平。20 世纪 60 年代，我国成功培育出水稻不育系、保持系和恢复系的"三系"配套，率先在世界上育成杂交水稻。在杂交水稻生产过程中，授粉是制种尤为关键的一个环节，直接关系到杂交水稻的产量与质量。杂交制种由不育系（母本）与恢复系（父本）杂交而成（王帅等，2013）。杂交制种属于异花授粉，父本所提供的高密度花粉充分、均匀地落在母本柱头上，才能获得满意的种子结实率，所以说辅助授粉是保证制种成功的关键因素之一。水稻授粉是一项技术要求强、精度要求高、时间要求紧的作业，受气候环境影响明显。目前传统的人工授粉方法包括：双短竿推粉法、绳索拉粉法、喷粉授粉法、碰撞式授粉等（图 9.1）。另外，水稻的花期很短，开花时间为 10:00～12:00，花粉的寿命也短，这些生理原因都会导致水稻授粉率的下降。为了提高花粉的利用率和母本的结实率，在整个人工授粉时期，需要保持每天授粉 3 或 4 次，且必须在 30min 内完成，"赶粉"时动作要快，才能保证花粉弹得高、散得宽。但是这些传统方法都需要消耗大量的人力和物力，也不能满足规模化授粉作业的要求。

a. 双短竿推粉法　　　　　　　　　　　　　　　　b. 绳索拉粉法

图 9.1　传统的杂交水稻授粉方法

　　微小型农用无人直升机具有精准作业、高效环保、智能化、操作简单、环境适应性强、无须专用起降机场等突出优点，在农业生产中越来越受到青睐，目前已研制有多种机型的无人直升机进行田间植保作业的示范应用。为了适应社会和现代农业发展的需求，如何利用无人机的优势，实现杂交水稻制种全程机械化，已成为近期水稻产业中最重要的技术突破。

直升机授粉的工作原理为：利用螺旋桨产生基本与植株平行的搅动气流，且该气流有垂直向下和水平作用两个分量，水平分量将花粉从父本柱头上吹散，随风力散落到母本柱头上，往复 2 或 3 次完成授粉作业（王帅等，2013）。无人驾驶直升机具有作业高度低、无须专用起降机场、操作灵活轻便、环境适应性强等突出优点，授粉作业效率可达 $80\sim100hm^2/d$，是人力的 20 倍，且成本较低，适用于大面积水稻制种辅助授粉作业（汪沛等，2014）。在水稻机械化制种过程中，辅助以机械授粉和喷施农药激素技术，改变田间父本和母本的种植群体结构，研究父本和母本的机械化种植、收割、种子田间化学干燥和机械烘干技术，从而实现从田地耕整、播种移栽、施肥喷药、授粉、收割到种子干燥的全程机械化制种作业的技术路线。杂交水稻制种全程机械化技术能节省大量劳力，大幅减轻劳动强度，降低劳力成本，可促进我国从传统种业向现代种业的发展，促进规模化、机械化、标准化、集约化种子生产基地的建设，全面提升我国杂交水稻供种保障能力，继续保持我国杂交水稻技术的世界领先地位。

### 9.1.2 美国杂交水稻全程机械化制种的授粉方法

美国是世界农业大国，种植业与畜牧业并重，但是美国的农业人口只占全国总人口的 2.6%。其农产品不仅自给自足，该国还是世界上最大的农产品出口国。其主要原因是农业生产区域专门化、机械化和商品化程度都相当高，玉米、小麦、大豆、棉花、肉类产量居世界前列。在作物生产和加工的各个环节都利用包括农业航空在内的现代科技成果，从而大幅度提高生产效率，降低生产成本，使农产品有较强的市场竞争力。美国约有 1625 家公司从事农业航空飞行作业，平均每家公司拥有飞机 2.2 架，雇用飞行员 2.7 人。在杂交水稻种子生产中，美国用直升机旋翼产生的风力帮助授粉（图 9.2）。飞机在作业过程中还应用卫星定位技术，避免重复操作或遗漏，使成千上万亩庄稼均匀一致，取得最大的整体效果，达到大面积均衡高产的目的。飞机的农田作业由专门的公司运作，稻农只需支付服务费用。但是飞机授粉的重点和难点是保持飞机低空飞行的高度，为此，需要对飞行员进行专业的授粉培训（王帅等，2013）。

a. 美国小型直升机机队

b. 直升机田间授粉

图 9.2 美国小型农用直升机为杂交水稻授粉

美国西方石油公司下属的圆环公司与中国种子公司草签了《杂交水稻综合技术转让合同》，在 20 世纪 80 年代从中国引进杂交水稻技术后，开始研究、探索杂交水稻机械化制种技术。历经 15 年的试验研究，通过采用小型有人驾驶直升机进行辅助授粉，配套制种父母本按（8～10）：（30～40）的行比相间种植，以 37km/h 左右的速度飞行，利用旋翼高速转动产生的风力将父本花粉传播到母本柱头上完成授粉作业（汤楚宙等，2012）。小型直升机在杂交水稻制种辅助授粉作业中，利用螺旋机翼所产生的风力增大杂交水稻制种时父本花粉的传播距离。利用小型农用无人直升机辅助授粉作业，可以实现杂交水稻全程机械化，提高生产效率，解决劳动力日益紧张的难题。当然不同农用植保机旋翼所产生的气流到达水稻冠层后形成的风场也有较大差异，水稻杂交授粉的效果会受到对应风场宽度、风速及风向等参数的影响（图 9.2）。

### 9.1.3　我国杂交水稻农用无人机制种的授粉方法

我国幅员辽阔，农田土地环境呈现多样性。我国北方及新疆等地具有大面积的平原，地块单元大块连片，单位面积上农田生态系统相对单一，地势平坦开阔，耕地面积广阔，有利于大型机械化操作的实现；但是南方的丘陵地区地块破碎，土壤复杂，地形起伏较大，单位面积上的农田生态系统较为复杂。因此美国的杂交水稻全程机械化制种技术未必能够在我国，特别是农田环境较为复杂的丘陵地区得到广泛的应用。但借鉴美国的直升机辅助授粉方法，将目前我国所研发的农用航空无人直升机用于杂交水稻制种辅助授粉，实行父本和母本大间隔栽插，这一改进不仅可以保留母本水稻的优良基因，也可以使父本、母本都能实现机械化插秧与收割。

无人机在杂交水稻授粉上的应用是一项了不起的创新，是实现杂交水稻制种全程机械化的突破口，将为杂交水稻制种技术带来革命性的改变。同时，无人机授粉也在其他作物、林木中开始得到应用。

据了解，山核桃雄花花期短，而且核桃雌、雄花的花期不一致，为"雌雄异熟"性。一般山核桃雌花花期只有 10 天，并有等待授粉的习性，授粉后第 3 天雌花柱头就变黑、枯萎。山核桃花期为 4 月下旬到 5 月上旬，而散粉期如遇低温、阴雨、大风等，将对授粉、受精不利。雄花过多，消耗养分和水分过多，也会影响树体的生长和结果。为了提高产量，需要充分利用不同海拔散粉期的差异，采集、储藏花粉，进行人工授粉，但是传统的人工授粉存在授粉效果差、工作效率低、影响人身安全等弊端。浙江省淳安县林业局和亚热带林业研究所于 2016 年开始合作，利用无人机对山核桃进行人工授粉实验。采用无人机授粉技术之后，山核桃的总产量和果实质量均有显著提高。尤其是喷粉作业效率为人工授粉的 30～50 倍，大大提高了山地作业效率，使在山核桃等风媒花树种的主产区实施大面积无人机授粉成为可能，为其长期高产、稳产与质量提升打下了技术基础。

从总体来看，无人驾驶直升机是实现杂交水稻制种全程机械化的关键及必然选择。微型农业无人直飞作业相对来说比较安全，具有以下优势。

（1）适用于相对比较复杂的农田环境，特别是宽广的东北地区和新疆地区。但是鉴于我国南方丘陵山区地势复杂，基地田块小，具有树冠茂密的高大乔木，因此在农用无人机的研制方面需要考虑防撞系统。

（2）水稻的授粉效果也受到不同农用植保机旋翼所产生的风场差异的影响。不同类型的农用无人机在辅助授粉时，需要配比相应的飞行参数（高度、速度、飞机与负载质量）、父本和母本厢宽比，以及授粉的效率和成本。

无人机在旋翼风力下进行辅助授粉时需要考虑花粉的分布情况与旋翼风场在水稻冠层平面的分布规律。因此在评价效果时，需要装置风场无线传感器网络（wireless wind speed sensor network，WWSSN）测量系统进行风场数据采集，风场无线传感器网络测量系统由飞行航线测量系统（flight global position system，FGPS）、若干风速传感器无线测量节点（WWSS）及智能总控汇聚节点（intelligent control focus node，ICFN）组成（李继宇等，2013），图 9.3 为 WWSSN 在田间检测风场的模式图（李继宇等，2015）。具体为采样节点两两间隔 1m，沿垂直水稻父本行排列为一行，放置 20 个采样节点，用于同步测量对应方向的自然风风速。每个节点上布置 3 个风速传感器，风速传感器轴心的安装方向分别为平行于飞机飞行方向 $X$，即平行于水稻种植行方向；垂直于飞机飞行方向 $Y$，即垂直于水稻种植行方向；垂直于水稻冠层方向 $Z$。$X$、$Y$ 向形成的平面与水稻冠层面水平，花粉的悬浮输送主要来自这两个方向的风力，风力越大越好；$Z$ 向主要考察飞机所形成的风场对水稻植株的损伤情况（例如，大旋翼飞机悬停时风速可达 15m/s 以上，易造成水稻倒伏），该向风速越小越好。微处理器负责采集这 3 个方向的风速传感器信号并转化成风速存放于存储器中或通过无线收发模块发送出去。农用旋翼无人机按照指定飞行参数沿田间父本种植行飞行，在接近传感器阵列行时开始采集数据。单次数据采集完毕时，飞行器在父本行前端或尾端悬停待命，待数据传输过程结束，开始下一次飞行作业。

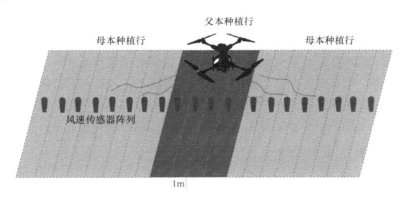

图 9.3　机械化授粉中杂交水稻父本、母本的种植方式（李继宇等，2014）

国产农用无人机 HY-B-15L 机型航空有效作业时间为 25～40min，有效载荷为 15kg，抗风能力为 5 级，机身质量为 9.5kg，双药箱，无副翼，操控性能好，植保飞行时机翼能产生 5～6 级的风场，有效范围可达 7～8m，一天可以授粉 40hm$^2$（600 亩）。华南农业大学从 2012 年起开始探索利用多种无人驾驶直升机进行杂交水稻辅助授粉作业，而不同类型的农用无人直升机结构不同，旋翼所产生的气流到达作物冠层后形成的风场也有较大差异，对应的风速、风向和风场宽度等参数对花粉的运送效果直接影响到授粉的效果（母本结实率）、作业效率及经济效益（李继宇等，2013，2014，2015）。例如，无人驾驶油动单旋翼直升机 Z3 机型在水稻制种授粉作业时，较佳飞行作业高度为 7m，直升机顺风方向飞行时的风场宽度和风速较大，应避免逆自然风方向的飞行作业。单旋翼电动无人直升机 SCAU-2 机型最佳的作业参数为飞行速度 1.56m/s、飞机及负载质量 14.05kg 和飞行高度 1.93m；有别于单旋翼无人直升机，圆形多轴多旋翼无人直升机平行飞行方向风场只有一个峰值风速中心，垂直飞行方向风场存在两个峰值风速中心，水稻制种辅助授粉的田间作业参数依次为飞行速度 1.30m/s、飞机与负载质量 18.85kg 和飞行高度 2.40m。

### 9.1.4　研究展望

无人驾驶直升机具有作业高度低、无须专用起降机场、操作灵活轻便、环境适应性强、成本低、适用于大面积水稻制种辅助授粉作业等突出优点。传统的人工作业，一人一天作业 10 亩左右，而无人机平均每小时作业量可达 30 亩以上。考虑到农用无人机辅助杂交水稻的授粉效果受到不同机型所产生的风场、风速及风场宽度等参数的影响，在农用无人机作业过程中，为了提高作业效率，需要决策出较佳的飞行作业参数，包括飞行高度及作业航向等，这些理论依据都将为无人直升机辅助授粉技术的发展提供有力的保障。从长远来看，农用无人机是实现我国杂交水稻制种全程机械化的关键，也是必然选择。

## 9.2　施　　　肥

### 9.2.1　概述

由于季节性的要求，以及为了防止土壤板结，地面施肥机械已经不能满足农业作业的需求。目前，多旋翼无人机在施肥上的应用已有多处报道。无人机施肥不仅能够降低人工施肥的成本，而且更加安全、精准、高效。用高效省力的无人机来喷洒农药，将成为以后的发展趋势。随着数字农业的发展，变量施肥的需求越来越大。无人机施肥分为施固态肥和施液态肥，施液态肥与无人机喷药一样，这里不再赘述。

### 9.2.2　关键技术与系统装备

实现无人机变量施肥的关键是要具备能够实时获取作物的养分需求及施固体肥料的末端装置。

在获取农作物的养分需求方面，目前较多的研究是利用多光谱或高光谱的遥感方式获取养分信息，整个变量施肥系统（刘超和方宗明，2013）包括：小型无人机系统、地理信息系统（geographic information system，GIS）、地面控制系统、数据处理与分析系统和施肥模型系统，如图 9.4 所示。小型无人机系统用来采集农作物图像信息及 GPS 信息，包括多旋翼无人机和多光谱成像平台、无人机搭载多光谱成像平台；GIS 系统用来采集农作物地理数据，生成地面作物的地理信息图；地面控制系统与无人机系统进行通信连接，用来控制无人机的飞行形态并控制采样点和多光谱成像平台的采样时间；数据处理与分析系统分别与小型无人机系统和 GIS 系统连接，用于对采集到的农作物的多光谱图像和对应的 GPS 信息进行融合处理，结合 GIS 地理信息图生成作物的长势图，并根据作物的长势图，分别计算出氮、磷、钾肥料水平，生成氮、磷、钾含量分布图；施肥模型子系统和数据处理与分析系统连接，用于根据氮、磷、钾含量分布图结合具体的地理坐标信息，给出详细的氮、磷、钾的施肥方案。

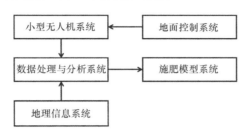

图 9.4　基于无人机低空遥感的变量施肥系统组成

　　获取作物的养分需求是变量施肥的前提，而末端装置才能最终保证变量施肥。辽宁猎鹰航空科技有限公司（2016）发明了一种施固体肥料的末端装置，如图 9.5 所示。该装置包括无人机的药箱和横杆式起落架，药箱设有开口向下的圆柱形出料口，出料口的下方设有播撒部；播撒部包括连接在出料口下方的接料漏斗，接料漏斗下方固定连接具有凹陷部的旋转托盘，接料漏斗内部设有若干层带有漏料孔的隔板，接料漏斗的内部空腔与旋转托盘的底部连通；播撒部连接带动其转动的电机。它能够将固体肥料放置在药箱内，通过旋转托盘的转动将肥料抛撒出去，作业效率高，弥补了现有的无人机只能够喷洒液体的缺陷，使得无人机的多用性得到了提高；环境适应能力强，脱离了地形的束缚，适合各种作业环境；结构简单，易于维护，能够方便地进行功能转换，降低了成本。

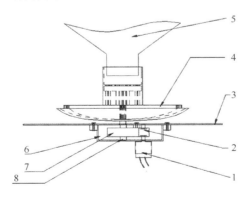

图 9.5　无人机施肥装置

1. 电机；2. 小齿轮；3. 固定板；4. 旋转托盘；5. 药箱；6. 保护罩；7. 大齿轮；8. 转轴

### 9.2.3　无人机变量施肥实例

　　芬兰农业食品研究院的 Kaivosoja 等（2013）研究了利用高光谱数据的分类图实现精确施肥的任务。他们在 2012 年的暑假以芬兰的一处小麦测试田为研究对象，利用分类图估算了生物质量和含氮量，结合分类地图和农场之前的产量图等历史数据，最后将其转换成了一个适合农业作业的矢量分区作业图。

　　首先根据该农场历年来的产量数据预测之后的小麦田地施肥任务图，如图9.6所示。产量分类图的黑色部分表示历年来产量都比较低的区域，该田地的含氮量与生物质量的空间分布较为一致。

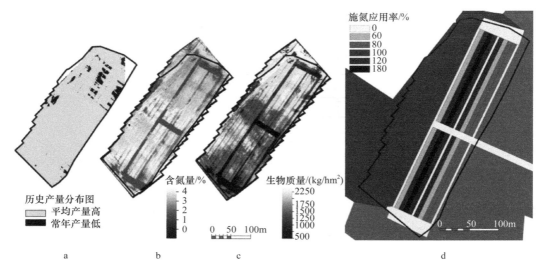

图9.6　基于历史数据所获的产量分布图（a）、含氮量图（b）、生物质量图（c）及施氮应用率
分布图（d）（彩图请扫描封底二维码）

　　之后又获取了 2012 年该田地的高光谱遥感图像，通过高光谱图像的光谱信息对小麦田地的含氮量和生物质量进行分类，得到小麦田地的含氮量需求图，将含氮量需求图数据减去产量潜力图及春季施肥图的数据，就得到了我们需要的施肥处方图，如图 9.7 所示。

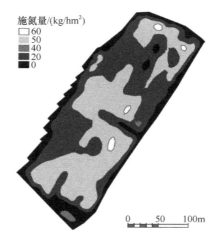

图9.7　构造的施氮量处方图（彩图请扫描封底二维码）

后续，只需要根据处方图规划好航线和施肥量即可实现变量施肥。这种方法大大减少了施肥量。

### 9.2.4　研究展望

目前，越来越多的研究通过无人机搭载便携式多光谱和高光谱仪器实时获取田间作物的养分信息，这样可以给变量施肥起到很好的指导作用。然而，在变量施肥末端执行机构方面的研究现在还少之甚少，仅有的研究也只是在机械结构的优化、改进上，没有设计控制系统来根据作物的实际需求进行变量施肥，也没有考虑到无人机作业时不同速度、不同高度产生的施肥延时问题，今后这方面的研究还有待加强。

## 9.3　棉花收割脱叶作业

### 9.3.1　概述

棉花是我国重要的经济作物，与我国人民的生活息息相关，而作为国际上非常重要的大宗商品，棉花产量对于与棉花相关的整个行业具有非常重要的影响。棉花在我国被广泛种植，形成了多个棉花主产区，棉花生产对我国农业经济的发展起到了重要的作用。

当前，随着社会、经济和技术的发展，棉花生产过程的机械化水平取得了巨大的飞跃，棉花收割也基本实现了机械化，从而大大减少了采摘成本。棉花脱叶是棉花机械化采摘必不可少的前提措施，可以促使棉铃相对提前和集中吐絮，有效地减少棉花籽含杂率，减少对棉纤维的污染，推动棉花采摘的全程机械化生产。

化学脱叶是棉花脱叶的主要方式之一，化学药剂的有效喷施是棉花脱叶的关键。传统的人工喷施的方法，耗时费力，人工成本高，且基于人的主观意识和经验，喷施准确度和喷施量受到影响。且人工在大田喷施，也容易造成棉花产量损失。

无人机植保是当前植保的新方向，具有许多传统植保方式不具备的特点，如高效、机动性高和安全性高等。无人机植保通过无人机喷施相应的药物达到植保的目的，且无人机植保的理念和方法可以用于棉花脱叶药物的喷洒和控制。

### 9.3.2　无人机在棉花收割脱叶中的具体应用

当前，我国主要采用人工及地面机械进行棉花的收割脱叶，随着无人机行业的发展，无人机用于遥感、施肥和喷药中的研究逐步开展。近年来，我国对将无人机用于棉花脱叶进行了研究和尝试。

李海波等（2005）对采用飞机喷施棉花脱叶剂进行了研究，结合实际对机场条件、人员配置、作业准备及作业流程进行了分析，指出采用飞机进行脱叶剂喷洒具有较好的可推广性。袁秋梅等（2007）研究了采用飞机喷施哈威达棉花专用催熟脱叶剂的应用效果，取得了较好的结果。

采用有人驾驶飞机进行棉花脱叶剂的喷施，需要有性能良好的飞机和驾驶熟练的飞行员，这个条件往往很难满足。而无人机则没有这样的问题，有人驾驶飞机为无人机喷药的应用提供了经验和基础。

在国内，2014年，华南农业大学、珠海羽人飞行器有限公司、新疆天山羽人农业航空科技有限公司联手，首次在新疆玛纳斯县北五岔镇党家庄村中华棉花集团有限公司机采棉生产基地开展了农用无人机喷施棉花脱叶剂实验，通过无人机喷洒药物的方式分别在不同的脱叶剂、气温、飞行高度及速度、配药量和浓度条件下，对雾滴沉降率、穿透性、叶片着药量、棉花脱叶吐絮效果等进行实验，并在实验结束后对实验结果进行了分析。

2015年，华南农业大学与多家无人机植保公司在新疆石河子进行棉花脱叶剂无人机喷施综合实验，研究在不同的棉花种植密度田块中脱叶剂亩用量相同的条件下，地面机械与无人机喷施效果的对比，以及无人机喷施作业的优化条件（图9.8）。2016年，国家航空植保科技创新联盟组织在新疆石河子开展农用航空植保机棉花联合测试实验。

图9.8　华南农业大学及其合作单位进行无人机喷施脱叶剂研究

在这之后，国内的高校和无人机公司，进行了大量的实验和应用。国家航空植保科技创新联盟、北方天途航空技术发展（北京）有限公司、深圳高科新农技术有限公司、安阳全丰航空植保科技有限公司、珠海羽人飞行器有限公司等科研单位和公司进行了大量的实验和应用研究，积累了大量的经验，使目前我国无人机用于棉花脱叶逐渐由实验研究转向实际应用中，为我国棉花种植过程中喷施脱叶剂的智能化、自动化提供了有力的支持。

### 9.3.3　研究展望

我国是世界上主要的产棉国之一，单产量居世界第一。棉花种植生产的机械化和自动化是我国棉花产业的主要发展目标。随着国家在农业机械上的持续投入，棉花种植生产的自动化和智能化水平越来越高。棉花脱叶是棉花机械化采摘前必不可少的处理。无人机喷施脱叶剂，有助于解决人工喷施效率低下、成本高及农药过量喷施的问题，也有助于解决地面喷施机械进地对棉株的损伤与棉花减产的难题。我国棉花的大面积种植及机械化和自动化的需求，使无人机的应用具有潜在而巨大的市场。无人机用于棉花脱叶的发展方向主要是降低无人机价格，延长无人机的单次飞行时间，提高脱叶效率，降低脱叶剂的使用量，降低脱叶成本，使无人机成为棉花脱叶的主力。

# 9.4　农林火情监控

## 9.4.1　概述

现阶段，我国借助无人机来进行监测和预警农林火情的工作还不够完善，正处于发展的初级阶段。运用无人机体系能够准确地监测到农林中发生的火灾情况，利用无人机的自动化功能，可以将现场的情况通过图像显示在计算机上，通过计算机来分辨是否出现了火灾，然后再找到精确的火灾地点。

## 9.4.2　关键技术与方法

农林火情监控的前提是火情的快速监测。在火情监测方法研究上，张增等（2015）将无人机低空遥感获取的高清数字图像用于森林火灾的监测，首先选择红绿蓝（red green blue，RGB）颜色空间进行森林火灾的监测，在大幅减少单张图像计算量的同时，也排除了大部分无火图像。其次选择色调饱和度明度（hue saturation value，HSV）颜色空间完成图像分割，得到完整性较好的火灾区域。最后基于灰度共生矩阵和火灾区域边缘图像提取火灾区域的多维特征，并用支持向量机完成火灾识别过程（图 9.9）。

森林火灾　　　　　　　　　　　　　　检测结果

图 9.9　可见光森林火灾图像及检测结果

## 9.4.3　无人机在农林火情监控中的具体应用

无人机在农林火情监控上的应用可以分为 3 个部分：火灾发生前农林中火源的探测、火灾发生时火情的实时监控、火灾发生后灾情的调查和评估（王振师等，2016）。

利用无人机进行农林火情的监控既提高了监测的效率，可以让防火部门快速做出反应，又节省了实地考察的人力，保证了人身安全。在对农林中火源的探测上，无人机可搭载如红外热成像仪等设备对局部温度异常的地方进行重点详查。在对火情的实时监控上，由于火灾发生后会产生非常多的浓烟，能见度极低，环境变化多样，这就需要无人机搭载高清透雾摄像仪、红外热成像仪及高清数字图像传输系统实现对火情的实时连续监控。对已消灭明火的区域，可以利用无人机搭载红外热成像仪等设备及时发现存在的暗火，从而有效地发出警报，防止火灾复燃（周宇飞等，2012；李兴伟等，2015）。在灾情的调查和评估上，利用无人机搭载高清数码相机拍摄照片可以确定火灾发生地的地形、位置、大小及火灾发生损坏的边界，再结合 GPS 信息及 POS 信息就可以准确计算出农林的受灾面积及损坏程度等，为农林火灾的灾后评估提供了技术支持。

2011 年 3 月 31 日，在仁化县红山镇长珠坑，研究人员利用固定翼无人机监测炼山林火，监测火灾面积约为 113hm$^2$，在监测过程中，无人机所拍摄的实时影像数据能直观反映林火发生、发展过程中的火强度、蔓延方向和过火面积，结合对山地环境、地表可燃物和气象因子的调查数据，能为扑火方案提供辅助决策，为灾后评估提供有力的技术支撑。如图 9.10 所示为进行农林火情监控前固定翼无人机的起飞准备。

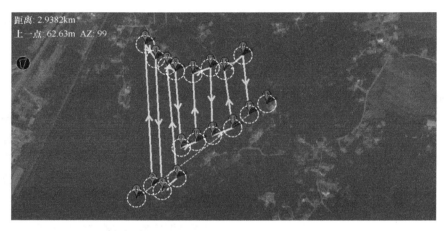

图 9.10　固定翼无人机的起飞准备

### 9.4.4　研究展望

基于无人机的农林火情监控效率高、省时省力、安全性高，具有非常多的优势。随着光谱成像技术和图像处理技术的发展，目前，可以用于无人机农林火情监控的成像传感器不断出现。但是农林火情监控有实时性和持续性的要求，而无人机作业的续航能力和图像处理的非实时性还无法满足要求，严重限制了无人机在农林火情监控上的发展。今后，在提高无人机本身续航能力的同时，实时图像处理技术的改善问题也有待解决。

## 9.5　播　　　种

### 9.5.1　概述

目前，我国农业发展迅速，农业现代化迫切需要农业机械化及作业高效精量化。而现有农田的播种则是一项高技术、高精度的作业，且播种效果明显受各种因素的影响，对于播种方式更是提出了很高的要求。目前的人工播种包括人力式和机械式，人力式播种不但劳动强度大、效率低，且播种不均匀的现象较明显，降低了播种质量，同时花费大量时间；机械式播种若取代人力播种，则能够有效提高工作效率，但现有的机械式播种主要还局限于手持式机械播种和行走式机械播种两种形式。手持式机械播种对于提高机械效率的水平非常有限；行走式机械又存在下田困难、行进速度低下的问题，且上述两种机械式播种都存在损坏农田播种面积及农田平整度等许多难以应付的复杂田间环境问题。因此人们开始利用能够低空稳定飞行的无人飞行器实现辅助播种。这种利用能够低空稳定飞行的无人飞行器进行辅助播种的方式解决了上述人力式和机械式播种的诸多问题，如降低了劳动强度，降低了地形的影响，也避免了损坏农田平整度等。

### 9.5.2　关键问题

现有播种所用无人机多为中小型无人机或者多旋翼飞行器，此种类型的飞行器具备垂直起降、低空飞行的基本功能，其旋翼产生的风力垂直向下，为飞行器提供向上的升力。同时，这些无人机通过飞行器产生的垂直风场实现辅助播种。但是，首先播种作业中种子从种子箱内按自由落体方式落到农田中，种子间距太小；其次农田播种需要定量撒播，种子过密影响种子质量，过疏浪费农田资源；最后播种受农田大小的影响，种子箱必须有开关控制。故播种作业中仍存在种子不均匀、种子过密或过疏及种子箱开关不易控制等诸多问题，使得无人机播种的作业效率降低，播种效果不佳。

### 9.5.3　实现装置

湖南农业大学的李明（2015）提出了一种基于无人机平台的精量播种系统。它通过定量播种滚轮、滚轮叶片与固定座的共同配合实现定量排种；采用受伺服电机控制的定量播种滚轮实现精量播种，通过风力散种装置将排出的种子吹散，实现风力散种，从而有利于均匀播种。它的工作原理是，定量播种滚轮不旋转时，定量播种滚轮和滚轮叶片共同封住固定座顶部开口和底部开口之间的通道，防止种子从固定座底部开口坠落，此时播种装置处于暂停播种状态；定量播种滚轮旋转时，种子先从种子箱的出口漏到相邻的滚轮叶片与定量播种滚轮之间共同形成的储种空腔中，随着滚轮叶片的旋转，该储种空腔运行至固定座的下方时，储种空腔中存储的种子被释放，并在风力散种装置的风力作用下分散并坠落，此时播种装置处于播种作业状态。

### 9.5.4　研究展望

利用低空飞行的无人机进行辅助播种解决了人力式和机械式播种的诸多问题，如降低了劳动强度、提高了作业效率、降低了地形的影响、避免了对农田平整度的损坏等。而目前所研究的无人机播种只能实现定量播种，在实际作业时由于无人机速度和高度的变化，迫切需要实现变量播种。今后，与变量施肥一样，变量播种也会成为无人机应用中的热门方向。

## 9.6　土　地　确　权

### 9.6.1　概述

土地林地的确权是关乎国计民生的大事，确权工作的主要内容是查清地块的位置和面积，建立土地经营权登记簿册，以解决农村土地面积不准、四至不清、空间位置不准确、登记权证不健全等问题，确权工作的关键环节是土地的外业测量。我国农村土地广阔，地形各异，测量难度也大相径庭。常用土地承包经营权地块界址测量方法包括实测法、图解法、航测法（李文英等，2016）。实测法是指利用 GPS、全站仪等仪器进行界址点实地测量的方法。该方法精度高，可以满足农村土地确权的要求。同时，测量时也完成了权属调查工作，保证了权属调查与地块测量成果的一致性。但是由于农村土地承包经营权地块多，界址点数量大，且野外测量需要村民及村领导现场指界，因此协调难度大，测量效率低。在我国西北部的山区，传统的手持 GPS 测量方法，受地形及天气的影响，测量效率低下，操作风险高，加上手持 GPS 精度有限，测量的工期及最终的工程质量都很难达标。图解法主要是指依赖已经测得的大比例尺航天数字正射影像、地形图或地籍图，通过图解量算获取界址点坐标的方法。该方法避免了繁重的野外作业，降低了成本。但是图解法需要依赖于已有资料进行量算，若是缺乏基础资料或地块不规则的丘陵、山区，则会受到一定的局限。无人机具有高精度的 GPS，可以精确稳妥地完成土地实际面积、空间位置、周围地理地貌等重要外业测绘数据的采集工作，而且避免了以上几种地块测量方法的弊端，可以说为高质量的土地确权工作打下了良好的基础，还能为今后该地区的规划提供科学精确的图文数据。无人机航测法是指采用航空摄影测量的方法采集界址点数据的方法。可以通过无人机低空摄影测量直接获取高清晰度、高精度的图片数据，直接在此基础上进行界址点测量和地块图绘制，避免了繁重的野外作业，减少了工作经费，可以直接作为权属调查的底图，提高了工作效率。无人机全自主化操作简便、灵活，减少了对专业技术人员的依赖。如表 9.1 所示为 $10km^2$ 测绘工作中，无人机航测的工作量和传统测绘的比较（李玉梅，2015；胡龙华等，2016）。但是航空摄影也有其局限性，部分受到遮挡的区域影像无法判读，还需要配合野外实测；部分地块面积较差超限。测绘无人机在全国的土地确权工作中已有广泛的应用。

**表 9.1　无人机航测与传统测绘的对比**

| 无人机 | | | | | | 实时差分定位+全站仪 |
|---|---|---|---|---|---|---|
| 比例尺 | 航空摄影 | 像控点测量 | 空三加密 | 立体采集 | 外业调绘 | |
| 1:500 | 3 架次 | 3 天 90 点 | | 40 天 1 人 | | 375 天、1 组、每组每月 0.8km² 以上、每组 2 人以上 |
| 1:1000 | 2 架次 | 3 天 90 点 | 3 天 11 人 | 20 天 1 人 | 20 天 1 人 | |
| 1:2000 | 1 架次 | 3 天 90 点 | | 15 天 1 人 | | |
| 70 天 1 人 | | | | | | |

## 9.6.2　无人机土地确权的系统组成

无人机航拍摄影测量系统不仅可以绘制出地形图，还可以进一步生成数字高程模型、数字正射影像、三维场景等，实现产品的多样化。无人机航拍摄影测量系统是一个集成系统，包含多种设备，如飞行平台、飞行导航与控制系统、电荷耦合元件（charge-coupled device，CCD）数字相机、空地无线通信系统、地面监控系统、任务设备、数据传输系统、发射与回收系统和地面保障设备（吴云东和张强，2009）（图 9.11）。
图 9.12 给出了该系统的总体设计原理。飞行自动控制系统集成了飞行导航与控制系统、
GPS 接收机、气压高度计、空速计和数字磁罗盘等。空地无线通信系统是指飞行导航与
控制系统在执行飞行控制任务的同时把无人机上各种状态数据，通过专用通信系统传回
地面监控站，地面监控站在收到信息后把反馈信息发回飞行控制系统。地面监控站系统
由实时监控、飞行管理和航迹规划 3 个功能模块组成。该系统设置了完善的安全应急机
制。当飞行平台的飞行状态出现异常时，如燃油耗尽、飞行姿态超限、飞行高度过低等，
飞行控制系统将自动评价异常情况的危急等级，从而智能地选择降落点（吴云东和张强，
2009）。该系统携带的 CCD 数字相机可快速获取地表信息，获取超高分辨率数字影像和
高精度定位数据，便于进行各类环境下应用系统的开发和应用。

a. 无人机航拍飞行示意图

b. 多旋翼无人机

c. 地面基站

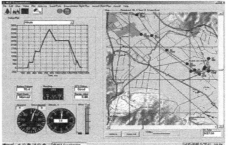
d. 无人机航拍图片

图 9.11　无人机土地确权所需设备

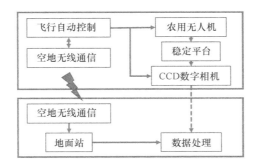

图 9.12　无人机航空摄影系统原理图

### 9.6.3　无人机在土地确权中的具体应用

　　无人机测绘技术能够对农村集体土地范围之内的土地进行测绘工作,包括数据的采集、影像的拍摄等,通过这些先进的技术获得高精度的地表三维数据。将这些数据作为依据,通过协同作业的侧视图像进行快速的模型建立,测绘所得地形图比例尺较大,在绘制地形图的基础上对地籍与权属进行调查,从而完成对农村集体土地所有权确权的协助工作。利用无人机遥感系统采集数据时,其工作流程见图 9.13:首先需要根据土地确权工作的要求对拍摄地区进行航迹规划,将规划好的航空路线载入地面控制子系统和遥感空中控制子系统中。在航拍作业过程中这两个控制系统都会按照规划的航线控制无人机的飞行和拍摄;遥感传感器子系统将拍摄的数据进行存储,无人机平台则利用无线传输通道将飞行数据传输到地面控制子系统;地面工作人员可以在地面监测无人机的飞行航线。降落后,对照片数据及飞机整体进行检测评估,结合贴线率和姿态判断是否复飞,继续完成附近领域的航拍任务,或者是转场,理论上一个起降点的飞行控制范围在 $300km^2$ 以内。

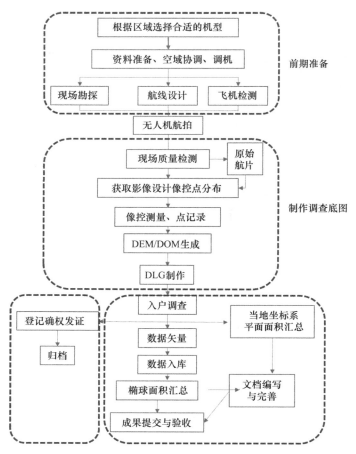

**图 9.13　无人机土地承包经营权确权登记技术路线图**
DEM. 数字表面模型;DOM. 高精度正射影像;DLG. 高精度矢量化数据

相对于传统的手段，无人机测绘技术集中了多种先进的技术与设备，如高空拍摄、遥控、遥感、自控技术、数字通信、航空摄影测量，有着高精度、高效率、低成本及操作简单、安全等优点，多次应用于农村土地确权工作中。

无人机航拍作业也可以在极恶劣的环境下进行，青海省地矿测绘院的科研人员成功探索出了一套适合在高海拔复杂地形、高寒缺氧等特殊环境下进行低空航空摄影测量的技术流程和操作方法，研究成果达到国际先进水平。利用无人机自主飞行获取的影像数据和航测技术绘制成 1：2000 大比例尺地形图，分辨率达到 5cm，另外选取地面控制点进行正射校正，可以提高影像的几何精度，增强可解译性（李玉梅，2015）。无人机航测通过北斗高精度定位技术，实时定位精度可达 5cm，外业像控点只需 1 或 2 个即可，与传统航测模式相比，可以减少 80%外业像控点的工作量。单架次可以续航 2.5h 以上，可以获取 50km$^2$ 的外业工作底图，大大缩短了项目周期，提高了工作效率。目前，无人机在土地确权上的应用开始商业化，中科宇图天下科技股份有限公司采用无人机航空摄影方式获得的实时、高分辨率、真彩色全数码正射影像图（图 9.14），地块和田埂等轮廓清晰可辨，承包者能够根据图像纹理和基本方位迅速判断出位置信息，找到地块的位置。在确认地块时可实现室内高效地块指认，结合航测内业矢量化及解译矢量化，直接提取承包地块的坐标、轮廓及面积信息，从而提高了确权工作的效率和质量。

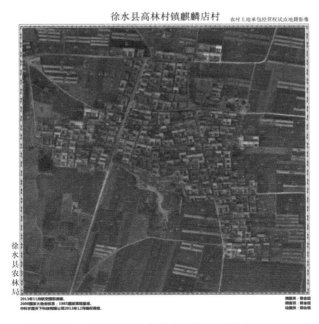

图 9.14　中科宇图天下科技股份有限公司获取的徐水县农村土地确权图

## 9.6.4　研究展望

农村土地经营权确权登记是自 2013 年起国家农业要做的重要项目。国之根本是民，民之根本是地，耕地的准确、稳定，就是民心所向，与国之稳定息息相关，所以说农村土地承包经营权确权登记工作是开展不动产登记工作的重点之一。农用无人机测绘技术在农村集体土地所有权确权工作中的应用，能够最大限度地提高测绘的工作效率，使得整个工作周期得以缩短，能够确保在要求的时间之内完成土地测绘的项目。利用无人机测量技术实施该项确权工作也是一种创新手段，在使用无人机进行土地测绘过程中图像的拍摄涉及整个任务规划、图像采集、图像正射纠正、镶嵌、面向对象的图像分类、特征波长的提取等，这些技术都需要在未来的研究中进行不断攻关。总之，我们在日常工作中要不断学习，不断地研究并积累经验，结合实际情况按时完成确权工作，为实现不动产登记的信息化、标准化奠定良好的基础。

# 9.7　农村电力巡检

## 9.7.1　概述

我国社会经济技术的发展，推动了对电力的需求，从而进一步推动了电力设施工程建设的力度。我国幅员辽阔，随着城镇化的发展和新农村建设的推动，农村地广人稀的现状及强劲的电力需求，使农村电网处于非常重要的地位。然而，如何对广袤的农村地区的电力进行巡检，是一个现实的问题。

传统的电力巡检方法是专业人员现场巡视，考虑到农村地域广阔，巡视工作人员的巡视状况无法得到有效的监测，从而也无法保证专业人员现场巡视的可靠性和准确性，巡视人员自身的素养和道德水平的高低是农村电力巡检是否成功、可靠的基础。同时，如果遇到极端的天气情况或者人进入较为困难的区域，基于人工现场巡视的途径就会受到极大的限制，甚至导致电力巡检无法完成。因此，需要探究和开发自动化、智能化、远程的农村电力巡检技术。

采用无人机搭载检测设备进行电力巡检，是一种高效的巡检过程。它不仅能把部分野外的巡检作业转移到室内来做，还能把肉眼难以发现的、处于萌芽状态的隐患（如温度升高、轻微放油等）通过检测仪器实时、在线地显现出来，而对于出现了较为明显损害的部件，也可以通过机载的检测设备得到准确可靠的检测，从而确定维修、维护方法，保证输电线路的安全，保障居民的用电。

无人机电力巡检包括通道化巡检和精细化巡检两方面（李勋等，2015）。通道化巡检主要看输电通道及杆塔周围是否有违章建筑、取土和泥石流等情况，属于宏观巡检；精细化巡检是对杆塔、线缆和绝缘子等进行细节观察，发现隐患和问题，属于微观巡检（图9.15）。

当前，在电力行业中，无人机主要用于电力巡检（蒋才明等，2012），基于其轻便、快捷、自动化和智能化的特点，在农村广阔的地域中，能够快速、准确地响应并执行巡检任务，可以远程执行任务，可以深入到人难以到达的地区，克服了基于人工巡检的弊端，同时降低了成本，也节约了人力。另外，基于无人机的遥感测绘功能，为高效、准确地进行电力建设规划、电力巡查路径和内容确定提供了有力的支撑（郑小兵等，2009）。图9.16为拍摄的无人机电力巡检局部影像图。

图 9.15　无人机进行精细化巡检　　　　图 9.16　无人机电力巡检局部图

## 9.7.2　无人机电力巡检系统

无人机电力巡检系统主要包括 3 个部分，轻便可靠的无人机，可用于无人机搭载的电力巡检设备，以及用于搭载设备的无人机云台。无人机通过地面控制系统或者基于自身携带的飞行系统，实现远程飞行；电力巡检设备获取需要的信息，通过稳定、高效、可靠的数据存储或者信息传输技术，将数据存储或者实时传送到接收站或控制中心，控制中心根据获取的信息进行实时响应。

目前，无人机用于电力巡检的重要性越来越受到国内外电力专家的重视。20 世纪 50 年代，有人驾驶直升机就已经在欧美等发达国家用于电力巡检和电力建设监测的研究和应用（Ituen et al.，2008），英国威尔士大学和英国 EA 电力咨询公司首先在世界上采用无人直升机进行了电力巡线（Jones and Earp，2001）。而我国从 20 世纪 80 年代开始研究利用直升机巡线的技术。线路巡查是一项检测目标多样、分散、检测难度大的任务，其主要检测目标见表 9.2（刘国嵩和贾继强，2012）。

表 9.2　电力巡检的主要检测目标统计表

| 巡检检测目标 | 可见光检测 | 红外检测 |
| --- | --- | --- |
| 导线 | 断股、异物悬挂 | 发热点 |
| 线夹 | 松脱 | 接触点发热 |
| 引流线 | 断股 | 发热点 |
| 绝缘子 | 脱落、破损、污秽、异物悬挂等 | 击穿发热 |
| 杆塔 | 鸟窝、损坏、变形、紧固金属松脱、金具被盗 | |
| 耐张管 | 破损 | 发热 |
| 连接管 | 破损 | 发热 |
| 障碍物 | 植被、违章建筑 | |

### 1. 电力巡检系统中无人机的选型

无人机的稳定性和可靠性是其在电力巡检中最重要的特点。无人机及其携带的监测仪器和设备的价格较为昂贵，一旦无人机失控或因操作失误而摔落，损失往往较为严重。

因此，无人机需要具备良好的续航时间、良好的灵活性、响应速度快、抗风能力强、抗外界干扰能力强、避障能力强及稳定可靠的自我保护机制，同时为搭载巡检设备，无人机需要有配套的云台，避免出现问题时造成较大损失。

多旋翼直升机和固定翼无人机是目前应用最为广泛的无人机，在电力巡检中也获得了广泛应用。固定翼无人机主要用于电力通道化巡检，即通过无人机携带的检测仪器设备获取电力设施和线路的整体信息，并实现信息的实时传输；而多旋翼直升机则用于稳定获取细节信息，用于精细化巡视电力设施和线路。其主要参数对比如表 9.3 所示。

表 9.3　多旋翼直升机与固定翼无人机性能对比

| 参数 | 多旋翼直升机 | 固定翼无人机 |
|---|---|---|
| 续航时间/h | 4 | 3～4 |
| 抗风能力/级 | 6 | >6 |
| 有效载荷/kg | 40～50 | 6～8 |
| 起降方式 | 垂直起降 | 滑跑 |
| 悬停方式 | 定点悬停 | 盘旋 |
| 起降场地 | 要求较低 | 要求较高 |
| 飞行和控制操作 | 较复杂 | 较简单 |
| 购置费用 | 较高 | 较低 |
| 巡航速度/（km/h） | 30～120 | 80～140 |

## 2. 无人机电力巡检的飞行方式

在无人机电力巡检中，主要需要确保无人机自身及巡视电力设施和线路的安全。一旦无人机摔下，无人机及其搭载的仪器设备均有损坏的可能。同时，无人机在电力设施及线路附近飞行时，应尽量保证飞行或者出故障掉落时不会损害到线路及电力设施，以免造成灾难性损坏。无人机在飞行过程中，还应避免受到电力设施或线路的电磁干扰，影响飞行、信息采集和传输。因此，在无人机用于电力巡检中，应保持飞机和线路及电路设施的距离，保证有足够的飞行空间，使其既不受电磁干扰也能充分地获取信息，同时设置保护措施以保证飞机在受到外界干扰、出现故障时远离线路和电力设施，而不是接近电力设施。在飞行路径和飞行模式上，要设计最优的飞行路径，而飞行模式应满足获取信息的要求，实现单次或多次信息获取。

## 3. 无人机电力巡检的工作模式

与其他无人机遥感任务不同，无人机电力线路安全巡检工作要求无人机沿着线路飞行。在农村地区，线路离地面的高度较低，无人机飞行的高度也较低，同时在无人机飞行过程中，房屋、树林、地形等均会对无人机的飞行造成影响，无人机数据的传输也会受到影响。对无人机飞行的影响，可以通过优化飞行参数、提升无人机的避障能力等方法进行解决。而无人机数据通信和信息传输则较为复杂。

无人机距离地面接收站较近，且无人机与地面接收站之间无障碍物时，数据通信较为简单，可以实现无人机和地面接收站之间的直接通信，实现数据和信息传输，即直通模式。而在无人机与地面接收站之间存在较多障碍时，无人机获取的信息难以完整地传输到地面接收站，此时，需要借助中继转发通信，实现信息的可靠传输（汤明文等，2013）。中继转发通信需要大量的中继站，实现数据和信息的转发。然而，在我国广大的农村区域，建立中继站是非常庞大的工程。无论是在地面建设中继站，还是在空中以无人机作为中继站，均面临着建设成本、维护成本和人工成本上升的问题，建设具有一定的难度。

因此考虑到将无人机类型（表 9.3）和无人机电力巡检的工作模式（表 9.4）进行组合，可得到不同的工作模式，将不同的工作模式与实际应用场景相结合，可应对农村复杂地形区域的巡线任务（邱国新，2005；张柯等，2006）。当前较为流行的工作组合模式如下：小型无人直升机或微型无人直升机（近距离/通视/快速巡视）模式；固定翼无人机（远距离/大范围/快速巡视）模式；中型无人直升机（任务机）+地面中继模式；中型无人直升机（任务机）+空中中继（小型无人直升机）模式；中型无人直升机（任务机）+空中中继（固定翼无人机）模式。

表 9.4 无人机电力巡检的工作模式

| 工作模式 | 通信链路 |
| --- | --- |
| 直通模式 | 任务机终端、测控车终端 |
| 地面中继模式 | 任务机终端、塔架中继终端、测控车终端 |
| 飞机中继模式 | 任务机终端、中继机终端、测控车终端 |

而实际上，在对数据实时性要求不高的情况下，可将获取的数据信息存储在无人机所携带的存储模块上，在无人机结束飞行后将获取的数据信息下载并上传到信息采集终端。考虑到目前无人机的单次飞行时间受到续航能力的限制，这种方式不失为一种有效的电力巡检模式。

## 9.7.3 无人机电力巡检关键技术

### 1. 输电线路的自动图像识别

考虑到无人机的实际情况，用于无人机电力巡检的设备一般较为轻便、便携，能快速获取信息，然而电力巡检设备的性能指标无法达到非常高的要求，因此，这就对信息处理算法，当前主要是图像处理算法的实时性、鲁棒性和并行性具有较高的要求（曹蔚然等，2014）。农村输电线路环境较为复杂，公路、植被、水体、建筑、山体等都会对线路图像造成影响。张亚红和夏仁波（2015）选用成熟的线段检测器（line segment detector，LSD）算法实现了线路图像的自动化分析，从复杂背景中提取出了线路信息。此算法具有较高的识别准确率，同时通过将线段的非连续状况认定为存在可疑故障，设定特殊标记来提醒操作人员。

可见光 CCD 相机和红外相机分别从可见光图像和红外图像两个方面对线路和电力设施进行全天候、全方位的检测。从 CCD 可见光图像中，可以清楚地观察肉眼较难观测到的外观情况，并可通过可见光图像，分析一般性物理损伤，如导线断股、紧固件松脱、设备破损或出现异常等。人工现场观察这些损伤，具备一定的难度，而无人机则可以轻松地获取相关信息。红外图像通过获取温度的差异来检测设备是否存在缺陷。红外图像一般用于检测因为损伤或缺陷而导致出现温度差异的区域。

## 2. 故障处的地理定位

故障处的地理定位是无人机在电力巡检中的重要功能和任务。无人机电力巡检不仅需要能够准确地检测到故障，也需要能准确地定位故障出现的具体地理坐标（杨勇，2016），为后续的线路和电力设施的维修、维护提供基础。无人机电力巡检通过携带的定位仪器，结合拍摄的故障处图像，通过地面图像处理软件利用摄影测量学技术和多次坐标转换，得到待测目标点的地理坐标（黄亮等，2009；杨勇，2014）。

## 3. 电力线建模技术

电力线建模技术是通过拍摄得到的图像，从复杂背景中提取出电力线的技术。国内外研究人员对电力线建模技术进行了大量的研究。国外方面，分别采用红外图像（Blazquez，1994）、毫米波极化合成孔径雷达（Sarabandi et al.，1994）、具有视频监控功能的直升机平台（Jones，2000）、光探测与测量（light detection and ranging，LiDAR）技术（McLaughlin，2006）、红外相机和彩色摄像机（Yamamoto and Yamada，1997）对电力线提取进行了研究。

国内的研究人员对电力线的提取方法进行了深入研究。李朝阳等（2007）基于电力线的简单一维线性特征，提出了能自动提取复杂自然背景下高压电力线的算法。韦春桃等（2010）基于电力线影像特征在频率域表现出最大相位一致性的特点，实现对电力线的检测和定位。尹辉增等（2012）和韩文军等（2012）分别基于机载激光点云数据提出了电力线检测算法，实现了对电力线的检测。

由于自然环境复杂，电力布线方式多种多样，电力线建模技术仍处于研究阶段，不同研究人员提出的方法均存在局限性，而普适性的方法需要进一步研究。当前提出的方法，多数需要进行人机交互式的操作（叶岚等，2010；余洁等，2011）。

## 4. 智能诊断系统

故障诊断过程是从检测量得到故障征兆信息，并对其进行分析处理来判断故障源的过程（张文峰等，2014）。基于人工的电力故障诊断系统，主要是基于实地的检测分析，以及知识和经验进行诊断。对于专业人员，这种方法准确率高，但是效率较低。而对于非专业人员，则无法准确诊断。智能诊断系统以人工智能技术和专家系统技术为基础，随着这些技术的发展，智能诊断系统开始应用于电力检测。

利用智能诊断系统进行电网故障诊断，主要是基于大量的实际案例，通过对单一案例的大量分析，建立一系列故障模型，之后根据获取的故障信息，与系统中已有的故障案例进行智能匹配，从而实现故障诊断。智能诊断系统需要包含大量的先验知识，且仅能匹配系统中已有的故障。当电力系统出现智能诊断系统中未出现过的故障时，就会无法诊断。智能诊断系统需要大量的案例和样本，也需要较长的开发周期。基于电力系统故障的特点，研究者提出了分层因果诊断框架，但准确性需要进一步提高。

### 9.7.4　国内外无人机电力巡检系统

基于遥感航测技术、地理信息系统技术等相关技术上的优势，一些发达国家开发建设电力巡检平台，在电力巡检的遥感检测领域处于领先地位。当前，发达国家的主要巡检平台有美国的输电线路计算机辅助设计和绘图系统、输电线路巡视维护系统，德国的FM-Profil 系统、集成直升机走廊映射系统，葡萄牙的输电线路维护巡视系统等（张文峰等，2014）。

国外除了以上一些较大、较为成熟的电力巡检平台外，西班牙马德里理工大学的Mejias 等（2007）、日本关西电力公司联合千叶大学的 Montambault 等（2010）、澳大利亚联邦科学与工业研究组织通信技术中心的 Katrasnik 等（2010）、英国班戈大学的 Jones（2007）都进行了相应的研究。

国内对基于遥感技术的输电线路巡检系统研究的相关报道较少。钱志坚和汪骏发（2006）、刘峻明等（2006）、牛姣蕾等（2014）、厉秉强等（2010）对无人机电力巡检系统进行了相关研究。

国内的电网公司和研究所也对无人机电力巡检系统进行了研究。中国桂能信息公司，国网湖南省电力公司电力科学研究院，以及江西、辽宁、广东、云南、贵州等省级电网公司也进行过无人机巡检的尝试。但当前以购买和组装设备为主，技术创新进展缓慢（张文峰等，2014）。

### 9.7.5　研究展望

无人机具有轻便、便携的特点，通过在无人机上安装云台，搭载各种检测仪器设备，可以实现对电力线和电力设施的实时监测。无人机用于电力巡检，可实现远程、快速、大面积的巡检，受天气环境的影响比人工实地巡检要小，具有人工巡检所不具备的优势。通过无人机进行电力巡检，可以快速获取区域电力线和电力设施的运行及工作情况，可以实现对电力故障的快速巡检。

当前国内无人机电力巡检的研究尚处于起步阶段，需要进一步的研究以提升无人机巡检的稳定性、鲁棒性和普适性，结合我国农村电力布局的现状，借鉴发达国家的先进经验，开发适用于无人机电力巡检的仪器设备，开发具有实际可操作性和普适性的智能诊断系统，建立满足我国智能电网巡维需求的无人机电力线路安全巡检技术体系，为提高我国电力行业巡检作业的质量和科学管理技术水平打下基础。

## 9.8　农　村　规　划

### 9.8.1　概述

新农村建设是我国农村建设的方向。2005 年，党的十六届五中全会通过的《中共中央关于制定国民经济和社会发展第十一个五年规划的建议》明确提出了"建设社会主义新农村"的重大历史任务。2015 年和 2016 年的中央一号文件也提出了"新农村建设"

的要求。党的十八大又提出"建设美丽中国"的方针。

在全面推进新农村建设的进程中，农村土地信息调查及土地的规划设计是重要的内容，为新农村建设打下基础。当前，我国农村建设面临的主要问题是村庄缺乏合理的规划，布局杂乱无章，基础设施落后。而土地信息调查和土地规划需要对农村土地进行测量，然后基于实际情况进行规划。在实际中，由于农村的布局、所处的地形等因素，土地信息测量和调查较为困难（刘向铜等，2014）。

通过遥感手段进行土地信息测量可以有效地克服地形、建筑和建筑分布的影响，通过以遥感测量获取的数字正射影像、数字线划图等作为基础的数据输入依据，可以有效地实现土地信息调查和规划设计。

传统的基于人工测量的方法，需要大量的人力、物力，且测量存在较大的误差。因此，基于高空遥感实现空中对地检测逐渐成为主要的土地信息调查和规划设计的方法。在传统的基于遥感的土地信息调查和规划设计中，主要基于高空飞行的有人驾驶飞机搭载遥感设备或者遥感卫星进行测量，这些方法可以实现大面积的快速测量，但是成本高、分辨率低的缺点也十分突出。

随着无人机技术的发展，无人机低空遥感也开始应用于土地信息调查和规划设计中。以无人机为平台，通过云台搭载遥感测绘设备，获取需要的土地和地理信息，然后通过存储方式或实时传输方式进行信息传输，在地面接收站利用数据分析软件进行处理，以获取实际土地和地理信息（高文义和孙宗祥，1997）。无人机的机动、快速、经济等优点，可以实现大面积区域的快速测量，并且使测量结果保持在较高的精度（廖永生和陈文森，2011；吴正鹏，2011）。

无人机低空遥感用于土地信息调查和规划设计具有独特的优势。与基于人工地面测量或高空遥感测量相比，无人机低空遥感的成本更低，工作方式更为灵活，受气候影响较小，数据信息处理快速（吴正鹏等，2013）。无人机低空遥感为大面积、高精度的土地信息调查和规划设计提供了技术支撑。

### 9.8.2　无人机在农业规划中的具体应用

洪亮等（2013）于 2011 年 8 月使用无人机对土地信息进行了获取。通过采用 0.1m 分辨率的数字相机，对湖北省云梦县与孝感市连接线的 316 国道公路及两侧的规划区附近约 60km$^2$ 的区域进行了探测，为该区域的规划开发提供了直观可靠的地理和土地信息。之后在 2011 年 11 月，采用 0.06m 分辨率的数字相机，对湖北省来凤县 172km$^2$ 的土地进行了测绘，获取了地理和土地信息。获取的信息为来凤新农村建设等提供了直观准确的测绘保障服务。

刘文根等（2012）以河南省郑州市龙湖镇小乔沟寨村为例，通过无人机进行遥感航拍，结合当地及周边的地形图，对小乔沟寨村的用地现状进行了测绘提取，结合实地调查研究，为规划人员进行新农村的规划提供了准确、可靠的土地信息。

马子路等（2013）采用自组装的无人机，获取了都江堰市天马镇金陵村第 10 组居民点的航拍图像。通过对比校正后的图像、已知的 1∶500 地形图和 Google Earth 卫星图片，发现无人机航拍图片可以准确、清晰地获取居民点的实际信息，同时相比于 Google

Earth 卫星图片，具有更好的实时性。

无人机低空遥感能提高新农村建设和规划设计质量，帮助规划人员节约时间，同时减轻规划人员的工作负担，为国家和地方的土地信息获取和规划设计提供了重要的支撑（徐丽华等，2010；金伟等，2009）。

杨五一（2014）采用无人机低空航测系统，对厦门市海沧区东孚镇（寨后村、过坂村、洪塘村、山边村）进行了测绘，获取了 1∶2000 测绘图。测绘地区为平原地居民生活点。

对区域网周边进行布设像控点，对像控点进行测量，对所获取的无人机遥感影像和像控点测量成果进行数据处理后，得到相应的数字正射影像、数字规划图。数字规划图的像控点平面位置误差为 0.2925m，且正射图像可以清晰地显示出拍摄目标及其层次。

基于无人机的低空遥感测绘，飞行测绘和像控点的布设时间只耗费 1 个工日，数据处理和成图总共只耗费 4 个工日，同时需要的测绘人员少，相较于传统方法，在保证成图准确率的情况下，成图效率大大提高。

李秀全等（2016）采用无人机低空遥感测绘的方法，对一村庄进行了测绘研究，获取了村庄图像，然后在图像采集结束后，采用图像拼接软件，实现了对无人机获取的图像的拼接。同时在获取图像的过程中，采用 GPS 设置地面控制点，以其中 17 个点作为配准点用于图像拼接校准，剩余的 16 个点作为检查点与拼接图像中对应点进行对比，误差基本在 5cm 之内。研究结果表明，无人机低空遥感测绘可以准确、有效地实现对农村土地信息的获取，从而满足新农村建设规划设计的需要。

张涛（2014）采用无人机低空遥感测绘对安徽省蚌埠市怀远县魏庄镇蒋湖村的用地类型现状进行了研究，结合实地调查研究，对该村进行了规划设计。

### 9.8.3　研究展望

合理的土地规划有助于新农村建设的进行。我国农村地域广阔，民族众多，各地的建筑风格和村庄建设风格存在较大的差异，地形地貌也存在差异。土地信息获取和规划需要因地制宜，快速准确地实现。无人机具有轻便灵巧的特点，可搭载多种不同的测绘仪器设备，同时可以远程控制，测量范围大。当前，无人机在国内低空遥感测绘方面研究较少，研究也仅限于购买现成的仪器设备，进行探索性研究的程度较低。随着我国无人机技术的发展，需要进一步地研究无人机低空遥感测绘仪器设备与无人机的适配性，提升无人机的稳定性和抗干扰性，同时降低成本。

## 9.9　农　田　水　利

水利是农业的命脉，而我国地域广阔，领土跨度大，存在着非常明显的水资源短缺、时空分布不均匀的现象。当前，我国面临着严峻的人增、地减、水缺的问题，大规模干旱时有发生，必须大力发展农田水利建设，实现农田旱涝保收、高产稳定，并保证水资源的合理利用，提高水资源的利用效率。

现代农业要求使用尽可能少的资源实现最大的产出，使农业水资源的利用走向精准化和可控化，因此农业节水技术和农田水利技术得到了显著的发展。水资源利用效率低，浪费严重，是我国农业水资源利用中面临的最主要问题。我国水资源分布不均匀，农业水资源供需不平衡，而一般的农田灌溉则是粗放式灌溉，无法准确地根据土壤作物状态进行精准灌溉。

农田水利建设，就是通过科学技术，根据田间地物的生长状况，实现精细灌溉，达到农业生产科学管理的目的，从而最终实现农田生产效率的提高，具有重要的经济、社会价值（刘扬，2007）。通过获取灌溉渠系的空间分布及水量信息，借助农田水利知识，实现水资源的精细计算和高效管理，有助于精细控制水资源的调配，监测水资源的动态变化，从而提高水资源的利用效率，为农田灌溉水量的精准化控制、灌溉运行的智能化控制、灌溉管理的智慧化奠定基础。农田水利建设的精准化、智能化是我国农田水利的目标，然而我国农田水利建设与欧美发达国家相比，存在一定的差距，特别是在农田灌溉信息数据的动态精确获取、信息数据处理分析和决策的生成及实施等方面（杨邦杰等，2002；陈水森，2005）。

传统的农田水利信息获取是基于人工现场获取，需要大量的人力、物力、财力的支撑，且受限于农田水利设施的分布和地形因素，因此获取全面的信息存在较大的困难。遥感技术从空中获取地面信息，可以实现大面积的获取，不受地形限制，同时节省了大量的人力、物力，且遥感获取的数据具有客观、准确的特点，能够直接获取地面农田水利信息。预计与人工获取农田水利信息相比，遥感是一种更为经济、可靠的信息获取手段（杨邦杰等，2002；白由路等，2004）。

无人机轻便、灵巧、操作简单的特性，使其在高空有人飞机遥感和卫星遥感的基础上，为低空遥感提供了可靠的支撑（楼良盛，2007；尹晓红，2009；汪沛等，2014）。无人机近地遥感传感器分辨率更高，且无人机飞行对场地的要求较低，对于无人机遥感已经在获取地面信息中进行了大量的研究和应用。

低空无人机获取地面信息，可以细致地表达地物形状、纹理、上下文信息、拓扑关系等方面的特性，从而增强对地物（包括农田水利设施）的识别能力，从复杂的地面信息中提取出农田水利设施信息，如渠系的分布和水量的分布等（田新光等，2007；何少林等，2013）。而实现农田水利信息的提取，结合专家决策系统，有助于农田水利设施水资源的调配和科学管理，从而实现田间精量灌溉，降低灌溉成本，提高单位水的生产效率，切实提升节水灌溉的高科技含量。基于无人机的低空遥感系统有助于农田水利部门和农田管理者更加准确地实现水资源调配，从而进一步实现精量灌溉，节约生产成本，达到精准作业的目的。

国内外研究人员基于遥感技术对农田水利设施进行了信息获取的研究。Huang 等（2010）在有人机上装载信息采集仪器设备，获取得克萨斯州 11 个灌区 24 段渠系的信息，通过对信息进行提取分析，对渠系泄漏点进行判断，并与实地勘察结果进行对比，基于遥感获取信息的检测精度为 93%。

国内的张海鑫（2016）采用无人机搭载可见光相机和多光谱相机对内蒙古河套灌区巴盟磴口县补隆淖镇坝楞村的灌溉渠系进行了研究。基于获取的地面遥感图像，采用数学形态学方法和面向对象方法对灌溉渠系进行了提取，并将提取的渠系与实地测量的渠系进行匹配，并对不同相机的提取结果进行了比较。结果发现，基于多光谱获取的地面遥感图像中提取的灌溉渠系的完整度达到 0.75，优于基于可见光相机获取的图片的提取结果。且基于面向对象方法对灌溉渠系的提取结果优于基于数学形态学方法的提取结果。

# 参 考 文 献

白由路, 金继运, 杨俐苹, 等. 2004. 低空遥感技术及其在精准农业中的应用. 土壤肥料, (1): 3-6.

毕凯. 2009. 无人机数码遥感测绘系统集成及影像处理研究. 北京: 中国测绘科学研究院硕士学位论文: 22.

邴媛媛. 2008. 无人机遥感在某铁矿矿区资源监测中的应用. 阜新: 辽宁工程技术大学硕士学位论文.

曹蔚然, 朱琳琳, 韩建达. 2014. 面向旋翼无人机的高压输电线在线检测方法. 计算机应用研究, 31(10): 3196-3200.

陈水森. 2005. 基于波谱库的作物纯像元识别与种植面积遥感估算. 北京: 中国科学院研究生院(遥感应用研究所)博士学位论文.

崔红霞, 林宗坚, 孙杰. 2005. 无人机遥感监测系统研究. 测绘通报, (5): 11-14.

高巍. 2014. 栽培及灌溉措施对黑钙土性状及生产力的影响. 哈尔滨: 东北农业大学硕士学位论文.

高文义, 孙宗祥. 1997. 世界无人驾驶飞机的发展现状与关键技术. 气动参考, 74(10): 10-15.

郭文强. 2007. 稳定分布噪声下的盲信号处理方法及应用研究. 大连: 大连理工大学博士学位论文.

韩杰, 王争. 2008. 无人机遥感国土资源快速监察系统关键技术研究. 测绘通报, (2): 4-6.

韩文军, 阳锋, 彭检贵. 2012. 激光点云中电力线的提取和建模方法研究. 人民长江, 43(8): 18-21.

何少林, 徐京华, 张帅毅. 2013. 面向对象的多尺度无人机影像土地利用信息提取. 国土资源遥感, 25(2): 107-112.

洪亮, 周志城, 方敏, 等. 2013. 低空无人机航摄平台的探索与实践. 测绘地理信息, 38(3): 77-79.

胡龙华, 王向忠, 崔贵彦. 2016. 北斗高精度无人机航测技术在农村土地承包经营权确权项目中的应用. 测绘通报, (4): 85-87.

胡宁科, 李新. 2013. 居延绿洲古遗址的遥感识别与分析. 遥感技术与应用, 28(5): 890-897.

胡晓利, 卢玲, 马明国, 等. 2008. 黑河中游张掖绿洲灌溉渠系的数字化制图与结构分析. 遥感技术与应用, 23(2): 208-213.

黄亮, 刘忠, 李剑辉, 等. 2009. 空中机动平台光电载荷无源定位算法及坐标变换分析. 海军工程大学学报, 21(6): 37-38.

黄炜铖, 许铁光, 方鑫, 等. 2009. 基于无人机航拍技术的新农村规划研究. 中国科技博览, (33): 309-310.

蒋才明, 唐洪良, 陈贵, 等. 2012. 基于 Google Earth 的输电线路巡视无人机地面站监控系统. 浙江电力, 31(2): 5-8.

金伟, 葛宏立, 杜华强, 等. 2009. 无人机遥感发展与应用概况. 遥感信息, (1): 88-92.

李朝阳, 阎广建, 肖志强, 等. 2007. 高分辨率航空影像中高压电力线的自动提取. 中国图象图形学报, 12(6): 1041-1047.

李德仁, 龚健雅, 邵振峰. 2010. 从数字地球到智慧地球. 武汉大学学报(信息科学版), 35(2): 127-132.

李德仁, 王艳军, 邵振峰. 2012. 新地理信息时代的信息化测绘. 武汉大学学报(信息科学版), 37(1): 1-6.

李海波, 杨德录, 缪军, 等. 2005. 飞机喷施棉花脱叶剂技术. 新疆农垦科技, (4): 35-36.

李继宇, 张铁民, 彭孝东, 等. 2013. 四旋翼飞行器农田位置信息采集平台设计与实验. 农业机械学报, 44(5): 202-206.

李继宇, 周志艳, 胡炼, 等. 2014. 圆形多轴多旋翼电动无人机辅助授粉作业参数优选. 农业工程学报, 30(11): 1-9.

李继宇, 周志艳, 兰玉彬, 等. 2015. 旋翼式无人机授粉作业冠层风场分布规律. 农业工程学报, 31(3): 77-86.

李梦洁. 2014. 陕南旬阳坝地区不同地类土壤养分空间变异特征研究. 西安: 陕西师范大学硕士学位论文.

李明, 吴雄奎, 艾亮东, 等. 2015. 一种基于无人机平台的精量播种作业系统及方法: 中国, CN104255137A.

李文英, 杨岳恒, 杨晓霞. 2016. 低空无人机航测在土地确权中的应用. 军民两用技术与产品, 6: 234-237.

李兴伟, 周宇飞, 李小川, 等. 2015. 基于物联网的智能林火监测技术研究. 广东林业科技, (2): 73-77.

李秀全, 陈竹安, 张立亭. 2016. 基于 Agisoft PhotoScan 的无人机影像快速拼接在新农村规划中的应用. 湖北农业科学, (3): 743-745.

李勋, 张欣, 黄荣辉, 等. 2015. 无人机在电力行业的应用及需求分析. 电气应用, (S2): 773-775.

李玉梅. 2015. 无人机航空摄影在农村土地承包确权工作中的应用. 价值工程, (6): 233-234.

李宗南, 陈仲新, 王利民, 等. 2014. 基于小型无人机遥感的玉米倒伏面积提取. 农业工程学报, 30(19): 207-213.

厉秉强, 王骞, 王滨海, 等. 2010. 利用无人直升机巡检输电线路. 山东电力技术, (1): 1-4.

辽宁猎鹰航空科技有限公司. 2016. 无人机播种施肥装置: 中国, CN205249773U.

廖永生, 陈文森. 2011. 无人机低空数字摄影测量参数计算和路线设计系统. 测绘通报, (9): 38-41.

刘超, 方宗明. 2013. 基于低空遥感、多光谱精准识别的智能施肥系统: 中国, CN103425102A.

刘国嵩, 贾继强. 2012. 无人机在电力系统中的应用及发展方向. 东北电力大学学报, 32(1): 53-56.

刘峻明, 王鹏新, 颜凯, 等. 2006. 机载多角度电力巡线系统中预警模型的设计与实现. 电力系统自动化, 30(16): 81-85.

刘文根, 熊锦平, 李兆青, 等. 2012. 基于 FPV 无人机航拍在新农村规划的研究. 科技信息, (2): 143-144.

刘向铜, 曹秋香, 熊助国. 2014. 新农村建设规划测量的相关问题探讨. 测绘通报, (10): 95-97.

刘扬. 2007. 遗传算法和 GIS 技术在精细灌溉决策支持系统中的应用研究. 保定: 河北农业大学硕士学位论文.

楼良盛. 2007. 基于卫星编队 In SAR 数据处理技术. 郑州: 中国人民解放军信息工程大学硕士学位论文.

吕书强. 2007. 无人机遥感系统的集成与飞行试验研究. 测绘科学, 32(1): 84-86.

马子路, 李敏林, 江恺强. 2013. 无人机低空遥感在都江堰市乡村规划中的应用探索. 南方农业, 7(5): 1-3.

牛姣蕾, 林世忠, 陈国强. 2014. 图像融合与拼接算法在无人机电力巡检系统中的应用. 电光与控制, 21(3): 88-91.

钱志坚, 汪骏发. 2006. 电力巡线机载多角度成像多源数据的采集和记录. 电力系统自动化, 30(16): 86-89.

邱国新. 2005. 在直升飞机上应用红外热像技术巡视检测高压输电线路设备的回顾. 广东电力, 18(3): 71-73.

申海建, 郭荣中, 黄小波, 等. 2007. 微型无人机(MUAV)航空摄影测量技术在土地整理项目规划设计中的应用. 中国土地学会年会论文集. 北京: 中国土地学会.

孙杰, 林宗坚, 崔红霞. 2003. 无人机低空遥感监测系统. 遥感信息, (1): 49-50.

汤楚宙, 王慧敏, 李明, 等. 2012. 杂交水稻制种机械授粉研究现状及发展对策. 农业工程学报, 28(4): 1-7.

汤明文, 戴礼豪, 林朝辉, 等. 2013. 无人机在电力线路巡视中的应用. 中国电力, 46(3): 35-38.

田新光, 张继贤, 张永红. 2007. 基于 IKONOS 影像的海岸带土地覆盖分类. 遥感信息, (5): 44-47.

汪沛, 罗锡文, 周志艳, 等. 2014. 基于微小型无人机的遥感信息获取关键技术综述. 农业工程学报, 30(18): 1-12.

王帅, 王福义, 王丽. 2013. 杂交水稻制种人工授粉方法研究. 农业科技与装备, (10): 3-4.

王振师, 周宇飞, 李小川, 等. 2016. 无人机在森林防火中的应用分析. 广东林业科技, 32(1): 31-35.

韦春桃, 张祖勋, 张剑清, 等. 2010. 基于相位一致性的遥感影像电力线特征检测方法. 测绘通报, (3): 13-16.

吴云东, 张强. 2009. 立体测绘型双翼民用无人机航空摄影系统的实现与应用. 测绘科学技术学报, 26(3): 161-164.

吴正鹏. 2011. 无人机载双相机低空遥感系统应用初探. 城市勘测, (1): 76-80.

吴正鹏, 王琳, 奚歌. 2013. 无人机低空遥感系统在土地复垦中的应用. 城市勘测, (6): 82-88.

徐丽华, 黄炜铖, 许铁光, 等. 2010. 基于无人机航拍遥感影像的新农村规划研究. 上海农业学报, 26(3): 101-105.

杨邦杰, 裴志远, 周清波, 等. 2002. 我国农情遥感监测关键技术研究进展. 农业工程学报, 18(3): 191-194.

杨五一. 2014. 无人机低空摄影测量技术在美丽乡村建设中的应用. 江西测绘, (4): 25-27.

杨勇. 2014. 无人机对移动目标实时动态定位研究与实现. 四川兵工学报, 35(3): 137-140.

杨勇. 2016. 无人机自主电力巡线在农村应用策略. 装备制造技术, (6): 196-197.

叶岚, 刘倩, 胡庆武. 2010. 基于 LIDAR 点云数据的电力线提取和拟合方法研究. 测绘与空间地理信息, 33(5): 30-34.

尹辉增, 孙轩, 聂振钢. 2012. 基于机载激光点云数据的电力线自动提取算法. 地理与地理信息科学, 28(2): 31-34.

尹晓红. 2009. 区域循环经济发展评价与运行体系研究. 天津: 天津大学博士学位论文.

余洁, 穆超, 冯延明, 等. 2011. 机载 LiDAR 点云数据中电力线的提取方法研究. 武汉大学学报(信息科学版), 36(11): 1275-1279.

袁秋梅, 何永香, 张为民. 2007. 飞机喷施哈威达棉花专用催熟脱叶剂的应用效果. 农村科技, (6): 27-28.

张海鑫. 2016. 基于无人机遥感的渠系分布信息提取方法研究. 杨凌: 西北农林科技大学硕士学位论文.

张柯, 周朝阳, 李海峰, 等. 2006. 直升机作业在我国特高压电网中的应用前景分析. 河南电力, 34(1): 16-17.

张涛. 2014. 无人机航摄在城市规划建设中的应用. 城市勘测, (5): 99-101.

张文峰, 彭向阳, 豆朋, 等. 2014. 广东雷电活动规律及输电线路雷击跳闸分析. 广东电力, 27(3): 101-107.

张亚红, 夏仁波. 2015. 基于直线段上下文的红外与可见光图像匹配. 科学技术与工程, 15(12): 210-214.

张增, 王兵, 伍小洁, 等. 2015. 无人机森林火灾监测中火情检测方法研究. 遥感信息, 30(1): 107-110.

郑小兵, 郑彦春, 张红军, 等. 2009. 无人机摄影测量技术用于电力勘测工程的探索和设想. 电力勘测设计, (6): 22-24.

周宇飞, 王振师, 李小川, 等. 2012. 多平台林火现场实时监测技术研究. 广东林业科技, 28(5): 51-56.

Binaghi E, Gallo I, Pepe M, et al. 2002. Neural classification of high resolution remote sensing imagery for power transmission lines surveillance. Geoscience and Remote Sensing Symposium, 1: 500-502.

Blazquez C H. 1994. Detection of problems in high-power voltage transmission and distribution lines with an infrared scanner/video system. Proceedings of SPIE—The International Society for Optical Engineering, 2245: 27-32.

Federica D O, Aurora T, Vincenzo G, et al. 2015. Evaluation of a topical anti-inflammatory/antifungal combination cream in mild-to-moderate facial seborrheic dermatitis: an intra-subject controlled trial examining treated vs. untreated skin utilizing clinical features and erythema-directed digital photography. The Journal of Clinical and Aesthetic Dermatology, 8(9): 33-38.

Feliu-Batlle V, Sanchez R L, Rivas P R, et al. 2007. Fractional PI control of an irrigation main canal. 8th IFAC Symposium on Cost Oriented Automation, 40(1): 280-285.

Gadalla M, Zafar S. 2016. Analysis of a hydrogen fuel Cell-PV power system for small UAV. International Journal of Hydrogen Energy, 41(15): 6422-6432.

Huang Y, Fipps G, Maas S J, et al. 2010. Airborne remote sensing for detection of irrigation canal leakage. Irrigation and Drainage, 59(5): 524-534.

Ituen I, Sohn G, Jenkins A. 2008. A case study: workflow analysis of powerline systems for risk management. International Archives of Photogrammetry and Remote Sensing, 37(3): 331-336.

Jones D I. 2000. Aerial inspection of overhead power lines using video: estimation of image blurring due to vehicle and camera motion. IEE Proceedings-Vision, Image and Signal Processing, 147(2): 157-166.

Jones D I. 2007. An experimental power pick-up mechanism for an electrically driven UAV. IEEE International Symposium on Industrial Electronics: 2033-2038.

Jones D I, Earp G K. 2001. Camera sightline pointing requirements for aerial inspection of overhead power lines. Electric Power Systems Research, 57(2): 73-82.

Kaivosoja J, Pesonen L, Kleemola J, et al. 2013. A case study of a precision fertilizer application task generation for wheat based on classified hyperspectral data from UAV combined with farm history data. Proceedings of SPIE, 8887(4): 1-5.

Katrasnik J, Pernus F, Likar B. 2010. A survey of mobile robots for distribution power line inspection. IEEE Transactions on Power Delivery, 25(1): 485-493.

McLaughlin R A. 2006. Extracting transmission lines from airborne LIDAR data. IEEE Geoscience and Remote Sensing Letters, 3(2): 222-226.

Mejias L, Correa J F, Mondragón I, et al. 2007. COLIBRI: a vision-guided UAV for surveillance and visual inspection. IEEE International Conference on Robotics and Automation: 2760-2761.

Montambault S, Beaudry J, Toussaint K, et al. 2010. On the application of VTOL UAVs to the inspection of power utility assets// International Conference on Applied Robotics for the Power Industry. IEEE: 1-7.

Oliver W R, Leone L. 2012. Digital UV/IR photography for tattoo evaluation in mummified remains. Journal of Forensic Sciences, 57(4): 1134-1136.

Owens J D, Luebke D, Govindaraju N, et al. 2007. A survey of general-purpose computation on graphics hardware. Computer Graphics Forum, 26(1): 80-113.

Sarabandi K, Pierce L, Oh Y, et al. 1994. Power lines: radar measurements and detection algorithm for polarimetric SAR Images. IEEE Transactions on Aerospace and Electronic Systems, 30(2): 632-643.

Schubert G, Ahlers A L. 2011. 'Constructing a new socialist countryside'and beyond: an analytical framework for studying policy implementation and political stability in contemporary China. Journal of Chinese Political Science, 16(1): 19-46.

Sugiura R, Noguchi N, Ishii K. 2005. Remote-sensing technology for vegetation monitoring using an unmanned helicopter. Biosystems Engineering, 90(4): 369-379.

Yamamoto K, Yamada K. 1997. Analysis of the infrared images to detect power lines.TENCON'97. IEEE Region 10 Annual Conference. Speech and Image Technologies for Computing and Telecommunications. Proceedings of IEEE, 1: 343-346.

Yan G, Li C, Zhou G, et al. 2007. Automatic extraction of power lines from aerial images. IEEE Geoscience and Remote Sensing Letters, 4(3): 387-391.

# 第 10 章　航 空 气 象

## 10.1　大气的成分及其运动

### 10.1.1　大气的成分及结构

**1. 大气的成分**

大气是指包围着整个地球的空气圈，其成分包含干洁空气、水汽、大气杂质。空气有重量，在海平面上产生的平均压强为每平方英寸 14.7lb（1lb=0.453 592kg）。由于其浓度是有限的，因此在更高的高度上空气更为稀薄。18 000ft（1ft=0.3048m）高度的大气重量仅仅是海平面上的一半。

**1）干洁空气**

干洁空气是构成大气的主体，由氮气（$N_2$）、氧气（$O_2$）及其他多种气体混合而成（图 10.1），其中主要成分氮气和氧气分别占干洁空气的 78%和 21%。氮气是大气中含量最多的气体，化学性质不活泼，在气象学中无特别作用。氧气与地球上生物的生命活动息息相关，同时影响着大气的温度。

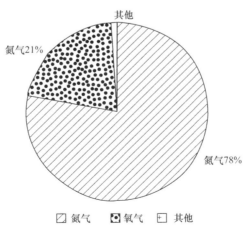

图 10.1　干洁空气的成分

在干洁空气的多种成分中，二氧化碳（$CO_2$）和臭氧（$O_3$）虽然含量极少，却对天气有着重大的影响。二氧化碳（$CO_2$）占大气总体积的 0.03%，集中于离地表 20km 以下的区域，主要来源于有机物的燃烧（或腐化）、工业生产和动植物的呼吸等。和大气的其他成分一样，二氧化碳不能直接吸收太阳的短波辐射，但能大量吸收地面的长波辐射，使地面的热量不至于大量向外层空间散发，对地球起到了保温作用。随着人类排入大气中的二氧化碳不断增加，大气的温室效应也不断增强，引发了一系列的极端天气，使人们赖以生存的大气环境受到了巨大的威胁。

臭氧（$O_3$）相对集中地分布于 10～50km 高度的平流层大气中，最大浓度出现在 20～30km。低层大气中的臭氧主要来源于闪电，且含量极低。高空中的臭氧是氧分子在波长为 0.1～0.24μm 的太阳紫外线辐射下分解成氧原子之后，氧原子与氧分子结合而形成的。臭氧层能强烈地吸收太阳紫外线，并在高空形成一个暖区，使地球生物免受过多紫外线的伤害。但由于人类活动释放了大量的氯氟烷烃等物质，臭氧层已经受到了破坏，当前臭氧洞的深度和面积仍在继续扩展。

**2）水汽**

水汽来源于江、河、湖、海、地表和潮湿物体表面水分的蒸发及植物叶片的蒸腾作用。大气中的水汽含量为 0%～4%，并随高度的增加而逐渐减少。在离地 1.5～2km 的高度上，水汽含量约为地面的一半；离地 5km 的高度上水汽含量仅为地面的 1/10；离地高度越高，水汽含量越少。水汽的地理分布很不均匀，在沙漠或极地水环境中水汽含量极少，而在热带洋面上水汽含量很大。水汽随大气运动而运动，在固态、液态、气态的转化过程中水汽可传输热量，其释放的潜热是剧烈天气的能源，同时水汽也是成云致雨的物质基础。

**3）大气杂质**

大气杂质来自于物质燃烧生成的灰粉、海水飞沫蒸发后的盐粒、风扬起的灰尘、火山喷发的烟尘、流星燃烧后的余烬、花粉、细菌及水汽的凝结物等。大气杂质在云、雾、降水等的形成过程中充当凝结核的作用，使水汽凝结成水滴和冰晶，影响云、雾和降水的形成。同时，大气杂质也能吸收、散射、反射地面辐射和太阳辐射，其含量多少直接影响大气温度和能见度。

## 2. 大气的结构

大气具有层状结构，即在水平方向上大气的性质相对一致，在垂直方向上性质差异较大。

### 1）大气垂直分层的依据

大气垂直分层的依据是气层气温的垂直分布特点，可用气温垂直递减率 $\gamma$（单位为：℃/100m）来描述。

$$\gamma = -\frac{\Delta T}{\Delta Z} \tag{10.1}$$

式中，$\Delta T$ 为温度变化量（℃）；$\Delta Z$ 为高度变化量，常取 100m。

$\gamma$ 为气温随高度变化快慢的物理量，当气温随高度上升而降低时，$\gamma$ 为正；当气温随高度上升而升高时，$\gamma$ 为负。

如果已知高度 $Z_1$ 的气温为 $T_1$，该层气温垂直递减率是 $\gamma$，则在高度 $Z_2$ 的气温 $T_2$ 表示为

$$T_2 = T_1 - \frac{(Z_2 - Z_1)}{100} \cdot \gamma \tag{10.2}$$

### 2）大气分层及各层的特点

依据大气温度垂直分布的特点，大气由地面向上可分为 5 层（图 10.2）：对流层、平流层、中间层、暖层和散逸层。

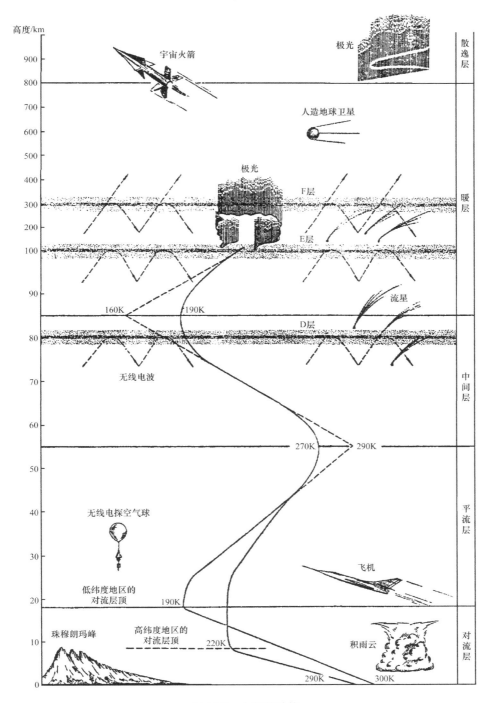

图 10.2　大气的结构

A. 对流层

因地面附近的空气受热上升，而位于上面的冷空气下沉，发生对流运动，故称为对流层。其下界与地面相连，上界随地理纬度和季节的变化而变化，同一地区夏季对流层的上界高度大于冬季。大多数天气现象都发生在对流层中，它主要有以下 3 个特征。

a. 气温随高度的升高而降低

对流层主要通过吸收地面的长波辐射、对流、湍流等方式从地面吸收热量，故气温随高度的升高而降低（$\gamma > 0$）。根据实际测量结果可知，对流层的平均气温垂直递减率 $\gamma = 0.65℃/100m$，但在一定条件下也存在 $\gamma = 0$ 或 $\gamma < 0$ 的气层。其中 $\gamma = 0$ 时称为等温层；$\gamma < 0$ 时称为逆温层。

b. 气温、湿度等要素的水平分布不均匀

由于纬度和地表性质的差异，气温、气压、湿度等要素水平分布不均匀，从而有了各种天气过程和天气变化。

c. 空气具有强烈的垂直混合作用

低层空气受热上升，高层冷空气下沉，因而对流层内存在强烈的垂直混合作用。在对流层内，按气流和天气现象的分布特点可将其分为上、中、下 3 层。上层从 6km 高度延伸至对流层顶部；中层下界在摩擦层顶部，上界在 6km 高度处，气流相对稳定，代表整个对流层的空气运动趋势；下层又称摩擦层，位于 1～1.5km 处，气流混乱，受地形扰动和地表摩擦作用最大。

B. 平流层

从对流层顶部到大约 55km 高度的气层称为平流层。在平流层下半部气温随高度增高而缓慢增加，上半部气温随高度增高而明显增加，在平流层的顶部，气温已升至 0℃ 左右；该层大气以水平运动为主，几乎无垂直运动，气流平稳，水汽稀少，透明度高，天气晴朗，飞行气象条件良好。但大气密度小，影响飞机的空气动力特性，使发动机效率降低，并且使飞机对操纵的反应变得迟缓。

C. 中间层

从平流层顶部到 85km 高度左右为中间层，该层几乎不存在臭氧，气温随高度的增高而大比例递减，是大气垂直结构中最冷的部分。该层有强烈的垂直运动，故又称为高空对流层或上对流层。

D. 暖层

从中间层顶部到大约 800km 处为暖层，其气温随高度的增加而增加，层顶气温高达 2000℃。但该层大气极其稀薄，处于高度电离状态，故又称为电离层或热层。

E. 散逸层

暖层顶部以上的大气统称为散逸层，高度最高可达 3000km，这也是大气的最外层，又称为外层。散逸层因吸收太阳短波辐射而温度很高，温度随高度的增加而略微增加。且空气稀薄，受地球引力场的约束很弱。

## 3. 标准大气

标准大气是铅直向上，温度、气压和密度按一种假定的规律分布的模式大气，是为了便于比较飞机性能和设计大气数据仪表而设计的,其特性随高度的平均分布最接近实际大气的模式。

下列为国际民用航空组织（International Civil Aviation Organization，ICAO）统一采用的 30km 以下标准大气的主要标准。

（1）干洁大气,且成分不随高度改变,平均相对分子质量 $\mu$=28.9644。

（2）具有理想气体的性质。

（3）标准海平面重力加速度 $g_0$=9.806 65m/s$^2$。

（4）平均海平面气温 $T_0$=288.16K=15℃。平均海平面气压 $P_0$=1013.25hPa（mbar）=760mmHg=1 个大气压。平均海平面空气密度 $\rho_0$=1.225kg/m$^3$。

（5）处于流体静力平衡状态。

（6）海拔 11 000m 以下,气温垂直递减率为 0.65℃/100m。11～20km,气温恒定为−56.5℃。20～30km,气温垂直递减率为−0.1℃/100m。

## 10.1.2　基本气象要素

表示大气状态的物理量和物理现象统称为气象要素,气温、气压、空气湿度等物理量是气象要素,风、云、降水等天气现象也是气象要素。

### 1. 气温

气温是表示空气冷热程度的物理量,实质上是空气分子平均动能大小的宏观表现。生活中说的气温指气象观测所用的百叶箱中离地 1.5m 处的气温。气温通常用摄氏温标、华氏温标、绝对温标 3 种温标表示,具体关系如图 10.3 所示,换算公式如下。

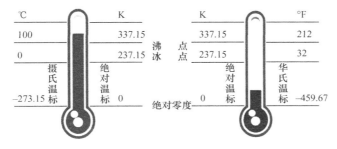

图 10.3　3 种温标的关系

$$F = \frac{9}{5}C + 32 \qquad\qquad (10.3)$$

$$C = \frac{5}{9}(F - 32) \qquad\qquad (10.4)$$

$$K = C + 273.15 \qquad\qquad (10.5)$$

式中,$F$ 为华氏温度;$C$ 为摄氏温度;$K$ 为绝对温度。

### 1）气温变化的基本方式

气温变化包括非绝热变化与绝热变化两种基本方式。非绝热变化指空气块通过与外界进行热量交换而产生的温度变化，热量交换主要包括辐射、乱流、水相变化、传导4种方式。

辐射：物体以电磁波的形式向外放射热量的方式。大气系统热量的主要来源是吸收太阳辐射（短波）。当太阳辐射通过大气层时，有24%被大气直接吸收，31%被大气反射或散射到宇宙空间，余下的45%到达地表。

乱流：空气不规则的小范围涡旋运动。乱流使空气微团发生混合，气块间的热量也随之得到交换。

水相变化：水通过相变释放热量或吸收热量，引起气温变化的过程。

传导：依靠分子的热运动，将热能从高温物体直接传递给低温物体的现象，其传导能力取决于热导率。

绝热变化指空气块与外界没有热量交换，包含干绝热过程和湿绝热过程。干绝热过程指在绝热过程中气块内部没有水相变化，干绝热垂直递减率 $\gamma_d=1℃/100m$，表示干空气每下沉100m，气温升高1℃。湿绝热过程指在绝热过程中气块内部存在水相变化，因此湿绝热垂直递减率比干绝热垂直递减率小，$\gamma_m$ 的数值为 $0.4\sim0.7℃/100m$。

研究表明，在实际大气中，绝热和非绝热要素是同时存在的，根据不同条件起不同的主导作用。非绝热变化在气块做水平运动或静止不动时是主要的；绝热变化在气块做垂直运动时起主要作用。

**2）气温对飞机飞行的影响**

A. 气温对飞机起飞、着陆的滑跑距离的影响

气温高时，空气密度小，一方面使发动机的推力或螺旋桨的拉力减小，飞机增速慢；另一方面使飞机的升力减小，要求飞机的离地速度增大，因此飞机起飞的滑跑距离要长一些。反之，气温低时，空气密度大，飞机增速快，飞机升力增大，因此飞机起飞的滑跑距离就短一些。

同理可得，气温高时，飞机着陆时的滑跑距离增加。反之，滑跑距离缩短。

B. 气温对飞机平飞的最大速度的影响

气温低时，空气密度大，飞机发动机的推力增大，空气的阻力也增加，但阻力增加数值不及推力增大数值，综合结果还是使平飞的最大速度增加；相反，飞机在超音速和低速飞行时，气温升高，平飞的最大速度则会减小。

C. 气温对飞机空速表和高度表示数的影响

飞机上使用的空速表和高度表是根据标准密度和标准气压设计的。当实际空气密度与标准密度不一致或者实际气温与标准气温不一致时，就会影响空速表和高度表示数的精确程度。

D. 气温对飞行活动的影响

气温的变化常常引起各种天气变化，进而影响到飞行活动。夜间气温降低，低层常常出现逆温，这是形成雾和烟幕的有利条件，雾和烟幕使飞机能见度变低从而可能会对飞行活动造成影响。

## 2. 气压

气压即大气压强，是指与大气相接触的面上，空气分子作用在每单位面积上的力。气压随时间和季节的变化而有规律地波动，但气压的变化是周期性变化和非周期性变化共同作用形成的。气压的单位为帕（Pa），气象上以百帕（hPa）为单位，各表达方式的换算关系如下：

$$1 个大气压=1013.25hPa=760mmHg=29.92inHg \tag{10.6}$$

式中，mmHg 为毫米汞柱；inHg 为英寸汞柱高。

### 1）气压随高度的变化规律

气压随高度的增加而降低，低层降低较快，高层降低较慢。且气压系统的空间结构与温度场有密切关系，温度越高，气压随高度增加而降低得越慢。

### 2）航空上常用的 4 种气压

本站气压：指采用气象台气压表直接测得的气压，通常每小时测量一次，本站气压因测站地理位置的不同而有较大差异。

修正海平面气压：指由本站气压推算到同一地点（海拔小于 1500m）海平面高度上的气压值，可用于分析和研究气压的水平分布及绘制天气图。

场面气压：指着陆区（跑道入口端）最高点的气压。

标准海平面气压：指大气处于标准状态下的海平面气压，海平面温度为 59℉（15℃）。其值为一个常数，表述为 1013.25hPa 或者 760mmHg。

### 3）气压与高度

飞机上常用无线电高度表或气压式高度表测高。无线电高度表用于测量飞机相对于所飞越地区地表的垂直距离；气压式高度表显示的是气压，并根据标准大气条件下气压与高度的规律确定该气压所处的高度。

飞行中常用的气压高度包括场面气压高度（QFE）、标准海平面气压高度（QNE）及修正海平面气压高度（QNH），示意图如图 10.4 所示。

场面气压高度是飞机相对于起飞或着陆机场跑道的高度，一般按场压来拨正气压式高度表；标准海平面气压高度指飞机相对于标准海平面的高度，用于航线飞行中；修正海平面气压高度指飞机相对于平均海平面的高度，其值减去机场标高就是飞机距离机场跑道的高度。

### 4）水平气压场

水平气压场指某一水平面（常取海平面）上的气压分布，常见的基本形式（图 10.5）有低压、低压槽（槽线）、高压、高压脊（脊线）、鞍形气压区。

等压线的疏密程度代表气压在水平方向上变化快慢的程度。等压线越密，气压沿垂直于等压线的方向变化越快，可用水平气压梯度 $G_n$ 表示这一特性。

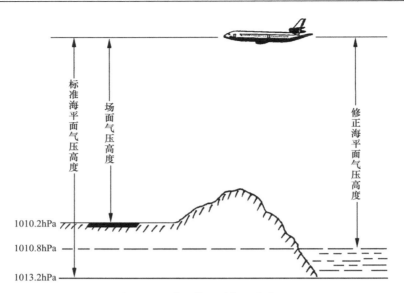

图 10.4 常见的 3 种气压高度

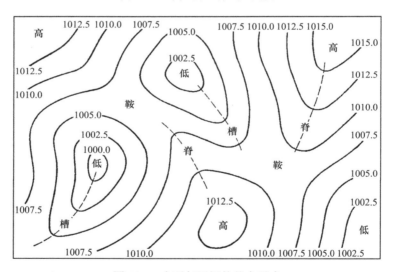

图 10.5 水平气压场的基本形式

$$G_n = -\frac{\Delta P}{\Delta N} \qquad (10.7)$$

式中，$\Delta P$ 为两点间的气压差；$\Delta N$ 为沿气压梯度方向上两点间的距离。

**5）海拔对大气压力的影响**

随着海拔的升高，空气变得稀薄，大气压力也随之降低，因此飞机需要更大的速度来获得足够的起飞升力，起飞和着陆距离增加，爬升率则会减小。

**6）空气密度差异的影响**

空气密度与气压成正比，与气温成反比。对于局部空气，气温变化幅度比气压变化幅度大得多，因此空气密度的变化主要是由气温变化引起的。

当实际大气密度大于标准大气密度时，空气作用于飞机上的力要加大，发动机功率和推力也增大。因此，飞机飞行性能会变好，即最大平飞速度、最大爬升率和起飞载重量会增大，而飞机起飞、着陆的滑跑距离会缩短。当实际大气密度小于标准大气密度时，情况相反。

### 3. 空气湿度

空气湿度是用来量度空气中水汽含量多少或空气干燥、潮湿程度的物理量，表示水汽含量及饱和程度。

#### 1）常用的湿度表示方法

A. 相对湿度

相对湿度的计算公式如下：

$$f = \frac{e}{E} \times 100\% \tag{10.8}$$

式中，$e$ 为实际水汽压；$E$ 为同温度下的饱和水汽压。

相对湿度的值取决于空气中的水汽含量和温度，水汽含量越多，水汽压越大，相对湿度越大；水汽含量不变时，随着温度的升高，饱和水汽压越大，相对湿度越小。

B. 露点

露点指当空气中水汽含量不变且气压一定时，气温降低到使空气达到饱和状态时的温度。露点的大小与水汽含量和气压有关，当气压一定时，露点随水汽含量的增多而升高；水汽含量保持一定时，露点随气压的减小而降低。

C. 气温露点差

气温减去露点就是气温露点差，它表示空气的干燥、潮湿程度，其值越小，空气越潮湿。当空气中水汽已达到饱和状态时，气温与露点相同。当水汽未达到饱和状态时，气温一定高于露点温度。在 100%的相对湿度时，周围环境的温度就是露点。

#### 2）空气湿度的变化

空气中可容纳水汽的数量随气温而变化，气温越高，可以容纳的水汽就越多。在一定的温度下，当空气不能再容纳更多的水汽时，就形成了饱和空气。空气饱和程度与温度和水汽含量有关：早晨大，午后小；冬季大，夏季小。

空气湿度表示水汽含量及饱和程度，空气中水汽含量与地表潮湿程度和气温有关：白天大于晚上，夏季大于冬季，地表越潮湿，水汽含量越高。

### 10.1.3　空气的水平运动

空气的运动指不同地区、不同高度之间的空气进行热量、水汽、杂质的互相交换，不同性质的空气得以相互交流，并以此产生各种天气现象和天气变化。空气的运动形式主要包括水平运动和垂直运动两种。

## 1. 风的表示和测量

　　风是矢量，既有大小，又有方向。在气象上，风向指风的来向，常用 360° 方位角或 16 个方位表示，一般在地面上多使用方位，在高空中多使用方位角表示。如图 10.6 所示，北风（N）是 0°/360°，东风（E）是 90°，南风（S）是 180°，西风（W）是 270°，其他的风向可由此推算。

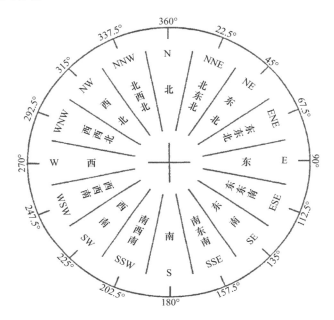

图 10.6　风的 16 个方位及各自对应的方位角

　　风速是指单位时间内空气微团的水平位移，常见 m/s、km/h 和节（kn）等单位间的换算关系为：1m/s=3.6km/h，1kn =1.852km/h=0.5m/s。

　　风力等级可根据风力等级表（表 10.1）目视估计，也可通过仪器探测。例如，风向风速仪可测近地面风，测风气球可测高空风，风袋可测跑道区的风，多普勒测风雷达可测机场区域内一定高度风的分布。风向袋吹平时，风速已达 6～10m/s。

表 10.1　风力等级表

| 风力等级 | 陆地地物象征 | 相应风速 | | |
| --- | --- | --- | --- | --- |
| | | 风速范围/(m/s) | 平均风速/(m/s) | 风速范围/(km/h) |
| 0 | 静，烟直上 | 0.0～0.2 | 0.1 | 小于 1 |
| 1 | 烟能表示风向 | 0.3～1.5 | 0.9 | 1～5 |
| 2 | 人面感觉有风，树叶有微响 | 1.6～3.3 | 2.5 | 6～11 |
| 3 | 树叶及微枝摇动不息，旌旗展开 | 3.4～5.4 | 4.4 | 12～19 |
| 4 | 能吹起地面灰尘及纸张，小树枝摇动 | 5.5～7.9 | 6.7 | 20～28 |
| 5 | 有叶的小树摇摆，内陆的水面有小波 | 8.0～10.7 | 9.4 | 29～38 |
| 6 | 大树枝摇动，电线呼呼有声，张伞困难 | 10.8～13.8 | 12.3 | 39～49 |
| 7 | 全树摇动，大树枝下弯，迎风步行不便 | 13.9～17.1 | 15.5 | 50～61 |
| 8 | 可折坏树枝，迎风步行感觉阻力甚大 | 17.2～20.7 | 19.0 | 62～74 |

续表

| 风力等级 | 陆地地物象征 | 相应风速 | | |
|---|---|---|---|---|
| | | 风速范围/(m/s) | 平均风速/(m/s) | 风速范围/(km/h) |
| 9 | 烟囱及平屋房顶受到破坏，小屋受破坏 | 20.8～24.4 | 22.6 | 75～88 |
| 10 | 陆上少见，可使树木拔起或将建筑物吹毁 | 24.5～28.4 | 26.5 | 89～102 |
| 11 | 陆上很少，有则必有重大损毁 | 28.5～32.6 | 30.6 | 103～117 |
| 12 | 陆上绝少，其摧毁力极大 | 32.7～36.9 | 34.8 | 118～133 |

## 2. 风的形成

### 1) 形成风的力

形成风的力有水平气压梯度力、地转偏向力、摩擦力、惯性离心力。

水平气压梯度力是由水平气压梯度引起的作用在单位质量空气上的压力，与水平气压梯度成正比，与空气密度成反比。其方向与水平气压梯度一致，垂直于等压线，并由高压指向低压。它决定了气块的运动方向与运动速度。

地转偏向力是由地球自转引起的使相对于地球运动的物体偏离原运动方向的力，方向垂直于物体运动的方向，在北半球指向右侧，在南半球指向左侧。且地转偏向力只能改变气块的运动方向而不能改变其运动速度。

空气在近地面运动时，地表对空气产生了阻碍作用，就产生了摩擦力。摩擦力只影响气块运动的速度而不改变气块运动的方向。

惯性离心力是空气在水平方向上相对于地球表面做圆周运动时受到的力，其方向与空气运动的线速度方向垂直，由曲率中心指向外缘。

### 2) 风的形成及风压定理

在大气中，气压差产生了气压梯度力，使空气存在一个由高压向低压运动的趋势；又因地球自转导致地转偏向力，使气流在沿气压梯度力方向运动的过程中发生偏转；空气若在摩擦层中还会受到摩擦力的作用，若做曲线运动还会受惯性离心力的作用；当作用在空气上的各力平衡时，便形成相对稳定的风。

A. 自由大气中风的形成及风压定理

自由大气中的风压定理：风沿着等压线吹，在北半球背风而立，高压在右，低压在左，等压线越密，风速越大。北半球低压区空气做逆时针旋转，高压区空气做顺时针旋转。南半球风的运动方向与北半球相反。

B. 摩擦层中风的形成及风压定理

摩擦层中的风压定理：风斜穿等压线吹，在北半球背风而立，高压在右后方，低压在左前方，等压线越密，风速越大。南半球风的运动方向与北半球相反。

## 3. 风的变化

### 1) 摩擦层中风的变化

摩擦层中风随高度的变化：摩擦层中的摩擦力随高度的增加而减小，故在北半球风速随高度的增加而增大，风向右偏。当高度达到摩擦层顶时，风向逐渐趋于与等压线平行，风矢量逐渐趋于地转风。南半球风的变化与北半球相反。

摩擦层中风的日变化：当摩擦层上下层空气混合强烈时，风趋于一致；当空气混合作用减弱时，风差异较大。

### 2）自由大气中风的变化

自由大气中风的变化主要取决于气压场。因水平方向上温度分布不均匀，在一定高度上会出现气压差，从而引起风的变化。

气温的水平差异会形成热成风。其风压定律为：风沿着等温线吹，在北半球背热成风而立，高温在右侧，低温在左侧，等温线越密，热成风风速越大。

### 3）地方性风

主要的地方性风有海陆风、山谷风、峡谷风和焚风 4 种。

A. 海陆风

海陆风是因海陆性质的差异而形成的。白天陆地的气温显著高于附近海洋的气温，风从海洋流向陆地，称为海风；夜晚情况相反，风从陆地流向海洋，形成陆风。在热带地区全年均可观测到海陆风，中纬度地区只有夏季才可观测到，高纬度地区仅夏季晴朗天气才可观测到。

B. 山谷风

山谷风是在大范围地区气压梯度很小时，山坡和山谷受热情况不同而形成的。白天，在太阳辐射下，山坡气温高于山谷上同等高度的气温，下层风由谷底吹向山坡，形成谷风；夜间与白天相反，下层风由山坡吹向谷底，形成山风。

C. 峡谷风

峡谷风是当空气从开阔区域进入狭窄谷口时形成的强风，这种使风速增强的现象称为狭管效应。在山区和丘陵地区常出现这种风，因为风速变化很大，会给山地飞行带来一定的影响。

D. 焚风

焚风是气流跨越山脊时，在背风面形成的一种干燥而炎热的风。它属于山区特有的天气现象，通常出现在山脉背风坡。焚风对农作物的生长有一些负面的影响，但也能加速积雪融化，丰富当地的热量资源。

## 4. 障碍物对风的影响

地面上的障碍物会影响风的流向：地面的地形和大的建筑物（如飞机棚、山脉、峭壁或者峡谷等）会分散风的流向，产生会快速改变方向和速度的阵风。

在山地区域时，风沿着迎风侧平稳地向上流动，上升的气流会帮助飞机飞越山脉的顶峰，而背风侧的效果则不一样。当空气流在山的背风侧向下时，空气顺着地形的轮廓流动，湍流逐渐增加。这就趋向于把飞机推向山的一侧。风越强，向下的压力和湍流就变得越强烈。

### 10.1.4　空气的垂直运动

大气运动基本是准水平运动，垂直运动的速度很小，但垂直运动与大气中的云雨形成及天气变化有着密切关联，也在很大程度上影响飞机的飞行。

#### 1. 空气垂直运动的形成原因

空气在垂直方向受到向下的重力和向上的垂直气压梯度力的作用，假设空气块静止，若重力与垂直气压梯度力不平衡，空气块便产生垂直运动。

#### 2. 空气垂直运动的种类及特点

**1）对流**

A. 对流的产生

对流是因空气块与周围大气的温度差异而产生的，强烈而比较有规则的升降运动。温度越高，大气对流运动越明显。因此，赤道地区对流效果最明显。当空气块的温度高于周围大气温度时，它将获得向上的加速度；反之则获得向下的加速度。对流的垂直运动速度可达 1~10m/s，水平尺寸为几千米到几十千米，持续时间仅为几十分钟到几小时。空气块的垂直加速度可表示为

$$\frac{\mathrm{d}w}{\mathrm{d}t} = \frac{T'-T}{T} \cdot g \tag{10.9}$$

式中，$T'$ 为空气块的温度；$T$ 为周围大气的温度。

若地球不自转，对流层低纬度温度高，高纬度温度低，使得空气在赤道地区上升，在极地地区下沉。在南北温差的作用下，高空为从赤道吹向极地；在气压梯度力的作用下，低层为从极地吹向赤道。

地球自转偏向力会对风向产生影响。在北半球，地球自转偏向力使得空气向右偏转，偏转的程度根据纬度的不同而变化，其大小在极地最大，在赤道降低为零。

地球的自转导致每个半球上的整体气流分成 3 个明显的气流单元。在北半球，赤道地区的暖空气从地表向上升起，向北流动，同时因地球的自转而向东转。当它前进到从赤道到北极距离的 1/3 时，不再向北流动，而向东流动。这时空气会在大约 30°N 的带状区域变冷下降，导致它向地表下降的区域成为一个高压区域。然后它沿着地表向南回流至赤道。地球自转偏向力使得气流向右偏转，因此在 30°N 到赤道之间产生了东北方向的信风。类似的力产生了 30°N~60°N，以及 60°N 到极地地区的围绕地球的循环单元。

地球表面的地形产生的摩擦力也会改变大气中空气的运动。距地表 2000ft 内，地表和大气之间的摩擦力使空气的流动变慢。因为摩擦力减小了地球自转偏向力，使得风从它原本的路径转向。这就是在地表的风向稍微不同于地表之上几千英尺高度风向的原因。

B. 对流冲击力

对流冲击力指使原来静止的空气产生垂直运动的作用力，根据成因可分为热力对流

冲击力与动力对流冲击力。

热力对流冲击力产生的原因是地面热力性质差异。白天，在太阳辐射的作用下，山岩地、沙地、城市地区比水面、草地、林区、农村升温快，其上空气受热后温度高于周围空气，因而体积膨胀，密度减小，使浮力大于重力而产生上升运动。天气越晴朗，太阳辐射越强，这种作用越明显。夜晚的情形正好相反。山岩地、沙地等地面降温快，其上空气冷却收缩，产生下沉运动，天气越晴朗，这种作用越明显。

动力对流冲击力产生的原因是空气运动时受到的机械抬升作用，如山坡迎风面对空气的抬升，气流辐合、辐散时造成的空气升降运动等。

在温暖的天气，飞机飞行在较低高度，有时会遇上湍流空气。因为在低高度飞越不同的地表时，上升气流很可能发生在路面和荒地上空，下降气流常发生在水体或者类似成片树林的广阔植被区域之上。这些乱流环境一般可通过飞在更高的高度来避免。

接近地面的对流气流会影响飞行员控制飞机的能力。例如，在最后进近时，来自完全无植被覆盖的地形的上升气流有时会产生漂浮效应，导致飞行员飞过预期的着陆点。另外，在一大片水体或者植被稠密的区域之上进近时会趋于产生一种下沉效应，导致飞行员可能着陆在不到预期的着陆点。

C. 大气稳定度

大气稳定度是指大气对空气块垂直运动的阻碍程度，以大气的气温垂直加速度运动来判定。可用层结曲线（气层温度随高度变化的曲线）和状态曲线（气块温度随高度变化的曲线）表示。一般而言，大气稳定度有以下 3 种情形。

稳定状态：空气块受到某种外力的作用移动后逐渐减速，并有返回原来高度的趋势。

不稳定状态：空气块移动后，加速向上向下运动。

中性平衡状态：将空气块推到某一高度后，既不加速也不减速，而是停下来。

**2）系统性垂直运动**

大范围空气有规则的升降运动称为系统性垂直运动，其特点是垂直速度小（1～10cm/s）、水平范围广（几百千米至几千千米）、持续时间长（十几小时至几天）。

系统性垂直运动一般出现在大范围空气的水平气流辐合、辐散区，冷、暖空气交锋及地形抬升地区。其中辐合指气流从四周向中心流动，辐散指气流从中心向四周流动。在辐合区，空气质量增加，垂直气压梯度增大，空气产生上升运动，而辐散区则正好相反。

**3）大气波动**

重力波是大气在重力作用下产生的波动，产生的原因是两层密度不同的空气在交界处发生相对运动，或山脉对气流的扰动。

**4）大气乱流**

大气乱流详见 10.4.3 小节。

## 10.2　云、降水及其视程障碍现象

### 10.2.1　云的形成与分类

大气中水汽凝结（凝华）成的水滴、过冷水滴、冰晶或它们混合组成的飘浮在空中的可见聚合物称为云。云量是指云遮盖天空视野的份数，根据国际民用航空组织规定，可将天空分为 8 个等份。

#### 1. 云的形成

云的形成需要充足的水汽、充分的冷却过程及一定的凝结核 3 个基本条件。太阳照射使水蒸发形成水蒸气，做上升运动的水汽在一定高度冷却，水汽在凝结核上凝结就形成了云。

#### 2. 云的分类与外貌特性

云是地球水循环的有形结果，根据高度、外貌特征等因素可分为多类。

A. 按云底高度分类

云高指云底距测站的垂直距离，通常分为低云族（云高 2000m 以下）、中云族（云高 2000～6000m）、高云族（云高 6000m 以上）3 种。

B. 按大气垂直运动的形式分类

可将云分为积状云、层状云、波状云和特殊云 4 种基本类型。

C. 按云的外貌特征分类

可将云分为以下 14 种：淡积云、浓积云、积雨云、层积云、层云、雨层云、碎层云、碎积云、碎雨云、高积云、高层云、卷云、卷层云、卷积云。

##### 1）低云的外貌特征及其对飞行的影响

A. 淡积云

淡积云（Cu）是空气对流不强时形成的。表现为孤立分散的小云块，底部平坦，顶部呈圆弧形凸起，外形像小土包；云体的垂直高度小于水平宽度。淡积云多出现于晴朗的天空，飞机在云上飞行较为平稳；若云量较多时，飞机在云下或云中飞行有轻微颠簸。图 10.7 中的淡积云分布在低空，较为扁平，底部平坦，云顶呈圆弧形凸起，附近有少许碎积云。

B. 浓积云

浓积云（TCu）是空气对流运动强烈时形成的。其表现为体高大，云块底部平坦而阴暗，垂直发展旺盛，顶部呈重叠的圆弧形凸起；云体的垂直高度大于水平宽度。飞机在云下、云中和云体附近飞行时常有中度到强烈颠簸；云中飞行有强积冰；云内飞行能见度十分恶劣。图 10.8 的浓积云发展旺盛，云体高大，底部处于同一高度，顶部呈重叠的圆弧形凸起。

图 10.7　淡积云

图 10.8　浓积云

C. 积雨云

积雨云（Cb）是形成浓积云后空气对流运动继续增强的结果。表现为云层浓厚，云体浓厚庞大；其云高一般在 400～1000m；云底阴暗混乱，顶部有白色的纤维结构，有时趋于平展，形成鬃状或铁砧状。积雨云分为秃积雨云（Cb calv）与鬃积雨云（Cb cap）。图 10.9 就是典型的积雨云，摄于云下。可见积雨云发展旺盛，云体庞大阴暗，云底很低，也预示着即将到来的降雨。

图 10.9　积雨云

D. 层积云

层积云（Sc）多在空气波状运动和乱流混合作用下，由水汽凝结而成。表现为云块较大，呈灰色或灰白色，形状各异，结构松散。通常将其分为以下 5 类。

透光层积云呈灰白色，云体松散，排列整齐，云块较薄，阳光投射时边缘较为明亮。云块间缝隙较大，通过其能辨别出日月的位置，有时会出现彩虹。一般出现在大气稳定时，预示天气晴好。

蔽光层积云呈暗灰色，云块较厚，密集无缝隙，底部有明显的波状起伏，常布满全天，无法通过其辨别日月位置，偶降间歇性雨雪。

堡状层积云云体细长，底部并列连在一条线上，顶部凸起明显，远看像城堡或长条锯齿。若对流继续增强，水汽条件也充沛时，易产生积雨云。图 10.10 的堡状层积云云底平整，顶部一个个云泡凸起，形如城堡。

积云性层积云呈灰白色或暗灰色，云块大小不一，多为扁平的长条形，云块间缝隙明显，太阳光能透过云缝到达地面。其出现预示对流减弱、天气逐渐趋于稳定。若积云性层积云云层较厚且不稳定时，常伴有降水。

荚状层积云形如豆荚，中间厚、边缘薄。

E. 层云

层云（St）云体均匀成层且没有结构，呈灰色或灰白色；云高通常为 50～500m，像雾般笼罩山顶或高大建筑，云高较低但不接地；层云一般出现在大气稳定时，日出后气温逐渐升高，稳定层遭到破坏，层云也随之慢慢消散。图 10.11 是由雾抬升而形成的层云，摄于日出时分。

F. 雨层云

雨层云（Ns）多由高层云演变而成。其云体均匀成层，呈暗灰色，能完全遮蔽日月；

图 10.10　堡状层积云

图 10.11　层云

云层很厚，厚度可达 4000～5000m；云底因降水而模糊不清，常伴随碎雨云，会带来连续性雨雪。在雨层云中飞机可平稳飞行，但能见度差。图 10.12 中雨层云布满天空，呈暗灰色。

G. 碎层云

碎层云（Fs）由层云分裂或浓雾抬升而形成。其云体很薄，呈灰色或灰白色，多为破碎片状，形状多变不规则；云高常为 50～500m，云下能见度也很差，严重影响飞机起飞、着陆。但其出现往往预示着晴天。

图 10.12 雨层云

H. 碎积云

碎积云（Fc）是淡积云形成前或积云被风吹散形成的。其云体破碎，中部稍厚，边缘残破，灰白色碎块零散分布，随风飘移，形状变化迅速。碎积云单独出现且无明显发展时，一般预示天气晴好，但云量较多时也会妨碍观测地标，影响飞机着陆。图 10.13 中碎积云边缘破碎，形状不完整，远处是淡积云。

图 10.13 碎积云

I. 碎雨云

碎雨云（Fn）是降水云层经扰动凝结而形成的。其云体破碎，形状不规则，呈灰色或暗灰色；云高很低，通常为 50～400m。碎雨云移动较快，当其快速掩盖机场时，对飞机的起飞、着陆会产生很大的安全威胁。

**2）中云的外貌特征及其对飞行的影响**

A. 高积云

高积云（Ac）是高空逆温层下冷空气处于饱和状态而形成的。其云体厚度不一，形状不规则；云块小，轮廓分明，呈椭圆形、水波状或鱼鳞状等。成层的高积云中，云块常成群、成行或呈波状排列。薄的高积云呈白色，通过其可见日月轮廓，它的出现往往预示着天气晴朗；厚的高积云呈暗灰色，通过其所见日月轮廓模糊，其出现预示天气即将变化，甚至产生降水。一般而言，高积云可分为以下 6 类。

透光高积云云块较薄，呈白色，个体分离，边缘较亮，云块间有明显的缝隙，通过其可辨别日月位置。图 10.14 的透光高积云呈波状排列，云隙之间可见蓝天。

图 10.14　透光高积云

蔽光高积云云块较厚，呈暗灰色，云块间排列密集，无法通过其辨别日月的位置。

积云性高积云由衰退的积云或积雨云扩展而成，云块大小不一，呈灰白色，外形略有积云特征，中间厚，顶部略微凸起，其出现预示着天气将趋于稳定。

絮状高积云大小、高低都不一致，云块边缘破碎，像乱棉絮团，常呈灰色或灰白色，其出现预示着雷雨天气。图 10.15 右侧为絮状高积云，边缘破碎，排列不齐，呈白色；在左侧的一片是透光高积云。

堡状高积云呈水平长条分布，顶部凸起，形如城堡，其出现预示着雷阵雨即将到来。

荚状高积云云层中间厚，边缘薄，呈白色，云块呈豆荚状或椭圆形，轮廓分明，孤立地分散着，其出现预示着天气晴朗。

图 10.15　絮状高积云

B. 高层云

高层云（As）由卷层云变厚或雨层云变薄而形成，多位于 1500～3500m 高度中。其云体均匀成层，呈灰白或灰色，常布满全天，云底有条纹结构。

高层云分为透光高层云（As tra）和蔽光高层云（As op）。透光高层云由卷层云加厚而形成，呈灰白色，云层薄而均匀，透过云层可见日月模糊的轮廓；蔽光高层云呈深灰色或浅蓝色，云层较厚且厚度变化很大，厚的部分完全遮蔽日月，薄的部分较为明亮。

**3）高云的外貌特征及其对飞行的影响**

A. 卷云

卷云（Ci）离散分布在空中，云片较薄，具有纤维状结构，常呈白色。一般将卷云分为毛卷云、密卷云、钩卷云和伪卷云。

毛卷云云体很薄，颜色洁白，纤维状结构十分清晰，多呈丝条状、片状、羽毛状、钩状、团状、砧状等离散分布，偶尔伴有晕，其出现大多预示着天气晴朗。图 10.16 的毛卷云或卷曲或平直地位于高空，边缘毛丝般的纤维结构明显，颜色洁白。

密卷云云层较厚，云体成片。云体中间厚、四周薄，其边缘部分丝缕结构明显，遇日月看不到完整的晕圈，其出现预示着天气稳定。图 10.17 的密卷云呈白色，中间较厚。

钩卷云云体很薄，云丝平行排列，上有小钩或小簇，下有较长的拖尾，其出现大多预示着阴雨天气。

伪卷云是积雨云顶部脱离主体后形成的。云体大而厚密，呈白色或深灰色，形如铁砧，其出现在积雨云消散时，表征大气由不稳定转向稳定。

B. 卷层云

卷层云（Cs）是由湿空气做大范围缓慢斜升运动而膨胀、冷却所产生的。它表现为白色透明的均匀云幕，云层中可见晕圈；云底有丝缕结构，透过卷层云可清晰观测日月

图 10.16　毛卷云

图 10.17　密卷云

的轮廓，且该云层是唯一在日月的外围会产生彩色晕圈的云层。冬季卷层云的出现表征气旋和持续稳定降水的到来，夏季则表征风暴和热带气旋的到来。

　　人们常将卷层云分为毛卷层云（Cs fil）和薄幕卷层云（Cs nebu）。毛卷层云云体薄而不均匀，云底不平坦，丝缕结构十分清晰；薄幕卷层云云体薄而均匀，丝缕结构不明显，通过晕的现象显示其存在。

　　C. 卷积云

　　卷积云（Cc）由卷云和卷层云演变而来，云体呈白色鱼鳞状，边缘有纤维结构；云块很小，成行、成群排列，可透过日光、月光和明亮星光，其出现预示着不稳定的天气系统。图 10.18 的卷积云由密卷云演变而来，小块卷积云个体明显呈波纹状，颜色为白色。

图 10.18　卷积云

## 10.2.2　降水

### 1. 降水的基本概念

大气中冷凝的水汽从云中降落到地球表面的现象称为降水。水汽凝结物在降落过程中不断蒸发，在云层底部形成丝缕状悬垂物的天气现象称为雨幡。

### 2. 降水的分类

#### 1）从形态上分类

降水从形态上可分为固态降水和液态降水，固态降水包括冰丸、冰雹、雪、雪丸，液态降水包括雨和毛毛雨。

雨：滴状的液态降水，下降时清晰可见。

毛毛雨：液态降水，雨滴极小，落速慢，直径不大于 0.5mm。

雪：呈星状、片状的结晶形固态降水，具有六角晶体结构，白色不透明。

雪丸：由白色不透明的近似球状的、有雪状结构的水相粒子组成的固态降水，直径为 0.3～2.5mm。

冰雹：多呈球状、块状的固态降水，由多层冰层相间组成，直径大于 5mm。

冰丸：透明的球状或不规则形状的固态降水，直径小于 5mm。

#### 2）按性质分类

降水按性质可分为连续性降水、间歇性降水和阵性降水。

连续性降水：持续时间长，强度变化小。常降自层状云（雨层云和高层云）。

间歇性降水：时降时止，时大时小，强度变化大。常降自波状云（层积云和层云）。

阵性降水：骤降骤止，强度变化很大，温度、气压、风等要素也随之发生显著变化。常降自积状云（淡积云、浓积云、积雨云）。

**3）按降水强度分类**

降水按强度可分为小雨、中雨、大雨、暴雨、大暴雨和特大暴雨。

## 3. 降水的形成

降水的形成需要充足的水汽、气温降低或空气抬升并冷却凝结、有较多的凝结核。降水的形成就是云滴增大为雨滴、雪花或其他降水物，并降至地面的过程。

**1）云滴的增长过程**

云滴的增长过程主要有云滴凝结或凝华增长、云滴的碰并增长。云滴的凝结或凝华增长过程（图 10.19）指云滴依靠水汽分子在其表面上凝聚而增长的过程；云滴的碰并增长是当云中出现了体积差异较大的云滴后，由于气流的作用，云滴之间发生碰撞，大云滴和小云滴合并，体积进一步增大的过程。这两种云滴的增长过程密不可分，始终存在。云滴增长的初期，凝结或凝华增长起主导作用；当云滴直径达到 $50\sim70\mu m$ 时，以云滴的碰并增长为主。

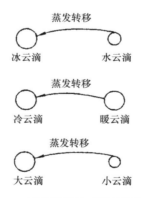

图 10.19　云滴的凝结或凝华增长过程

**2）不同形态降水的形成**

降水的形态主要取决于云中和云下的气温：都高于 0℃，形成液态降水；都低于 0℃，形成固态降水或冻雨、冻毛毛雨；云中气温低于 0℃且云下气温高于 0℃，降水是液态、固态或二者的混合物。

## 4. 降水对飞机飞行的影响

降水使能见度减小，也影响飞机跑道的使用；含有过冷水滴的降水会造成飞机积冰；飞机在积雨云区及附近飞行时可能遭雹击；大雨可使飞机气动性能恶化，其中大雨和暴雨会使发动机熄火。

## 10.2.3 能见度与视程障碍

### 1. 能见度

#### 1）能见度的定义

能见度是影响飞机飞行的重要天气因素，指具有正常视力的人在昼间能看清目标物轮廓的最大距离，在夜间能看清灯光发光点的最大距离。在气象学中，可用气象光学视程表示能见度。气象光学视程是指白炽灯发出色温为 2700K 的平行光束的光通量在大气中削弱至初始值的 5%时所通过的路径长度。

能见度是反映大气透明度的重要指标，与实际天气状况密切相关。大气能见度一般采用肉眼来测量，也可使用激光能见度自动测量仪、大气透射仪等测量仪器进行测量。

#### 2）能见度的种类与特点

A. 地面能见度

地面能见度又称为气象能见度，指昼间以靠近地平线的天空为背景的、视角大于 20°的地面灰暗目标物的能见度。因为大气不均匀，不同方向的地面能见度存在差异。为反映这种差异性，我们将地面能见度分为 4 类：有效能见度、主导能见度、最小能见度和跑道能见度。最小能见度指能见度因方向而异时，其中最小的能见距离。

B. 空中能见度

空中能见度指空中飞行时，透过座舱玻璃观测地面或空中目标的能见度。其特点是随观测位置不同而变化及小于实际能见距离。

C. 着陆能见度

飞机着陆时，从飞机上观测跑道的能见度称为着陆能见度，着陆能见度约为地面能见度的 60%或更低。

D. 跑道视程

位于跑道中线的飞机上的飞行员，在起飞方向或着陆方向上能看到跑道面上的标志、跑道边灯或中线灯的最大距离就是跑道视程。

### 2. 视程障碍

视程障碍即视程障碍天气现象，是指空气中因存在水汽凝结物、干质悬浮物等而使空气变混浊，并造成能见度降低的天气现象。形成视程障碍的天气现象（表 10.2）主要有以下 8 种：云、降水、雾、烟幕、霾、浮尘、风沙和吹雪。国际上对烟雾的能见度定义为不足 1km，薄雾的能见度为 1～2km，雾的能见度为 2～5km。

表 10.2 视程障碍的天气现象表

| 天气现象 | 雾 | 轻雾 | 烟幕 | 霾 | 扬沙 | 沙暴 | 浮尘 | 低吹雪 | 高吹雪 |
|---|---|---|---|---|---|---|---|---|---|
| 表示符号 | ≡ | = | ⌒ | ∞ | $ | ⇆ | S | ✛ | ✛ |

# 10.3　典型天气系统

天气系统是具有一定的温度、气压或风等气象要素空间结构特征的大气运动系统。构成天气系统的各气象要素间有一定的配置关系，不同的天气系统有不同的天气。

## 10.3.1　气团和锋

### 1. 气团

在广大空间、水平方向上物理性质较为均匀的大范围空气称为气团，同一气团内的温度水平梯度小于 2℃/100km，气团之间水平温度梯度达 10～15℃/50km。气团的水平范围达几千公里，垂直高度达几公里到十几公里，从地面伸展到对流层顶。

在同一气团中，各地气象要素的垂直分布几乎相同，天气现象也大致一致。气团的性质为：水平范围大、垂直范围大、水平温度梯度小、天气变化小。

#### 1）气团的形成

气团的形成条件有以下两点。

一是大范围性质比较均匀的地理区域：冰雪覆盖的大陆、广阔的海洋、一望无际的沙漠等都可作为气团源地。

二是空气能够在气团源地长期停留或缓慢移动：通过大气中各种尺度的乱流、对流、蒸发、凝结、辐射及大范围的垂直运动等物理过程与地球表面进行水汽与热量交换，从而获得与地理区域相应的较为均匀的温湿特性。

#### 2）气团的分类

地理分类法是根据气团源地进行划分，可将气团分为冰洋气团、中纬度气团、热带气团、赤道气团。热力分类法是根据气团的温度和气团所经过的下垫面温度进行对比划分，可将气团分为冷气团与暖气团。还可按气团湿度特征的差异，将其划分为干气团和湿气团。

#### 3）气团的天气特点

A. 气团的变性

气团源地是能够形成温湿属性比较均匀的气团的地区。当气团在源地形成后，气团中的部分空气会离开源地移至新的下垫面，气团中的空气与新地表进行热量与水分的交换，同时在移动过程中还发生一些物理变化。气团的物理性质逐渐发生变化并失去原有特性的过程称为气团的变性。

B. 移经暖地表的冷气团的天气

移经暖地表的冷气团由于低层增温，大气不稳定，对流和乱流容易发展，天气有明显的日变化。夏季易形成积状云，产生阵性降水与雷暴，冬季可能形成烟幕或辐射雾，地面能见度较好。

C. 移经冷地表的暖气团的天气

移经冷地表的暖气团由于低层冷却，气层趋于稳定，乱流弱，形成逆温层或等温层。该天气能形成很低的层云、层积云，有时伴有毛毛雨或小雨雪，会形成平流雾，地面能见度一般较差。

对于不同的气团来说，其变性的快慢是不同的。一般来说，冷气团移动到暖的地区变性快，而暖气团移动到冷的地区变性慢。

## 2. 锋

锋是一种重要的天气系统，为对其有全面的了解，首先需要理解以下基本概念。冷、暖气团之间十分狭窄的过渡区域称为锋；温度或密度差异很大的两个气团之间的交界面称为锋面；锋面与地面相交的线称为锋线；锋面和锋线统称为锋。凡伸到对流层中上层者，称为对流层锋；仅限于对流层低层（1.5km 以下）者，称为近地面锋。

### 1）锋的空间结构

锋的水平宽度为几十公里到几百公里，结构是上宽下窄。锋面随高度向冷气团一侧倾斜，暖气团在上，冷气团在下，沿锋面的尺度可达 1000～2000km。每个气团内部的温度、湿度、气压等气象要素差异很小，而锋两侧的气团差异很大，锋附近天气变化剧烈（图 10.20）。

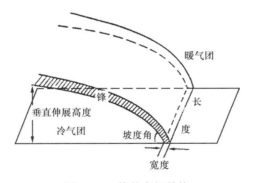

图 10.20  锋的空间结构

### 2）锋的分类

锋的分类有多种方法，根据锋在移动过程中冷、暖两侧气团的移动方向和结构状况，可将锋分为冷锋、暖锋、准静止锋和锢囚锋。

A. 冷锋

锋面在移动过程中，冷气团起主导作用，推动锋面向暖气团一侧移动，这类锋面称为冷锋。根据移动速度可分为第一型冷锋（缓性冷锋）和第二型冷锋（急性冷锋）。冷锋可引发突发的暴风雨、阵风、紊流，有时还可引发冰雹或者龙卷风。在快速移动的冷锋之后，天空通常很快放晴，冷锋留下的是狂暴的阵风和更冷的温度。

向逼近的冷锋飞行时，飞行员会遇到不同的状况。云层从高空分散逐渐向低空分散变化，大气压力不断下降，能见度降低。天气变化呈现多样性。在冷锋附近还可能出现雷暴和阵雨，但冷锋过后天气逐渐变好。

B. 暖锋

锋面在移动过程中，暖气团占主导地位，推动锋面向冷气团一侧移动，这类锋面称为暖锋。暖锋多活动于我国东北和长江中下游地区，常与冷锋联系在一起。暖锋造成云幕高度低、能见度差和降水，而暖锋过后，温度普遍升高，天气转晴。

C. 准静止锋

冷、暖气团势力相当或因地形阻滞，锋面移动缓慢或呈准静止状态，这类锋面称为准静止锋，不过绝对的准静止锋是不存在的。

D. 锢囚锋

冷锋追上暖锋或由两条冷锋迎面相遇而构成的复合锋称为锢囚锋。若冷锋后的冷气团比暖锋前的冷气团冷，称为冷式锢囚锋；若冷锋后的冷气团比暖锋前的冷气团暖，称为暖式锢囚锋；若冷锋后的冷气团与暖锋前的冷气团温差较小，称为中性锢囚锋。

## 3）锋面天气及其对飞行的影响

锋面天气指锋附近的云、降水等的分布情况。我国一年四季均有频繁的锋面活动，以冷锋最多，其次是准静止锋，暖锋和锢囚锋最少。

A. 暖锋天气

暖锋移动速度较慢，以每小时 10～25mile[①]的速度移动，锋面坡度小，为 1/200～1/100。若暖空气滑升的高度足够高、水汽充沛，暖锋移动时依次出现卷云（Ci）、卷层云（Cs）、高层云（As）、雨层云（Ns）等层状云。暖锋产生的连续性降水常出现在地面锋线前雨层云中，降水宽度在 200km 以上。由于水汽较多，暖锋下冷气团中常有层积云、层云和碎层云出现，有时在暖锋前后 150～200km 形成锋面雾。

暖气团稳定时不会对飞行造成威胁。但暖锋云区和降水区内能见度差，气象条件较为复杂，此外，长时间在暖锋中飞行，飞机易产生严重积冰。

B. 冷锋天气

冷锋以每小时 20～35mile 的速度移动，多数的冷锋天气都会产生积状云，引起阵性降水和较强乱流，伴有强烈阵风。冷锋过境后，天气晴朗，能见度好。古诗"忽如一夜春风来，千树万树梨花开"就是指冷锋过境的情形。

在我国冷锋最为多见，通常北方多于南方，冬半年多于夏半年。在具有稳定性天气的冷锋区域飞行，飞机可能会遭遇差能见度、轻到中度的颠簸、积冰或积水。如果是在不稳定天气的冷锋区域，飞机常遭遇强烈的颠簸乱流和雷电大风，甚至伴随着飞机积冰和冰雹。

C. 准静止锋天气

准静止锋云系与第一型冷锋相似，云系依次为雨层云（Ns）、高层云（As）、卷层云（Cs）、卷云（Ci）。准静止锋云区和降水区更为宽广，降水强度小，但持续时间很长，气温和气压的变化都不大。

我国的准静止锋主要有华南静止锋、云贵静止锋和江淮静止锋等。例如，每年 6～7月，南方暖湿空气与北方寒冷空气在江淮地区相遇形成江淮准静止锋，在它的影响下，形

---

① 1mile=1.609 344km

成了梅雨天气。飞机在准静止锋区域飞行与在暖锋区域飞行相似，不过需要更长的时间。

D. 锢囚锋天气

锢囚锋是由两条移动的锋合并而成的，其天气系统与原来两条锋仍有联系。除原来两条锋面云系外，在锢囚锋形成初期，锢囚点处云层增厚，降水增强，降水范围扩大并分布在锋的两侧。随着锢囚锋的发展，天气逐渐转好。

## 10.3.2 气旋和反气旋

### 1. 气旋的基本概念

气旋是指三维空间的大尺度水平旋涡，在同一高度上，中心气压低于四周大范围的气压。在气压场上，气旋表现为低压。因为气旋中心是垂直上升气流，如果大气中水汽含量较大，就容易产生云雨天气。

#### 1）气旋的水平尺度

气旋的水平尺度以最外围一条近似圆形的闭合等压线的直径表示。气旋的平均直径为 1000km，大的可达 2000～3000km，小的也有 200～300km。

#### 2）气旋的强度

气旋强度可以用中心最低气压值表示，中心最低气压值（常为 970～1010hPa）越低，气旋强度越大；反之，气旋强度越小。气旋的强度也可以用中心最大风速表示，中心最大风速越大，则气旋越强；反之，气旋越弱。

#### 3）气旋的分类

气旋的分类方法较多，根据气旋形成和活动的主要地理区域，可分为温带气旋和热带气旋两类，其中温带气旋又可分为锋面气旋和无锋面气旋。而根据气旋热力结构，又可分为冷性气旋和热低压两类。

### 2. 对我国影响较大的气旋

#### 1）锋面气旋

带有锋面的气旋称为锋面气旋，它的天气特征因气旋发展阶段（波动阶段、发展阶段、锢囚阶段和消亡阶段）、季节和地区的不同而有所差异。锋面气旋中温度的分布很不对称，气旋强度自地面向上逐渐减弱。而且锋面气旋一般移动较快，常会带来恶劣的阴雨天气。对我国影响较大的锋面气旋有东北气旋和江淮气旋。

东北气旋主要活动于我国东北地区，一年四季均可出现，以春、秋两季活动频繁，常引起大范围的大风、风沙、雷暴和强烈降水等灾害性天气，冷空气南下时会造成寒潮天气。

江淮气旋活动于长江下游和淮河流域一带，一年四季皆可形成，以春、夏季最为多见，6 月活动最盛。江淮气旋常带来大范围的云系和降水，是造成暴雨的主要天气系统之一，暴雨区一般出现在气旋中心附近或偏暖区的地方。江淮气旋常带来较强的大风，暖锋前有偏东大风，暖区有偏南大风，冷锋后有偏北大风。

**2）热低压**

热低压多数是因近地面地层空气受热不均形成的，是近地面的无锋面暖性气旋。常出现在亚热带和温带较低纬度比较干燥的陆地上，一般表现为晴热少云天气，当水汽充沛时会形成雷雨天气。热低压的强度范围不大，很少移动，有一定的日变化。14:00～15:00发展最强盛，夜间发展最弱。

**3）高空低涡**

高空低涡一般是冷性气旋，冷性气旋中心的气温比四周低，常占据较厚的空间。对我国影响较大的冷性气旋有东北低涡和西南低涡。

东北低涡是造成东北地区低温冷害、持续降水和突发性强对流天气的重要天气系统，移动缓慢，持续时间长。它一年四季均可出现，以 5 月、6 月最为频繁。东北气旋不稳定，在冬季可引起很大的阵雪，夏季常造成雷阵雨天气，春季可导致风沙、大风天气，人们对其所引发天气的强度、时间、区域等都难以预测。

西南低涡指在我国西南地区与青藏高原特殊地形影响下具有气旋性环流的闭合小低压，常出现在 700hPa 或 850hPa 等压面上。西南低涡形成于我国西南地区，由于高原阻挡，西风从高原南、北两侧绕过，从南侧绕过的气流受高原侧向边界的摩擦作用而形成低涡。西南低涡在原地时可产生阴雨天气，日变化表现为夜间差于白天。若有适当的高空低压槽或冷平流，西南低涡会发展并向东移动，引起我国东部地区的强降水。

## 3. 反气旋

反气旋是指三维空间的大尺度水平旋涡，在同一高度上，中心气压高于四周大范围的气压。反气旋内的气压由内向外递减。

在北半球，反气旋范围内的空气做顺时针旋转，在气压场上，反气旋表现为高压；南半球恰好相反。由于在反气旋中心是下沉气流，不利于云、雨的形成，因此反气旋作用下的天气一般晴朗无云。

**1）反气旋的水平尺度**

反气旋的水平尺度远远超过气旋，直径通常为 2000～4000km。大的反气旋尺寸可与最大的海洋与大陆相比，小的反气旋直径也有几百千米。

**2）反气旋的强度**

反气旋的中心气压值通常为 1020～1030hPa，最高可达 1101.6hPa。反气旋"加强"是指其中心气压随时间变化而升高，反气旋"减弱"是指其中心气压随时间变化而降低。其风速从中心到边缘越来越大。

**3）反气旋的分类**

反气旋根据活动的主要地理区域，可分为极地反气旋、温带反气旋、副热带反气旋；

根据热力结构分类，可分为冷性反气旋和暖性反气旋。

其中冷性反气旋发生在极冷的中纬度和高纬度地区，冬季最多见。其中心附近晴朗少云，夜间或清晨容易出现辐射雾，水汽较多时逆温层以下往往出现层云、层积云、毛毛雨等天气，逆温层以上碧空无云。反气旋东部或东南部往往有锋面存在，常出现较大的风速、较厚的云层和降水天气；西部和西南部边缘出现暖锋性质的天气。

暖性反气旋指中心暖于四周的高压，一般表现为晴朗炎热的天气。其南部边缘靠近赤道，有热带天气系统活动；西部边缘有偏南暖湿气流，可引起积云或雷暴。副热带高压就属于暖性反气旋，其高压区和高温区的分布基本一致。

### 4. 对我国影响较大的反气旋

#### 1）蒙古冷高压

蒙古冷高压是位于蒙古地区的冷性反气旋，是冬季地球最强的高压，也称为西伯利亚高压。蒙古冷高压的中心部分天气寒冷干燥，常出现辐射雾或烟幕。在冷高压东部前缘是相应的冷锋，冷锋在我国北方时，气温骤降，风向北转，风速猛增，常出现风沙和降雪。冷锋经江淮流域再向南移动时，风速仍然很大，由于气团湿度增加，因此常形成阴雨天气。

#### 2）太平洋副热带高压

副热带高压是对我国天气、气候影响最大的暖性反气旋，产生于北太平洋西部，简称副高或太高。它对中高纬度与低纬度地区间水汽、能量和热量的传输平衡有重要作用。

副高的位置随着季节的更迭有明显的变化：每年 2～4 月，副高脊线稳定在 18°N～20°N 时，我国华南地区出现连续的低温阴雨天气。6 月，副高脊线北跳越过 20°N，稳定在 20°N～25°N，降水带位于我国长江下游，形成梅雨。到 7 月，副高脊线再次北跳，降雨带从长江流域推移到黄淮流域。长江中下游地区的梅雨结束后，该地区随即被西太平洋副高所控制，炎热少雨的天气就此开始。如果副高强度大，控制时间长久，将造成严重的干旱现象。从 7 月底到 8 月初，副高脊线进一步越过 30°N 并停留，华北、东北地带进入雨季。9 月上旬，副高脊线开始向南回跳，雨带也自北向南移动。10 月上旬，副高脊线撤回 20°N 以南地区，结束一年的季节性南北移动。

### 5. 热带气旋

热带气旋是形成在热带或副热带洋面上，具有有组织的对流和确定的气旋性地面风环流的非锋面性的天气尺度系统。热带气旋一年四季均有出现，但在北半球集中形成于 7～10 月，在南半球集中形成于 5 月或 10～11 月。它是地球上最强烈的自然灾害之一，威胁着人类的生命安全，同时也是大气循环的重要组成部分，可带来充沛的雨水。

#### 1）热带气旋的分类

热带气旋的分类见表 10.3。

表 10.3  热带气旋等级划分表

| 热带气旋等级 | 底层中心附近最大平均风速/（m/s） | 底层中心附近最大平均风力/级 | 参考气压/hPa |
| --- | --- | --- | --- |
| 热带低压（TD） | 10.8～17.1 | 6～7 | 999～1005 |
| 热带风暴（TS） | 17.2～24.4 | 8～9 | 989～998 |
| 强热带风暴（STS） | 24.5～32.6 | 10～11 | 976～988 |
| 台风（TY） | 32.7～41.4 | 12～13 | 961～975 |
| 强台风（STY） | 41.5～50.9 | 14～15 | 940～960 |
| 超强台风（SuperTY） | ≥51.0 | 16 或以上 | ≤939 |

**2）热带气旋的形成**

热带气旋常起源于夏末秋初的热带辐合带边缘，它的形成需要广阔的高温洋面、合适的流场、合适的地转参数值、较小的气流垂直切变 4 个必要条件。

**3）台风的移动和路径**

台风的移动受各种复杂因素的影响，但其路径主要取决于作用于台风的动力。台风随着季风以每小时 15～30km 的速度由东向西移动，经过热带的暖水面，这种运动的力量会渐渐增强。我国根据台风移动的方向和登陆点，将台风的移动路径分为以下 3 种类型。

西移路径：台风从菲律宾以东洋面一直向西移动，影响我国华南沿海地区。

西北路径：台风从菲律宾以东洋面向西北方向移动，横穿我国台湾和台湾海峡或穿过琉球群岛，影响我国华东、华南地区。

转向路径：热带风暴从菲律宾以东向西北方向移动，然后转向东北，路线呈抛物线状，影响我国东部沿海地区及日本。

**4）热带辐合带**

热带辐合带也称为赤道辐合带，是南、北半球两个副热带高压之间气压最低、信风气流汇合的地带。在卫星云图上显示为近赤道附近的一条或数条呈东西方向连续分布的狭长对流云带。热带辐合带几乎环绕整个地球赤道，是重要的行星尺度天气系统，通常可分为季风辐合带和信风辐合带。其中季风辐合带是东北信风与赤道西风相遇形成的气流辐合带，信风辐合带是南、北半球信风直接交汇形成的辐合带。

A. 热带辐合带概况

热带辐合带的特征：低层气流以辐合为主，高层气流以辐散为主。其位置随季节的变化而南北移动，主要是季风辐合带的移动，一般冬季时位置偏南（5°S），夏季时位置偏北（12°N～15°N）。季风辐合带的季节性变化与海陆分布和地形特性都有联系，海洋地区变化较小，陆地地区变化较大。

B. 热带辐合带天气

副热带高压的空气由信风输送给热带辐合带，因赤道周围风的差异可形成以下 3 种天气。

（1）大多数情况下，副热带反气旋赤道一侧的气压梯度很小，信风产生的气流辐合以辐合上升为主，海面上天气平静，常称为赤道无风带。

（2）如果有足够的气压梯度，从副热带吹来的辐合信风比较稳定，容易形成比较活跃的赤道辐合带，此时容易出现积状云，形成积云和积雨云带。

（3）海洋的潮湿气流与大陆的干热气流相遇可形成热带锋，锋面上的积雨云可引起大阵雨、雷暴和冰雹。

### 10.3.3　槽线和切变线

1. 槽线

在对流层的中纬度地区，高空大气运动常以波状流型出现。在北半球，表现为向北的波峰（高压脊）和向南的波谷（低压槽）。在低压槽中，等高线弯曲度最大的点的连线称为槽线。

槽线前有辐合上升运动，盛行偏南暖湿气流，多阴雨天气；槽线后有辐散下沉运动，盛行干冷西北气流，多晴好天气。

飞机横穿槽线飞行，会遇到槽线附近和槽线前的阴雨天气（夏季大气不稳定时也能形成雷暴）；也会遇到明显的风向、风速的变化，即在北半球，先遇到左侧风，穿过槽线后转为右侧风；槽区气流切变常引起乱流，使飞机发生颠簸。

2. 切变线

切变线是具有气旋式切变的风场不连续线，是发生在 850hPa 或 700hPa 等压面上的天气系统。它两侧的风向、风速有明显差别，但温度梯度很小。切变线根据风场类型可分为3 种，冷锋式切变线、暖锋式切变线和准静止锋式切变线，三者在一定条件下可相互转化。

切变线多出现在中低纬度地区，一年四季均可出现，但以春末夏初时期最多见。其中最典型的切变线是江淮切变线，它是形成我国江淮流域"梅雨"天气的主要天气系统，春季活动在长江以南，初夏在长江流域及江淮流域，盛夏在淮河以北，9 月回到江淮流域。

飞机横穿切变线飞行时遇到的天气与横穿槽线相似，除阴雨天气外，也会遇到风向、风速的变化和飞机颠簸等。

## 10.4　特殊天气条件

### 10.4.1　雷暴

1. 雷暴的结构和天气

雷暴是指积雨云中发生的雷电交加的激烈放电现象，同时也指产生这种现象的天气系统。雷暴的水平范围为几千米到几十千米，持续时间为几分钟到几十分钟，常伴有强降水、大风，有时也有冰雹和龙卷风等，严重威胁着飞机的飞行安全。

在雷暴发展时期，地面气压持续下降。在成熟时期，由于下降冷空气的出现，气压突然上升，风向突然转变，风力迅速增大，阵风风速常为 20m/s，强烈的可达 25m/s 或以上，这种现象常是雷雨来临的先兆。

**1）雷暴的形成条件**

产生雷暴的 3 个条件，在不同情况下侧重点不同：深厚而明显的不稳定气层（提供能源）；充沛的水汽（形成云体、释放潜热）；足够的冲击力（促使空气上升）。

**2）一般雷暴的结构和天气**

雷暴单体是构成雷暴云的基本单位，由一个或数个雷暴单体构成的雷暴云，其强度仅达一般程度，这就是一般雷暴。一般雷暴单体的水平尺度为 5～10km，高度可达 12km，生命期大约为 1h。

依据垂直气流状况，一般雷暴单体的生命会经历积云阶段（Cu～TCu）、积雨云阶段（Cb）和消散阶段 3 个阶段。

A. 积云阶段

即发展阶段。云内都是上升气流，在云的中上部最强，等温线向上凸；云滴大多由水滴构成，一般没有降水和闪电，也没有下沉气流出现。

B. 积雨云阶段

即成熟阶段。云中除上升气流外，局部出现系统的下降气流；等温线呈波状，上升气流区温度高，下降气流区温度低；伴有强烈的湍流、大风、闪电和阵雨等危险天气；云体厚度很大，云顶呈砧状。

C. 消散阶段

云中以下沉气流为主，上升气流减弱；下沉气流遍布云中，等温线向下凹，云体向水平方向扩展，云体趋于瓦解和消散。

**3）强雷暴的结构**

当大气中存在强的垂直风切变和更强烈的不稳定对流时，就会形成强雷暴。相较于普通雷暴，它的持续时间更长（几小时至十几小时）、水平尺度更大（几十千米）。强雷暴云的结构表现为云体内有稳定、强大的升降气流。可将强雷暴分为超级单体雷暴、多单体雷暴和飑线雷暴（飑线）。

## 2. 雷暴的种类

根据强度分类，可将雷暴分为一般雷暴和强烈雷暴；按形成的冲击力分类，可将雷暴分为地形雷暴、热雷暴和天气系统雷暴。其中天气系统雷暴包括锋面雷暴、冷涡雷暴、副热带高压（太高）西部雷暴、空中槽和切变线雷暴。

## 3. 雷暴与飞行

雷暴会给飞机的飞行带来各种各样的危险，如电闪雷击、风切变、冰雹袭击和湍流，会使飞机颠簸，性能降低。如遇到强降雨，飞机气动性能会变差，导致发动机熄火。

在飞行中可根据云的外貌判断，或者利用无线电罗盘指针与通讯受的干扰判断，还可使用气象测雨雷达和机载气象雷达探测雷暴。

在雷暴活动区内飞机可绕过或从云隙穿过。如果条件允许，也可选择从云上飞过。在雷暴不强、云底较高、降水较弱、云下能见度较好且地势平坦的情况下，经验丰富的飞行员也可从云下通过。

### 10.4.2　低空风切变

低空风切变（$\beta$）指发生在 600m 以下，近距离内空间两点之间的平均风矢量的差值。风切变的计算公式如下：

$$\beta = \sqrt{u_1^2 + u_2^2 - 2u_1u_2\cos\theta} \tag{10.10}$$

式中，$u_1/u_2$ 为上/下层的风速；$\theta$ 为上、下两层的风向差。

若不考虑风向，按公式（10.10）计算，风切变为

$$\beta = u_2 - u_1 \tag{10.11}$$

## 1. 风切变的空间表现形式

根据风场的空间结构，风切变主要有水平风的水平切变、水平风的垂直切变和垂直风的切变 3 种表示方式，它们既可单独作用，也可综合作用而影响飞行。

水平风的水平切变：水平风向和（或）风速在水平方向上的改变。

水平风的垂直切变：水平风向和（或）风速在垂直方向上的改变。

垂直风的切变：上升或下降气流（垂直风）在水平方向上两点之间的改变。

## 2. 低空风切变的分类

根据飞机的运动相对于风矢量之间的各种不同情况，风切变可分为顺风切变、逆风切变、侧风切变和垂直风切变。

### 1）顺风切变

顺风切变指飞机在起飞或着陆过程中，水平风的变量对飞机来说是顺风（图 10.21）。随着空速减小，升力下降，飞机下沉。

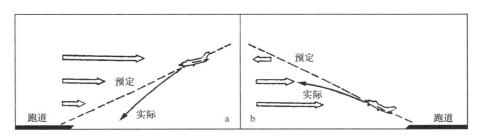

图 10.21　飞机从逆风进入顺风（a）和从小顺风进入大顺风（b）

### 2）逆风切变

逆风切变指飞机在起飞或着陆过程中，水平风的变量对飞机来说是逆风（图 10.22）。

当空速突然增大，升力也增大，飞机抬升。

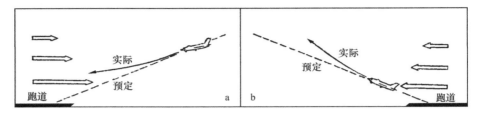

图 10.22　飞机从无风进入逆风（a）和从顺风进入逆风（b）

**3）侧风切变**

侧风切变指飞机从一种侧风或无侧风状态进入另一种明显不同的侧风状态，侧风切变可使飞机发生侧滑、滚转或偏转（图 10.23）。

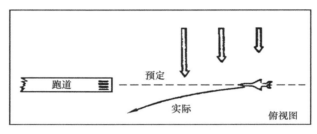

图 10.23　侧风切变

**4）垂直风切变**

垂直风切变指飞机从无明显升降气流的区域进入升降气流强烈的区域（图 10.24）。

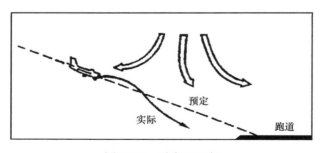

图 10.24　垂直风切变

## 3. 产生低空风切变的天气条件

产生低空风切变的原因主要有两种：一类是大气运动本身的变化；另一类则是地理、环境因素，有时由两者共同作用。

### 1）强对流天气

强对流天气一般指雷暴、积雨云等天气。强对流天气条件影响下的一定空间范围内，均可产生较强的风切变。

**2）锋面**

锋面是产生风切变最多的气象条件，多以水平风的水平和垂直切变为主。

**3）辐射逆温型的低空急流**

低空逆温层是因地面辐射降温而形成的。逆温层上方动量堆集，风速较大，形成急流，逆温层阻挡了动量的传递，使地面风速变小，故有逆温风切变产生。

**4）地形地物**

因为环境条件而产生的低空风切变与风的方向和大小、水面大小和机场离水面的距离、山地地形的大小和复杂程度、迎风和背风位置、建筑物大小和形状等因素有关。当大风吹过跑道附近的高大建筑物时，处于盆地的机场或机场周围山脉较多或地形地物复杂，都会引起局地性风切变。

## 4. 低空风切变对飞机起飞、着陆的影响

低空风切变对飞机起飞、着陆的影响最大，但以着陆影响最为严重。以下是飞机升力（$Y$）的计算公式：

$$Y = C_y \cdot \frac{1}{2} \rho v^2 S \qquad （10.12）$$

式中，$C_y$ 为升力系数；$\rho$ 为空气密度；$v$ 为飞机的空速；$S$ 为机翼面积。

由公式（10.12）可得，飞机升力与空速的平方成正比，空速增加，升力增加；空速减小，升力减小。

顺风切变对飞机着陆的影响：顺风切变使飞机空速减小，升力下降，飞机下沉。图 10.25 是在 3 种高度下顺风切变的情况。

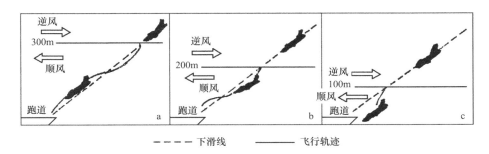

图 10.25 飞机在 3 种不同高度的顺风切变着陆

逆风切变对飞机着陆的影响：逆风切变使飞机的空速突然增大，升力也增大，飞机抬升，脱离正常下滑线。逆风切变相对于跑道高度的 3 种情况如图 10.26 所示。

侧风切变对飞机着陆的影响：侧风切变可能会使飞机发生侧滑、滚转或偏转，因此飞行员应及时修正，以免偏离跑道。

垂直风切变对飞机着陆的影响：垂直风切变会影响飞机的高度、空速、俯仰姿态和杆力。

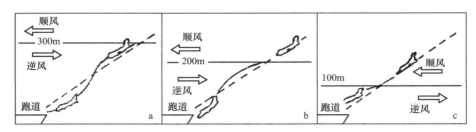

图 10.26　飞机在 3 种不同高度的逆风切变着陆

## 5. 处置方法

由于低空风切变对飞机的飞行安全有严重的威胁，因此低空风切变的识别及避让非常重要，识别方法主要有目视判断法和仪表判断法。目视判断法可根据雷暴冷性外流气流的尘卷风、滚轴状云、雷暴云体下垂的雨幡进行分析。仪表判断法可根据空速表指示的非理性变化、高度表的不正常变化、升降速度表的波动、俯仰姿态指示器进行判别。

### 10.4.3　飞机颠簸

#### 1. 大气乱流

空气在较大范围的运动中有许多局部升降、涡旋等不规则运动，气象学上称为扰动气流或乱流，这也是造成飞机颠簸的直接原因。

##### 1）大气乱流的形成

大气乱流产生的条件有动力因素、热力因素和风切变，实际大气中乱流的产生和发展是这 3 种因素共同作用的结果。垂直气流切变通常可用气层上、下的风速差与高度差之比表示，比值越大，乱流越强。

##### 2）大气乱流的种类

根据乱流的成因，以及其对航空器的影响，可将大气乱流分为动力乱流、热力乱流、晴空乱流和航迹乱流 4 种。

动力乱流：空气流过粗糙不平的地表或障碍物时出现的乱流，或由风切变引起的乱流，统称为动力乱流。

热力乱流：因空气中水平温度分布不均匀形成的乱流称为热力乱流，这是引起飞机颠簸最常见的原因。

晴空乱流：出现在 6000m 以上高空，与对流云无关的乱流称为晴空乱流。

航迹乱流：飞机飞行时产生的一对绕翼尖旋转的方向相反的闭合涡旋称为航迹乱流，又称尾涡乱流。

#### 2. 飞机颠簸的形成和强度

##### 1）飞机颠簸的形成

飞机颠簸是由与飞机尺度相当的、不按一定顺序出现的那部分涡旋（涡旋直径为

15～150m）造成的，这种乱流称为飞机乱流。

### 2）颠簸强度的划分

对于颠簸强度的划分，主要有以下两种方法。

A. 根据飞行员感觉和目测划分

在飞行中，根据飞行员感觉和目测的飞行状态的异常程度，颠簸强度可分为弱颠簸、中度颠簸和强颠簸 3 个等级。

B. 根据飞机在垂直方向上承受的负荷变量划分

$$\Delta N = \frac{\Delta Y}{G} = \frac{M \cdot \Delta \alpha}{G} = \frac{\Delta \alpha}{g} \tag{10.13}$$

式中，$\Delta N$ 为载荷因数变量；$\Delta Y$ 为飞机升力的变化；$\Delta \alpha$ 为垂直加速度的改变量；$G=Mg$，$Q$ 为重力（N），$M$ 为质量（kg），$g$ 为重力加速度。

一般可用 $|\Delta N|$ 来划分颠簸强度：$|\Delta N| < 0.2$ 为弱颠簸；$|\Delta N| > 0.5$ 为强颠簸；$0.2 \leqslant |\Delta N| \leqslant 0.5$ 为中度颠簸。

### 3）影响颠簸强度的因子

影响颠簸强度的因子包括乱流强度、飞行速度和飞机的翼载荷。

## 3. 产生飞机颠簸的天气系统和地区

### 1）天气系统

A. 锋面

大气锋面及其附近，由于冷暖空气交汇和锋面移动，因此容易形成和发展乱流。通常锋面越强，坡度越陡，移动速度越快，两侧气团越不稳定，产生的乱流颠簸就越强；较强的颠簸多出现在锋面附近，冷气团一侧出现的频率比暖气团一侧高；此外，冷锋锋面附近在冷气团、风切变、地形及云系等作用下，特别利于乱流的形成与发展，故冷锋附近的颠簸最强，特别是第二型冷锋，对飞机的飞行安全有极大的威胁。

B. 空中槽线和切变线

在空中槽线附近风切变大，风速辐合大，并常常有冷、暖温度平流，因此乱流易发展。切变线附近风速较小，但风向多变，故在飞机穿越槽线和切变线时，都会出现明显的颠簸。

C. 高空低涡

飞机穿过高空低涡时，碰到的高空风速很小，但风向打转，并且高空低涡大多是冷性的，使气层变得不稳定，乱流发展，飞机会遇到中度以上的颠簸。

D. 高空急流

高空急流集中在对流层上部或平流层中，其中心轴向是准水平的，具有强的水平切变和垂直切变，因此飞机在此常发生颠簸。

E. 对流层顶

当对流层顶坡度达到 1/300～1/100 时可以使飞机产生颠簸，当坡度大于 1/100 时颠簸将十分强烈，因此对流层顶附近是一个重要的晴空颠簸区。

**2）地区**

（1）地表热力性质不同的地区：因地表增热不均匀而引起飞机颠簸，强度与近地层温差和大气稳定度有关。

（2）山区及地表粗糙区：这些地方动力乱流比较强，飞机颠簸的强度和规模取决于风向和风速、下垫面粗糙度、近地层大气稳定度3个因素。

（3）积状云区：积状云因空气对流而形成，因此积状云的出现意味着颠簸区的存在。

## 4. 颠簸对飞机飞行的影响和处置方法

飞机颠簸时，各仪表在不规则振动中，指示值会出现误差；颠簸也使飞行员对飞机的操纵变得困难，甚至使飞机失去控制；飞行中颠簸使飞机载荷发生变化，易损害飞机结构，减小发动机功率；强颠簸会造成机上人员身体不适，甚至会危及他们的人身安全。

遭遇颠簸时应柔和操作，保持平飞；不必严格保持俯仰角不变；选择适当的飞行速度和高度，尽快脱离颠簸区。

## 10.4.4　飞机积冰

### 1. 飞机积冰的形成

飞机积冰是指飞机机身表面某部位有冰、雪、霜聚集的现象，一般发生在飞机表面的突出部位，如风挡、发动机、机翼、尾翼、空速管、桨叶、天线、雷达罩等。

**1）飞机上聚集冰层的机制**

A. 飞机积冰的原理

云中存在过不稳定的冷水滴，稍受震动就冻结成冰。当云中含有过冷水滴，飞机飞行其中，且机体表面温度低于0℃，相对湿度大于100%时，过冷水滴就会在机体表面某些部位冻结，并聚积成冰层。

B. 飞机积冰的过程

当过冷水滴温度接近0℃时，其因为震动而开始冻结，释放的潜热使过冷水滴温度升高而流动，流动时通过蒸发和传导热量而冻结；当过冷水滴较小且温度接近-20℃时，水滴直接冻结，形成松散的积冰。

C. 飞机积冰的基本条件

气温低于0℃；飞机表面的温度低于0℃；有温度低于0℃的水滴存在。

**2）飞机积冰的种类**

不同的积冰对飞行安全的危害不同，根据积冰的结构、形状及其对飞行的影响程度可将飞机积冰分为以下4类。

（1）明冰：飞机在-10~0℃的过冷雨或大水滴组成的云中飞行时形成。它是光滑坚实、呈玻璃状的冰层。明冰聚集速度快，冰层较厚，坚实牢固，积冰不易被发现且会影响气流，碎片可被飞机吸入从而损坏发动机，对飞行危害较大。

（2）雾凇：由许多粒状冰晶组成的表面粗糙的不透明冰层，多由飞机在温度为-20℃左右的混合云中飞行时形成，属于最常见的积冰类型。雾凇结构较松脆，附在飞机突出部位的前缘，极易脱落，对飞行危害相对较小。

（3）毛冰：是明冰和雾凇的混合体，多形成在温度为-15～-5℃的过冷水滴、冰晶和雪花组成的混合云中。毛冰粗糙不平，色如白瓷，冻结得比较坚固，坚实且不易脱落，会破坏飞机的流线型，对飞行危害较大。

（4）霜：霜是由水汽凝华产生的白色小冰晶层，常出现在晴空飞行中。霜很薄，维持时间不长，总体而言，对飞行影响不大。

积冰根据形状一般可分为槽状冰、楔形冰和混合冰，也可根据积冰对飞行影响的程度分为轻度积冰、中度积冰、严重积冰。

## 2. 飞机积冰的强度

积冰强度指单位时间内机体表面形成冰层的厚度，单位为 mm/min。根据积冰强度划分，可将积冰分为弱积冰、中积冰、强积冰和极强积冰 4 个等级（表 10.4）。

表 10.4　积冰强度的划分表

| 积冰等级 | 弱积冰 | 中积冰 | 强积冰 | 极强积冰 |
|---|---|---|---|---|
| 单位时间积冰厚度/（mm/min） | <0.6 | 0.6～1.0 | 1.1～2.0 | >2.0 |
| 飞行过程中所积冰层厚度/cm | ≤5.0 | 5.1～15.0 | 15.1～30.0 | >30.0 |
| 积冰对飞行的影响 | 无明显危害 | 启用防冰、除冰设备，有时需要改变高度和航径 | 启用除冰设备，有时需要改变高度和航径 | 立即改变高度和航径 |

## 3. 产生飞机积冰的气象条件

### 1）飞机积冰与云中温度、湿度的关系

外界的温度主要影响飞机积冰的强度和类型，据统计，80%的飞机积冰形成于-20～0℃。而强积冰多发生于-10～-2℃。

积冰一般发生在云中气温露点差低于7℃时，在0～5℃最多；强积冰多发生在气温露点差为0～4℃时。

### 2）飞机积冰与云状的关系

积云和积雨云中通常形成强积冰，最强的积冰发生于将要发展成积雨云的高大浓积云的上半部和积雨云成熟阶段的上升气流区，而位于云顶和边缘的积冰相对较弱，云中下部的温度在0℃以上，无积冰。

层云和层积云（或高积云）常结弱积冰或中积冰，云上部的积冰比下部强。不过飞机长时间在云中飞行时，也可能产生较强的积冰。

雨层云和高层云中常结弱积冰，积冰强度随高度的升高而减弱。不过飞机在锋线附

近的雨层云中长时间飞行时，能产生强积冰。

飞机在卷状云中飞行时基本不会产生明显的积冰，偶尔出现弱积冰和霜。

### 3）容易产生飞机积冰的条件

季节：积冰一年四季均可发生，主要出现在冬半年，但夏季的严重积冰多于冬季；

高度：积冰可发生在飞机飞行所能到达的高度，一般在低空飞行时积冰发生的概率大于高空。在冬半年，积冰发生在 5000m 以下的云中，尤其以 3000m 左右积冰强度最大。

温度：温度为 $-10 \sim -4℃$ 时积冰发生的概率最大。

地区：飞机在锋面附近或穿越锋区时积冰发生的概率较大。

## 4. 积冰条件下的飞行

### 1）积冰对飞机飞行的影响

A. 破坏飞机的空气动力性能

当机翼和尾翼积冰时，翼型失真（变形），导致摩擦阻力和压差阻力都增大，破坏飞机的安定性和飞行稳定性，引起飞机颠簸。

B. 降低动力装置的效率，甚至产生故障

螺旋桨飞机的桨叶积冰时，会减少拉力，使飞机推力减小。同时，脱落的冰块还可能损坏发动机和机身。

发动机进气口或汽化器上结冰会引起压气机叶片的振动，使冰屑脱离，造成压气机的机械损伤，使发动机的推力降低。严重时，还会损坏发动机或使发动机熄火。

对长途飞行的喷气式飞机来说，燃油积冰也是一个重要问题。油箱里的水很可能变成冰粒，引起发动机内燃油系统的故障。

C. 影响仪表和通信，甚至使之失灵

例如，空速管积冰会影响空速管的正常工作，天线积冰会使天线形状扭曲，影响通信甚至造成通信中断；风挡积冰会降低玻璃透明度，影响飞行员的视线。

### 2）积冰的处置措施

在飞机飞行前研究天气，检查防冰装置。在飞机飞行时密切关注积冰，做到及时防冰和除冰。飞机积冰后，尽量保持平飞和安全高度；若积冰严重，应迅速采取措施脱离积冰区。

# 10.5　航空气象资料的分析和应用

## 10.5.1　地面天气图

地面天气图是用于填绘气象观测资料的最详细的一种天气图，包括地面的各种气象要素和天气现象（气温、露点、风向、风速、降水、海平面气压等）、空中气象要素（云高、云状等）、一些能反映短期内天气演变实况及趋势的记录（3h 变压、气压倾向等）。
地面天气图主要分析的项目为海平面气压、3h 变压场、天气区和锋。

　　地面天气图的填绘格式如图 10.27 所示。

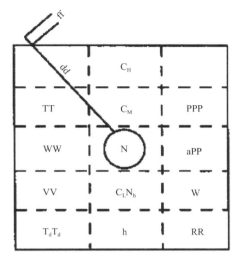

图 10.27　地面天气图的填绘格式

中间的圆圈表示测站。N. 总云量，用符号表示；$C_H$、$C_M$、$C_L$. 高云状、中云状、低云状；TT、$T_dT_d$. 气温、露点温度，单位为℃；WW. 观测时或观测前 1h 内出现的天气现象；VV. 有效能见度，单位为 km；$N_h$. 低云量，用数字表示；h. 低云高，单位为 m；PPP. 海平面气压，单位为 0.1hPa；a. 过去 3h 本站气压的变化倾向，上升为正，下降为负；PP. 过去 3h 本站气压的变量，单位为 0.1hPa；W. 观测前 6h 或观测前 3h 内出现的天气现象；RR. 观测前 6h 内的降水量，单位为 mm；dd. 风向，与图中经纬度线一致；ff. 风速，单位为 m/s

## 10.5.2　卫星云图

### 1. 卫星云图的种类

　　卫星云图是由气象卫星自上而下观测到的地球上的云层覆盖和地表特征的图像，可解决地面天气图资料不全面的问题。

　　卫星云图可分为可见光卫星云图、红外云图和水汽图 3 种。气象卫星在可见光谱波段感应地面和云面对太阳光的反射，并把得到的信号表现在一张平面图片上，即可见光卫星云图。可见光卫星云图利用云顶反射太阳光的原理制成，故仅能于白天进行摄影。可见光卫星云图的色调主要取决于物体的反照率，比较厚的云层反射能力强，在可见光卫星云图上会显示出亮白色，云层较薄则显示暗灰色，色调分类情况见表 10.5。

表 10.5　可见光卫星云图各种目标物的一般色调表

| 色调 | 目标物 |
| --- | --- |
| 黑色 | 海洋、湖泊、大河 |
| 深灰色 | 大面积森林、草地、耕地 |
| 灰色 | 陆地晴天积云、大沙漠、单独出现的卷云 |
| 灰白色 | 陆地薄的中高云 |
| 白色 | 积雪、冰冻湖海、中等厚度的云 |
| 浓白色 | 大块厚云、积雨云、多层云 |

卫星将红外波段测得的辐射转换成图像即可得到红外云图，它本质上是一种温度分布图，其亮度大致反映了云层顶部的温度与高度。一般来说，云区的色调越白，云顶的温度越低、高度越高。它还可以与可见光卫星云图结合起来使用，从而做出更准确的分析（表 10.6）。

表 10.6　红外云图色调表

| 色调 | 温度 | 目标物 |
| --- | --- | --- |
| 黑 | 暖 | 海洋、湖泊、河流 |
| 灰 | 凉 | 低云、一般陆地 |
| 灰白 | 冷 | 中云、高原 |
| 白 | 很冷 | 高云、积雨云、极地积雪和冰区 |

## 2. 卫星云图上云的识别

目前接收的云图主要有可见光云图，红外云图及水汽图。

### 1）卷状云

在可见光卫星云图上，卷云透明度高、反照率低，因此呈灰至深灰色；若可见光云图上卷云呈现白色，则其云层很厚，或与其他云层相重叠。

卷云顶部温度很低，在红外云图上呈白色。卷云在红外云图上呈现得最清楚，最易辨认。

无论是可见光卫星云图还是红外云图上，卷云都有纤维结构。

在水汽图上，卷云是白亮的。

### 2）中云（高层云和高积云）

在卫星云图上，中云表现为一大片，云区的表现形式为涡旋状、带状、逗点状。

在可见光云图上，中云呈灰白色到白色，可根据色调的差异判定云的厚度。

在红外云图上，中云表现为浅灰色，色调介于高云和低云之间，云区边界不清楚。

### 3）积雨云

在卫星图像上的积雨云常由几个雷暴单体集合而成。

在可见光云图和红外云图中，积雨云的色调都是最白的。

积雨云顶部比较光滑，只有当出现强穿透性对流云时，才在可见光云图上显示出不均匀的纹理。

当云区上空风速小时，积雨云表现为近圆形的明亮孤立单体；当风速大时，出现卷云砧。

在可见光云图上，积雨云常有暗影。

积雨云的尺度相差很大。一般初生的较小，成熟的较大。

### 4）积云、浓积云

在气象卫星图像上的积云、浓积云实际上是积云群，这些积云群在地面是不容易观测到的，常表现为云带、积云线和开口细胞状结构；纹理为多皱纹、多起伏和不均匀。

　　在可见光卫星云图上，积云、浓积云的色调很白，但由于积云、浓积云高度不一、厚度参差不齐，因此其纹理不均匀。

　　在红外云图上，由于云区内对流云顶部温度不一致，对流性较强的云顶部色调较白，对流性较弱的云顶部色调较暗。

### 5）层云和雾

　　在可见光卫星云图上，层云和雾表现为一片光滑均匀的云区。色调根据云的稠密程度和太阳的高度角而表现为从白到灰，若层云和雾的厚度超过 300m，其色调呈白色。层云和雾边界整齐、清楚，常与地形走向相一致。

　　在红外云图上，层云和雾表现为灰色，纹理均匀，与地面色调相近。

## 参 考 文 献

黄仪方, 朱志愚. 2011. 航空气象. 成都: 西南交通大学出版社.

王秀春, 顾莹, 李程. 2014. 航空气象. 北京: 清华大学出版社.

章澄昌. 2000. 飞行气象学. 北京: 气象出版社.

中国气象局. 2014. 中国云图. 北京: 气象出版社.

# 第 11 章　农用无人机适用运行法规

## 11.1　无人机运行法规及民用无人机驾驶员管理规定

无人驾驶航空器具有结构简单、体积小、重量轻、机动性好、飞行时间长、成本低、便于隐蔽、无须机场跑道、可多次回收、重复使用等优点。随着信息技术、电子技术、计算机技术等高新技术在航空领域的广泛应用，以及现代战争的需要，民用无人驾驶航空器系统（以下简称无人机）的应用范围逐渐扩大，性能得到了不断提高，其生产和应用在国内外得到了蓬勃发展，航空装备的无人化、小型化和智能化已经成为未来航空业的发展方向。近几年无人机的应用逐渐从军用领域扩展到民用领域，在防灾、电力、森林、气象、喷洒农药、遥感遥测、电力巡线、地质勘探、海洋勘测等多方面有广泛的应用，并且已有货运航空公司开展无人机送货的实验运行。

针对无人机的运行，中国民用航空局（简称民航局）发布了《轻小无人机运行规定（试行）》和《民用无人机驾驶员管理规定》两个咨询通告（如下），分别规定了无人机该如何有序运行与如何取得无人机驾驶员的资格。

### 11.1.1　轻小无人机运行有关规定

《轻小无人机运行规定（试行）》详见附录 11.1。

### 11.1.2　民用无人机驾驶员管理有关规定

《民用无人机驾驶员管理规定》详见附录 11.2。

## 11.2　民用无人机驾驶员的培训与考试管理

根据民航局咨询通告《AC-61-FS-2016-20R1》中第 5 条管理机构的规定，授权中国航空器拥有者及驾驶员协会在下列情况下，对无人机驾驶员实施管理，并由局方飞行标准部门实施监督。

（1）在隔离空域内运行的除Ⅰ、Ⅱ类以外的无人机。

（2）在融合空域内运行的Ⅲ、Ⅳ、Ⅴ、Ⅵ、Ⅶ类无人机。

中国航空器拥有者及驾驶员协会（AOPA-China），简称中国 AOPA，于 2004 年 8 月 17 日成立，是中国民用航空局主管的全国性的行业协会，是国际航空器拥有者及驾驶员协会（IAOPA）的国家会员，也是中国的唯一合法代表。关于民用无人驾驶航空器系统驾驶员资质管理有关问题的通知详见附录 11.3。

## 11.2.1　民用无人驾驶航空器系统驾驶员训练机构合格审定规则

在中国航空器拥有者及驾驶员协会的管理下，按照规定申请开设民用无人机驾驶员训练机构。《民用无人驾驶航空器系统驾驶员训练机构合格审定规则》详见附录 11.4。

《民用无人驾驶航空器系统驾驶员训练机构合格审定规则》（以下简称《规则》）是经无人驾驶航空器系统专家委员会反复研究、论证和修改后制定的。《规则》共 7 章，91 条，分别对民用无人驾驶航空器系统（以下简称无人机）驾驶员训练机构的合格证和临时合格证，人员、无人机和设施，训练课程和科目，考试权，训练规则，记录，罚则等方面作出规定，现对有关问题作如下说明。

### 1. 制定《规则》的必要性

随着我国民用无人机的长足发展，从事驾驶员合格证培训的无人机驾驶员训练机构将会逐步增多，为了规范民用无人机驾驶员训练机构的运行，建立并保持安全、正常、有效的训练标准和程序，保障民用无人机驾驶员训练机构训练活动安全和有秩序地进行，同时也为了符合无人机驾驶员训练机构的要求，促进合格的无人机驾驶员训练机构开发自己训练课程的能力，使其训练课程具有一定的灵活性和适用性，需要对无人机驾驶员训练机构进行合格审定。颁发无人机驾驶员合格证和等级是无人机航空安全管理所需的一项重要手段，只有在无人机驾驶员训练机构完整的训练环境中有效地完成训练，得到有效监督和控制，才能保证无人机驾驶员的训练质量。

### 2. 《规则》的适用范围

《规则》适用于从事无人机驾驶员合格证、机长和飞行教员等级训练的无人机驾驶员训练机构。对于符合《规则》相关要求的无人机驾驶员训练机构，办公室可为其颁发无人机驾驶员训练机构合格证；对于除了不符合《规则》中的新近训练经验要求外，符合《规则》其他所有要求的训练机构，办公室可为其颁发无人机驾驶员训练机构临时合格证。取得无人机驾驶员训练机构临时合格证和无人机驾驶员训练机构合格证的驾驶员训练机构可以按照《规则》进行民用无人机驾驶员的训练。

### 3. 关于训练课程

无人机驾驶员训练机构临时合格证和无人机驾驶员训练机构合格证申请人应当获得办公室对其拟开设的每门训练课程的认可。申请认可的每一门训练课程应当符合《规则》相应附件中规定的最低课目要求、最低地面训练时间和飞行训练时间要求。训练课程的实施应采用循序渐进、连续而不间断的方式，并具有定期对受训学员进行考查和对所规定的学习阶段定期评估的措施。训练课程规定了训练单元和训练课目，具体地说明了一名学员在训练单元内所应完成的内容，指明了有组织的训练计划，并且规定了对单元或者阶段学习的评估程序。

#### 4. 关于考试权和训练标准的保持

符合《规则》D 章要求的驾驶员训练机构，办公室可以为其开设的每一门训练课程批准考试权，具有考试权的驾驶员训练机构可以推荐该机构通过训练课程的学员申请获得驾驶员合格证和合格证上的相应等级，上述学员无须参加由办公室组织的实践考试。没有获得考试权的无人机驾驶员训练机构，其学员为取得合格证或者等级而进行的理论考试和实践考试则应当由办公室委任的无人机驾驶员考试员来实施。

持有无人机驾驶员训练机构临时合格证和无人机驾驶员训练机构合格证的驾驶员训练机构应当按照《规则》的要求保持一定的训练质量和标准。对于持有无人机驾驶员训练机构临时合格证和无人机驾驶员训练机构合格证的驾驶员训练机构，其新近完成经办公室认可的训练课程的学员（总人数不得少于 30 名），参加办公室组织的合格证或者等级的理论考试，60%以上应当首次考试合格，否则，办公室在一年有效期满时，将不予更新其合格证；对于具有考试权的无人机驾驶员训练机构，其新近完成经认可的训练课程的学员（总人数不得少于 300 名），参加办公室组织的合格证或者等级的理论考试，90%以上应当首次考试合格，否则，办公室将不予更新其考试权。

### 11.2.2　浙江大学数字农业与农村信息化研究中心课程培训训练大纲

浙江大学数字农业与农村信息化研究中心根据上述管理要求申请了民用无人机驾驶员训练机构资格，并承接了华东地区考试场地的工作，成为华东地区考点（图 11.1）。

图 11.1　考试中心

浙江大学数字农业与农村信息化研究中心整合校内外资源，在符合《AC-61-FS-2016-20R1》训练要求编写训练大纲的同时结合社会需求编写了课程培训训练大纲，详见附录 11.5。

## 附录 11.1　轻小无人机运行规定（试行）

中 国 民 用 航 空 局 飞 行 标 准 司

| 咨 询 通 告 |
| --- |

编　　号：AC-91-FS-2015-31

下发日期：2015 年 12 月 29 日

编制部门：FS

批 准 人：胡振江

# 轻小无人机运行规定

# （试行）

①

1

---

① 为保证文件原文完整性，附录 11.1～附录 11.5 框内页码为原文件页码

# 目录

## 1. 目的

近年来, 民用无人机的生产和应用在国内外蓬勃发展, 特别是低空、慢速、微轻小型无人机数量快速增加, 占到民用无人机的绝大多数。为了规范此类民用无人机的运行, 依据 CCAR-91 部, 发布本咨询通告。

## 2. 适用范围及分类

本咨询通告适用范围包括:

2.1 可在视距内或视距外操作的、空机重量小于等于 116 千克、起飞全重不大于 150 千克的无人机, 校正空速不超过 100 千米每小时;

2.2 起飞全重不超过 5700 千克, 距受药面高度不超过 15 米的植保类无人机;

2.3 充气体积在 4600 立方米以下的无人飞艇;

2.4 适用无人机运行管理分类:

3

| 分类 | 空机重量（千克） | 起飞全重（千克） |
|------|----------------|----------------|
| Ⅰ | 0＜W≤1.5 | |
| Ⅱ | 1.5＜W≤4 | 1.5＜W≤7 |
| Ⅲ | 4＜W≤15 | 7＜W≤25 |
| Ⅳ | 15＜W≤116 | 25＜W≤150 |
| Ⅴ | 植保类无人机 | |
| Ⅵ | 无人飞艇 | |
| Ⅶ | 可100米之外超视距运行的Ⅰ、Ⅱ类无人机 | |

注1：实际运行中，Ⅰ、Ⅱ、Ⅲ、Ⅳ类分类有交叉时，按照较高要求的一类分类。

注2：对于串、并列运行或者编队运行的无人机，按照总重量分类。

注3：地方政府（例如当地公安部门）对于Ⅰ、Ⅱ类无人机重量界限低于本表规定的，以地方政府的具体要求为准。

2.5 Ⅰ类无人机使用者应安全使用无人机，避免对他人造成伤害，不必按照本咨询通告后续规定管理。

2.6 本咨询通告不适用于无线电操作的航空模型，但当航空模型使用了自动驾驶仪、指令与控制数据链路或自主飞行设备时，应按照本咨询通告管理。

2.7 本咨询通告不适用于室内、拦网内等隔离空间运行无人机，但当该场所有聚集人群时，操作者应采取措施确保人员安全。

## 3．定义

3.1 无人机（UA：Unmanned Aircraft），是由控制站管理（包括远程操纵或自主飞行）的航空器，也称远程驾驶航空器（RPA：Remotely Piloted Aircraft）。

3.2 无人机系统（UAS： Unmanned Aircraft System），也称远程驾驶航空器系统（RPAS：Remotely Piloted Aircraft Systems），是指由无人机、相关控制站、所需的指令与控制数据链路以及批准的型号设计规定的任何其他部件组成的系统。

3.3 无人机系统驾驶员，由运营人指派对无人机的运行负有必不可少责任并在飞行期间适时操纵无人机的人。

3.4 无人机系统的机长，是指在系统运行时间内负责整个无人机系统运行和安全的驾驶员。

3.5 无人机观测员，由运营人指定的训练有素的人员，通过目视观测无人机，协助无人机驾驶员安全实施飞行。

3.6 运营人，是指从事或拟从事航空器运营的个人、组织或者企业。

3.7 控制站（也称遥控站、地面站），无人机系统的组成部分，包括用于操纵无人机的设备。

3.8 指令与控制数据链路（C2：Command and Control data

5

link），是指无人机和控制站之间为飞行管理之目的的数据链接。

3.9 视距内运行（VLOS: Visual Line of Sight Operations），无人机驾驶员或无人机观测员与无人机保持直接目视视觉接触的操作方式，航空器处于驾驶员或观测员目视视距内半径 500 米，相对高度低于 120 米的区域内。

3.10 超视距运行（BVLOS: Beyond VLOS），无人机在目视视距以外的运行。

3.11 融合空域，是指有其他航空器同时运行的空域。

3.12 隔离空域，是指专门分配给无人机系统运行的空域，通过限制其他航空器的进入以规避碰撞风险。

3.13 人口稠密区，是指城镇、村庄、繁忙道路或大型露天集会场所等区域。

3.14 重点地区，是指军事重地、核电站和行政中心等关乎国家安全的区域及周边，或地方政府临时划设的区域。

3.15 机场净空区，也称机场净空保护区域，是指为保护航空器起飞、飞行和降落安全，根据民用机场净空障碍物限制图要求划定的空间范围。

3.16 空机重量，是指不包含载荷和燃料的无人机重量，该重量包含燃料容器和电池等固体装置。

3.17 无人机云系统（简称无人机云），是指轻小型民用无人机运行动态数据库系统,用于向无人机用户提供航行服务、气象服务等，对民用无人机运行数据（包括运营信息、位置、高度和速度等）进行实时监测。接入系统的无人机应即时上传飞行数据，无人机云系统对侵入电子围栏的无人机具有报警功能。

3.18 电子围栏，是指为阻挡即将侵入特定区域的航空器，在相应电子地理范围中画出特定区域，并配合飞行控制系统、保障区域安全的软硬件系统。

3.19 主动反馈系统，是指运营人主动将航空器的运行信息发送给监视系统。

3.20 被动反馈系统,是指航空器被雷达、ADS-B 系统、北斗等手段从地面进行监视的系统，该反馈信息不经过运营人。

## 4.民用无人机机长的职责和权限

4.1 民用无人机机长对民用无人机的运行直接负责，并具有最终决定权。

4.1.1 在飞行中遇有紧急情况时：

a.机长必须采取适合当时情况的应急措施。

b.在飞行中遇到需要立即处置的紧急情况时，机长可以在保证地面人员安全所需要的范围内偏离本咨询通告的任何规定。

4.1.2 如果在危及地面人员安全的紧急情况下必须采取违反当地规章或程序的措施，机长必须毫不迟疑地通知有关地方当局。

4.2 机长必须负责以可用的、最迅速的方法将导致人员严重受伤或死亡、地面财产重大损失的任何航空器事故通知最近的民航及相关部门。

## 5. 民用无人机驾驶员资格要求

民用无人机驾驶员应当根据其所驾驶的民用无人机的等级分类，符合咨询通告《民用无人驾驶航空器系统驾驶员管理暂行规定》（AC-61-FS-2013-20）中关于执照、合格证、等级、训练、考试、检查和航空经历等方面的要求，并依据本咨询通告运行。

## 6. 民用无人机使用说明书

6.1 民用无人机使用说明书应当使用机长、驾驶员及观测员能够正确理解的语言文字。

6.2 Ⅴ类民用无人机的使用说明书应包含相应的农林植保要求和规范。

## 7. 禁止粗心或鲁莽的操作

任何人员在操作民用无人机时不得粗心大意和盲目蛮干，以免危及他人的生命或财产安全。

## 8. 摄入酒精和药物的限制

民用无人机驾驶员在饮用任何含酒精的液体之后的 8 小时之内或处于酒精作用之下或者受到任何药物影响及其工作能力对飞行安全造成影响的情况下，不得驾驶无人机。

## 9. 飞行前准备

在开始飞行之前，机长应当：

9.1 了解任务执行区域限制的气象条件；

9.2 确定运行场地满足无人机使用说明书所规定的条件；

9.3 检查无人机各组件情况、燃油或电池储备、通信链路信号等满足运行要求。对于无人机云系统的用户，应确认系统是否接入无人机云；

9.4 制定出现紧急情况的处置预案，预案中应包括紧急备降地点等内容。

## 10. 限制区域

机长应确保无人机运行时符合有关部门的要求，避免进入限制区域：

10.1 对于无人机云系统的用户，应该遵守该系统限制；

10.2 对于未接入无人机云系统的用户，应向相关部门了解限制区域的划设情况。不得突破机场障碍物控制面、飞行禁区、未经批准的限制区以及危险区等。

## 11. 视距内运行（VLOS）

11.1 必须在驾驶员或者观测员视距范围内运行；

11.2 必须在昼间运行；

11.3 必须将航路优先权让与其他航空器。

## 12. 视距外运行（BVLOS）

12.1 必须将航路优先权让与有人驾驶航空器；

12.2 当飞行操作危害到空域的其他使用者、地面上人身财产安全或不能按照本咨询通告要求继续飞行，应当立即停止飞行活动；

12.3 驾驶员应当能够随时控制无人机。对于使用自主模式的

10

无人机，无人机驾驶员必须能够随时超控。

12.3.1 出现无人机失控的情况，机长应该执行相应的预案，包括：

a. 无人机应急回收程序；

b. 对于接入无人机云的用户，应在系统内上报相关情况；

c. 对于未接入无人机云的用户，联系相关空管服务部门的程序，上报遵照以上程序的相关责任人名单。

## 13. 民用无人机运行的仪表、设备和标识要求

13.1 具有有效的空地 C2 链路；

13.2 地面站或操控设备具有显示无人机实时的位置、高度、速度等信息的仪器仪表；

13.3 用于记录、回放和分析飞行过程的飞行数据记录系统，且数据信息至少保存三个月（适用于Ⅲ、Ⅳ、Ⅵ和Ⅶ类）；

13.4 对于接入无人机云系统的用户，应当符合无人机云的接口规范；

13.5 对于未接入无人机云系统的用户，其无人机机身需有明确的标识，注明该无人机的型号、编号、所有者、联系方式等信息，以便出现坠机情况时能迅速查找到无人机所有者或操作者信息。

11

## 14. 管理方式

民用无人机分类繁杂，运行种类繁多，所使用空域远比有人驾驶航空器广阔，因此有必要实施分类管理，依据现有无人机技术成熟情况，针对轻小型民用无人机进行以下运行管理。

### 14.1 民用无人机的运行管理

#### 14.1.1 电子围栏

a. 对于Ⅲ、Ⅳ、Ⅵ和Ⅶ类无人机，应安装并使用电子围栏。

b. 对于在重点地区和机场净空区以下运行Ⅱ类和Ⅴ类无人机，应安装并使用电子围栏。

#### 14.1.2 接入无人机云的民用无人机

a. 对于重点地区和机场净空区以下使用的Ⅱ类和Ⅴ类的民用无人机，应接入无人机云，或者仅将其地面操控设备位置信息接入无人机云，报告频率最少每分钟一次。

b. 对于Ⅲ、Ⅳ、Ⅵ和Ⅶ类的民用无人机应接入无人机云，在人口稠密区报告频率最少每秒一次。在非人口稠密区报告频率最少每30秒一次。

c. 对于Ⅳ类的民用无人机，增加被动反馈系统。

#### 14.1.3 未接入无人机云的民用无人机

运行前需要提前向管制部门提出申请，并提供有效监视手段。

## 14.2 民用无人机运营人的管理

根据《民用航空法》规定，无人机运营人应当对无人机投保地面第三人责任险。

## 15. 无人机云提供商须具备的条件

15.1 无人机云提供商须具备以下条件：

15.1.1 设立了专门的组织机构；

15.1.2 建立了无人机云系统的质量管理体系和安全管理体系；

15.1.3 建立了民用无人机驾驶员、运营人数据库和无人机运行动态数据库，可以清晰管理和统计持证人员，监测运行情况；

15.1.4 已与相应的管制、机场部门建立联系，为其提供数据输入接口，并为用户提供空域申请信息服务；

15.1.5 建立与相关部门的数据分享机制，建立与其他无人机云提供商的关键数据共享机制；

15.1.6 满足当地人大和地方政府出台的法律法规，遵守军方为保证国家安全而发布的通告和禁飞要求；

13

15.1.7 获得局方试运行批准。

15.2 提供商应定期对系统进行更新扩容，保证其所接入的民用无人机运营人使用方便、数据可靠、低延迟、飞行区域实时有效。

15.3 提供商每 6 个月向局方提交报告，内容包括无人机云系统接入航空器架数，运营人数量，技术进步情况，遇到的困难和问题，事故和事故征候等。

## 16. 植保无人机运行要求

16.1 植保无人机作业飞行是指无人机进行下述飞行：

16.1.1 喷洒农药；

16.1.2 喷洒用于作物养料、土壤处理、作物生命繁殖或虫害控制的任何其他物质；

16.1.3 从事直接影响农业、园艺或森林保护的喷洒任务，但不包括撒播活的昆虫。

16.2 人员要求：

16.2.1 运营人指定的一个或多个作业负责人，该作业负责人应当持有民用无人机驾驶员合格证并具有相应等级，同时接受了下列知识和技术的培训或者具备相应的经验：

a. 理论知识。

14

（1）开始作业飞行前应当完成的工作步骤，包括作业区的勘察；

（2）安全处理有毒药品的知识及要领和正确处理使用过的有毒药品容器的办法；

（3）农药与化学药品对植物、动物和人员的影响和作用，重点在计划运行中常用的药物以及使用有毒药品时应当采取的预防措施；

（4）人体在中毒后的主要症状，应当采取的紧急措施和医疗机构的位置；

（5）所用无人机的飞行性能和操作限制；

（6）安全飞行和作业程序。

b.飞行技能，以无人机的最大起飞全重完成起飞、作业线飞行等操作动作。

16.2.2 作业负责人对实施农林喷洒作业飞行的每一人员实施 16.2.1 规定的理论培训、技能培训以及考核，并明确其在作业飞行中的任务和职责。

16.2.3 作业负责人对农林喷洒作业飞行负责。其他作业人员应该在作业负责人带领下实施作业任务。

16.2.4 对于独立喷洒作业人员，或者从事作业高度在 15 米以上的作业人员应持有民用无人机驾驶员合格证。

15

16.3 喷洒限制

实施喷洒作业时，应当采取适当措施，避免喷洒的物体对地面的人员和财产造成危害。

16.4 喷洒记录保存

实施农林喷洒作业的运营人应当在其主运行基地保存关于下列内容的记录：

16.4.1 服务对象的名称和地址；

16.4.2 服务日期；

16.4.3 每次作业飞行所喷洒物质的量和名称；

16.4.4 每次执行农林喷洒作业飞行任务的驾驶员的姓名、联系方式和合格证编号（如适用），以及通过知识和技术检查的日期。

## 17. 无人飞艇运行要求

17.1 禁止云中飞行。在云下运行时，与云的垂直距离不得少于 120 米。

17.2 当无人飞艇附近存在人群时，须在人群以外 30 米运行。当人群抵近时，飞艇与周边非操作人员的水平间隔不得小于 10 米，垂直间隔不得小于 10 米。

17.3 除经局方批准，不得使用可燃性气体如氢气。

18.　废止和生效

本咨询通告自下发之日起生效。2016 年 12 月 31 日前Ⅲ、Ⅳ、Ⅴ、Ⅵ和Ⅶ类无人机均应符合本咨询通告要求，在北京、上海、广州、深圳运行的Ⅱ类无人机也应符合本咨询通告要求；2017 年 12 月 31 日前适用无人机均应符合本咨询通告要求。

当其他法律法规发布生效时，本咨询通告与其内容相抵触部分自动失效；飞行标准司有责任依据法律法规的变化、科技进步、社会需求等及时修订本咨询通告。

## 附录 11.2　民用无人机驾驶员管理规定

中 国 民 用 航 空 局 飞 行 标 准 司

咨 询 通 告

编　　号：AC-61-FS-2016-20R1

下发日期：2016 年 7 月 11 日

编制部门：FS

批 准 人：胡振江

## 民用无人机驾驶员管理规定

### 1 目的

　　近年来随着技术进步，民用无人驾驶航空器（也称远程驾驶航空器，以下简称无人机）的生产和应用在国内外得到了蓬勃发展，其驾驶员（业界也称操控员、操作手、飞手等，在本咨询通告中统称为驾驶员）数量也在快速增加。面对这样的情况，局方有必要在不妨碍民用无人机多元发展的前提下，加强对民用无人机驾驶员的规范管理，促进民用无人机产业的健康发展。

　　由于民用无人机在全球范围内发展迅速，国际民航组织已经开始为无人机系统制定标准和建议措施（SARPs）、空中航行服务程序（PANS）和指导材料。这些标准和建议措施预计将在未来几年成熟，因此多个国家发布了管理规定。本咨询通告针对目前出现的无人机系统的驾驶员实施指导性管理，并将根据行业发展情况随时修订，最终目的是按照国际民航组织的标准建立我国完善的民用无人机驾驶员监管体系。

## 2 适用范围

本咨询通告用于民用无人机系统驾驶人员的资质管理。其涵盖范围包括但不限于：

（1）无机载驾驶人员的无人机系统；

（2）有机载驾驶人员的航空器，但该航空器可同时由外部的无人机驾驶员实施完全飞行控制。

（3）适用无人机分类：

| 分类 | 空机重量（千克） | 起飞全重（千克） |
|---|---|---|
| I | 0＜W≤1.5 | |
| II | 1.5＜W≤4 | 1.5＜W≤7 |
| III | 4＜W≤15 | 7＜W≤25 |
| IV | 15＜W≤116 | 25＜W≤150 |
| V | 植保类无人机 | |
| VI | 无人飞艇 | |
| VII | 超视距运行的 I、II 类无人机 | |
| XI | 116＜W≤5700 | 150＜W≤5700 |
| XII | W＞5700 | |

注 1：实际运行中，I、II、III、IV、XI 类分类有交叉时，按照较高要求的一类分类。

2

注 2: 对于串、并列运行或者编队运行的无人机,按照总重量分类。

注 3: 地方政府（例如当地公安部门）对于 I、II 类无人机重量界限低于本表规定的,以地方政府的具体要求为准。

## 3 法规解释

无论驾驶员是否位于航空器的内部或外部,无人机系统和驾驶员必须符合民航法规在相应章节中的要求。由于无人机系统中没有机载驾驶员,原有法规有关驾驶员部分章节已不能适用,本文件对相关内容进行说明。

## 4 定义

本咨询通告使用的术语定义:

（1）无人机（UA: Unmanned Aircraft）,是由控制站管理（包括远程操纵或自主飞行）的航空器。也称远程驾驶航空器（RPA: Remotely Piloted Aircraft）。

（2）无人机系统（UAS: Unmanned Aircraft System）,也称远程驾驶航空器系统（RPAS: Remotely Piloted Aircraft Systems）,是指由无人机、相关的控制站、所需的指令与控制数据链路以及批准的型号设计规定的任何其他部件组成的系统。

（3）无人机系统驾驶员,由运营人指派对无人机的运行

3

负有必不可少职责并在飞行期间适时操纵无人机的人。

（4）无人机系统的机长，是指在系统运行时间内负责整个无人机系统运行和安全的驾驶员。

（5）无人机观测员，由运营人指定的训练有素的人员，通过目视观测无人机，协助无人机驾驶员安全实施飞行，通常由运营人管理，无证照要求。

（6）运营人，是指从事或拟从事航空器运营的个人、组织或企业。

（7）控制站（也称遥控站、地面站），无人机系统的组成部分，包括用于操纵无人机的设备。

（8）指令与控制数据链路（C2: Command and Control data link），是指无人机和控制站之间为飞行管理之目的的数据链接。

（9）感知与避让，是指看见、察觉或发现交通冲突或其他危险并采取适当行动的能力。

（10）无人机感知与避让系统，是指无人机机载安装的一种设备，用以确保无人机与其它航空器保持一定的安全飞行间隔，相当于载人航空器的防撞系统。在融合空域中运行的 XI、XII 类无人机应安装此种系统。

（11）视距内（VLOS: Visual Line of Sight）运行，无人机在驾驶员或观测员与无人机保持直接目视视觉接触的范围内运行，且该范围为目视视距内半径不大于 500 米，

4

人、机相对高度不大于 120 米。

（12）超视距（BVLOS: Beyond VLOS）运行，无人机在目视视距以外的运行。

（13）扩展视距（EVLOS: Extended VLOS）运行，无人机在目视视距以外运行，但驾驶员或者观测员借助视觉延展装置操作无人机，属于超视距运行的一种。

（14）融合空域，是指有其他有人驾驶航空器同时运行的空域。

（15）隔离空域，是指专门分配给无人机系统运行的空域，通过限制其他航空器的进入以规避碰撞风险。

（16）人口稠密区，是指城镇、乡村、繁忙道路或大型露天集会场所等区域。

（17）空机重量，是指不包含载荷和燃料的无人机重量，该重量包含燃料容器和电池等固体装置。

（18）无人机云系统（简称无人机云），是指轻小民用无人机运行动态数据库系统，用于向无人机用户提供航行服务、气象服务等，对民用无人机运行数据（包括运营信息、位置、高度和速度等）进行实时监测。接入系统的无人机应即时上传飞行数据，无人机云系统对侵入电子围栏的无人机具有报警功能。

## 5 管理机构

无人机系统分类较多，所适用空域远比有人驾驶航空器广阔，因此有必要对无人机系统驾驶员实施分类管理。

（1）下列情况下，无人机系统驾驶员自行负责，无须证照管理：

A．在室内运行的无人机；

B．Ⅰ、Ⅱ类无人机（如运行需要，驾驶员可在无人机云系统进行备案。备案内容应包括驾驶员真实身份信息、所使用的无人机型号，并通过在线法规测试）；

C．在人烟稀少、空旷的非人口稠密区进行试验的无人机。

（2）下列情况下，无人机驾驶员由行业协会实施管理，局方飞行标准部门可以实施监督：

A．在隔离空域内运行的除Ⅰ、Ⅱ类以外的无人机；

B．在融合空域内运行的Ⅲ、Ⅳ、Ⅴ、Ⅵ、Ⅶ类无人机。

（3）在融合空域运行的ⅩⅠ、ⅩⅡ类无人机，其驾驶员由局方实施管理。

## 6　行业协会对无人机系统驾驶员的管理

（1）实施无人机系统驾驶员管理的行业协会须具备以下条件：

A．正式注册五年以上的全国性行业协会，并具有行业相关性；

6

B. 设立了专门的无人机管理机构；

C. 建立了可发展完善的理论知识评估方法，可以测评人员的理论水平；

D. 建立了可发展完善的安全操作技能评估方法，可以评估人员的操控、指挥和管理技能；

E. 建立了驾驶员考试体系和标准化考试流程，可实现驾驶员训练、考试全流程电子化实时监测；

F. 建立了驾驶员管理体系，可以统计和管理驾驶员在持证期间的运行和培训的飞行经历、违章处罚等记录；

G. 已经在民航局备案。

（2）行业协会对申请人实施考核后签发训练合格证，在第5条第（2）款所述情况下运行的无人机系统中担任驾驶员，必须持有该合格证。

（3）训练合格证应定期更新，更新时应对新的法规要求、新的知识和驾驶技术等内容实施必要的培训，如需要，应进行考核。

（4）行业协会每六个月向局方提交报告，内容包括训练情况、技术进步情况、遇到的困难和问题、事故和事故征候、训练合格证统计信息等。

## 7 局方对无人机系统驾驶员的管理

（1）执照要求：

　　A. 在融合空域 3,000 米以下运行的Ⅺ类无人机驾驶员，应至少持有运动或私用驾驶员执照，并带有相似的类别等级（如适用）;

　　B. 在融合空域 3,000 米以上运行的Ⅺ类无人机驾驶员，应至少持有带有飞机或直升机等级的商用驾驶员执照;

　　C. 在融合空域运行的Ⅻ类无人机驾驶员，应至少持有带有飞机或直升机等级的商用驾驶员执照和仪表等级;

　　D. 在融合空域运行的Ⅻ类无人机机长，应至少持有航线运输驾驶员执照。

　　（2）对于完成训练并考试合格人员，在其驾驶员执照上签注如下信息：

　　A. 无人机型号;

　　B. 无人机类型;

　　C. 职位，包括机长、副驾驶。

　　（3）熟练检查

　　驾驶员应对每个签注的无人机类型接受熟练检查，该检查每12个月进行一次。检查由局方可接受的人员实施。

　　（4）体检合格证

　　持有驾驶员执照的无人机驾驶员必须持有按中国民用航空规章《民用航空人员体检合格证管理规则》（CCAR-67FS）颁发的有效体检合格证，并且在行使驾驶员执照权利时随身携带该合格证。

（5）航空知识要求

申请人必须接受并记录培训机构工作人员提供的地面训练，完成下列与所申请无人机系统等级相应的地面训练课程并通过理论考试。

A. 航空法规以及机场周边飞行、防撞、无线电通信、夜间运行、高空运行等知识；

B. 气象学，包括识别临界天气状况，获得气象资料的程序以及航空天气报告和预报的使用；

C. 航空器空气动力学基础和飞行原理；

D. 无人机主要系统，导航、飞控、动力、链路、电气等知识；

E. 无人机系统通用应急操作程序；

F. 所使用的无人机系统特性，包括：

1）起飞和着陆要求；

2）性能：

  i）飞行速度；

  ii）典型和最大爬升率；

  iii）典型和最大下降率；

  iv）典型和最大转弯率；

  v）其他有关性能数据（例如风、结冰、降水限制）；

  vi）航空器最大续航能力。

3）通信、导航和监视功能：

9

　　i）航空安全通信频率和设备，包括：

　　　　a.空中交通管制通信，包括任何备用的通信手段；

　　　　b.指令与控制数据链路（C2），包括性能参数和指定的工作覆盖范围；

　　　　c.无人机驾驶员和无人机观测员之间的通讯，如适用；

　　ii）导航设备；

　　iii）监视设备（如 SSR 应答，ADS-B 发出）；

　　iv）发现与避让能力；

　　v）通信紧急程序，包括：

　　　　a.ATC 通信故障；

　　　　b.指令与控制数据链路故障；

　　　　c.无人机驾驶员/无人机观测员通讯故障，如适用；

　　vi）控制站的数量和位置以及控制站之间的交接程序，如适用。

（6）飞行技能与经历要求

　　申请人必须至少在下列操作上接受并记录了培训机构提供的针对所申请无人机系统等级的实际操纵飞行或模拟飞行训练。

　　A.　对于机长：

10

1）空域申请与空管通讯，不少于 4 小时；

2）航线规划，不少于 4 小时；

3）系统检查程序，不少于 4 小时；

4）正常飞行程序指挥，不少于 20 小时；

5）应急飞行程序指挥，包括规避航空器、发动机故障、链路丢失、应急回收、迫降等，不少于 20 小时；

6）任务执行指挥，不少于 4 小时。

B. 对于驾驶员：

1）飞行前检查，不少于 4 小时；

2）正常飞行程序操作，不少于 20 小时；

3）应急飞行程序操作，包括发动机故障、链路丢失、应急回收、迫降等，不少于 20 小时。

上述 A 款内容不包含 B 款所要求内容。

（7）飞行技能考试

A. 考试员应由局方认可的人员担任；

B. 用于考核的无人机系统由执照申请人提供；

C. 考试中除对上述训练内容进行操作考核，还应对下列内容进行充分口试：

1）所使用的无人机系统特性；

2）所使用的无人机系统正常操作程序；

3）所使用的无人机系统应急操作程序。

## 8 修订说明

2015 年 12 月 29 日，飞行标准司出台了《轻小无人机运行规定（试行）（AC-91-FS-2015-31）》，结合运行规定，为了进一步规范无人机驾驶员管理，对原《民用无人驾驶航空器系统驾驶员管理暂行规定（AC-61-FS-2013-20）》进行了第一次修订。修订的主要内容包括重新调整无人机分类和定义，新增管理机构管理备案制度，取消部分运行要求。

## 9 咨询通告施行

本咨询通告自发布之日起生效，2013 年 11 月 18 日发布的《民用无人驾驶航空器系统驾驶员管理暂行规定》（AC-61-FS-2013-20）同时废止。

## 附录 11.3 关于民用无人驾驶航空器系统驾驶员资质管理有关问题的通知（民航发〔2015〕34 号）

# 民 航 局 文 件

民航发〔2015〕34 号

## 关于民用无人驾驶航空器系统驾驶员
## 资质管理有关问题的通知

民航各地区管理局：

为规范民用无人机驾驶人员的管理，促进民用无人机产业的健康发展，现就有关事宜通知如下：

一、自 2015 年 4 月 30 日起，由中国航空器拥有者及驾驶员协会继续按照相关法律、法规及规范性文件负责在视距内运行的空机重量大于 7 千克以及在隔离空域超视距运行的无人机驾驶员的资质管理。

二、民航局飞行标准司负责对中国航空器拥有者及驾驶员协会的管理工作进行监督和检查。

本通知有效期至 2018 年 4 月 30 日。

中国民用航空局

2015 年 4 月 23 日

抄送：中国航空器拥有者及驾驶员协会。

民航局综合司　　　　　　　　　　　　2015 年 4 月 27 日印发

— 2 —

# 附录 11.4 民用无人驾驶航空器系统驾驶员训练机构合格审定规则

中国航空器拥有者及驾驶员协会

ZD-BGS-004-R2

民用无人驾驶航空器系统驾驶员训练机构
合格审定规则

（2016 年 9 月 30 日发布）

# 中国航空器拥有者及驾驶员协会

ZD-BGS-004-R2

《民用无人驾驶航空器系统驾驶员训练机构合格审定规则》已经于 2014 年 5 月 18 日由中国航空器拥有者及驾驶员协会无人机专家委员会会议通过，于 2016 年 2 月 29 日进行修订，于 2016 年 9 月 30 日进行第二次修订，现予公布，自 2016 年 9 月 30 日起施行。

理事长：　李文新

二〇一六年九月三十日

# 目　录

## A 章　总则

### 第 001 条　目的和依据

为了规范民用无人驾驶航空器系统驾驶员训练机构的合格审定和管理工作，根据《民用航空法》和《轻小无人机运行规定（试行）（AC-91-FS-2015-31）》（以下简称：《运行规定》）及《民用无人机驾驶员管理规定（AC-61-FS-2016-20R1）》制定本规则。

### 第 003 条　适用范围

(a) 本规则规定了颁发民用无人驾驶航空器系统驾驶员训练机构（以下简称：驾驶员训练机构）临时合格证、驾驶员训练机构合格证和相关课程等级的条件和程序，以及驾驶员训练机构临时合格证、驾驶员训练机构合格证和相关课程等级的持有人应当遵守的相应运行规则。

(b) 中华人民共和国境内的驾驶员训练机构依法设立并按照本规则取得驾驶员训练机构临时合格证、驾驶员训练机构合格证的，可以按照本规则进行民用无人驾驶航空器系统驾驶员训练。

### 第 005 条　合格审定和持续监督

(a) 中国航空器拥有者及驾驶员协会（中国 AOPA，AOPA-China）（以下简称：协会）对无人机驾驶员训练机构实施统一监督管理，颁发民用无人驾驶航空器系统（以下简称：无人机）驾驶员训练机构临时合格证、驾驶员训练机构合格证。

(b) 协会无人机管理职能部门为无人机管理办公室（以下简称：办公室）依本规则组织指导驾驶员训练机构的合格审定和持续监督，制定必要的审定工作程序，规定驾驶员训练机构临时合格证、驾驶员训练机构合格证及其相关申请书的统一格式，发放驾驶员训练机构临时合格证、驾驶员训练机构合格证并及时向民航局飞行标准职能部门备案。

(c) 办公室及其派出机构负责对驾驶员训练机构的训练实施持续监督检查。

### 第 007 条　颁发驾驶员训练机构临时合格证的条件

对于符合下列条件的申请人，办公室可以为其颁发附带训练规范的驾驶员训练机构临时合格证：

(a) 取得训练机构审定培训结业证，按照规定的格式和内容递交驾驶员训练机构临时合格证申请书；

(b) 符合本规则 A 章至 C 章中适用于所申请的驾驶员训练机构课程等级的要求，并遵守本规则 E 章和 F 章的规定；

(c) 符合《运行规定》有关运行的要求。

### 第 009 条　颁发驾驶员训练机构合格证的条件

对于符合下列条件的申请人，办公室可以为其颁发附带训练规范的驾驶员训练机构合格证：

(a) 按照规定的格式和内容递交驾驶员训练机构合格证申请书；

(b) 在申请驾驶员训练机构合格证之前，已经持有按照本规则颁发的驾驶员训练机构临时合格证至少 12 个日历月；

(c) 符合本规则 A 章至 C 章中适用于所申请的驾驶员训练机构课程等级的要求，并遵守本规则 E 章和 F 章的规定；

(d) 在提出申请之日前 12 个日历月内，已经对下列人员完成训练并经其推荐参加合格证和等级飞行实践考试的人员的总人数不得少于 50 人并且其中 60%以上人员应当首次考试合格：

(1) 驾驶员；

(2) 机长。

(e) 至少符合《运行规定》有关运行的要求。

## 第 011 条　考试权

对于符合本规则 D 章要求的驾驶员训练机构合格证持有人，根据具体情况办公室可以授予其相应的考试权。

## 第 013 条　驾驶员训练机构训练规范和课程等级

（a）对于符合本规则第 007 条要求的驾驶员训练机构临时合格证申请人或者符合本规则第 009 条要求的驾驶员训练机构合格证申请人，办公室可以认可满足下列条件的训练规范：

（1）训练规范仅在驾驶员训练机构临时合格证或驾驶员训练机构合格证有效期内有效；

（2）训练规范应包括本规则第 019 条规定的相关内容；

（3）训练规范应作为驾驶员训练机构临时合格证或者驾驶员训练机构合格证持有人按本规则实施训练的主要依据。当训练规范的内容发生任何变化时，驾驶员训练机构临时合格证或者驾驶员训练机构合格证持有人应提前 30 天向办公室提出申请，并就修改内容提供第 015 条及第 019 条要求的资料文件，得到认可后，方可按照新的训练规范实施相应的训练。

（b）本条款中所列的课程等级，经符合本规则第 007 条要求的驾驶员训练机构临时合格证申请人批准或者符合本规则第 009 条要求的驾驶员训练机构合格证申请人批准，并列入训练规范。

（c）办公室可以按照合格审定的实际情况，认可申请人开设下列一种或者数种课程，可就机构具体情况对其课程做出任何限制条件：

面向按照 AC-61-FS-2016-20R1 的合格证和等级课程：

（1）类别等级

（i）固定翼

（ii）直升机

（iii）多旋翼

（iv）飞艇

（v）自转旋翼机

（vi）倾转旋翼机

（vii）其他

（2）合格证课程等级

（i）驾驶员合格证课程（附件 A）

（ii）机长等级合格证课程（附件 B）

（iii）飞行教员等级课程（附件 C）

（iv）V 级别（植保）等级课程（附件 D）

## 第 015 条　申请、受理、审查和决定

（a）申请人初次申请驾驶员训练机构临时合格证、驾驶员训练机构合格证，申请在训练规范中增加课程等级或者申请更新驾驶员训练机构合格证，应当按照规定的格式向办公室提交申请书。

（b）申请人应当提交至少包括下列内容的训练大纲、训练手册或者相应的文件：

（1）驾驶员训练机构合法设立的证明文件；

（2）驾驶员训练机构的组织职能结构；

（3）本规则 B 章第 039 条规定的人员的资格和职责；

（4）拟申请的训练课程大纲，包括有关材料；

（5）实施飞行训练的训练基地（机场或临时起降点）的批复或协议；

（6）训练课程使用无人机符合《运行规定》13.民用无人机运行的仪表、设备和标识要求（包括适航性）的说明及第三者责任保险；

(7) 驾驶员讲评区域、地面训练设施设备的说明；

(8) 训练程序和管理政策，包括安全程序与措施、质量保证系统；

(9) 训练等相关记录（如申请植保等级课程，应包括植保等级课程的训练记录）；

(10) 包含训练规范的训练手册；

(11) 加入无人机云系统的说明。

(c) 申请的受理

办公室在收到申请后检查申请材料，申请材料不齐全或者不符合规定格式的，应当在 10 个工作日内书面通知申请人需要补正的全部内容。申请人按照办公室的通知提交全部补正材料的，办公室应当受理。办公室受理或者不予受理申请，应当按照规定的格式书面通知申请人；对不受理的，还应当一并说明理由。

(d) 成立审查组审核文件并实施现场验证和检查

办公室受理申请后，应当在 5 个工作日内成立审查组。审查组依据本规则 B 章、C 章、E 章和 F 章的要求以及《运行规定》的适用要求审查申请人的申请材料，并实施现场验证和检查。申请人应当及时回答审查组提出的问题，并提供必要的证明材料。

(e) 发证

(1) 审查组完成合格审定工作后，应当向办公室提出书面报告。办公室应当在 20 个工作日内作出决定，并在 10 个工作日内向符合本规则第 007 条要求的申请人发放驾驶员训练机构临时合格证，向符合本规则第 009 条要求的申请人发放驾驶员训练机构合格证，批准其按照所规定的课程等级实施训练活动。

(2) 根据审查组的报告，办公室认为申请人不符合本规则第 007 条要求或者不符合本规则第 009 条要求的，可以拒绝为其发放驾驶员训练机构临时合格证或者驾驶员训练机构合格证。办公室在做出前述决定的同时，应当告知申请人享有申请复议的权利。

**第 017 条　合格证的内容**

驾驶员训练机构临时合格证或者驾驶员训练机构合格证应当列明下列内容：

(1) 驾驶员训练机构名称；

(2) 驾驶员训练机构训练基地、驾驶员训练机构地址；

(3) 合格证编号；

(4) 合格证首次颁发日期；

(5) 合格证更新日期；

(6) 合格证期满日期；

(7) 颁发合格证的机关名称；

(8) 训练种类。

**第 019 条　训练规范的内容**

(a) 驾驶员训练机构临时合格证或者驾驶员训练机构合格证持有人的训练规范应当列明下列内容：

(1) 管理人员、飞行教员和其他指定人员及人员运行限制情况；

(2) 无人机和训练设施或设备及满足《运行规定》的情况；

(3) 训练基地、训练场地和场地设备；

(4) 课程等级、手册和训练记录；

(5) 教室和教学设备；

(6) 限制汇总、豁免和偏离。

(b) 对于驾驶员训练机构合格证持有人的训练规范，还应当包括是否具有考试权以及具有考试权的课程等级。

#### 第 021 条　合格证和考试权的有效期

(a) 除驾驶员训练机构临时合格证或者驾驶员训练机构合格证持有人自愿放弃或者办公室吊扣、吊销其合格证的情况外，驾驶员训练机构临时合格证和合格证在下列时间或者在出现下列情形之一时失效：

(1) 颁发临时合格证第 12 个日历月或合格证的月份之后第 24 个日历月的最后一天；

(2) 除本条 (b) 款规定的情形外，在驾驶员训练机构的所有权发生变更之日；

(3) 颁发临时合格证或者合格证时作为合格审定内容的训练机构名称、训练种类、训练机构地址、训练基地发生变更之日；

(4) 办公室认定该临时合格证或合格证持有人经认可的任何一门训练课程所必需的设施与设备、航空器和人员未能达到本规则的要求超过 60 天时。

(b) 如果驾驶员训练机构在其所有权发生变更之日后的 30 天之内提出了对驾驶员训练机构临时合格证或者合格证作相应更改的申请，且在设施与设备、人员和训练课程方面没有任何变化，则经办公室认可，其驾驶员训练机构临时合格证或者合格证不因训练机构所有权改变而失效。

(c) 颁发给驾驶员训练机构合格证持有人的考试权在其合格证失效时同时失效，或者在驾驶员训练机构合格证持有人自愿放弃考试权或者办公室吊扣、吊销其考试权时失效。

#### 第 023 条　麻醉药品、大麻以及抑制药物或者兴奋药剂的载运

(a) 除经法律许可或者经国家有关机关批准外，驾驶员训练机构临时合格证和驾驶员训练机构合格证持有人不得在已知无人机上载有国家法律禁止运输的麻醉药品、大麻、抑制药物或者兴奋药剂或物质的情况下，在中华人民共和国境内运行该无人机。

(b) 如果驾驶员训练机构临时合格证或者驾驶员训练机构合格证持有人在明知违反本条 (a) 款的情况下，允许其拥有或者租用的任何无人机从事违反本条 (a) 款的训练，该种训练即构成依法吊扣或者吊销其合格证的行为。

#### 第 025 条　合格证的展示

(a) 驾驶员训练机构临时合格证或者驾驶员训练机构合格证持有人应当将合格证展示在机构内公众通常可接近地点的醒目位置。

(b) 在办公室要求检查时，驾驶员训练机构临时合格证或者驾驶员训练机构合格证持有人应当将合格证提供检查。

#### 第 027 条　检查

驾驶员训练机构临时合格证或者驾驶员训练机构合格证持有人应当接受办公室为确定其是否持续符合本规则要求而对其人员、设施、设备和记录等进行的检查。

#### 第 029 条　广告限制

(a) 驾驶员训练机构临时合格证或者驾驶员训练机构合格证持有人不得对合格证或者认可的课程等级作任何不真实的、导致误解的宣传广告。

(b) 驾驶员训练机构临时合格证或者驾驶员训练机构合格证持有人在进行宣传广告时，应当指明其哪些课程是按照本规则得到认可的，哪些课程未按照本规则得到认可，而不得对这些训练课程进行有可能误导公众的合并宣传。

(c) 驾驶员训练机构临时合格证或者驾驶员训练机构合格证持有人在地址搬迁后，应当立即撤除原址上表明本机构已经办公室审定合格的所有标志；在合格证失效时，应当及时从所有地方清除表明本机构已经办公室审定合格的所有标志。

#### 第 031 条　业务办公室和训练基地

(a) 驾驶员训练机构临时合格证或者驾驶员训练机构合格证持有人应当建立并维持一个业务办公室，该办公室的通信地址即为合格证上注明的训练机构地址。业务办公室应当与训

练基地处于同一城市。

(b) 业务办公室内应当配备充足的设施和设备,用于保存开展业务所必需的文件和记录。

(c) 两个或者两个以上的驾驶员训练机构不得共用一个业务办公室。

(d) 如需变更业务办公室或者训练基地的地点,应当提前30天向办公室提交书面报告,并且在需要修改其经认可的训练课程时,同时提交修订的训练课程。

(e) 如果符合下列要求,驾驶员训练机构合格证持有人可以在其合格证上所列的训练基地之外的基地实施训练:

(1) 驾驶员训练机构经办公室检查,认可其使用该基地;

(2) 在该基地使用的训练课程及其修订项目已经得到办公室认可。

**第 033 条   合格证和训练规范的更新**

更新驾驶员训练机构临时合格证或者驾驶员训练机构合格证的申请、受理和审查程序除应当符合本规则第 015 条的有关规定外,还应当符合下列要求:

(a) 对于驾驶员训练机构合格证持有人,其合格证更新应当符合下列要求:

(1) 如果符合本条(a)(2)款对更新合格证和训练规范的要求,则可以在其合格证到期的月份之前 30 天内提交合格证和训练规范的更新申请。

(2) 如果办公室认定,该训练机构的人员、无人机、设施与设备和机场(临时起降点)、经认可的训练课程、训练记录和当前的训练能力和质量符合本规则的要求,则可以为其更新合格证和训练规范。新合格证的有效期仍为 24 个日历月。

(3) 如果办公室认为该训练机构没有符合本条(a)(2)款对更新合格证的要求,但符合本规则第 007 条对颁发驾驶员训练机构临时合格证的要求,则可以为其颁发驾驶员训练机构临时合格证。

(b) 对于驾驶员训练机构临时合格证持有人,应当符合下列要求:

(1) 如果符合本规则第 009 条规定的条件,驾驶员训练机构临时合格证持有人可以申请驾驶员训练机构合格证和训练规范;

(2) 除本条(b)(1)款规定的情况外,驾驶员训练机构临时合格证和训练规范不能进行更新。

**第 035 条   限制和行政措施**

(a) 当事人未按照本规则规定取得驾驶员训练机构临时合格证或者驾驶员训练机构合格证,不得从事本规则规定的无人机驾驶员训练活动。

(b) 按照本规则申请驾驶员训练机构临时合格证、驾驶员训练机构合格证并处于合格审定过程中的申请人,存在弄虚作假行为的,办公室可以终止其合格审定过程并且在 1 年内不再受理该申请人的申请。

(c) 申请人以不正当方式取得驾驶员训练机构临时合格证、驾驶员训练机构合格证的,由办公室调查核实后撤销其相应的合格证并且在 3 年内不再受理其申请。

## B 章   人员、无人机和设施要求

**第 037 条   适用范围**

(a) 本章规定了驾驶员训练机构临时合格证和驾驶员训练机构合格证的申请人应当符合的人员、无人机以及对所要求的设施与设备应当具有连续使用权的要求。

(b) 在本章中,如果驾驶员训练机构从初次申请合格证之日或者从申请更新合格证之日起,对设施与设备和机场(临时起降点)具有至少 6 个日历月的所有权或按照书面协议的规定,对设施与设备和机场(临时起降点)具有至少 6 个日历月的使用权,则认为该训练机构对设施与设备和机场(临时起降点)具有连续使用权。

#### 第 039 条　人员配备要求

(a) 驾驶员训练机构临时合格证或者驾驶员训练机构合格证的申请人应当按照下列要求配备人员：

配备有充足的人员，包括持有合格证和相应等级的飞行教员（每个训练基地至少两人）、地面理论教学人员，有能力完成所指派的职责。

(b) 当训练机构具有至少 20 名正在接受训练的学生及 3 名及以上教员时，驾驶员训练机构临时合格证和驾驶员训练机构合格证持有人应当指定至少一名检查教员，负责实施学生的阶段检查、课程结束考试前检查。

(c) V 级别（植保）等级课程的驾驶员训练机构临时合格证或者驾驶员训练机构合格证的申请人应符合《运行规定》16.2 人员要求。

(d) 本条所涉及的人员可以在一个训练机构中担任两个或者两个以上的职位，但应当符合相应职位的资格要求。

#### 第 041 条　检查教员的资格

(a) 检查教员应当符合下列要求：

(1) 持有现行有效的驾驶员合格证。其合格证中应当包括与课程中所用无人机的类别、级别相对应的类别、级别等级和现行有效的飞行教员等级。

(b) 检查教员与学员有下列情形之一的，不得对该学员实施阶段检查和课程结束考试前检查：

(1) 检查教员是该学员的主要教员；

(2) 该学员是检查教员推荐参加阶段检查或课程结束考试的。

#### 第 043 条　机场（临时起降点）

(a) 驾驶员训练机构临时合格证或者驾驶员训练机构合格证的申请人应当证明其实施飞行训练所使用的训练机场（临时起降点）都具有连续使用权。

(b) 用于训练的机场（临时起降点）应当具有至少一条跑道或者起飞地带，满足机型训练。

(c) 每个机场（临时起降点）应当具有一个能从跑道两端或场地地平面上看得见的风向指示器。

(d) 在无塔台管制和无法提供航空咨询服务的机场（临时起降点）上应当具有起降方向标志。

(e) 具备符合课程等级要求的设施与设备；用于夜间飞行训练的每一个机场（临时起降点）应当具备永久性跑道灯光设备，但在用于水上航空器夜间飞行训练的机场（临时起降点）或者基地上，经办公室认可，也可以使用非永久性灯光设备或者海岸灯光设备。

#### 第 045 条　无人机

驾驶员训练机构临时合格证或者驾驶员训练机构合格证申请人应当证明用于实践飞行训练每一架无人机符合下列条件：（如适用）

(a) 是在中国登记的无人机；

(b) 具有临时适航证、特许适航证、单机适航证或标准适航证。但是根据其所批准的训练课程的性质，可以允许申请人使用不具有标准适航证的无人机；

(c) 每架无人机应当符合《运行规定》13. 民用无人机运行的仪表、设备和标识要求。

#### 第 047 条　驾驶员讲评区域

(a) 驾驶员训练机构临时合格证或者驾驶员训练机构合格证申请人应当证明对位于每个主要训练机场（临时起降点）的讲评室具有连续使用权，该讲评区域应当符合下列要求：

(1) 可以容纳正在等待参加飞行训练的所有学生；

(2) 其布置和设备配置适合于实施飞行讲评；

(3) 一个讲评区域不得同时被两个或者两个以上驾驶员训练机构使用。

**第 049 条　地面训练设施**

驾驶员训练机构临时合格证或者驾驶员训练机构合格证申请人的地面训练设施应当符合下列要求：

(1) 用于教学的每间教室、训练室和其他空间在取暖、照明和通风等方面符合国家和当地政府关于建筑、卫生等方面的规定。

(2) 训练设施的位置应当可以保证受训人员不受其他房间实施的训练和机场（临时起降点）内飞行和维修活动的干扰。

## C 章　训练课程和课目

**第 051 条　适用范围**

本章规定了颁发驾驶员训练机构临时合格证和驾驶员训练机构合格证与训练规范对训练课程和课目的要求。

**第 053 条　训练课程认可程序的一般要求**

(a) 驾驶员训练机构临时合格证和驾驶员训练机构合格证申请人应当获得办公室对其拟开设的每门训练课程的认可。办公室受理、认可的程序应当符合本规则第 015 条 (c)、(e) 款的规定。

(b) 初次申请或者申请修订训练课程的，申请人应当在计划实施该课程之日前至少 20 个工作日向办公室递交申请材料。申请修订训练课程的，还应当附上该训练课程修订页。

(c) 驾驶员训练机构临时合格证和驾驶员训练机构合格证申请人向办公室申请认可的训练课程种类应当符合本规则第 013 条的规定。

**第 055 条　训练课程内容**

(a) 申请认可的每个训练课程应当符合本规则相应附件中规定的最低课目要求。

(b) 申请认可的每一训练课程应当符合本规则相应附件中规定的最低地面训练时间和飞行训练时间要求。

(c) 申请认可的每个训练课程应当包含下列内容：

一份包括下列内容的训练大纲：

(i) 参加该门训练课程学习的学员的进入条件，包括驾驶员合格证和等级、训练、飞行经历和航空知识方面的要求；

(ii) 对每一课的详细说明，包括该课的目的、标准和完成该课程需要的时间；

(iii) 学生在本课程的学习中应当完成的训练内容；

(iv) 每个训练阶段预期的目标和标准；

(v) 用于衡量学生每一阶段训练成绩的考试和检查的说明。

## D 章　考试权

**第 057 条　适用范围**

本章规定了驾驶员训练机构合格证持有人获得考试权需要符合的条件，以及考试权的权利和限制。

**第 059 条　考试权的资格要求**

(a) 驾驶员训练机构合格证持有人应当符合下列要求，方可得到考试权的初始批准：

(1) 按照办公室规定的格式和方法提交考试权的申请书；

(2) 持有按照本规则颁发的驾驶员训练机构合格证和课程等级；

(3) 申请人在申请考试权当月之前，作为驾驶员训练机构合格证持有人对拟申请考试权的课程等级已连续保持 24 个日历月以上；

(4) 申请考试权的训练课程不得是虽经认可但未符合本规则最低地面和飞行训练时间要求的课程；

(5) 在申请考试权之日前的 24 个日历月内，该训练机构已经符合了下列要求：

(i) 针对申请考试权的训练课程，训练了 300 名以上学员，并已推荐这些学员参加驾驶员合格证或者等级的考试；

(ii) 在驾驶员合格证或者等级的理论考试及实践考试中，有 90% 以上的学员首次考试合格。这些考试应当由办公室委任的考试员实施。

(b) 驾驶员训练机构合格证持有人应当符合下列要求，方可保持考试权的持续有效：

(1) 按照办公室规定的格式和方法提交考试权的更新申请；

(2) 持有按本规则颁发的驾驶员训练机构合格证和课程等级；

(3) 申请人在申请更新考试权的月份之前，已连续持有该考试权所对应的课程等级达 24 个日历月以上；

(4) 申请继续具有考试权的训练课程不得是虽经认可但未符合本规则最低地面和飞行训练时间要求的课程。

**第 061 条　权利**

具有考试权的驾驶员训练机构可以推荐完成该机构具有考试权的训练课程的学员向办公室申请获取驾驶员合格证和相应等级。上述学员无需参加办公室为颁发合格证和等级组织的实践考试。

**第 063 条　限制和报告**

具有考试权的驾驶员训练机构只能推荐完成该机构具有考试权的训练课程的学员，在不参加办公室组织的实践考试的情况下申请颁发驾驶员合格证和相应等级。推荐颁发合格证和等级应当符合下列要求：

(a) 所推荐的学员为该训练机构具有考试权的训练课程的结业学员；

(b) 所推荐的学员完成了该机构经认可的训练课程中的所有科目要求；对于从按本规则批准的其他训练机构转入该机构的学员，如果符合下列要求，可以认为其完成了该机构经认可的训练课程中的所有科目：

(1) 在原来训练机构所接受的训练时间可以记入接收训练机构科目所要求的训练时间，但最多不能超过课程所要求总训练时间的一半；

(2) 完成了由接收训练机构实施的航空知识考试和熟练考试，用以确定可承认的该学员的驾驶员经历和航空知识水平；

(3) 接收训练机构根据本条 (b)(2) 款所要求的考试确定的驾驶员经历和航空知识水平应当记录在该学员的训练记录中；

(4) 申请确定其驾驶员经历和航空知识水平的学员的驾驶员经历和航空知识应当是从按本规则批准的驾驶员训练机构的按本规则认可的训练课程中获得的；

(5) 接收的训练机构保存了一份学员在前一个受训训练机构所接受训练的记录。

(c) 具有考试权的驾驶员训练机构所实施的考试应当得到办公室的批准，并且在范围、深度和难度上至少应当与按照 AC-61-FS-2016-20R1 进行的相应理论考试和实践考试相当。

(d) 在下列情况下，具有考试权的驾驶员训练机构不得实施理论考试和实践考试：

(1) 该训练机构了解到或者有理由相信考试内容已经泄露；

(2) 该训练机构得到了办公室认为有理由相信或者已经知道考试存在泄密情况的通知。

(e) 具有考试权的驾驶员训练机构应当保存办公室对其所颁发的所有驾驶员合格证的记

录，该记录应当包含下列信息：

(1) 按照时间顺序记录的下列内容：

(i) 学员的合格证签发日期；

(ii) 学员姓名和该学员的永久通信地址和电话号码；

(iii) 该学员所完成的训练课程；

(iv) 实施理论考试和实践考试的人员姓名；

(v) 颁发给该学员的合格证或等级的类型；

(2) 一份针对每个学员的结业证书、合格证申请表、以及理论和实践考试的成绩的复印件记录；

(3) 本条(e)款所要求记录应当保存 5 年，并且能在办公室要求时提供给办公室检查。在驾驶员训练机构停止考试权时，将这些记录交给办公室。

(f) 在学员通过理论考试和实践考试后，具有考试权的驾驶员训练机构应当将该学员的有关合格证申请文件和训练记录提交给办公室，以便办公室为其颁发驾驶员、机长、飞行教员合格证。

## E 章　训练规则

### 第 065 条　适用范围

本章规定了适用于驾驶员训练机构临时合格证和驾驶员训练机构合格证持有人的训练规则。

### 第 067 条　权利

(a) 驾驶员训练机构临时合格证和驾驶员训练机构合格证持有人可以在其所持有的合格证和课程等级的范围之内，进行广告宣传和实施经认可的驾驶员训练课程。

(b) 如果其训练课程得到了认可并且符合本规则规定的最低地面和飞行训练时间要求，则具有该课程考试权的驾驶员训练机构可以推荐该课程的结业学员在不参加办公室组织实践考试的情况下，申请获取相应的驾驶员合格证和等级。

### 第 069 条　无人机要求

在飞行训练和单飞中使用的每架无人机应当携带下列文件：

(a) 一份起飞前和着陆前检查单；

(b) 制造厂家提供的操作手册，或者给每个使用该无人机的学员配备的操作手册；

(c) 满足《运行规定》13.民用无人机运行的仪表、设备和标识要求的证明文件。

### 第 071 条　限制

(a) 驾驶员训练机构临时合格证和驾驶员训练机构合格证持有人的受训学员应当符合下列要求，方可为其颁发结业证书并推荐其申请驾驶员合格证和等级：

(1) 完成了驾驶员训练机构训练课程中规定的所有训练；

(2) 机构同意推荐该学员参加为取得民用无人机驾驶员合格证的考试。

### 第 073 条　飞行训练

(a)按照经认可的训练课程提供飞行训练的人员，应当是持有合适等级驾驶员合格证的飞行教员，并且应当符合该训练课程中规定的最低资格要求。

(b) 学生驾驶员首次单飞应当得到其飞行教员的批准，而且在其实施首次单飞时，该飞行教员应在单飞的机场（临时起降点）进行现场指导。

### 第 075 条　训练质量

(a) 驾驶员训练机构临时合格证和驾驶员训练机构合格证的持有人应当符合下列要求：

(1) 按照经认可的训练课程进行训练；

(2) 对于驾驶员训练机构临时合格证和驾驶员训练机构合格证持有人，提供的训练质量应当符合 AC-61-FS-2016-20R1 的要求。

(b) 驾驶员训练机构临时合格证和驾驶员训练机构合格证持有人应当保持本条(a)款规定的训练质量。

(c) 驾驶员训练机构临时合格证和驾驶员训练机构合格证的持有人应当在办公室要求时，接受办公室对其学员实施理论考试、实践考试、阶段检查和课程结束考试。

(d) 按照本条(c)款的要求由办公室实施阶段检查或课程结束考试时，如果学员尚未完成该训练课程的训练，则这些检查或者考试将根据该训练机构经认可的训练课程中规定的标准进行。

(e) 按照本条(c)款的要求由办公室理论考试或实践考试时，如果学员已经完成了该训练机构训练课程的训练，则将根据办公室认可的操作范围实施考试。

**第 077 条　学员注册**

(a) 在学员注册参加经认可的训练课程规定的训练后，驾驶员训练机构临时合格证和驾驶员训练机构合格证持有人应当向学员提供下列文件和材料：

(1) 注册证。内容包括学员所注册的训练课程名称和注册日期；

(2) 学员训练大纲副本；

(3) 由训练机构编写的、包括设施与设备的使用和无人机的操作在内的安全程序与措施副本，主要内容应当包括：

(i) 训练机构要求的带飞和单飞最低天气标准；

(ii) 无人机在停机坪上的起动和滑行程序；

(iii) 防火措施和灭火程序；

(iv) 在机场（临时起降点）内和机场（临时起降点）外未按计划着陆后的应急程序；

(v) 无人机的故障填写和批准重新投入使用的确定方式；

(vi) 无人机未使用时的安全保护；

(vii) 本场飞行和航线飞行所需燃油量（电量）；

(viii) 空中和地面避免与其他航空器相撞的措施；

(ix) 最低高度限制和模拟应急着陆规定；

(x) 指定练习区域的规定与使用方法；

(xi) 无人机云系统使用说明。

(b) 驾驶员训练机构临时合格证和驾驶员训练机构合格证持有人应当按月份建立并保存该机构提供的每一训练课程中注册人员的清单。

**第 079 条　结业证书**

(a) 驾驶员训练机构临时合格证和驾驶员训练机构合格证持有人应当向完成该机构经认可的训练课程的每一学员颁发结业证书。

(b) 结业证书应当在学员完成其课程训练时颁发。结业证书至少应当包括下列内容：

(1) 驾驶员训练机构名称和合格证编号；

(2) 接受结业证书的学员姓名和结业证书编号；

(3) 训练课程名称；

(4) 结业日期；

(5) 声明该学员已圆满完成经认可的训练课程的每一阶段训练，推荐其参加为取得民用无人机驾驶员合格证进行的理论与实践飞行考试。

**第 081 条　训练记录**

(a) 驾驶员训练机构临时合格证和驾驶员训练机构合格证持有人应当对注册于本机构经

认可的训练课程的学员建立并保持及时准确的记录。该记录应当包括下列内容：

(1) 学员入学注册日期；

(2) 按时间顺序记录或按课程大纲顺序记录的该学员接受训练的课目和飞行操作动作的记录，以及该学员所参加考试的名称和成绩；

(3) 结业日期、中止训练的日期或者转训练机构日期。

(b) 要求在学员飞行经历记录本中保持的记录，不能完全替代本条(a)款的记录要求。

(c) 当学员结业、中止训练或者转训练机构时，该学员的记录应当由负责该课程的教员签字证明。

(d) 驾驶员训练机构临时合格证和驾驶员训练机构合格证持有人应当从下列日期开始，保存本条要求的每个学员的记录至少 3 年：

(1) 记录中所记录的从该课程结业的日期；

(2) 记录中所记录的中止该课程的日期；

(3) 转训练机构日期。

(e) 驾驶员训练机构临时合格证和驾驶员训练机构合格证持有人应当在学员提出要求时向学员提供其训练记录的复印件。

## F 章　罚则

### 第 083 条　警告和处罚

(a) 驾驶员训练机构临时合格证、驾驶员训练机构合格证持有人有下列行为之一的，由办公室责令停止违法行为，采取改正措施，并可以处以警告或者相应处罚：

(1) 违反本规则条款规定，拒绝办公室的监督检查或者在监督检查过程中拒绝提供其临时合格证、合格证或手册和其他相关文件的；

(2) 违反本规则规定，两个或者两个以上驾驶员训练机构共用一个主业务办公室或者同时使用一个讲评区域的；

(3) 违反本规则规定，实施训练未符合《运行规定》相关规定的；

(4) 违反本规则规定，人员配备不符合要求或者使用不合格人员担任检查教员的；

(5) 违反本规则规定，使用不符合要求的机场（临时起降点）实施训练的；

(6) 违反本规则规定，使用不符合规定要求的无人机和设施与设备实施训练的；

(7) 违反本规则规定，未进行相关记录的；

(8) 违反本规则规定，超越临时合格证、合格证课程等级实施训练的；

(9) 违反本规则规定，使用未携带规定文件的无人机的。

(b) 驾驶员训练机构临时合格证、驾驶员训练机构合格证持有人有本条(a)款(4)至(9)中所列行为之一的，所完成的训练经历和记录，办公室不予承认。

(c) 驾驶员训练机构临时合格证、驾驶员训练机构合格证持有人雇用的飞行教员未按相关合格证持有人的训练手册履行训练职责，或者违反本规则其他规定，办公室可以对其处以警告或者相应处罚。

### 第 085 条　吊扣和吊销合格证

(a) 驾驶员训练机构临时合格证、驾驶员训练机构合格证持有人有下列行为之一的，办公室可以依照规定，吊扣其临时合格证、合格证 1 至 6 个月或者吊销其相关合格证：

(1) 违反本规则规定，非法载运违禁物品的；

(2) 违反本规则规定，进行虚假广告宣传活动，情节严重的；

(3) 违反本规则规定，使用未经认可的训练课程实施训练的；

(4) 违反本规则规定，推荐未完成该机构具有考试权的训练课程的学员申请有关合格证和相应等级的；

(5) 违反本规则规定，在不得实施考试的情形下实施考试的；

(6) 违反本规则规定，为未完成认可的训练课程的学员颁发结业证书的；

(7) 违反本规则规定，不能保证训练质量的。

(b) 驾驶员训练机构临时合格证、驾驶员训练机构合格证持有人有本条(a)款(3)所列行为的，所完成的训练经历和记录，办公室不予承认；有(a)款(4)或者(5)所列行为之一的，所进行的推荐和考试，办公室不予承认；有(a)款(6)所列行为的，所发的结业证书，办公室不予承认。

**第 087 条　办公室及其工作人员的责任**

办公室及其工作人员办理驾驶员训练机构临时合格证、驾驶员训练机构合格证违反法律和本规则规定的，或者不依法履行本规则规定的监督职责造成严重后果的，应承担相应的责任。

### G 章　附则

**第 089 条　施行日期**

本规则自 2016 年 09 月 30 日起施行，无人机管理办公室 2016 年 02 月 29 日发布的《无人机训练机构审定规则》(ZD-BGS-004-R1) 同时废止。

附件 A

## 驾驶员合格证课程

### 1、理论培训

申请人必须接受并记录训练机构工作人员提供的地面训练，完成下列与所申请无人机等级相应的地面训练课程并通过理论考试。理论培训不少于 40 课时。

航空知识要求：

A. 通用航空法规以及机场（临时起降点）周边飞行、防撞、无线电通信、夜间运行、高空运行等知识；

B. 气象学，包括识别临界天气状况，获得气象资料的程序以及航空天气报告和预报的使用；

C. 航空器空气动力学基础和飞行原理；

D. 无人机主要系统，导航、飞控、动力、链路、电气等知识；

E. 无人机系统通用应急操作程序；

F. 所使用的无人机系统特性，包括：

1) 起飞和着陆要求；

2) 性能：

i) 飞行速度；

ii) 典型和最大爬升率；

iii) 典型和最大下降率；

iv) 典型和最大转弯率；

v) 其他有关性能数据（例如风、结冰、降水限制）；

vi) 航空器最大续航能力。

3) 通信、导航和监视功能：

i) 航空安全通信频率和设备，包括：

a. 空中交通管制通信，包括任何备用的通信手段；

b. 指挥与管制链路（C2），包括性能参数和指定的工作覆盖范围；

c. 无人机驾驶员和无人机观测员之间的通讯，如适用；

ii) 导航设备；

iii) 监视设备（如 SSR 应答，ADS-B 发出）；

iv) 发现与避让能力；

v) 通信紧急程序，包括：

a. ATC 通信故障；

b. 指挥与管制链路故障；

c. 无人机驾驶员/无人机观测员通讯故障，如适用；

vi) 遥控站的数量和位置以及遥控站之间的交接程序，如适用。

### 2、理论考试

理论学习完成后，训练机构可根据申请人情况报名参加理论考试，申请者需从网上管理平台入口报名，并向办公室提交纸质申请表。申请人向办公室缴纳考试费用 150 元/次，考试定期举行。考试地点由办公室统一组织安排。

申请者考后将获得成绩单，考试成绩为百分制，题型为选择题，成绩在 70 分及以上为合格。

### 3、飞行训练

学员可接受训练机构提供的飞行训练，完成所申请无人机系统等级相应的飞行训练课程。

通过理论考试后，可申请实践考试。飞行训练培训不少于 44 课时。申请人必须至少在下列操作上接受并记录训练机构提供的针对所申请无人机等级的实际操纵飞行或模拟飞行训练。

飞行技能与经历要求：

对于驾驶员：

1）飞行前检查，不少于 4 小时；

2）正常飞行程序操作，不少于 20 小时；

3）应急飞行程序操作，包括发动机故障、链路丢失、应急回收、迫降等，不少于 20 小时。

附件 B

## 机长等级合格证课程

### 1、理论培训

申请人必须接受并记录训练机构工作人员提供的地面训练，完成下列与所申请无人机等级相应的地面训练课程并通过理论考试。理论培训不少于 40 课时。

航空知识要求：

A. 通用航空法规以及机场（临时起降点）周边飞行、防撞、无线电通信、夜间运行、高空运行等知识；

B. 气象学，包括识别临界天气状况，获得气象资料的程序以及航空天气报告和预报的使用；

C. 航空器空气动力学基础和飞行原理；

D. 无人机主要系统，导航、飞控、动力、链路、电气等知识；

E. 无人机系统通用应急操作程序；

F. 所使用的无人机系统特性，包括：

1）起飞和着陆要求；

2）性能：

i）飞行速度；

ii）典型和最大爬升率；

iii）典型和最大下降率；

iv）典型和最大转弯率；

v）其他有关性能数据（例如风、结冰、降水限制）；

vi）航空器最大续航能力。

3）通信、导航和监视功能：

i）航空安全通信频率和设备，包括：

a. 空中交通管制通信，包括任何备用的通信手段；

b. 指挥与管制链路（C2），包括性能参数和指定的工作覆盖范围；

c. 无人机驾驶员和无人机观测员之间的通讯，如适用；

ii）导航设备；

iii）监视设备（如 SSR 应答，ADS-B 发出）；

iv）发现与避让能力；

v）通信紧急程序，包括：

a. ATC 通信故障；

b. 指挥与管制链路故障；

c. 无人机驾驶员/无人机观测员通讯故障，如适用；

vi）遥控站的数量和位置以及遥控站之间的交接程序，如适用。

### 2、理论考试

理论学习完成后，训练机构可根据申请人情况报名参加理论考试，申请者需从网上管理平台入口报名，并向办公室提交纸质申请表。考试定期举行，申请人向办公室缴纳考试费用 150 元/次，考试地点由办公室统一组织安排。

申请者考后将获得成绩单，考试成绩为百分制，题型为选择题，成绩在 80 分及以上为合格。

### 3、飞行训练

学员可接受训练机构提供的飞行训练，完成所申请无人机系统等级相应的飞行训练课程。

通过理论考试后，可申请实践考试。飞行训练培训不少于 56 课时。申请人必须至少在下列操作上接受并记录训练机构提供的针对所申请无人机等级的实际操纵飞行或模拟飞行训练。

飞行技能与经历要求：

对于机长：

1）空域申请与空管通讯，不少于 4 小时；

2）航线规划，不少于 4 小时；

3）系统检查程序，不少于 4 小时；

4）正常飞行程序指挥，不少于 20 小时；

5）应急飞行程序指挥，包括规避航空器、发动机故障、链路丢失、应急回收、迫降等，不少于 20 小时；

6）任务执行指挥，不少于 4 小时。

附件 C

## 教员等级合格证课程

### 1、理论培训

申请人必须接受并记录训练机构工作人员提供的地面训练，完成下列与所申请无人机等级相应的地面训练、教学法课程并通过理论、教学法考试。理论培训不少于 25 课时。

航空知识要求：

A. 通用航空法规以及机场（临时起降点）周边飞行、防撞、无线电通信、夜间运行、高空运行等知识；

B. 气象学，包括识别临界天气状况，获得气象资料的程序以及航空天气报告和预报的使用；

C. 航空器空气动力学基础和飞行原理；

D. 无人机主要系统，导航、飞控、动力、链路、电气等知识；

E. 无人机系统通用应急操作程序；

F. 所使用的无人机系统特性，包括：

1）起飞和着陆要求；

2）性能：

i）飞行速度；

ii）典型和最大爬升率；

iii）典型和最大下降率；

iv）典型和最大转弯率；

v）其他有关性能数据（例如风、结冰、降水限制）；

vi）航空器最大续航能力。

3）通信、导航和监视功能：

i）航空安全通信频率和设备，包括：

a.空中交通管制通信，包括任何备用的通信手段；

b.指挥与管制链路（C2），包括性能参数和指定的工作覆盖范围；

c.无人机驾驶员和无人观测员之间的通讯，如适用；

ii）导航设备；

iii）监视设备（如 SSR 应答，ADS-B 发出）；

iv）发现与避让能力；

v）通信紧急程序，包括：

a.ATC 通信故障；

b.指挥与管制链路故障；

c.无人机驾驶员/无人机观测员通讯故障，如适用；

vi）遥控站的数量和位置以及遥控站之间的交接程序，如适用。

G. 教学原理；

(i) 学习过程；

(ii) 有效教学的要素；

(iii) 对学员的评估和考试；

(iv) 课程制定；

(v) 授课计划编制；

(vi) 课堂教学技巧。

### 2、理论考试

理论学习完成后，训练机构可根据申请人情况报名参加理论及教学法考试，申请者需从网上管理平台入口报名，并向办公室提交纸质申请表。申请人向协会缴纳考试费用 150 元/次，考试定期举行，考试地点由办公室统一组织安排。

申请者考后将获得成绩单，考试成绩为百分制，题型为选择题，理论及教学法成绩在 80 分及以上为合格。

### 3、实践飞行训练

学员需具有无人机本机型 100 小时机长经历时间方可接受训练机构提供的实践飞行训练，完成所申请无人机等级相应的实践飞行训练课程。通过理论、教学法考试后，可申请实践考试。实践飞行训练培训不少于 20 课时。申请人必须至少在下列操作上接受并记录训练机构提供的针对所申请无人机等级的实际操纵飞行或模拟飞行训练。

实践飞行训练技能与经历要求：

对于教员：

1）正常飞行程序指挥，不少于 5 小时；

2）应急飞行程序指挥与操作，包括规避航空器、发动机故障、链路丢失、应急回收、迫降等，不少于 5 小时；

3）教学法相关内容，不少于 10 小时。

附件 D

## V 级别（植保）等级课程

### 1、理论知识

申请人必须接受并记录训练机构工作人员提供的地面训练，完成下列与所申请无人机等级相应的地面训练：

1) 开始作业飞行前应当完成的工作步骤，包括作业区的勘察；

2) 安全处理有毒药品的知识及要领和正确处理使用过的有毒药品容器的办法；

3) 农药与化学药品对植物、动物和人员的影响和作用，重点在计划运行中常用的药物以及使用有毒药品时应当采取的预防措施；

4) 人体在中毒后的主要症状，应当采取的紧急措施和医疗机构的位置；

5) 所用无人机的飞行性能和操作限制；

6) 安全飞行和作业程序。

### 2、飞行技能

以无人机的最大起飞全重完成起飞、作业线飞行等操作动作。

### 关于《民用无人驾驶航空器系统驾驶员训练机构合格审定规则》的说明

《民用无人驾驶航空器系统驾驶员训练机构合格审定规则》(以下简称《规则》)是经办公室无人驾驶航空系统专家委员会反复研究、论证和修改后制定的。《规则》共七章，九十一条，分别对民用无人驾驶航空器系统(以下简称无人机)驾驶员训练机构合格证和临时合格证，人员、无人机和设施，训练课程和课目，考试权，训练规则，记录，罚则等方面作出了规定，现将有关问题说明如下：

**一、制定本《规则》的必要性**

随着中国民用无人机的长足发展，从事驾驶员合格证培训的无人机驾驶员训练机构将会逐步增多，为了规范民用无人机驾驶员训练机构的运行，建立并保持安全、正常、有效的训练标准和程序，保障民用无人机驾驶员训练机构训练活动安全和有秩序地进行，同时也为了符合无人驾驶员训练机构的要求，促进合格的无人机驾驶员训练机构开发自己训练课程的能力，使其训练课程更具有一定的灵活性和适用性，因此需要对无人机驾驶员训练机构进行合格审定。颁发无人机驾驶员合格证和等级是无人航空安全管理所需的一项重要手段，只有在无人机驾驶员训练机构完整训练环境中有效地完成训练，得到有效监督和控制，才能保证无人机驾驶员训练质量。

**二、本《规则》的适用范围**

本《规则》适用于从事无人机驾驶员合格证、机长和飞行教员等级训练的无人机驾驶员训练机构，对于符合本规则相关要求的无人机驾驶员训练机构，办公室可为其颁发无人机驾驶员训练机构合格证；对于除了不符合本规则中的新近训练经验要求外，符合本规则其他所有要求的训练机构，办公室可为其颁发无人机驾驶员训练机构临时合格证。取得无人机驾驶员训练机构临时合格证和驾驶员训练机构合格证的驾驶员训练机构可以按照本规则进行民用无人机驾驶员的训练。

**三、关于训练课程**

无人机驾驶员训练机构临时合格证和驾驶员训练机构合格证申请人应当获得办公室对其拟开设的每门训练课程的认可。申请认可的每一训练课程应当符合本规则相应附件中规定的最低课目要求、最低地面训练时间和飞行训练时间要求。训练课程的实施应采用循序渐进、连续而不间断的学习方式，该大纲应具有定期对受训学员进行考查和对所规定的学习阶段定期评估的措施。训练课程规定了训练单元和训练课目，具体地说明一名学员在训练单元内所应完成的内容，指明了有组织的训练计划，并且规定了对单元或者阶段学习的评估程序。

**四、关于考试权和训练标准的保持**

符合本规则 D 章要求的驾驶员训练机构，办公室可以为其开设的每一训练课程批准考试权，具有考试权的驾驶员训练机构可以推荐该机构具有考试权的训练课程的学员申请获得驾驶员合格证和合格证上的相应等级，上述学员无需参加由办公室组织的实践考试。没有获得考试权的无人机驾驶员训练机构，其学员为取得合格证或者等级而进行的理论考试和实践考试则应当由办公室委任的无人机驾驶员考试员来实施。持有无人机驾驶员训练机构临时合格证和无人机驾驶员训练机构合格证的驾驶员训练机构应当按照本规则的要求保持一定的训练质量和标准。对于持有无人机驾驶员训练机构临时合格证和无人机驾驶员训练机构合格证的驾驶员训练机构，其新近完成经办公室认可训练课程的学员（总人数不得少于 30 名），参加办公室组织的合格证或者等级的理论考试，60%以上应当首次考试合格，否则，办公室在一年有效期满时，将不予更新其合格证；对于具有考试权的无人机驾驶员训练机构，其新近完成经认可训练课程的学员（总人数不得少于 300 名），参加办公室组织的合格证或者等级的理论考试，90%以上应当首次考试合格，否则，办公室将不予更新其考试权。

# 附录 11.5 浙江大学数字农业与农村信息化研究中心课程培训训练大纲

浙江大学数字农业与农村信息化研究中心课程培训训练大纲

## 目 录

# 第一章 概 述

本大纲包括地面理论和实践飞行训练大纲两个部分，内容涵盖法规对无人机驾驶员航空知识和飞行技能及经历的全部要求。完成本大纲训练后，学员可以参加理论及实践飞行考试。

附表 11.1 课程训练大纲

| 课程名称 | 课时（每课时/60 min） |
|---|---|
| 地面理论（驾驶员/机长） | 固定翼：42/46；直升机：42/46；多旋翼：42/46；植保等级：46/50 |
| 实践飞行训练（驾驶员/机长） | 固定翼：51/67；直升机：51/67；多旋翼：47/60；植保等级：54/54 |

本大纲规定的地面理论和飞行训练时间均为最低值，实施过程中根据需要可以适当增加，但合计课时不得少于规定总课时。

进入实践飞行考试前，应通过中国航空器拥有者及驾驶员协会（中国 AOPA）组织的理论考试，进入不同课程的飞行训练前，应完成相应的模拟飞行训练。

地面理论训练与实践飞行训练应相对集中组织实施，先完成地面理论训练，再进入飞行训练。进入实践飞行训练前应复习相应的地面理论内容，确保学员真正掌握并能熟练运用所学航空知识。

所有课程应该按照训练大纲的顺序实施，条件不具备时，可以适当调整实施顺序。但必须遵守以下基本原则：保持训练内容的连贯性、相关性；由简到繁，先易后难；先地面教学，后飞行训练；先带飞，后单飞。

对于每一次飞行训练，飞行实施前都应该有：①预先准备；②直接准备；③飞行实施；④飞行后讲评，讲评内容包括学员取得的进步、存在的问题和改进措施。

学员在进行某科目飞行训练时应当达到本科目相对应的技术和能力水平。飞行教员应当指出学员在能力表现方面出现的问题和偏差，并在训练记录上注明。

在教学过程中，应当针对每一科目内容使用批准的教材和教学参考材料。

附表 11.2 教材和教学参考资料

| 编号 | 教材和教学参考资料 |
|---|---|
| CCAR-91-R2 | 《一般运行与飞行规则》 |
| CCAR-61-R4 | 《民用航空器驾驶员和地面教员合格审定规则》 |
| AC-61-FS-2016-20R1 | 《民用无人驾驶员管理规定》 |
| AC-91-FS-2015-31 | 《轻小无人机运行规定》（试行） |
| ZJU-DAAI-01 | 《多旋翼无人飞行器概论》 |
| ZJU-DAAI-02 | 《无人机驾驶员航空知识手册》 |
| ZJU-DAAI-07 | 《SH-8/8V 无人机手册》 |
| ZJU-DAAI-08 | 《H-800E/EV 无人机手册》 |
| ZJU-DAAI-09 | 《H-800N/NV 无人机手册》 |
| ZJU-DAAI-10 | 《H-1200/V/VS 无人机手册》 |

# 第二章　地面理论训练大纲（驾驶员/机长适用）

**附表 11.3　教材和教学参考资料**

| 课程 | 训练内容 | 课时（每课时/60 分钟） |
|---|---|---|
| 1 | 民航法规与空中交通管制 | 5/5 |
| 2 | 无人机概述与系统组成 | 8/8 |
| 3 | 空气动力学基础 | 8/8 |
| 4 | 结构与性能 | 5/5 |
| 5 | 通信链路与任务规划 | 0/4 |
| 6 | 航空气象与飞行环境 | 6/6 |
| 7 | 无人机系统特性与操纵技术 | 6/6 |
| 8 | 无人机飞行手册及其他文档 | 4/4 |
| 9 | 植保无人机运行及安全（植保等级） | 4/4 |
| 10 | 总计 | 46/50 |

参加本大纲训练的学员，必须接受并记录训练机构教员提供的地面训练，完成下列与所申请无人机系统等级相应的地面训练课程。

①航空法规；

②了解相关民航规章的飞行法规，以及空域管理申报飞行空域及机场相关设施；

③气象学，包括识别临界天气状况，了解是否适合飞行；

④航空器空气动力学基础和飞行原理；

⑤无人机主要系统，导航、飞控、动力、链路、电气等知识；

⑥无人机系统通用操作程序，应急操作程序；

⑦所使用的无人机系统特性，包括：起飞和着陆要求；结构与性能；通信、导航和监视功能。

## 第一节　民航法规与空中交通管制（5 课时）

①教学资料

《民用无人机驾驶员管理规定》、《一般运行和飞行规则》、《民用航空器驾驶员和地面教员合格审定规则》、《轻小无人机运行规定》（试行）。

②实施顺序

课程介绍和多媒体教学、课堂讨论和课堂分析与总结。

③课程目的

理解考取无人驾驶员合格证需要学习的飞行规章；了解相关民用航空规章；了解法规中学员单飞、限制和事故报告等要求；了解空域及起降环境；申报飞行计划。

④教学内容

民用航空规章术语、民用无人机分类、介绍无人机云系统、空域分类等相关知识和机场、起降场等。

⑤完成标准

了解与无人机及其驾驶员等有关的民用航空规章；基本了解我国民用航空法规现况；基本了解我国空域现况；通过教员的口头测试；会申报飞行计划。

## 第二节　无人机概述与系统组成（4 课时）

①教学资料

《无人机驾驶员航空知识手册》、《多旋翼无人飞行器概论》。

②实施顺序

课程介绍和多媒体教学、课堂讨论、课堂分析与总结。

③课程目的

初步了解无人机现状。

④教学内容

通用类：无人机的定义、无人机的分类、无人机的发展、导航与飞控系统、电气设备、任务设备、显示系统、机载终端和地面终端。

特定：无人机系统相关、航空器平台、动力装置和操纵系统。

⑤完成标准

通过教员的口头测试，让学员了解无人机的系统组成；通过学员的实操，让学员应当学会独立进行各个设备系统的应用。

## 第三节　空气动力学基础与飞行原理（6 课时）

①教学资料

《无人机驾驶员航空知识手册》。

②实施顺序

课程介绍、道具演示、课堂讨论、课堂分析总结。

③课程目的

本课学习飞行中的四个力，飞行中的空气动力学原理和影响无人机稳定性的因素；了解伯努利定律、升力和阻力、尾流、地面效应；

以下固定翼适用：学习飞行失速的主要表现，理解失速、螺旋及改出知识；

以下直升机适用：学习直升机尾桨的功能；

以下多旋翼适用：不同布局的多旋翼性能。

④教学内容

牛顿三大运动定律、伯努利定律、飞行中的四个受力等知识、常见翼型和参数、操纵原理、地面效应等知识。

4

以下固定翼适用：飞机布局、升阻比与失速、飞机的稳定性、飞机的操纵性；

以下直升机适用：尾桨基本功能、各种飞行状态下旋翼的受力分析；

以下多旋翼适用：动力分布、悬停的受力。

⑤完成标准

掌握伯努利定律，升力产生的原理，飞行无人机中受力，无人机的操纵，地面效应。

以下固定翼适用：通过教员的口头测试，学员能掌握减小四个空气阻力的方式、不同气动布局的优缺点以及安装角、重心和升力中心的关系；通过教员的口头测试，学员基本了解无人机升限、升阻比与飞行受力情况；

以下直升机适用：通过教员的口头测试，学员能基本理解各旋翼的基本功能；以确保学员在进入第四节前完全掌握所学知识；

学员至少80分完成问题的回答，以确保学员完全掌握所学知识。

## 第四节　结构与性能（5课时）

①教学资料

《无人机驾驶员航空知识手册》、《多旋翼无人飞行器概论》、训练使用无人机说明书等资料。

②实施顺序

课程介绍、道具演示、课堂讨论、课堂分析与总结。

③课程目的

了解不同形式无人机的不同性能。

④教学内容

影响性能的因素、起降等性能。

以下固定翼适用：无人机布局和无人机的稳定性、操纵性等特性。

以下直升机适用：旋翼系统桨叶、尾桨、传动系统、操纵系统。

以下多旋翼适用：扭矩与轴距。

⑤完成标准

通过教员的口头测试，证明学员了解无人机飞行的一般性能、结构、功能；通过教员的口头测试，证明学员掌握各个飞行姿态要领；学员至少80分完成问题的回答，以确保学员在进入第五节前完全掌握所学知识。

## 第五节　通信链路与任务规划（机长适用4课时）

①教学资料

《无人机驾驶员航空知识手册》、《多旋翼无人飞行器概论》。

②实施顺序

课程介绍、无人机演示、课堂讨论、课堂分析与总结。

③课程目的

掌握无人机电气系统相关知识；学会连接和组装各种链路终端；学会任务规划和航迹规划。

④教学内容

数据传输、图像传输、任务规划概念与功能、遥控控制。

⑤完成标准

通过教员动手示范，学员应当学会连接相关的链路设备；学员应当学会独立进行任务的分解和规划，并能做好预案；学员应当学会独立进行地面站与数传、图传的连接和调试。

## 第六节　航空气象与飞行环境（6 课时）

①教学资料

《无人机驾驶员航空知识手册》。

②实施顺序

课程介绍和多媒体教学、课堂讨论、课堂分析与总结。

③课程目的

学习不同的气象条件，锋面、气团和危险天气现象等航空气象知识；掌握如何在地面辨识各种危险天气；在复杂特殊气象条件下的安全飞行与着陆。

④教学内容

大气成分、大气特性、大气的对流运动、大气稳定度、气团与锋和雾、风切变等天气现象。

⑤完成标准

通过教员的口头测试，学员能够理解本课内容，正确辨识不同天气状况；通过教员的口头测试，学员能够保证复杂气象环境下的正确操作；学员至少 80 分完成问题的回答，以确保学员完全掌握所学知识。

## 第七节　无人机系统特性与操纵技术（6 课时）

①教学资料

《无人机驾驶员航空知识手册》、《多旋翼无人飞行器概论》、训练使用无人机说明书等资料、《SH-8/8V 无人机手册》、《H-800E/EV 无人机手册》、《H-800N/NV 无人机手册》、《H-1200/V/VS 无人机手册》。

②实施顺序

多媒体教学、无人机演示、课堂讨论、课堂分析与总结。

③课程目的

了解所使用无人机的系统组成及系统性能；基本掌握不同任务载荷，不同任务规划情况下所用的设备操作。

6

④教学内容

所用无人机参数、重心与平衡、巡航性能、起飞与降落性能、稳定性与操纵性。

⑤完成标准

了解所用无人机的各项技术指标和参数；掌握地面监控站的一般功能和使用方法；在不同作业环境下结合相应的无人机性能合理做出任务规划；掌握无人机的调试程序。

## 第八节　无人机飞行手册及其他文档（4课时）

①教学资料

训练所用无人机操作手册、训练所用无人机检查记录表等资料、《SH-8/8V 无人机手册》、《H-800E/EV 无人机手册》、《H-800N/NV 无人机手册》、《H-1200/V/VS 无人机手册》、《农业无人机系统作业流程》。

②课程目的

了解无人机相关的文档资料；能正确使用检查单；了解所用无人机作业流程。

③教学内容

无人机操作流程、飞行任务（载荷）操作步骤、飞行任务流程、零部件与备用件、飞行安全检查单、飞行报告。

④完成标准

通过教员的教学，学员能了解所用无人机作业的一般流程；飞行报告的正确填写方式。

## 第九节　植保无人机运行及安全（植保等级适用）（4课时）

①教学资料

《AC-91-FS-2015-31》第 16 条、《植保无人机飞行注意事项》、不同种类喷洒药剂注意事项、药品中毒急救程序等资料。

②实施顺序

课程介绍和多媒体教学、课堂讨论、课堂分析与总结。

③课程目的

了解无人机植保流程、安全合理使用农药、紧急救助常识及安全作业程序。

④教学内容

开始作业飞行前应当完成的工作步骤，包括作业区的勘察；所用无人机的飞行性能和操作限制；安全飞行和作业程序；安全处理有毒药品的知识及要领和正确处理使用过的有毒药品容器的办法；农药与化学药品对植物、动物和人员的影响和作用，重点在计划运行中常用的药物以及使用有毒药品时应当采取的预防措施；人体在中毒后的主要症状，应当采取的紧急措施和医疗机构的位置。

⑤完成标准

通过教员的教学，学员能了解植保无人机作业的流程与安全；掌握各种检查表和飞行报告的正确填写方式。

7

# 第三章　实践飞行训练大纲

同时又和多家同样有资质的训练机构建立和联合培养的合作方案。

附表 11.4　固定翼驾驶员/机长实践飞行训练大纲 （单位：h）

| 课程 | 科目 | 地面 | 带飞 | 单飞 | 总时间 |
|---|---|---|---|---|---|
| 1 | 模拟飞行 | 8/10 | | | 8/10 |
| 2 | 无人机拆装、维护、维修和调试 | 8/8 | | | 8/8 |
| 3 | 地面站设置与飞行前准备 | 2/4 | 2/5 | 2/4 | 6/13 |
| 4 | 遥控器、起飞与降落训练 | 2/2 | 6/7 | 4/4 | 12/13 |
| 5 | 本场带飞 | | 3/7 | | 3/7 |
| 6 | 本场单飞 | | | 8/10 | 8/10 |
| 7 | 紧急情况下的操纵和指挥 | | 2/2 | 2/2 | 4/4 |
| 8 | 考核与结业 | 1/1 | | 1/1 | 2/2 |
| | 合计 | 21/25 | 13/21 | 17/21 | 51/67 |

附表 11.5　直升机驾驶员/机长实践飞行训练大纲

| 课程 | 科目 | 地面 | 带飞 | 单飞 | 总时间 |
|---|---|---|---|---|---|
| 1 | 模拟飞行 | 8/10 | | | 8/10 |
| 2 | 无人机拆装、维护、维修和调试 | 8/8 | | | 8/8 |
| 3 | 地面站设置与飞行前准备 | 2/4 | 2/5 | 2/4 | 6/13 |
| 4 | 遥控器、起飞与降落训练 | 2/2 | 6/7 | 4/4 | 12/13 |
| 5 | 本场带飞 | | 3/7 | | 3/7 |
| 6 | 本场单飞 | | | 8/10 | 8/10 |
| 7 | 紧急情况下的操纵和指挥 | | 2/2 | 2/2 | 4/4 |
| 8 | 考核与结业 | 1/1 | | 1/1 | 2/2 |
| | 合计 | 21/25 | 13/21 | 17/21 | 51/67 |

附表 11.6　植保等级

| 课程 | 科目 | 地面 | 带飞 | 单飞 | 总时间 |
|---|---|---|---|---|---|
| 1 | 植保无人机作业飞行 | | 14 | 40 | 54 |
| | 合计 | | 14 | 40 | 54 |

参加本课程训练的学员，必须至少在下列操作上接受并记录了授权教员提供的地面和飞行训练。

模拟器训练：飞行前准备和起飞前检查；起飞降落场地的选取，数据链路通信，防撞和避让措施；起飞、着陆的基本操纵方法和程序；巡航阶段、机动飞行操作；应急情况下模拟器或者地面站操作。

8

## 第一节　模　拟　飞　行

①实施顺序

模拟前讲解、模拟飞行、模拟飞行后评估。

②课程目的

通过模拟飞行，掌握不同布局无人机的操纵方式；能模拟起降常见布局形式的无人机，能初步理解紧急情况下的处理方式。

③复习科目

飞行原理、飞行性能。

④训练科目

起飞与降落、一般飞行操作模拟、模拟直线平飞、模拟矩形和椭圆航线的飞行。

以下固定翼适用：上单翼无人机模拟、模拟侧风飞行、滑跑起降模拟。

以下直升机、多旋翼适用：起飞、悬停与降落、水平"8"字、原地360度旋转。

⑤完成标准

掌握无人机系统的基本知识和一般飞行操纵方法；熟悉操纵系统及其对无人机的控制原理；能够对模拟器进行正确的调校配平微调；能够形成基本的条件反射、方向感。

## 第二节　无人机拆装、维护、维修和调试

①实施顺序

无人机拆装演示、飞行前准备。

②课程目的

通过了解所用无人机的基本结构和组装、拆卸、油料和电池配置方法，加深对无人机飞行原理的理解。

③复习科目

无人机的布局和基本结构、无人机各系统的主要功能。

④训练科目

所用无人机结构、所用无人机的拆卸、油料和电池配置方法、所用无人机组装前的准备、各部件组装的基本程序、电池的维护保养、所用无人机基本功能调试。

⑤完成标准

了解所用无人机的结构，基本掌握所用无人机的组装、拆卸、油料和电池配置方法、掌握无人机线路的安装与调试。

## 第三节　地面站设置与飞行前准备

①实施顺序

道具演示、飞行前准备。

9

②课程目的

熟悉所用无人机及其系统；学习有关地面站的设置，了解产品资料和检查单知识；学习飞行操纵系统的相关功能，对飞行前准备及程序有一定了解。

③复习科目

通信链路与任务规划、所使用无人机的系统特性。

④新训练科目

地面站与检查单的使用、飞行前直接准备阶段相关检查程序、飞机维护、系统操纵、设备检查、数据链路通信、飞行前准备的基本方法、飞行路径的设计规划等。

⑤完成标准

掌握所用无人机地面站的使用方法；掌握所用无人机起飞前的各项检查工作；能正确填写飞行前的检查单等各种表格。

## 第四节　遥控器、起飞与降落训练

①实施顺序

飞行前准备、飞行实施、飞行后讲评、遥控器设置讲解。

②课程目的

熟悉无人机及其系统、学习所用无人机起降方式、学习飞行操纵系统的相关功能以及使用、熟悉遥控器的基本设置功能。

③飞行前教学

适应性飞行、正确交接飞行操纵、飞行记录的填写、燃油配置和电池充放电、使用与维护、降落方案制订、遥控器基本功能及参数讲解。

④训练科目

遥控器基本功能和参数设置、起飞降落场地选取、所用无人机起飞降落基本操纵。

⑤完成标准

在教员的指挥下，学员能正确理解起降程序，完成起飞和降落动作，以及能正确完成遥控器的参数设置。

## 第五节　本　场　带　飞

①实施顺序

飞行前准备、飞行实施、飞行后评估。

②课程目的

复习第四节中的遥控器使用方法及起飞降落，学习其他程序和机动飞行；基本目视机动飞行时能正确保持高度。

③实践科目

飞行前检查、起降练习、空中机动飞行、安全停放飞机。

10

④飞行前教学

无人机速度控制、风向判断、悬停飞行、航线飞行等。

⑤训练科目

系统的操作、飞行前检查、发动机检查、起飞与降落、数据链通信、直线平飞、盘旋、水平"8"字飞行。

以下固定翼适用：失速改出、矩形航线。

以下直升机、多旋翼适用：原地悬停、原地慢速悬停自转。

⑥完成标准

完成本课布置的科目，纠正以往存在的问题；在基本飞行中，操纵控制无人机的协调能力有所提高。

## 第六节　本　场　单　飞

①实施顺序

飞行前准备、飞行实施、飞行后评估。

②课程目的

练习列出的机动飞行和程序，帮助学员增加能力和自信心；纠正学员以往的错误，使学员具备单飞的能力。

③飞行前教学

单飞前讲评、单飞前飞行训练要求。

④复习科目

系统的操作、飞行前检查、发动机检查、起飞与降落、数据链通信、直线平飞、盘旋、水平"8"字飞行。

以下固定翼适用：失速改出、矩形航线。

以下直升机、多旋翼适用：原地悬停、原地慢速悬停自转。

⑤完成标准

学员单飞前笔试至少达到 80 分，教员应当纠正学员的错误，以便学员完全理解；具备监视下起落单飞的能力，对单飞有充分准备；熟悉掌握设备故障以及相应的紧急程序，学员能完成任务规划所定内容；实践操纵达到相应无人机驾驶员实践考核标准要求；在基本机动飞行中提高对无人机状态控制的能力，飞行程序正确、熟练。

## 第七节　紧急情况下的操纵和指挥

①实施顺序

飞行前准备、飞行实施、飞行后评估。

②实践科目

起降练习、紧急情况遥控器或地面站操作，固定翼适用失速改出。

③飞行前教学

气象判断、迫降地点选择。

④训练科目

处境意识、模拟动力失效、对螺旋的警觉、不正常状态改出、迫降后现场处置程序。

⑤完成标准

完成布置的科目，纠正以往存在的问题；在基本机动飞行中提高对无人机状态控制的能力，飞行程序正确、熟练；动力失效（固定翼适用）、通讯断开等各种紧急情况下的飞行和指挥。

## 第八节　植保无人机运行（适用于植保等级）

①实施顺序

飞行前准备、飞行实施、飞行后评估。

②实践科目

起飞和着陆练习、大负重起飞降落、大负重作业线飞行、紧急情况操作。

③飞行前教学

机长职责、气象判断、所用无人机飞行、地面站设置。

④训练科目

大负重起飞降落、大负重航线飞行、大负重作业线飞行、地面站操作。

⑤完成标准

完成布置的科目，熟悉大负重飞行手感；实践操纵达到无人机驾驶员实践考核标准的要求；在基本机动飞行中提高对无人机状态控制的能力，飞行程序正确、熟练。

## 第九节　考核和结业

①实施顺序

讲解考试标准、考核、飞行后评估。

②考核目的

复习教员布置的重点，强化理论知识，为无人机驾驶员实施考试做准备；重点纠正以往的错误。

③考试科目

以下固定翼适用：起降练习、矩形航线、水平"8"字飞行（机长）、失速改出（机长）。

以下直升机、多旋翼适用：起降悬停、悬停慢速360、水平"8"字飞行。

以下植保等级适用：最大起飞、全重起飞、作业航线飞行。

④考核标准

完成布置的科目；所飞行科目达到无人机系统驾驶员合格证考试标准的要求。

12

# 第 12 章　农用无人机的应用与维护

## 12.1　农用无人机的基本信息

农用无人机在出厂时都会附带用户所需要的基本信息和企业标准。例如，下面是北方天途航空技术发展（北京）有限公司出厂的一款无人机所附带的文件。

### 12.1.1　范围

本标准规定了多旋翼农用无人机的分类、要求、试验方法、检验规则、标志、包装、运输与贮存。

本标准适用于多旋翼农用无人机，主要用于植保、航拍。

### 12.1.2　规范性引用文件

下列文件对于本文件的应用是必不可少的。凡是注日期的引用文件，仅所注日期的版本适用于本文件；凡是不注日期的引用文件，其最新版本（包括所有的修改单）适用于本文件。

GB/T 9480　农林拖拉机和机械、草坪和园艺动力机械　使用说明书编写规则

GB 10395.1—2009　农林机械　安全　第 1 部分：总则

GB 10395.6　农林拖拉机和机械　安全技术要求　第 6 部分：植物保护机械

GB 10396　农林拖拉机和机械、草坪和园艺动力机械　安全标志和危险图形　总则

GB/T 18676　植物保护机械　喷雾机（器）喷头　标识用颜色编码

GB/T 24677.2—2009　喷杆喷雾机　试验方法

CH 8017　航测仪器整机精度检定规程

JB/T 9782　植物保护机械　通用试验方法

### 12.1.3　产品分类与基本参数

按用途不同将农用无人机分为植保多旋翼农用无人机、航拍多旋翼农用无人机等。

### 12.1.4　要求

多旋翼农用无人机应符合本标准的要求，并按规定程序批准的图样与技术文件制造。

1. 主要技术规格

产品规格型号由类别代号、旋翼、机型代号、主参数、改进设计序列号等组成，如图 12.1 所示。

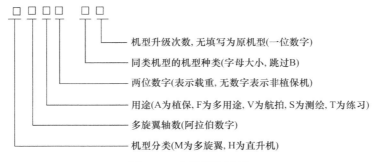

图 12.1　产品规格型号

如 M6A06A1 表示六旋翼植保机，A1 型（A 型机第一次升级）；如 M8VC2 表示八旋翼航拍机，C2 型（C 型机第二次升级）。

主要技术规格见表 12.1 和表 12.2。

表 12.1　多旋翼农用无人机基本参数表

| 项目 | 参数 |
|---|---|
| 旋翼数量 | 8 |
| 旋翼直径 | 380mm |
| 机体直径 | 1050mm |
| 机体高度 | 550mm |
| 空载重量 | 11kg |
| 飞行方式 | 全自主、半自主（遥控） |
| 驱动动力 | 电池 |

表 12.2　M8A 八旋翼植保机配置清单

| 序号 | 类别 | | 配置名称 | 型号 | 单位 | 数量 | 备注 |
|---|---|---|---|---|---|---|---|
| 1 | | | 机架 | | 套 | 1 | 含机体、电机、电调、水箱套件 |
| 2 | | | 飞控系统 | X4V2 | 套 | 1 | 包含飞控、GPS、LED 灯、WiFi |
| 3 | 标准配置 | M8A 八旋翼植保机 | 电台套件 | B-DTny | 套 | 1 | 含电台发射、接收、天线、电池，低空飞行 10m 以下，传输距离 0～800m |
| 4 | | | 喷药杆套件 | B-PYG4 | 组 | 2 | 2 根喷药杆及 2 个外端喷头，2 个中间喷头 |
| 5 | | | 接收机 | 6303 | 个 | 1 | |
| 6 | | | 碳浆 | TTA-20 | 对 | 4 | |
| 7 | | | 球罩 320 | B-QZ2 | 套 | 1 | |
| 8 | | | 组装工具 | 配套 | 套 | 1 | |
| 9 | | | 备件螺钉 | 配套 | 个 | | M3×8 杯头、 M3×8 半圆头、M3×14 杯头各 5 个、M4×42 碳钢 2 个 |
| 10 | | | 天途农业机用户手册 V1.1 | 配套 | 套 | 1 | |
| 11 | 选配器件 | | 遥控器 | FUTAB T8FG | 套 | 1 | 默认日本手（不含接收机） |
| 12 | | | 动力电源 | 16 000mAh | 块 | 1 | |
| 13 | | | 充电站 | 双路 6S | 套 | 1 | 含 1 200W 电源、进口充电器、充电站 |
| 14 | | | M6A 运输箱 | 配套 | 个 | 1 | 专用无人机航空箱 |
| 15 | | | 飞越摄像头 | TL300M | 套 | 1 | |
| 16 | | | 模拟图传系统 | 5.8G | 套 | 1 | |
| 17 | | | 电量显示器 | Cellmeter-7 | 个 | 1 | |

## 2. 一般安全要求

噪声：运行时的噪声≤85dB。

操纵机构：操纵机构及其所处不同位置应易于辨识，并应在使用说明书上予以描述。

稳定性：朝向任何方向停放在坡度为 8.5°的坚硬地面上时应保持稳定。在装或不装选用装置的情况下，所有箱体排空或装满时也应满足该要求。

蓄电池：蓄电池应置于便于维护和更换的位置，并应牢牢地固定；应对蓄电池的非接地端进行防护，以防止与其意外接触或与地面发生短路；蓄电池的电路应易于断开（如使用普通工具或开关）；使用说明书中应提供蓄电池的维护或更换信息。

电气设备：应对表面有潜在摩擦接触位置的电缆进行防护。电缆应设置在不接近运动部件或锋利边缘的位置。除启动电动机电路外，所有电路都应安装保险丝或其他过载保护装置或系统，这些装置在电路间的布置应防止同时切断所有的报警系统。

使用说明书：使用说明书应符合 GB/T 9480 的规定。

## 3. 植保装置安全要求

在正常作业时，各零部件及连接处应密封可靠，不应出现农药或其他液体泄漏现象。

### 1）药液箱

必须确保药液箱不出现意外松动或开启现象。药液箱中排出的液流应始终在操作者控制之下。操作者给药液箱加液时，应能直接看到液位指标值或液位刻度位置。

药液箱的额定容量和加液孔直径应符合 GB/T 18676 的要求。

加液口应设置过滤网，液泵前应设置过滤装置。

药液箱应能在不使用工具和不污染操作者的情况下方便、安全地排空。

喷雾器药液箱经连续 3 次坠落试验后不应有渗漏和破裂现象。

### 2）控制装置

控制装置应当设置在操作者操作机具时容易触及的范围内，并设有清晰的标志或标牌，操作应方便。

### 3）液泵

机动液泵应具有高压、卸荷装置，当关闭出口截止阀时，压力增值不得超过调定压力值的 20%。卸压装置卸荷时，泵压应降到 1MPa（1MPa=10⁶Pa）以下。再加荷时，泵压应恢复到原调定压力值。

### 4）承压部件

喷头、喷杆、截流阀、承压软管、软管接头等承压部件，应具有良好的耐压性能，在 1.5 倍工作压力下保持 1min，不允许出现破裂、渗漏等现象。

喷头应配有防滴装置。在正常工作时，关闭截流阀 5s 后，滴漏的喷头不超过 3 个，每个喷头滴漏速率不大于 10 滴/min。

## 4. 功能特性

可实现全自主飞行，规划飞行线路；植保多旋翼农用无人机喷药量可实现线性控制；具有无线图像回传功能；航拍多旋翼农用无人机可利用自稳云台航拍；具有计算机键盘控制飞机飞行、一键起飞、鼠标指点飞行、失控自动返航功能。

## 5. 飞行时间

满载喷洒飞行时间≥10min。

## 6. 飞行速度

飞行速度为 0～15m/s，可调。

## 7. 航点精度

航点精度≤1.0m。

## 8. 承载量

承载量≥10kg，载药量≥8kg。

## 9. 可靠性

植保装置的有效度应不小于 96%。
植保装置首次故障前的平均工作时间应不少于 50h。

## 10. 外观

外观表面应平整、整洁，不应有粗糙不平和其他损伤等缺陷，涂漆表面的漆膜应均匀、平整、光滑，不得有漏漆、起皱和流挂现象。

## 11. 主要外购件

外购件应有出厂合格证或质量证明证书。

### 12.1.5　试验方法

噪声：按 GB 10395.1—2009 附录 B 规定的方法进行。
飞行时间：飞行时间为满载时，采用两块 16 000mAh 电池时的最大喷洒飞行时间。
航点精度：航点精度为无人机在空中悬停时，在 1min 内，360°范围内最大漂移距离。试验按 CH 8017—1999 规定的方法进行。
外观：涂膜外观按 JB/T 9832.1 规定的方法进行。
可靠性：按 GB/T 24677.2—2009 附录 B 规定的方法进行。
其他指标：用手感、目测、常规量具、常用方法和 GB 10395.1、GB 10396.6、GB/T 24677.2、JB/T 9782 规定的方法进行。

### 12.1.6 检验规则

**1. 出厂检验**

产品应经厂质检部门逐台检验合格，并签发检验合格证后方可出厂。同规格型号、同工艺、同原材料生产的产品为一批。出厂检验项目主要有以下内容。

**1）全检项目**

全检项目为本标准的操纵机构、蓄电池、电气设备、功能特性和外观。功能特性包括可实现全自主飞行、规划飞行线路；具有无线图像回传功能；具有计算机键盘控制飞机飞行功能；一键起飞功能；鼠标指点飞行。

**2）抽检项目**

抽检项目为本标准的稳定性、植保多旋翼农用无人机喷药量可实现线性控制、航拍多旋翼农用无人机可自稳云台航拍、失控自动返航功能、飞行时间、飞行速度、航电精度、承载重。

抽检数量为产量的 15%。出厂检验项目全部合格则判为合格，若有一项或一项以上项目不合格时，可返工修复的则允许返工修复，直到合格。抽检项目如有一项或一项以上不合格时，可加倍抽样检验，若复检合格则为合格，复检后如仍有不合格项，则判定整批产品不合格。

**2. 型式检验**

型式检验的项目为本标准中的所有项目，有下列情况之一出现时，一般应进行型式检验：新产品投产；正式生产后，如配方、工艺有较大改变，可能影响产品质量时；产品长期停产后，恢复生产时；出厂检验结果与上次型式检验结果有较大差异时；国家质量监督机构提出型式检验的要求时；正式生产时，每年至少进行一次周期性检验。

**3. 型式检验判定规则**

型式检验项目全部合格则判为合格，若有一项或一项以上项目不合格，可加倍抽样检验，复检合格则仍为合格，复检后如仍有不合格项，则判为不合格。

### 12.1.7 标志、包装、随机文件、运输、贮存

标志：安全标志应符合 GB 10396 规定的要求。应设置标牌，并标有厂名、厂址、产品名称或规格型号、生产日期或制造编号、主要技术参数。

包装：一般主机为裸装或纸箱包装。附件用纸板箱包装。

随机文件：使用说明书及产品零件图册；包修、包换、包退的三包文件；产品合格证；装箱单。

运输：运输工具必须洁净、干燥、有防雨设施。

贮存：仓库应保持干燥、通风。

# 12.2　农用无人机的检查单制度

检查单是飞行中机组可以依赖的最重要的指导性文件，是飞行安全的最后保障。每个飞行机组都应该严格执行检查单。提到飞行检查单，我们就要从检查单法（checklist method）说起，检查单法为创造技法之母。

为了有效地把握发明创造的目标和方向，哈佛大学狄奥教授提出了检查单法，有人将它译成"检核表法""对照表法"，也有人称它为"分项检查法"。

在第一次世界大战期间，英国军队已经成功地使用这种方法明显地改善了许多兵工厂的工作。他们首先提出要思考的题目或问题，然后，就题目或问题在各个阶段提出一系列问题，如它为什么是必要的（why），应该在哪里完成（where），应该在什么时候完成（when），应该由谁完成（who），究竟应该做些什么（what），应该怎样去做（how）。

检查单法实际上是一种多路思维的方法，人们根据检查项目，可以就一个方面，即一条一条地想问题。这样，不仅有利于系统和周密地想问题，使思维更具条理性，也有利于较深入地发掘问题和有针对性地提出更多的可行设想。

这种方法后来被人们逐渐充实发展，并引入为了避免思考和评论问题时发生遗漏而建立的"5W2H"检查法中，最后逐渐形成了今天的"检查单法"。

有人认为，检查单法几乎适用于各种类型和场合的创造活动，因而可以把它称为"创造技法之母"。目前，创造学家已创造出许多种各具特色的检查单法，其中最受欢迎、既容易学会又能广泛应用的首推奥斯本的检查方法（称奥斯本法）。

## 12.2.1　飞行检查单的出现

最早的飞行检查单源于波音公司的一次招标竞赛。早期飞机的设备使用复杂，飞行机组执行任务时工作强度大、思想压力大，常常出现"错、漏、忘"的现象，飞行安全得不到保障。波音公司在这次招标中启用了一组"飞行清单"来帮助飞行机组防止"错、漏、忘"，结果公司因为飞机飞行安全完胜其他对手。波音公司总结经验得出：飞行清单对保障飞行安全有非常重要的作用，要大力完善推广。经过多年的发展，这种"飞行清单"逐步形成现在的飞行检查单。现在的飞行检查单根据飞机飞行手册，以安全实用为原则，由设计方、使用方、监督方共同完成，具有很高的科学性和良好的实用性。

## 12.2.2　检查单的内容

通常检查单分为正常检查单、应急检查单和非正常检查单，特殊机型的检查单还包含飞机性能数据。正常检查单是根据飞行阶段进行组织的，它包含飞行前、发动机启动前、发动机启动后、滑行前、起飞前、起飞后、巡航、下降、着陆前、着陆后、发动机关车前和关车后检查。应急检查单和非正常检查单是根据飞机各个系统进行组织的，包含飞机各系统故障后应急检查项目和应急处置程序，应急检查单还包含记忆项目和非记忆项目，记忆项目通常用方框框出。飞行机组对于检查单的内容要"知其所以然"，特别是应急检查单和非正常检查单中的记忆项目。以 MA600 发动机火警应急记忆项目为例，该记忆项目有：着火发油门空中慢车、着火发状态杆燃油切断、着火发燃油防火开关关断、第一次灭火按钮按入。发动机着火后怎么办？当然是先切断燃油，然后立即灭火。仔细一看，应急记忆项目正好符合我们的灭火常识，如果我们读出了其中的道理就会发现执行记忆项目其实并不难。

### 12.2.3　飞行检查单的重要性

飞行检查单是专门为飞行安全制定的文件（图 12.2）。它经过了飞机设计师、工程师、试飞员的全面分析、周密考虑和严格论证，是理论和实践完美结合的产物。所以，虽然飞行检查单表面上看只是飞机运行各个阶段对飞行安全最重要操作步骤的简明罗列，但实际上是许多人智慧的结晶，是前人经验的总结，有的还是血的教训。简单来说它具有以下作用。

（1）按照先后逻辑顺序实现飞行程序。

（2）防止动作遗漏，防止操纵失误，防止为后面的飞行阶段留下安全隐患。

（3）紧急情况下可以快速地，以安全优先为目的地为飞行机组提供必需的关键步骤和重点信息。

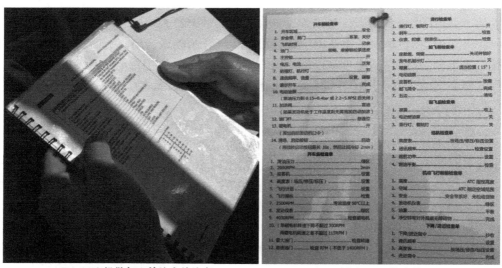

a. DA-20飞机做起飞前检查单检查　　　　　b. 山河SA60L检查单

图 12.2　检查单

在正常飞行的情况下它能让飞行机组按照逻辑顺序实现飞机系统功能，以合理顺序完成飞行各阶段的程序和工作。在特殊飞行的情况下它能让飞行机组按照优先顺序进行处置。因此，检查单是飞行机组必须严格执行的最重要的指导性文件，是安全飞行的最后屏障，特别是在紧急情况下，形势复杂多变，选择多种多样，飞行员精神压力巨大，时间又异常紧迫，及时使用相应检查单，能帮助机组迅速采取合理有序的应对行动，从而化险为夷，或者把损失减到最小。现实中，检查单不知挽救了多少架飞机。所以，看似平淡无奇的检查单，实质上是安全飞行的护身符。

### 12.2.4　检查单的执行方法

检查单通常在执行完项目后，由机长或操纵飞机的驾驶员发"××检查单"口令，再由飞行机组共同完成。每种机型对检查单的执行方法都有详尽的说明，在使用之前要仔细阅读。执行检查单要注意以下几个方面。

（1）要注意时机，尽量在工作负荷小的时候做。

（2）要注意交叉检查，共同确认。

（3）执行应急检查单时不要慌乱，沉着应对。

（4）思想上要高度重视。

人为因素中，被称为"感性运动"的反应有利于飞行工作。飞行中的许多工作，确实必须依靠这种没有经过主动思考而做出反应的固有的反应能力来完成。例如，一名驾驶员第一次进行飞机着陆训练，因为飞机必须拉平才能进场着陆，驾驶员一定要考虑怎么拉平和什么时间拉平。这种主动思考需要许多时间，而且驾驶员要在时间很紧迫的情况下完成飞机进场着陆，因此，第一次进场着陆训练一般完成的都不好。但是随着驾驶员着陆动作练习的不断增加和获得了一些经验，着陆动作就逐渐变成了驾驶员的第二天性。驾驶员的工作/行为/动作就变成了一种感性运动反应模式，不用花费时间思考拉平问题，只是在飞机需要拉平时拉平就可以了。这样做的结果是飞行动作更协调，飞机着陆更平稳。

驾驶员学习和使用的许多技术都属于这种现象，只要驾驶员处于标准系统和标准环境中，感性运动反应就会使他们变成本领高超的驾驶员。但是，如果系统和环境发生改变，驾驶员就会处在非标准情况下，这时他们又需要进行主动思考。当新环境与自满和心烦意乱结合在一起时，驾驶员用记忆来完成程序和动作的过程中就容易出现差错，而且很容易漏掉某件事，这样，驾驶员的失误就可能造成飞机失事。

检查单是驾驶员最基本的必备物，当驾驶员已经学会做什么、怎么做和什么时间做的时候，检查单有助于确保驾驶员每次飞行操作都正确。检查单的主要目的包括：帮助驾驶员回忆飞机飞行的整个进程；建立标准的操作方法，以便每次都用相同的方法操作进程和程序；机组人员可以用一种方法交叉检查一定要完成的进程和程序；检验和确认进程和程序确实已经完成，使机组每个成员都知道下一步做什么，增强机组人员对情况的警觉性；减小驾驶员在特殊环境中或特殊情况下忘记某件事的可能性。

### 12.2.5　操作与检验

一个好的检查单，一定要包括必须完成和检验的所有主要或重要的项目，但又必须简短，以便于驾驶员在正常飞行活动中使用。检查单后面应该提供最重要飞行项目的可靠性和冗余度，以检验某件事确实已完成。

机组飞行中的"要求/响应"法是一名驾驶员大声喊一项，其他机组成员在完成这项检查单的同时口头回答。例如，一名驾驶员喊："发动机除冰装置打开。"另一名驾驶员就要打开特定的开关，然后回答："发动机除冰装置打开。"

一名驾驶员飞行时，最常见的安全问题是没有在所有飞行阶段都使用检查单。随着驾驶经验的不断丰富，驾驶员曾经有过的恐惧和不安都会消失，而且会感到飞机舒适，飞行愉快。正常完成检查单需要花费时间，因此，有些驾驶员就逐渐靠记忆完成飞行任务。大部分驾驶员一般都不使用"飞行前""巡航"和"进近"阶段检查单。驾驶经验丰富后，有些驾驶员首先放弃使用"着陆前"和"着陆后"检查单，最后发展到完全不使用检查单，使检查单长期放在座椅靠背袋内或手套式工作箱内。这些驾驶员完全靠记忆进行飞行前准备并操纵飞机。正常情况下，不用检查单飞行是不会发生问题的，但是，如果某些情况打破常规后，就会破坏正常飞行，造成飞行事故。

### 12.2.6　飞行事故记录

从 1988 年至 1993 年 8 月，美国国家运输安全委员会认定，检查单问题（作为一种原因或因素）造成的飞行事故共计 87 起，其中 43 起发生在进近和着陆阶段，35 起发生在起飞阶段，3 起发生在巡航阶段，还有 6 起没有注明飞行阶段。

在 87 起检查单飞行事故中，起落架事故占 36 起（大部分是起落架收起着陆事故）；燃油系统事故占 28 起；襟翼事故占 11 起；构造系统事故占 12 起，其中没有检验机舱门锁住事故占 2 起，定错升降舵/方向舵配平事故占 5 起，刹车装置使用不当事故占 3 起，没有解脱尾翼系留索就起飞事故占 2 起。

驾驶员承认，在 87 起没有使用或错误使用检查单的飞行事故中，驾驶员完全没有使用检查单的事故占 33 起，其他飞行事故大部分是驾驶员遗漏或忘记了检查单的某些部分造成的。19 起飞行事故是在飞机已经处于某种紧急情况下出现检查单问题而造成的。44 起检查单飞行事故是某种使人分心或令人心烦意乱的情况分散了驾驶员或机组人员的注意力而造成的。

虽然美国国家运输安全委员会认定检查单问题（作为一种原因或因素）造成的飞行事故共计 87 起，但是飞机构造和程序问题造成的许多飞行事故并没有被列入检查单事故中。例如，1991 年认定的检查单问题（作为一种原因或因素）造成的通用航空飞行事故仅有 17 起，但是在 79 起"汽化器加温"事故、48 起"紧急情况处理程序"事故、65 起"油箱转换电门位置"事故和 26 起"放起落架"或"起落架已放下并锁住"事故中没有提到检查单问题。实际上，涉及检查单的飞行事故的数量远远超过了美国国家运输安全委员会认定的检查单飞行事故数量。

### 1. 三起重大复飞事故

研究典型的检查单飞行事故可以使我们从中吸取教训，下面介绍 3 起重大复飞事故。

（1）1988 年，派珀飞机公司生产的一架阿兹台克人飞机，在执行包机飞行任务时，因未放下起落架进近着陆而迫降在美国新泽西州大西洋城的泥地里。虽然驾驶员后来说，他在飞机向机场仪表进近时放下了起落架，但是实际上，飞机起落架并没有放下，这造成螺旋桨打在跑道上。飞机螺旋桨打在跑道上后，驾驶员试图复飞，飞机向左改变方向，驾驶员只好中断复飞，并迫降在跑道左边的泥地里。驾驶员和两名旅客安然无恙，另外两名旅客受伤。美国国家运输安全委员会在事故调查中，没有发现起落架故障或起落架报警系统故障的证据。

（2）1993 年，原斯韦林琴飞机公司（现并入费尔柴尔德公司）生产的一架梅特罗 SA-226 飞机，在向美国康涅狄格州哈特福德进近时坠毁，造成 2 名驾驶员死亡。当副驾驶操纵 SA-226 飞机向哈特福德机场进近时，驾驶舱录音机的录音表明，机组人员下达的进近指令不完全，而且没有进行着陆前检查（虽然飞机接地前起落架报警喇叭没有响，但是后来的调查表明，飞机在以低功率快速下降时，驾驶员经常拉电路自动保险电门，避免警报喇叭发出警报，而且过后经常不把自动保险电门恢复原位）。SA-226 飞机起落架收起接地，螺旋桨桨叶触及跑道，副驾驶立刻开始复飞。数名目击者看到飞机大坡度左转弯，接着坠毁在机场旁边的一条河里。

（3）1992 年 3 月，一架进行飞行训练活动的喷气流 31 飞机，在完成一系列进近飞行训练后降落在美国田纳西州诺克斯维尔机场。当喷气流 31 飞机再次起飞时，副驾驶没有带检查单，飞行检查员决定不用检查单继续飞行。飞机进近时，机组没有放下起落架，螺旋桨触及跑道。驾驶员报告螺旋桨打地并试图复飞。驾驶舱录音机的录音表明，飞行检查员放下了起落架，顺桨右螺旋桨并确定向对面跑道“泪滴形”进行着陆。但是在短五边进近时，飞行检查员突然要求最大功率和减小襟翼位置，并在高度低于 200ft（1ft=0.3048m）的情况下开始单发复飞。飞机坠毁在距离跑道进近端 7500ft 的跑道上，机腹朝天，两名驾驶员遇难。这又是一起飞机螺旋桨触及跑道后，驾驶员企图挽救飞机而造成机毁人亡的严重事故。

从以上 3 起飞机复飞事故中可以看出，飞机螺旋桨打在跑道上后，应采取的安全措施是机腹着陆。

## 2. 未放起落架着陆

绝大多数未放起落架着陆事故与下列三起事故相同。

（1）1990 年 5 月，派珀飞机公司生产的一架那伐鹤人飞机，在美国伊利诺伊州普兰菲尔德的一个没有空中交通管制设备的机场降落时，驾驶员放下了起落架手柄。显然在飞机接地之前，他没有确定起落架已经放下并锁住。驾驶员听到了飞机擦地声，而且感到飞机很快在跑道上停了下来。飞机受到实质性损坏，无人受伤。调查证实，驾驶员确实移动了起落架手柄，然而没有移到启动起落架放下的程度。由于接触点被弄脏，起落架报警喇叭只是断断续续报警。

（2）1990 年 6 月，派珀飞机公司生产的一架科曼奇飞机，在美国科罗拉多州布卢姆菲尔德着陆时，驾驶员在着陆航线上被另一架飞机分散了注意力，当时他没有使用检查单，而且因注意力分散而忘记放起落架。这架科曼奇飞机在跑道上机腹着陆，造成飞机实质性的损坏，机上两人均未受伤。

（3）另外一起“检查单/起落架”事故发生在飞机起飞时。一位飞行教员对一架赛斯纳 182RG 飞机进行最终飞行评定工作。当驾驶员操纵赛斯纳 182RG 飞机进行最大性能起飞时，前起落架和左主起落架在飞机抬前轮时收起，螺旋桨打在跑道上，飞机滑出175ft，飞机最后停住时，右主起落架、左机翼翼尖和机身接地。后来发现，起落架操纵手柄在“收起”位置。正、副驾驶员在事故发生前，都没有动过起落架操纵手柄，也没有发现起落架操纵手柄有故障或缺陷。主任飞行教员回忆说，第一次对飞机进行飞行前检查时，他发现混合操纵系统处于全开状态，油门处于全推位置，这可能是一名驾驶员先前在进行练习时，没有把操纵系统复原到正确位置。后来，因为没有正确使用检查单，而忘记了将起落架操纵手柄恢复到正确位置。起落架收起是因为起落架减震控制的支柱安全电门位于前起落架，飞机一开始抬前轮和前起落架一离地，安全电门就接通并开始运行起落架收起程序。

### 3. 燃油耗尽

大部分与燃油有关的检查单事故，都是驾驶员没有打开燃油箱开关而使一个燃油箱燃油耗尽所致。

（1）1988 年，一位驾驶员驾驶一架赛斯纳 177RG 飞机，起飞时装载着足够飞行 6h 的燃油。因为遇到了低云，他只好在离地面 3500ft 以下的高度进行目视气象条件航线飞行。飞机起飞大约 3h 25min 以后，发动机停车，驾驶员在美国肯塔基州伯克利附近的树丛中进行迫降。飞机受到实质性损坏，机上 3 名旅客中有 1 名旅客受伤。驾驶员在飞机坠毁后发现，油箱转换开关定在左油箱，而不是定在正常情况下的"双"油箱位置。调查人员发现，左油箱内仅剩一点儿燃油，而右油箱还是满满一箱燃油。调查人员还发现油量表失灵，驾驶员要靠飞行时间和每小时燃油流量来跟踪燃油消耗。

（2）1993 年 8 月，一架赛斯纳 210 飞机在美国阿肯色州斯普林代尔进近时因燃油耗尽而坠毁。这次飞行大约需要 30min，驾驶员在飞机起飞前只是计算出油箱里还有 44gal（1US gal=3.785L，1UK gal=4.546L）燃油，而没有加以证实。当飞机飞抵斯普林代尔上空转入第五边进近着陆时，发动机停车，驾驶员转换油箱电门仍不能使发动机重新启动，飞机撞上电线杆后，停在距离跑道入口仅 3～4mile（1mile=1.609 344km）处的一个停车场。飞机毁坏，驾驶员没有受伤。调查证实，这架赛斯纳 210 飞机的右油箱已空，左油箱还有燃油。飞机制造商的检查单要求飞机"着陆前"用最完全的油箱平衡配载着陆。

### 4. 锁住

（1）1980 年，一架隼 10 飞机在美国芝加哥梅格斯机场起飞时，也因机组人员在起飞前没有使用检查单和飞机停放刹车装置没有松开就开始滑跑起飞，使得飞机坠入冰冷的水中，驾驶员和一名旅客溺亡，其他 4 名旅客严重受伤。

（2）1991 年 5 月，派珀飞机公司生产的一架三溜蹄马飞机在美国明尼苏达州曼凯托坠毁。驾驶员在飞机起飞后不久就宣布发动机失去功率。驾驶员在飞机开始翻转坠毁前曾试图在一个农场迫降。调查人员发现，发动机失去功率是发动机启动注油泵没有锁住造成的。

（3）忽略舵面锁也是个严重问题。1991 年 5 月，一架赛斯纳 177 飞机在美国亚拉巴马州亨茨维尔坠毁。这架赛斯纳 177 飞机的驾驶员，因为找不到正规的舱面锁，所以用一个螺栓锁住了飞机操纵机构。几天之后他准备进行一次飞行，但在飞行前检查时忘记了那个螺栓。在发动机高速运转时，驾驶员跳读了某些检查单项目，其中包括检查飞行操纵系统，他没有拿下那个螺栓。在飞机滑跑时，驾驶员突然想起了固定飞行操纵机构的螺栓并试图拿下它，可是在飞机升空时，驾驶员仍没能拿下螺栓。驾驶员后收油门，飞机下俯撞在跑道上，飞机前起落架毁坏，飞机严重受损，驾驶员受伤。

（4）另一个问题是锁住刹车装置。1992 年，一架隼 10 飞机在美国爱达荷州麦考尔机场 5 条被污染的跑道上起飞时，因飞机停放刹车装置没有松开而造成飞机坠毁。这架隼 10 飞机刚刚滑跑超过跑道中段时，副驾驶员感到飞机加速度不够，要求中断起飞，但是驾驶员不同意并继续起飞。飞机一直没有达到抬前轮的速度，驾驶员在飞机滑跑到跑道尽头时，试图抬前轮起飞。令人遗憾的是飞机撞在一个大雪覆盖着的 5ft 高的提岸上，最后停在距离跑道末端 500ft 处。机上 4 人全部受伤，其中 2 人伤势严重，飞机受到严重毁坏。调查人员发现，飞机的停放刹车装置没有松开，而且刹车报警灯在选择弱光位置时不发光报警。机组人员在起飞前没有使用检查单。

（5）1992 年 10 月，一架 M4-210 飞机在美国南卡罗来纳州皮肯斯起飞时，发生了不同类型的飞行事故。M4-210 飞机驾驶员刚刚顺利完成 3 个起落，再次起飞时发动机却失去部分功率。驾驶员在飞机起飞滑跑到 3000ft 时，试图中断起飞，当他使用刹车时，飞机发生翻转事故。事故发生后，调查人员除发现螺旋桨调速器处于中速位置外，没有发现其他机械故障，而且发动机也能产生最大推力。根据检查单，螺旋桨调速器在飞机起飞前应该置于最靠前位置。这完全是一起检查单事故。

## 5. 襟翼位置不当

1990 年，一架赛斯纳 T-210 飞机在美国亚利桑那州梅萨起飞时，因起飞前检查不仔细，而造成飞机起飞后撞树坠毁。目击者看到赛斯纳 T-210 飞机飞离跑道后又降落在跑道上，接着飞机又飞离跑道，上升的高度一直没能超过 50ft。赛斯纳 T-210 飞机在撞树前曾多次出现俯仰摆动。赛斯纳 T-210 飞机撞树后被毁坏，机上共有 4 人，3 人死亡，1 人受伤。幸存的旅客说，飞机被调定在"短距起降"状态，飞机起飞时使用的是 20°襟翼。调查人员已经证实襟翼定在 20°，而且发现升降舵配平定在全上仰状态。

到目前为止，没有使用和错误使用检查单的最严重的飞行事故，一般都是飞机起飞时襟翼所处位置不当造成的。

1993 年 1 月，一架赛斯纳 150J 飞机，在美国得克萨斯州起飞时，因飞机襟翼处于放下位置而坠毁。赛斯纳 150J 飞机在上升起始阶段，就发生失速并坠毁在距离跑道起飞离地大约 1300ft 处，飞机毁坏，机上 2 人全部遇难。据目击者报告，飞机起飞时，襟翼展开度大于正常程序要求的襟翼展开度。飞机的飞行手册和检查单指出，飞机起飞时襟翼展开度不得大于 20°。调查人员发现，襟翼位置指示器指在 35°位置，而且飞机撞地时，襟翼面是 38°。飞机撞地前，没有发现飞机存在故障或缺陷。

## 6. 大飞机发生的检查单事故

航空公司的大飞机也有因起飞前机组人员展开襟翼不当而造成的 3 起飞行事故，使得 3 架飞机毁坏，多人死亡。下面介绍其中两起事故。

（1）1968 年 12 月 26 日，美国泛美世界航空一架波音 707 飞机在阿拉斯加州安克雷奇埃尔门多夫空军基地起飞时坠毁。这架执行货运飞行任务的波音 707 飞机是从旧金山起飞，目的地是越南，机上装载的是为部队运送的圣诞节邮件和货物。飞机原计划在安克雷奇经停加油，但是，由于安克雷奇机场气象条件低于最低飞行标准，因此改在埃尔门多夫空军基地降落。

波音 707 飞机在埃尔门多夫起飞之前一再延误，使原计划起飞时间大大推迟。另外，起飞跑道的改变迫使机组人员重新计算他们的起飞速度。因为安克雷奇实行的空中交通管制程序规定了最少等待起飞时间，所以波音 707 飞机最少要再等待 45min 才能起飞，否则就违反了空中交通管制程序。

波音 707 飞机驾驶舱录音机的录音表明，机组人员试图在飞机滑跑时完成起飞前检查单工作，但是在完成检查单时出现了几次错误和偏差，结果漏掉了襟翼标准展开度。波音 707 飞机起飞时襟翼最少应展开 14°。

调查人员发现，波音 707 飞机起飞时襟翼处于收起状态，而且在特别寒冷的气象条件下，某些不常见的操作问题造成了襟翼报警系统失灵。波音 707 飞机离地后即失速并向右侧滚转 90°，右机翼翼尖撞地，飞机向反方向滚转，造成飞机多处断裂，3 名机组人员全部遇难。

（2）1987 年，美国西北航空公司一架 DC-9 飞机在密歇根州底特律大都会国际机场起飞时坠毁。这架执行明尼阿波利斯—圣安娜航班任务的 DC-9 飞机，经停底特律大都会国际机场后将继续飞往加利福尼亚的圣安娜。由于空中交通管制系统延误，DC-9 飞机离开登机桥时，已经晚于预定起飞时间。机组人员知道他们必须尽快起飞，否则他们可能在圣安娜机场关闭和实行噪声限制之前不能飞抵机场。

在 DC-9 飞机开始滑行之前，因为有风切变，飞机的起飞跑道发生了改变，这样 DC-9 飞机的机组人员就要重新计算飞机的起飞速度。机组人员在改变跑道时，超过了转弯点，只好又向后滑行。驾驶舱录音机的录音还证明，机组人员没有完成滑行阶段检查单，没有检查襟翼位置。很显然，没有完成检查单、分散驾驶员注意力的环境和延误起飞、改变跑道等复杂情况结合在一起，造成了飞机在襟翼仍处于收起状态时就起飞。由于某种原因，襟翼位置报警系统也没有发出警报。

这架 DC-9 飞机离地后发生失速，飞机上仰 13°或 14°并开始滚转。据美国国家运输安全委员会分析，如果机长压低机头，把滚转振动减到最小限度，就可以恢复对飞机的操纵。可是机长仍然保持飞机上仰姿态，疏忽了阻止飞机继续爬升的措施。DC-9 飞机的左机翼撞上了停车场中一根高 42ft 的照明灯杆，飞机开始滚转，撞上一座建筑物后坠毁在一条环形公路上。DC-9 飞机上共载 155 人，除 1 名幸存者，其余 154 人全部遇难。这架飞机坠毁还造成地面 2 人死亡。

## 7. 教训

从没有使用检查单和错误使用检查单所造成的飞行事故中，可以总结出下列经验教训。

（1）大部分检查单飞行事故都与分散驾驶员注意力和正常的飞行秩序被打乱有关。

（2）多数情况下飞行条件不正常，而且许多飞行事故都伴随着另一种紧急情况。

（3）当遇到分散注意力或其他不正常情况时，常常造成驾驶员没有正常使用或参看检查单，忘记检查关键项目。最常见的是飞机着陆前，驾驶员忘记放下起落架；一个油箱的燃油用完之前，忘记转换油箱电门；在飞机起飞前，没有按规定检查飞机结构位置。

解决上述问题的最好方法是每次飞行都要保持职业化，使用检查单和按规定程序操作。即使驾驶员记住了检查单的所有内容，也一定要使用检查单。

## 12.3　应　急　预　案

无人机飞行时通常还要考虑无人机异常时的应急措施，其主要目的是确保无人机可以安全返航，规划一条可以安全返航的航线和可以在任何时候让无人机执行安全返航的方法。

同时在飞行的过程中，我们可能会遇到突然丢图传、突然失控等许多常见的突发状况，一般会出现的状况和合理的应急处置方法如下。

**1）实时图传或数据链路中断**

保持飞行器悬停，尝试重新连接数据链路，或者调整天线位置，以重新获取数据链接，并立即让飞行器执行返航命令。

**2）飞行器进入失控返航**

飞行器会自主返航，飞回记录的返航点。时刻监视无人机飞行状态，检查遥控器各开关位置是否正常，等待遥控信号恢复，然后继续控制无人机。

**3）飞行器悬停不稳**

悬停不稳，可能是卫星信号较差，或指南针干扰所致，应当控制飞行器降落在安全地带。

**4）磁航向计干扰**

地面站报出磁航向计错误提示时，建议切换到姿态模式，尽快控制飞行器降落或返航，在无干扰的地方，重新通电后校准磁航向计。

**5）智能低电量返航**

此时应当返航，等待飞行器飞回视距内，尽快降落在合适的地点，请勿轻易取消返航，否则将导致飞行器电量不足，无法返航。

**6）飞行器无法保持悬停姿态**

空中的风力过大时，飞行器将无法保持悬停姿态，此时应当马上降低飞行器高度，尽快在合适的地点降落。

# 第 13 章　农用无人机作业规范与管理

## 13.1　作业区域管理

随着无人机价格越来越便宜，在摄影爱好者、航模爱好者间用无人机来进行拍摄日渐风靡。与此同时，无人机"黑飞"现象增多，发生险情也越来越频繁。近日，网上甚至有闹市上空无人机与战斗机在百米距离内进行"对峙"的消息。在日常生活中，无人机也在高楼间、人群密集处的上方乱飞，一阵强风或者飘忽的信号都可能导致无人机失控，无人机一旦从高空坠落，后果不堪设想。

空军新闻发言人申进科在 2015 年 11 月 18 日介绍，空军于 17 日及时处理了一起在河北涿州发生的无人机"黑飞"事件。11 月 17 日下午，空军驻河北涿州某部进行直升机飞行训练时，在机场以西 15km 处，发现 1 架低空飞行的无人机，经空军相关部门研判为"黑飞"后，迅速将这架无人机迫降于地面。同时，派出地面小分队协助地方公安力量及时赶赴迫降地域，控制住涉事人员和无人机。经初步调查，这架无人机为北京某航空科技公司所有，当日未申报飞行计划。另外，还发现这家公司有多架无人机。

北京某航空科技公司的郝某、乔某、李某 3 人，操控无人机"黑飞"，进行航拍测绘，无人机"黑飞"致多架民航飞机避让、延误，造成中国国际航空股份有限公司经济损失达 18 148 元。另外，还惊动了军区，北京军区空军出动直升机将其迫降，其间共有 1226 人参与处置这项活动，还包括歼击机、军用雷达、直升机。这架无人机被解放军空军雷达监测发现为不明飞行物，后北京军区空军出动直升机将其迫降，两架歼击机待命升空，两架直升机升空，雷达开机 26 部，动用车辆 123 台。近日，3 人被检方以过失以危险方法危害公共安全罪起诉至平谷区人民法院。有关专家表示，全国各地曾多次出现由无人机"黑飞"引发的案例，但基本上都是被处以罚款或是行政拘留的处罚，此次以"过失以危险方法危害公共安全罪"起诉，在国内尚属首次。

无人机的"黑飞"从本质上来说，并不是无人机所有人的主观意愿。相关法律制度的不健全，不仅给民用无人机的发展带来了很大阻碍，也导致各地在对"黑飞"行为的处理尺度上存在不一致的现象。自 2009 年以来，《民用无人驾驶航空器系统空中交通管理办法》《民用无人驾驶航空器系统驾驶员管理暂行规定》《低空域使用管理办法》等规定陆续颁布，但对于大多盘旋在 500m 以下的无人机的管理、空域划定、安全范围等都没有具体的操作办法，目前国内的一些无人机公司已经按照美国的相应规定，通过程序输入降低风险事故，如设定 120m 以内的高度，重量不能超过 7kg。如果在禁飞区域打开无人机，GPS 模块在获取地理位置信息后，会做出不启动的响应。也就是说在禁飞区域，无人机不能开机起飞，这也避免了在禁飞区飞行给自身带来不必要的麻烦。

### 13.1.1　轻小型民用无人机运行管理

无人机已经属于民用航空器的一种，因此必须有一系列的法规与监管手段。2015年 12 月 29 日中国民用航空局飞行标准司下发的咨询通告《轻小无人机运行规定（试行）》（AC-91-FS-2015-31）中明确了无人机的分类与管理方式，特别是对部分无人机，要求其接入云系统，并设置电子围栏。依据现有无人机技术的成熟情况，针对轻小型民用无人机进行以下运行管理。

### 1. 轻小型民用无人机的运行管理方式

**1）电子围栏**

（1）对于Ⅲ、Ⅳ、Ⅵ和Ⅶ类无人机，应安装并使用电子围栏。

（2）对于在重点地区和机场净空区以下运行的Ⅱ类和Ⅴ类无人机，应安装并使用电子围栏。

**2）接入无人机云系统的民用无人机**

（1）对于重点地区和机场净空区以下运行的Ⅱ类和Ⅴ类民用无人机，应将其接入无人机云系统（简称无人机云），或者仅将其地面操控设备位置信息接入无人机云，报告频率最少为 1min 一次。

（2）对于Ⅲ、Ⅳ、Ⅵ和Ⅶ类民用无人机，应接入无人机云，在人口稠密区报告频率最少为 1s 一次，在非人口稠密区报告频率最少为每 30s 一次。

（3）对于Ⅳ类民用无人机，应增加被动反馈系统。

**3）未接入无人机云的民用无人机**

未接入无人机云的民用无人机运行前需要提前向管制部门提出申请，并提供有效监视手段。

### 2. 民用无人机运营人的管理

根据《中华人民共和国民用航空法》规定，无人机运营人应当对无人机投保地面第三人责任险。

### 3. 无人机云提供商须具备的条件

**1）无人机云提供商的建立条件**

（1）设立了专门的组织机构。

（2）建立了无人机云系统的质量管理体系和安全管理体系。

（3）建立了民用无人机驾驶员、运营人数据库和无人机运行动态数据库，从而可以清晰管理和统计持证人员，监测运行情况。

（4）已与相应的管制、机场部门建立联系，为其提供数据输入接口，并为用户提供空域申请信息服务。

（5）建立与相关部门的数据分享机制，建立与其他无人机云提供商的关键数据共享机制。

（6）满足当地人大和地方政府出台的法律法规，遵守军方为保证国家安全而发布的通告和禁飞要求。

（7）获得航空局试运行批准。

**2）提供商应定期对系统进行更新扩容**

提供商应定期对系统进行更新扩容，保证其所接入的民用无人机使用方便、数据可靠、延迟低、飞行区域实时有效。

**3）提供商每 6 个月向局方提交报告**

提供商每 6 个月向局方提交报告，内容包括无人机云系统接入航空器架数、运营人数量、技术进步情况、遇到的困难和问题、事故和事故征候等。

### 13.1.2　无人机系统驾驶员的管理

#### 1. 无人机系统驾驶员分类管理

由于民用无人机在全球范围内发展迅速，国际民航组织已经开始为无人机系统制定标准和建议措施（standard and recommended practice，SARP）、空中航行服务程序（procedures for air navigation service，PANS）和指导材料。这些标准和建议措施预计在未来几年成熟，因此多个国家颁布了管理规定。本咨询通告针对目前出现的无人机系统的驾驶员实施指导性管理，并将根据行业发展情况随时进行修订，最终目的是按照国际民航组织的标准建立我国完善的民用无人机驾驶员监管体系。2016 年 7 月 11 日中国民用航空局飞行标准司下发的咨询通告《民用无人机驾驶员管理规定》（AC-61-FS-2016-20R1）将无人机驾驶员的资质分为 7 类，并结合 2015 年 12 月 29 日飞行标准司出台的《轻小无人机运行规定（试行）》（AC-91-FS-2015-31），进一步规范了无人机驾驶员管理，对原《民用无人驾驶航空器系统驾驶员管理暂行规定》（AC-61-FS-2013-20）进行了第一次修订。修订的主要内容包括重新调整无人机的分类和定义，新增管理机构管理备案制度，取消部分运行要求。

面对上述无人机系统分类较多，所适用空域远比有人驾驶航空器广阔的情况，有必要对无人机系统驾驶员实施分类管理。

**1）下列情况下，无人机系统驾驶员自行负责，无须证照管理**

（1）在室内运行的无人机。

（2）Ⅰ、Ⅱ类无人机（如运行需要，驾驶员可在无人机云系统进行备案，备案内容应包括驾驶员真实身份信息、所使用的无人机型号，并通过在线法规进行测试）。

（3）在人烟稀少、空旷的非人口稠密区进行试验的无人机。

**2）下列情况下，无人机驾驶员由行业协会实施管理，局方飞行标准部门可以实施监督**

（1）在隔离空域内运行的除Ⅰ、Ⅱ类以外的无人机。

（2）在融合空域内运行的Ⅲ、Ⅳ、Ⅴ、Ⅵ、Ⅶ类无人机。

**3）在融合空域运行的Ⅺ、Ⅻ类无人机，其驾驶员由局方实施管理**

## 2. 行业协会对无人机系统驾驶员的管理

**1）实施无人机系统驾驶员管理的行业协会须具备以下条件**

（1）正式注册 5 年以上的全国性行业协会，并具有行业相关性。

（2）设立了专门的无人机管理机构。

（3）建立了可发展完善的理论知识评估方法，可以测评人员的理论水平。

（4）建立了可发展完善的安全操作技能评估方法，可以评估人员的操控、指挥和管理技能。

（5）建立了驾驶员考试体系和标准化考试流程，可实现驾驶员训练、考试全流程的电子化实时监测。

（6）建立了驾驶员管理体系，可以统计和管理驾驶员在持证期间的运行和培训的飞行经历、违章处罚等记录。

（7）已经在民航局备案。

**2）行业协会对申请人实施考核后签发训练合格证**

若要在《民用无人机驾驶员管理规定》第 5 条第（2）款所述情况下运行的无人机系统中担任驾驶员，该人员必须持有合格证。

**3）训练合格证应定期更新**

更新时应对新的法规要求、新的知识和驾驶技术等内容实施必要的培训，如需要，应进行考核。

**4）行业协会每 6 个月向局方提交报告**

报告内容包括训练情况、技术进步情况、遇到的困难和问题、事故和事故征候、训练合格证统计信息等。

## 3. 局方对无人机系统驾驶员的管理

无人机系统驾驶员执照要求如下。

（1）在融合空域 3000m 以下运行的Ⅺ类无人机，驾驶员应至少持有运动或私用驾驶员执照，并具有相似的类别等级（如适用）。

（2）在融合空域 3000m 以上运行的Ⅺ类无人机，驾驶员应至少持有带有飞机或直升机等级的商用驾驶员执照。

（3）在融合空域运行的Ⅻ类无人机，驾驶员应至少持有带有飞机或直升机等级的商用驾驶员执照和仪表等级。

（4）在融合空域运行的Ⅻ类无人机，机长应至少持有航线运输驾驶员执照。

### 13.1.3  U-Cloud 系统

目前我国得到局方批准的云管理系统为 U-Cloud 系统，如图 13.1 所示。

图 13.1  U-Cloud 系统

该系统已经与飞常准系统、北京国泰北斗通航管家系统等合作，建立了实时飞行数据共享机制。就目前而言，无人机飞行空域与通航飞行器、客运飞机飞行空域都有交叉；驾驶员水平参差不齐；"黑飞"活动猖獗；违规飞行事件频发；未按流程申报飞行计划或私自改变飞行计划问题严重。

2014 年国内通航发生 6 起坠机事故，导致 7 人死亡。2015 年国内通航发生 12 起坠机事故，导致 18 人死亡。而截至 2016 年，国内已发生 16 起通航事故，导致 22 人死亡。2013 年 12 月 8 日，北京首都国际机场附近无人机违规"黑飞"，导致机场 15 班次飞机延迟起飞 4min，2 班次实施空中避让，直接经济损失约 10 万元。2016 年 5 月 22 日，一架无人机突然出现在成都双流国际机场东跑道航班起降空域，导致该跑道停航关闭 1h 20min，直接造成 55 个航班不能正常起降，其中进港 26 个，出港 29 个。很多无人机驾驶员飞行时都很关注民航飞机飞行数据，在朋友圈能够看到很多无人机驾驶员通过别的途径查询民航飞机的飞行数据。于是从 1.40 版开始，U-Cloud 系统就已经提供了低空空域（离地高度 1000m 以下）民航飞机和部分区域通航飞行器的实时飞行数据，实际执行任务时可与无人机飞行数据一起监视，同时可以及时提供行情通告。

# 13.2　区域调度管理

民用航空器中一般采用广播式自动相关监视（automatic dependent surveillance-broadcast，ADS-B）的管理方法，这是目前世界上通用的管理手段。ADS-B，顾名思义，即无须人工操作或者询问，就可以自动地从相关机载设备获取参数，从而向其他飞机或地面站广播飞机的位置、高度、速度、航向、识别号等信息，以供管制员对飞机状态进行监控。它衍生于自动相关监视（ADS），最初是为越洋飞行的航空器在无法进行雷达监视的情况下，希望利用卫星实施监视所提出的解决方案。

## 13.2.1　ADS-B 系统

### 1. ADS-B 系统的组成

ADS-B 系统是一个集通信与监视于一体的信息系统，由信息源、信息传输通道和信息处理与显示三部分组成。

ADS-B 的主要信息是飞机的四维位置信息（经度、纬度、高度和时间）和其他可能的附加信息（冲突告警信息、飞行员输入信息、航迹角、航线拐点等信息），以及飞机的识别信息和类别信息。此外，它还可能包括一些别的附加信息，如航向、空速、风速、风向和飞机外界温度等。这些信息可以由以下航空电子设备得到：全球卫星导航系统（global navigation satellite system，GNSS）、惯性导航系统（inertial navigation system，INS）、惯性参考系统（inertial reference system，IRS）、飞行管理器和其他机载传感器。

ADS-B 的信息传输通道以 ADS-B 报文形式，通过空-空、空-地数据链广播式传播。

ADS-B 的信息处理与显示主要包括位置信息和其他附加信息的提取、处理及有效算法，还包括形成清晰、直观的背景地图和航迹、交通态势分布、参数窗口及报文窗口等，最后以伪雷达画面的形式实时地提供给用户。

相对于航空器的信息传递，ADS-B 分为两类：发送（OUT）和接收（IN）。其中 OUT 是 ADS-B 的基本功能，它负责将信号从飞机发送方经过视距传播发送给地面接收站或者其他飞机。ADS-B IN 是指航空器接收其他航空器发送的 ADS-B OUT 信息或地面服务设备发送的信息，为机组提供运行支持和情景意识，如冲突告警信息、避碰策略、气象信息。

### 2. 工作的机载设备

ADS-B 系统工作主要基于以下机载设备。

（1）ATC（automatic train control）应答机：它是 ADS-B 系统的核心，负责收集和处理有关参数，由 ATC 天线通过数据链向地面站和其他飞机广播。

（2）MMR（multi-mode receiver）接收机：用来根据导航卫星计算精确的飞机位置和速度信息，并将所得数据传送给 ATC 应答机。

（3）ADIRU（air data/inertial reference unit）计算机：向应答机提供飞机的气压高度

等大气数据信息。

（4）TCAS（traffic collision avoidance system）计算机：针对使用 ADS-B IN 功能的飞机，TCAS 计算机用于接收 1090MHz（1MHz=1 000 000Hz）扩展电文的数据链，将地面站或者其他 OUT 的信号显示在驾驶舱内。

（5）数据链系统：ADS-B 的 OUT 和 IN 功能都是基于数据链通信技术，目前应用最广泛的也是国际民航组织推荐的，是基于 SSR 的 S 模式扩展电文（ES）功能的 1090MHz 频率。因该频段为 TCAS 工作频段，所以相对拥挤。目前正在发展其他的数据链，包括 UAT、VDL Mode 4。

### 3. ADS-B 系统的工作流程

装备了 GPS 系统的飞机从导航卫星接收信息，从而精确地确定飞机位置和速度。

ADS-B 发送设备从关联机载设备，如 MMR、ADIRU 获取所需参数信息，通过数字式数据链，向地面的 ADS-B 接收机和其他飞机广播精确的位置和速度，以及飞机识别信息、航班号、空地状态等数据。

ADS-B 信号接收方综合在地面 ATC 系统中，或者安装在其他飞机上向使用者提供实时的空中交通状态。

### 13.2.2　ADS-B 技术

ADS-B 技术是新航行系统中非常重要的通信和监视技术，该技术把冲突探测、冲突避免、冲突解决、ATC 监视和 ATC 一致性监视，以及机舱综合信息显示有机结合起来，为新航行系统增强和扩展了非常丰富的功能，同时也带来了潜在的经济效益和社会效益。

### 1. ADS-B 技术的应用

#### 1）ADS-B 技术用于空中交通管制

ADS-B 技术用于空中交通管制,可以在无法部署航管雷达的大陆地区为航空器提供优于雷达间隔标准的虚拟雷达管制服务；在雷达覆盖地区，即使不增加雷达设备也能以较低代价增强雷达系统监视能力，提高航路乃至终端区的飞行容量；多点 ADS-B 地面设备联网，可作为雷达监视网的旁路系统，并可提供不低于雷达间隔标准的空管服务；利用 ADS-B 技术还能在较大的区域内实现飞行动态监视，以改进飞行流量管理；利用 ADS-B 的上行数据广播，还能为运行中的航空器提供各类情报服务。ADS-B 技术在空管上的应用，预示着传统的空中交通监视技术即将发生重大变革。

#### 2）ADS-B 技术用于加强空-空协同

ADS-B 技术用于加强空-空协同，能提高飞行中航空器之间的相互监视能力。与机载防撞系统（ACAS/TCAS）相比，ADS-B 的位置报告是自发广播式的，航空器之间无须发出问询即可接收和处理渐近航空器的位置报告，因此能有效提高航空器间的协同能力，增强机载防撞系统 TCAS 的性能，实现航空器运行中既能保持最小安全间隔又能避免和解决冲突的空-空协同的目的。ADS-B 技术的这一能力，使保持飞行安全间隔的责任更多地向空中转移，这是实现"自由飞行"不可或缺的技术基础。

**3）ADS-B 技术用于机场地面活动区**

ADS-B 技术用于机场地面活动区，可以以较低成本实现对航空器的场面活动监视。在繁忙的机场，即使安装了场面监视雷达，也难以完全覆盖航站楼的各向停机位，空中交通管理"登机门到登机门"的管理预期一直难以成为现实。利用 ADS-B 技术，通过接收和处理 ADS-B 广播信息，将活动航空器的监视从空中一直延伸到机场登机桥，因此能辅助场面监视雷达，实现"登机门到登机门"的空中交通管理。该技术甚至可以不依赖场面监视雷达，实现对机场地面移动目标的管理。

**4）飞行信息共享**

ADS-B 技术能够真正实现飞行信息共享。空中交通管理活动中所截获的航迹信息，不仅对于本区域实施空管是必需的，对于跨越飞行情报区（特别是不同空管体制的情报区）边界的飞行实施"无缝隙"管制，对于提高航空公司运行管理效率，都是十分宝贵的资源。但由于传统的雷达监视技术的远程截获能力差、原始信息格式纷杂、信息处理成本高，且不易实现指定航迹的筛选，因此难以实现信息共享。遵循"空地一体化"和"全球可互用"的指导原则发展起来的 ADS-B 技术，为航迹信息共享提供了现实可行性。

## 2. ADS-B 技术的优点

ADS-B 技术对空中交通管制和航空公司均有好处，主要体现在以下两方面。

**1）对空中交通管制**

对于管制中心来说，ADS-B 地面站建设成本是传统二次雷达的 1/9，而其精度可以提高至 10m 量级，监视数据更新速度也更快（1s 1 次）。在无雷达区，ADS-B 作为唯一的机载监视数据源，被用于地面对空中交通的监视，以降低航空器的间隔标准，优化航路设置，提高空域容量，在面对如芝加哥管制中心失火，该区域雷达监视失效的情况时，可以相对灵活地将该区域飞机转交其他管制中心。而在雷达覆盖的区域，地面监视同时使用雷达和 ADS-B OUT 作为监视信息源，这样可以缩小雷达覆盖边缘区域内航空器的最小间隔标准，并且减少所需要的雷达数量。使用 ADS-B OUT 或者综合使用 ADS-B 和其他监视数据源（如场监雷达、多点定位），可以为机场的地面交通监控和防止跑道侵入等提供监视信息，提高塔台人员的情景意识。

**2）对于航空公司**

对于航空公司来说，ADS-B 的优点表现在安全、效益和容量 3 个方面。首先，ADS-B 可以保持或改善航空工业现有的安全标准。其次，在效益方面，ADS-B 极大地提高了 ATC 系统监视数据的精度，这会帮助 ATC 了解飞机间的实际间隔。在尾随程序中，帮助飞机机动到最佳运行高度，允许飞行员向 ATC 请求并接收改变到更高、燃油效率更佳的巡航高度。或许你会考虑系统改装的成本，实际上飞机厂家及设备制造商早已取证和制定标准，新交付的飞机大多数可以满足运行要求，对于老旧飞机仅需要部分线路预留改装及机载设备的升级即可。最后，在容量方面，ADS-B 的高精度和报告频率的增加可以大幅消减飞机的间隔要求，提高空中交通管制系统的容量。

## 3. 国内外 ADS-B 系统的发展趋势

鉴于 ADS-B 的种种优势，世界范围内都在积极推进 ADS-B 系统的建设。

目前来说，已知最早的 ADS-B 强制实施是在 2010 年 11 月的加拿大哈得孙湾，在那里尾随间隔将从 80n mile（1n mile=1852m）缩小到 5n mile。另外澳大利亚在 2013 年 12 月开始强制实施 ADS-B 系统。由于澳大利亚西部大部分空域没有被雷达系统覆盖，因此他们选择了 ADS-B 监视，以避免消耗昂贵的雷达系统建设费用和维护费用。欧洲于 2015 年对进入欧洲空域的飞机强制实施了 ADS-B OUT，且自 2013 年起对生产线上的飞机强制要求满足 ADS-B OUT 运行。美国计划到 2020 年 1 月对所有飞机，包括商用飞机和通用航空，强制要求实施 ADS-B OUT。从现在开始到 2020 年，随着 ADS-B OUT 设备的增加，美国联邦航空管理局（Federal Aviation Administration，FAA）希望在营运人自愿的基础上装备 ADS-B IN 功能，以便为用户带来更多的经营效益。

我国正在探索在非雷达覆盖区域（NRA）ADS-B OUT 功能的运行。我国民航已经在成都至九寨沟的航路上实施全程 ADS-B 监视，并逐步在我国其他非雷达覆盖区域的航路上实施 ADS-B 监视。成都—拉萨航线监视工程于 2009 年 6 月获得民航局批准，2011 年 7 月 8 日，该航线开始实施 ADS-B 监视条件下缩小间隔。

在 ADS 技术的应用方面，我国航空的起步并不晚。1998 年，我国航空为了探索新航行系统发展之路，促进西部地区航空运输的发展，在国际航空组织新航行系统发展规划的指导下，抓住西部地区开辟欧亚新航路的战略机遇，启动了第一条基于 ADS 技术的新航行系统航路（L888 航路）建设。L888 航路装备了 FANS 1/A 定义的 ADS-C 监视工作站，并在北京建立了网管数据中心。2000 年，新系统完成了评估和测试并投入运行。2004 年，北京、上海、广州三大区域管制中心相继建成，为三大区域管制中心配套的空管自动化系统都具备了 ADS 航迹处理能力。经验证，新系统可以处理和显示基于 ACARS 数据的自动相关监视航迹，也可以实施"航管员/飞行员数据链通信"（controller pilot data link communication，CPDLC），这标志着我国航空的主要空管设施已经具备了 ADS 监视能力。随着我国航空公司机队规模的扩大和机型的更新，许多航空器都选装了适合新航行系统的机载电子设备，从而具备了地空双向数据通信能力。

我国航空在发展新航行系统和改进空中交通监视技术方面开展了建设性的研究，并取得了一些成果，但总体上没有突破 ADS-C 的技术框架。因此，对于解决空管的突出问题，改善安全与效率，效果并不明显。ADS-B 技术的逐步成熟，为我们寻求新的突破提供了机会。当今 ADS-B 监视技术已经在我国民航处于实用阶段，位于四川广汉的中国民用航空飞行学院是我国最早使用 ADS-B 技术的民航单位。2009 年国家 863 重点项目"国产 ADS-B 系统"在中国民用航空飞行学院绵阳分院 7910 号机上实施验证飞行。此举预示着我国民航运输航空器基于精确定位的航空协同监视技术应用的大幕已经拉开。据悉，该项目由原中国民用航空飞行学院院长郑孝雍负责，通过与民航数据通信有限责任公司、四川九洲电器集团有限责任公司第三研究所长达 3 年的共同研发，经地面测试，各项技术均符合设计要求。为进一步验证该系统的性能，经适航部门批准，按照《CESSNA172 基本型飞机搭载实验国产 ADS-B 系统实施方案》的要求，于 2009 年 12 月 15 日将其装机，进行了垂直覆盖、顶空盲区、水平覆盖、升降速率精度校验、位置精度、方位精度、高度精度、速度精度、数据刷新率、数据的连续稳定性，航班号的输入与显示，24 位地址码的显示等测试。基于精确定位的航空协同监视技术验证飞行成功，因此可取代进口 ADS-B 系统。中国民用航空中南地区管理局所属辖区内也已经在稳步推广国产 ADS-B 应用，但是发展不容乐观。一个重要的事实是极具说服力的：澳大利亚全境部署的雷达数量大致与上海飞行情报区可用的雷达资源相当。澳大利亚同行的优势，很大程度上得益于 ADS-B 技术的超前规划和大胆应用。相比之下，我们在 ADS-B 的实用技术研究、机载设备配备、地面系统建设、飞行和管制人员的操作技能培训等多方面，都还缺乏现实可行的规划安排。可喜的是相关当局开始考察该技术的运行状况，并表示要进一步开发、利用这项新技术，这为推动我国航空活动发展提供了现实可行性。

## 13.3　农用作业要求与规范

### 13.3.1　范围

本小节规定了无人直升机和无人多旋翼飞行器农业作业操作安全注意事项及作业后日常保养维护要求。农业作业适用于无人直升机和无人多旋翼飞行器。

### 13.3.2　作业前准备及应具备的相关资格

1. 人员安全作业要求及相关作业资质

（1）参与无人机作业的人员中，必须有两人或两人以上持有中华人民共和国国家民用航空管理局颁发的相应等级的飞行员执照，并有相应机型的等级签注（如无人机驾驶员、机长、教员、检查教员）或持有中国航空器拥有者及驾驶员协会（AOPA-China）颁发的无人机驾驶员合格证。

（2）参与无人机作业的人员中必须有一名驾驶员持有机长或机长以上的等级签注且所操作的无人机与驾驶执照或合格证上的签注机型相同（签注如旋翼机、固定翼机、飞艇）。

（3）为了保证飞行安全，由无人机操控人员使用规定的机长权利和承担责任，并应当在飞行计划申请时明确无人机操控人员。无人机农业作业采取机长负责制，机长有权决定作业的时间、地点、作业人员及作业方式，同时机长需对整个作业过程中的生产安全负责，并承担法律责任。

（4）在作业期间参与作业的人员应由保险公司对其人身安全承保，并随身携带执照或合格证、保险单，以备上级主管部门检查。

（5）支撑法规《民用无人驾驶航空器系统驾驶员管理暂行规定》。

## 2. 作业空域要求

（1）空域是国家资源，应当得到合理、充分和有效的利用。空域的建设和使用应当遵守国家的相关法规、条例。参照《民用无人机空中交通管理办法》，为了避免对运输航空飞行安全产生影响，未经地区管理局批准，禁止在民用运输机场飞行空域内从事无人机飞行活动。申请划设民用无人机临时飞行空域时，应当避免与其他载人民用航空器在同一空域内飞行。

（2）在临时飞行空域内进行民用无人机飞行活动时，应由从事民用无人机飞行活动的单位、个人负责组织实施，并对其安全负责。

（3）作业计划应当在作业前一天 15:00 以前上报相关管理部门。

## 3. 参与作业的无人飞行器标准及要求

无人机作业中使用的无线电频率、无线电设备应当遵守国家无线电管理法规和规定，且不得对航空无线电频率造成有害干扰。无人机遥控系统不得使用航空无线电频率。在无人机上设置无线电设备，使用航空无线电频率的，应当向民航局无线电管理委员会办公室提出申请。

组织实施民用无人机活动的单位或者个人应当具备监控或者掌握无人机飞行动态的手段，同时在飞行活动过程中与相关管制单位建立可靠的通信联系，及时通报情况，接受空中交通管制。发生无人机飞行活动不正常情况，并且可能影响飞行安全和公共安全时，组织实施民用无人机活动的单位或者个人应当立刻向相关管制单位报告。

作业中使用的无人机必须由保险公司承保，承保方式可以由飞机损失险和第三者责任险构成。同时飞机主体结构上必须有明显的保险标志。

作业中使用的无人机必须有生产合格证、质量检测报告、适航证或特许飞行证，且在有效期内，同时遵守无线电管理要求。作业时应随身携带相应证件。

应具备经过主管部门认可的飞行器操作手册和各项检查单（如准备检查单、起飞检查单、降落检查单、喷施作业检查单）。

作业中使用的无人机应具备失控保护、紧急返航等应急措施，并定期进行安全检查，同时做好记录。

## 4. 作业田块要求

（1）作业田块周界 10m 范围内无人员居住的房舍。

（2）作业田块周界 10m 范围内无防护林、高压线塔、电杆等障碍物。

（3）作业田块中间无影响飞行安全的障碍物或影响飞行视线的障碍物。

（4）作业田块周界或田块中间有适合飞机起落的起落点。

（5）作物高度应低于操作人员视线，使操作人员能够清晰观察到飞机飞行姿态。

（6）作业田块中应有适合操控人员行走的道路，有用于配药的洁净水源。

### 13.3.3　防治作业要求

（1）明确具体的作业时间和日期。

（2）防治的对象和目的：了解防治虫害情况，以便今后确定飞行作业的方式。

（3）防治药物：乳剂药物和粉剂药物在作业效率上和作业效果上是有区别的。

（4）用药量：了解用药量的需求以确定飞行方式和配药标准。

（5）查询气象信息：在约定作业前 24h，应查询作业点的气象信息。

（6）作业方案：由机长制定作业方案形成文件。明确喷嘴流量、药泵压力、飞行器的空速与地速、喷幅宽度、喷施重叠率、飞行器飞行方向，如采用全自主飞行作业应提前规划好航线、航点、飞行速度、自主起降点。

同时准备好以下事项：配药点和送药点；配药方式和标准；电池充电点、加油区和人员休息点（要选择阴凉位置）；飞机的起落点；远端的辅助观察点；充足的电池数量。

（7）无人飞行器的作业准备：到达现场后，先检查天气情况，机长在保证飞机能够安全作业的情况下按照预定方案将所有设备展开，进行作业准备；严格按照检查单制度进行各项检查；机长在保证飞机状态正常的情况下，陆续开展后续的工作。

### 13.3.4　现场作业要求

机长用望远镜检查田块周边和中间情况，确保没有影响飞行安全的因素；重新巡视作业田块，熟悉地形，检查作业方案；确定飞机起落点和飞行方式；制定突发情况的处置预案，确定飞机如发生故障的紧急迫降点（必须远离人群）；建立助手辅助观察点；直接使用遥控器操纵无人机或者亲自使用地面站系统控制无人机作业。

飞行员或助手展开发电机、空气压缩机、充电装置等，检查运行状态；协助飞机转场更换电池、加注燃料和加药；飞行中协助观察飞行远端的位置和姿态，向机长发出警示；协助观察飞机喷洒的宽度、飞行高度、速度、距离、断点等；如没有使用全自主飞行的，在机长飞行疲劳时接替机长进行飞行操作。

地勤或助手根据用药要求和飞行方式负责配药、田间电池的充电和更换电池、加注燃料等工作。同时负责作业完成后作业任务单的记录和签收。

### 13.3.5　飞行操作及安全注意事项

飞行范围严格按照计划执行，同时了解作业地周围的设施及空中管制要求；飞行应远离人群，严禁田间有其他人在作业时飞行；垂直飞行远离障碍物 10m 以上，平行飞行远离障碍物 15m 以上；严禁在飞行器不正常的情况下作业；每次飞行前都应检查电池电量、燃料量、飞行器各项指示灯和仪表；条件允许的情况下操控人员应在上风处操作飞机；条件允许的情况下操控人员应背对阳光操作飞机；在每次飞行前应先进行对讲机测试，保证机组人员在作业时沟通顺畅；飞行过程中操控人员应与飞机保持安全距离；机组人员在作业现场必须穿工作服以方便识别；飞行操作过程中操控人员必须穿硬底有后跟的鞋，严禁穿拖鞋操作飞机；喷头和滤网的清理不能使用尖锐的工具刮擦，应使用气枪；地勤要保证留有一桶清水用于作业后飞机的清洗。

### 13.3.6　作业后检查与存放

#### 1. 作业后检查

现场作业完成后，机组成员按照各自分工进行检查，收拾装备。机长、飞行员或助手、地勤或助手要共同完成以下检查工作。

（1）飞机清洁检查、药箱系统清洁检查、对讲机检查、遥控器检查、望远镜检查、风速仪检查。

（2）动力电池检查、水泵电池检查、遥控器电池检查、充电器具检查、维修工具检查、备品备件检查、油料检查。

（3）测亩仪检查、配药器具检查、发动机检查、空气压缩机检查。

#### 2. 作业后存放

**1）飞机、药箱的清洁、检查**

飞机整体要用清水擦拭干净，不能有药物残留；药箱内的残留药剂要排净，并用清水冲刷干净；管路内的药剂要排尽，用气枪吹出；喷头和滤网要清洗干净并吹干装回，保证没有残留物附着；整架飞机要用气枪吹干或晾干；飞机的运动部件要上防锈和润滑油，检查和紧固螺丝；最后进行飞机性能的检查，并将飞机装上车辆固定。

如果飞机性能存在问题，应做详细记录并做好明显标识，回到基地后主控手必须重新检查和调试，确保飞机处于最佳状态，副控手要协助完成飞机的清洁和检查。

**2）电池与配药器具的检查**

电池在作业完成后应按照要求分类整理摆放，并在电池防爆箱内标示说明，标注使用和未使用两类。

地勤人员负责洗净所有配药器具，不要将残留的药剂带回车内，特殊情况下必须携带的，也应该密封存放，并做警示标签，到达基地后应卸车存放在阴凉安全的地方，不得留在车内。

**3）作业记录**

"飞机飞行档案"由当天作业的机长负责记录。地勤人员负责"作业任务单"的签收和作业费的收取，回到基地后负责"作业任务单"的归档和"作业任务单汇总"的登记。

**4）贮存**

产品应贮存在干燥、通风和无腐蚀性气体的室内，露天存放时应有防雨、防潮和防碰撞的措施。